武汉大学规划教材

高等学校测绘工程系列教材

遥感原理与应用

张毅 赵展 刘汇慧 李杰 李妍 编著

WUHAN UNIVERSITY PRESS
武汉大学出版社

图书在版编目(CIP)数据

遥感原理与应用 / 张毅等编著. -- 武汉 ：武汉大学出版社，2025.7.
高等学校测绘工程系列教材. -- ISBN 978-7-307-24828-1
Ⅰ.TP7
中国国家版本馆 CIP 数据核字第 2025ZX7477 号

责任编辑:鲍　玲　陈　军　　　责任校对:汪欣怡　　　版式设计:马　佳

出版发行：**武汉大学出版社**　（430072　武昌　珞珈山）
（电子邮箱：cbs22@ whu.edu.cn　网址：www.wdp. com.cn）
印刷:武汉科源印刷设计有限公司
开本:787×1092　1/16　印张:26.5　字数:625 千字　插页:1
版次:2025 年 7 月第 1 版　　2025 年 7 月第 1 次印刷
ISBN 978-7-307-24828-1　　定价:79.00 元

前　　言

遥感，即遥远感知，是人类在不直接接触目标物的情况下，认识宏观世界的重要方式。从古代的天文观测到现代的宇宙探测，无一不是遥感。对于地球观测而言，遥感的对象并非宇宙空间，而是地球表面；相应地，遥感的立足点不是在地球表面，而是近地宇宙空间。因此遥感也称为对地观测遥感，是利用近地宇宙空间的各类遥感平台上的传感器，获取反映地表特征的各种图像或非图像数据，通过传输、处理和信息提取，实现地表空间几何特征、物理性质及其变化规律研究的一门科学技术。

遥感科学与技术是由地球科学、空间科学、测绘科学、电子科学、计算机科学、统计科学等多个专业融合而成的一门交叉学科。2020 年 6 月，国务院学位委员会正式审议通过，“遥感科学与技术”成为交叉门类一级学科。遥感在自然资源、生态环境、农业、公共卫生、城市管理、防灾减灾、国家安全、军事等领域发挥着重要的作用。

我国从 20 世纪 70 年代起，开始建立独立自主的遥感对地观测体系。1999 年中巴资源卫星成功发射；2011 年资源一号 02C 卫星（第一颗自主高分民用卫星）成功发射；再到“高分专项工程”的实施与建成，我国遥感卫星完成了从科研试验型向业务应用型的转变，发展了资源、气象、海洋、环境减灾四大民用遥感系列卫星和军事遥感系列卫星。目前，我国已经建设了全球、全天候、全天时、全要素、全尺度的自然资源卫星观测体系，为我国社会经济发展提供全方位、高精度的数据和技术保障。

高分辨率对地观测已经成为国民经济建设和国家安全的战略性、基础性资源获取方式，高分辨率对地观测数据的获取、加工、解译和应用是航天强国实力的重要表征。因此，本书围绕遥感对地观测数据的成像机理、遥感图像处理原理和方法、遥感技术的应用，在已有出版教材的内容基础上，更新教材内容，引入最新国产遥感平台、传感器设计原理及指标、视频遥感卫星成像机理、面向对象的高分辨率遥感图像分割、基于深度学习的图像分类等前沿内容。

本书不仅能作为测绘、遥感及相关专业本科生教材，还可以作为硕士研究生的参考教材。教材内容以遥感的几何和物理原理为基础，将遥感技术所涉及的概念、方法、技术及遥感图像处理手段进行详细介绍，最后具体介绍了典型的遥感技术应用实例，帮助学生综合理解遥感技术在实际生产和业务领域中发挥的作用。

本书共 10 章：第 1 章“绪论”、第 2 章“遥感物理基础”由张毅（武汉大学测绘学院教师，个人主页：https://jszy.whu.edu.cn/ZhangYi/zh_CN/index.htm.）编写；第 3 章“遥感成像基础”由刘汇慧编写；第 4 章“遥感卫星平台”、第 5 章“遥感图像的几何处理”由赵展编写；第 6 章“遥感图像的辐射处理”由李杰编写；第 7 章“遥感图像的配准镶嵌融合”由张毅编写；第 8 章“遥感图像的目视解译及自动分类”由李妍、李杰编写；第 9 章“遥感图像处理系统”、第 10 章“遥感技术的应用”由张毅编写。张毅对全书进行了统一编审。

由于编写时间和作者水平有限，全书难免存在错漏，敬请读者批评指正。

作 者

2024 年 4 月

目　　录

第1章　绪　　论

1.1　遥感的内涵

遥感是指在高空和外层空间的各种平台上，运用各种传感器获取反映地表特征的各种数据，通过传输、变换和处理，提取有用的信息，实现对地物的空间形状、位置、性质、变化及其与环境的相互关系研究的一门现代应用技术科学。

“遥感”一词最早由美国海军研究所的艾弗林·普鲁伊特提出。1961年，在美国国家科学院和国家研究理事会的支持下，“环境遥感国际讨论会”在密歇根大学的威罗·兰实验室召开。此后，遥感作为一门技术、专业、学科，在全球范围内迅速发展。

遥感技术的基本原理是利用电磁波理论，通过各种传感器收集远距离目标所发射或反射的电磁波信息，并将其转为图像，从而实现对远距离目标进行探测和识别。

遥感的基本原理是利用物体发射、反射和吸收电磁波的特性，根据这些电磁波辐射的差异来分辨不同的物体。

遥感过程涉及入射辐射和地面目标之间的相互作用，涉及以下7个要素：

(1)辐射源。遥感过程的第一个要素是有一个向感兴趣的目标照明或提供电磁能的辐射源。

(2)辐射传输与大气的相互作用。当能量从其来源传播到目标时，它将与所经过的大气接触并相互作用。当能量从目标反射到传感器时，会发生第二次这种相互作用。

(3)辐射与目标的相互作用。一旦电磁波通过大气层到达目标，它就会根据目标和辐射的特性与目标相互作用。

(4)传感器记录能量。在电磁波被目标散射或发射后，需要传感器(成像或非成像)来收集和记录电磁辐射。

(5)传输、接收和处理。传感器记录的电磁波能量必须以数字形式传输到接收和处理站，在那里数据被处理成图像(硬拷贝或数字)。

(6)图像处理和解释。对图像进行几何和辐射处理，再对处理后的图像进行解释，提取有关被照射目标的几何和物理信息。

(7)应用。利用从目标图像中提取的信息，以便更好地理解目标、揭示一些新信息或帮助解决特定问题。

遥感是一个跨学科领域，涉及物理学、传感器技术、大地测量学、摄影测量学、数字图像处理、模式识别等，在测绘科学、空间科学、电子科学、地球科学、计算机科学以及其他学科交叉渗透、相互融合的基础上，发展成为一门新兴交叉学科。

遥感技术具有以下基本特点：第一个特点是大覆盖。利用地球自转和卫星绕地运行，快速获取地球上任意一个地方的图像，能够覆盖全球。第二个特点是多尺度。利用多种分辨率传感器开展不同用途的遥感观测。目前针对不同的遥感应用，各国设计研制和发射了各种不同的遥感卫星，空间分辨率从低分辨率到超高分辨率，形成了分米级、米级、十米级、百米级、千米级序列。第三个特点是多波段。利用不同波长的电磁波探测地物相应的特性。目前，有多光谱、高光谱、超光谱卫星，还有多极化微波遥感卫星。

遥感的应用领域特别广泛，因此在不同专业领域，其研究内容和技术体系也有差异。按照观测对象，可以分为对地遥感、深空遥感，例如月球遥感、火星遥感。按照遥感平台，可以分为地面遥感、航空遥感、航天遥感、临近空间遥感、水下遥感(声波遥感)。按照成像能量的来源，可以分为主动遥感、被动遥感。按照成像波段，可以分为可见光遥感、红外遥感、热成像遥感、夜光遥感、微波遥感、极化遥感。按照应用领域，可以分为测绘遥感、环境遥感、农业遥感、国土遥感、林业遥感、地质遥感、军事遥感等数十种。

1.2 遥感的发展

总体而言，遥感技术是随着平台技术、传感器技术、成像技术、图像处理技术的发展，以及与其他学科的交叉融合而逐步发展的。

从遥感平台来看，人类研制了气球、飞鸽、飞机、卫星等可以搭载成像传感器的多种平台，从早期遥感发展到现代遥感，利用系留气球获取了第一张航空图像。从现代遥感平台来看，可以分为返回式遥感平台和数字传输型遥感平台。返回式遥感平台需要在返回地面后再下载遥感图像；数字传输型是利用地面卫星接收站在轨下传遥感图像。

从成像传感器来看，经历了多代技术的升级发展，从单一的成像遥感阶段发展到成像与视频遥感并存阶段。成像类型从模拟成像发展到数字成像：模拟成像主要是胶片成像；成像方式从框幅式、横扫式发展到推扫式。目前，航天遥感主要以框幅式为主，卫星遥感以推扫式为主。探测波段可分为可见光、红外、微波，每一个波段区间还可以细分。立体成像方式从异轨发展到同轨，还有编队、组网、侧摆等方式；高空间分辨率、高光谱分辨率、高辐射分辨率、高时间分辨率——这“四高”作为遥感成像的主要技术标志，从粗到精，正在向超高阶段发展。微波遥感发展相对滞后于光学遥感，但发展速度很快，目前非常活跃，从单极化、多极化向全极化方面发展。

获取遥感图像的根本目的在于提取观测对象的各类信息，因此遥感图像处理技术也经历了多代理论与技术的发展，这主要与数字信号、数字图像处理、模式识别、计算机以及人工智能等密切相关的理论和技术发展有关。遥感信息处理的发展主要经历了三个阶段。第一阶段是目视解译阶段(1850—1972年)，主要标志是遥感平台从气球、飞机发展到卫星、航天飞机，数据处理采用目视解译和手工成图。第二阶段是计算机自动分析阶段(1972—1999年)，主要标志是Landsat卫星的发射、计算机的普及、图像数字化、多光谱探测技术的出现，数据处理采用计算机图像处理、增强、模式识别、自动制图等。第三阶段是定量遥感阶段(1999年以后)，主要标志是IKONOS和EOS Terra/Aqua卫星的发射，高分辨率、高光谱、高时间分辨率、多角度观测技术的发展，数据处理侧重于自动化、智能化，以及对地表变化过程的监测和分析。

随着遥感成像传感器技术和遥感信息处理技术的快速发展，分类和识别仍然是遥感图像处理亟待解决的关键问题。遥感信息的处理单元从像素级、对象级到场景级，分类方法从传统机器学习、集成学习到深度学习。智能遥感图像处理和分析是当前及未来一段时间的热点研究(图 1-1)。

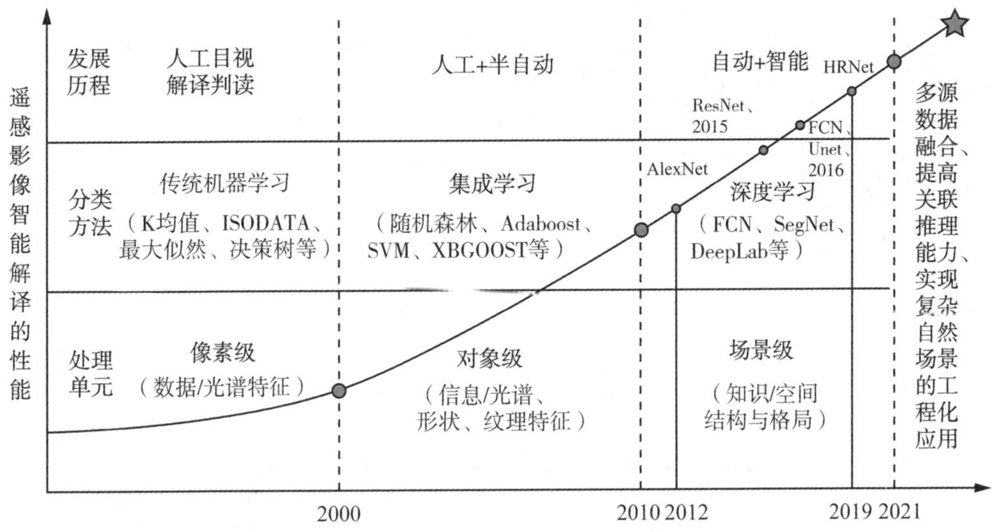

图 1-1　遥感图像处理和分析发展趋势

进入 21 世纪，随着数字地球概念的提出，以美国 IKONOS 米级分辨率卫星的发射为标志，遥感技术进入了高分辨率发展阶段。美国、欧洲、日本等发达国家和地区，甚至一些发展中国家，纷纷将高分辨率遥感作为国家空间基础设施的重要组成部分。我国在 2005 年将高分专项列入《国家中长期科学和技术发展规划纲要(2006—2020 年)》，从此进入了快速发展期，与国外的遥感技术水平差距迅速缩小，如今已跻身先进行列，部分领域甚至处于领先地位。高分辨率遥感对于全球经济和社会发展的影响深远，已成为当今数字经济产业的重要组成部分。

高分辨率遥感作为国家空间基础设施，具有重要的战略地位。高分辨率遥感是“国家空间信息权”的重要体现，高空间分辨率、高光谱分辨率、高时间分辨率的遥感平台是国家安全保障的利器，是经济和社会发展的基础，能够推动整个国家技术与产业升级。高分辨率遥感的应用能力和潜力巨大，它可以促进数字经济产业的规模不断增长，加速卫星技术的更新换代，并推动卫星应用和商业模式的不断创新。

目前，光学遥感卫星的空间分辨率以每 10 年一个数量级的速度提升，已从米级、亚米级发展到分米级，分辨率基本达到航空遥感的水平。因此，未来高分卫星遥感与低空遥感相结合，逐步取代航空遥感已成为总体发展趋势。我国已初步形成了高分、资源、气象、海洋、环境减灾等系列卫星，系统性能不断提升，遥感应用向深度化和综合化方向发展，产业发展初具规模，已成为国家重要的战略资源和基础设施。

典型高分卫星的分辨率及定位精度如表 1-1 所示。

表 1-1　典型高分卫星的分辨率及定位精度

	米级分辨率			亚米级分辨率			分米级分辨率		
卫星名称	SPOT5	ALOS	资源三号	IKONOS2	QuickBird2	高分七号	GeoEye1	Pleiades	Worldview-3/4
所属国家	法国	日本	中国	美国	美国	中国	美国	法国	美国
全色分辨率	2.5	2.5	2.1	1	0.61	0.7	0.41	0.5	0.31
无控水平定位精度	30	20	10	12	23	7	3	3	3
有控水平定位精度	5	4	4	2	2	0.4~1	1	1	1

我国高分、陆地、海洋、气象遥感系列卫星如表 1-2 所示。

表 1-2　我国高分、陆地、海洋、气象遥感系列卫星

高分卫星	高空间、时间、光谱分辨率卫星	在轨 9 颗卫星：高分一号(2m/8m)(4 颗)，高分二号(1m/4m)，高分三号(微波卫星)，高分四号(高轨光学卫星)，高分六号(2m/8m)，高分七号(高精度立体测绘)	0.8m 分辨率光学/3.2m 分辨率多光谱
陆地观测卫星	光学观测星座	在轨 7 颗卫星：资源一号 02C/02D，资源一号 04/04A 星，资源三号 01/02/03 星	2.5m 分辨率，全国 3 天重访、3 个月有效覆盖
	中分辨率观测星座	在轨 4 颗卫星：环境减灾一号 A/B 星(30m 光学星)，应急减灾二号 A/B 星	低轨分辨率 5~30m，全国两天 1 次有效覆盖
	SAR 观测星座	在轨 1 颗卫星：环境减灾 C 星(5m S-SAR)	低轨分辨率 5m，全国 5 天重访
海洋观测卫星	海洋动力卫星星座	在轨 4 颗卫星：海洋二号 A/B/C 星(海洋动力环境卫星)，中法海洋卫星 CFOSAT	海洋动力要素 1 天 2 次观测
	海洋水色卫星	在轨 2 颗卫星：海洋一号 C/D 星	海洋水色要素 1 天 2 次观测

续表

气象观测卫星	天气观测卫星星座	在轨 4 颗卫星：风云二号(FY-2F、FY-2G、FY-2H)，1 颗风云四号 FY-4A	分辨率 1km，15 分钟获取全圆盘图像
	气候观测卫星星座	在轨 3 颗卫星：风云三号(FY-3B、FY-3C、FY-3D)	分辨率 250m，全球 1 天 2 次观测

我国高分卫星的技术水平情况如表 1-3 所示。

表 1-3 我国高分卫星的技术水平情况

卫星名称	携带载荷/分辨率	所属单位
高分一号	2m 全色/8m 多光谱相机，16m 多光谱相机	政府部门
高分二号	1m 全色/4m 多光谱相机	
高分三号	1mC-SAR	
高分四号	50m 可见光/400m 红外(地球同步轨道)	
高分五号	可见短波红外高光谱相机、全谱段多光谱成像仪等	
高分六号	2m/全色/8m~16m 多光谱	
高分七号	全色/0.65m，多光谱/2.6m，两波束激光测高仪	
资源一号 02B/02C	2.36m 全色/10m 多光谱	
资源一号 04	5m 全色/10m 多光谱	
资源三号 01/02/03	2.1m 全色/5.8m 多光谱	
资源一号 02D(5m 光学)	全色 2.5m，多光谱 10m，高光谱 30m，166 波段(0.4~2.5μm)	
实践九号 A/B 星	2.5m 全色/10m 多光谱	
高分辨率多模综合成像卫星	全色 0.42m，多光谱 1.68m	
北京二号	1m 全色/4m 多光谱	二十一世纪空间技术应用股份有限公司
高景一号	0.5m 全色/1m 多光谱	中国航天科技集团有限公司
吉林一号	0.72m 全色/2.88m 多光谱/ 1.12m 视频；19 波段高光谱分辨率 10~40nm，5m/10m	长光卫星技术股份有限公司

续表

卫星名称	携带载荷/分辨率	所属单位
珠海一号	空间分辨率 10m，256 波段（0.4 ~ 1μm），光谱分辨率 2.5nm	珠海欧比特宇航科技股份有限公司
SPARK01/02	50m 空间分辨率/4nm 光谱分辨率/148 个谱段/100km 幅宽	中国科学院

早期遥感主要以公益遥感为主，如今商业遥感卫星系统发展迅速，涌现出一批商业遥感卫星制造和应用企业。这些企业专注于小卫星星座，推出了一系列遥感星座计划，通过加强组网和缩短重访周期，实现了全球任意目标的近实时观测。我国目前有超过 30 颗商业遥感卫星在轨运行，已深度挖掘遥感数据的应用价值，吸引了大量商业资本的投入。

我国商业遥感卫星系统的发展如表 1-4 所示。

表 1-4　我国商业遥感卫星系统的发展

长光卫星技术股份有限公司/商业小卫星产业集群	计划：2030 年前发射 138 颗卫星
	已发射："吉林一号"组星（4 颗）、林业一号卫星、佐丹利 159"吉林一号"卫星星座、德清一号、林业二号、"吉林一号"高分 02/03-A/B/C
中国航天科技集团有限公司/高分辨率商业遥感卫星计划	计划：发射 16 颗 0.5m 分辨率光学卫星、4 颗高端光学卫星、4 颗微波卫星以及多颗视频高光谱等微小卫星（"16+4+4+X"）
	已发射：高景一号 01/02/03/04 星
珠海欧比特宇航科技股份有限公司/"珠海一号"遥感微纳卫星星座	计划：由数十颗视频微纳卫星、高光谱卫星和雷达卫星组合而成
	已发射：OVS-1A、OVS-1B、OHS-01/02/03/04、OVS-2、03 组 5 颗卫星

1.3　遥感的应用

在经济和社会发展中，遥感技术在自然资源调查、地表要素变化、时空信息等有关的资源、环境、灾害、区域和城市领域发挥着重要作用。主要应用领域包括测绘、自然资源、环境、城市建设和治理、公共安全、土木建设与建筑，以及至关重要的军事和国防领域。在这些领域中，遥感技术与其他感知技术协同工作，形成了智能、自主、泛在的感知体系，构建了天空地一体化的精准信息服务体系。"+遥感"模式催生了一种跨界融合的创新技术体系，如测绘遥感、农业遥感、城市遥感和环境遥感等（图1-2）。

过去的测绘行业以艰苦著称，但随着卫星遥感、卫星导航定位等技术的发展，测绘

图 1-2　遥感的应用领域

行业经历了脱胎换骨的变革，转型升级为以空天、信息、数字测绘为主的空间信息行业。这一领域已成为新技术创新最为活跃的专业之一，并催生了地理信息这一新兴产业(图1-3)。

图 1-3　遥感在测绘领域的发展

在国土领域，遥感技术发挥了基础性作用。全国国土调查每 10 年进行一次，这是我国重大国情国力调查，遥感技术提供的“一张图”具有客观性和准确性，在耕地保护、生态建设和节约集约用地方面发挥了关键作用(图 1-4)。

在自然资源调查监测方面，遥感技术为支撑，建立了三维立体时空信息“一张图”。基于“山水林田湖草海”生命共同体的理念，构建了整体、关联和系统的自然资源地理本体，为科学表达、精细测定及高效分析自然资源空间分布及变化奠定了基础。目前建立的

图 1-4 遥感在国土领域的作用

“图像-信息-知识-决策”技术体系，利用遥感图像形成了自然资源遥感监测与执法的多种职能和业务能力，如耕地保护、卫片执法和国土空间规划(图 1-5)。

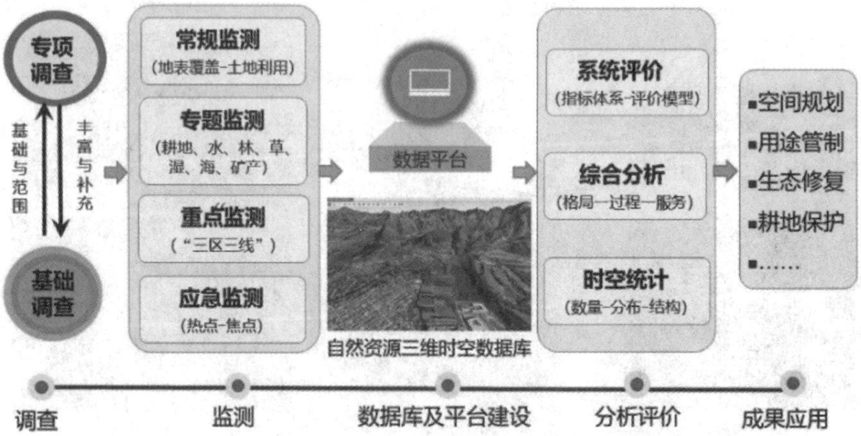

图 1-5 遥感在自然资源调查监测领域的应用

在水资源调查监测方面，遥感技术广泛应用于水资源调查、节约利用、水环境监测研究以及多级水土资源联合配置等领域。

在应急领域，遥感技术有助于推进落实防灾、救灾、减灾的国家重大战略，能够有效解决灾害监测、灾情研判和灾后重建等紧迫问题。2008 年 5 月 12 日，我国汶川地区发生了 8 级特大地震灾害，灾害情况十分严重。地震发生后，道路不通，通信中断，次生灾害频发，气象条件恶劣，灾情不明，使当时抢险救灾决策面临重大难题。利用灾区高分辨率遥感数据，可以从地质灾害、江河堰塞、房屋倒塌、道路损坏、农林损毁、工程破坏等多方面分析地震受灾情况，从而在最短的时间内形成高质量的灾情分析报告，为相关抗震救灾决策和指挥提供有力支持(图 1-6)。

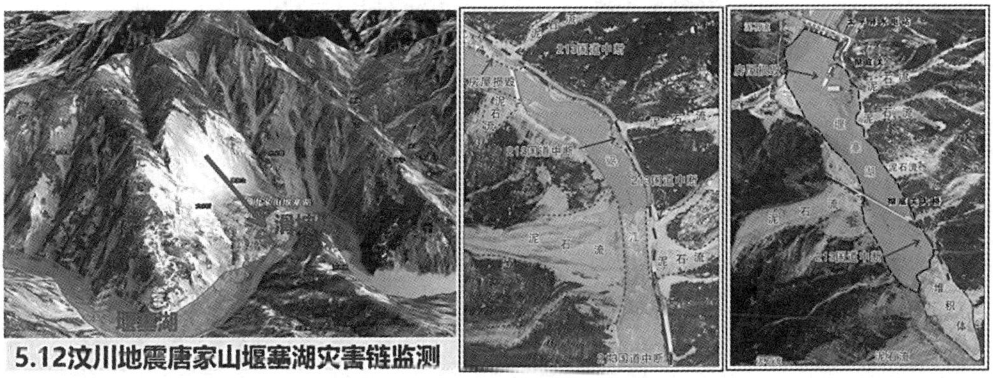

图 1-6 遥感在应急领域的应用

在军事领域，遥感技术是军事情报的主要来源之一。信息化战场是现代战争的重要特征，而遥感技术作为精确打击武器的核心支撑技术之一，发挥着关键作用。遥感技术能够从高空或远距离感知目标物的性质和状态，通过收集和处理来自目标物的电磁波信息，生成数据或图像，从而揭示目标的性质和状态。例如，卫星遥感可以通过获取高分辨率的图像，清晰地显示机场跑道、滑行中的飞机和导弹发射架等重要军事设施，极大地提升了军事侦察的能力(图 1-7)。

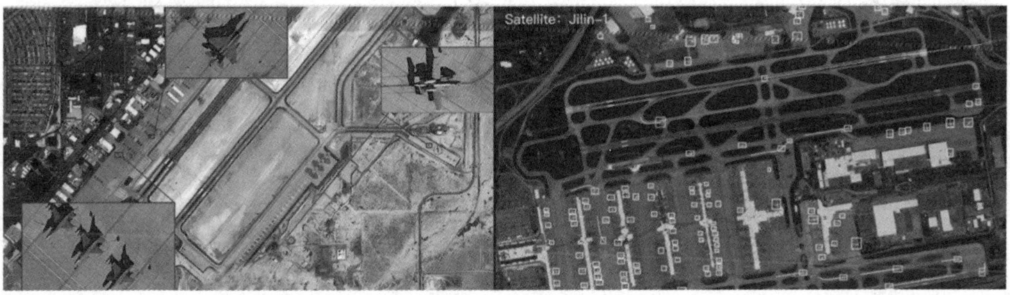

图 1-7 遥感在军事领域的应用

第 2 章　遥感物理基础

遥感物理基础体现了马克思主义的认知论。

1. 物质决定意识

遥感技术通过探测物质世界(如地表、大气等)的电磁波信息，再通过信息处理和分析，形成对客观世界的认知，体现了物质决定意识的原理。

遥感数据是物质世界的客观反映，人们通过分析和解释遥感数据，加深对客观世界的认识，这一过程体现了从物质到意识的认知过程。

2. 实践是认识的基础

遥感技术的发展和应用，是人类认识世界、改造世界的实践活动。通过不断的遥感实践，人们获取了大量的地球观测数据，进而深化了对地球的认识。

遥感技术在资源勘查、环境监测、灾害预警等领域的应用，体现了认识世界和改造世界的辩证统一，印证了实践是认识的基础这一原理。

3. 认识的反复性和无限性

遥感技术的不断进步，如从可见光遥感到多光谱遥感、从光学遥感到雷达遥感等，体现了人类认识的反复性和无限性。

通过新的遥感手段和分析方法，人们不断深化和拓展对地球的认识，这一过程体现了认识从感性到理性、从局部到整体、从表象到本质的发展过程。

4. 真理的具体性和发展性

遥感数据反映了地球表面的具体情况，如土地利用、植被覆盖等，体现了真理的具体性。

随着遥感技术的发展和数据的积累，人们对地球的认识也在不断发展和深化，体现了真理的发展性。

5. 主观能动性

遥感数据的获取和分析，体现了人的主观能动性。人们根据认识目的和需求，主动设计遥感系统，选择合适的数据处理和分析方法，以达到认识客观世界的目的。

在遥感数据的解译和应用过程中，人的主观能动性发挥了重要作用，如根据先验知识和经验判断，对遥感数据进行解释，进而做进一步的决策。

2.1 电磁波

任何物体都具有不同的电磁波反射或发射特征。地物反射或发射的电磁波信息经过大气到达遥感传感器，传感器将地物对电磁波的辐射强度以不同的亮度记录下来，形成遥感图像。因此，遥感图像是电磁辐射与地表相互作用的一种记录形式。电磁波及其基本特性是理解遥感图像成像原理的基础。

2.1.1 电磁波

电磁波是电磁场的一种运动形态。电磁波是空间中以横波形式传播的相互垂直的电场和磁场。根据麦克斯韦的电磁场理论，变化的电场会在其周围激发出变化的磁场，而变化的磁场也会在其周围激发出变化的电场。磁场和电场间不停地互相激发，以光速将激发出的电场和磁场传播到远处(图 2-1)。

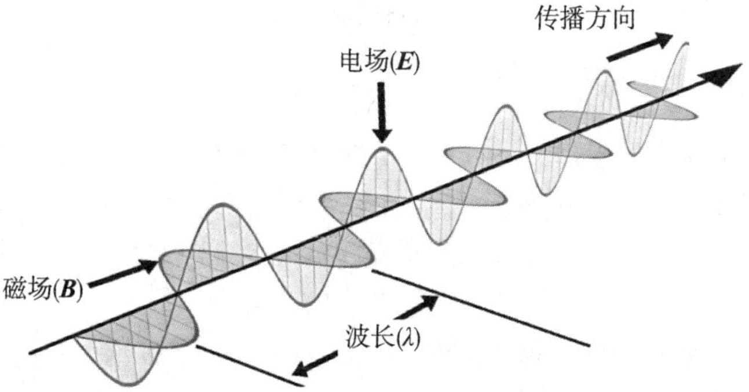

图 2-1 电磁波

麦克斯韦方程组如下：

$$\begin{cases}\nabla\cdot \boldsymbol{D}=\rho \\ \nabla\times \boldsymbol{E}=\dfrac{\partial \boldsymbol{B}}{\partial t} \\ \nabla\cdot \boldsymbol{B}=0 \\ \nabla\times \boldsymbol{H}=\boldsymbol{J}+\dfrac{\partial \boldsymbol{D}}{\partial t}\end{cases} \tag{2-1}$$

式中，∇为哈密顿算子；$\nabla=\left(\dfrac{\partial}{\partial x},\dfrac{\partial}{\partial y},\dfrac{\partial}{\partial z}\right)$；$\boldsymbol{D}$表示电感应强度；$\boldsymbol{B}$表示磁感应强度；$\boldsymbol{E}$表示电场强度；$\boldsymbol{H}$表示磁场强度；$\boldsymbol{J}$表示传导电流强度；$\rho$表示自由电荷密度；$t$表示时间。麦克斯韦方程组的微分形式分别表达了电场特征、变化电场激发磁场、磁场特性、变化磁场激发电场。

电磁波还可以表达为

$$
\begin{cases}
\dfrac{\mu}{c}\dfrac{\partial \boldsymbol{H}}{\partial t} = -\dfrac{\partial \boldsymbol{E}}{\partial x} \\
\dfrac{\varepsilon}{c}\dfrac{\partial \boldsymbol{E}}{\partial t} = -\dfrac{\partial \boldsymbol{H}}{\partial x}
\end{cases}
\tag{2-2}
$$

式中，ε 为介质的相对介电常数；μ 为介质的相对磁导率；c 为光速。

无论哪种形式，都说明随时间变化的磁场能激发电场，而随时间变化的电场也能激发磁场。在电场和磁场的相互激发中，电磁波向外传播。电磁波在介质中的传播速度为

$$
v = \frac{c}{\sqrt{\varepsilon\mu}}(\varepsilon \geqslant 1,\ \mu \geqslant 1) \tag{2-3}
$$

单一波长电磁波的一般函数表达式为

$$
\Phi = A\sin[(\omega t - kx) + \varphi] \tag{2-4}
$$

式中，Φ 为波函数，表示电场强度；A 为振幅；ω 为电磁波频率；k 为电磁波波数；t 表示时间；x 表示距离；φ 为电磁波相位。波函数包含了电磁波的振幅、频率、相位信息。传感器通常仅记录电磁波的振幅信息，而不记录相位信息。

电磁波的波动性表现为干涉、衍射、偏振等现象。

1. 电磁波的干涉

干涉现象基于波的叠加原理。一列波在空间传播时，在空间的每一点都引起振动，当两列波在同一空间传播时，空间各点的振动就是各列波单独在该点产生的振动的叠加合成。杨氏实验可观察到光的干涉现象，相干光在空间一点叠加后的强度为

$$
I = I_1 + I_2 + 2I_1I_2\cos\delta \tag{2-5}
$$

式中，I_1 和 I_2 为两列频率相同、振动方向相同，且具有固定相位关系的光波强度；δ 为上面所述两列光波的相位差；I 为叠加后的强度。

一般地，严格单色波都是相干波。获得良好的时间和空间相干性对于利用干涉原理进行距离测量至关重要。激光就是相干波，它是光波测距仪的理想光源。微波遥感中的雷达也是应用了干涉原理成像的，其图像上会出现颗粒状或斑点状的特征，这是一般非相干波的可见光图像所没有的，对微波遥感的判读意义重大。

2. 电磁波的衍射

光线偏离直线路径的现象称为光的衍射。夫朗和费衍射装置的单缝衍射实验，可以观察到衍射现象。在入射光垂直于单缝平面时的单缝衍射图样中，可以看到中央有特别明亮的亮纹，两侧对称地排列着一些强度较小的亮纹，各条亮线的强度为

$$
I_\theta = I_0\left(\frac{\sin\alpha}{\alpha}\right)^2 \tag{2-6}
$$

式中，θ 为衍射角；I_0 为衍射角等于 0 时的光强度；I_θ 为衍射角等于 θ 时的光强度；$\alpha = \dfrac{\delta}{2}$，即相位差的一半；$\delta = \dfrac{2\pi}{\lambda}\Delta L = \dfrac{2\pi\alpha \cdot \sin\theta}{\lambda}$（$\Delta L$ 为衍射角 θ 时，单缝两端光线偏离直线后引起的光程差；α 为单缝的宽度）。

如果单缝变成小孔，则单色平行光束照射小孔后，由于小孔衍射，在屏幕上出现的不是一个亮点，而是一个亮斑，亮斑周围还有逐渐减弱的明暗相间的条纹，其强度分布如图2-2所示。

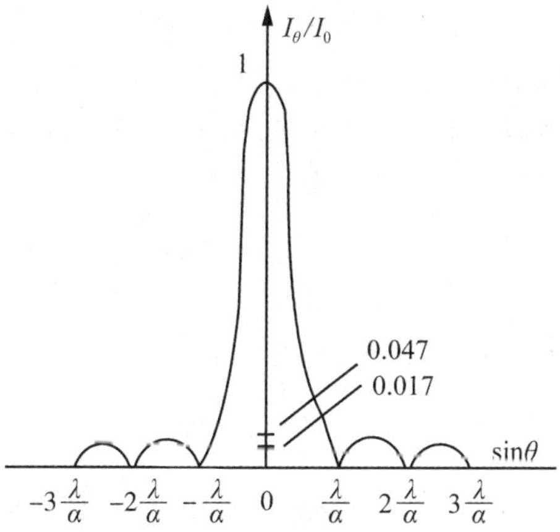

图 2-2 衍射光强度分布

一个物体通过物镜成像时，实际上是物体上各点发出的光线经光学系统在屏幕上形成的亮斑组合而成。例如，距离很近的两个物点发出的光，经透镜在屏幕上形成两个亮斑，其叠加后的亮度分布如图2-3所示。当两个亮斑靠近到一定距离时，就叠合成一个峰值，也就是说原来两个物点在屏幕上已无法分辨。光学仪器恰能分辨两个物点的张角 θ 称为光学仪器的最小分辨角，它与物镜的孔径 d 成反比，与入射光的波长 λ 成正比，可由下式表示：

$$\theta_0 = 1.22\frac{\lambda}{d} \tag{2-7}$$

光学仪器的分辨本领通常定义为最小分辨角的倒数。

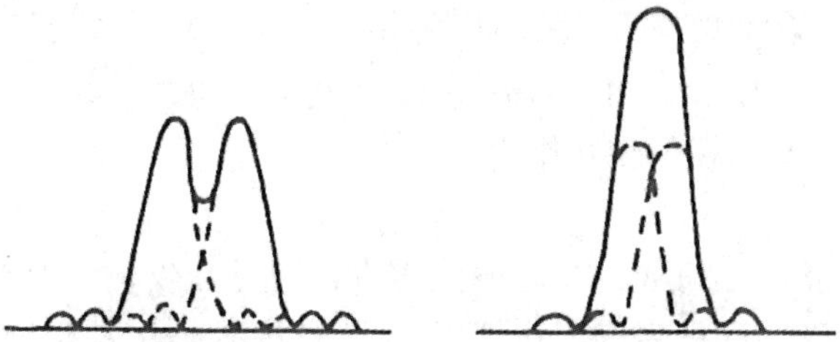

图 2-3 衍射引起的亮斑叠合与光学仪器的分辨能力

研究电磁波的衍射现象对设计遥感仪器和提高遥感图像几何分辨率具有重要意义。在数字图像处理的过程中，也需要考虑光的衍射现象。

3. 电磁波的偏振

电磁波是横波，由两个相互垂直的振动矢量即电场强度 ***E*** 和磁场强度 ***H*** 来表征。***E*** 和 ***H*** 都与电磁波的传播方向相垂直。光是电磁波的特例。在光波中，产生感光作用和生理作用的是电场强度 ***E***，因此，将 ***E*** 称为光矢量，***E*** 的振动称为光振动。

如果光矢量 ***E*** 在一个固定平面内只沿一个固定方向作振动，则这种光称为偏振光。和振动方向相垂直且包含传播方向的平面称为偏振面。分子、原子在某一瞬间所发出的光本是偏振的，每一个光矢量都具有一定的方向。光源中大量的分子或原子所发出的光，会以不规则的次序取所有可能的方向，而非保持一定的优势方向。因此自然光是非偏振的，在所有可能的方向上的振幅都可以看作完全相等。介于自然光和偏振光之间的称为部分偏振光，其偏振程度可以用偏振度 P' 来衡量：

$$P' = \frac{I_{\max} - I_{\min}}{I_{\max} + I_{\min}} \tag{2-8}$$

自然光的 $I_{\max} = I_{\min} = I_0$，$P' = 0$ 叫作非偏振光；偏振光的 $I_{\min} = 0$ 时，$P' = 1$ 叫作全偏振光。

许多散射光、反射光和透射光是部分偏振光，且其偏振度与有关物质的性质有关。偏振在微波技术中称为“极化”。遥感技术中的偏振摄影和雷达成像利用了电磁波的偏振这一特性。

在微波情形下，水平极化和垂直极化波照射在同一地物目标界面上，反射率和相位是不同的，可以通过不同极化的雷达波来获取地面目标的信息。例如，当地面目标粗糙度小于辐射波长时，后向散射信号与垂直极化的入射角(20°~70°)无关，而水平极化雷达的后向散射强度依赖入射角。例如，草地和道路这两种地面目标，若采用水平极化波，它们的后向散射回波差异很大。如果地面粗糙度比波长大很多，则不存在这种关系。

2.1.2　电磁波谱

电磁波谱是按照电磁波的波长(或频率大小)长短依次排列成的谱。它包括 γ 射线、X 射线、紫外线、可见光、红外线、微波、无线电波等，如图 2-4 所示。不同波长电磁波的产生原因各不相同。γ 射线源于原子核内部的相互作用，X 射线源于内层电子的离子化，紫外线源于外层电子的离子化，可见光源于外层电子的激励，红外线源于分子振动和旋转，微波源于电子自转与磁场的相互作用。

1)可见光波段

可见光波长为 0.38~0.76μm。在电磁波谱中，可见光仅占一个极其狭窄的区间。可见光是人类视觉能感受到的电磁波。人眼将可见光按波长从长到短感受为红色(0.62~0.76μm)、橙色(0.59~0.62μm)、黄色(0.56~0.59μm)、绿色(0.50~0.56μm)、青色(0.47~0.50μm)、蓝色(0.43~0.47μm)和紫色(0.38~0.43μm)。

2)近红外波段

近红外波长为 0.76~0.90μm。近红外波长对应于植被的高反射峰带，是识别植被的独有特征。

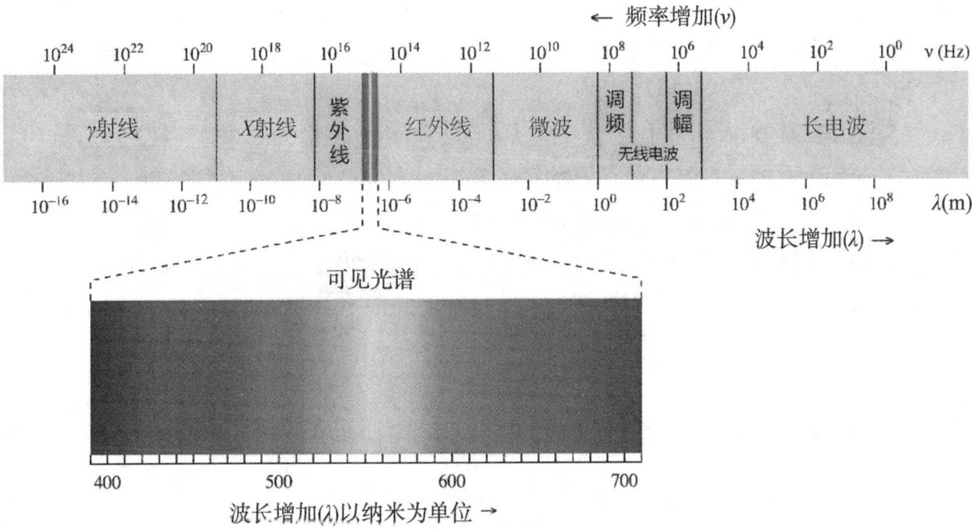

图 2-4 电磁波谱

3)短波红外波段

短波红外波长为 0.90~3.00μm。短波红外的波长范围位于可见光和近红外之间。由于短波红外其波长较短，对应的能量较高，具有一些独特的特性，能够穿透某些物体，如雾、烟、某些塑料等，在许多领域都有应用价值。

4)中波红外波段

中波红外波长为 3.0~6.0μm。与短波红外反射特性不同，中波红外包含地物反射和发射辐射，其中发射辐射主要是地物的热辐射。中波红外常用于高温地物的识别，例如火灾、活火山等。由于中波红外遥感利用了地物本身的热辐射特性，不仅可以白天成像，还可以夜间成像。但受到大气吸收和散射的影响，中波红外遥感不能在云、雨、雾天工作。

5)长波红外波段

长波红外波段为 6~15μm，是最长的一段红外波段，属于热辐射波段。长波红外的波长较中波红外长，在大气中穿透力较强，受云、雨、雾影响较小，且探测中低温物体的灵敏度更高，透过很厚的大气层仍能拍摄到地面清晰的图像。

6)微波波段

微波波长为 1mm~1m。在应用中分为分米波、厘米波、毫米波。最早用于搜索目的的雷达电磁波波长是 23cm，称为 L 波段(Long 的首字母)。随后发展出了波长为 10cm 的雷达，定为 S 波段(Short 的首字母)。再后来，3cm 波长的雷达出现。这种雷达专门用于火控瞄准，所以被称为 X 波段(代表坐标上的某个点)。为了结合 X 波段和 S 波段雷达的特点，又发展出了波长为 5cm 的雷达，称为 C 波段(Compromise 的首字母)。

2.1.3 电磁辐射

电磁能量的传播过程(包括发射、吸收、反射和透射等)称为电磁辐射。在遥感成像过程中，对电磁辐射量的记录表现为遥感图像的亮暗，电磁辐射量的大小决定着遥感图像的灰度。电磁辐射量的度量方式有：辐射能量、辐射通量、辐射通量密度、辐射照射度、辐射出射度、辐射亮度和辐射强度。

辐射能量：辐射能量 Q 是电磁波中电场能量和磁场能量的总和，以辐射形式发射或接收的能量，单位为焦耳(J)。太阳每秒钟的辐射能量约为 3.86×10^{26} 焦耳(J)。

$$Q = hv \tag{2-9}$$

辐射通量：辐射通量 Φ 是单位时间内通过某一截面的辐射能量，也称为辐射功率，单位为瓦特(W)。

$$\Phi = \frac{\mathrm{d}Q}{\mathrm{d}t} \tag{2-10}$$

辐射通量密度：辐射通量密度 W 是单位面积上通过的辐射通量，单位为瓦特/米^2 (W/m^2)。

$$W = \frac{\mathrm{d}\Phi}{\mathrm{d}S} \tag{2-11}$$

辐射照射度：辐射照射度是被辐射物体表面的辐射通量密度。

辐射出射度：辐射出射度是辐射源物体表面的辐射通量密度。

辐射亮度：面状辐射源向外的辐射通量随辐射方向不同会有变化。辐射亮度 L 是辐射源在某一方向，单位投影表面，单位立体角内的辐射通量，单位为瓦/米^2 · 微米 · 球面度(W/m^2 · μm · sr)。

$$L = \frac{\Phi}{\Omega(A\cos\theta)} \tag{2-12}$$

辐射强度：辐射强度 I 是描述点辐射源的辐射特性的，指在某一方向上单位立体角内的辐射通量，单位为瓦/球面度(W/sr)。

$$I = \frac{\mathrm{d}\Phi}{\mathrm{d}\Omega} \tag{2-13}$$

2.2　黑体辐射

2.2.1　黑体

黑体是指完全吸收辐射而无反射和透射的物体。由于绝对黑体在自然界中是不存在的，所以人们设计了一个理想黑体模型。如图 2-5 所示，这是一个开着小孔的空腔，空腔内壁均匀覆盖着不透明的具有吸收和反射作用的材料。从小孔处向空腔内发射特定能量和特定波长的电磁波，经过空腔内壁的多次吸收和反射，最终能逃逸出空腔的电磁波微乎其微。从外界来看，该空腔完全吸收了入射电磁波的能量而无反射和透射，因此是一个黑体。

黑体和黑色的物体是有区别的。黑体对所有波长电磁波都吸收，而黑色的物体仅仅对可见光波段电磁波吸收。所以黑体看上去不一定是黑色的，而看上去黑色的也不一定是黑

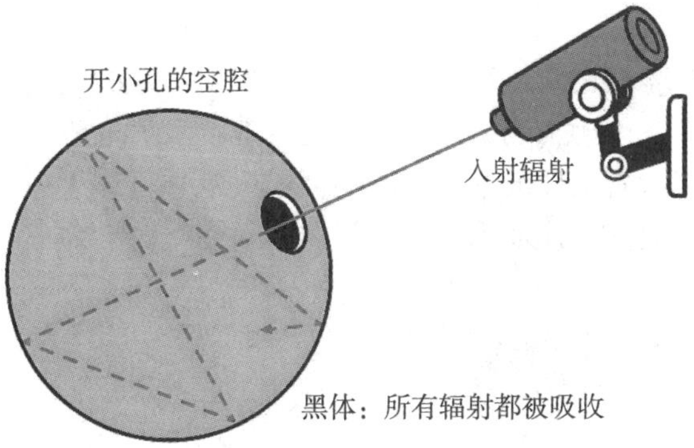

图 2-5 理想黑体模型

体。例如恒星、行星和黑洞都被认为是黑体，因为它们可以发射或吸收电磁波谱中绝大部分的波长，黑色的烟煤，其吸收率接近 99%，因而被认为是最接近绝对黑体的自然物体。另外，黑体之所以在一定温度下看起来是黑色，是因为此温度以下所发射的辐射能量很小且辐射波长在可见光范围之外。如果黑体的温度逐渐升高，黑体会按光谱从红色、黄色到青色等颜色出现。19 世纪，因为没有测量极高温的温度计，炼钢工人们常常通过钢水的颜色来调控温度(图 2-6，彩色效果见附录彩图 2-6)。

图 2-6 钢水温度和颜色

黑体的主要用途是产生一定温度下的标准辐射。因此，在温度计量中主要用于检定各种辐射温度计，如光学高温计、红外温度计、红外热像仪等。随着科学技术的发展，黑体的用途已经不限于在温度计量方面的应用。在光学方面，已经普遍采用黑体作为标准辐射源和标准背景光源。在测量领域里，黑体已经被用于测量材料的光谱发射、吸收和反射特性。在高能物理的研究中，黑体已经被用作为产生中子源。

2.2.2　黑体辐射曲线

黑体辐射是指由黑体在特定温度及特定波长上发射出来的辐射。为了研究黑体辐射的特点，需要利用理想黑体模型来测量入射辐射通量 W，入射电磁波波长 λ 和温度 T，并建立它们之间的关系。当沿着电磁波谱用不同的波长反复进行理想黑体模型实验，并达到相同温度时记录入射辐射通量，从而形成一条黑体辐射曲线(图 2-7)。

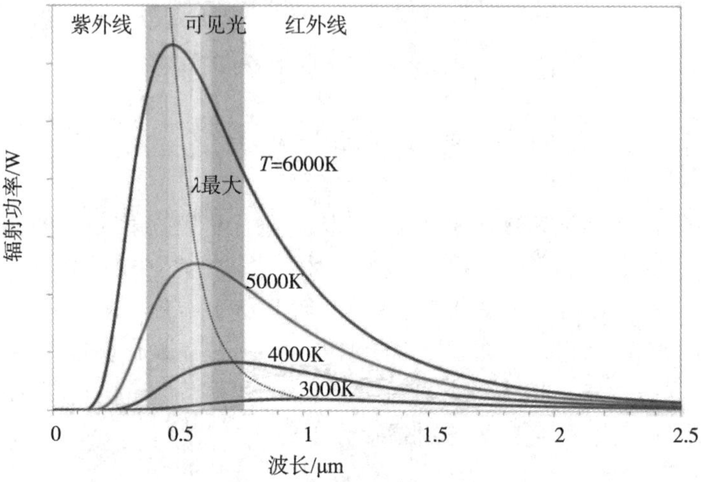

图 2-7　黑体辐射曲线

黑体辐射曲线的特点有：

(1)每一条特定温度下的曲线，其峰值的位置随温度有规律变化。温度越高，曲线峰值对应的波长位置越靠近短波方向；

(2)温度越高，曲线峰值越高，曲线包围的范围越大；

(3)不同温度下的任何曲线都不相交；

(4)短波范围的曲线较长波范围的曲线形态更陡峭。

2.2.3　黑体辐射定律

1. 斯特藩-玻尔兹曼公式

斯特藩-玻尔兹曼公式由斯洛文尼亚物理学家约瑟夫·斯特藩(Jožef Stefan)和奥地利物理学家路德维希·玻尔兹曼(Ludwig Eduard Boltzmann)分别于 1879 年和 1884 年各自独立提出。黑体表面单位面积辐射出的总功率与黑体本身的绝对温度 T 的四次方成正比。

$$W = \sigma T^4 \tag{2-14}$$

式中，W 表示黑体的总辐射通量密度；T 表示黑体的绝对温度；比例系数 σ 称为斯特藩-玻尔兹曼常数；$\sigma = \dfrac{2\pi^5 k^4}{15c^2h^3} = 5.6697 \times 10^{-12}(\mathrm{W/cm^2 \cdot K^4})$。$k = 1.380649 \times 10^{-23}(\mathrm{J/K})$ 为玻耳兹

曼常数，$c = 299792458(\mathrm{m/s})$ 为光速，$h = 6.62607015 \times 10^{-34}(\mathrm{J \cdot s})$ 为普朗克常数。

2. 维恩位移公式

维恩位移公式如下：

$$\lambda_{\max} T = 2897.8 \tag{2-15}$$

式中，$\lambda_{\max}$ 表示黑体辐射能量密度峰值对应的波长。维恩位移公式说明，黑体的分谱辐射能量密度的峰值波长随温度的增加向短波方向移动。

3. 维恩黑体辐射公式

1896 年，维恩从电磁波的粒子性角度出发，推导出了维恩黑体辐射公式。由于假设电磁波的粒子性，公式只在短波区间和实验数据吻合。

$$W(\lambda, T) = \frac{C_1}{\lambda^5} \mathrm{e}^{\frac{-C_2}{\lambda T}} \tag{2-16}$$

式中，$W(\lambda, T)$ 表示分谱辐射通量密度，单位 $\mathrm{W/(cm^2 \cdot \mu m)}$。$\lambda$ 表示波长，单位为 μm。C_1 和 C_2 为常数，在普朗克提出能量的量子假设后，可以推导出 $C_1 = 2\pi hc^2$，$C_2 = hc/k$。

4. 瑞利 - 金斯黑体辐射公式

1900 年，瑞利从电磁波的波动性角度出发，推导出了瑞利 - 金斯黑体辐射公式。由于假设电磁波的波动性，公式只在长波区间和实验数据吻合。

$$W(\lambda, T) = \frac{8\pi k_B T}{C\lambda^2} \tag{2-17}$$

式中，C 为常数。

维恩黑体辐射公式和瑞利 - 金斯黑体辐射公式，与黑体辐射实验数据的不完全吻合，就是物理学史上著名的“第二朵乌云”。

5. 普朗克黑体辐射公式

1900 年，普朗克通过量子假设推导出黑体辐射通量密度 $W(\lambda, T)$ 和其温度的关系，以及按波长分布的辐射定律。

$$W(\lambda, T) = \frac{2\pi hc^2}{\lambda^5} \cdot \frac{1}{\mathrm{e}^{ch/\lambda kT} - 1} \tag{2-18}$$

式中，$W(\lambda, T)$ 表示分谱辐射通量密度，单位为 $\mathrm{W/(cm^2 \cdot \mu m)}$；$\lambda$ 表示波长，单位为 μm；h 为普朗克常数（$6.6256 \times 10^{-34}\mathrm{J \cdot s}$）；$c$ 为光速（$3 \times 10^{10}\mathrm{cm/s}$）；$k$ 为玻耳兹曼常数（$1.38 \times 10^{-23}\mathrm{J/K}$）；$T$ 为绝对温度。

1）普朗克黑体辐射性质 1

用普朗克公式从 0 到无穷大对波长积分，其几何意义就是求曲线围成的面积。通过积分运算，最后化简的结果为黑体辐射总通量与温度的四次方成正比，这个结果与斯特藩-玻尔兹曼公式一致。

$$W=\int_0^{\infty}\frac{2\pi hc^2}{\lambda^5}\cdot\frac{1}{e^{ch/\lambda kT}-1}d\lambda \tag{2-19}$$

$$W=\frac{2\pi^5k^4}{15c^2h^3}T^4=\sigma T^4 \tag{2-20}$$

2) 普朗克黑体辐射性质 2

用普朗克黑体辐射公式对波长求偏导并使其等于 0，其几何意义就是求曲线的极值点。通过换元法解方程，最终可以得到峰值波长与温度成反比，这个结果与维恩位移定律一致。

$$\frac{\partial W_\lambda}{\partial\lambda}=\frac{-2\pi hc^2\left[5\lambda^4(e^{ch/kT\lambda}-1)+\lambda^5e^{ch/kT\lambda}(-ch/kT\lambda)\right]}{\lambda^{10}(e^{ch/kT\lambda}-1)^2}=0 \tag{2-21}$$

$$\lambda_{\max}T=2897.8 \tag{2-22}$$

利用这一性质，可以进行遥感最佳波段的确定。由黑体辐射曲线可知，峰值波长能量最集中，最有利于遥感成像的质量。因此，只要知道遥感目标的温度，就能确定用哪个波段来进行遥感成像。以下列举了几个典型的遥感目标，可以通过其已知温度计算出来最佳波长，也可以通过其辐射峰值对应的波长，来计算目标的温度。

宇宙微波背景辐射被认为是宇宙大爆炸后残留在宇宙空间的能量余辉。1960 年代，美国科学家彭齐亚斯和威尔逊为了改进卫星通信，建立了高灵敏度的号角式接收天线系统。但在降噪过程中始终有来自宇宙的波长为 7. 35cm 的微波背景噪声。通过计算得到微波背景辐射相当于 3K 的黑体辐射，所以也称为 3K 辐射。在黑体辐射理论的支持下，CoBe、WMAP、PLANK 等多个卫星都绘制了全天微波辐射功率谱，成为宇宙大爆炸理论的直接证据(图 2-8)。

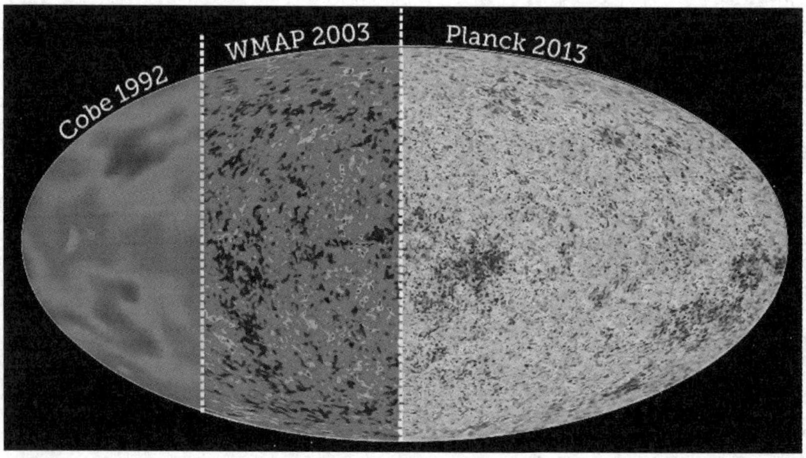

图 2-8　宇宙微波背景辐射

地球的全球平均温度为 20℃，约 300K，计算得到的最佳遥感波段属于红外波段。因此，在对地观测遥感平台上，红外波段是较常见的波段之一。

南极平均气温为零下25℃，约248K，计算得到最佳遥感波段属于热红外波段。我国科学家就曾利用TM6热红外波段进行了南极地形的遥感测绘。

3)普朗克黑体辐射性质3

对于长波范围的辐射，例如微波波段，普朗克公式用频率变量代替波长变量。

$$W=\int_{v_1}^{v_2}\frac{2\pi hv^3}{c^2}\cdot\frac{1}{e^{hv/kT}-1}dv \tag{2-23}$$

考虑到 $\lambda>1\text{mm}$，$hv\ll kT$，$e^{hv/kT}-1=\frac{hv}{kT}+\frac{(hv/kT)^2}{2!}+\cdots\approx\frac{hv}{kT}$

代入上式进行积分并化简得

$$W=\int_{\lambda_1}^{\lambda_2}\frac{2\pi kcT}{\lambda^4}d\lambda \tag{2-24}$$

即在微波范围，黑体辐射通量与温度的一次方成正比，这个结果和瑞利-金斯公式一致。

2.3 发射辐射

2.3.1 太阳辐射

太阳辐射是指太阳以电磁波的形式向宇宙空间发出的电磁辐射。地球所接受到的太阳辐射能量虽然仅为太阳向宇宙空间放射的总辐射能量的二十二亿分之一，但却是地球光热能的主要来源，也是被动遥感最主要的辐射源。

在地球位于日地平均距离处时，地球大气上界垂直于太阳光线的单位面积在单位时间内所受到的太阳辐射的全谱总能量，称为太阳常数，单位是 W/m^2。美国水手6、7号航天器在1969年用空腔辐射计测定的太阳常数为 $1357W/m^2$。

图2-9描绘了黑体在5800K时的辐射曲线，在大气层外接收到的太阳辐射照度曲线，以及太阳辐射穿过大气层后在海平面接收的太阳辐射照度曲线。从中可以看出，太阳辐射的光谱是连续的，它的辐射特性与绝对黑体的辐射特性基本一致。太阳辐射从可见光到中红外的能量最集中且相对稳定。太阳的活动使得太阳辐射在 γ 射线、X射线、紫外及微波波段，能量较小且变化较大，但对于被动遥感而言，主要利用可见光和红外等稳定波段，因此太阳的活动对遥感的影响不大。此外，海平面处的太阳辐射照度曲线与大气层外的曲线有较大差异，这主要是地球大气对太阳辐射的吸收和散射造成的。

表2-1列举了部分太阳辐射照度的平均值和小于该波长所有太阳光谱辐射照度占全部太阳辐射照度的百分比。太阳辐射光谱的99%以上集中在0.20~5.0μm波长范围。大约50%的太阳辐射能量在可见光谱区(波长0.4~0.76μm)，7%在紫外光谱区(波长<0.4μm)，43%在红外光谱区(波长>0.76μm)。

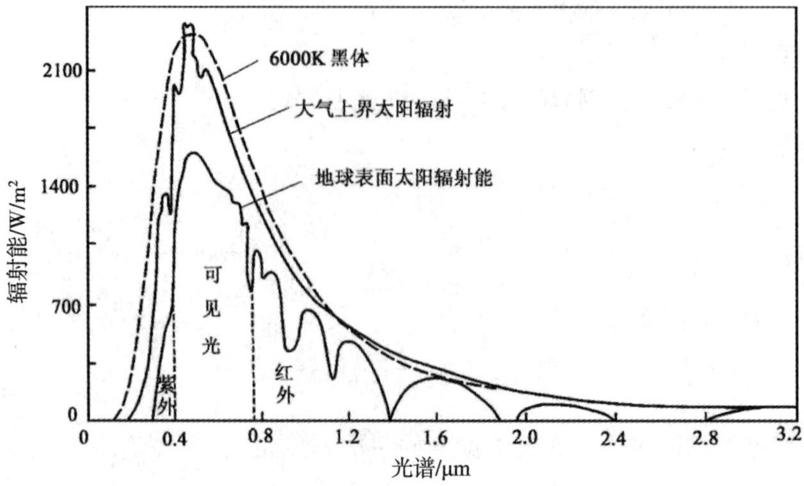

图 2-9　太阳辐射照度分布曲线

表 2-1　部分太阳辐射照度分布表

波长/μm	P_λ/W · cm^{-2} · μm^{-1}	D_λ/%
0. 20	0. 00107	0. 0081
0. 25	0. 00704	0. 1944
0. 30	0. 0514	1. 211
0. 35	0. 1093	4. 517
0. 40	0. 1429	8. 725
0. 42	0. 1747	11. 222
0. 44	0. 1810	13. 726
0. 46	0. 2066	16. 653
0. 48	0. 2074	19. 682
0. 50	0. 1942	22. 599
0. 52	0. 1833	25. 379
0. 54	0. 1783	28. 084
0. 56	0. 1695	30. 648
0. 58	0. 1715	33. 176
0. 60	0. 1666	35. 683
0. 65	0. 1511	41. 550

续表

波长/μm	P_λ/W·cm^{-2}·μm^{-1}	D_λ/%
0.70	0.1369	46.880
0.75	0.1235	51.691
0.80	0.1107	56.019
0.90	0.0889	63.358
1.00	0.0746	69.465
1.50	0.0287	86.645
2.00	0.0103	93.489
3.00	0.0031	97.8277
5.00	0.000383	99.5115
10.00	0.000025	99.937221
20.00	0.0000016	99.90963

2.3.2 物体发射辐射

黑体辐射是理想状态下绝对黑体的辐射，可以由普朗克定律精确描述。但自然界中的实际物体的发射和吸收能力都比相同条件下的绝对黑体的能力低。此外，实际物体的辐射能力不仅依赖于波长和温度，还与构成物体的材料、表面形态等因素有关。为了研究和描述一般物体的辐射特性，用发射率来表示一般物体的热发射能力。

$$\varepsilon = \frac{W'}{W} \tag{2-25}$$

发射率是实际物体与同温度下黑体在相同条件下的辐射功率之比。根据发射率的定义，发射率是一个介于 0 和 1 的数，用于刻画一般物体接近黑体的程度。

根据发射率随波长的变化特点，将实际物体分为选择性辐射体和灰体。选择性辐射体是在各波长的发射率不同，即 $\varepsilon = f(\lambda)$ 。灰体是在各波长的发射率相等，即 $\varepsilon = \varepsilon_\lambda$ 。绝对黑体是在各波长的发射率都等于 1。理想反射体是在各波长的发射率都等于 0。表 2-2 列出了一些材料在各自温度下的发射率。人皮肤、土壤、水等都接近于黑体。金属较接近于理想反射体。

表 2-2 几种主要地物的发射率表

材料	温度/℃	发射率 ε
人皮肤	32	0.98~0.99
土壤(干)	20	0.92

续表

材料	温度/℃	发射率 ε
水	20	0.96
岩石(石英岩)	20	0.63
(大理石)	20	0.94
铝	100	0.05
铜	100	0.03
铁	40	0.21
钢	100	0.07
油膜(厚 0.0508mm)	20	0.46
(厚 0.0254mm)	20	0.27
沙	20	0.90
混凝土	20	0.92

根据发射率的定义，我们可以根据发射率来计算一般物体的发射辐射：

$$W' = \varepsilon W = \varepsilon \sigma T^4 \tag{2-26}$$

实际测定物体的发射辐射通量密度曲线和黑体辐射曲线并不完全一致。为了便于分析，通常用一个最接近的黑体辐射曲线来参照，这时的黑体辐射温度称为等效黑体温度，记为 $T_{等效黑体}$。

$$W' = \varepsilon \sigma T_{实际物体}^4 = \sigma T_{等效黑体}^4 \tag{2-27}$$

$$T_{等效黑体} = \sqrt[4]{\varepsilon}\, T_{实际物体} \tag{2-28}$$

1860 年，基尔霍夫提出了基尔霍夫定律：好的吸收体也是好的辐射体。即在任一给定温度下，辐射通量密度与吸收率之比对任何材料都是一个常数，并等于该温度下黑体的辐射通量密度。

$$\frac{W'}{\alpha} = W \tag{2-29}$$

结合发射率的定义，可以得到

$$\varepsilon = \alpha \tag{2-30}$$

即任何材料的发射率等于其吸收率。基尔霍夫定律说明了凡是吸收热辐射能力强的物体，它的热发射能力也强。

根据能量守恒定律，入射在地表面的辐射功率等于吸收功率、透射功率和反射功率之和。那么

$$\begin{aligned} E &= E_\alpha + E_\tau + E_\rho \\ \alpha &+ \tau + \rho = 1 \end{aligned} \tag{2-31}$$

对于不透射电磁波的物体，$\tau = 0$，那么

$$\varepsilon = 1 - \rho \tag{2-32}$$

上式说明了不透射电磁波物体的发射率与反射率的关系。可以通过测定物体的反射率来确定其发射率。

2.4 反射辐射

2.4.1 反射类型

物体对电磁波的反射有三种形式(图 2-10)：

(1)镜面反射。当反射表面相当平坦的时候就会发生镜面反射(即平均断面高度比到达该表面的辐射波长小好几倍)。镜面反射满足反射定律。如平静的水体就表现为近似/准理想镜面反射。如果水面几乎没有波纹，入射能量就会以与入射角大小相等但方向相反的角度离开水体。当发生镜面反射时，对于不透明物体而言，其反射能量等于入射能量减去吸收的能量。

(2)漫反射。如果入射电磁波波长 λ 不变，表面粗度 h 逐渐增加，直到 h 与 λ 同量级，此时整个表面均匀反射入射电磁波，入射到此表面的电磁辐射按照朗伯余弦定律反射。通常指定的朗伯特面是在任何角度反射的辐射通量都是常数的表面。白纸、白色粉末等物质都以这种漫射方式反射可见光。

(3)方向反射。实际地物表面由于地形起伏，在某个方向上反射最强烈，这种现象称为方向反射，它是镜面反射和漫反射的结合。当地物粗糙度继续增大时，便会出现方向反射现象，这种反射没有规律可循。

从空间对地面观察时，对于地势平坦且地面物体分布均匀的区域，可以看作漫反射。对于地形起伏和地面结构复杂的地区，可以看作方向反射。

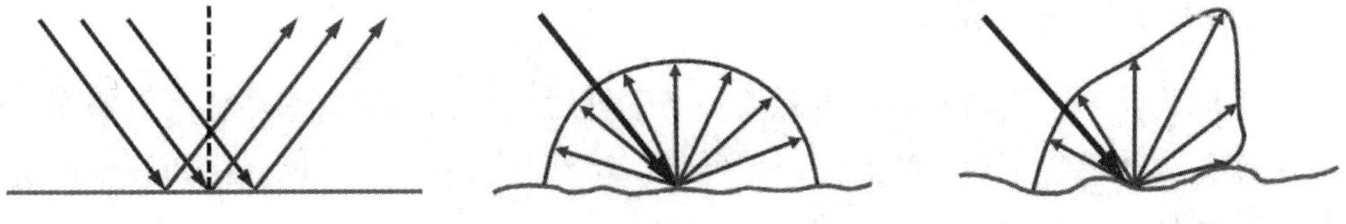

(a) 镜面反射　　(b) 漫反射　　(c) 方向反射

图 2-10　反射类型

2.4.2 反射率

反射率是物体的反射辐射通量与入射辐射通量之比

$$\rho = \frac{E_\rho}{E} \tag{2-33}$$

反射率描述的是理想漫反射体对于整个电磁波波长范围的反射能力。实际物体自身的几何结构和物理特性，对于不同波长的电磁波是选择性的反射。

例如，绿色植物叶子对于电磁波是有选择性的反射(图 2-11，彩色效果见附录彩图 2-11)。其叶面由表皮细胞、含叶绿素的栅栏细胞和多孔薄壁细胞组成。包含整个光谱范围的太阳辐射透过表皮细胞后，进入栅栏细胞，其中的叶绿素吸收蓝波段和红波段电磁波进行光合作用，反射绿波段电磁波。而近红外波段能穿透栅栏细胞，被多孔薄壁细胞反射。绿色植物的叶子选择性地反射了绿波段和近红外波段，但人眼只能感受可见光范围的电磁波，所以只能看到叶子是绿色的，而并不能感受到叶子对近红外波段的反射。

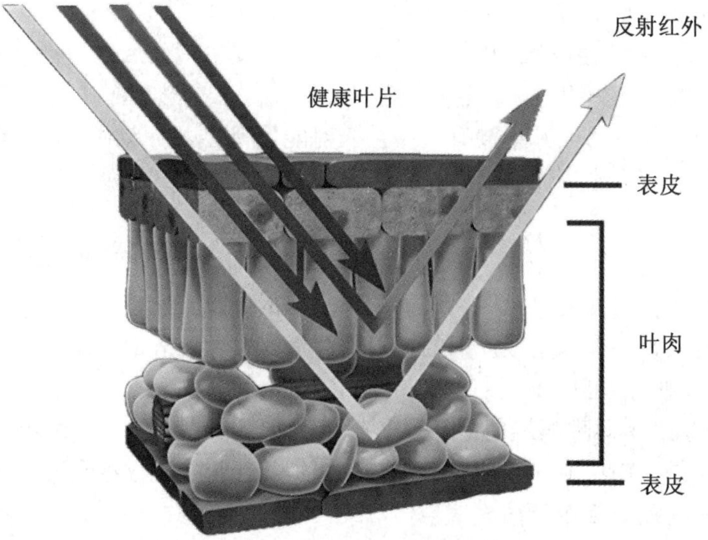

图 2-11　绿色植物叶面结构

2.4.3　反射波谱特性曲线

由于不同物体对于不同波长的电磁波具有选择性反射，其反射率会随波长的变化而变化。这种变化规律反映了物体特有的反射特性。以波长为横坐标，反射率为纵坐标所得的曲线即为该物体的反射波谱特性曲线。

物体的反射波谱主要分布在紫外、可见光和近红外波段，尤其是后两个波段。一个物体的反射波谱特征主要取决于该物体与入射辐射相互作用的波长选择，即对入射辐射的反射、吸收和透射的选择性，其中反射作用是主要的。物体对入射辐射的选择性作用受物体的组成成分、结构、表面状态以及物体所处环境的影响。

图 2-12 所示为四种地物的反射波谱特性曲线。从图中曲线可以看到，雪的反射波谱曲线形态与太阳光谱曲线最相似，在蓝光附近有一个波峰，随着波长增加反射率逐渐降低。沙漠的反射率在橙光附近有峰值，但在长波范围里比雪的反射率要高。湿地的反射率较低，色调较暗。小麦叶子的反射光谱与太阳光谱有很大差别，在绿波段处有一个反射波峰，在红外波段有一个强峰值。

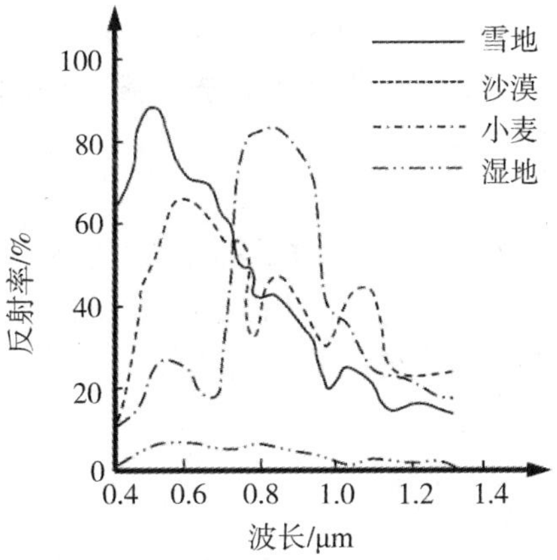

图 2-12　四种地物的反射波谱特性曲线

2.4.4　典型地物的反射波谱特性曲线

1. 植物的反射波谱特性曲线

绝大部分的植物具有相近的叶面细胞结构，所以植物具有相似的反射波谱特性曲线，如图 2-13 所示。绿色植物需要通过叶绿色进行光合作用，所以在可见光波段的绿光(0.55μm)附近有反射率为 10%～20%的波峰，两侧的蓝光(0.45μm)和红光(0.67μm)则有两个吸收带。在近红外波段(0.8～1.1μm)，电磁波受到植物多孔薄壁细胞的影响，有一个明显的高反射带，形成了植物独有的特征。在中红外波段(1.3～2.5μm)，受到植物含水的影响，吸收率增大，形成以 1.45μm、1.95μm、2.7μm 为中心的吸收带。

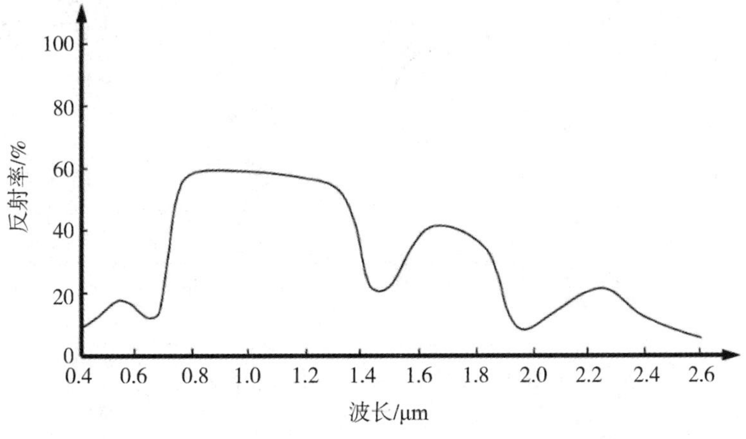

图 2-13　植物的反射波谱特性曲线

不同类型的植物，其反射波谱特性曲线总体上符合植物的形态，但由于其细胞结构和组成成分的差异，各自的反射波谱特性曲线还是有所不同。在可见光波段，反射率的差异较小，因此仅通过人眼观察可见光波段图像上植被的灰度或颜色差异，很难区分不同类型的植物。然而，在近红外波段，反射率的差异明显起来，因此在近红外波段图像上能够很好地区分不同类型的植物。

图 2-14 所示为针叶林和落叶林的反射波谱特性曲线，而图 2-15 则描绘了四种植物的反射波谱特性曲线。这些曲线在整体形态上均体现了植被的反射波谱特性，然而，由于不同类型植物的叶面细胞结构和含水量的差异，曲线形态略有差异，尤其是近红外波段的差异最为明显。

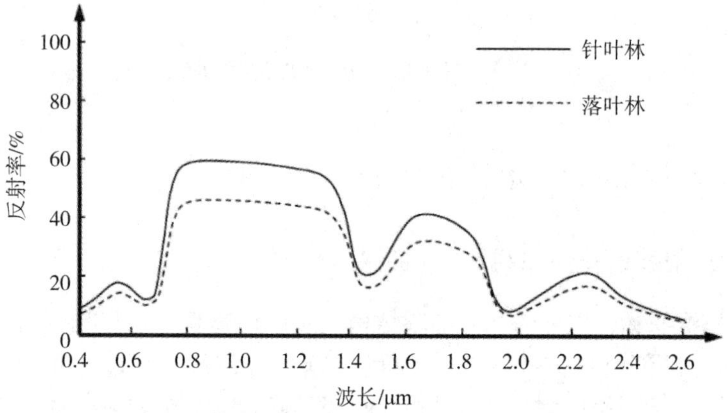

图 2-14　不同波段的针叶林和落叶林图像及其反射波谱特性曲线

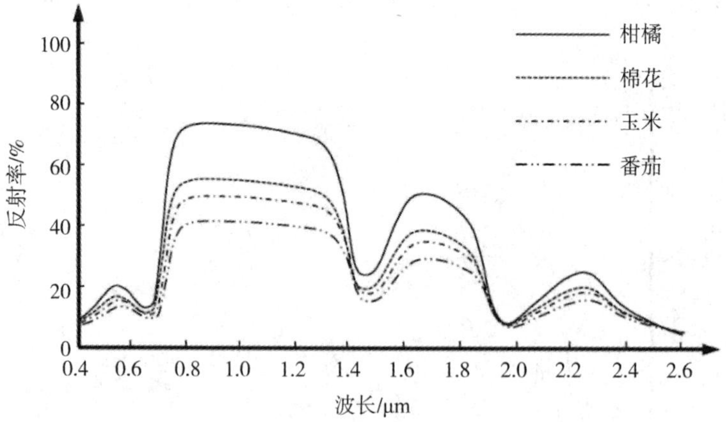

图 2-15　四种植物的反射波谱特性曲线

同一春小麦在花期、灌浆期、乳熟期、黄叶期的反射波谱特性曲线呈现出显著的变化，如图 2-16 所示。在花期，春小麦的反射特性曲线最具有植物的形态特征，其反射率明显高于灌浆期和乳熟期。到了黄叶期，小麦的叶片已经枯黄，失去了绿色植物的特征，同时水含量也大幅降低。因此，在图 2-16 曲线中，三个典型吸收带也减弱，导致其反射波谱特性曲线几乎呈现为一条斜线。

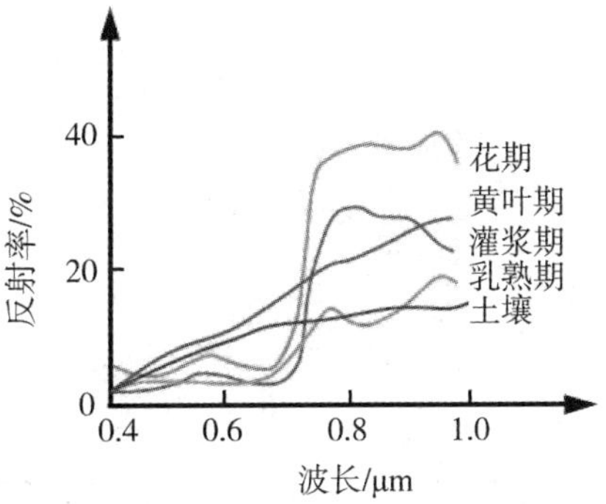

图 2-16 同一植物在不同生长阶段的反射波谱特性曲线

2. 水体的反射波谱特性曲线

水体的反射主要集中在蓝绿波段，其他波段吸收率很强，特别在近红外、中红外波段有很强的吸收，反射率几乎为零。在这些波段上，水体的色调很黑，与周围的植被和土壤形成鲜明对比，这使得水体在遥感图像中易于识别与判读。因此，遥感应用中，近红外波段常被用来确定水体的位置和轮廓。然而，当水中含有其他物质时，其反射波谱特性曲线会发生变化。例如，当水中含有泥沙时，由于泥沙的散射作用，可见光波段发射率会增加，反射峰值通常出现在红黄波段。当水中含叶绿素时，近红外波段的反射率显著提高。图 2-17 所示为水体的反射波谱特性曲线。

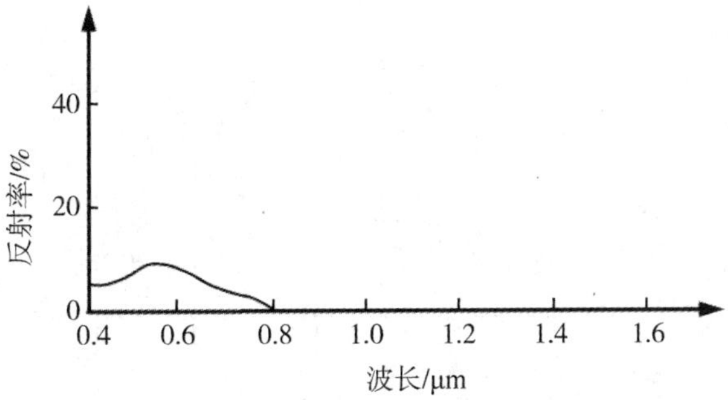

图 2-17 水体的反射波谱特性曲线

3. 土壤的反射波谱特性曲线

自然状态下，土壤的反射率通常没有明显的波峰和波谷。其反射波谱特性曲线受多种因素影响，包括土壤类别、含水量、有机质含量、砂、土壤表面粗糙度、粉砂相对百分含量等。由于土壤是多种物质的混合物，其反射率实际上是各成分反射率的平均值，这削弱了各成分的反射特性，使得土壤的反射曲线相对平坦，没有较大的起伏。图 2-18 所示为土壤的反射波谱特性曲线。

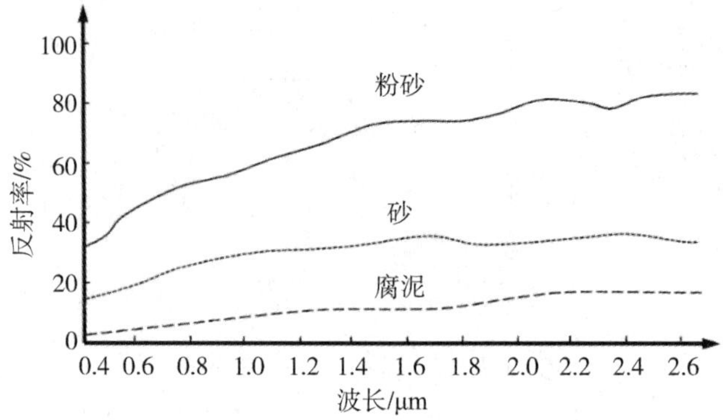

图 2-18　土壤的反射波谱特性曲线

4. 建筑和道路的反射波谱特性曲线

在城市遥感图像中，通常只能看到建筑的顶部或部分侧面。铁皮屋顶的表面呈现灰色，其反射率较低且变化较小，因此反射波谱曲线较平缓。石棉瓦的反射率最高，而沥青砂屋顶由于其表面铺着反射率较高的砂石，其反射率高于灰色的水泥屋顶。绿色塑料棚顶的反射波谱特性曲线在绿波段处有一个反射峰值，这与植被的反射特性相似，但在近红外波段处没有反射峰值，这与植被的反射波谱特性不同(图 2-19)。在军事遥感中，常利用近红外波段区分绿色波段中难以区分的绿色植被和绿色军事目标。

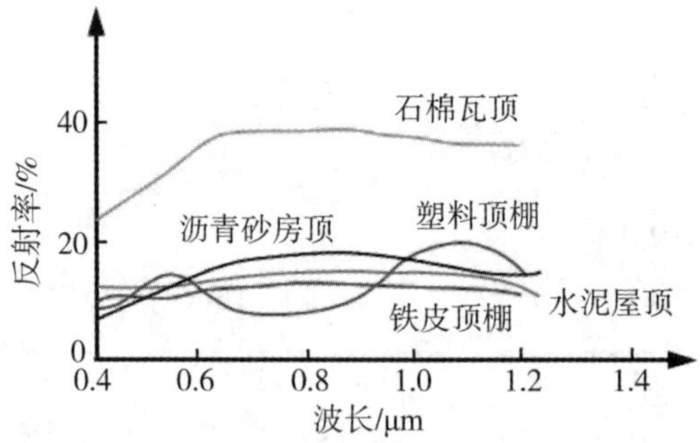

图 2-19　各种建筑物屋顶的反射波谱特性曲线

城市道路的主要铺面材料包括水泥沙地和沥青两大类。类似于土壤这样的混合物，水泥和沥青的反射特性也不显著，整体上水泥的反射率较高，而沥青的反射率较低。道路的反射波谱特性曲线较为平坦(图 2-20)。

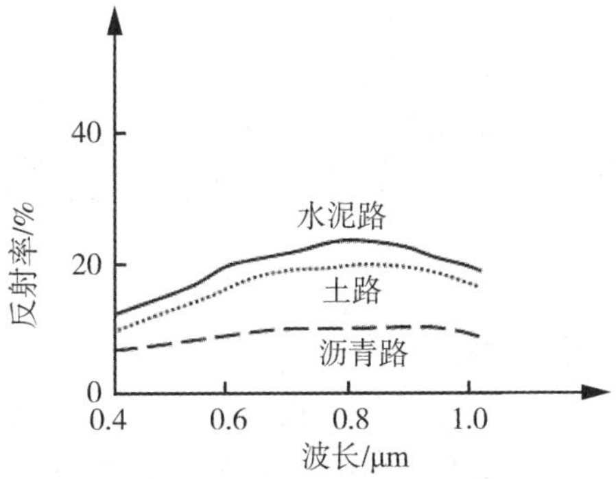

图 2-20　各种道路的反射波谱特性曲线

5. 岩石的反射波谱反射特性曲线

岩石成分、矿物质含量、含水状况、风化程度、颗粒大小以及表面光滑程度都会影响其反射波谱反射特性曲线。几种岩石的反射波谱特性曲线如图 2-21 所示。

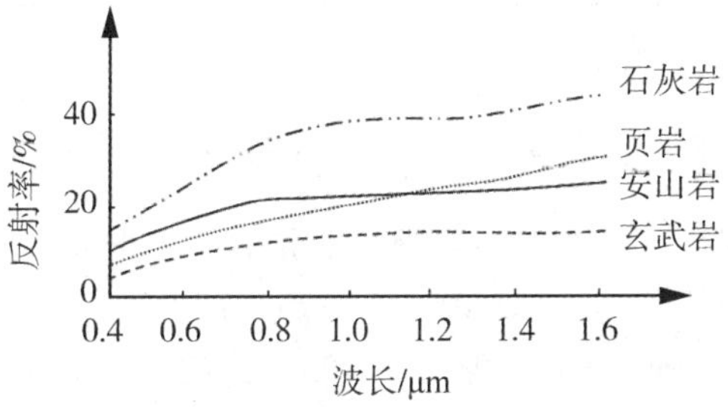

图 2-21　几种岩石的反射波谱特性曲线

2.4.5　影响地物光谱反射率变化的因素

影响地物光谱反射率变化的因素包括太阳位置、传感器位置、地理位置、地形、季节、气候变化、地面湿度变化、地物本身的变异、大气状况等。此处因篇幅限制，仅简要分析太阳位置、传感器位置、地理位置及地物本身变异对地物光谱反射率的影响。

太阳位置主要体现为太阳高度角和方位角的变化。当这两个参数发生改变时，地表的入射照度会随之产生相应变化。为了降低这两个因素对反射率测量的干扰，遥感卫星轨道普遍采用固定地方时的过境设计。然而，受季节更替与地理坐标差异的影响，太阳高度角和方位角的变化仍具有不可规避性。

传感器位置主要指传感器的观测角和方位角。通常，空间遥感用的传感器大部分设计成垂直指向地面，这样设计对反射率的影响小。然而，卫星姿态导致的传感器指向偏离垂直方向，仍会引起反射率变化。

不同的地理位置会导致太阳高度角、方位角和地理景观的差异，从而引起反射率的变化；此外，海拔高度不同和大气透明度改变也会影响反射率。

地物本身的变异，如植物的病害将使反射率发生较大变化，土壤的含水量也直接影响着土壤的反射率，通常含水量越高，红外波段的吸收越强。相反，水中含沙量的增加则会提升水的反射率。

2.5　反射波谱特性的测定

地物的反射波谱特性是指地物因有的电磁波反射或辐射特性。在遥感技术的发展过程中，世界各国都十分重视地物反射波谱特性的测定工作。1947 年，苏联学者克里诺夫首次系统测量并公布了自然物体的反射光谱。美国经过长达七八年的地物光谱研究后，才成功发射了陆地资源卫星。遥感图像中灰度与色调的变化是遥感图像所对应的地面范围内电磁波特性的反映。

在遥感应用中，测量地物反射波谱特性曲线主要有以下三种作用：

(1)为选择遥感波谱段和遥感仪器设计提供科学依据；

(2)为在外业测量中选择合适的飞行时间提供重要参考数据；

(3)是开展遥感图像数字处理的必要前提，也是用户判读、识别、分析遥感图像的基础。

2.5.1　反射波谱特性的测定原理

对于不透射电磁波的物体，其发射率与反射率有下列关系

$$\varepsilon(\lambda) = 1 - \rho(\lambda) \tag{2-34}$$

式中，$\varepsilon(\lambda)$ 为物体在特定波长上的发射率；$\rho(\lambda)$ 为物体在特定波长上的反射率。

各种地物的发射辐射电磁波特性可以通过间接测量其反射辐射电磁波特性获得。因此，地物波谱反射特性通常都是用地物反射辐射电磁波来描述，即在给定波段范围内，地物的电磁波反射率变化规律。

反射波谱特性的测定原理是：将光谱测定仪分别设置于不同波长或波段，同步探测目标地物和标准板，测量并记录地物在各波段的反射率数据，其反射率的变化规律即为该地物的反射波谱特性。根据辐射传输理论，地物的反射辐射通量密度为

$$\phi_\lambda = \frac{1}{\pi}\rho_\lambda E_\lambda \tau_\lambda \beta G \Delta\lambda \tag{2-35}$$

首先测量地物的反射辐射通量密度 ϕ_λ，经光电转换变为电流强度 $I_\lambda = k\phi_\lambda$。随后测量标准板的反射辐射通量密度。标准板为一种理想的漫反射体，通常由硫酸钡或石膏材料制成，其反射率 ρ_λ^0 预先经过严格测定和标定。使用光谱测定仪测得标准板的反射辐射通量密度为 ϕ_λ^0，经光电转换变为电流强度 $I_\lambda^0 = k\phi_\lambda^0$。最后，将地物的电流强度与标准板的电流强度相比较，得到

$$\frac{I_\lambda}{I_\lambda^0} = \frac{\phi_\lambda}{\phi_\lambda^0} = \frac{\rho_\lambda}{\rho_\lambda^0} \tag{2-36}$$

则求得地物的光谱反射率为

$$\rho_\lambda = \frac{I_\lambda}{I_\lambda^0}\rho_\lambda^0 \tag{2-37}$$

然后在以波长为横轴，反射率为纵轴的直角坐标系中，绘制出地物的反射波谱特性曲线。

2.5.2 反射波谱特性的测定步骤

地物反射波谱特性的测定，通常按以下步骤进行：

(1)架设好光谱测定仪，准备好标准板；

(2)安置波长位置，调好光线进入仪器的狭缝宽度；

(3)将照准器分别照准地物和标准板，测量和记录地物、标准板在波长 λ_1，λ_2，…，λ_n 处的观测值 I_λ 和 I_λ^0；

(4) 按照式(2-37) 计算 λ_1，λ_2，…，λ_n 处的 ρ_λ；

(5) 根据所测结果，以 ρ_λ 为纵坐标轴，λ 为横坐标轴，画出地物反射波谱特性曲线。

地物反射波谱特性的变化受多种因素影响，包括太阳和测试仪器的位置、地理位置、时间环境(季节、气候、温度等)以及地物自身特性。因此，在进行观测时，必须详细记录地理位置、自然环境和地物状态信息。同时，测量过程中需要选择适当的光照角度。由于波谱特性受这些复杂因素的共同作用，所测得的反射率虽具有定量特征但不唯一。

2.6 辐射传输

2.6.1 地球大气的组成及特点

地球的大气是指地球外围的空气层。大气成分主要有氮气、氧气、二氧化碳、氦气、甲烷、氧化氮、氢气等。这些气体在 80km 以下的相对比例保持不变，称为不变成分。而大气中的臭氧、水蒸气、液态和固态水(如雨、雾、雪、冰等)、盐粒、尘烟等成分，会随高度、温度、位置而变化，称为可变成分。图 2-22 所示为大气的垂直分布图。

对流层(<12km)的主要特点：

(1)温度随高度上升而下降，每上升 1km，温度下降 6℃；

(2)空气密度和气压随高度上升而下降；

(3)臭氧含量少，水蒸气含量不固定。

平流层(12~80km)的主要特点：

(1)空气密度随高度上升而下降；

(2)可分为同温层，暖层和冷层；

(3)臭氧含量增加，水蒸气含量极少。

电离层(80~1000km)的主要特点：

(1)空气稀薄；

(2)空气分子被太阳辐射电离为离子和自由电子，导致无线电波发生全反射现象；

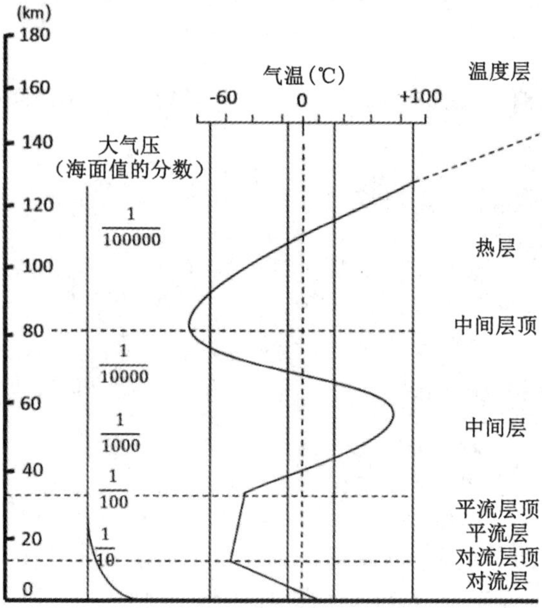

图 2-22　大气的垂直分布图

(3)温度极高，达 600~800℃。

外大气层(>1000km)的主要特点：

(1) 1000km~2500km 主要是氦离子，2500km~25000km 主要是氢离子，也称为质子层；

(2)温度达 1000℃。

2.6.2　辐射的大气吸收

大气吸收是指电磁波在大气中传播时能量发生衰减的现象。当入射辐射的频率与原子或分子的共振频率一致时，辐射会被吸收并激活原子或分子。如果原子不发射同样波长的光子，能量将转化为热运动，随后发射波长更长的光子，从而产生吸收现象。引起大气吸收的主要成分是臭氧、水蒸气、二氧化碳、一氧化二氮等。各种物质的累积吸收效应使某些波段的电磁波无法穿透大气，这对遥感技术非常不利。大气吸收主要影响紫外、红外与微波波段，其影响是导致遥感图像暗淡。由于大气对紫外线有很强的吸收作用，因此对地遥感中很少使用紫外波段。图 2-23 所示为大气中各种气体的吸收谱。

2.6.3　辐射的大气散射

大气散射是指电磁波在大气中传播时，能量和方向均发生改变的现象。大气散射主要作用于可见光和近红外波段。虽然大气分子吸收的影响很小，但电磁波在传播过程中遇到气体分子和微粒时，会向各个方向分散反射。这些气体分子和微粒包括氧气和氮气分子、气

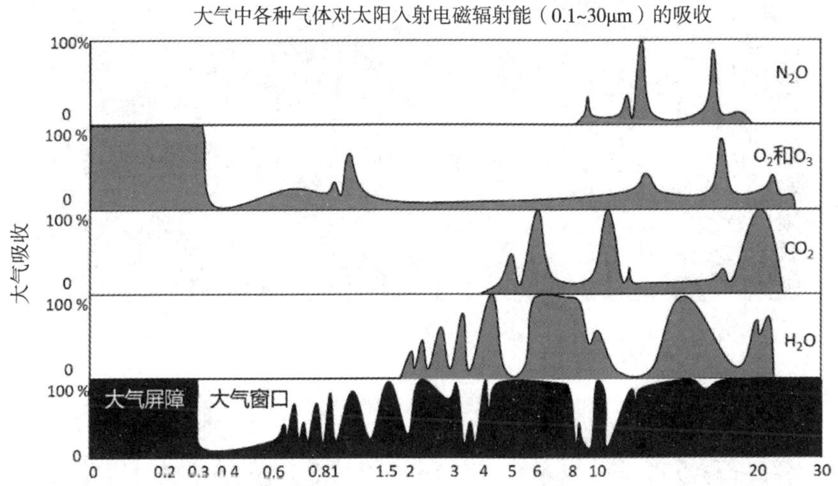

图 2-23　大气中各种气体的吸收谱

溶胶、水滴等。所有散射现象都是通过原子或分子辐射的吸收和再次发射实现的。由于无法预测某个特定的原子或分子发射光子的具体方向，因此称为散射。尽管散射强度不大，但遥感传感器接收到的能量中不仅包含大气直接散射的能量，还包括经大气向地面散射后再次通过大气吸收和散射的能量，这会增加了信号中的噪声，导致遥感图像质量下降。

大气散射的方式取决于电磁波波长与大气分子直径、气溶胶微粒大小之间的相对关系，主要包括瑞利散射、米氏散射和均匀散射等。

1. 瑞利散射

当物质(一般指大气中的氧气和氮气分子)的直径 a 小于入射辐射波长 λ 的 1/10 时，发生瑞利散射(也称为分子散射)。绝大部分的瑞利散射都发生在距离地面 2~8km 的大气中。在晴朗的天气条件下，大气中的氧分子和氮分子的直径约为 0.30nm，而可见光波长为 380~760nm。此时，电磁波与大气中的氧分子和氮分子发生瑞利散射。瑞利散射是为了纪念首次从本质上解释了这种现象的英国物理学家瑞利勋爵(Lord Reyleigh)。瑞利散射强度 I 与电磁波波长 λ 的关系为

$$I \propto \frac{\sin^2\theta}{\lambda^4} \tag{2-38}$$

其中，θ 为入射电磁波振动方向与观察方向的夹角。根据瑞利散射公式，散射强度与波长的四次方成反比。在可见光波段，蓝光的散射强度要远远大于红光的散射强度。所以，晴朗的天空呈蓝色(图 2-24)。而在清晨或傍晚，太阳光通过较厚的大气层，直射光中的蓝光成分散射较多，红光成分散射较少，因而太阳呈现橙红色(图 2-25)。在月球上，由于没有大气，不会产生大气散射，所以月球上的天空是黑色的。

图 2-24　蓝色的天空

图 2-25　清晨或傍晚的太阳

2. 米氏散射

当物质的直径 a 与入射辐射波长 λ 处于同一数量级时，会发生米氏散射(也称为气溶胶散射)。米氏散射发生在距离地面 4~5km 以下的大气中，该区域存在大量直径与入射辐射波长相当的球形微粒。对于可见光而言，主要的散射介质是粉尘和直径在几十分之一微米到几微米的微粒。米氏散射比瑞利散射更强，且散射波长也更长。当大气中的烟雾和粉尘越多时，更多的紫光和蓝光被散射，只有波长更长的黄光、橙光和红光能够到达人眼(图 2-26)。

图 2-26　黄色的雾霾

3. 均匀散射

当物质的直径 a 远大于(10 倍以上)入射辐射波长 λ 时，会发生均匀散射。这种散射是非选择性的，所有波长的光都被散射。在阴雨天气条件下，电磁波主要与云层中的小水滴、冰晶和灰尘发生作用。这些微粒的直径在毫米级，远大于可见光的波长，使得电磁波发生均匀散射。此时，各个波长的散射强度相同，因而云层呈现灰白色(图 2-27)。

图 2-27　灰白色的云层

2.6.4　辐射的大气反射

大气反射是指电磁波在大气中传播时，一部分辐射被反射回宇宙空间的现象。云层是大气反射的最主要介质，其反射能力与云层厚度和覆盖范围直接相关。大气主要作用于太阳辐射中的短波部分(可见光为主)，而对地面长波辐射影响较小。大气反射遵循入射角等于反射角的光学规律，因而造成遥感图像阴影(图 2-28)。

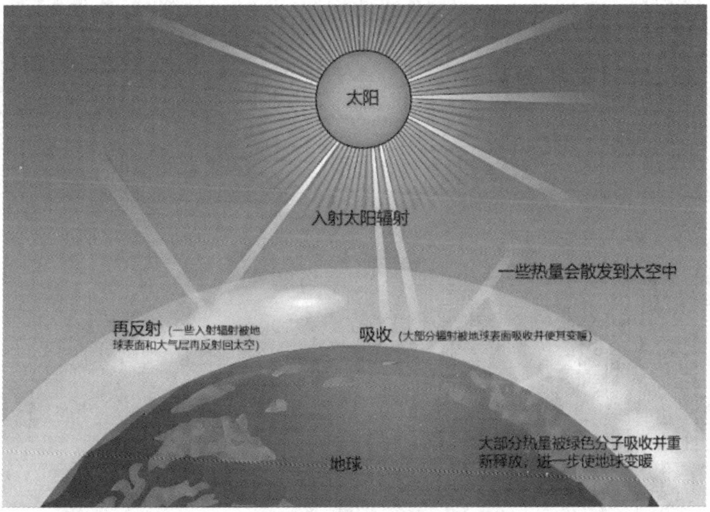

图 2-28　大气反射

2.6.5　辐射的大气折射

大气折射是指电磁波在大气中传播时，辐射方向发生改变的现象。这是由于大气密度随高度发生变化，非均匀的大气介质使电磁波无法直线传播。这种现象作用于各个波段，使得遥感成像过程不满足共线条件，从而在遥感图像中产生几何误差(图 2-29)。

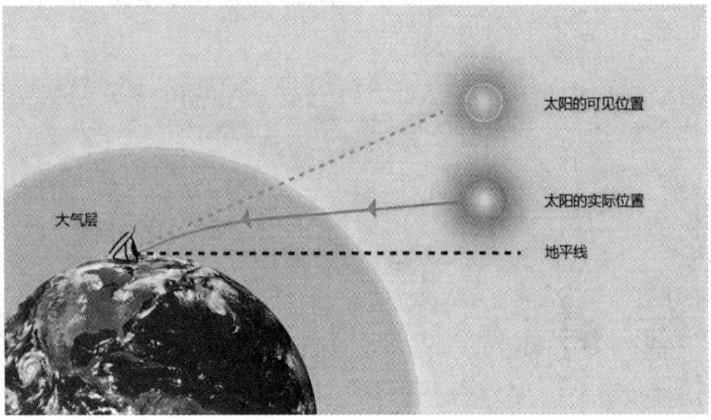

图 2-29　大气折射

2.6.6　大气窗口

大气吸收会改变电磁辐射能量，导致遥感图像暗淡。大气散射会改变辐射电磁能量和方向，造成遥感图像质量下降。大气反射改变电磁辐射方向，造成遥感图像阴影。大气折射只改变电磁辐射方向，而不改变电磁辐射能量，从而引起遥感图像的几何误差。其中，大气吸收和大气散射是造成电磁辐射能量改变的主要原因，造成辐射衰减。不同电磁波波段通过大气后的衰减程度不一样，因而遥感技术所能够使用的电磁波是有限的。某些波段的电磁辐射通过大气后衰减较小，透过率较高，对遥感十分有利，这些波段通常称为“大气窗口”。研究和选择有利的大气窗口，以最大限度地接收有用信息，是遥感技术的重要研究方向(图 2-30)。

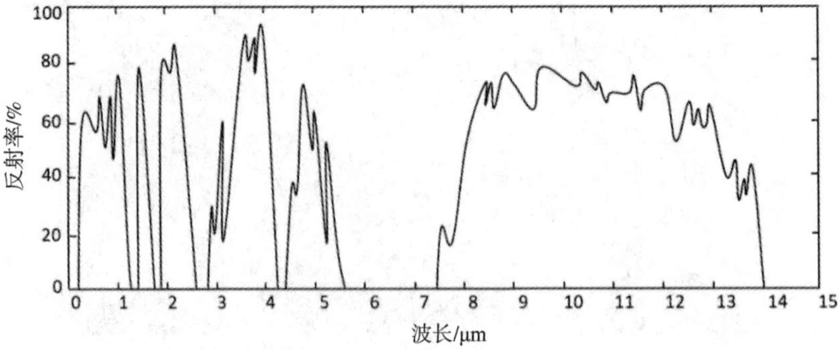

图 2-30　大气窗口

可用作遥感的大气窗口包括：

(1)0.30~1.15μm 大气窗口：涵盖全部可见光波段、部分紫外波段和部分近红外波段，是最主要的窗口之一。

(2)1.3~2.5μm 大气窗口：属于短波红外波段。

(3)3.5~5.0μm 大气窗口：属于中红外波段。

(4)8~14μm 热红外窗口：透射率为 80%左右，地物的发射波谱。

(5)1.0mm~1m 微波窗口：适用于微波波段。

2.6.7 辐射传输方程

为了定量化描述辐射能量在大气中的传输过程，提高遥感图像质量并为定量反演提供依据，需要建立辐射传输方程。

根据电磁波与大气介质的吸收和散射相互作用，通常使用“截面”来表达大气介质由初始光束中所移除的能量大小，也称为消光截面。截面物理量包括粒子消光截面、质量消光截面和消光系数。

对于粒子而言，截面的单位是面积(cm^2)。粒子消光截面包括粒子散射截面和粒子吸收截面。

对于单位质量而言，截面的单位是每单位质量的面积($cm^2 \cdot g^{-1}$)。质量消光截面包括质量散射截面和质量吸收截面。

当消光截面乘以粒子数密度(cm^{-3})或质量消光截面乘以密度($g \cdot cm^{-3}$)时，称为消光系数。消光系数表达的是单位长度能量的衰减，其单位为长度的倒数(cm^{-1})。

如果辐射强度 I_λ 在传播方向上通过厚度 ds 后变为 $I_\lambda + dI_\lambda$，则有

$$dI_\lambda = -k_\lambda \rho I_\lambda ds \tag{2-39}$$

式中，ρ 是物质密度；k_λ 是对辐射波长 λ 的质量消光截面。

另一方面，辐射强度也可以由于相同波长上物质的发射以及多次散射而增强，多次散射使所有其他方向的一部分辐射进入辐射传播方向。

定义源函数系数，使由发射和多次散射造成的强度增大量为

$$dI_\lambda = -j_\lambda \rho ds \tag{2-40}$$

式中，源函数 j_λ 具有和质量消光截面类似的物理意义。

联合上述两个方程得到辐射强度总的变化为

$$dI_\lambda = -k_\lambda \rho I_\lambda ds + j_\lambda \rho ds \tag{2-41}$$

为方便起见，定义源函数

$$J_\lambda = j_\lambda / k_\lambda$$

$$\frac{dI_\lambda}{k_\lambda \rho ds} = -I_\lambda + J_\lambda \tag{2-42}$$

上式是不加任何坐标系的一般传输方程。

当忽略大气发射和多次散射的增量贡献，且加入边界条件：$s = 0$ 处的入射强度为 $I_\lambda(0)$。则在 s_1 处的辐射强度通过以下积分计算：

$$\int_{I_\lambda(0)}^{I_\lambda(s_1)} \frac{dI_\lambda}{I_\lambda} = \int_0^{s_1} -k_\lambda \rho ds$$

$$I_\lambda(s_1)=I_\lambda(0)\mathrm{e}^{-\int_0^{s_1}k_\lambda\rho\mathrm{d}s} \tag{2-43}$$

假定大气介质的消光截面均匀不变，即 k_λ 不依赖于距离 s，定义路径长度：

$$x=\int_0^{s_1}\rho\mathrm{d}s \tag{2-44}$$

$$I_\lambda(s_1)=I_\lambda(0)\mathrm{e}^{-k_\lambda x} \tag{2-45}$$

定义点 s_1 和 s_2 之间的光学厚度：

$$\tau_\lambda=-\int_{s_1}^{s_2}k_\lambda\rho\mathrm{d}s=\int_{s_2}^{s_1}k_\lambda\rho\mathrm{d}s \tag{2-46}$$

因此一般传输方程可写为

$$-\frac{\mathrm{d}I_\lambda}{\mathrm{d}\tau_\lambda}=-I_\lambda+J_\lambda \tag{2-47}$$

从遥感应用的角度出发，太阳辐射穿过大气层到达地表，经过了第一次大气衰减。与此同时，太阳辐射的大气散射也到达地表，地表的入射辐射包括第一次大气衰减和第一次大气散射。经过地表反射后，再经过第二次大气衰减和第二次大气散射，到达卫星传感器（图 2-31）。

$$L=E_0\mathrm{e}^{-kx_1}\cdot\frac{\rho}{\pi}\cdot\mathrm{e}^{-kx_2}=\frac{\rho}{\pi}E_0\mathrm{e}^{-k(x_1+x_2)} \tag{2-48}$$

式中，E_0 是太阳常数；x_1 是入射辐射大气路径长度。经过反射率为 ρ 的地表反射，（假设地表为朗伯体，反射辐射能量均匀分布在地表面和法平面所包围的立体角为 π 的空间），再次经过大气路径为 x_2 的大气衰减后，到达卫星传感器的辐射强度为 L。

若考虑非传播路径上的其他位置的大气散射辐射 E_S，则到达卫星传感器的辐射强度为

$$L=\frac{\rho}{\pi}(E_0\mathrm{e}^{-k_\lambda x_1}+E_S)\mathrm{e}^{-k_\lambda x_2} \tag{2-49}$$

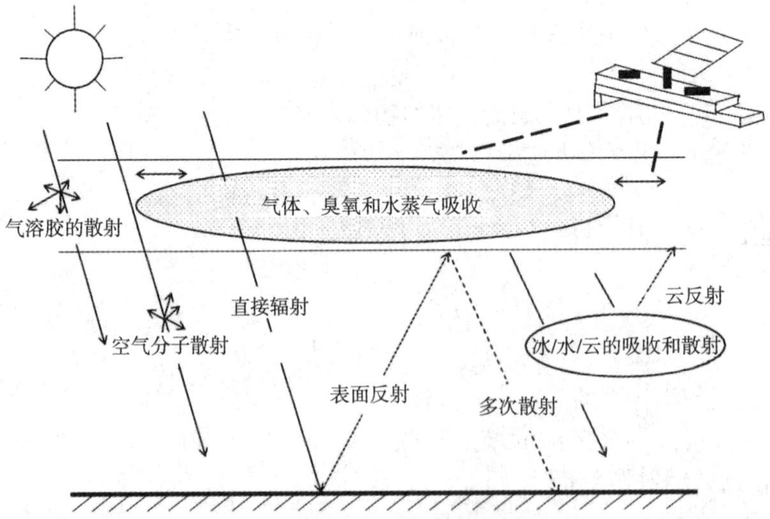

图 2-31　辐射传输过程

第3章　遥感成像基础

遥感成像是遥感对地观测的关键内容，成像过程涉及遥感平台类型(主要是遥感卫星)、卫星轨道、卫星传感器、成像模式等方面的内容。不同的遥感卫星具有不同的轨道参数，搭载各自独特的传感器，这些传感器具有不同的性能和多种成像模式，遥感成像中这些基本要素的差异性，综合影响着遥感图像的空间定位、几何特性和辐射特性，是进行各类遥感图像误差分析、遥感图像几何纠正和辐射校正、遥感地物解译和分类的基础支撑。本章围绕遥感卫星成像，介绍卫星轨道、卫星传感器、卫星传感器的成像模式等内容，为后续遥感图像处理提供基础知识。

3.1　遥感平台

为了收集和记录从目标表面反射或发射的能量，传感器必须安置在一个从观测目标上方经过的稳定平台上。遥感平台即搭载传感器的运载工具，用于遥感的平台可以设在地面、飞机或气球(或地球大气层内的其他平台)及地球大气层外的航天器或卫星上。一般来说，遥感传感器通常搭载于移动平台上。静态平台偶尔会在实验环境中使用。例如，使用安装在杆子上的多光谱传感器，可以评估某一特定作物在一天或季节中的反射率变化特征。遥感平台按高度大体可分为地面平台、航空平台和航天平台三类(见图3-1)。

3.1.1　地面平台

地面平台包括三脚架、遥感塔、遥感车(船)、建筑物的顶部等。地面传感器通常用来记录关于地面的详细信息，并与从飞机或卫星传感器收集的信息进行比较。其主要用于在近距离测量地物波谱，获取供试验研究用的地物细节图像，服务于航空航天遥感器的定标和性能验证。

3.1.2　航空平台

航空平台包括在大气层内飞行的各类飞机、飞艇、气球等，其中飞机是最有用和最常用的空中遥感平台。基于航空平台对地球表面进行探测的遥感被称为航空遥感，又称为机载遥感。按高度可分为高空遥感(12000m左右的对流层以上，如高空侦察机、无人驾驶飞机)、中空遥感(2000～6000m的对流层中层，如航空摄影飞机、飞艇)和低空遥感(2000m以下的对流层下层，如低空热气球、无人机)。航空遥感经常被用来获得空间分辨率较高的遥感图像，工作时间较为灵活。

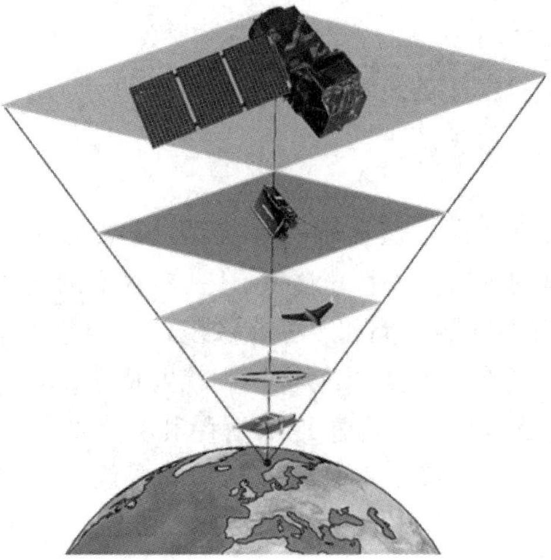

图 3-1　遥感平台

各种类型的飞机提供了非常方便和操作灵活的遥感平台，运载的有效载荷从几十千克到数吨。只要选择合适的运载工具，就可以覆盖从几十米到几千米的高度范围。飞行高度的选择将对所收集数据的尺度、空间覆盖率和空间分辨率产生明显影响。平台可用的速度范围基本上是连续的，从零(悬停的直升机)到每秒几百米。飞行路线和时间的选择也有很大的灵活性。与航天器相比，飞机作为遥感平台的主要缺点如下：首先，典型的机载观测任务持续时间较短，通常只需要几小时，而太空任务需要几年时间。这意味着提供数据的连续性要困难得多。其次，由于机载观测的高度远低于星载观测，因此数据的空间覆盖范围较小。最后，飞机运动的不规律可能造成所获取的图像几何畸变更明显。

3. 1. 3　航天平台

航天平台包括大气层外的飞行器(如各种太空飞行器)和探测卫星，主要平台有卫星、探测火箭、宇宙飞船、空间站和航天飞机等。航天平台的高度从低地球轨道(<500km)、极轨(与太阳同步，700～900km)到静止轨道(与地球自转同步，36000km)。在卫星轨道高度对地球表面进行探测的遥感被称为航天遥感，又称为星载遥感。具体的轨道取决于任务的目标，需要不同类型的轨道来实现大面积的连续观测或对较小区域的详细观测。例如连续监测(气象)、全球测绘(土地覆盖测绘)或选择性成像(城市地区)。星载遥感的特点

是成像范围广，可进行重复观测。相比于航空遥感平台，遥感卫星尽管发射成本更高，但其在平台速度、观测宽度以及观测的连续性方面的优势是显著的。

在不同高度的遥感平台上，可以获得不同面积、不同分辨率的遥感图像数据。在遥感应用中，这三类平台可以互为补充、相互配合使用。在环境与资源等遥感应用中，所用的航天遥感资料主要来自太空平台的人造卫星。

3.2 卫星轨道

卫星围绕地球表面作圆周运动时的速度称为第一宇宙速度($v_1 = 7.9$km/s)，即环绕速度。卫星只要获得这一水平方向的速度后，不需要再加动力就可以环绕地球飞行。此时卫星的飞行轨迹称为卫星轨道(卫星轨道是卫星绕地球运行时所描述的圆形或椭圆形轨道)。卫星绕地球运行时的轨道一般是圆形或椭圆形(图 3-2)。

卫星轨道决定了卫星的位置分布，它与地表目标的位置关系制约着光学遥感卫星对目标成像的质量和精度，包括地面分辨率、成像幅宽、几何和辐射改正模型等。卫星轨道决定了卫星的运动规律，卫星运动和地球自转直接决定了卫星何时能够对某一区域内的目标成像，影响着遥感卫星对地覆盖的时序分布规律。

卫星轨道还制约着卫星的工作寿命。由于大气阻力、太阳光压等因素的作用，卫星高度会不断降低，在轨运行一段时间后会坠入大气层，一般将卫星入轨后在预定轨道上运行的时间称为工作寿命。卫星绕地球高速运行时，距离地球越近，速度越快。国际空间站这样的空间站轨道平均高度为 400km，其运行速度约为每小时 27000km。在 200km 以下的高度，卫星已经进入大气层，这会导致快速的轨道衰变。大多数民用地球观测卫星的轨道高度在 300km ~1000km 的范围内。

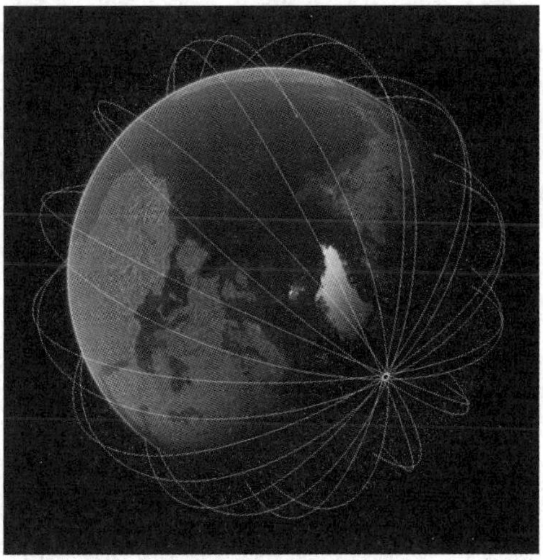

图 3-2 卫星轨道

3.2.1　卫星轨道参数

1. 卫星运行定律

(1)开普勒三大定律：遥感卫星在太空中运行是一种受到地球、月球和太阳引力的规律性运动，它所在的包含地球在内的平面称为轨道面。人造地球卫星围绕地球运转也属于天体运动，因此在空间运行的卫星都将遵循天体运动的开普勒三大定律，即椭圆定律、等面积定律和周期定律。

(2)椭圆定律：所有行星绕太阳的轨道都是椭圆，太阳在椭圆的一个焦点上。人造地球卫星绕地球运转的轨道为一椭圆轨道，地球位于该椭圆的一个焦点上。这说明卫星距地球的距离(卫星轨道高度)是随着卫星在轨道的不同位置而变化的，因而椭圆轨道的遥感卫星图像的比例尺或空间分辨率是随卫星的位置而变化的。卫星距地球最近点(也称近地点) A 和最远点(也称远地点) B 的距离分别为

$$\begin{aligned} H_A &= a(1+e) - R \\ H_B &= a(1-e) - R \end{aligned} \tag{3-1}$$

式中，R 为地球半径；a 为椭圆轨道的长半径；e 为轨道偏心率。

(3)等面积定律：从地心(或行星中心)到星体的连线称为星体向径。在单位时间内(在相等时间内)，星体向径扫过的面积相等。因此，卫星运行的速度是非均匀的，它在近地点附近运行速度快，而在远地点附近运行速度慢。椭圆轨道对遥感对地观测成像时的摄影曝光时间、曝光时间间隔、扫描速度及扫描摆动周期的要求会更高。基于这一原因，大多数遥感对地观测成像卫星常采用圆形或近圆形的轨道。

(4)周期定律：星体绕地球(或行星)一周所需时间的平方与椭圆轨道长半径的立方成正比。

$$\frac{a^3}{T^2} = k \tag{3-2}$$

式中，$k=3.354\times10^{18}\ \mathrm{m^3/s^2}$，称为开普勒常数；$a$ 为椭圆轨道的长半轴(km)；T 为周期(s)。卫星运行的轨道高度与卫星轨道运行周期是相关联的，卫星轨道高度越高，其运行周期越长。因此，可以利用开普勒定律，根据需求设计卫星的运行轨道，并推求卫星运动周期和在各点的运动速度等。

2. 卫星轨道的重要点和面

卫星轨道参数是由卫星轨道上较为重要的点和面来确定的(见图 3-3)。

(1)星下点：卫星在轨道上成像时，卫星与地心的连线在地球表面上的交点(卫星正下方的地面点)。星下点连线为星下点轨迹(随着卫星的运动，星下点在地面上的位置也在不断地变化，其在地面上形成的轨迹称为星下点轨迹)。

(2)升交点：卫星由南向北运行时，与地球赤道面的交点。

(3)降交点：卫星由北向南运行时，与地球赤道面的交点。

(4)降交点时刻：卫星经过降交点时的地方太阳时的平均值。如 Landsat-7 的降交点时

刻为上午 10:30，SPOT-5 穿越赤道时间为上午 10:00。

(5)黄道面：地球绕太阳公转的轨道平面，与地球赤道面的交角为 23°26′。

(6)黄道：黄道面和天球相交的大圆。

(7)春分点：太阳由南向北运行时，在黄道与赤道面上的交点。

(8)秋分点：太阳由北向南运行时，在黄道与赤道面上的交点。

3. 卫星轨道的六参数

由于遥感卫星在绕地球的轨道上运行，其空间位置可以通过椭圆轨道的空间形状、轨道位置以及特定时刻卫星在轨道中的位置来确定。此外，轨道的空间形状、位置和特定时刻卫星的位置可由下列 6 个参数来描述。

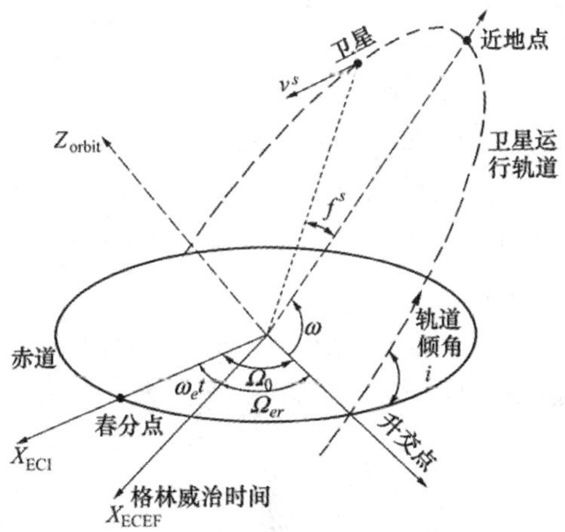

图 3-3　卫星轨道参数

(1)轨道半长轴 a：卫星轨道远地点到椭圆轨道中心的距离，又称为椭圆轨道的半长轴或椭圆轨道的长半径。它确定了卫星距地面的高度。a 越大，轨道高度越高。a 会影响地面分辨率和总视场宽度。

(2) 轨道偏心率 e：椭圆轨道的焦距与轨道半长轴之比，又称扁率，是描述椭圆扁平程度的一种参数。

$$e = \frac{\sqrt{a^2 - b^2}}{a} \tag{3-3}$$

式中，b 为卫星轨道的短半轴。对于大部分对地观测卫星，其轨道的 e 接近于零，即为近圆形轨道。在近圆形轨道上，卫星近似于匀速运行，并且距地面的高度变化不大，有利于曝光时间和扫描时间的控制及在全球范围内获取比例尺或空间分辨率基本一致的图像。a 和 e 共同确定了轨道的形状。

(3) 轨道倾角 i：卫星轨道面与地球赤道面之间的夹角，即从升交点一侧的轨道至赤道面的夹角(具体计算是在卫星轨道升段时由赤道平面逆时针旋转到轨道平面的夹角)。

轨道倾角决定了轨道面与赤道面或与地轴的关系。当 $i = 0°$ 时，轨道面与赤道面重合，这种卫星称为赤轨卫星；当 $0° < i < 90°$ 时，卫星运行方向与地球自转方向一致(自西向东)，这种卫星称为顺轨卫星；当 $i = 90°$ 时，轨道面与地轴重合(卫星轨道面与赤道面相互垂直)，这种卫星称为极轨卫星；当 $90° < i < 180°$ 时，卫星运行方向与地球自转方向相反，这种卫星称为逆轨卫星。除上述赤轨和极轨外，其余轨道均称为倾斜轨道。

轨道倾角(i) 和传感器的视场(FOV) 决定了卫星对地观测的范围。当 $i < 90°$ 时，卫星对地观测范围为北纬 i 至南纬 i 之间的地区。如果倾角为 60°，那么卫星将在南纬 60° 和北纬 60° 之间飞过地球。如果该卫星处于倾角为 60° 的近地轨道上，则无法观测北纬 60° 以上和南纬 60° 以下的部分地球，这意味着它不能用于观测地球的极地地区。轨道倾角越接近 90°，卫星能观察到的区域越大。由此可见，只有极轨卫星才能达到对全球观测的要求。另外，轨道倾角 i 对星下点之间的距离也有影响。

(4) 升交点赤经 Ω：轨道上由南向北自春分点到升交点的弧长所对应的地心角(升交点赤经是指卫星轨道的升交点向径与春分点向径之间的夹角)。

(5) 近地点角距 ω：轨道面内近地点与升交点之间的角距(升交点向径与近地点向径之间的夹角称为近地点角距)。i、Ω、ω 确定了轨道面与地球之间的相关位置。

(6) 过近地点时刻 t：卫星过近地点的时间，它是以近地点为基准表示轨道面内卫星位置的量。

在上述 6 个轨道参数中，a、e 确定轨道的形状，i、Ω 确定轨道面的方向，ω 确定轨道面中长半轴的方向，t 确定任意时刻卫星在轨道中的位置。即 i、Ω、ω、t 共同决定了卫星轨道面与赤道面的相对位置。

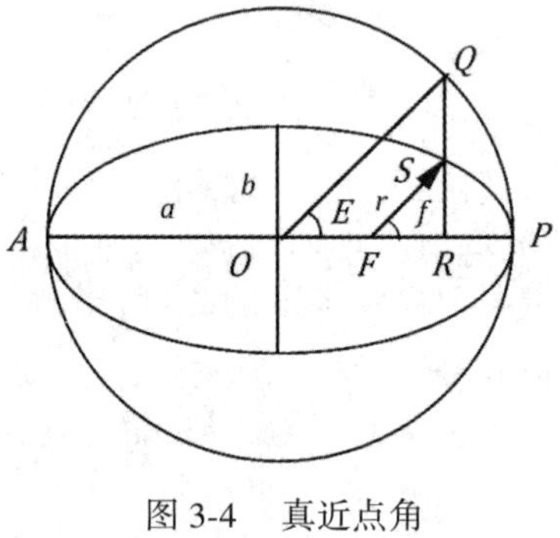

图 3-4　真近点角

如图 3-4 所示，椭圆为卫星轨道，圆为卫星轨道的长半轴的外接圆。卫星在轨道上某一位置 S，O 为椭圆中心，F 为椭圆的一个焦点，即地心，P 为近地点，Q 为卫星垂直于轨道半长轴与外接圆的交点，E 为偏近点角，f 为真近点角。

偏近点角 E：在轨道平面内，卫星所在的位置投影在垂直于椭圆长半轴的外接圆上的点至椭圆中心的连线与近地点至椭圆中心的连线所成的夹角。(在轨道上的天体现在的位置投影在垂直于椭圆长半轴的外接圆上，并从椭圆的中心量度和近心点方向之间的角度。)

真近点角 f：轨道平面上，卫星与近地点之间相对于椭球焦点的角距。真近点角是指在卫星轨道平面内，地心至近地点连线与卫星向径的夹角。

平近点角 M：轨道上的物体在辅助圆(椭圆轨道半长轴的外接圆)上相对于中心点的运行角度。

当卫星轨道形状和空间位置确定以后，在某一时间 τ，卫星所在位置与过近地点时刻 t 满足开普勒方程：

$$M = \omega_0(\tau - t) \tag{3-4}$$

$$\omega_0 = \frac{2\pi}{T} \tag{3-5}$$

$$M = E - e\sin E = \omega_0(\tau - t) \tag{3-6}$$

式中，M 为平近点角；E 为卫星所在位置的偏近点角；e 为轨道偏心率；ω_0 为卫星运转的平均角速度。

4. 卫星轨道的其他参数

(1)卫星高度：又称轨道高度，是指卫星在太空绕地球运行的轨道距地球表面的平均高度(千米)。卫星的轨道大多数是近圆形轨道或椭圆形轨道，所以轨道高度一般指近地点高度和远地点高度的平均值。

运用开普勒第三定律同样可解求卫星平均高度：

$$H = \sqrt[3]{\frac{T^2}{k}} - R \tag{3-7}$$

高度在很大程度上影响了可以观测的区域(如空间覆盖率)和可以观察到的细节(即空间分辨率)。一般来说，卫星高度越高，空间覆盖越大，但空间分辨率越低。若地球同步静止卫星的运行周期与地球自转周期一致，则可求得卫星的平均轨道高度为35860km。

(2)运行周期：卫星从升交点(或降交点)通过时刻到下一个升交点(或降交点)通过时刻之间的平均时间。(运行周期 T 是指卫星在轨道上饶地球运行一圈所需的时间，即从升交点开始运行到下一次升交点的时间间隔。)

运行周期 T 与其他轨道参数的关系应满足开普勒第三定律：

$$\frac{T^2}{(R + H)^3} = k \tag{3-8}$$

$$T = \sqrt{k\ (R + H)^3} \tag{3-9}$$

卫星运行周期与卫星的平均高度呈正相关，卫星轨道高度越大，周期也就越长，反之亦然。例如：Landsat-7 的轨道高度为 705km，运行周期为 98.9 分钟；SPOT-5 的轨道高度为 832km，运行周期为 101.469 分钟。

(3)卫星速度：当轨道为圆形时，可利用万有引力定律计算卫星的平均运转速度：

$$V = \sqrt{\frac{GM}{R + H}} \tag{3-10}$$

式中，G 为万有引力常数($G = 6.67 \times 10^{-11} \mathrm{N \cdot m^2/kg^2}$)；$M$ 为地球质量；R 为地球半径；H 为卫星轨道高度。

星下点的平均速度与卫星速度的关系如下：

$$\frac{V_N}{R} = \frac{V}{R + H} \tag{3-11}$$

(4) 邻轨距离：同一天邻轨道间在赤处的距离。

$$L = 2\pi R_a \frac{T}{24 \times 60} \tag{3-12}$$

式中，R_a 为地球长半轴。例如，Landsat-1 的邻轨距离为 2873.95km。

(5) 每天卫星绕地圈数：一天内卫星轨道环绕地球多少圈。

$$n = \frac{2\pi R_a}{L} = \frac{24 \times 60}{T} \tag{3-13}$$

(6) 重复周期：也称回归周期，是指卫星从某地上空开始运行，经过若干时间的运行后，回到该地上空时所需的天数(即两个连续的相同轨道之间的时间间隔，或满足同一地物重复观测的最小时间间隔)。Landsat-7 的重复周期为 10 天，SPOT-5 的重复周期为 26 天。

它与运行周期的关系为

$$D = \frac{d}{n - n_{\text{int}}} \tag{3-14}$$

式中，n_{int} 为每天卫星绕地圈数向下取整；d 为轨道偏移系数，即某一轨道相对上一天同号轨道偏移的轨道数，若向西偏移则为负数，向东偏移则为正数，$d = \pm 1$ 为顺序排列，$|d| > 1$ 为交错偏移。

卫星的重访周期，即对同一区域的重复成像时间，是由卫星的重复周期和传感器的指向能力决定的。

(7) 指向能力：传感器除了能竖直向下进行成像，还能前后方向和侧方进行成像。可以利用指向能力来缩小同一区域连续观测的时间间隔，从而可以在这段时间间隔内，避免云覆盖影响或地物变化，有利于立体成像。

(8) 扫描带宽度：当卫星沿一条轨道运行时，其传感器所观测的地面带的横向宽度。例如，Landsat-7 卫星上 ETM+传感器的扫描带宽度为 185km，SPOT-5 卫星上 HRG 传感器的扫描带宽度为 60km。

(9) 截距：卫星绕地球一个轨道周期的过程中，因地球自转使得卫星星下点轨迹相对地球表面产生的经度方向偏移。

(10) 轨道数：卫星从升交点开始到下一个升交点为止环绕地球的圈数。

习惯上，卫星轨道参数常用卫星高度、重复周期、扫描带宽度、运行周期、轨道倾角和降交点时刻来描述。

3.2.2　卫星轨道类型

(1) 按卫星运行的高度：卫星轨道分为低轨道(卫星飞行高度小于 1000km)、中轨道

(卫星飞行高度在 1000 km 到 20000 km 之间)和高轨道(卫星飞行高度大于 20000 km)。

低轨卫星可获得大比例尺、高空间分辨率遥感图像，但寿命短，通常用于军事侦察；中轨卫星的寿命可达一年以上，适用于各种环境和资源遥感；高轨卫星的寿命长达数年，能获得全球图像，对气象分析十分有利，此外也适用于地面动态监测，如监测火山、大面积的洪水和森林火灾等。

(2)按卫星运行轨迹的形状(或偏心率)：卫星轨道分为圆轨道(偏心率等于 0)、近圆轨道(偏心率小于 0.1)和椭圆轨道(偏心率大于 0.1，而小于 1)。

(3)按卫星运行轨迹的倾角：卫星轨道分为赤道轨道(倾角等于 0°或 180°)、极地轨道(倾角等于 90°)和倾斜轨道(除赤道轨道和极地轨道之外的轨道)。

(4)按卫星运行的方向：卫星轨道可分为顺行轨道(与地球自转方向相同)和逆行轨道(与地球自转方向相反)。

(5)按卫星运行同步对象：卫星轨道分为地球同步轨道和太阳同步轨道。

3.2.3　地球同步轨道

当卫星轨道的运行周期与地球自转周期相同，即一个恒星日(23 小时 56 分 4 秒)，且卫星运行方向与地球自转方向一致时，这样的卫星轨道称为地球同步轨道。地球同步轨道的偏心率为 0，即轨道为圆形，这有利于获取相同空间分辨率(比例尺)的图像。此外，圆形轨道使卫星保持近似匀速运动，便于扫描仪以固定的扫描频率对地面扫描成像，避免扫描行不连接的现象。该轨道高度约为 35860km，在此高度仅能获得比低轨卫星分辨率更低的图像。

在此基础上，若卫星轨道的倾角为 0°，即赤道平面与轨道平面重合，从地面上看，地球静止轨道的卫星位于赤道上空，它相对于地球赤道上某一点不动，故这样的卫星轨道称为地球静止轨道(或地球赤道同步轨道)。若卫星轨道的倾角 $i \neq 0°$，则称为非静止的地球同步轨道。地球静止轨道属于赤道轨道，沿地球静止轨道运行的卫星的角速度等于地球自转角速度，并且该卫星总是观察地球上相同的区域，可以连续监测其传感器视场内的任何位置。卫星还可以覆盖地球的大片区域(地球静止轨道卫星能够长期观测特定的地区，并能将大范围的区域同时收入视野)，因此气象卫星和通信卫星常位于此轨道中。例如，METEOSAT 气象卫星每 30 分钟可以拍摄一张图像。在监测云层和天气的时候，这种高时间解析度是一个显著的优势。因此，地球静止卫星被广泛用于天气监测和预报以及电信和电视广播。

目前，可用的地球同步卫星如下。

(1)GMS (Geostationary Meteorological Satellites)地球静止气象卫星(日本)，位于亚太地区(140°E)。该卫星携带可见光和红外自旋扫描辐射计(VISSR)，其可见光波段为 0.5~0.75m(分辨率为 1.25km)，红外波段为 10.5~12.5m(分辨率为 5km)。另有一个额外的红外通道来测量大气中的水汽分布。该卫星以 30 分钟的重复频率获得完整的地球图像。

(2)FY-2 (Fengyun-2)风云 2 号(中国)，位于亚太地区(105°E)上空。中国第一颗地球同步气象卫星 FY-2B 于 1997 年 6 月 10 日发射。该卫星配备了可见光和红外自旋扫描辐射计(VISSR)、云覆盖信息系统及数据收集和传输系统。VISSR 是一种三通道的仪器：可见光通道在 0.55~1.05m，红外通道在 10.5~12.5m，水汽通道在 6.2~7.6m。可见光信道的分辨率为 1.25km，红外和红外波段的分辨率为 5km。VISSR 每 30 分钟获得一张全景图像。它在可见光通道中提供云层和地球表面的白天反射辐射数据，在红外通道中提供来自云层和地球表面的日夜反射红外线数据，以及水蒸气通道中高层大气的水蒸气含量。第二颗地球同步气象卫星 FY-2C 于 2000 年 6 月 25 日发射，这是 FY-2B 卫星的改进版。

(3) INSAT (Indian National Satellite System) 印度国家卫星系统(印度)，是一系列地球同步卫星，用于印度和印度洋上空的气象观测和通信。

(4) GOES(Geostationary Operational Environmental Satellites) 地球同步环境运行卫星(美国)，覆盖美洲大陆(75°W 和 135°W)。

(5) METEOSAT 气象卫星(欧洲航天局)，覆盖欧洲和非洲上空(0°E)。

地球同步轨道的轨道高度较高，不利于提高卫星传感器分辨率，近年来才被遥感卫星所采用。2015 年发射的"高分四号"卫星，是我国第一颗地球同步轨道遥感卫星，位于赤道上空，观测范围覆盖我国及周边地区，即约 1/3 的地球表面。利用与地球同步、相对于地球静止的优势，"高分四号"卫星能够对目标区域长期"凝视"，获取动态变化过程数据，执行如森林火情监视等近实时应急任务。

3.2.4　太阳同步轨道

太阳同步轨道(Sun-synchronous orbit)是指卫星轨道面与太阳地球连线之间在黄道面内的夹角，不随地球绕太阳公转而改变，即卫星轨道平面和太阳始终保持相对固定的取向角。地球的形状近似于一个扁椭球体，这种几何特性引起了卫星轨道平面的进动现象。如果选定合适的倾角(大于 90°)和轨道高度，使得卫星轨道平面绕地球自转轴的旋转方向和角速度与地球绕太阳公转的方向和平均角速度相同(0.9856°/天)，从而实现卫星轨道平面和太阳始终保持相对固定的取向角。

在光学遥感中，为准确监测地面物体及环境变化，并正确反映地物变化时波谱特性的差异，需保证每次在同一地区成像时的地面光照条件一致。因此，在成像时要保持地面太阳高度角不变，才能有效实现变化监测。太阳同步轨道面和太阳始终保持相对固定的取向角，即地球表面每次都接近相同的照明角度，从而可以实现卫星在观测地球表面时总是在扫描地球的迎阳面。为了在成像时保持相应地面的光照度基本不变，即太阳光照角不变，必须对卫星轨道加以修正。

升交点赤经确定了轨道面与太阳光线之间的夹角，即决定了星下点在成像时刻的太阳高度角。如图 3-5 所示，β_0 为春分时太阳光照角，β_1 为夏至时的太阳光照角。地球一年(365.242 天)绕太阳一周，光照角一年变化 360°，则每天变化 0.98565°。平均每天对升交点赤经修正量为 0.98565°，若卫星每天运行 n 圈，则每圈的修正量为 $0.98565/n$。这就实现了卫星轨道与太阳同步。

实际上，除夹角 β 每天变化外，由于地球形状不规则，质量密度不均匀，大气、光照等条件变化的影响，卫星轨道面会绕地轴旋转并且轨道形状会变化，升交点赤经 Ω 每天都会发生变化。变化率为

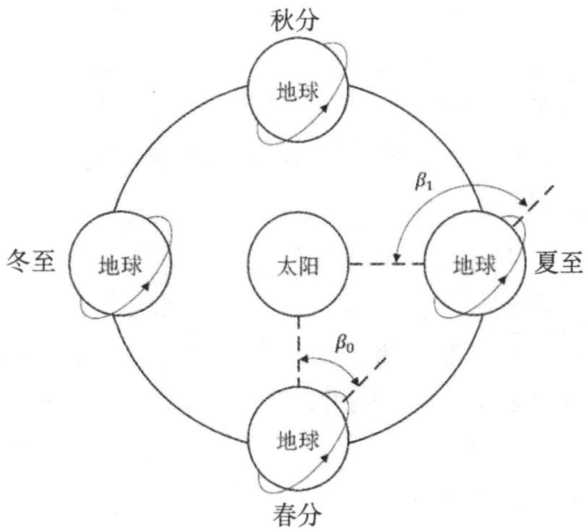

图 3-5 地球公转与光照角

$$\dot{\Omega} = -9.96486 \frac{1}{(1-e^2)} \left(\frac{R}{a}\right)^{3.5} \cos i \tag{3-15}$$

当 $i < 90°$ 时，变化率 $\dot{\Omega}$ 为负，升交点西退；当 $i > 90°$ 时，变化率 $\dot{\Omega}$ 为正，升交点东进；当 $i = 90°$ 时，$\dot{\Omega}$ 为零。因此，轨道设计需主动匹配轨道面每进动量 $\dot{\Omega}$，通过精准控制进动方向和速率，确保卫星轨道面和日地连线的夹角长期稳定。这是太阳同步轨道的核心设计逻辑。

因此，太阳同步轨道上太阳入射方向与卫星轨道平面的夹角不变，当卫星每次飞越某地上空时，太阳都是从同一角度照射该地。此外，卫星每次都在同一当地时间经过该地，有利于卫星在相近的光照条件下对地面进行观测。同时，太阳同步轨道还有利于卫星在固定的时间飞临地面接收站上空，并使卫星上的太阳能电池获得稳定的太阳辐射。

太阳同步轨道是大多数遥感卫星所采用的轨道。除了与太阳同步外，一般遥感卫星的轨道还具有如下特点：

1. 近圆形轨道

卫星轨道的偏心率非常小，接近 0，轨道形状趋向于圆形。轨道趋于圆形的主要目的是使在不同地区获取的图像比例尺一致。此外，近圆形轨道使得卫星的速度也近于匀速，便于扫描仪以固定扫描频率对地面扫描成像，避免造成扫描行之间不衔接的现象。

2. 近极地轨道

近极地轨道是指卫星的轨道倾角接近 90°(通常在 80°～100°之间)的轨道。倾角大于 90°的轨道为逆轨道，即卫星的运动方向是自东向西的。因为地球是自西向东自转的，发射一颗向西的卫星需要的能量较少。这样的极地轨道可以观测整个地球，也可以观测两极附近。近极地轨道有利于增大卫星对地面总观测范围。例如，Landsat-1 卫星的轨道倾角设计为 99.125°，最北和最南分别能到达北纬 81°和南纬 81°，利用地球自转并结合轨道运行周期和图像刈幅宽度的设计，可以观测到南北纬 81°之间的广大地区。典型的太阳同步轨道的高度在 600km～1000km 之间，轨道倾角约 98°。由于这种轨道的倾角接近 90°，卫星要在极地附近通过，所以又称为近极地太阳同步卫星轨道。当卫星以接近 90°的角度通过两极地区时，它们的轨道称为极轨。

近极地轨道经常为地球测绘卫星、遥感卫星、侦察卫星和一些气象卫星所采用。近极地轨道卫星不能对地球上某一点进行持续观测。当近极地轨道同时又是高椭圆轨道时，若其远地点位于极点附近上空，便可实现对极地地区的长时间观测(但这是从一个极远的距离进行观测)。典型的例子是苏联所发展的闪电轨道，许多军事卫星运行在这种轨道上。气象卫星系统一般使用地球静止卫星和极地轨道卫星的组合。地球静止卫星提供了连续的图像，而极地轨道卫星提供了更高的分辨率。

极地轨道气象卫星是近极地太阳同步轨道上的卫星，携带气象观测仪器。极地轨道运行环境卫星(Polar-Orbiting Operational Environmental Satellite，POES)是美国太阳同步近极轨道上的一系列卫星，用于连续气象观测、探测大气剖面和测量能源预算。目前运行的卫星是 NOAA-14 和 NOAA-16。国防气象卫星计划（Defence Meteorological Satellite Program，DMSP)是美国国防部发射的一系列气象卫星。风云一号(FY-1)是中国太阳同步近极轨道上的一系列气象卫星。

3. 可重复轨道

可重复轨道是指在这一轨道上运行的卫星经过一定的时间间隔回到相同地点的上方。

当卫星围绕地球旋转时，传感器只能观测到地球表面的某一部分。在表面成像的区域，被称为带。星载传感器的成像区域通常在数十到数百千米宽之间变化。由于卫星绕着地球从一极到另一极的轨道运行，如果地球不自转，它的东西位置就不会改变。然而，从地球上看，卫星似乎是在向西移动，因为地球在自西向东地自转。这种移动使卫星带在每次连续通过时覆盖一个新的区域。卫星的轨道和地球的自转共同作用，在完成一个完整的轨道运行周期后，实现对地球表面的完全覆盖。

卫星一天绕地球若干圈，并不回到原来的轨道，每天都有变化，N 天之后又回到原来的轨道，即称为回归日数为 N 天的回归轨道；在卫星绕地球 M 圈后，与原来的轨迹位置偏差小于成像带度，称为准回归轨道。这些轨道的特点是能对地球表面特定地区进行重复观测，有利于对地面地物或自然现象进行动态监测，是遥感卫星常用的轨道。

1) 回归轨道

设地球自转的角速度为 ω，为保持某星下点在每次成像时的太阳高度角一致，即每次成像的时间(刻) 一致，轨道面要进动 $\dot{\Omega}$。若轨道周期为 T，卫星运行每圈后地球自转转了 $(\omega - \dot{\Omega})T$ 度，则卫星每天应运行的圈数为 $360°/[(\omega - \dot{\Omega})T]$，若 $360°/[(\omega - \dot{\Omega})T]$ 等于整数 N，即卫星每天运行 N 圈。每天同一时刻经过同一星下点，则称这类轨道为回归轨道。$N = 1$ 时的回归轨道就是地球同步轨道。回归轨道星下轨迹以等间隔经过赤道，赤道上相邻轨道之间的平均间隔为 $D=\frac{2\pi R}{N}$。

由于地球大气阻力影响，卫星轨道高度通常不宜低于 160km，因此运行周期下限约为 88 分钟。这导致轨道回归数 N 不能大于 17，通常取 N 为 13、14、15，则赤道上相邻轨迹之间的平均间隔分别为 3078km、2859km 和 2668km。这个距离对于大多数的成像遥感器来说地面覆盖范围太大了，难以对地面的观测范围进行全部的图像覆盖。因此，回归的太阳同步轨道在航天遥感中无法使用，一般都使用准回归的太阳同步轨道。

2)准回归轨道

准回归轨道是指卫星通过轨道面进动与地球自转的共同作用，使星下点轨迹在 $m(m\geqslant 1)$ 天周期后完全重合的轨道。

为了说明准回归轨道可以进行卫星观测范围的图像覆盖，用等分圆定理来说明这一问题。

等分圆定理：把一个圆周等分成每份 L 度的 N 份后，还多(或少)kd 度，k 为正整数。如果 L 能被 d 整除，即 $L/d=m$ 为正整数，且 k/m 为不可约分数，则 d 可等分圆，L 可等分 $360°\cdot m$ 的圆。据此可列出下列等式：

$$\frac{360°}{L}=N\pm\frac{kd}{L}=N\pm\frac{k}{m} \tag{3-16}$$

则

$$\frac{360°\cdot m}{L}=N\cdot m\pm k \tag{3-17}$$

这说明，若遥感卫星上的遥感器在地球赤道上成像覆盖宽度为 $d°$($d°$ 可由轨道参数 a、i、e 及 Ω、ω、T 决定)，卫星运行 m 天的圈数 $Nm\pm k$ 乘以卫星轨道周期 T 和地球相对于卫星轨道面的相对角速度，正好等于地球自转量 $360°\cdot m$，即卫星运行 m 天后的星下轨迹与原来的星下轨迹重合，这种轨道称为准回归的太阳同步轨道。m 称为回归周期或覆盖周期，kd 为一天的轨道回归差。准回归轨道在地球赤道上相邻星下点轨迹之间的距离为

$$D=\frac{2\pi R}{N\cdot m\pm k} \tag{3-18}$$

当升交点东进，$i>90°$，$\dot{\Omega}$ 为正时，式中取"+"号；当升交点西退，$i<90°$，$\dot{\Omega}$ 为负时，式中取"-"号。例如，SPOT 卫星的回归周期为 26 天，26 天共运行 369 圈，每天轨道的回归差是 5 根轨道。

下面以 Landsat 卫星为例来分析可重复轨道的特点。

首先以卫星轨道面为静止参考对象，随着地球的自转运动，卫星轨道投影到地表面形成轨道地表分布。Landsat1~3 卫星的运行周期为 103.267min，绕地球一圈后，地球赤道自西向东相对于轨道面旋转的距离为

$$2\pi\times 6378.245\text{km}\times 103.267\text{min}/(24\times 60\text{min})\approx 2874\text{km}$$

这个距离即为第 1 圈轨道和第 2 圈轨道之间的距离。一天后卫星绕地球运行的圈数为

$$24\times 60\text{min}/103.267\text{min}\approx 13.944435 \text{ 圈}$$

Landsat1~3 卫星是太阳同步轨道卫星，需要卫星进动修正，在赤道上修正的距离为

$$(0.9863°\times 3600\times 0.03\ \text{km}/13.944435)\approx 7.64\text{km}$$

修正后第 1 圈轨道和第 2 圈轨道之间的距离为

$$2874\text{km}-7.64\text{km}=2866.36\text{km}$$

经过一天后，即卫星绕地球 13.944435 圈后，卫星相对于第 1 圈轨道的距离为

$$(14-13.944435)\times 2866.36\text{km}\approx 159\text{km}$$

卫星运行 14 圈后为第 15 圈，此时卫星并没有回到第 1 圈所在的地球上方，而是向西移动了 159km。同样地，第 16 圈也相对于第 2 圈向西移动了 159km。

卫星每天距离 14 整圈少绕地球 0.056 圈，因此经过 18 天后，累计少绕地球 1 圈：

$$(14-13.944435)\times 18\approx 1$$

因此，卫星的重复周期为 18 天，即经过 18 天后卫星轨道重新覆盖由第 1 圈至第 14 圈所组成的单日轨道圈集合。需要注意的是，18 天后卫星并不是在完全相同的时刻飞临相同地点上方，而是在第 19 天这一天内可以飞临相同地点上方(图 3-6 和图 3-7)。

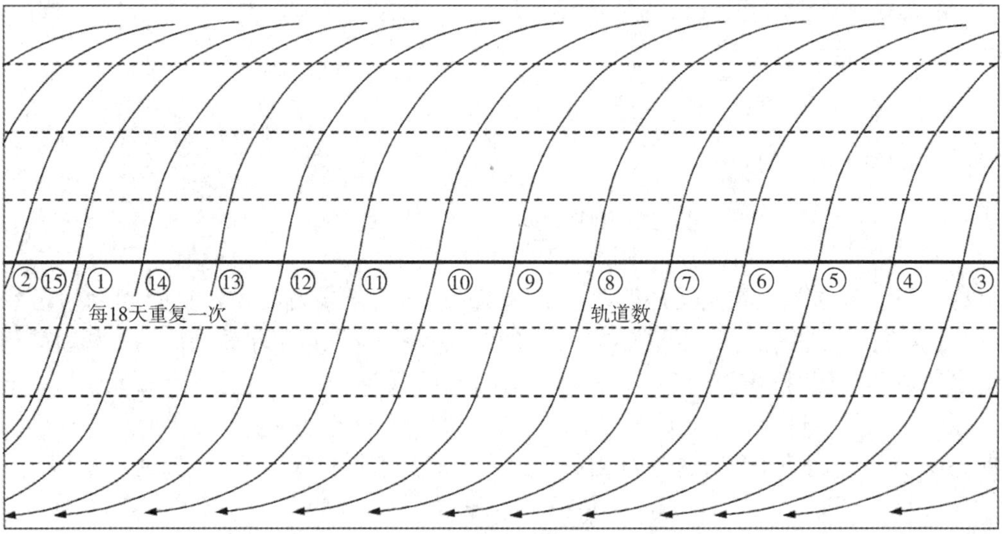

图 3-6　第一天典型的陆地卫星地面轨迹

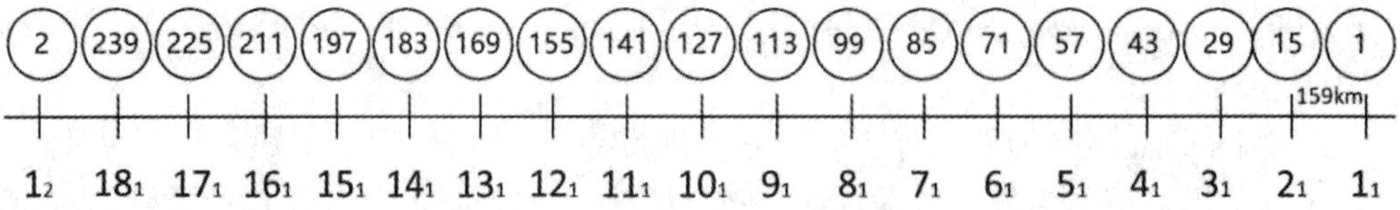

图 3-7　18 天的轨迹分布(赤道处)

3.2.5　轨道坐标系

航天器轨道坐标系(Spacecraft Orbital Coordinate System，SOCS，简称为 Orb)定义为：原点 o 位于航天器的质心，x 轴指向地球质心，y 轴为 z 轴和卫星瞬时速度的叉乘积，其方

向和航天器的瞬时角动量矢量方向相反，x 轴是 y 轴与 z 轴的叉乘积，也即 x 轴与 y 轴和 z 轴构成遵循右手法则的笛卡儿直角坐标系(见图 3-8)。

质心轨道坐标系定义为：原点 O 位于卫星质心，Z 轴与卫星的矢径共线并指向地球质心，X 轴位于轨道平面内，指向卫星运动方向，Y 轴与 X、Z 轴构成遵循右手法则的笛卡儿直角坐标系。

地心惯性坐标系(Earth Centered Inertial Coordinate System，ECICS，简称为 ECI)定义为：原点 O 位于地球质心，Z_{ECI} 轴指向 J2000 的平均北天极点，X_{ECI} 轴指向 J2000 的平均春分点，Y_{ECI} 轴是 Z_{ECI} 轴与 X_{ECI} 轴的叉乘积，也即 Y_{ECI} 轴与 X_{ECI} 轴和 Z_{ECI} 轴构成遵循右手法则的笛卡儿直角坐标系。

地心固定坐标系(Earth Centered Earth Fixed Coordinate System，ECEFCS，简化为 ECEF)随着地球旋转而旋转，同时还考虑极移、章动和岁差等地球的方位参量，但是此坐标系统把地球当成理想球体，不考虑其椭球的因素。地心固定坐标系的原点在地球的质心，其 Z_{ECEF} 轴从坐标原点指向平均北极点，又称国际参考极点，X_{ECEF} 轴从原点指向本初子午线和赤道的交点，Y_{ECEF} 轴是 Z_{ECEF} 轴和 X_{ECEF} 轴的叉乘积。

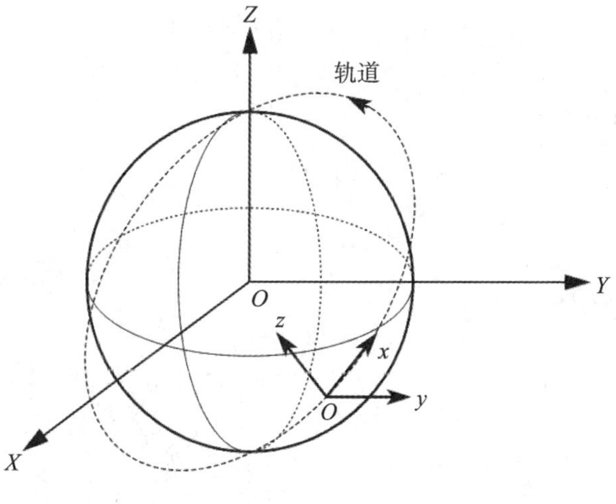

图 3-8 航天器轨道坐标系

地心坐标系是以地球质心为原点建立的空间直角坐标系，或以球心与地球质心重合的地球椭球面为基准面所建立的大地坐标系。

以地球质心(总椭球的几何中心)为原点的大地坐标系，通常分为地心空间直角坐标系(以 x，y，z 为其坐标元素)和地心大地坐标系(以 B，L，H 为其坐标元素)。

地心直角坐标系以地心为坐标原点，X 轴由地心指向春分点，Y 轴在赤道面内且与 X 轴垂直，Z 轴垂直于赤道面。地心大地坐标系以地心为坐标原点，$\bar{X}$ 指向格林尼治子午圈与赤道面的交点，$\bar{Y}$ 轴在赤道面内且与 $\bar{X}$ 轴垂直，$\bar{Z}$ 轴垂直于赤道面。这个坐标系随着地球的自转与地心直角坐标系之间作相对运动，对于卫星在某一瞬间，地心直角坐标

系的 X 轴与地心大地坐标系的 $\overline{X}$ 轴之间存在一个时角 θ。WGS-84、CGCS2000 属于地心坐标系。

3.2.6　卫星坐标

卫星坐标包括卫星在地心直角坐标系中的坐标、卫星在大地地心直角坐标系中的坐标，以及卫星在地理坐标系(又称大地坐标系)中的坐标。

卫星在地心直角坐标系中的坐标是地心直角坐标系，以地心为原点，X 轴由地心指向春分点，Y 轴在赤道面内且与 X 轴垂直，Z 轴垂直于赤道面。

卫星在大地地心直角坐标系中的坐标是大地地心直角坐标系：以地心为原点，X 轴由地心指向格林尼治子午圈与赤道面的交点，Y 轴在赤道面内且与 X 轴垂直，Z 轴垂直于赤道面。

卫星在地理坐标系中的坐标是地理坐标系，以参考椭球面为基准面建立起来的坐标系。地面点的位置用地理经度、纬度和大地高度表示。

(1) 卫星在 $X'Y'Z'$ 坐标系下的坐标：

$$\begin{bmatrix} X' \\ Y' \\ Z' \end{bmatrix} = r\begin{bmatrix} \cos(V+\omega) \\ \sin(V+\omega) \\ 0 \end{bmatrix}$$

(2) 绕 X' 轴旋转 i 角：

$$\boldsymbol{R}_2 = \begin{bmatrix} 1 & 0 & 0 \\ 0 & \cos i & -\sin i \\ 0 & \sin i & \cos i \end{bmatrix}$$

(3) 绕 Z 轴旋转 Ω 角：

$$\boldsymbol{R}_3 = \begin{bmatrix} \cos\Omega & -\sin\Omega & 0 \\ \sin\Omega & \cos\Omega & 0 \\ 0 & 0 & 1 \end{bmatrix}$$

综合(1)(2)(3) 得

$$\begin{bmatrix} X \\ Y \\ Z \end{bmatrix} = \boldsymbol{R}_3\boldsymbol{R}_2\begin{bmatrix} X' \\ Y' \\ Z' \end{bmatrix} = r\begin{bmatrix} \cos(V+\omega)\cos\Omega - \sin(V+\omega)\sin\Omega\cos i \\ \cos(V+\omega)\sin\Omega + \sin(V+\omega)\cos\Omega\cos i \\ \sin(V+\omega)\sin i \end{bmatrix}$$

大地地心直角坐标仍以地心为坐标原点，但 X 轴指向格林尼治子午圈与赤道面的交点，Y 轴也在赤道面内垂直 X，Z 轴仍垂直赤道面。这个坐标系随地球的自转与地心直角坐标系之间作相对运动，对于卫星在某一个瞬间，大地地心直角坐标 X 轴与地心直角坐标 X 轴之间移位一个时角 θ。因此，卫星在大地地心直角坐标系中的坐标可以表示为

$$\begin{bmatrix} \overline{X} \\ \overline{Y} \\ \overline{Z} \end{bmatrix} = \begin{bmatrix} \cos\theta & \sin\theta & 0 \\ -\sin\theta & \cos\theta & 0 \\ 0 & 0 & 1 \end{bmatrix}\begin{bmatrix} X \\ Y \\ Z \end{bmatrix}$$

最后，将大地地心直角坐标转换为地理坐标：

$$\begin{bmatrix} \overline{X} \\ \overline{Y} \\ \overline{Z} \end{bmatrix} = \begin{bmatrix} (N + H_D)\cos B \cos L \\ (N + H_D)\cos B \sin L \\ [N(1 - e^2) + H_D]\sin B \end{bmatrix}$$

3.2.7 卫星姿态角

图像几何变形与卫星姿态角有直接关系。为了进行几何校正，必须提供卫星姿态角参数。卫星姿态角的定义是以卫星质心为坐标原点，沿卫星轨道前进的方向为 x 轴，垂直于轨道面的方向为 y 轴，垂直于 xy 平面的方向为 z 轴。绕 x 轴旋转的姿态角称为滚动角，绕 y 轴旋转的姿态角称为俯仰角，绕 z 轴旋转的姿态角称为航偏角。卫星姿态角的测定设备有红外姿态测量仪、恒星摄影机、GNSS、陀螺仪。

红外姿态测量仪的基本原理是利用地球与太空温差为 287K 的特点，以一定的角频率，周期地对太空和地球作圆锥扫描，根据热辐射能的相位变化来测定姿态角。单台红外姿态测量仪只能绕 x 轴或 y 轴进行圆锥扫描，因此仅能测定滚动角或俯仰角其中的一个。航偏角需配合陀螺仪进行测定。Landsat-1 上的红外姿态测量仪，测定姿态角的精度为±0.07°，姿态角变化速率在 0.05°/s 以内。Landsat-4 姿态角的准确度为 0.01°，稳定度为(10~6) °/s。

恒星摄影机测定姿态角，是将其与对地摄影机组装在一起，两者的光轴交角在 90°~150°之间。为解求对地摄影机的姿态角，要求恒星摄影机至少摄取 3~5 颗五等以上的恒星，并精确记录卫星运行时刻，再根据恒星星历表、摄影机标称光轴指向数据等解算姿态角。恒星摄影机测定姿态角的精度可达±(10″~15″)，如美国 Apollo 计划使用的恒星摄影机，其测定姿态角的精度达 5″。

GNSS 测定姿态角，是将 3 台 GNSS 接收机装在摄影机组上，同步接收 4 颗以上 GNSS 卫星的信号，反算出每台接收机上的三维坐标，进而解算出摄影机的 3 个姿态角。

3.3 卫星传感器

卫星传感器是伴随空间技术、摄影技术、数字传输技术、图像处理技术和计算机技术的发展而产生的，它是航空相机在空间条件下的应用和发展。航天遥感卫星传感器以人造地球卫星、宇宙飞船和航天飞机等航天器作为运载工具，用各种传感器在轨道空间对地球或其他行星进行遥感，并根据获取的信息进行判读和几何处理，以测制或修测地图和侦察目标等。航天遥感卫星传感器是航天遥感系统的核心，是一种安装在卫星上的设备，用于从太空观测地球表面和大气的物理、化学和生物特性。这些传感器能够提供关于地表覆盖、大气成分、海洋状态、冰雪覆盖、植被生长状况等方面的宝贵信息。根据工作原理和应用目的的不同，航天遥感卫星传感器主要分为两种类型：光学传感器，包含可见光及近红外遥感传感器、热红外传感器；微波(雷达)传感器，包括被动式雷达传感器和主动式雷达传感器(图 3-9)。

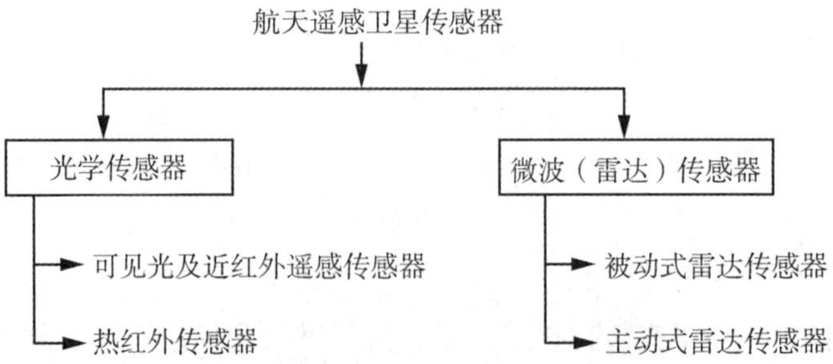

图 3-9　按工作原理和应用目的的不同进行的分类

按不同的波长范围和工作原理，对航天遥感卫星传感器进行分类，如图 3-10 所示。

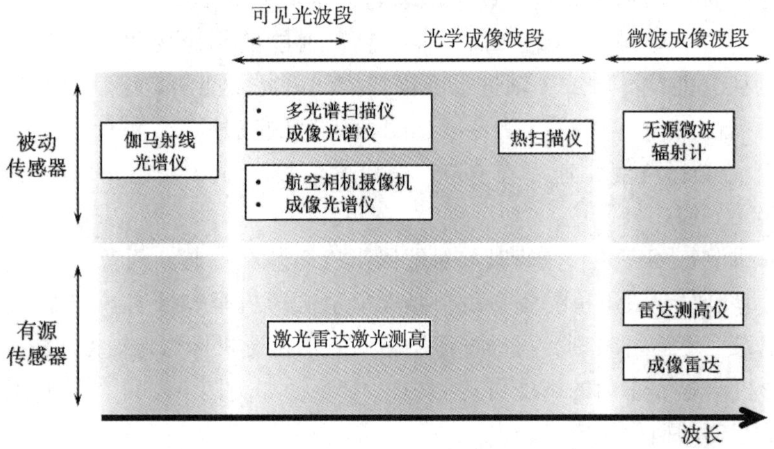

图 3-10　按波长范围和工作原理的不同进行的分类

3.3.1　遥感传感器性能指标

遥感传感器的性能指标直接影响遥感成像的质量，这些指标共同决定了遥感传感器的性能和适用性。根据不同的应用需求，选择合适的遥感传感器至关重要。

1. 焦距

焦距(focal length)是光学系统中衡量光的聚集或发散的度量方式。平行的光线进入相机镜头后将汇聚到一点，这个点叫作焦点。焦距是从透镜光心到焦点的距离，即传感器的镜片光学中心(摄影中心)到成像平面的距离，单位通常为 mm。

2. 刈幅

刈幅(swath width)是卫星运行时传感器能观测到的地面宽度，即一幅图像所能覆盖地面的宽度，或图像横轨方向(垂直于轨道方向)覆盖地面的宽度(见图 3-11)。

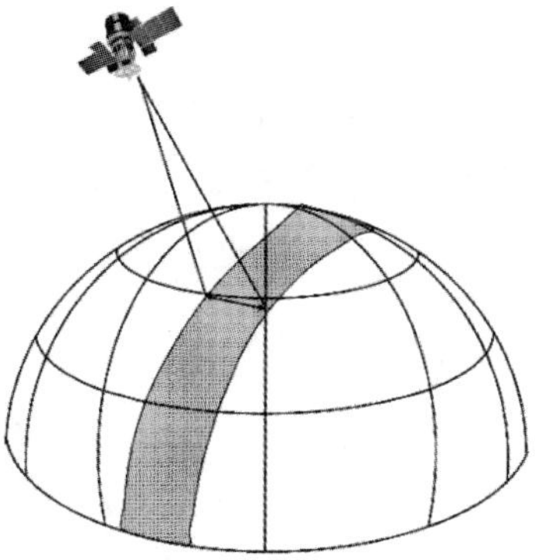

图 3-11　刈幅

3. 视场角

在光学仪器中，以光学仪器的镜头中心为顶点，由被测目标的物像可通过镜头的最大范围的两条边缘构成的夹角，称为视场角(field of view，FOV)，即相机可接收图像的角度范围。视场角的大小决定了光学仪器的视野范围，视场角越大，视野就越大。

视场角分为物方视场角和像方视场角。对于大多数光学仪器，视场角的度量是以成像物的直径作为视场角计算的，如望远镜、显微镜等；而对于照相机、摄像机类的光学设备，由于其感光面是矩形的，因此常以矩形感光面对角线的成像物直径计算视场角。

视场角的计算公式如下：

$$\alpha = 2\arctan\left(\frac{d}{2f}\right) \tag{3-19}$$

式中，d 为探测器尺寸(直径或宽度)；f 为焦距。一般情况下，视场角越大，焦距越短。

在图 3-12 中，(a)为由可视范围直径确定的视场角，(b)为由成像幅面的长度尺寸可拍摄范围决定的视场角。图中 oc 为物距，ab 为镜头可视范围直径，ω 为视场角，$\tan(\omega/2)=\dfrac{ac}{s}$。

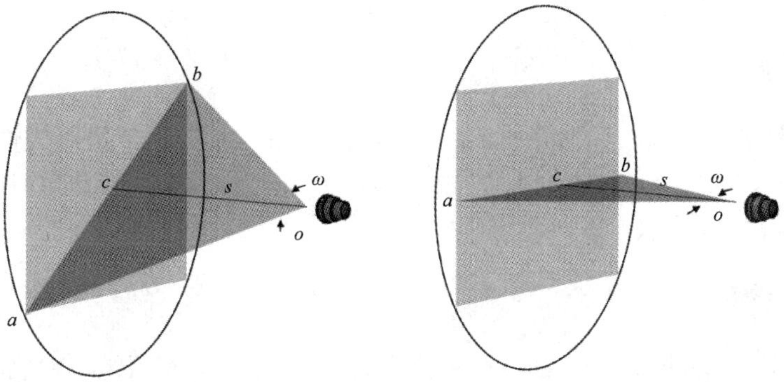

(a)　　(b)

图 3-12　视场角

4. 瞬时视场角

瞬时视场角(instantaneous field of view，IFOV)为遥感探测器在某一瞬间，探测单元对应的视场范围。瞬时视场角是在某一瞬间单个探测器元件所观察到的地面面积的度量。由于瞬时视场角一般非常小，以毫弧度为单位，瞬时视场角定义为

$$\beta = \frac{d}{f} \tag{3-20}$$

式中，d 为探测器尺寸(直径或宽度)；f 为焦距。IFOV 取决于传感器光学系统和探测器的大小，在设计仪器时已给定。

IFOV 决定了在给定高度上瞬间观测的地表面积，这个面积也即传感器所能分辨的最小单元。因此，将 IFOV 对应的地面大小称为空间分辨率。IFOV 越小，最小可分辨单元越小，图像空间分辨率越高(图 3-13)。

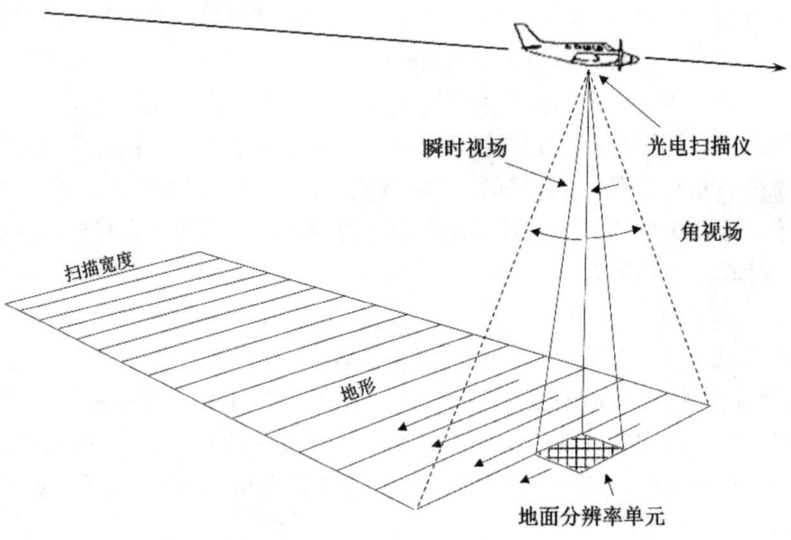

图 3-13　瞬间视场角

5. 扫描倾角

传感器摆扫的角度为扫描倾角(scanning inclination angle)，传感器成像时的摆扫角度为有效扫描角。当垂直于指向观测时，扫描角为 0，扫描倾角 θ 为瞬时扫描方向与垂直方向的夹角，如图 3-14 所示。

6. 空间分辨率

空间分辨率(spatial resolution)是指在特定高度 H 下，遥感探测器单个探测元的瞬时视场角所对应的地面范围尺寸，或等价为图像中一个像素代表的实际地面范围大小(即地面采样距离 GSD)。高空间分辨率图像是指空间分辨率数值较小的图像。在高分辨率的图像

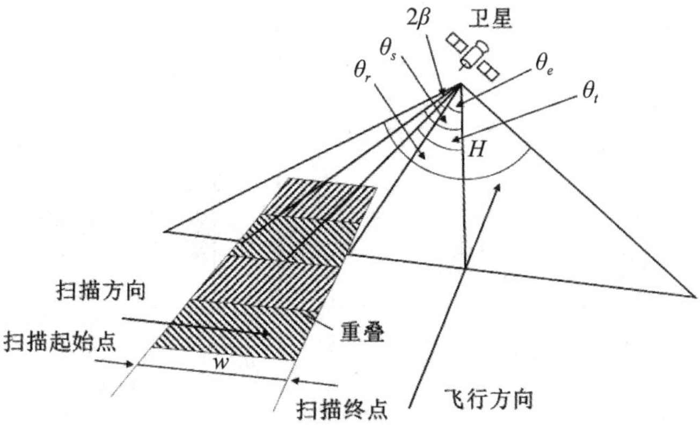

图 3-14 扫描倾角

中可以看到细节，从而检测到小的物体。低空间分辨率图像是指空间分辨率数值较大的图像，即图像中只能观察到粗略的特征。

$$a = \beta \cdot H = \frac{d}{f} \cdot H \tag{3-21}$$

传感器的空间分辨率主要取决于它的瞬时视场角(IFOV)和轨道高度。由于瞬时视场角无法改变，所以传感器空间分辨率的变化只与航高有关。航高越大，a 越大，空间分辨率越差。对于扫描式传感器，空间分辨率在星下点最高，相机侧视时降低。此外，空间分辨率也与扫描角有关，卫星扫描视角越倾斜，观测面积越大，分辨率就越差。

空间分辨率是传感器对地面细微差异的分辨能力，地面采样距离(GSD)是单个像素的地面投影尺寸，理想条件下二者可近似相等。在实际中，地面采样距离可能大于或小于传感器的空间分辨率。这种空间分辨率和地面采样距离之间的区别是微妙而重要的。为简化分析，后续讨论中将数字图像的 GSD 等效于传感器的空间分辨率。但需注意，实际成像中地面采样距离既可能大于也可能小于传感器的理论空间分辨率。

地面分辨率是指在地面上可以分辨的最小物体的大小尺寸。在数字图像中，分辨率受到像素大小(像素大小由采样距离决定)的限制，即最小的可分辨物体不能小于像素大小，图像中可识别的细节依赖于传感器的分辨率。然而，这种固有的分辨率往往会被其他引入图像模糊的因素所降低，如不适当的聚焦、大气散射和目标运动。

为探索地面所能分辨的最小物体的大小，绘制了图 3-15 所示的抽象图，阴影方块代表空间分辨率，将其设置为 1，其表示一个完整的像素；白色方块代表地物。当地物能完整覆盖一个完整的像素时，其能被识别出来；当地物所有的像素都不完整时，像素中包含其他信息，该地物无法从别的地物中分辨出来。当地物大小等于空间分辨率时(图 3-15(a))，只有当地物与当前瞬时视场角(IFOV)重合时，地物才能被分辨出来；若地物偏离视场角(图 3-15((b))，则无法分辨出该地物。当地物等于两倍的空间分辨率时，如图 3-15(g)所示，大部分情况下，地物能完整覆盖一个完整的像素，因此地物能被识别出来。少部分情况(图 3-15(h))下地物无法覆盖一个完整的像素，地物无法被辨别。只有地物大

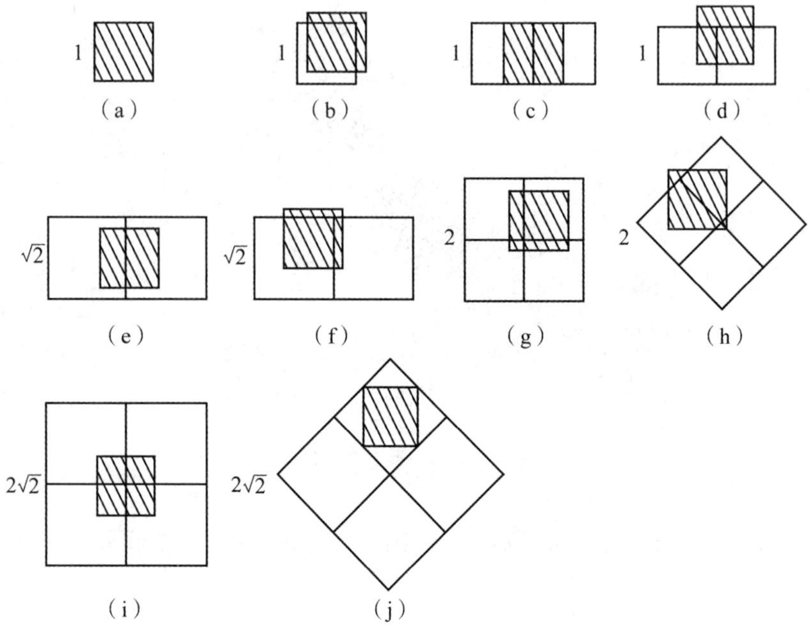

图 3-15　GSD 与空间分辨率的关系

小等于或大于 $2\sqrt{2}$ 倍的空间分辨率时，地物无论处于何处，都能覆盖一个完整的像素，因此都能被识别出来。

因此，地面分辨率与空间分辨率的关系如下所示：

$$R_g = 2\sqrt{2}\,\mathrm{IFOV} \tag{3-22}$$

1)沿轨空间分辨率

空间分辨率的计算公式是传感器垂直地面时的观测情况，当观测视线倾斜时，也即扫描倾角不为 0 时，空间分辨率将发生变化，如图 3-16 所示。

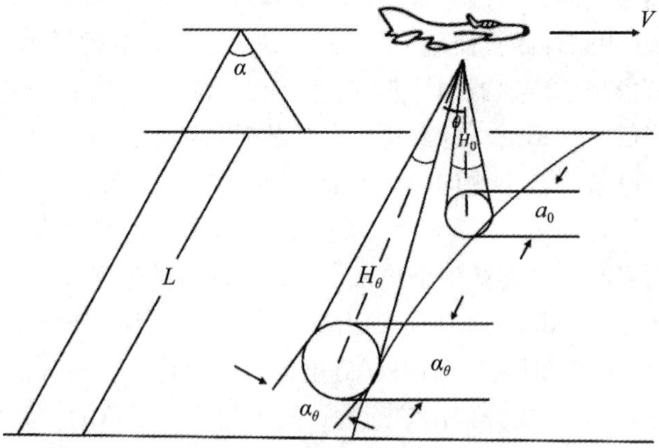

图 3-16　空间分辨率随倾角变化

设扫描角为0，航高为H_0时，空间分辨率为a_0。当扫描角为θ时，传感器至观测中心的距离为H_θ，这时可将空间分辨率分为沿轨分辨率(即沿轨空间分辨率)和垂轨分辨率(即垂轨空间分辨率)。

沿轨分辨率是指平行于航线方向(轨道运行方向)上的空间分辨率。

$$H_\theta = \frac{H_0}{\cos\theta} = H_0\sec\theta$$
$$a_\theta = \beta \cdot H_\theta = \frac{d}{f} \cdot H_0\sec\theta = a_0\sec\theta \tag{3-23}$$

由于 $\sec\theta \geqslant 1$，所以沿轨分辨率大于扫描角为0时的空间分辨率。

2)垂轨空间分辨率

垂轨分辨率是指垂直于航线方向(轨道运行方向)上的空间分辨率。由于传感器观测视线与地面不垂直，存在一个倾斜角度θ，因此垂轨分辨率的计算公式如下所示：

$$a'_\theta = a_\theta\sec\theta = a_0\sec^2\theta \tag{3-24}$$

同一扫描倾角时，垂轨分辨率大于沿轨分辨率。

空间分辨率随扫描角的变化而变化，从而使得扫描图像产生畸变，这种畸变称为全景畸变。由于像距保持不变(焦面位置固定)，而物距随扫描角θ变化，致图像在扫描方面出现图像压缩效应(相同大小的像元，在图像两边能包含更多的景象)(图3-7)。

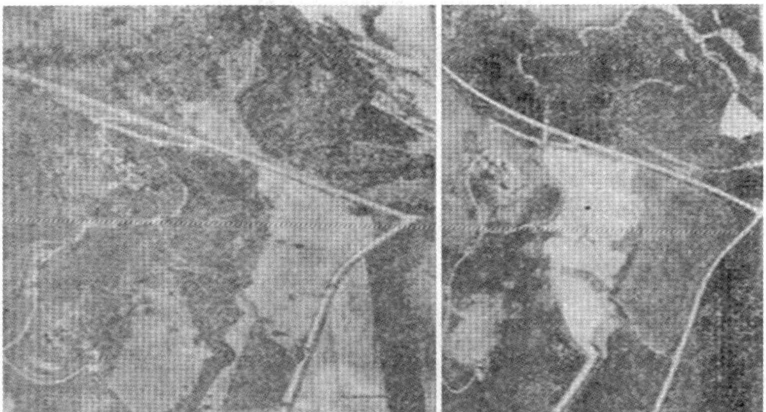

图3-17　全景畸变

全景畸变是由光学成像装置中光轴的非垂直性造成的。当传感器扫过该区域，以与垂直线不同角度倾斜的视线收集数据。因此，地面单元大小随光轴倾角的函数而变化，以致边缘的尺度被压缩，这就导致了比例失真。在卫星观测中，由于倾角很小(总视场在10°~12°)，误差往往被忽略。

图 3-18 中(a)为扫描传感器，(b)为地面平面图，(c)为遥感图像。地面单元尺寸随着光轴倾角的增大而减小。

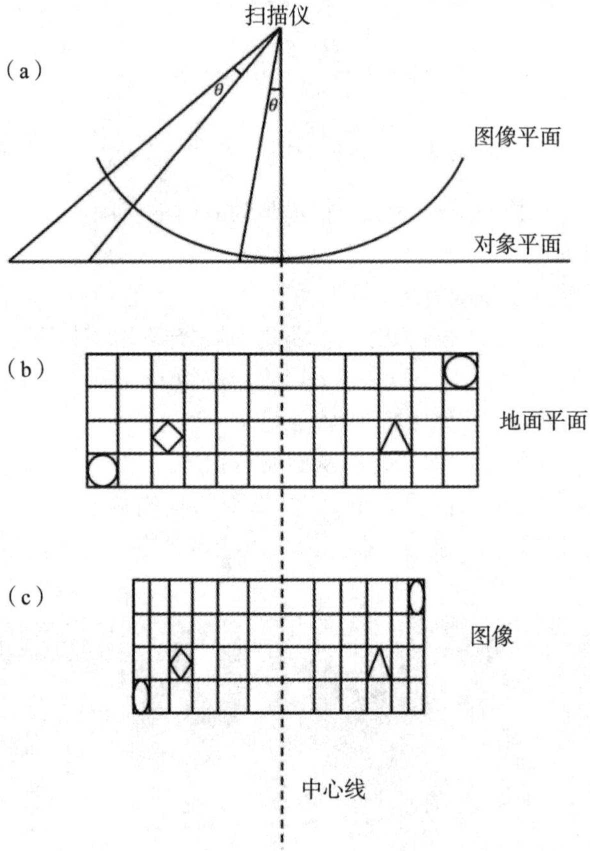

图 3-18　全景畸变的原理

7. 光谱分辨率

光谱分辨率(spectral resolution)为传感器探测光谱辐射能量的最小波长间隔，包括传感器总的探测波的宽度、波段数、各波段的波长范围和间隔，表示传感器对地物光谱的探测能力，决定了地物细节的区别程度。若遥感器所探测的波段愈多，每个波段的波长范围愈小，波段间的间隔愈小，则包含的信息量越大，针对性越强，能更好地捕捉不同表面辐射特性的差异，更好地反映不同地物波谱特性的微小差异，从而光谱分辨率越高。

在实际使用中，波段数过多会导致输出的数据量过于庞大，增加了数据处理的工作量和判读难度。因此，对于特定的目标，应根据目标的光谱特性，选择进行遥感的最佳波段。在这些最佳波段中，目标之间以及目标与背景之间，具有较好的反差或波谱响应特性差异。

8. 辐射分辨率

辐射分辨率(radiation resolution)是指遥感传感器能够检测到的辐射强度水平的最小变化差异，即传感器区分亮度细微变化的能力。辐射分辨率就是传感器接收光谱信号时能分辨的最小辐射度差。在数字图像中，辐射分辨率受用于对连续光强值进行数字化的离散量化级数的限制。辐射分辨率在遥感图像上表现为每一像元的辐射量化级，一般用量化比特数表示最暗与最亮灰度值之间的分级数目。例如：多光谱扫描仪的辐射分辨率为 6bit，像元的亮度值范围为 0~127；专题制图仪的辐射分辨率为 8bit，像元的亮度值范围为 0~255。传感器的辐射分辨率描述了它辨别能量细微差别的能力，传感器的辐射分辨率越好，它对探测反射或发射能量的细微差别就越敏感。

图像数据由从 0 到选定的 2 的幂次的正数表示。这个范围对应于用二进制格式编码数字所使用的位数。每位记录一个 2 次幂的指数(例如 $1\text{bit}=2^1=2$)。可用的最大亮度等级数取决于所记录的能量所代表的比特数。因此，如果传感器使用 8 位来记录数据，就会有 $2^8=256$个数字值，范围从 0 到 255。然而，如果只使用 4 位，那么从 0 到 15 的范围内只有 $2^4=16$ 个值可用，这将显著降低辐射分辨率。对于遥感图像而言，图片记录和显示的形式是以图像灰度表达的，黑色代表数字 0，白色代表最大值(如 8 位数据对应 255)。图像的灰度级别越多，其辐射分辨率越高。

9. 时间分辨率

时间分辨率(temporal resolution)是指对同一地区重复获取图像所需的最短时间间隔，也即传感器对同一目标进行重复探测时，相邻两次探测的时间间隔。它能提供地物动态变化的信息，可用来对地物进行变化监测。

时间分辨率由卫星的重复周期以及传感器的指向能力(或立体观测能力)决定。在轨期间不进行立体观测的卫星，时间分辨率等于重复周期；在轨期间进行重复观测的卫星，时间分辨率小于重复周期。增大传感器的刈幅和摆动能力有利于提高传感器的时间分辨率，由多颗卫星组成对地观测星座也可以显著提高时间分辨率。

遥感图像的时间分辨率的变化范围较大，地球静止轨道气象卫星的时间分辨率为每小时一次，太阳静止轨道气象卫星的时间分辨率为每天两次，中巴 CBERS 卫星为每 26 天一次。

时间分辨率对于动态监测尤为重要，天气预报、灾害监测等需要短周期的时间分辨率，通常以“小时”为单位；植被、作物的长势监测等需要用“日”或“旬”为单位；而城市发展、土地利用变化则多以“季”或“年”为单位。因此，需根据不同的应用目的，采用不同的时间分辨率图像。

此外，成像中的时间因素在以下情况下也很重要：①持续的云层提供了有限的清晰的地球表面的视图(通常在热带地区)；②短时间的现象(如洪水、浮油等)需要成像；③需要进行多时间比较(如森林疾病从一年蔓延到下一年)；④随着时间的推移，一个特征的外观变化可以用来区别于接近的特征(如小麦、玉米等)。

10. 波段数量

波段数量(number of bands)是指传感器能够捕捉的不同光谱波段的数量。波段数量多的传感器可以提供更多光谱信息，对于特定物质的识别和分类非常有用。以 2021 年发射的 Landsat-9 为例，其搭载两大传感器：操作陆地成像仪(OLI-2)和热红外传感器(TIRS-2)。OLI-2 覆盖了可见光和近红外波段，而 TIRS-2 覆盖了热红外波段。

成像波段数：OLI-2 有 9 个光谱波段。

成像波长范围：覆盖从 0.43μm(紫外光)到 2.29μm(近红外)的波长范围。

Landsat-5 是 1984 年发射的一颗较早期的 Landsat 卫星，它携带了主要传感器专题制图仪(thematic mapper，TM)。

成像波段数：TM 有 7 个光谱波段。

成像波长范围：覆盖从 0.45μm(蓝光)到 2.35μm(近红外)的波长范围。

Landsat-9 的 OLI-2 传感器比 Landsat-5 的 TM 传感器有更多的成像波段(9 个相对于 7 个)，这意味着 Landsat-9 能够提供更丰富的地表信息。Landsat-9 的波长范围也稍微宽一些，特别是在紫外波段，这可以提供更多的信息，包括植被健康监测、土地利用变化、水体监测和环境变化评估等。

11. 信噪比

信噪比(signal-to-noise ratio，SNR)是指传感器接收到的有效信号与背景噪声的比例。高信噪比意味着传感器输出的数据质量更高，噪声更少。在遥感领域，“信号”通常是指从地球表面反射或辐射回卫星传感器的能量，而“噪声”则是指一切非目标信号的干扰，包括仪器噪声、大气干扰、云层遮挡等。

高信噪比意味着信号相对于噪声的比例较高，这通常表示获得的遥感图像或数据质量较好，能更准确地反映地表的实际情况，对提高遥感数据的解译精度非常重要。相反，低信噪比意味着噪声水平较高，可能会干扰信号的识别和分析，降低数据的可用性和可靠性。图 3-19 显示了在不同工作波段 Landsat-8 OLI 的信噪比大于 Landsat-7 ETM+的信噪比。

12. 调制传递函数

调制传递函数(modulation transfer function，MTF，简称传函)是评估遥感传感器成像质量的核心指标，用于描述成像系统对不同空间频率地物细节的传递能力。

MTF 代表图像对比度保留比例来量化，表达图像对比度的衰减程度。例如，地物原始越趋近于 1，经传感器成像后对比度降为 M($0 \leqslant M \leqslant 1$)，则 MTF=M。MTF 值越趋近于 1，系统还原景物细节的能力越强。

MTF 代表遥感传感器能分辨多细地物的能力，反应遥感传感器成像的细节清晰程度。现代传感器设计需关注遥感光学系统 MTF 优化，如 Landsat-8 OL1 采用低像差镜头、高对比度涂层提升 MTF，有助于提高植被纹理的分辨能力。

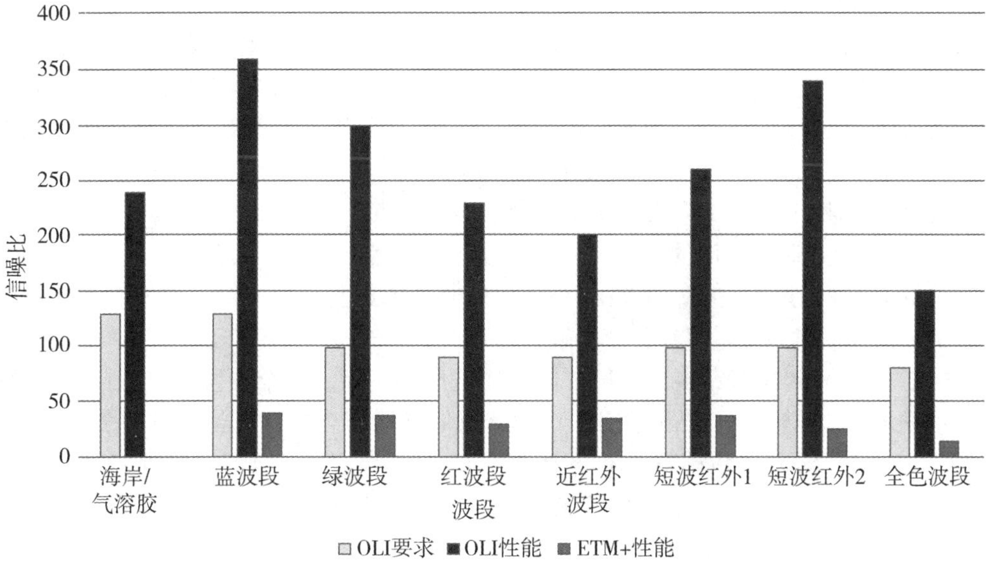

图 3-19　Landsat-8 OLI 和 Landsat-7 ETM+的信噪比对比

3.3.2　光学传感器

光学传感器是一种利用光作为探测介质来感知、测量和转换信息的装置。这类传感器能够检测到光的强度、波长、偏振状态、相位变化等属性，并将这些信息转换为电信号或其他形式数据，以便于进一步的处理和分析。光学传感器在除遥感成像外的许多领域都有广泛的应用，如生物医学、环境监测、工业制造、通信、科学研究等。

光学传感器的主要类型有：

(1)光电二极管和光敏电阻：这些传感器能够检测光的强度变化，并将其转换成电信号。

(2)光纤传感器：利用光在光纤中传播的特性来进行测量，这种传感器可以用于测量温度、压力、应力等物理量，具有抗电磁干扰、可远距离传输信号等优点。

(3)干涉仪：通过测量光波干涉产生的相位差来检测物理量的变化。这种传感器可以用于高精度的长度、温度和压力测量。

(4)激光传感器：使用激光作为光源，可以用于距离、速度、位移等参数的精确测量。

(5)CCD(电荷耦合器件)和CMOS(互补金属氧化物半导体)图像传感器：这些传感器能够捕获图像，并将其转换成电子信号，广泛应用于数字摄影、天文观测、生物成像等领域。

1. CCD

CCD(charge coupled device)这种探测器是由半导体材料制成的，在这种器件上，受光或电激发作用产生的电荷靠电子或空穴运载，在固体内移动，以产生输出信号。CCD 的发明可以追溯到 1969 年，由贝尔实验室的 Willard Boyle 和 George E. Smith 提出。由于其高分辨率、高图像质量和优秀的灵敏度特性，CCD 很快就被认为是遥感成像的理想选择。

在 1972 年，美国发射了 ERTS-1(地球资源技术卫星，后来被称为 Landsat-1)，它搭载了返回波束测绘仪(return beam vidicon，RBV，也称为返束光导管摄像机)和多光谱扫描仪(MSS)。虽然最初的 Landsat 卫星并没有使用 CCD 技术，但很快随着 CCD 技术的成熟和优势的显现，遥感卫星开始采用 CCD 传感器。

CCD 传感器在遥感领域的一个重要里程碑是在 20 世纪 80 年代初期，特别是 1982 年发射的 Landsat-4 卫星，它搭载了第一个采用 CCD 技术的传感器——增强型主动光谱辐射仪(thematic mapper，TM)。TM 传感器通过一系列的 CCD 阵列来实现横向扫描成像(图 3-20)，这些 CCD 阵列能够在多个光谱波段上捕获地面图像。每个波段都有专门的 CCD 阵列来捕获相应的光谱信息，从而使 TM 传感器能够获取包含丰富光谱信息的多光谱图像。相比之前的传感器，TM 传感器具有更高的空间分辨率、更好的光谱分辨率和辐射分辨率，这标志着 CCD 技术在遥感成像领域的应用正式开启。

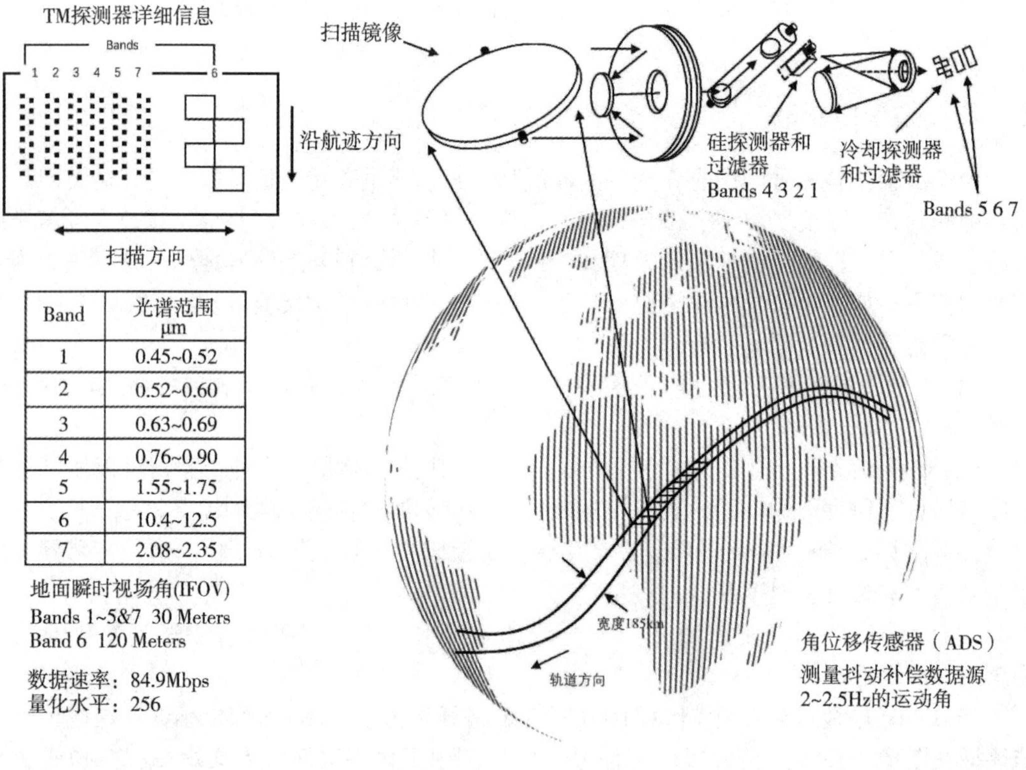

图 3-20　TM 专题制图仪

随后出现了由若干个 CCD 元器件排列成一行的传感器，称为线阵列 CCD 传感器。线阵列 CCD 传感器获取图像方式：阵列方向与飞行方向垂直，在某一瞬间得到一条线图像。一幅图像由若干条线图像拼接而成，因此又被称为推扫式成像。

法国的SPOT(satellite pour i'observation de la terre)首颗卫星于1986年发射，其搭载的HRV(high resolution visible)采用了线阵列CCD推扫式成像系统来获取高分辨率的地球观测数据(图3-21)。HRV的多光谱成像系统可用三个波谱段成像，每个波谱段的线阵列探测器组由3000个CCD元件组成。每个元件形成的像元地面分辨率(又称空间分辨率)为20m×20m。因此，一行CCD探测器形成的图像线，相对于地面上的20m×60km。一台卫星搭载两台HRV，并排同时对地面成像，两台HRV的成像范围有3km的重叠区域，即一景SPOT图像刈幅为117km。

波段1：0.50~0.59μm；

波段2：0.61~0.68μm；

波段3：0.79~0.89μm。

另外，还搭载全色HRV传感器，由6000个CCD元件组成一行。地面上总的视场宽度仍为60km，因此每个像元地面的大小(空间分辨率)为10m×10m。

波段范围：0.51~0.73μm。

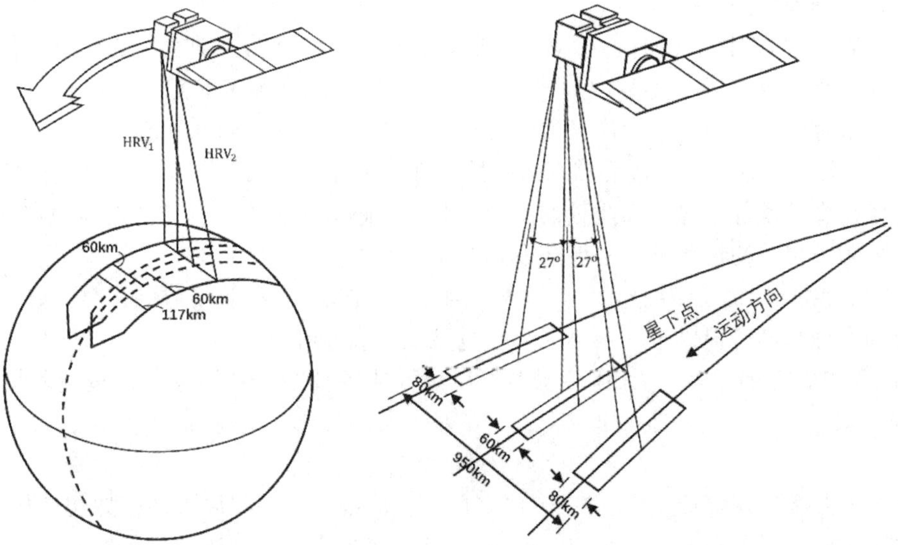

图3-21 HRV扫描仪的扫描过程

SPOT-1的成功运行标志着线阵列CCD推扫式成像技术(图3-22)在遥感领域的正式应用，并开启了利用这种技术进行地球观测的新时代。

此后，CCD推扫式成像系统因其出色的成像性能和灵敏度，在遥感卫星和航空摄影等领域得到了广泛应用，典型代表包括：法国SPOT系列、中国的高分辨率对地观测系统(高分卫星)、欧洲的哨兵(Sentinel)系列，以及IKONOS、Quickbird等商业遥感卫星。进入21世纪后，虽然CMOS等新型传感器技术已在某些应用领域逐步替代CCD，但CCD仍在许多高精度遥感成像系统中保持着其重要地位。

遥感成像技术使用CCD作为传感器的原因主要是CCD非常适合于高精度和高质量的

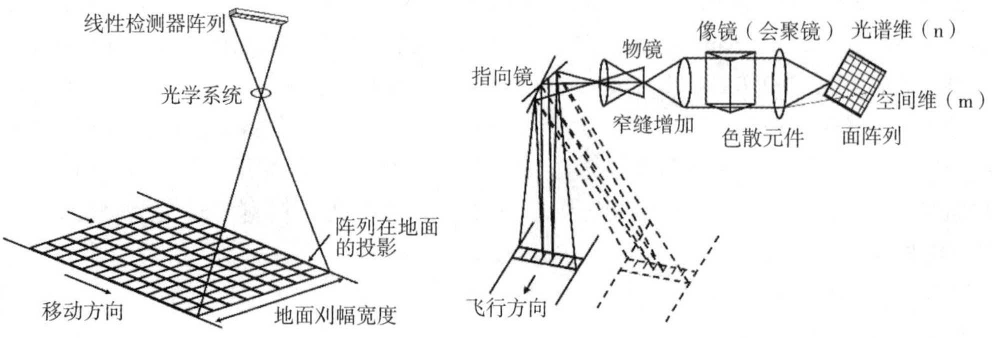

图 3-22　CCD 推扫式成像技术

图像捕捉，体现在如下几个方面：

(1)高图像质量。CCD 传感器在图像质量方面表现出色，包括高分辨率、高信噪比和宽动态范围。这意味着 CCD 能够捕捉到更细微的地表特征和更丰富的色彩信息，这对于遥感分析和解译至关重要。

(2)线性响应特性。CCD 传感器具有良好的线性响应特性，即它们的输出信号与入射光强度成正比。这一特性使得 CCD 非常适合于精确的光度测量和定量分析，这在遥感领域中是非常重要的，因为它允许对地表各种物质的反射率进行准确测量。

(3)低噪声性能。CCD 传感器在低光照条件下仍能维持较低的噪声水平，这使得它们能够在各种光照条件下捕捉高质量的图像。对于遥感应用来说，这意味着即使在日出、日落或部分阴影覆盖的情况下，也能获取到有用的数据。

(4)成熟的技术。CCD 技术已经发展多年，其制造工艺和应用经验相对成熟。这为遥感卫星的设计和制造提供了一种可靠和经过验证的成像解决方案。

(5)灵活的设计选项。CCD 传感器可以设计成各种格式和尺寸，以适应不同的遥感任务和需求。例如，可以通过改变 CCD 阵列的大小和形状来调整图像的分辨率和视场范围。

尽管 CCD 传感器在遥感成像中有诸多优势，但也存在一些局限性，如功耗相对较高、成本较 CMOS 传感器更高等。随着 CMOS(互补金属氧化物半导体)技术的进步，一些新的遥感系统开始采用 CMOS 传感器，以利用其低功耗、高速度和低成本的优点。然而，根据特定的应用需求，CCD 仍然是许多高精度遥感成像任务的首选技术。

2. TDI-CCD

TDI(time delayed and integration)，即时间延迟积分，是一种能够增加线扫描传感器灵敏度的扫描技术。TDI-CCD 线阵相机是一种具有面阵结构、线阵输出的新型光电传感器相机，较普通的线阵相机而言，它具有多重级数延时积分的功能。从其结构来看，多个线阵平行排列，像元在线阵方向和级数方向呈矩形排列(图 3-23)。

TDI-CCD 的工作过程是基于对同一目标多次曝光，通过延时积分的方法，增强光能的收集。它能很好地解决灵敏度与速度、分辨力之间的矛盾。TDI-CCD 相机的工作原理如图

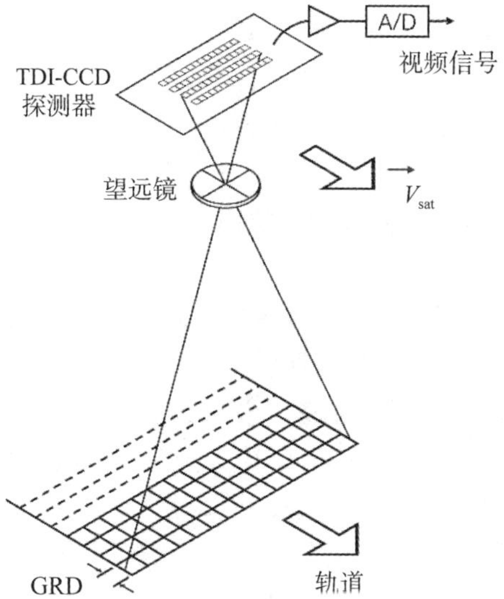

图 3-23　TDI-CCD 成像示意图

3-24 所示。相机摄像时随卫星向前移动，对地面同一静止目标物体多次曝光成像。在 t_1 时刻，被拍摄物体在第 1 级(行)TDI-CCD 上曝光成像，产生电荷信号；t_2 时刻，由于相机向前运动，经过了一个行周期后，第 2 级 TDI-CCD 再次对同一个被拍摄物体曝光成像，产生电荷信号。与此同时，时钟信号驱动第 1 级 TDI-CCD 上产生的电荷转移到第 2 级 TDI-CCD 上。这样，该行 TDI-CCD 不仅包括此次曝光产生的电荷，也包括前一级转移来的电荷，使电荷量增加了 1 倍。依此类推，若 TDI-CCD 的级数为 N，相机输出信号将增加为原来的 N 倍。图 3-24 中设定 TDI 的级数为 4 级，因此在 t_4时刻，在 TDI 的第 4 级(行)星星曝光产生的电荷量为原来的 4 倍。

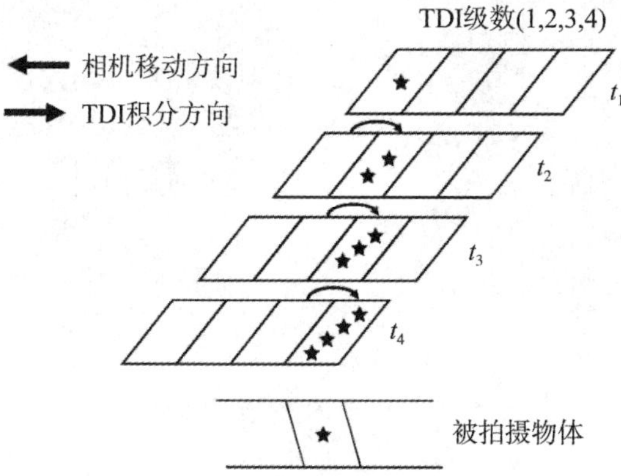

图 3-24　TDI-CCD 相机的工作原理

遥感卫星利用 TDI-CCD 传感器的高灵敏度和高信噪比优势，在低光照条件下或高速运动情况下进行高质量成像。以下是一些采用 TDI-CCD 传感器的卫星示例：

Landsat 系列卫星：美国 Landsat-7 卫星上的 ETM+(增强型主动热辐射和反射辐射仪)就采用了 TDI-CCD 技术，显著提升了成像质量，广泛应用于地表监测和资源管理。

SPOT 系列卫星：法国的 SPOT 地球观测卫星系列也采用了 TDI-CCD 传感器，用于获取高分辨率的地表图像，支持地图制作、农业监测、环境保护等应用。

WorldView 系列卫星：由 DigitalGlobe(现为 Maxar Technologies 的一部分)运营的 WorldView 系列卫星提供高分辨率的地球成像服务。这些卫星采用了高性能的 TDI-CCD 传感器，以捕获高质量的图像，用于地图制作、灾害响应和环境监测等。

Pleiades 卫星：由法国国家空间研究中心(CNES)和阿丽亚娜空间公司(Arianespace)共同开发的 Pleiades 卫星，是高分辨率光学成像卫星，旨在提供地球观测数据。这些卫星使用 TDI-CCD 传感器来获取高质量的图像。

Gaofen(高分)系列卫星：中国的高分辨率对地观测系统旨在提供全天候、全天时的高分辨率地球观测数据。其中一些卫星采用了 TDI-CCD 技术，以提高成像性能。

这些卫星利用 TDI-CCD 传感器在特定的应用场景下提供了高质量的成像服务，包括地表监测、资源管理、环境保护和科学研究等。随着遥感技术的发展，预计会有更多采用 TDI-CCD 传感器的卫星投入使用。

3. CMOS

CMOS(互补金属氧化物半导体)技术在遥感卫星成像中的工作原理是基于其作为一种图像传感器的能力，用于将光信号转换为电信号(图 3-25)。

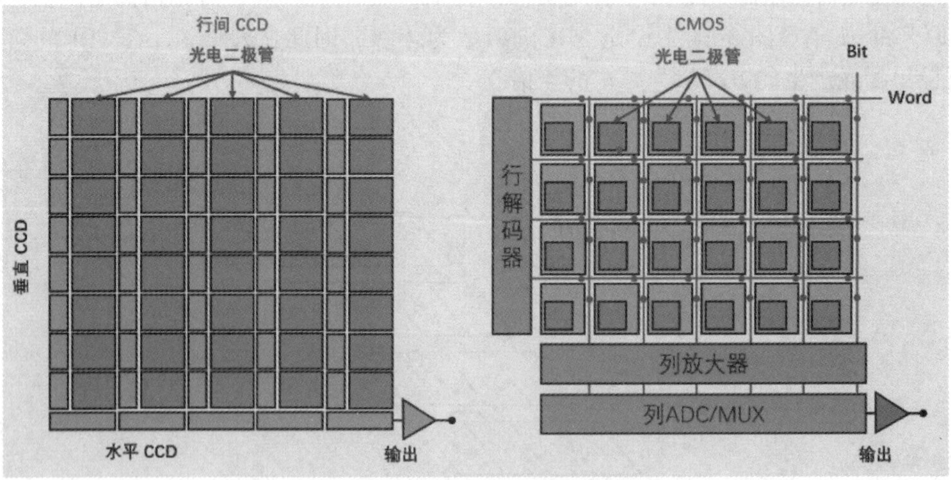

图 3-25　CCD 与 CMOS 内部结构对比

与 CCD 传感器相比，CMOS 传感器提供了一种不同的图像捕获方式。近年来，因其具有低功耗、快速读出、低成本和集成电路设计的灵活性等优势，CMOS 传感器日益受到青睐。CMOS 在遥感卫星成像中的工作原理如下：

(1)光信号的捕获：CMOS 图像传感器由数以百万计的像素组成，每个像素都包含一个光电二极管，用于捕获入射光(即来自地球表面的反射光)。当光线照射到光电二极管上时，它会产生电荷。

(2)电荷转换为电压：与 CCD 不同，CMOS 传感器中的每个像素都有自己的放大器，用于将电荷转换为电压。这意味着信号的转换(从光到电)是在像素级别上进行的，这有助于提高读出速度和降低功耗。

(3)模拟信号的读出：转换后的电压(模拟信号)接着被读出。CMOS 传感器的一个关键特点是它们支持随机像素访问，可以直接读取特定像素的数据，而不需要像 CCD 那样按顺序读取整个图像，从而进一步提高了数据读取的速度。

(4)模拟-数字转换：读出的模拟信号随后通过模拟-数字转换器(ADC)转换为数字信号。在 CMOS 传感器中，ADC 可以集成在传感器芯片上，每个像素或每组像素可以有自己的 ADC，这有助于进一步提高读取速度和降低噪声。

(5)图像处理和传输：数字信号随后可以在卫星上进行初步处理，然后通过通信系统发送回地球站。图像处理可能包括去噪、对比度调整和压缩等步骤。

CMOS 技术在遥感卫星成像的应用中显示出多种优势，包括更高的成像速度、低功耗和成本效益，以及更好的集成度。这些优势使得 CMOS 技术越来越多地应用于新一代地球观测卫星。

CMOS 传感器在小卫星、地球观测卫星以及一些特定任务的卫星中被广泛使用。以下是一些使用 CMOS 传感器进行成像的遥感卫星类型和例子。

(1)地球观测卫星：用于监测地球自然和人造环境的变化。例如，Planet Labs 的 Dove 卫星系列就采用了 CMOS 传感器，这些小型卫星能够提供高频率的地球表面图像，用于农业、林业、城市规划等领域。

(2)商业遥感卫星：许多商业卫星运营商为了降低成本和提高成像速度，选择使用 CMOS 传感器。例如，SkySat 系列卫星(也属于 Planet Labs)提供高分辨率的地球图像，用于地图制作、灾害响应等。

(3)科学研究卫星：用于地球科学、天文学和其他科学研究的卫星也开始采用 CMOS 传感器。例如，美国国家航空航天局(NASA)的 TESS(Transiting Exoplanet Survey Satellite，凌星系外行星勘测卫星)使用 CMOS 传感器寻找围绕最亮恒星运转的系外行星。

(4)军事和安全监测卫星：CMOS 传感器也被用于需要快速成像和数据处理的军事和安全监测任务中，尽管具体项目往往保密，但已知一些国家的侦察卫星采用了 CMOS 技术。

(5)小型和立方体卫星(CubeSats)：由于 CMOS 传感器的小型化、低功耗和成本效益特性，它们非常适合用于教育、科研和技术验证。

3.3.3 热红外传感器

热红外遥感研究的主要对象是目标的温度和发射率，两者作为区域和全球地表生物、物理和化学过程中的关键因子，在地表和大气交互及能量交换中起到了重要作用，对地表能量平衡、气候、水文、生态以及生物等学科研究都有重要意义。根据物理学原理，地球上的每一个物体都会发射热红外辐射，通常称其为热量，而且发射的辐射量与物体的温度成正比。这一基本关系使得热红外传感器(TRIS)能够有效地测量和绘制出不同地貌和环境条件下地球表面的温度(图 3-26，彩色效果见附录彩图 2-26)。

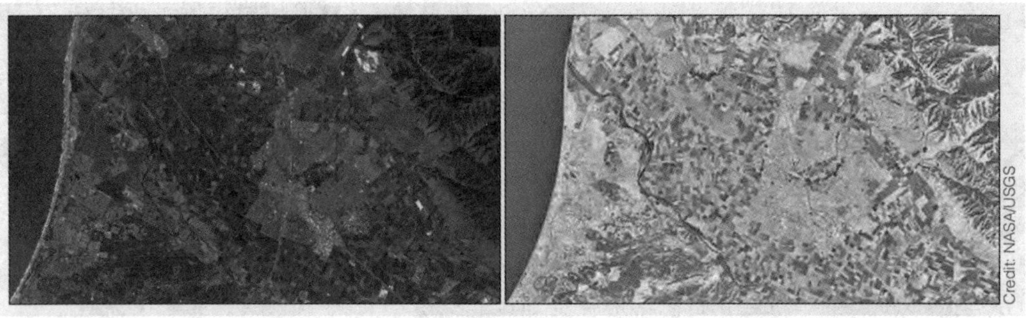

(a)　　(b)

图 3-26　不同地貌和环境条件下地球表面的温度

TIRS 技术通过检测红外光谱中特定波长带的热红外辐射来运作，考虑到红外波段的大气透过率，通常选择 3~5μm 以及 8~14μm 两个大气窗口作为成像波段。这些波长对表面温度的变化特别敏感，并且相比于红外光谱的其他部分，受大气湿度的影响较小。通过捕捉这些波长的数据，TIRS 能够在广泛的天气和环境条件下准确测量表面温度，可间接得到土壤热惯量、土壤水分、地表蒸散发、土壤热通量等参数(图 3-27)。

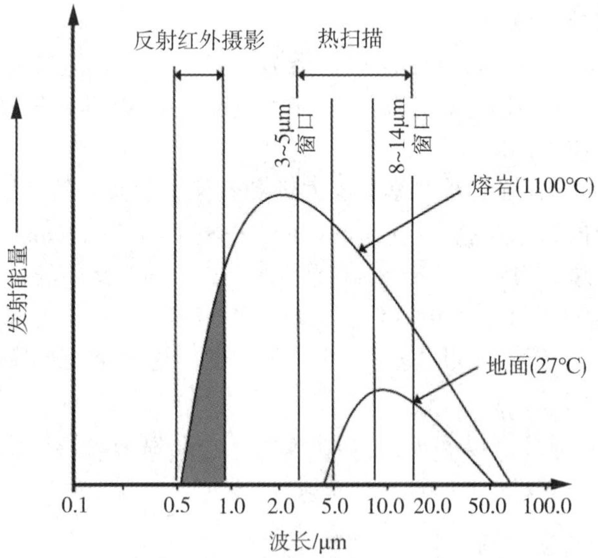

图 3-27　热红外遥感的波段选择

常见的热红外遥感卫星主要有 Landsat-8 TIRS、NOAA/AVHRR 和 MODIS，反演温度常用数据也来自以上三种系统。以 Landsat-8 为例，其热红外传感器(TRIS)采用了一种量子阱红外光电探测器(quantum well infrared photodetectors，QWIPs)技术，这是一种利用量子阱结构来检测红外辐射的先进探测技术。QWIPs TIRS 使用对两个热红外波长带敏感的器件，可有效区分地球表面的温度和大气的温度。砷化镓半导体芯片将电子困在一个能量状态的"井"中，直到电子被特定波长的热红外光提升到更高的状态。激发的电子产生电信号，这些信号能够被读取和记录，从而实现对特定波长红外辐射的高灵敏探测，并生成数字图像(图 3-28)。

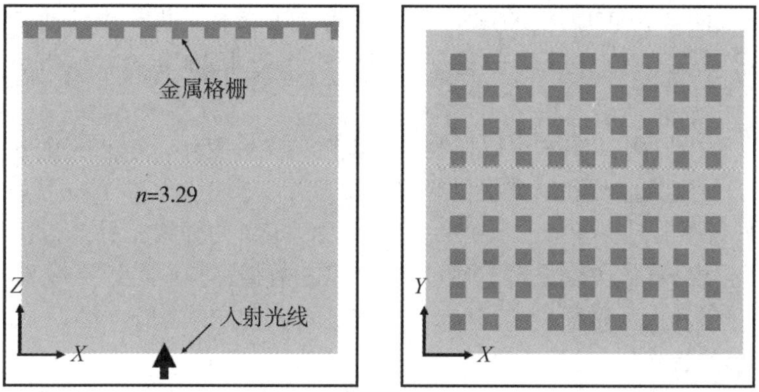

(a) 沿中心的XZ平面 (b) 沿中心的XY平面

图 3-28 量子阱红外光电探测器的几何结构和用于光耦合的衍射光栅结构

QWIPs 技术具有多种优点，比如高灵敏度、可以针对特定的红外波长进行优化，以及能够在较低的温度下工作。这些特性使得 QWIPs 非常适合于太空探测、地球观测、军事侦察以及商业成像等领域。TIRS10-TIR 波段 10-TIRS 热红外传感器 1，波长范围 10.60~11.19μm，空间分辨率 100m，信噪比 0.4K，可用于地表温度反演、火灾检测；TIRS11-TIR 波段热红外传感器 2，波长范围 11.50~12.51μm，空间分辨率 100m，信噪比 0.4K，可用于土壤湿度评价和夜间成像。

热红外传感器的空间分辨率比光学类传感器差，主要原因如下：

(1)波长差异：热红外传感器工作在远红外波段，其波长远大于光学传感器工作的可见光和近红外波段。波长越长，按照衍射极限理论，获得的最小分辨单元就越大，这直接导致了热红外传感器在相同光学系统条件下的空间分辨率不如光学类传感器。

(2)大气吸收和散射：热红外波段的辐射在通过大气时受到的吸收和散射作用比可见光和近红外波段更严重，这会降低成像的清晰度和分辨率。

(3)光学系统设计：由于热红外波长较长，要获得与光学传感器相同的空间分辨率，需要使用更大口径的光学系统。这不仅增加了系统的体积和成本，而且在技术上也更为复杂和困难。

(4)探测器技术限制：热红外探测器的技术和制造难度相对较大，这限制了在相同尺寸的探测器芯片上集成更多的探测单元。而光学类传感器(如 CCD 或 CMOS)可以在相对较小的面积内集成更多的像素，从而获得更高的空间分辨率。

TIRS 数据的应用非常广泛，包括：

(1)环境监测：TIRS 数据可用于监测环境变化，如检测和分析野火的蔓延、评估干旱条件以及研究气候变化对全球和区域温度的影响。

(2)农业管理：通过测量表面温度，TIRS 可以帮助评估作物状况、灌溉需求和预测干旱，这对于提高农业生产力和可持续性至关重要。

(3)水文学研究：TIRS 数据有助于监测水体，包括湖泊、河流和水库的表面温度。这些信息对于水资源管理、研究蒸发率和了解水循环至关重要。

(4)城市规划：在城市地区，TIRS 可用于识别热岛效应，即人类活动和基础设施导致的温度显著高于周围地区的区域。这些信息对于城市规划和制定减轻城市热岛效应的策略至关重要。

(5)地热和火山监测：TIRS 可以监测表面温度的微妙变化，这些变化可能表明地热或火山活动，为自然灾害监测和减灾提供宝贵数据。

(6)热红外传感器是科学家、研究人员和政策制定者的强大工具，为我们提供了关于地球热属性和环境条件的关键见解。通过利用 TIRS 数据，我们可以更好地理解和管理影响我们星球的自然和人为过程。

热红外遥感的技术特点：

(1)全天时监测：由于热红外辐射与太阳辐射无关，因此热红外传感器可以在白天和夜间进行观测。

(2)天气影响较小：相比于可见光和近红外波段，热红外波段受到云层和大气条件的影响较小，因此适合在多种天气条件下使用。

热红外传感器在地球环境和资源监测中发挥着重要作用，通过提供热红外数据，为研究地球系统提供了重要的信息。

国内外部分星载热红外传感器技术及特点如表 3-1 所示。

表 3-1　国内外部分星载热红外传感器技术及特点

传感器	卫星计划	波段数	光谱范围/μm	空间分辨率	用途
AIRS 大气红外探测仪	EOS(美国)	6	3.74～15.4	13.5～1km	大气温度、湿度
ASTER 高级空间热辐射热反射探测器	EOS(美国)	14	8～12	90m	陆地表面、水和云
ATSR 纵向扫描辐射仪	ERS-1(欧空局)	2	11.0 12.0	1km×km	云、海面温度
AVHRR 甚高分辨率辐射仪	NOAA-11(美国)	5	0.58～12.4	1.1km	海面温度、植被、气溶胶
CERES 云和地球辐射能系统	EOS(美国)	3	0.3～12.0	21km	地球辐射平衡

续表

传感器	卫星计划	波段数	光谱范围/μm	空间分辨率	用途
HIRDLA 高分辨率临界动态分辨仪	EOS(美国)	21	6.0~18.0	10km/1km	大气温度、水分及化学
GLI 全球成像仪	ADEOSII(日本)	34	可见光、近红外及热红外	1km	碳循环
HIRS/21 高分辨率红外辐射探测仪	NOAA-11(美国)	20	0.69~14.95	20.4m	大气温度、湿度
ILAS 改进型临边大气光谱仪	ADEOS(日本)	3	0.753~11.77	13km/2km	大气
IR-MSS 红外多光谱扫描仪	CBERS(中国/巴西)	4	0.5~12.5	78m/156m	中等分辨率制图
MODIS 中等高分辨率成像光谱辐射仪	EOS(美国)	36	0.4~14.5	250m/500m/1km	地球物理过程、大气、海洋、陆地
SR 扫描辐射仪	FY-2(中国)	3	0.55~12.0	5.73km	气象
VISSR 可见光红外光自旋辐射扫描仪	METEOSAT(欧空局)	3	0.5~12.5	2.5km×2.5km/5km×5km	地球、大气观测
TM 专题绘图仪	LANDSAT(美国)	7	0.45~12.5	15m/28.5m/60m/120m	获取地球表层信息
ETM+增强型专题绘图仪	LANDSAT(美国)	8	0.45~12.5	30m/15m/120m	获取地球表层信息

3.3.4 微波传感器

微波遥感按传感器的工作原理可分为主动遥感(或有源微波遥感)和被动遥感(或无源微波遥感)两类。前者主要是侧视雷达，传感器向探测目标发射微波信号并接收其与目标作用后的后向散射信号，形成侧视雷达图像。后者主要是微波辐射计，传感器接收自然状况下地面反射和发射的微波，通常不能形成图像。

1. 微波辐射计

微波辐射计可用于记录目标的亮度温度。在地面平台上时，它可以记录一个观测单元的亮度温度。如果安装在飞行器上，则可以记录沿飞行方向的一条亮度温度曲线，如将辐射的天线设计成扫描方式，就可以获得一个扫描区域的亮度温度数据，或一条沿着飞行方向，具有一定宽度的带状区域的亮度温度图。

辐射计天线接收的辐射能量来自地面物体的发射辐射和反射辐射。正如第 2 章所述，物体发射的功率与温度成正比。根据辐射计接收的辐射能量可以反演温度等信息。微波辐射计被广泛搭载在气象卫星、海洋卫星等遥感平台上。

2. 侧视雷达传感器

侧视雷达的成像与光学传感器的不同，光学传感器利用太阳光作为照明源，而侧视雷达利用发射的电磁波作为照射源。它由一个发射机、一个接收机、一个转换开关和一根天线等构成。发射机产生脉冲信号，由转换开关控制，经天线向观测地区发射；地物反射脉冲信号，也由转换开关控制，进入接收机记录成图像。

侧视雷达在卫星飞行时间向垂直于航线的方向发射一个很窄的波束，这个波束在航向上很窄，在距离方向很宽，覆盖了地面上一个很窄条带，卫星在飞行时不断发射这样的波束，并不断接收地面各种地物的反射信号，于是由这些波束扫视地面一条带状区域，形成侧视雷达的成像带。每个波束是由所发射的一个短的脉冲形成，这个脉冲遇到目标后，一部分能量由地物反射返回雷达天线，即回波。地面上与卫星距离不同的目标反射的回波，由雷达天线和接收机按到达时间的先后次序接收并记录下来，形成一行地物图像。紧接着发射下一个脉冲，卫星同时向前飞行了一段很短的距离，然后又接收地面相邻窄条带的地物反射回波信号。如此继续，构成地面成像带的图像。

雷达接收到的回波中，含有多种信息，如雷达到目标的距离、方位、雷达与目标的相对速度(由相对运动产生的多普勒频移)、目标反射特性等。其中距离信息可用下式表示：

$$R = \frac{1}{2}vt \tag{3-25}$$

式中，R 为雷达到目标的距离； v 为电磁波传播速度； t 为雷达和目标间脉冲往返的时间。

雷达接收到的回波强度是系统参数和地面目标参数的复杂函数。系统参数包括雷达波的波长、发射功率、照射面积和方向、极化类型等。地面目标参数与地物的复介电常数、地面粗糙度等有关。

3.4 卫星传感器成像模式

由于遥感卫星相距地面较高，制造大面阵感光成像传感器的难度较大，因此遥感卫星的传感器通常采用扫描式成像方式(图 3-29)。扫描式成像是依靠探测元件和扫描镜，以瞬时视场为单位对目标地物进行的逐点逐行取样，获得地物电磁辐射特性信息，最终形成特定波段的图像。其探测波段可包括紫外、可见光、红外和微波波段。常用成像方式包括横扫式成像、推扫式成像和高光谱成像等。

3.4.1 横扫式成像

横扫式成像(whiskbroom imaging)是指利用一个或一组探测器沿着垂直于卫星轨道方向进行扫描，从刈幅的一侧到另一侧逐像素扫描获取地物辐射形成一行(或几行)图像，再利用卫星的轨道运行，将每一行图像进行拼接，形成沿轨条带状分布图像的过程。这种方式需要机械旋转部件来执行扫描动作。

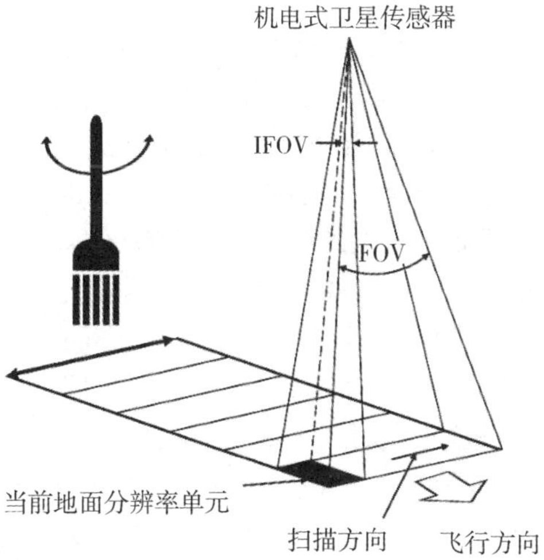

图 3-29 扫描式成像

光学机械扫描成像(optical-mechanical scanning)是利用平台的行进和旋转扫描镜对与平台行进的垂直方向的地面进行扫描，利用旋转式扫描镜，逐个像元轮流采光，即沿扫描线逐点扫描成像。

在横扫式成像中，可以将卫星想象成悬挂在空中的“扫帚”，而地球表面则是需要“扫描”的地面。卫星上装有一个或多个高精度的光学探测器(相当于扫帚的丝线)，这些探测器负责收集来自地球表面的光线信息。当卫星沿着轨道飞行时，这些探测器会按顺序逐个“扫描”地面。探测器每一瞬间只捕捉瞬时视场角内的一小块区域的信息。随着卫星的运行，这些小块区域的信息逐渐拼接融合，最终形成了一幅完整的地面影像(图 3-30)。

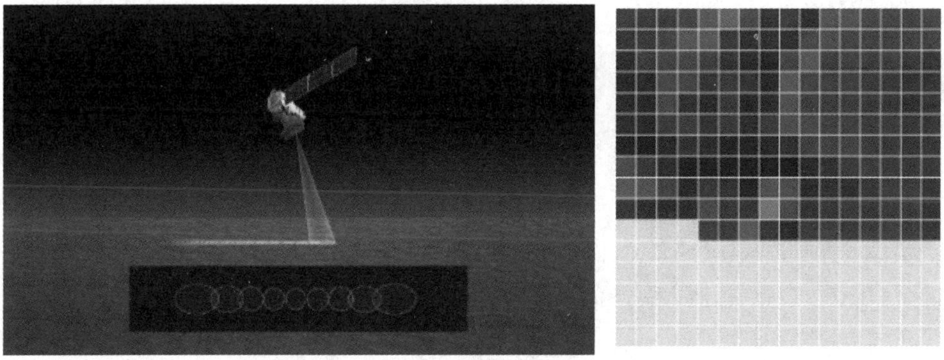

图 3-30 横扫式成像

采用此类扫描方式的卫星主要包括 Landsat 1～7 卫星(搭载 MSS、TM、ETM+等传感器)、美国的气象卫星 NOAA/AVHRR 以及我国的“风云”系列气象卫星等。该扫描方式的特点是扫描宽幅较大但空间分辨率相对较低。

MSS 是 multi-spectral scanner 的缩写，即多光谱扫描仪。该传感器搭载于 Landsat 1~5 卫星，由位于美国加州戈莱塔的休斯飞机公司圣巴巴拉研究中心(SBRC)研制。MSS 是一种光-机械扫描仪器，由双反射镜式望远镜、扫描镜、滤波器、探测器组成。MSS 仪器的空间分辨率约为 79m，包含蓝波段至近红外波段的 4 个光谱通道。

TM 是 thematic mapper 的缩写，即专题制图仪，是 Landsat 4~5 卫星搭载的第二代成像传感器，由休斯飞机公司研制。其光谱与空间分辨率比 MSS 仪器有了很大提高。

ETM+是 enhanced thematic mapper plus 的缩写，即增强型专题制图仪，搭载于 Landsat-7 卫星，由位于美国加州戈莱塔的圣巴巴拉遥感公司(Raytheon SBRS)制造。ETM+的镜头从一侧到另一侧(穿过轨道)进行扫描，以产生正向和反向图像。扫描线校正器(SLC)后视镜总成支持前后扫描，以补偿集成时间内航天器的前向运动。ETM+和以前的 TM 系列之间的主要功能差异是增加了一个 15m 分辨率的全色波段和两个 8 位“增益”范围。ETM+增加了一个 60m 分辨率的热波段，取代了 ETM/TM 上的 120m 波段(波段编号 6)。因此，ETM+数据涵盖了电磁光谱的可见光、近红外、短波红外和热红外波段。

3.4.2　推扫式成像

推扫式成像(pushbroom imaging)扫描仪，也被称为线阵列传感器，它一般采用 CCD 感光成像，线性 CCD 阵列能够同时获得一行图像，通过卫星平台的向前飞行形成一幅二维图像，实现对地面的连续覆盖。这种成像方式通过仪器中的广角光学系统——平面反射镜采集地面辐射能，并将之反射到反射镜组，再通过聚焦投射到焦平面的阵列探测元件上。这些光电转换元件同时完成地物辐射的感应和采集、光电信号转换和线阵成像。探测器按线阵列排列，在每一个成像瞬间得到整行数据，每一个线阵列成像符合中心投影。这种模式不需要机械扫描，因此可以减少机械故障的风险，提高图像的稳定性和质量(图 3-31)。

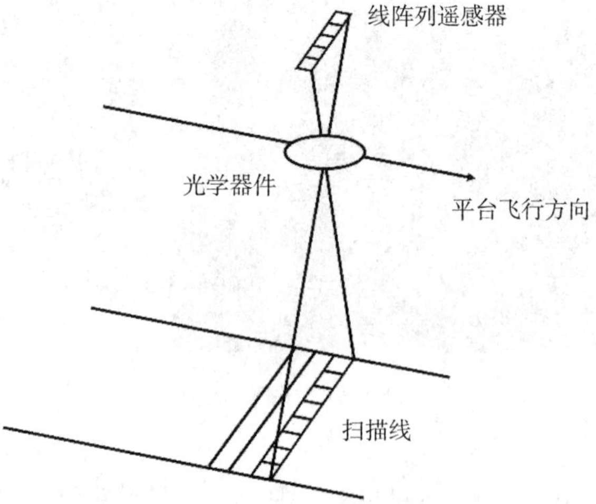

图 3-31　推扫式成像

从线阵列推扫式传感器的原理可知，图像上每一行像元在同一时刻成像且为中心投影，整个图像为多中心投影(图 3-32)。

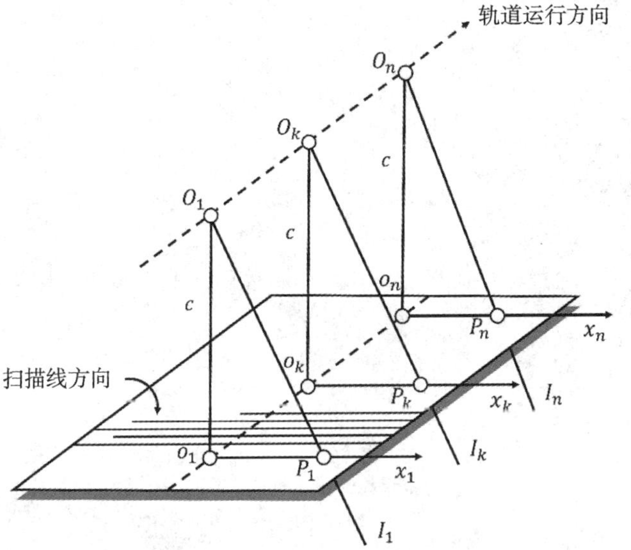

图 3-32 线阵列推扫式成像

图 3-32 中各符号的含义：p_k 为图像上任一像点，x_k 为扫描线 k 上图像点的 x 坐标，c 为传感器主距，O_k 为扫描线 k 的投影中心，o_k 为扫描线 k 的主点，l_k 为扫描线 k 从投影中心 O_k 发出的光线。根据相机中 CCD 阵列个数不同，CCD 相机可以分为三类：单线阵 CCD 相机、双线阵 CCD 相机和三线阵 CCD 相机。

1. 单线阵 CCD 相机

单线阵 CCD 相机只有一个 CCD 阵列，沿轨道扫描一次获得单张图像。目前大部分遥感卫星采用这种成像方式。单个 CCD 阵列一般具有较灵活的摆动成像能力，可以前后摆动或者左右摆动两次成像获得小范围的立体像对(图 3-33，彩色效果见附录彩图 3-33)。

单线阵 CCD 相机具有的灵活摆动能力，允许卫星的成像仪器沿轨道方向前后摆动或侧向摆动，从而实现对特定区域的重点观测或增加成像范围。这种灵活性使得卫星可以快速响应特定地区的观测需求，覆盖更广泛的区域。

随着卫星和传感器技术的进步，形成了所谓的敏捷成像模式(图 3-34)。在敏捷成像模式下，卫星能够快速调整其成像仪器的指向，迅速调整观测角度，以便于在短时间内从不同的角度或对不同的区域进行成像。这种模式显著提升了卫星的灵活性和覆盖能力，特别适合于需求快速响应和大范围获取地面信息的监测任务。

敏捷卫星通过姿态的快速调整能够实现侧摆角度范围内的成像。敏捷卫星通过多条带的拼接方式，在保证高图像分辨率的同时，能够实现东西方向的大范围的宽幅成像。敏捷

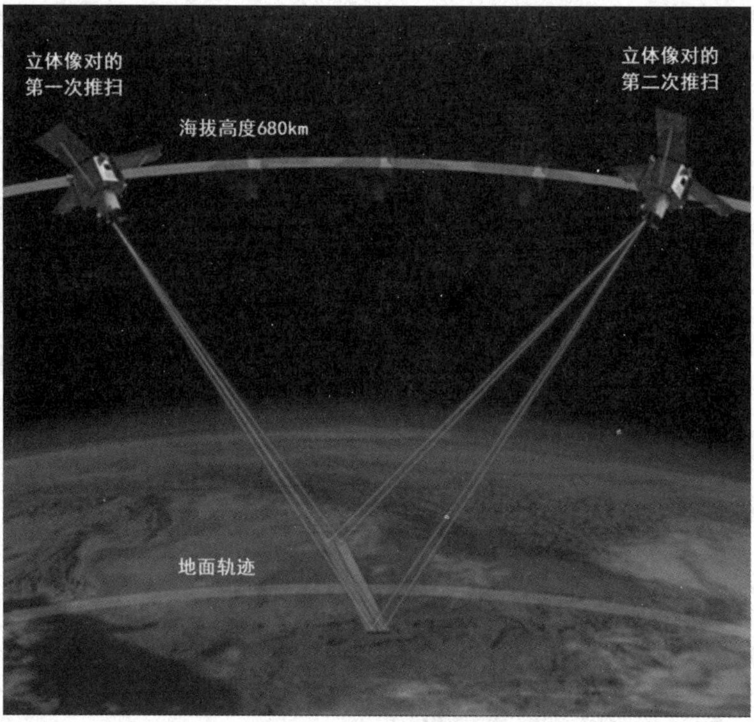

图 3-33　单线阵 CCD 相机

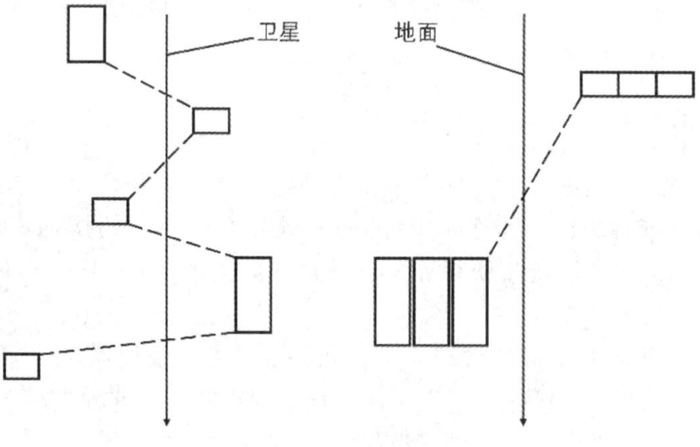

图 3-34　敏捷成像模式

成像技术对非沿航迹方向的狭长地物目标(如海岸线)具有很好的时效性，同时可以利用卫星姿态的机动来解决大幅宽与高分辨率的矛盾，成像执行能力得到提高，从而实现真正意义上的高时间分辨率和高空间分辨率。

2. 双线阵 CCD 相机

双线阵 CCD 相机包含两个 CCD 阵列，一般固定在卫星平台上，以固定的前后倾角扫描成像，沿轨道扫描一次获得立体图像，属于专门的立体测绘相机。典型的卫星或传感器包括 SPOT-5 的 HRS(图 3-35)、高分七号等。

图 3-35　双线阵 CCD 相机

3. 三线阵 CCD 相机

三线阵 CCD 相机在双 CCD 阵列基础上增加一个下视相机，增加了多余观测，可以获得三视立体图像，同时下视相机有利于生成正射图像，同样属于专门的立体测绘相机。典型的卫星包括资源三号和 ALOS 卫星等。图 3-36 所示为我国资源三号三线阵 CCD 相机，三个相机分别可获得前视、下视和后视图像。与双线阵 CCD 相机相同，为了保证获取立

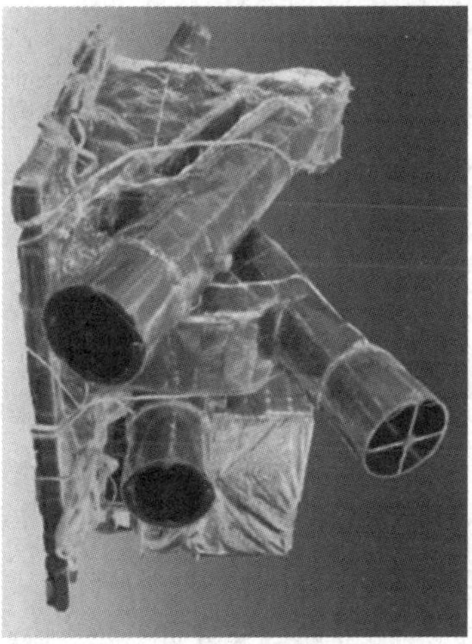

图 3-36　资源三号三线阵 CCD 相机

体像对时保持合适的基高比，前视与后视相机的夹角是固定的。如图 3-37 所示，武汉大学的珞珈三号 01 星搭载的三线阵 CCD 相机的前、后视相机的固定夹角为 22°，可以获得连续的、基高比稳定的三视立体图像。

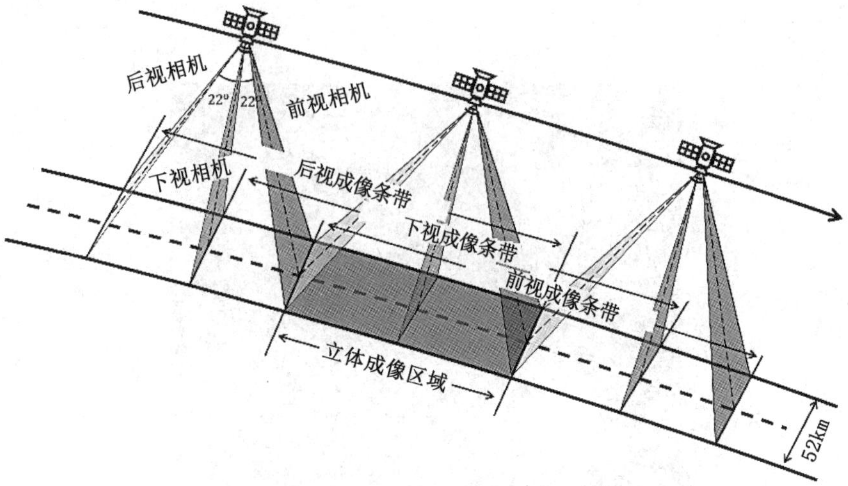

图 3-37　珞珈三号 01 星三线阵 CCD 相机立体成像方式

3.4.3　高光谱成像

高光谱成像(imaging spectrometer)把成像技术和光谱技术有机地结合起来，获取的图像光谱分辨率非常高，波段数非常多，能达到上百个波段。高光谱传感器是以多路、连续并具有高光谱分辨率方式获取图像信息的仪器。它将传统的空间成像技术与地物光谱技术有机地结合在一起，可以实现对同一地区同时获取几十个到几百个波段的地物反射光谱图像。它仍属于多光谱扫描仪的范畴。

典型的高光谱成像传感器就是中分辨率成像光谱仪(MODIS)，它拥有 36 个成像波段。在 MODIS 传感器之后，NASA 又研制了 Hyperion 高光谱传感器。Hyperion 是搭载在地球观测一号(EO-1)卫星上的一种高光谱成像仪器，它具有 0.4~2.5μm 波长范围内的 220 个成像光谱波段，可以获得 30m 空间分辨率的 220 波段高光谱图像(图 3-38)。

3.4.4　凝视成像

凝视成像(staring imaging)模式下，传感器的姿态与范围保持稳定，长时间对同一区域进行连续观测。凝视成像卫星有两类：静止轨道高分辨率卫星和低轨道凝视卫星，静止轨道高分辨卫星，例如地球同步轨道的高分四号、风云气象卫星(图 3-39)，凭借轨道高、查对地球静止的特性，可以持续凝视大范围区域，适合重要地区或地物的长期监测。低轨凝视卫星凭借卫星轨道近地优势，借助凝视技术可以实现高分辨率的视频成像，满足农业监测、城市精细化管理等对地物细节与动态过程的成像需求。

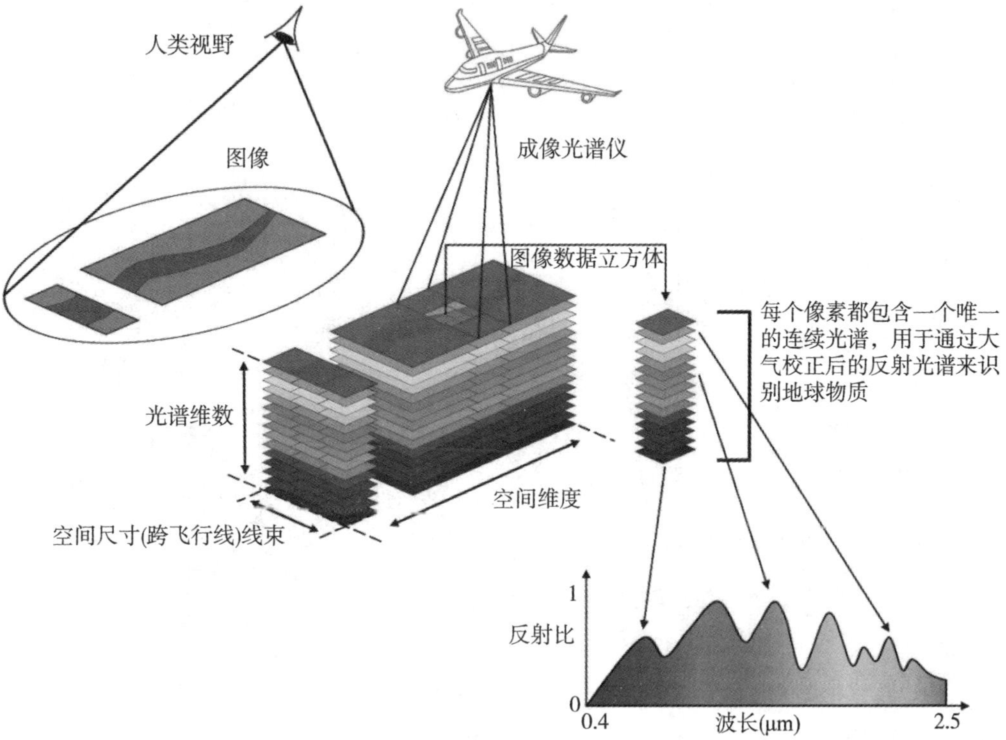

图 3-38 Hyperion 高光谱传感器

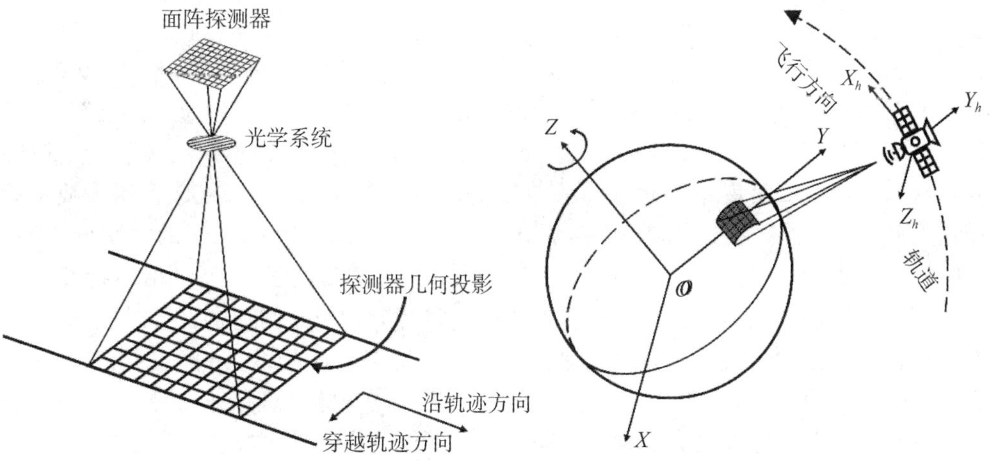

图 3-39 凝视成像工作原理

低轨凝视卫星的凝视成像模式是指卫星在沿轨道进动过程中，虽然目标区域和卫星的相对位置关系不断变化，但通过调整卫星的姿态角度和姿态角速度，可使卫星中的光学有效载荷的光轴始终动态指向地球上的指定景物区域，从而实现光学有效载荷对景物区域内的连续成像。凝视成像模式具有明显的对地观测优势：具备较高的时间分辨率；提供较长的积分时间，有益于提高信噪比；同时观测全视场内发生的现象，成像效率高(图 3-40)。

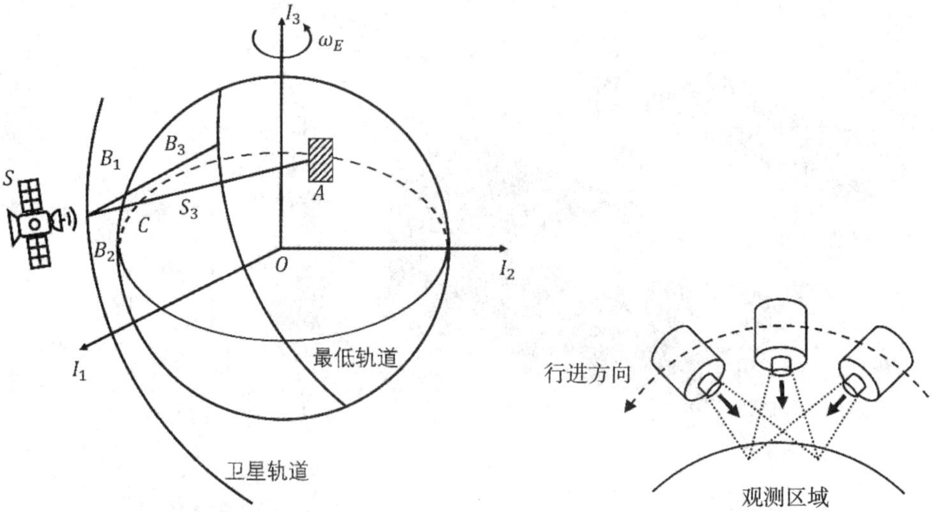

图 3-40　凝视成像示意图

3.4.5　视频成像

卫星视频成像依托凝视成像模式，通过连续高时间分辨率帧序列采集，实现目标区域动态监测。技术实现中，卫星在轨道高速运动(含轨道进动、地球自转引发的相对位移)时，通过高精度姿态控制(调整卫星俯仰角、滚动角)与凝视指向算法协同，使视频载荷持续稳定对准固定目标区域。该过程涉及两大核心技术：一是运动补偿，抵消轨道运动导致的目标区域“相对位移”，维持视场稳定；二是连续帧采集，以秒级、亚秒级的高频次、短间隔获取图像，满足视频“动态连续”的时序需求。我国吉林一号视频卫星为典型代表，其载荷具备 4K 高清彩色成像能力，可在 120s 观测时段内，以 0. 92m 的空间分辨率持续采集帧序列并生成连续视频，兼顾“细节清晰还原”与“动态过程记录”的双重特性。

与传统对地观测卫星相比，视频卫星能够对目标进行长时间的动态实时监测。且由于具有敏捷快速的机动能力，能够根据地面情况迅速改变观测地区和观测重点，通过视频图像直接下传给用户，显著缩短了用户响应时间。因此，视频卫星在地面突发事件的快速响应以及灾害实时监视等方面具有显著优势，对于国防建设以及国民经济生活的众多领域而言，其应用前景极为广阔。

3.4.6　侧视雷达成像

1. 真实孔径侧视雷达

真实孔径侧视雷达的工作原理如图 3-41 所示。天线安装在飞机的侧面，发射机向侧向面内发射一束窄脉冲，地物反射的微波脉冲由天线收集后，被接收机接收。由于地面各点到飞机的距离不同，接收机接收到许多信号，以它们到飞机距离的远近，先后依序记录。信号的强度与辐照带内各种地物的特性、形状和坡向等有关。图 3-41 中的 a、b、c、d、e 等各处的地物如下：a 处由于地物隆起，反射面朝向天线，出现强反射；b 处为阴影，无反射；c 处为草地，是中等强度反射；d 处为金属物体，导电率大，出现最强的反射；e 处为平滑表面，出现镜面反射，回波很弱。

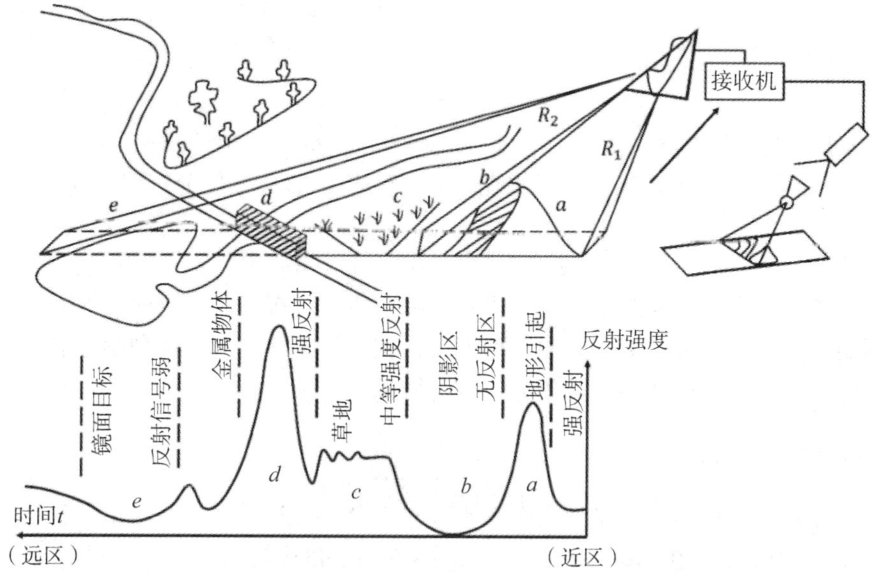

图 3-41 真实孔径侧视雷达

回波信号经处理，形成一条相应于辐照带内各种地物反射性的图像线。飞机向前飞行时，对一条条辐照带连续扫描，就得到沿飞机航线侧面的由回波信号强弱表示的条带图像。

真实孔径侧视雷达的空间分辨率包括距离分辨率和方位分辨率两种，如图 3-42 所示。距离分辨率是在脉冲发射的方向上能分辨两个目标的最小距离，它与脉冲宽度有关，可用下式表示：

$$R_r = \frac{\tau c}{2}\sec\varphi \quad \text{或} \quad R_d = \frac{\tau c}{2} \tag{3-26}$$

式中，R_r 为地距分辨率；R_d 为斜距分辨率；τ 为脉冲宽度；φ 为俯角。

式(3-26)还说明了距离分辨率与距离无关。若要提高距离分辨率，需减小脉冲宽度，但这样将使作用距离减小。为了保持一定的作用距离，需加大发射功率，这样会造成设备庞大且费用昂贵。目前一般采用脉冲压缩技术来提高距离分辨率。

方位分辨率是指相邻的两束脉冲之间，能分辨两个目标的最小距离。它与波瓣角 β 有关，这时的方位分辨率为

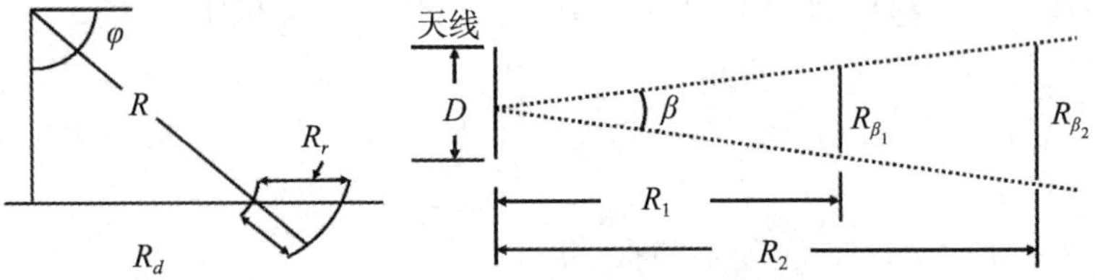

（a）距离分辨率　　（b）方位分辨率

图 3-42　真实孔径侧视雷达的空间分辨率

$$R_\beta = \beta R \tag{3-27}$$

式中，β 为波瓣角；R 为斜距。

波瓣角 β 与波长 λ 成正比，与天线孔径 D 成反比，因此方位分辨率又为

$$R_\beta = \frac{\lambda}{D}R \tag{3-28}$$

从式(3-28)中看出，要提高方位分辨率，需采用波长较短的电磁波、加大天线孔径和缩短观测距离。这几项措施无论是在飞机上还是在卫星上使用时都受到限制。目前多利用合成孔径侧视雷达来提高侧视雷达的方位分辨率。

2. 合成孔径侧视雷达

合成孔径技术的基本思想是用一个小天线作为单个辐射单元，将此单元沿一直线不断移动，如图 3-43 所示。在移动中选择若干个位置，在每个位置上发射一个信号，接收相应发射位置的回波信号并存储记录下来。存储时必须同时保存接收信号的幅度和相位。当辐射单元移动一段距离后，存储的信号和实际天线阵列诸单元所接收的信号非常相似，可用图 3-44 来说明。合成孔径天线是在不同位置上接收同一地物的回波信号，真实孔径天线则在一个位置上接收目标的回波。如果把真实孔径天线划分成许多小单元，则每个单元

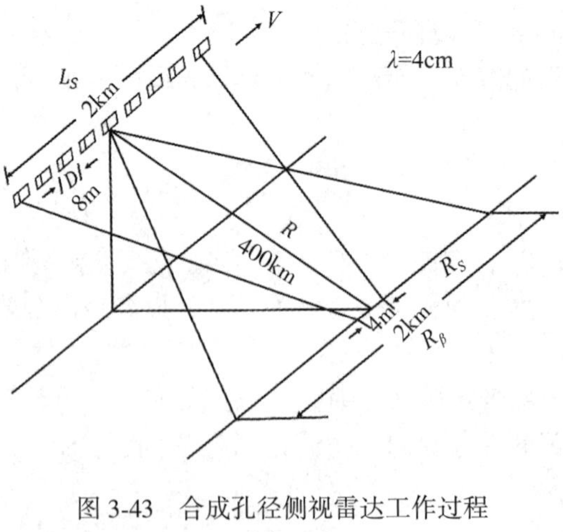

图 3-43　合成孔径侧视雷达工作过程

接收回波信号的过程与合成孔径天线在不同位置上接收回波的过程十分相似。真实孔径天线接收目标回波后，像物镜那样聚合成像。而合成孔径天线对同一目标的信号不是在同一时刻得到，在每一个位置上都要记录一个回波信号。每个信号由于目标到飞机之间球面波的距离不同，其相位和强度也不同，如图 3-45 所示。然而，这种变化是有规律地进行的，当飞机向前移动时，飞机与目标之间的球面波数逐步减小，目标在飞机航线的法线上时距离最小。当飞机越过这条法线时又有规律地增加。在这个过程中，每个反射信号在数据胶片上，连续记录成间距变化的一条光栅状截面，相当于光学菲涅耳环的一部分，在胶片上呈一条一维相干图像。这样形成的整个图像，不像真实孔径侧视雷达图像那样能看到实际的地面图像，而是相干图像，需经处理后才能恢复地面的实际图像。

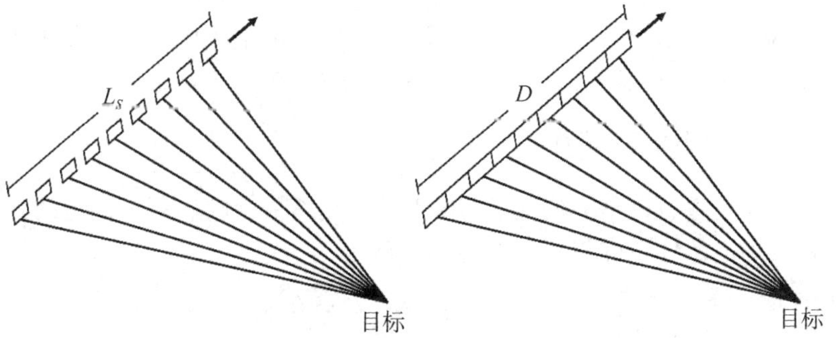

图 3-44　两种天线接收信号的相似性

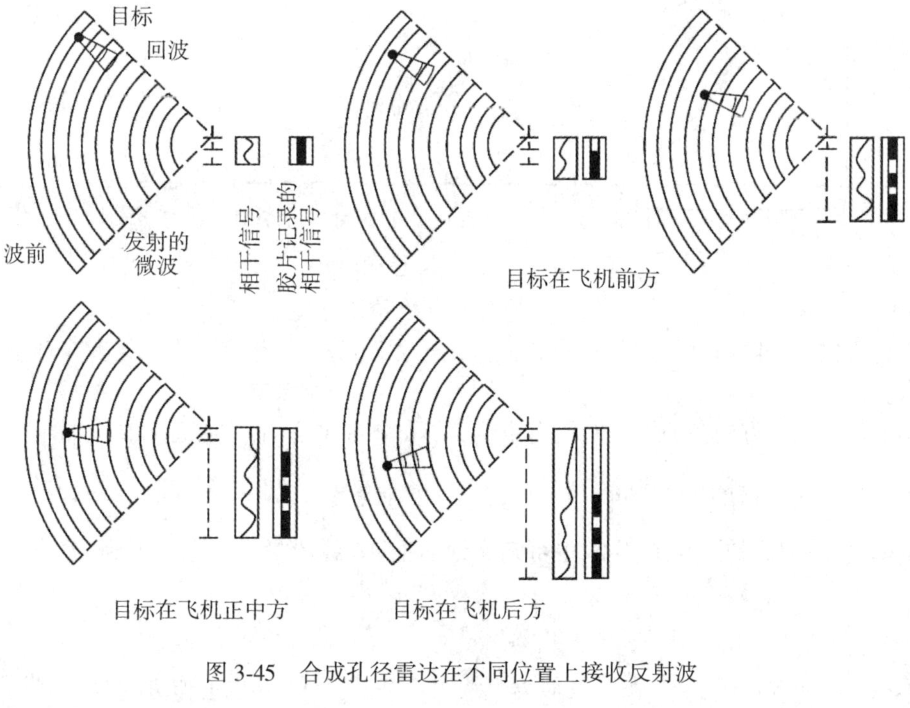

图 3-45　合成孔径雷达在不同位置上接收反射波

合成孔径侧视雷达的方位分辨率可从图 3-43 中看出。若用合成孔径侧视雷达的实际天线孔径来成像，则其分辨率将很差。如图中所列，天线孔径为 8m，波长为 4cm，目标与飞机间的距离为 400km 时，按式(3-28)计算，其方位分辨率为 2km。若采用合成孔径技术，合成后的天线孔径为 L_S ，则其方位分辨率为

$$R_S = \frac{\lambda}{L_S}R \tag{3-29}$$

由于天线最大的合成孔径为

$$L_S = R_\beta = \frac{\lambda}{D}R \tag{3-30}$$

将式(3-30) 代入式(3-29) 得

$$R_S = D \tag{3-31}$$

式(3-31) 说明合成孔径侧视雷达的方位分辨率与距离无关，只与实际使用的天线孔径有关。此外，由于双程相移，方位分辨率还可提高一倍，即$R_S = D/2$。

3. 侧视雷达图像的几何特征

侧视雷达图像在垂直飞行方向(y) 的像点位置是以目标的斜距来确定的，如图 3-46 所示，称为斜距投影。图像点的斜距算至地面距离为

$$G = R\cos\varphi = \sqrt{R^2 - H^2} \tag{3-32}$$

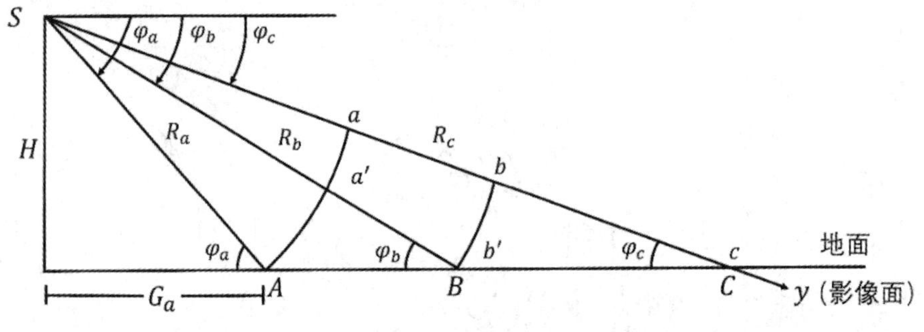

图 3-46　斜距投影

飞行方向(x) 则与推扫式扫描仪相同。由于斜距投影的特性，产生以下几种图像的几何特点：

(1) 垂直飞行方向(y) 的比例尺由小变大，如图 3-47 所示。地面上有 A，B，C 三段距离相等，投影至雷达图像上为 a，b，c。由于 $c > b > a$，因此$\frac{1}{m_c} > \frac{1}{m_b} > \frac{1}{m_a}$。显然，这是由 $\cos\varphi$ 的作用造成的。从图 3-46 中可知，地面上 AB 线段投影到图像上为 ab，比例尺为

$$\frac{1}{m_{ab}} = \frac{ab}{AB} = \frac{a'b'}{AB} \tag{3-33}$$

弧线 $Aa' \perp SB$。假定：弧线近似为直线段，并且 $\angle Aa'B$ 也近似为直角。则$\frac{a'b'}{AB} = \cos$

φ_b，所以$\frac{1}{m_{ab}}=\cos\varphi_b$。同理$\frac{1}{m_{bc}}=\cos\varphi_c$。变成通式即

$$\frac{1}{m}=\cos\varphi \tag{3-34}$$

考虑到实测的斜距是按$\frac{1}{m_r}$比例尺缩小为图像的，因此在侧视方向上的比例尺为

$$\frac{1}{m_y}=\frac{1}{m_r}\cos\varphi \tag{3-35}$$

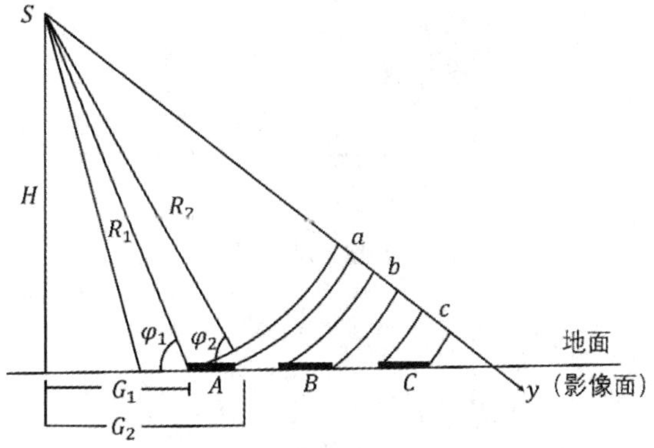

图 3-47　侧视雷达图像的比例尺

可见：$\varphi\to0°$，$\cos\varphi\to1$，即φ趋于0°时比例尺大；而$\varphi\to90°$，$\cos\varphi\to0$，即φ趋于90°时比例尺小。

(2)造成山体前倾，朝向传感器的山坡图像被压缩，而背向传感器的山坡被拉长。与中心投影相反，还会出现不同地物点重影现象。如图 3-48 所示，地物点 *AC* 之间的山坡在雷达图像上被压缩，在中心投影像片上是拉伸的，*CD* 之间的山坡出现的现象正好相反。地物点 *A* 和 *B* 在雷达图像上出现重影，在中心投影像片中不会出现这种现象。

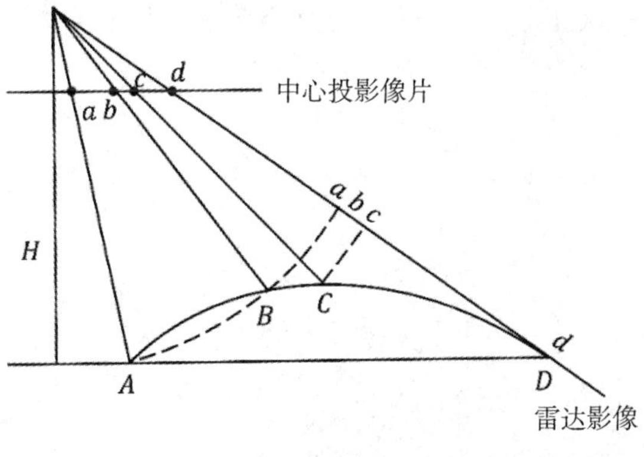

图 3-48　重影现象

(3)高差产生的投影差亦与中心投影图像投影差位移的方向相反，位移量也不同，如图 3-49 所示。

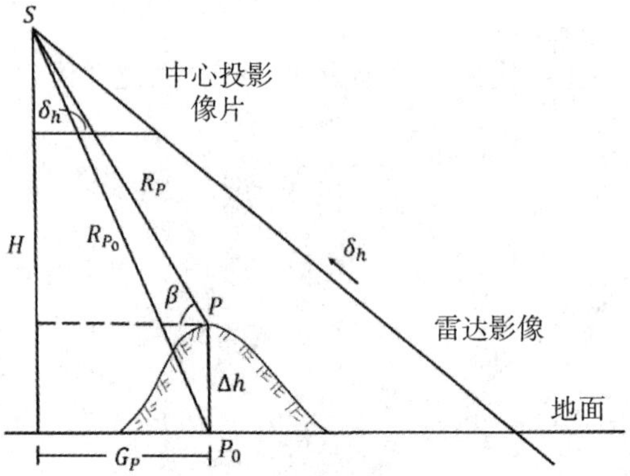

图 3-49　投影差

投影差$\delta_h = R_{P_0} - R_P$，而

$$G_P^2 = R_{P_0}^2 - H^2 = R_P^2 - (H - \Delta h)^2 \tag{3-36}$$

$$R_{P_0}^2 - R_P^2 = -H^2 + 2H\Delta h - \Delta h^2 + H^2 \tag{3-37}$$

$$(R_{P_0} - R_P)(R_{P_0} + R_P) = 2H\Delta h - \Delta h^2$$

$$\delta_h(R_{P_0} - R_P + 2R_P) = 2H\Delta h - \Delta h^2 \tag{3-38}$$

$$\delta_h^2 + 2R_P\delta_h + (\Delta h^2 - 2H\Delta h) = 0$$

$$\delta_h = \frac{-2R_P \pm \sqrt{4R_P^2 - 4\Delta h^2 + 8H\Delta h}}{2}$$

$$= -R_P \pm \sqrt{R_P^2 - \Delta h^2 + 2H\Delta h} \tag{3-39}$$

由于$\delta_h < R_P$，所以取

$$\delta_h = -R_P + \sqrt{R_P^2 - \Delta h^2 + 2H\Delta h} \tag{3-40}$$

当 $\Delta h > 0$ 时，δ_h 也大于 0，为正值，反之为负值。投影差改正时用加法：

$$R_{P_0} = R_P + \delta_h \tag{3-41}$$

第 4 章　遥感卫星平台

4.1　遥感卫星平台概述

4.1.1　遥感卫星平台发展历程

1957 年，苏联将全球首颗人造地球卫星成功送入预定轨道，开创了空间科学研究和技术应用的新局面。虽然人造地球卫星上天迄今仅有短短 60 余年的时间，但它已经在空间探测、资源调查、通信、导航、气象、测绘和军事侦察等领域获得了广泛应用。卫星遥感获取资料迅速，并且不受领土归属和空域限制，可以自由地获取覆盖全球的对地观测信息。因此，随着卫星平台和传感器技术的日益成熟，人们对航天遥感应用技术的研究也在逐步深化。

遥感卫星最早用于军事侦察。20 世纪 50 年代，美国空军和中央情报局联合制定了“科罗纳”(Corona)返回式太空侦察卫星发展计划，1960 年 8 月 18 日获取的第一幅图像是苏联施密特空军基地，地面分辨率达到 8m。20 世纪 70 年代初，美国成功发射了世界上第一颗资源调查类的传输型地球观测卫星——陆地卫星 Landsat-1，其多光谱扫描仪的空间分辨率达到 80m。利用陆地卫星图像，美国编制了全国 1∶100 万的影像图，不仅显著地降低了生产成本，还大大提高了作业效率。1986 年 2 月，法国 SPOT 卫星成功发射，其高分辨率可见光传感器的空间分辨率达到 10m，该卫星图像不仅能广泛用于国土监测、地质勘探、气象预报、农业监测、海洋监测、灾害监测等，还能通过侧视观测在相邻轨道之间构成异轨立体，其良好的基高比较适合立体测图，可用于测绘 1∶10 万的地形图，对卫星图像的测绘应用产生了重大影响。

1988 年，美国政府取消了空间分辨率在 10m 以上传感器的商业应用禁令，随后又在 1994 年颁布 PDD 第 23 号令，允许私营企业经营空间分辨率不高于 1m 的高分辨率遥感卫星系统，并有条件地允许向国外提供卫星系统和销售图像，揭开了发展高分辨率商业遥感卫星的序幕。1999 年 9 月 24 日，在经历了第一颗 IKONOS 发射失败后，IKONOS-2 卫星发射升空，这是高分辨率商业遥感卫星发展史上的一个里程碑，它首次在民用领域将星载传感器的空间分辨率提高到 1m 之内。此后，诸多高分辨率遥感卫星发射升空。2001 年 10 月 18 日，美国 DigitalGlobe 公司的 QuickBird 卫星也发射成功；2003 年 6 月，Orbital Imaging 公司的 Orbview 卫星也发射成功，其中 QuickBird 卫星空间分辨率进一步提高到 0.61m。随后，以色列的 EROS-2 和法国的 SPOT-5 等高分辨率遥感卫星系统也相继面世。这些卫星的传感器多采用线阵列 CCD 探测器，按照线阵推扫式成像，可同时获取地面的高分辨率全色和多光谱图像。这些传感器在垂轨和沿轨方向具有较强的侧视能力，大大缩短了卫星的重访周期，提高了卫星的数据获取效率和响应能力。同时，更高的侧视能力使卫星具有更好的立体图像获取能力，更有利于立体测图。

2000 年 12 月，美国政府批准了 Space Imaging 公司和 DigitalGlobe 公司经营 0.5m 空间分辨率商业遥感卫星的许可证申请，标志着高分辨率商业遥感卫星进入亚米级时代。例如，美国的 GeoEye、WorldView 等卫星，其中 WorldView 3/4 卫星的空间分辨率达到 0.3m，是截至 2024 年世界上空间分辨率最高的商业遥感卫星。我国的高分辨率遥感卫星同样发展迅速，先后发射了高分二号、吉林一号、高景一号等多颗亚米级高分辨率遥感卫星。

高分辨率光学遥感卫星快速发展的同时，搭载其他遥感传感器的遥感卫星技术也在显著进步。早期的高光谱星载传感器 MODIS(搭载在两颗 EOS 卫星上)具有 36 个成像波段，空间分辨率为 250~1000m。2000 年 11 月 21 日，美国国家航空航天局和美国地质调查局(USGS)发射了 EO-1 卫星，进行为期一年星载高光谱成像技术演示和验证任务。任务完成后，该卫星继续运行并提供高光谱图像服务。EO-1 卫星搭载的 Hyperion 传感器拥有 220 个光谱波段，范围从 0.357μm 到 2.576μm，每个波段的带宽为 10nm，所有波段的空间分辨率为 30m。我国于 2018 年 5 月 9 日在太原卫星发射中心成功发射了高分五号卫星，其搭载的可见短波红外高光谱相机同时兼顾宽覆盖和宽谱段，在 60km 幅宽和 30m 空间分辨率下，可以获取从可见光至短波红外(400~2500nm)光谱范围内的 330 个波段，可以实现对地面物质成分的精确探测。

2007 年 6 月 15 日德国的 TerraSAR-X 由俄罗斯第聂伯-1 运载火箭从拜科努尔发射场发射。这是世界上首颗空间分辨率达到 1m 的民用雷达成像卫星。2010 年 6 月 21 日，在同样的发射场发射了 TanDEM-X 卫星，该卫星的有效载荷与 TerraSAR-X 卫星的相同，并增加了自主编队飞行控制能力，用作双星编队飞行的主卫星，与 TerraSAR-X 卫星共同组成高分辨率干涉测量 X 频段 SAR 卫星星座，可以获得高分辨率的全球地形信息。2016 年 8 月 10 日，我国在太原卫星发射中心用长征四号丙运载火箭成功发射高分三号卫星。这是我国首颗分辨率达到 1m 的 C 频段多极化合成孔径雷达(SAR)卫星。

过去二三十年，遥感卫星技术发展迅猛，遥感卫星的分辨率越来越高，成像模式也越来越多样。遥感卫星发展呈现以下明显的特点：

(1)新一代遥感卫星单星性能越来越高，其成像空间分辨率、时间分辨率、光谱分辨率、成像定位精度等水平均大幅度提升。敏捷成像、凝视成像、视频成像等新型遥感成像方式也越发成熟。

(2)由传统单星观测模式转变为组建星座观测，低成本、高效率地实现更优的对地观测性能，对地面目标的动态监测能力大大增强。

随着我国社会经济的飞速发展，国家安全、农业生产、资源环境保护、防灾减灾、测绘勘察、大型基础设施建设及其安全运营等领域对高分辨率、高时效性的遥感监测技术提出了更高的要求。这不仅是技术发展的需要，更是国家战略安全和可持续发展的重要保障。我国高度重视先进遥感器技术的发展，通过国家重大专项和科技计划等项目，推动了空间遥感器的研发和应用研究，实现了在对地观测数据获取能力、数据数量和质量等方面的跨越式进步。

在航天遥感领域，我国已经建立了包括资源环境卫星、气象卫星、海洋卫星、科学实验卫星在内的四大类对地观测卫星系列，构建了覆盖多分辨率、多谱段的稳定卫星对地观测体系。在航空遥感器领域，我国进行了大量的高精度轻小型航空测绘、无人机遥感、高效能航空合成孔径雷达遥感等方面的研究，并自主研发了包括可见光、红外、激光雷达、合成孔径雷达等在内的航空遥感器，为测绘、资源环境、国防和重大工程的发展贡献了重要力量。此外，在天基实时成像观测体系设计、卫星任务规划与控制、同步静止轨道主被动遥感成像、先进星载/机载高光谱成像载荷研制与定标以及空间辐射测量基准卫星载荷研制与标准传递等一系列先进空间遥感器技术方面，我国正逐步缩小与国际先进水平的差距。

面对国民经济发展对高分辨率对地观测、新型遥感探测技术的迫切需求，我国于2012年启动了“高分辨率对地观测系统”重大专项，至2019年底，已成功部署7颗高分辨率卫星，构成了一个覆盖可见光、多光谱到高光谱，从光学到雷达，从太阳同步轨道到地球同步轨道的高空间、高时间、高光谱分辨率能力的对地观测系统。这不仅为国家的经济发展、环境保护、国防安全等提供了有力的技术支撑，也体现了我国在航天遥感技术领域的国际地位和影响力。

同时，我国商业航天领域也取得了突破性进展。自主研发的商用高分辨率遥感卫星“吉林一号”的成功发射，标志着我国航天遥感应用领域向商业化、产业化迈出了重要一步。此外，“珠海一号”商用高光谱卫星的发射和组网观测的成功，进一步丰富了我国遥感卫星的类型和应用领域。

这些成就的取得，不仅体现了我国在航天遥感技术领域的创新能力和实力，更是国家战略需求和科技自立自强精神的体现。它们为我国的社会经济发展、国家安全和生态文明建设提供了坚实的技术支撑，展现了我国科技创新和国家战略布局的宏伟蓝图。

4.1.2 遥感卫星平台组成

遥感卫星平台是指用于搭载遥感传感器并用于获取地球表面信息的卫星系统。遥感卫星平台的关键组成包括以下几个方面：

1. 卫星系统构成

卫星系统构成是指遥感卫星平台的组成部分，包括主卫星、辅助卫星和地面接收站等。主卫星是卫星系统的核心部分，负责搭载遥感传感器、收集地球表面信息并将数据传输回地面。主卫星通常具有稳定的轨道和姿态控制系统，以保证数据获取的准确性和稳定性。辅助卫星是指卫星系统中的其他卫星，它们可以与主卫星协同工作，提供辅助功能。例如，辅助卫星可以提供定位和导航功能，或者用于数据传输中继，以增强卫星系统的性能和功能。地面接收站是用于接收和处理卫星传输的遥感数据的设施，通常包括接收天线、数据接收与处理系统以及数据存储和分发系统等。地面接收站的主要功能是接收、解码和处理卫星传输的数据，并将其转化为可用的遥感产品或供进一步分析的数据。

2. 遥感传感器

遥感传感器是安装在遥感卫星上的设备，是主卫星的重要组成部分，用于感知地球表面的电磁辐射，并将其转化为数字图像或其他形式的遥感数据。遥感传感器的种类和功能多样，根据其工作原理和波段范围的不同，可以分为以下几类：

1)光学传感器

光学传感器利用可见光和近红外光波段的电磁辐射，可以获取高分辨率的彩色图像和遥感数据。光学传感器可以提供详细的地表信息，如土地覆盖类型、植被状况、水体分布等。常见的光学传感器包括高分辨率遥感卫星上的多光谱传感器和高光谱传感器。多光谱传感器可以感知多个离散的波段，包括可见光和红外波段。通过多光谱传感器获取的数据可以用于地表覆盖分类、植被指数计算等应用领域。高光谱传感器可以感知连续的光谱范围，包括可见光、近红外和中红外波段。高光谱传感器可以提供更丰富的光谱信息，用于地物分类、环境监测和农业应用等。

2)雷达传感器

雷达传感器利用微波辐射进行探测和测量，可以穿透云层和植被，获取地表的高程、形态和变化信息。雷达传感器具有全天候、全天时的观测能力，并且对地表的微小变化敏感。常见的雷达传感器包括合成孔径雷达(SAR)和干涉雷达(InSAR)。

3)热红外传感器

热红外传感器利用地球表面的红外辐射成像，热红外图像可以获取地表温度、热红外图像和热点分布信息。热红外传感器在环境监测、火灾监测和热岛效应研究等方面具有重要应用价值。

这些遥感传感器在不同波段和分辨率上具有不同的特点和应用，可以满足不同领域的遥感需求。

3. 数据处理与传输系统

卫星系统上的数据处理用于将从遥感传感器获取的原始数据进行处理、压缩和编码，并通过卫星与地面接收站进行数据传输。遥感卫星数据传输是将遥感卫星获取的数据传输到地面接收站或其他数据处理中心的过程，可以通过卫星链路传输、存储传输、中继传输和光纤传输等方式进行。数据传输的效率和稳定性对于遥感卫星系统的正常运行和数据应用具有重要意义。数据处理与传输系统通常具备高效的数据处理能力和稳定的数据传输通道，以确保遥感数据的及时获取和传输。

遥感数据处理是将原始遥感数据转化为可用于分析和应用的信息产品的过程，涉及预处理、图像拼接、特征提取、产品生成和数据分析等步骤。在遥感数据处理过程中，通常需要使用各种遥感软件和算法来实现不同的处理步骤。常用的遥感软件包括 ENVI、ERDAS IMAGINE、PCI、eCognition、ArcGIS 以及一些开源的处理平台和软件包等。

4.1.3 遥感卫星平台分类

遥感卫星平台可以根据其用途、轨道类型、分辨率以及搭载的传感器类型等进行分类。

1. 按用途分类

地球观测卫星：用于获取地球表面的地理、气象、环境等信息，如 Landsat、Sentinel 等。

气象卫星：用于监测和预测天气系统和气候变化，如 NOAA、风云等。

军事侦察卫星：用于军事目的，进行情报侦查和监视，如美国的 KH-11、中国的资源二号卫星等。

海洋卫星：用于海洋监测和资源调查，如 Jason、HY-1C 等。

2. 按轨道类型分类

地球同步轨道卫星：在 36000km 的高度上绕地球赤道运行，与地球自转同步，提供连续的地球观测数据，一般用于气象卫星如 GOES、Himawari 和我国的风云卫星等。随着遥感成像技术的进步，地球同步轨道也开始被用于对地观测遥感卫星，如我国的高分四号、陆地探测四号 01 星等。

太阳同步轨道卫星：轨道高度为几百千米，属于低轨卫星轨道，绕地球极轴运行，与太阳光照角度保持恒定，提供全球覆盖的地球观测数据，是目前绝大部分遥感卫星使用的轨道，如 Landsat、Sentinel、Pleiades、WorldView 等。

3. 按分辨率分类

高分辨率卫星：能够提供较高的空间分辨率，通常在亚米至数米之间，适用于精细的地表特征分析，如 WorldView-3、GeoEye 等。

中分辨率卫星：提供中等分辨率，通常在数米至数十米之间，适用于大范围地表覆盖和资源调查，如 Landsat、Sentinel 等。

低分辨率卫星：提供较低的空间分辨率，通常在数百米至数千米之间，适用于全球观测和大尺度研究，如 MODIS、AVHRR 等。

4. 按传感器分类

光学遥感卫星：搭载了光学遥感相机，包括多光谱遥感相机和高光谱遥感相机等。多光谱遥感卫星搭载了多光谱遥感相机，用于获取地球表面的地理、气象、环境等信息，如 Landsat、Sentinel、WorldView 等。高光谱遥感卫星搭载了高光谱遥感相机，能够在较窄的波段范围内获取数十到数百个连续的光谱波段数据，能够捕捉到地物更细微的光谱变化，区分不同物质的光谱反射特征，有助于进行精确的物质识别和分类，如农作物健康状况、土壤类型分类、矿产资源勘探、环境污染监测、植被种类识别、水质状况监测等。典型的高光谱遥感卫星如我国的高分五号等。

雷达遥感卫星：搭载了雷达传感器，可以全天时工作，能够穿透云雾，广泛应用于国防、应急救灾、资源监测等领域。典型的卫星包括 TerraSAR、高分三号等卫星。

视频遥感卫星：搭载了视频遥感相机，能够获得观测区域的高分辨率视频，有利于监测动态目标。典型的卫星包括 SkyBox、我国的吉林一号视频卫星等。

4.2　国外遥感卫星

4.2.1　Landsat 系列卫星

NASA 的陆地卫星(Landsat)计划(1975 年前称为地球资源技术卫星——ERTS)，从 1972 年 7 月 23 日以来，已发射 9 颗(第 6 颗发射失败)。其中 Landsat-5 于 1984 年 3 月 1 日发射，其设计寿命 3 年，超期在轨运行 27 年，成为目前在轨运行时间最长的光学遥感卫星，也是全球应用最为广泛、成效最为显著的地球资源卫星。Landsat-7 于 1999 年 4 月 15 日发射升空，于 2003 年 5 月出现故障退役。

Landsat-1~Landsat-9 系列卫星搭载的遥感器共 6 种(表 4-1)：返束光导管摄像机(RBV)、多光谱扫描仪(MSS)、专题制图仪(TM)、增强型专题制图仪(ETM+)、陆地成像仪(OLI)和热红外传感器(TIRS)。其中，Landsat-1、Landsat-2、Landsat-3 上装载有 RBV 和 MSS，Landsat-4、Landsat-5 装载有 TM 和 MSS，Landsat-7 上装载有 ETM+，Landsat-8 上装载有陆地成像仪和热红外传感器，Landsat-9 上装载有 OLI-2 和 TIRS-2。OLI-2 是 Landsat-8 的 OLI 的副本，将提供与以前的 Landsat 光谱、空间、辐射和几何质量一致的图像；TIRS-2 是 Landsat-8 的改进版本。

表 4-1　Landsat 系列卫星技术指标

卫星名称	运行时间	传感器	通道号	波长范围/μm	空间分辨率/m
Landsat-1、Landsat-2	1972 年 7 月—1978 年 1 月，1975 年 1 月—1982 年 2 月	RBV	1	0. 475~0. 575	80
			2	0. 580~0. 680	
			3	0. 690~0. 830	
		MSS	4	0. 5~0. 6	80
			5	0. 6~0. 7	
			6	0. 7~0. 8	
			7	0. 8~1. 1	
Landsat-3	1978 年 3 月—1983 年 3 月	RBV	全色	0. 505~0. 750	38
		MSS	4、5、6、7	同 Landsat-1、Landsat-2	80
			8	10. 4~12. 6	240

续表

卫星名称	运行时间	传感器	通道号	波长范围/μm	空间分辨率/m
Landsat-4、Landsat-5	1982 年 7 月—2001 年 6 月，1984 年 3 月—2013 年 6 月	MSS	1、2、3、4	同 Landsat-1、Landsat-2	80
		TM	1	0.45～0.52	30
			2	0.52～0.60	
			3	0.63～0.69	
			4	0.76～0.90	
			5	1.55～1.75	
			6	10.40～12.50	120
			7	2.08～2.35	30
Landsat-7	1999 年 4 月—2025 年 6 月	ETM+	1	0.45～0.52	30
			2	0.52～0.60	
			3	0.63～0.69	
			4	0.76～0.90	
			5	1.55～1.75	
			6	10.40～12.50	60
			7	2.08～2.35	30
			8	0.52～0.90	15
Landsat-8	2013 年 2 月—现在	OLI	1	0.433～0.453	30
			2	0.450～0.515	
			3	0.525～0.600	
			4	0.630～0.680	
			5	0.845～0.885	
			6	1.560～1.660	
			7	2.100～2.300	
			8	0.500～0.680	15
			9	1.360～1.390	30
		TIRS	10	10.60～11.19	100
			11	11.50～12.51	

续表

卫星名称	运行时间	传感器	通道号	波长范围/μm	空间分辨率/m
Landsat-9	2021 年 9 月—现在	OLI-2	1	0. 433~0. 453	30
			2	0. 450~0. 515	
			3	0. 525~0. 600	
			4	0. 640~0. 670	
			5	0. 85~0. 88	
			6	1. 57~1. 65	
			7	2. 11~2. 29	
			8	0. 50~0. 68	15
			9	1. 36~1. 38	30
		TIRS-2	10	10. 60~11. 19	100
			11	11. 50~12. 51	

1. Landsat-1~Landsat-3

Landsat-1 卫星是美国国家航空航天局于 1972 年 7 月 23 日发射的一颗遥感卫星。它是 NASA 的一项长期遥感卫星计划——陆地卫星计划的第一个成员。该人造卫星属于最早的地球资源卫星之一，对后来各国发射的一系列类似卫星有很大影响。

这颗卫星原被命名为地球资源技术卫星 1 号(ERTS-1)，但在 1975 年发射了第二颗相同任务的卫星后，该卫星被改名为陆地卫星 1 号(Landsat-1)。相应地，第二颗卫星被称为陆地卫星 2 号(Landsat-2)。陆地卫星 3 号于 1978 年 3 月 5 日发射升空(图 4-1)。

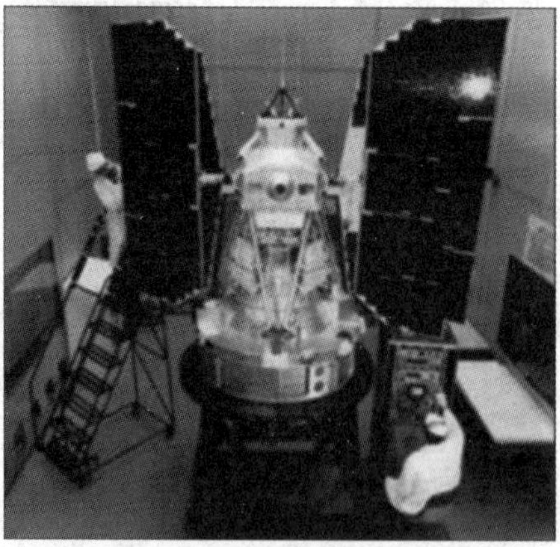

图 4-1　Landsat-3 卫星

Landsat 卫星采用了较成熟的雨云 4 号气象卫星平台，并经过必要改进。卫星拥有 2 块太阳能电池板，约重 950kg，运行于近地太阳同步轨道。Landsat-1、Landsat-2、Landsat-3 卫星搭载了相同的传感器，包括：①一台返束光导管摄像机，安装于卫星底部，用于探测可见光和近红外信号；②一台 4 通道多光谱扫描仪，作为主要传感器用于接收地表的电磁辐射进行成像；③一个数据收集系统，用于向地面接收站发回有用信号。MSS 图像在探测地表资源、监视森林火灾等方面具有广泛应用。

2. Landsat-4、Landsat-5

Landsat-4 卫星是陆地卫星计划的第四颗卫星，于 1982 年 7 月 16 日发射，它的主要目的是提供全球范围的卫星图像。虽然当时陆地卫星计划是由美国国家航空航天局管理，但其数据的管理与提供是由美国地质调查局所负责。1984 年 3 月 1 日，NASA 发射了 Landsat-5 卫星(图 4-2)，该卫星在长时间内提供了高质量的全球陆地表面全球数据，获得了“世界上运行最久的地球观测卫星”这一项吉尼斯世界纪录。

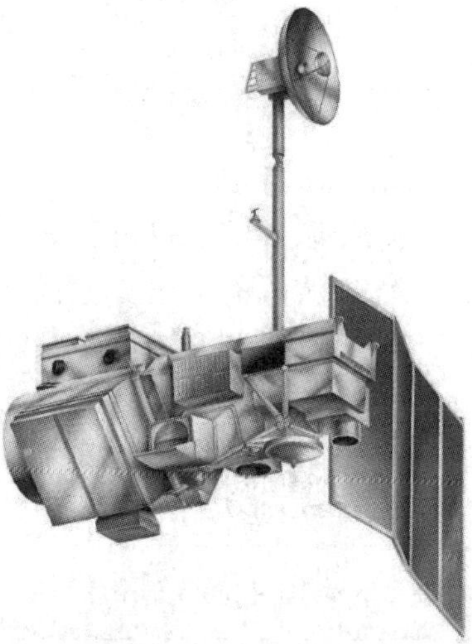

图 4-2　Landsat-5 卫星

Landsat-5 与 Landsat-4 同时设计和制造，并具有相同的有效载荷：多光谱扫描仪和专题制图仪。其中 MSS 参数与 Landsat-1 卫星的相似。TM 则是全新的传感器，包含 7 个成像波段，波段 1~5 和波段 7 的空间分辨率为 30m，波段 6(热红外波段)的空间分辨率为 120m；南北的扫描范围大约为 170km，东西的扫描范围大约为 183km；每 16 天扫描同一地区(表 4-2)。

3. Landsat-6、Landsat-7

Landsat-6 卫星在 1993 年发射，但未能进入轨道。1999 年 4 月 15 日，Landsat-7 搭载德尔塔系列运载火箭，从加利福尼亚范登堡空军基地西方试验场成功发射升空。Landsat-6

卫星计划搭载的传感器在 TM 基础上进行了改进，称为增强型专题制图仪（enhanced thematic mapper，ETM）。Landsat-7 搭载的传感器在 ETM 基础上性能进一步提高，称为 ETM+传感器（enhanced thematic mapper plus，ETM+）。

表 4-2　Landsat-4、Landsat-5 卫星 TM 传感器参数

波段号	波段	波长范围/μm	空间分辨率/m
1	蓝	0. 45～0. 52	30
2	绿	0. 52～0. 60	30
3	红	0. 63～0. 69	30
4	近红外	0. 76～0. 90	30
5	短波红外	1. 55～1. 75	30
6	热红外	10. 40～12. 50	120
7	短波红外	2. 08～2. 35	30

ETM+能够接收地表反射的太阳辐射和地表发射的热辐射，有 8 个波段的感应器，覆盖了从红外到可见光的不同波长范围。与 Landsat-5 卫星的 TM 传感器相比，ETM+增加了 15m 分辨率的一个波段，在红外波段的分辨率更高，因此有更高的准确性。2003 年 5 月 31 日起，Landsat-7 的扫描仪校正器出现异常，只能采用 SLC-off 模型对数据进行校正（表 4-3）。

表 4-3　Landsat-7 卫星传感器参数

传感器	波段号	波段	波长/μm	空间分辨率/m	主要作用
ETM+	1	蓝绿	0. 45～0. 52	30	水体穿透，分辨土壤植被
	2	绿	0. 52～0. 60	30	分辨植被
	3	红	0. 63～0. 69	30	处于叶绿素吸收区，用于观测道路、裸露土壤、植被种类
	4	近红外	0. 76～0. 90	30	用于估算生物量
	5	短波红外	1. 55～1. 75	30	分辨道路/裸露土壤/水
	6	热红外	10. 40～12. 50	60	感应发出热辐射的目标
	7	短波红外	2. 08～2. 35	30	岩石/矿物分辨
	8	全色	0. 52～0. 90	15	用于增强分辨率

4. Landsat-8、Landsat-9

Landsat-8 卫星于 2013 年 2 月 11 日发射，是美国陆地探测卫星系列的后续卫星。Landsat-8 卫星装备有陆地成像仪(operational land imager，OLI)和热红外传感器(thermal infrared sensor，TIRS)。OLI 包括了 ETM+传感器的所有波段，为了避免大气吸收特征，OLI 对波段进行了重大调整，其中 OLI Band5 排除了 0.825μm 处水汽吸收特征；OLI 全色波段 Band8 的波段范围较窄，这样可以更好地区分植被和无植被特征。此外，还新增了两个波段：蓝波段主要用于海岸带观测，短波红外波段可用于云检测。TIRS 是当时最先进、性能最好的热红外传感器，包含两个热红外波段。TIRS 能够用于收集地球两个热区地带的热量流失，能够了解所观测地带的水分消耗，特别是干旱地区的水分消耗。

Landsat-9 卫星于 2021 年 9 月 27 日发射升空，卫星携带二代陆地成像仪(operational land imager 2，OLI-2)和二代热红外传感器(thermal infrared sensor 2，TIRS-2)。OLI-2 将捕获地球表面可见、近红外和短波红外波段的观测信息，辐射测量精度从 Landsat-8 的 12 位量化提高到 14 位量化，并略微提高了总体信噪比。TIRS-2 将通过两个波段测量地球表面的热红外辐射或热量，这两个波段的性能比 Landsat-8 的热红外波段要好(表 4-4)。

表 4-4 Landsat-8、Landsat-9 传感器参数

波段	Landsat-8 波长范围/μm	Landsat-9 波长范围/μm	空间分辨率/m
1-海岸波段	0.433~0.453	0.433~0.453	30
2-蓝波段	0.450~0.515	0.450~0.515	30
3-绿波段	0.525~0.600	0.525~0.600	30
4-红波段	0.630~0.680	0.640~0.670	30
5-近红外波段	0.845~0.885	0.85~0.88	30
6-短波红外 1	1.560~1.660	1.57~1.65	30
7-短波红外 2	2.100~2.300	2.11~2.29	30
8-全色波段	0.500~0.680	0.50~0.68	15
9-卷云波段	1.360~1.390	1.36~1.38	30
10-热红外 1	10.60~11.19	10.60~11.19	100
11-热红外 2	11.50~12.51	11.50~12.51	100

表 4-5　Landsat-7 与 Landsat-8 卫星对比

Landsat-7			Landsat-8		
波段名称	波段范围 /μm	空间分辨率 /m	波段名称	波段范围 /μm	空间分辨率 /m
			1-海岸波段	0. 433～0. 453	30
1-蓝波段	0. 45～0. 52	30	2-蓝波段	0. 450～0. 515	30
2-绿波段	0. 52～0. 60	30	3-绿波段	0. 525～0. 600	30
3-红波段	0. 63～0. 69	30	4-红波段	0. 630～0. 680	30
4-近红外波段	0. 76～0. 90	30	5-近红外波段	0. 845～0. 885	30
5-短波红外 1	1. 55～1. 75	30	6-短波红外 1	1. 560～1. 660	30
7-短波红外 2	2. 08～2. 35	30	7-短波红外 2	2. 100～2. 300	30
8-全色波段	0. 52～0. 90	15	8-全色波段	0. 500～0. 680	15
			9-卷云波段	1. 360～1. 390	30
6-热红外波段	10. 40～12. 50	60	10-热红外 1	10. 60～11. 19	100
			11-热红外 2	11. 50～12. 51	100

5. Landsat Next

Landsat 系列卫星的后续计划称为"Landsat Next 计划"。根据该计划，新的陆地卫星任务预计将于 2030 年底发射，相比之前的 Landsat 卫星，Landsat Next 卫星将具有更高的时间、空间和光谱分辨率，能够在 Landsat 观测、管理和适应地球变化等传统功能的基础上，还将提供扩展能力，以支持土地、水和气候科学领域不断发展和新兴的应用需求。

Landsat Next 计划由 3 颗相同的卫星组成，3 颗 Landsat Next 卫星将由同一运载火箭送入轨道。3 颗卫星在 653km 高度的太阳同步轨道上相隔 120°分布，可以获得 6 天的重访周期，相比于与 Landsat-8 和 Landsat-9 的 16 天重复间隔是一个重大升级，将增加获取无云场景的可能性，并具备更为强大的对动态及变化景观的监测和管理能力。

Landsat Next 卫星由 3 个卫星观测站组成，每个观测站将在轨道上均匀间隔，以实现 6 天的重访周期，如图 4-3 所示。

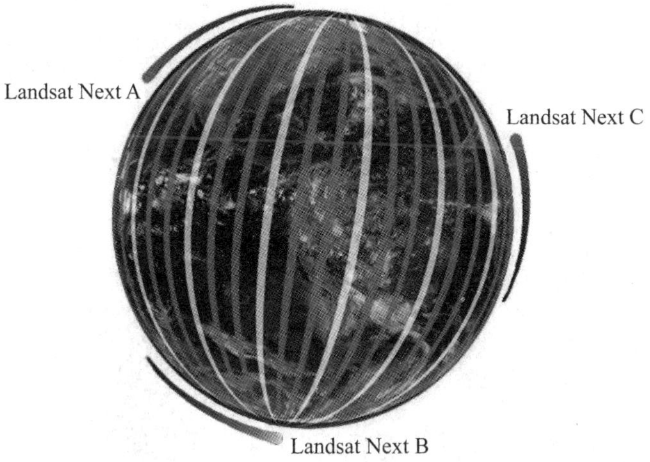

图 4-3　Landsat Next 卫星

表 4-6　Landsat Next 卫星轨道参数

WRS-3 参数	参　数　值
轨道高度	653 km
轨道倾角	97. 9835°
降交点时刻	10：10 am ±5min
成像列数	265
成像行数	248
重复周期	18d
降交点行数	60
001 列，060 行经度	−65. 2°(65. 2°W)
刈幅	164 km
沿轨成像宽度	168 km
一景成像大小	164 km ×168 km

Landsat Next 卫星的光谱分辨率也有显著提升。Landsat Next 卫星设计了 26 个成像波段。该卫星保留了与 Landsat-8 相同的 11 个波段，以保持数据连续性。此外，Landsat Next 卫星还新增了 15 个波段，其中 5 个与欧洲航天局哥白尼计划哨兵 2 号任务具有相似空间和光谱特征的新波段，以允许改进数据协同和融合；还有 10 个波段是新的光谱波段，以支持数据用户需求和新兴应用，其中新增加的水汽带波段，可以在没有其他卫星辅助数据的情况下提供大气校正参考数据。所有波段的空间分辨率都将高于以前的陆地卫星，可见光、近红外和短波红外波段的空间分辨率为 10～20m，大气和热红外波段的空间分辨率为 60m。

Landsat Next 将保持与 Landsat 计划相关的辐射测量和几何精度要求，以长期确保数据的一致性，并促进关键的时间序列分析。Landsat Next 将继续 Landsat 计划长达数十年的星载多光谱图像数据记录，提供地球陆地表面的全球、天气和重复覆盖，在一定规模上可以检测、区分、表征和监测自然和人为引起的变化。

Landsat-8 和 Landsat-9 与 Landsad Next 的光谱对比如图 4-4 所示。

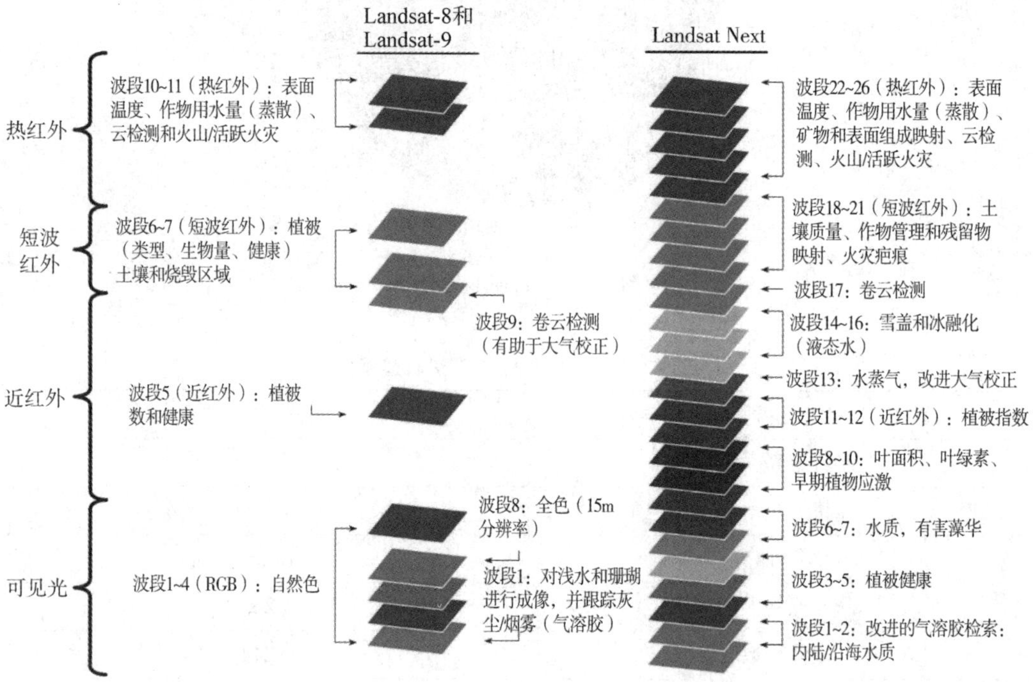

图 4-4　Landsat-8 和 Landsat-9 与 Landsad Next 的光谱对比

Landsat Next 传感器参数如表 4-7 所示。

表 4-7　Landsat Next 传感器参数

波段		地面分辨率/m	波长范围/nm	描　　述
1	紫	60	402～422	气溶胶回收、大气校正、有色溶解有机物检测
2	海岸/气溶胶	20	433～453	陆地卫星遗产、Sentinel-2 协同作用、植被健康和植物活力评估
3	蓝	10	457.5～522.5	陆地卫星遗产、Sentinel-2 协同作用、测深、土壤/植被测绘、雪杂质检测
4	绿	10	542.5～577.5	陆地卫星遗产、Sentinel-2 协同作用、植被健康和植物活力评估

续表

波段		地面分辨率/m	波长范围/nm	描　述
5	黄	20	585~615	叶片黄化和植被胁迫的检测、水生健康和水质评估
6	橘	20	610~630	藻蓝蛋白(蓝藻)检测
7	红 1	20	640~660	陆地卫星遗产、藻蓝蛋白荧光(蓝藻)检测、叶绿素含量测绘
8	红 2	10	650~680	陆地卫星遗产、Sentinel-2 协同作用、叶绿素含量和植被测绘、植被分化
9	红边 1	20	697.5~712.5	Sentinel-2 协同作用、叶面积指数图、叶绿素含量和植物应力制图
10	红边 2	20	732.5~747.5	Sentinel-2 协同作用、叶面积指数图、叶绿素含量和植物应力制图
11	泛近红外	10	784.5~899.5	Sentinel-2 协同效应、10 米 NDVI、生物量含量和海岸线检测
12	近红外 1	20	855~875	陆地卫星遗产、Sentinel-2 协同作用、生物量含量和海岸线检测
13	水蒸气	60	935~955	Sentinel-2 协同效应、陆地表面温度的大气校正、表面反射率
14	液态水	20	975~995	液态水和水面状态检测、植被含水量测绘
15	雪/冰 1	20	1025~1045	雪粒度图
16	雪/冰 2	20	1080~1100	冰吸收、雪粒径测绘
17	卷云	60	1360~1390	陆地卫星遗产、Sentinel-2 协同作用、卷云(高空)探测
18	短波红外 1	10	1565~1655	陆地卫星遗产、Sentinel-2 协同作用、非光合植被检测、燃料水分测绘
19	短波红外 2a	20	2025.5~2050.5	纤维素/作物残渣测绘
20	短波红外 2b	20	2088~2128	陆地卫星遗产、纤维素/作物残留物和土壤含水量测绘、火灾痕迹探测
21	短波红外 2c	20	2191~2231	陆地卫星遗产、纤维素/作物残留物和土壤含水量测绘、火灾痕迹探测
22	热红外 1	60	8175~8425	ASTER 协同、矿物和表面成分测绘
23	热红外 2	60	8425~8775	ASTER 协同、发射率分离、火山/二氧化硫排放测绘

续表

波段		地面分辨率 /m	波长范围 /nm	描 述
24	热红外 3	60	8925~9275	ASTER 协同、矿物和表面成分测绘
25	热红外 4	60	11025~11575	陆地卫星遗产、地表温度反演、碳酸盐矿物测绘
26	热红外 5	60	11725~12275	陆地卫星遗产、地表温度反演、雪粒大小和含水量测绘

4.2.2 哨兵(Sentinel)系列卫星

哨兵系列卫星是欧洲航天局哥白尼计划发射的对地观测系统。哥白尼计划又称为全球环境与安全监测计划(Global Monitoring for Environment and Security, GMES)，是由欧洲委员会和欧洲太空总署联合倡议，于 2003 年正式启动的一项重大航天发展计划，主要目标是对欧洲及非欧洲国家(第三方)现有和未来发射的卫星数据及现场观测数据进行协调管理和集成，实现环境与安全的实时动态监测，为决策者提供数据，以帮助他们制定环境法案，或是对诸如自然灾害和人道主义危机等紧急状况做出反应，保证欧洲的可持续发展和提升国际竞争力。哥白尼计划由 3 个部分组成：①空间部分，提供哨兵系列卫星和相关的地面系统，以及其他卫星的贡献任务；②现场测量部分，提供海洋、大陆表面和大气层信息的地面和空中数据收集网络；③服务部分，提供开发和管理服务，并向用户和公众提供服务。哥白尼计划所提供的信息服务是免费的，用户可以公开获取。

Sentinel 系列卫星包含多种不同载荷的遥感卫星，形成了全面的、成体系的对地观测系统，目前已经发射卫星的对地观测任务具体包括雷达和光谱成像，用于对陆地、海洋和大气的监测。每个 Sentinel 任务都基于两颗卫星构成的星座，以满足重访和覆盖范围的要求，并为所有哥白尼服务提供可靠的数据集。

1. 哨兵一号

哨兵一号(Sentinel-1)任务提供全天候、昼夜的陆地和海洋雷达成像服务。Sentinel-1A 卫星于 2014 年 4 月 3 日通过俄罗斯联盟号火箭，从法属圭亚那航天中心发射。Sentinel-1B 卫星于 2016 年 4 月 25 日发射。

Sentinel-1 是一个全天时、全天候的雷达成像系统，它基于 C 波段的成像系统采用 4 种成像模式(分辨率最高 5m、幅宽达到 400km)来观测，具有双极化、短重访周期、快速产品生产的能力，可精确确定卫星位置和姿态角。它采用预编程、无冲突的运行模式，可以实现全球陆地、海岸带、航线的高分辨率监测，也可以实现全球海洋的大区域覆盖，这也为各种运营应用、同一地区的长时间序列监测提供了技术支撑。

Sentinel-1 在近极地太阳同步轨道上运行，轨道高度约 700 km，重访周期为 12 天。为获取较好的干涉产品，Sentinel-1 采用了严格的轨道控制技术。沿既定轨道运行时卫星位置必须足够精确，在试运营技术后，它在以既定轨道路径为圆心、半径为 50m 的空间管道内运行，从而确保空间基线足够小，相干性增高，干涉分析可以有效地开展。

2. 哨兵二号

哨兵二号(Sentinel-2)任务为陆地服务提供高分辨率的光学成像(如植被、土壤和水覆盖、内陆水道和沿海地区的图像)。两颗卫星都是通过维加火箭从法属圭亚那航天中心发射的。Sentinel-2A 于 2015 年 6 月 23 日成功发射，Sentinel-2B 于 2017 年 3 月 7 日发射。

哨兵二号是欧洲的一项宽波段、高分辨率、多光谱成像任务。这两颗卫星在同一轨道上相距 180°运行，其完整的任务规格是在赤道上提供 5 天的高重访频率。轨道高度为 786km。轨道倾角为 98.62°，降交点平均地方时(MLST)为上午 10:30，这个 MLST 值是为了在合适的太阳光照水平和潜在云覆盖的最小化之间进行折中。哨兵二号的 MLST 值接近 Landsat 的当地立交点时间，与 SPOT-5 的立交点时间几乎相同，允许将哨兵二号数据与其他卫星数据相结合，有助于对长期时间序列数据进行收集。

哨兵二号携带一个光学仪器载荷 MSI，能够获得包括 13 个波段的多光谱图像，涵盖可见光、近红外线(NIR)和短波红外线(SWIR)等光谱范围。13 个光谱波段的空间分辨率并不相同，包括 10m 的 4 个波段、20m 的 6 个波段和 60m 的 3 个波段，成像宽度为 290km。哨兵二号卫星的图像光谱范围广泛，这使得该卫星在监测植被健康、土地利用变化以及环境异常等方面具有独特的优势。特别是在红边范围，哨兵二号数据拥有 3 个波段，为监测植被健康信息提供了更丰富的数据，为科学家提供了更深入的研究空间(图 4-5)。

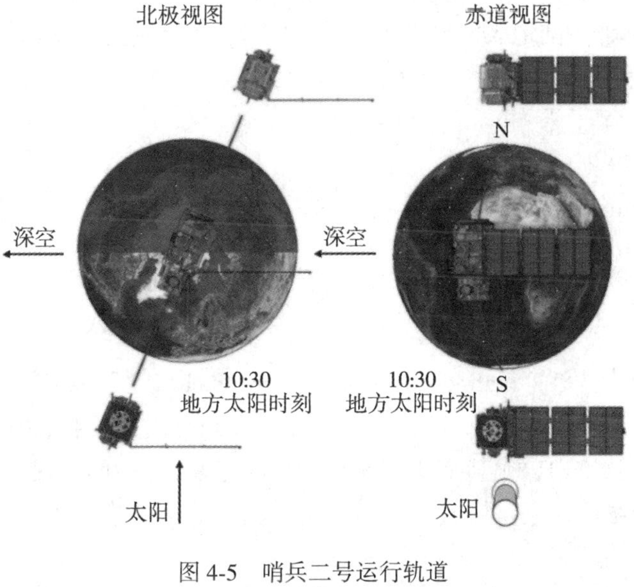

图 4-5 哨兵二号运行轨道

Landsat-8 图像和 Sentinel-2 图像的比较如图 4-6 所示(彩色效果见附录彩图 4-6)。

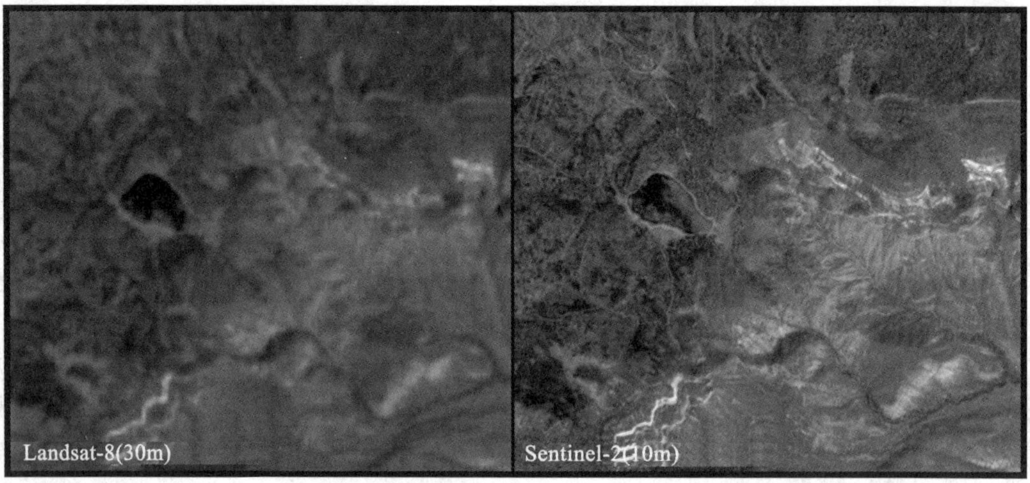

图 4-6　Landsat-8 图像和 Sentinel-2 图像比较

3. 哨兵三号

哨兵三号(Sentinel-3)任务提供海洋和全球陆地监测服务。这两颗卫星由欧洲航天局(ESA)发射，在俄罗斯普列谢茨克航天发射场使用 Eurockot Rokot 火箭发射。Sentinel-3A 卫星于 2016 年 2 月 16 日发射，Sentinel-3B 卫星于 2018 年 4 月 25 日发射。

哨兵三号的主要目标是以高精度和高可靠性测量海面地形、海陆表面温度和海陆表面颜色，以支持海洋预报系统、环境监测和气候监测。在哨兵三号卫星上通过海洋和陆地彩色仪器(OLCI)、海洋和陆地表面温度辐射计(SLSTR)、合成孔径雷达高度计(SRAL)、微波辐射计(MWR)和精密定轨(POD)仪器获得图像。

4. 哨兵四号

哨兵四号(Sentinel-4)将作为 Meteosat 第三代卫星的有效负载，提供大气组分监测数据。

5. 哨兵五号

哨兵五号先行者卫星(Sentinel-5 Precursor，Sentinel-5P)于 2017 年 10 月 13 日发射。该任务的主要目的是填补在 2012 年 Envisat 卫星失联与计划中发射的哨兵五号(Sentinel-5)卫星发射之间的数据空白，尤其是 SCIAMACHY 大气观测方面的数据缺失。哨兵五号也将提供大气组分监测数据。它将搭载在欧洲气象卫星极地系统第二代(EPS-SG)上，目前尚未发射。

Sentinel-5P 搭载了先进的对流层监测仪器(TROPOMI)传感器，主要用于空气质量、臭氧和紫外线辐射以及气候监测和预报，该传感器能够精确地成像各种污染物，例如二氧化氮、臭氧、甲醛、二氧化硫、甲烷和一氧化碳。该卫星采用推扫式成像，对地球表面的扫描带宽度约为 2600km。除了 UV1 波段($7\times28km^2$)和 SWIR 波段($7\times7km^2$)，所有光谱波段的典型像素大小(接近最低点)约为 $7\times3.5km^2$。

Sentinel-5P 的主要任务有：

(1)大气监测：影响我们健康的多种微量气体的数据，如二氧化氮、一氧化碳、二氧化硫、甲醛、臭氧等。每天以高达 7km×3.5km 的分辨率绘制世界各地的大气图，它将为决策者提供他们所需的信息，以实施减少空气污染的适当策略，从而最终帮助人类挽救生命。

(2)气候监测：Tropomi 多光谱成像光谱仪可以测量其他温室气体，例如甲烷。甲烷是一种有力的温室气体，每质量单位所捕获的热量是二氧化碳的 30 倍左右。由于永久冻土融化，甲烷可从化石燃料行业、垃圾填埋场、畜牧业和水稻农业进入空气。另外，Sentinel-5P 还可以监测气溶胶和云。

6. 哨兵六号

哨兵六号(Sentinel-6)是最新一代海洋观测卫星，是美国国家航空航天局和欧洲空间局(也称为欧洲航天局)合作研发的一颗监测卫星，用于监测全球海洋。此外，该卫星还配备收集大气数据的仪器，用于改进天气预报和飓风追踪。Sentinel-6A 于 2020 年 11 月由 SpaceX Falcon 9 火箭从范登堡 SLC-4E 发射。Sentinel-6B 计划于 2025 年 11 月由 SpaceX Falcon 9 发射。

哨兵六号能够对全球海洋表面进行厘米级的高精度测量，测量卫星与海洋表面的间距，以每 10 天为一个测量周期，对全球海平面进行精确测量，记录海面高度的变化，记录和分析海平面的变化，同时观察洋流。这些数据将有助于改进两到四周范围内天气预报的短期预测(例如飓风强度预测)和季节性条件的长期预测(如厄尔尼诺现象、拉尼娜现象)。

4.2.3 SPOT/Pleiades 系列卫星

1. SPOT 卫星

1978 年起，法国联合比利时、瑞典等欧共体国家，设计并研制了名为“地球观测实验系统”(SPOT)的卫星，迄今已经发射了 7 颗卫星。“SPOT”系法文 Systeme Probatoire d'Observation de la Terre 的缩写，意即地球观测系统。法国 SPOT 系列卫星以较好的稳定性、较高的分辨率、成功的商业运作模式而著称，也是全球最具影响力的遥感卫星之一。

SPOT-1～SPOT-3 卫星有 2 台相同探测器 HRV，SPOT-4 卫星上的传感器升级为 HRVIR (high resolution visible and infrared)成像仪，HRV 的平面反射镜可绕卫星前进方向滚动轴(X 轴)旋转，平面向左右两侧偏离垂直方向最大可达±27°，从天底点间轨道任意一侧可观测到 450km 附近的景物，这样在邻近的许多轨道间都可以获取立体图像。立体图像的基高比在 0.5～1.0 之间。SPOT-5 上搭载了两套高分辨率成像装置 HRG（high resolution geometric）和 HRS（high resolution stereoscopic）。HRG 由两条线阵 CCD 探测器构成，安置在同一焦平面上，并在飞行方向和线阵方向上分别交错半个像元排列。通常情况下，HRG 装置获取 5m 分辨率的全色图像，在 Supermode 模式下，HRG 可以将地面分辨率提高到 2.5m。HRG 的成像条带的幅宽为 60km。HRG 可以通过左右侧摆，获取异轨立体图像。HRS 是双线阵 CCD 相机，由前视、后视 CCD 相机组成，两个 CCD 相机的望远镜系统在轨道面内前后偏离铅垂线的夹角均为 20°。获取立体像对时，前视传感器与后视传感器成像时间相差只有 90s，避免了由于成像时间差过大引起的图像色调变化。HRS 获取的同轨立体图像的基高比可达 0.84，良好的基高比保证了生成 DEM 的精度。HRS 双线阵 CCD 的设计使其具有获取连续立体像对的能力，可用于大范围的 DEM 和三维目标信息的提取。

SPOT 系列卫星发射时间表如表 4-8 所示。

表 4-8　SPOT 系列卫星发射时间表

名称	发射时间	状　态
SPOT-1	1986 年 2 月	目前仍在运行，但从 2002 年 5 月起停止接收其图像
SPOT-2	1990 年 1 月	至今还在运行
SPOT-3	1993 年 9 月	运行 4 年后在 1997 年 11 月由于事故停止运行
SPOT-4	1998 年 3 月	卫星做了一些改进
SPOT-5	2002 年 5 月	其性能做了重大改进
SPOT-6	2012 年 9 月	正常运行
SPOT-7	2014 年 6 月	正常运行

SPOT 系列卫星技术指标如表 4-9 所示。

SPOT 系列卫星的最后两颗卫星是 SPOT-6 和 SPOT-7。SPOT-6 于 2012 年 9 月 9 日发射，SPOT-7 于 2014 年 6 月 30 日发射，这两颗卫星搭载了相同的传感器，在高度 694km 的太阳同步轨道上间隔 180°分布，组成一个观测星座。

SPOT-6 和 SPOT-7 的传感器称为 NAOMI（new astrosat optical modular instrument）。其继承了 SPOT-5 HRG 传感器的特点，由两个 CCD 阵列组成。每个阵列的扫描幅宽是 60km，并具有灵活摆动能力，采用同步模式时可以实现 120km 的宽幅成像。NAOMI 传感器的全色分辨率为 1.5m，多光谱分辨率为 6m，包含蓝、绿、红、近红外 4 个成像波段。SPOT-6 或 SPOT-7 卫星的单颗重访周期是 1～3 天，双星组合可以实现一天以内的重访。这两颗卫星具有较强的编程拍摄能力，可以按照用户预定的计划进行自动化的观测任务。用户可以指定拍摄的区域、时间和频率，以满足其特定的需求。

表 4-9 SPOT 系列卫星技术指标

参数	SPOT-1、SPOT-2、SPOT-3	SPOT-4	SPOT-5	SPOT-6	SPOT-7
波段及分辨率	1 个全色波段(10m) 3 个多光谱波段(20m)	1 个全色波段(10m) 3 个多光谱波段(20m) 1 个短波红外波段(20m)	2 景全色波段图像(5m),通过它们可以生成一景 2.5m 图像。 3 个多光谱波段(10m) 1 个短波红外波段(20m)	1 个全色波段(1.5m) 4 个多光谱波段(6m)	1 个全色波段(1.5m) 4 个多光谱波段(6m)
波谱范围	B1:0.50~0.59μm B2:0.61~0.68μm B3:0.78~0.89μm P:0.50~0.73μm	B1:0.50~0.59μm B2:0.61~0.68μm B3:0.78~0.89μm B4:1.58~1.75μm P:0.50~0.73μm	B1:0.50~0.59μm B2:0.61~0.68μm B3:0.78~0.89μm B4:1.58~1.75μm P:0.48~0.71μm	B1:0.455~0.525μm B2:0.53~0.59μm B3:0.625~0.695μm B4:0.76~0.89μm P:0.455~0.745μm	B1:0.455~0.525μm B2:0.53~0.59μm B3:0.625~0.695μm B4:0.76~0.89μm P:0.455~0.745μm
装置	2 个高分辨率可见光成像装置(HRVs)	2 个高分辨率可见光及短波红外成像装置(HRVIRs)	2 个高分辨率几何装置(HRGs)	2 个高分辨率光学推扫成像装置	2 个 Astrosat 光学模块化仪器(NAOMI)
扫描宽度	60km	60km	60km	60km	60km
轨道高度	832km	832km	832km	694km	694km
轨道类型	太阳同步轨道	太阳同步轨道	太阳同步轨道	太阳同步轨道	太阳同步轨道
降交点时间	10:30 a.m.	10:30 a.m.	10:00a.m.	10:00a.m.	10:00a.m.
轨道倾角	98.7°	98.7°	98.7°	98.2°	98.2°
运行周期	101min	101.5min	101.4min	98.79min	98.79min
重复周期	26d	26d	26d	26d	26d

SPOT-6 和 SPOT-7 的轨道参数和传感器参数分别如表 4-10 和表 4-11 所示。

表 4-10　SPOT-6 和 SPOT-7 轨道参数

参　　数	内　　容
轨道高度	694km
轨道类型	太阳同步轨道
轨道倾角	98.2°
降交点时间	10:00 a.m.
运行周期	98.79min
重复周期	26d
重访周期	1d(SPOT-6 和 SPOT-7 同时运行) 1~3d(只有 1 颗卫星运行)

表 4-11　SPOT-6 和 SPOT-7 传感器参数

类型	高分辨率光学推扫成像仪	
空间分辨率	全色：1.5m 星下点 多光谱：6m 星下点	
刈幅	60 km	
视场角	±30°	
波段	全色	0.46~075μm
	蓝	0.46~0.53μm
	绿	0.53~0.59μm
	红	0.63~0.70μm
	近红外	0.76~0.89μm

2. Pleiades 卫星

Pleiades 卫星是法国 SPOT 系列卫星之后的高分辨率遥感卫星计划，由法国国家空间研究中心(CNES) 负责研制。第一颗 Pleiades 卫星(Pleiades-1A 卫星)于 2011 年 12 月 17 日升空，第二颗 Pleiades 卫星(Pleiades-1B 卫星)于 2012 年 11 月 30 日发射。

Pleiades 卫星运行在与 SPOT-6 和 SPOT-7 相同的轨道上，4 颗卫星呈 90°间隔在轨道上均匀分布。Pleiades 卫星采用 Astnum 公司的 AstrosaL1000 平台，三轴姿态稳定，可进行滚动和倾斜，倾角高达 60°。单颗 Pleiades 卫星可在 5 天内实现全球覆盖，两颗卫星可以实现 4 天内全球覆盖。

Pleiades 卫星一方面继续保持了 SPOT 系列卫星在波段设置、立体成像、星座运行等方面的特点，另一方面在空间分辨率、观测灵活性以及数据获取模式等方面进行了重新设计。在姿态控制和侧视能力方面，Pleiades 卫星采取了使卫星整体绕滚动轴、俯仰轴大角度侧摆的方式，灵活地实现了对不同目标的观测。另外，Pleiades 卫星除具有侧视能力外，还可在很短的时间内调整观测角度，对点状目标进行成像，也可以沿飞行轨迹向前或向后摆扫成像，生成近乎同时的立体像对。

Pleiades 卫星搭载的高分辨率成像仪(high resolution imager，HiRI)具有 650mm 口径和 12905mm 焦距，采用线阵推扫成像原理，提供高分辨率高精度的全色和多光谱图像。HiRI 相机的全色波段的星下点采样间隔为 0.7m，多光谱波段采样间隔为 0.7m。经过地面处理系统的进一步处理，Pleiades 卫星数据可以实现全色波段 0.5m 和多光谱波段 2m 的空间分辨。

Pleiades 卫星的最大特点是具有强大的敏捷成像能力。其装有 4 组陀螺进动装置，可以在 8s 内将卫星姿态调整 5°，在 10s 内将卫星姿态调整 10°，或在 25s 内调整 60°。Pleiades 卫星的姿态调整可以在沿卫星飞行方向和垂直飞行方向上进行，有效的侧视成像角为+30°。卫星的编程控制可以使 Pleiades 卫星在一个轨道内对 1000km×1000km 区域内的 20 个直径为 20km 的点状目标进行瞬时观测，也可以通过编程将这 20 个目标设定在 100km×200km 范围内，以实现对危机地区和事件的随时观测。此外，通过反复调整俯仰角度并结合地面处理，Pleiades 卫星具有在一个轨道内实现将多个数据条带拼接成一个完整观测区域图像的能力。在侧摆 30°时，最大观测区域为 60km(垂直轨道方向，3 个数据条带)×315km(沿轨道方向)，或 140km (垂直轨道方向 7 个数据条带)×85km (沿轨道方向)。Pleiades 卫星的敏捷性提高了其立体成像能力。除了利用一个轨道飞行实现传统的两视角立体成像外，它还可以通过调整卫星姿态实现三视角的立体成像。此外，通过编程调整立体成像的基高比，以获取不同长度的立体像对数据条带。

4.2.4 IKONOS\QuickBird\GeoEye\WorldView 系列卫星

1. IKONOS 卫星

IKONOS 卫星是 Space Imaging 公司于 1999 年发射的高分辨率商业遥感卫星系统，是世界上第一颗提供米级分辨率卫星图像的高分辨率商业遥感卫星，开启了商业高分辨率光学遥感卫星的新时代。此后的两三年，性能与 IKONOS 相近的 QuickBird、OrbView 卫星先后发射。IKONOS 卫星的名字来源于希腊词 eikōn，意为图像(Image)。

IKONOS 卫星采用太阳同步轨道，轨道倾角为 98.1°，轨道高度为 681km(赤道上)，轨道周期为 98.3min，降交角时刻在上午 10:30，重复周期 1~3 天。IKONOS 卫星采用线阵推扫成像传感器，由一个全色 1m 分辨率传感器和一个四波段 4m 分辨率的多光谱传感器组成。

IKONOS 卫星提供用户使用的标准产品，还包括 4m 分辨率的多光谱遥感图像和 1m 分辨率增强型彩色遥感图像(多光谱图像与全色遥感图像的融合图像)。IKONOS 卫星图像的扫描幅宽为 11~13km，所有的图像都具有 11bit 的量化等级，因而图像包含更加丰富的信息。

IKONOS 卫星的传感器具有十分灵活的机械设计，可以通过 CCD 相机前后摆动获取同轨立体图像，同一像对中的两景图像采集间隔时间 30~40s，辐射变化极小，便于匹配处理。Space Imaging 公司对 IKONOS 卫星的成像模型保密，提供有理多项式模型代替严格成像模型。IKONOS 提供的立体图像数据可分为 3 级：

- 标准立体图像数据：未经过地面控制点纠正，其平面精度和高程精度分别为 25m 和 22m。
- 精纠正立体图像数据：经过地面控制点纠正，其全色波段的平面精度和高程精度分别为 4m 和 5m，多光谱波段的平面精度和高程精度分别为 6m 和 9m。
- 增强型精纠正立体图像数据：同样经过地面控制点纠正，其全色波段的平面精度和高程精度分别达到 2m 和 3m，主要用于测制相应比例尺地形图、图像地形图。

IKONOS 同时还提供数字高程模型的数字产品，共有 3 级，其高程精度分别为 30m、12m 和 3m(有地面控制点)。可以根据用户的要求提供多种遥感数据产品。目前各主要遥感图像处理软件都有处理 IKONOS 图像的专门模块，经过 Space Imaging 公司认证并提供 IKONOS 图像处理模块的软件有 ERDAS、PCI、LHSystem、CarterraImagine、ZIImaging、ENVI。

IKONOS 卫星上装载有高性能的 GPS 接收机、数字式恒星跟踪仪和激光陀螺，可以提供较高精度的卫星星历和姿态参数，保证了在没有地面控制点的情况下，IKONOS 卫星图像也能达到较高的地理定位精度。

IKONOS 具有灵活的侧摆能力，卫星可从星下点两边侧摆各 50°，这使得它具有很短的重访周期，对目标具有很强的机动覆盖能力。粗略来说，以 1m 的分辨率，IKONOS 的重访周期是 3 天；以 1.5m 的分辨率，IKONOS 的重访周期是 1.5 天。表 4-12 是 IKONOS 卫星对北纬 35°地区在不同分辨率下的最长重访周期。

表 4-12　IKONOS 卫星对北纬 35°地区在不同分辨率下的最长重访周期

地面分辨率/m	视场角/(°)	最长重访周期/d
≤1.0	26	3.2
≤1.5	44	1.6
≤2.0	51	1.2
≤2.5	55	1.0

2. QuickBird 卫星

QuickBird 卫星由美国 DigitGloble 公司于 2001 年 10 月 18 日发射。QuickBird 卫星的轨道高度 450 km，倾角 98°，卫星重访周期 1~6 天(与纬度有关)；同样采用线阵推扫成像传感器，其全色波段的分辨率达到了 0.61m，幅宽 16.5km，同时还提供 4 个多光谱波段图像，分辨率为 2.44m。同 IKONOS 一样，QuickBird 图像也具有 11bit 量化等级。

QuickBird 图像产品分基本图像、标准图像、正射图像、立体像对等不同类型，从波段组成上图像产品分全色波段图像数据、多光谱图像数据、全色波段图像数据与多光谱图像数据产品包、融合图像数据。QuickBird 图像的几何定位精度也非常高，在无地面控制点的情况下，基本图像(Basic 级，未经过几何处理)可以达到 14m。

与 IKONOS 卫星类似，QuickBird 卫星也具有推扫、横扫成像能力，可以获取同轨、异轨立体像对，一般以同轨立体像对为主。QuickBird 提供 Basic 级的立体图像，Basic 级的立体图像的全色分辨率大概为 0.78m(倾斜 30°)，多光谱图像分辨率为 3.12m。立体图像的基高比在 0.6~2.0 之间，绝大部分情况下在 0.9~1.2 范围内，适合提取 DEM 或三维地物提取。DigitGloble 公司同时提供严格传感器模型和有理函数系数模型(RPC 模型)来处理 QuickBird 图像。

严格传感器模型是依据传感器的成像几何关系，利用成像瞬间地面点透视中心和相应像点三点共线的几何关系建立的数学模型，是摄影测量学最常采用的成像模型。它具有最高的定位精度，但形式较为复杂。严格传感器模型所需的传感器成像参数、姿态参数和轨道星历保存在图像支持数据文件中。RPC 模型是对严格传感器模型的拟合，它直接提供了地面坐标同像点坐标之间的映射关系。理想情况下也能达到跟严格传感器模型相当的定位精度。QuckBird 图像无控定位精度平面可达 23m(CE90)，高程可达 17m(CE90)。

QuickBird 具有较高的地面覆盖幅宽，当垂直摄影时(分辨率 0.61m)，覆盖幅宽 16.5km，当倾斜 30°成像时(分辨率 1m)，地面幅宽为 22km。较宽的覆盖范围提高了数据的获取效率，也减少了后续镶嵌等的工作量。QuickBird 卫星具有非常好的机动编程获取能力，根据纬度和用户要求侧视角的不同，QuickBird 卫星的重访周期如表 4-13 所示。

表 4-13　QuickBird 卫星的重访周期

纬度/(°)	侧视角		
	0~15°	0~25°	0~45°
0	11	6	3
10	11	6	3
20	9	5	3
30	9	5	2
40	8	5	2
50	7	4	2
60	7	4	1
70	5	3	1
80	3	2	1

3. GeoEye 卫星

21 世纪初，第二代高分辨率商业遥感卫星的研制全面展开。2006 年 1 月，美国 OrbitImage 公司成功收购了 Space Imaging 公司，合并成立了世界上最大的商业遥感卫星运营公司GeoEye，并于2008年9月成功发射了第一颗以其公司命名的遥感卫星GeoEye-1，其空间分辨率最高可达0.40m。

GeoEye-1卫星的轨道参数与IKONOS相同，采用高度为681km、倾角为98°的太阳同步轨道，降交点通过轨道的时间为上午10:30。

GeoEye-1卫星采用CCD线阵推扫成像，具有全色和红、绿、蓝、近红外多光谱图像同步采集能力。全色图像的星下点空间分辨率达到0.41m，倾斜28°时全色图像分辨率下降为0.5m，多光谱图像的星下点分辨率为1.65m。GeoEye-1卫星具有高效的数据获取能力，星下点图像幅宽可达15.2km，每天可以采集近70万km^2的全色图像数据或近35万km^2的全色融合图像数据。

GeoEye-1卫星搭载军用卫星上使用的姿控设备，由双高精度星敏、高精度陀螺、10芯太阳敏感器、3个磁力矩和2个GPS共同组成姿态敏感器群，指向精度优于75″，姿态机动速度可达2.4°/s，能够以任意角度成像，3天(或更短)时间内可实现对地球任一位置实现重访，是世界上最敏捷的卫星之一。高精度的星历姿态数据有效保证了GeoEye-1图像的定位精度，不需要地面控制点支持，GeoEye-1的单像定位可达到5m(CE90)的精度(不考虑地形起伏的影响)，立体定位可达到4m(CE90)的平面精度和6m(LE90)的高程精度。

4. WorldView卫星

WorldView卫星家族是美国DigitalGlobe公司的第二代高空间分辨率商业遥感卫星，为军民用户提供高分辨率卫星遥感图像，美国军事图像情报部门NGA是其最大用户。它一共成功发射4颗高分辨率的遥感卫星，其中WorldView-1卫星是世界上首颗分辨率突破0.5m的商业遥感卫星(图4-7)。

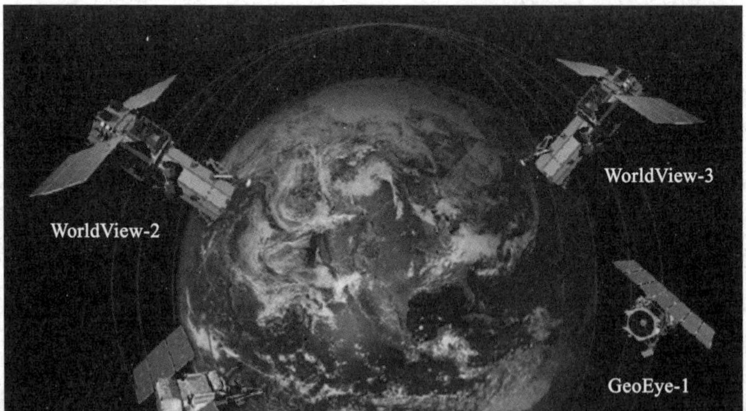

图4-7 WorldView卫星家族和GeoEye-1卫星

1）WorldView-1

WorldView-1 卫星于 2007 年 9 月 18 日发射成功。该卫星使用了更先进的控制力矩陀螺(CMG)技术，使得卫星能够以非常快的速度扫过更大的面积，平均重访周期提高为 1.7 天。成像系统每天能够拍摄多达 75 万 km^2 的 0.45m 分辨率图像。除此之外，WorldView-1 具备了现代化的地理定位精度能力和极佳的响应能力，能够快速瞄准要拍摄的目标和有效地进行同轨立体成像。由于 WorldView-1 卫星成像指令的响应速度快，因而成像的周转时间(从下达成像指令到接收图像所需要的时间)缩短为几小时。不考虑地形起伏和倾斜摄影的影响，WorldView-1 卫星图像无控制定位的标称精度为 5.8～7.6m(CE90)，当有地面控制点时，精度可提高到 2m(图 4-8)。

图 4-8 WorldView-1 卫星

WorldView-1 卫星技术指标如表 4-14 所示。

表 4-14 WorldView-1 卫星技术指标

指　　标	内　　容
发射信息	日期：2007 年 9 月 18 日 运载火箭：Delta 7920(9 个捆绑式助推器) 发射场地：加利福尼亚州范登堡空军基地
轨道	高度：496km 类型：太阳同步，降交点地方时间上午 10：30 周期：95min
使用寿命	10～12 年，包括所有耗材和降解物(如推进燃料)
航天器尺寸、重量和功率	3.6m×2.5m 太阳能电池帆板展开后总跨度 7.1m 2290kg 太阳能电池 3.2kW，蓄电池 100 安培小时(A·h)

续表

指　　标	内　　容
传感器波段	全色：400~900nm
传感器分辨率	最低点处 50cm 地面采样距离(GSD) 偏离最低点 20°处为 55cm(GSD)
动态范围	每像素 11 位
测绘幅宽	17.7km(星下点)
姿态确定与控制	三轴稳定 执行器：控制力矩陀螺(CMG) 传感器：星敏感器，固体惯性参照器，GPS
指向精度与认知	精度：成像开始和停止时小于 500m 认知：支持地理定位精度
重新瞄准目标的敏捷性	旋转 200km 所需的时间：10s
星载存储器	2199 GB 固态存储，含 EDAC
通信传输	图像与辅助数据：800Mbps，X 波段 星务：4、16 或 32kbps 实时，524kbps 存储，X 波段 指令数据：2 或 64kbps，S 波段
单程最大连续成像区域 (偏离星下点 30°角)	单景：111km×112km(6 条) 立体：51km×112km(3 对)
回访频率(北纬 40°)	1m GSD 或更低时 1.7d
地理定位精度(CE90)	小于 4.0m CE90，不含地面控制
容量	每天 130 万 km^2

WorldView-1 传感器参数如表 4-15 所示。

表 4-15　WorldView-1 传感器参数

参　　数	内　　容
仪器光学系统	QuickBird 光学平台设计 60cm 口径望远镜
光谱范围（仅全色成像）	μm
空间分辨率(GSD)	全色：50cm 星下点 全色：55cm 偏离星下点 20
刈幅	17.6 km
重访周期	1.7d(1m GSD) 5.9d(0.51m GSD)

续表

参数	内容
传感器	CCD 阵列(8μm 像素大小)，一排 > 35000 个探测器 该阵列包括 64 级 TDI(35000 列和 64 行)
TDI	从 8 到 64 的 6 个可选级别
量化	11 bit
图像处理后的地理定位精度	5.8~7.6m(无 GPCs) 2m(有 GPCs)
仪器质量、功率	380 kg，250 W

2）WorldView-2

WorldView-2 于 2009 年 10 月发射升空，运行在 770km 高的太阳同步轨道上。更高的轨道带来了更短的重访周期和更好的拍摄机动性。作为 DigitalGlobe 公司当时最先进的遥感卫星，它同样使用了控制力矩陀螺技术。这项高性能技术可以提供多达 10 倍的加速度的姿态控制操作，从而可以更精确地瞄准和扫描目标。卫星的旋转速度可从 QuickBird 的 60s 减少至 9s，星下摆动距离达 200km。因此，WorldView-2 在太空中的角色就像一支神奇的画笔，能灵活地前后扫描、拍摄大面积的区域，能在单次操作中完成多波段图像的扫描。当倾斜角小于 30°时，不考虑地形影响，WorldView-2 卫星图像定位精度为 5.0m，当有地面控制点时精度可提高到 2.0m。

除了更快的采集速度和更高的精度，WorldView-2 还是第一颗具有八波段多光谱的高分辨率遥感卫星，它不但具有传统遥感卫星的 4 个多光谱波段，还新增加了海岸线、黄、红边和近红外等波段，能够进行更加精细的地物分类识别。

WorldView-2 卫星技术指标如表 4-16 所示。

表 4-16 WorldView-2 卫星技术指标

指标	内容
发射信息	日期：2009 年 10 月 运载火箭：Delta 7920(9 个捆绑式助推器) 发射场地：加利福尼亚州范登堡空军基地
轨道	高度：770km 类型：太阳同步，降交点地方时间上午 10：30 周期：100min
使用寿命	10~12 年，包括所有耗材和降解物(如推进燃料)
航天器尺寸、重量和功率	5.7m×2.5m 太阳能电池帆板展开后总跨度 7.1m 2615kg 太阳能电池 3.2kW，蓄电池 100 安培小时(A·h)

续表

指　　标	内　　容
传感器波段	全色：450~800nm 8 个多光谱： 海岸带：400~450nm　红：　630~690nm 蓝　：450~510nm　红边：　705~745nm 绿　：510~580nm　Near-IR1：770~895nm 黄　：585~625nm　Near-IR2：860~1040nm
传感器分辨率	全色：0.46m GSD(星下点)，0.52m GSD(偏离星下点 20°) 多光谱：1.85m GSD(星下点)，2.07m GSD(偏离星下点 20°)
动态范围	每像素 11 位
测绘幅宽	16.4km(星下点)
姿态确定与控制	三轴稳定 执行器：控制力矩陀螺(CMG) 传感器：星敏感器，固体惯性参照器 IRU，GPS
指向精度与认知	精度：成像开始和停止时小于 500m 认知：支持地理定位精度
重新瞄准目标的敏捷性	旋转 200km 所需的时间：10s
星载存储器	2199GB 固态存储，含 EDAC
通信传输	图像与辅助数据：800Mbps，X 波段 星务：4、16 或 32kbps 实时，524kbps 存储，X 波段 指令数据：2 或 64kbps，S 波段
单程最大连续成像区域(偏离星下点 30°角)	单景：138km×112km(8 条) 立体：63km×112km(4 对)
回访频率(北纬 40°)	1m 或 1m 以下 GSD 成像时，1.1d 偏离星下点 20°或以下(0.52mGSD)成像时，3.7d
地理定位精度(CE90)	小于 3.5m CE90，不含地面控制
日采集能力	每天 100 万 km^2
立体采集能力	是

3）WorldView-3

2013 年 2 月，DigitalGlobe 公司正式并购了 GeoEye 公司，成为世界上最大的商业高分辨率卫星图像供应商。DigitalGlobe 公司于 2014 年 8 月和 2016 年 11 月发射了 WorldView-3 和 WorldView-4 卫星，二者星下点的空间分辨率都达到 0.31m(图 4-9)。

WorldView-3 是具有里程碑意义的一颗卫星，是全球首颗多有效载荷、超光谱、高分辨率的商业遥感卫星。此前美国政府已宣布将卫星遥感图像出口的限制从 0.5m 提高到了 0.3m，这使 WorldView-3 的 0.31m 高分辨率具有了实质性意义。此外 WorldView-3 大大提

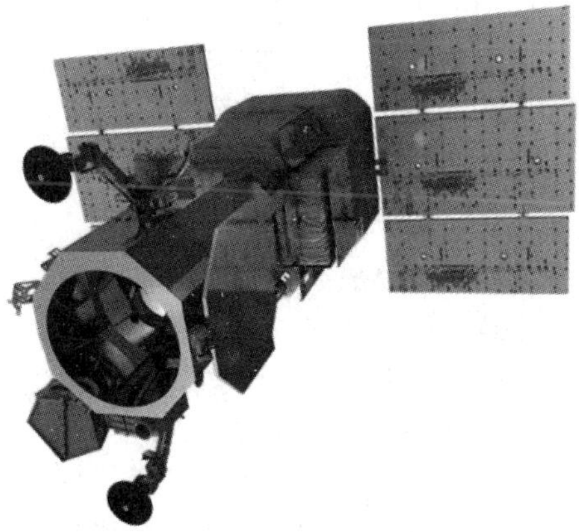

图 4-9 WorldView-3 卫星

高了卫星的光谱分辨率，在 WorldView-2 的八波段多光谱的基础上加入了 8 个空间分辨率为 3.7m 分辨率的短波红外波段，并且首次在高分辨率卫星中使用了 CAVIS 波段用于大气校正。图 4-10 所示为 WorldView-2/3 成像波谱段，其中 WorldView-3 卫星技术指标见表 4-17。

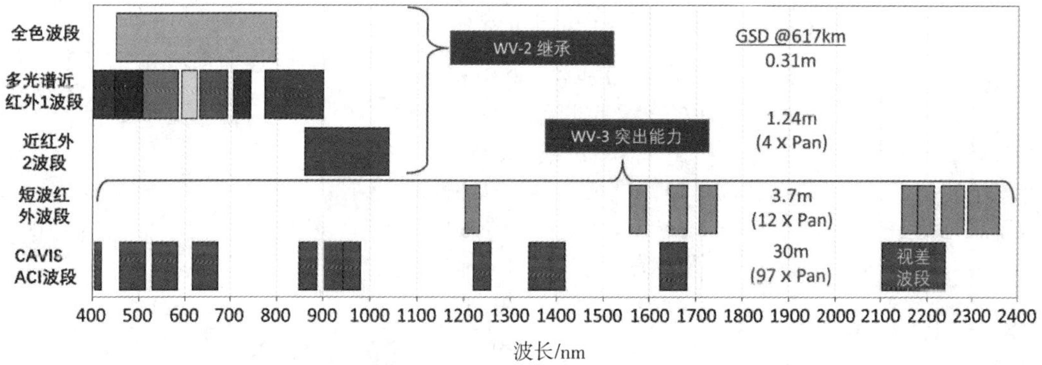

图 4-10 WorldView-2/3 成像波谱段

表 4-17 WorldView-3 卫星技术指标

轨道	高度：617km 类型：太阳同步，10∶30am 降交点 周期：97min
使用寿命	规定的使用寿命：7.25 年 预计使用寿命：10~12 年
航天器尺寸、重量和功率	尺寸：5.7m×2.5m 太阳能电池帆板展开后总跨度 7.1m 质量：2800kg 功耗：太阳能电池 3.1kW，蓄电池 100A · h

续表

传感器波段	全色：450~800nm 8 个多光谱： 海岸带：400~450nm　红：　630~690nm 蓝　：450~510nm　红边：　705~745nm 绿　：510~580nm　Near-IR1：770~895nm 黄　：585~625nm　Near-IR2：860~1040nm 8 个 SWIR 波段： SWIR-1：1195~1225nm　SWIR-5：2145~2185nm SWIR-2：1550~1590nm　SWIR-6：2185~2225nm SWIR-3：1640~1680nm　SWIR-7：2235~2285nm SWIR-4：1710~1750nm　SWIR-8：2295~2365nm 12 个 CAVIS 波段： 沙漠云层：405~420nm　水 3：930~965nm 浮质 1：459~509nm　NDVI-SWIR：1220~1252nm 绿：525~585nm　卷云：1350~1410nm 浮质 2：620~670nm　雪：1620~1680nm 水 1：845~885nm　浮质 3：2105~2245nm 水 2：897~927nm　浮质 3：2105~2245nm
传感器分辨率 (或 GSD，地面采样距离；偏离星下点事几何平均数)	全色星下点：　0. 31m 20°偏离星下点：0. 34m 多光谱星下点：　1. 24m 20°偏离星下点：1. 38m SWIR 星下点：　3. 70m 20°偏离星下点：4. 10m CAVIS 星下点：　30. 00m
动态范围	每像素 11 位平移和 MS；每像素 14 位 SWIR
测绘幅宽	星下点：13. 1 km
姿态确定与控制	类型：三轴稳定 执行器：控制力矩陀螺(CMG) 传感器：星体跟踪器，精确 IRU，GPS
指向精度与认知	精度：成像开始和停止时小于 500m 认知：支持以下地理定位精度
重新瞄准目标的敏捷性	旋转 200km 所需的时间：12s
星载存储器	2199GB 固态存储，含 EDAC
通信传输	图像与辅助数据：800 和 1200Mbps X 波段， 星务：4、16、32/64kbps 实时，524kbps 存储，X 波段 指令数据：2 或 64kbps S 波段

续表

单程最大连续成像区域》 （偏离星下点 30°角）	单景：66.5km×112km（5 条） 立体：26.6km×112km（2 对）
回访频率（北纬 40°）	1m GSD：不足 1.0d 偏离星下点 20°或更少时 4.5d
地理定位精度（CE90）	预计小于 3.5m CE90，不含地面控制
容量	每天 680000km^2

4）WorldView-4

WorldView-4 是继 WorldView-3 之后美国 DigitalGlobe 公司发射的又一颗超高分辨率光学卫星，于 2016 年 9 月在美国加利福尼亚范登堡空军基地发射，具有全色波段和 4 个标准的多光谱波段，全色分辨率为 0.31m，多光谱分辨率 1.24m。WorldView-4 和 WorldView-3 系迄今为止全球分辨率最高的商业遥感卫星。发射后两颗星将组成星座，从离地球 617km 的高空以平均每天两次的速度为全球用户采集高清图像。

Maxar 公司（前身即 DigtalGlobe）于 2019 年 1 月 7 日发布公告称，其 WorldView-4 卫星出现故障，导致卫星无法收集图像。出现故障的部件为控制力矩陀螺仪，导致该卫星的一个稳定轴失去控制。该公司认为，该卫星的功能将很可能无法修复，且无法再生成可用图像。WorldView 系列卫星技术指标见表 4-18。

表 4-18 WorldView 系列卫星技术指标

技术指标	卫星				
	WV-1	Geoeye-1	WV-2	WV-3	WV-4
轨道高度	496km	681km	770km	617km	617km
光谱特征	Pan	Pan+4MS	Pan+8MS	Pan+8MS+8Swir	Pan+8MS+8Swir
全色分辨率	0.50m	0.41m	0.46m	0.31m	0.31m
多光谱分辨率	N/A	1.64m	1.85m	1.24m	1.24m
精度规格	6.5m CE90	3m CE90	6.5m CE90	3.5m CE90	4m CE90
幅宽	17.7km	15.3km	16.4km	13.2km	13.1km
平均在 40°N 纬度回访	1.7d	<3d	1.1d	1.0d	1.0d
单景区域覆盖	111km × 112km（6 条）	45km × 112km（3 条）	138km × 112km（8 条）	69km × 112km（5 条）	66.5km × 112km（5 条）
单次立体覆盖	51km × 112km（3 对）	15km × 112km（1 对）	63km × 112km（4 对）	28km × 112km（2 对）	26.6km × 112km（2 对）

续表

技术指标	卫星				
	WV-1	Geoeye-1	WV-2	WV-3	WV-4
航天器重量	2500kg	1955kg	2800kg	2800kg	2600kg
姿态控制执行器	CMGS	反应轮	CMGS	CMGS	CMGS
机载存储容量	2199 Gbit	1000 Gbit	2199 Gbit	2199 Gbit	3200 Gbit
宽带数据下行速率	总共 800 Mbit/s	总共 740 Mbit/s	总共 800 Mbit/s	800 或 1200 Mbit/s	总共 800 Mbit/s

4.2.5　EOS 系列卫星

地球观测系统(EOS)的构想源于 1980 年美国国家航空航天局(NASA)提出的美国全球变化研究计划(USGCPR)，并于 1991 年正式成立。EOS 计划建立由多颗卫星组成的连续综合地球观测系统，加深对地球系统变化的理解，进而实现对大气和地球环境变化的长期观测和研究的目标。

经过长达 8 年的前期预研究准备和制造工作，EOS AM-1 卫星于 1999 年 12 月 18 日发射升空，发射成功的卫星命名为 Terra(拉丁语“地球”的意思)卫星，主要目的是观测地球表面。2001 年 12 月 18 日，EOS 系列卫星第一颗(EOS/PM-1S/C)于下午 1:30 发射升空，被命名为 AQUA(拉丁语“水”的意思)。

Terra 卫星重 4864kg，为太阳同步轨道卫星，轨道高度约 709km、倾角 98.2°，周期 98.8 分钟，每天绕地球观测 16 圈，过赤道(降交点)的时间大约是上午 10:30。Terra 卫星有 5 个探测器：中分辨率成像光谱仪(MODIS)、多角成像光谱辐射计(MISR)、先进的空基热辐射和反射辐射计(ASTER)、对流层污染测量仪(MOPITT)，和地球辐射能量系统(CERES)。这些探测器主要用于观测地球大气、海洋、陆地、雪和冰以及能量收支，并提供关于自然灾害的数据。AQUA 卫星重 3117kg，采用与 Terra 相近的太阳同步轨道，轨道高度 703km、倾角 98.2°、周期 99min，过赤道(升交点)时间约为下午 1:30。AQUA 卫星携带 6 个仪器：大气红外探测器(AIRS)、先进的微波探测装置(AMSU-A)、巴西湿度探测器(HSB)、先进的微波扫描辐射计(AMSR-E)、中分辨率成像光谱仪(MODIS)、云和地球辐射能量系统(CERES)。这些探测器主要用于观测和收集地球系统关于水的信息，以测量水循环。此外，还可测量辐射能通量、气溶胶、陆地上的植被、海洋中的浮游植物、溶解的有机物以及大气、陆地和水的温度等。

Terra 卫星和 AQUA 卫星均搭载的中分辨率成像光谱仪(Moderate-resolution Imaging Spectroradiometer，MODIS)是全球著名的传感器之一。NASA 对 MODIS 数据实行全世界免费接收的政策，其数据实时通过 X 波段向全世界广播。同时该传感器重访周期短，Terra 为上午星，从北向南于地方时 10:30 左右通过赤道，一天最多可以获得 4 条过境轨道资料。AQUA 为下午星，从南向北于地方时 1:30 左右通过赤道。两颗星相互配合每 1~2 天可重复观测整个地球表面。

MODIS 传感器属于高光谱光学遥感仪器，有 36 个光谱波段，光谱范围宽，从 0.4μm(可见光)到 14.4μm(热红外)全光谱覆盖。MODIS 的多波段数据可以同时提供反映陆地表面状况、云边界、云特性、海洋水色、浮游植物、生物地理、化学、大气中水汽、气溶胶、地表温度、云顶温度、大气温度、臭氧和云顶高度等特征的信息。可用于对地表、生物圈、固态地球、大气和海洋进行长期全球观测。MODIS 仪器的地面分辨率为 250m、500m 和 1000m，扫描宽度为 2330km。表 4-19 为 MODIS 传感器主要技术指标，表 4-20 为 MODIS 仪器特性和主要用途。

表 4-19 MODIS 主要技术指标

探测器	MODIS		
卫星	EOS-AM1(1999)		EOS-PM1(2000)
降交点时	10:30a.m.		1:30p.m.
空间分辨率/m	250(Bands 1~2) 500(Bands 3~7) 1000 (Bands 8~36)		
刈幅/km	2330(变轨)		
覆盖天数/d	1~2		
量化/bit	12		
波段	36(含陆地波段 13 个)		
陆地波段	波宽/μm	辐射值 /($W \cdot m^{-2} \cdot \mu m^{-1} \cdot sr^{-1}$)	信噪比
1	0.620~0.670	21.8	128
2	0.841~0.876	24.7	201
3	0.459~0.479	35.3	243
4	0.545~0.565	29.0	228
5	1.230~1.250	5.4	74
6	1.628~1.652	7.3	275
7	2.105~2.155	1.0	110
20	3.660~3.840	0.45	0.05(Δt_{NE})
21	3.929~3.989	2.38	2.00(Δt_{NE})
22	3.929~3.989	0.67	0.07(Δt_{NE})
23	4.020~4.080	0.79	0.07(Δt_{NE})
31	4.780~11.280	9.55	0.05(Δt_{NE})
32	11.770~12.270	8.94	0.05(Δt_{NE})

表 4-20　MODIS 仪器特性和主要用途

通道	光谱范围 1～19 通道/nm, 20～36 通道/μm	信噪比/ Δt_{NE}	主要用途	分辨率/m
1	620～670	128	陆地、云边界	250
2	841～876	201		
3	459～479	243	陆地、云特性	500
4	545～565	228		
5	1230～1250	74		
6	1628～1652	275		
7	2105～2135	110		
8	405～420	880	海洋水色、浮游植物、生物地理、化学	1000
9	438～448	8380		
10	483～493	802		
11	526～536	754		
12	546～556	750		
13	662～672	910		
14	673～683	1087		
15	743～753	586		
16	862～877	516		
17	890～920	167	大气水汽	1000
18	931～941	57		
19	915～965	250		
20	3.660～3.840	0.05	地球表面和云顶温度	1000
21	3.929～3.989	2.00		
22	3.929～3.989	0.07		
23	4.020～4.080	0.07		
24	4.433～4.498	0.25	大气温度	1000
25	4.482～4.549	0.25		
26	1.360～1.390	1504	卷云、水汽	1000
27	6.535～6.895	0.25		
28	7.175～7.475	0.25		
29	8.400～8.700	0.05		

续表

通道	光谱范围 1~19 通道/nm， 20~36 通道/μm	信噪比/ Δt_{NE}	主要用途	分辨率/m
30	9.580~9.880	0.25	臭氧	1000
31	10.780~11.280	0.05	地球表面和云顶温度	1000
32	11.776~12.210	0.05		
33	13.185~13.485	0.25	云顶高度	1000
34	13.485~13.785	0.25		
35	13.785~14.085	0.25		
36	14.085~14.385	0.35		

4.2.6 Satellogic 光学观测星座

Satellogic 是一家总部位于阿根廷的公司，专注于通过高分辨率微型卫星网络提供地球观测和遥感数据服务。该公司利用先进的卫星技术和数据处理能力，提供包括土地利用监测、农业管理、城市规划、环境监测等多种遥感解决方案。

2020 年 11 月 6 日，在太原卫星发射中心，Satellogic 通过长征六号遥三运载火箭，以“一箭十星”的方式成功将 10 颗 NewSat 系列亚米级遥感卫星发射升空。此次发射后，Satellogic 的在轨卫星数量达到 21 颗，其中的 14 颗卫星将为用户提供亚米级遥感图像采集服务。其高分辨率卫星星座将达到全球任意点每日 4 次重访的能力，单日采集面积超过 $100km^2$。Satellogic 计划将星座扩展至约 300 颗卫星，以实现对全球的每日覆盖。图 4-11 所示为 Satellogic 光学观测星座的示意图。

图 4-11 Satellogic 光学观测星座

在 Satellogic 的卫星数据产品中，L1 Basic、L1 Ortho 和 L1 Ortho SR 是不同级别的产品，具有不同的数据处理和分辨率特点。以下是它们的详细介绍：

L1 Basic 提供基础级别的数据，通常用于一般的地球观测和遥感应用。具有较为常规的数据处理水平和分辨率，适用于一般的监测和分析需求。可用于农业监测、环境监测、城市规划等一般性应用场景。

L1 Ortho 提供正射纠正过后的数据，经过更精细的几何校正处理，确保图像具有更高的几何精度和地图投影质量。适用于需要高精度地图投影和几何校正的应用，如地图制作、土地利用规划等领域。

L1 Ortho SR 提供高分辨率正射纠正级别数据，具有更高的空间分辨率。相比于 L1 Ortho，L1 Ortho SR 拥有更高的空间分辨率，可以提供更详细的地表信息。它适用于需要高分辨率图像数据的应用，如城市规划、资源管理、灾害监测等对细节要求较高的领域。表 4-21 为 Satellogic 卫星数据产品级别的详细信息。

表 4-21　Satellogic 卫星数据产品级别

技术指标	图像产品		
	L1 Basic	L1 Ortho	L1 Ortho SR
像素分辨率	99cm GSD	99cm GSD	70cm GSD
地理位置准确性	陆地 -20m CE90 海事 -300m CE90	10m CE90	10m CE90
条带宽度	5km	5km	5km
覆盖	海洋和陆地	陆地	陆地

4.2.7　TerraSAR/TanDEM 雷达卫星

国际上自 1978 年 6 月美国发射了第一颗载有 SAR 的卫星 Seasat 以来，加拿大、日本、俄罗斯等都相继发射了多颗 SAR 卫星，用于海洋和陆地探测。这些卫星的地面分辨率为 10~30m，多数为单参数 SAR，但也存在多频、多视角和多极化的多参数 SAR。2007 年，世界上首颗米级分辨率的民用 SAR 卫星 TerraSAR 成功发射。

TerraSAR-X 是由德国航空航天中心(DLR)和欧空局 Astrium 公司联合开发的公共-私人雷达地球观测卫星。它于 2007 年 6 月 15 日发射，并自 2008 年 1 月起开始投入运营。

TerraSAR-X 卫星运行在 514km 高度的近极地太阳同步轨道上，搭载了 X 波段相控阵合成孔径雷达。该雷达的工作波长为 31mm，频率为 9.65GHz。TerraSAR-X 不受天气条件和照明影响，具有多种成像模式，最高可提供分辨率 1m 的雷达图像；并且具有较高的辐射测量精度和几何精度；重访周期为 2.5 天。即最多 2.5 天内可以覆盖地球上的任意地点；具有成像灵活性特点，可以快速切换成像模式和极化方式。表 4-22 和表 4-23 分别为 TerraSAR-X 卫星仪器规格和 TerraSAR-X 卫星技术指标。

表 4-22 TerraSAR-X 卫星仪器规格

	Spotlight HS 模式	Spotlight SL 模式	Experimental Spotlight 模式	Stripmap 模式(SM)	ScanSAR 模式(SC)
横轨分辨率	2m	2m	1m	3m	16m
沿轨分辨率	1m	1m	1m	3m	16m
覆盖范围/km	5×10	10×10	5×10	≤1500×30	≤1500×100

表 4-23 TerraSAR-X 卫星技术指标

Operator	DLR
国际卫星识别符(COSPAR ID)	2007-026A
SATCAT no.	31698
任务持续时间	16 年，1 月，11 天
航天器信息	
制造商	EADS Astrium
发射重量	1230kg
发射日期	2007 年 6 月 15 日，02:14 UTC
发射火箭	Dnepr
发射地点	Baikonur 109/95
承包商	ISC Kosmotras
轨道参数	
参考系	Geocentric
轨道构型	Low Earth
轨道长半轴	6886.39km
轨道偏心率	0.0001445
近地点高度	514km
远地点高度	516km
轨道倾角	97.44°
运行周期	94.79min
历元	2015 年 1 月 25 日，02:35:23 UTC

TerraSAR-X 和其孪生卫星 TanDEM-X 于 2010 年 6 月 21 日发射，为 2014 年后全球范围内提供一致性和均一性的数字高程模型(DEM)提供数据基础。

TanDEM-X 是 TerraSAR-X 的一个附加组件，用于数字海拔测量。它搭载了一颗类似的卫星，于 2010 年 6 月 21 日从哈萨克斯坦的拜科努尔发射场发射入轨。自 2010 年 10 月以来，TerraSAR-X 和 TanDEM-X 以接近的形态在距离几百米处轨道上运行，并同步记录数据。这一卫星双星系统将用于生成全球数字高程模型，即 WorldDEM。WorldDEM 拥有更高的精度、覆盖范围和质量，计划在发射后三年内获得和生成一个一致的地球陆地表面 DEM。从 2014 年开始，WorldDEM 将提供相对高程 2m 和绝对高程 10m 的垂直精度，水平栅格大小约为 $12\times12m^2$，具体取决于地理纬度的略微变化。图 4-12 和表 4-24 分别为 TerraSAR/TanDEM 卫星和卫星参数。

图 4-12　TerraSAR/TanDEM 卫星

表 4-24　TerraSAR/TanDEM 卫星参数

发射日期	TerraSAR-X：2007 年 6 月 15 日 TanDEM-X：2010 年 6 月 21 日
轨道高度	514km
重复周期	11d
轨道倾角	97. 44°
过升交点时间	15:00±0. 25h(当地时间)

4. 2. 8　Capella Space 雷达观测星座

美国雷达公司 Capella Space 计划建立一个由 36 颗卫星构成的星座，以实现每小时重访的合成孔径雷达遥感服务。Capella SAR 工作于 X 频段，最高工作带宽为 500Mhz，采用太阳同步轨道，绕地一圈周期为 90 分钟。其成像模式包括传统条带式、多范围条带、聚束式、滑动聚束式等多种成像模式，最高图像分辨率为 0. 5m。地面分辨率和测绘带宽随卫星视角变化而变化，可以通过选择不同的发射带宽和脉冲重复频率(PRF)组合来满足其对成像分辨的要求。

Capella Space 用于技术验证的 SAR 卫星在未展开状态时体积小于 1m，明显小于德国 Terra SAR 卫星 2.5m×5m 的体积。SAR 卫星在轨展开后，其天线的长度接近 Terra SAR 卫星的长度，这种柔性天线展开后面积可以达到 $8m^2$(图 4-13)。

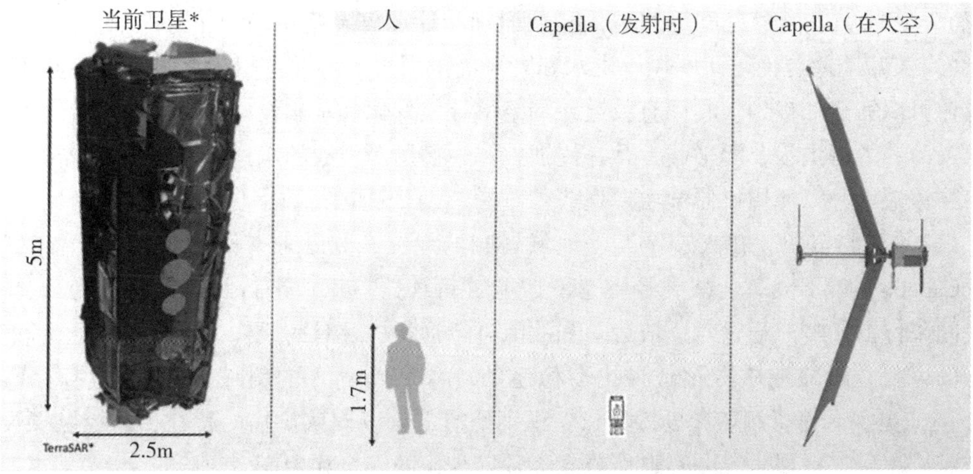

图 4-13　Capella space Sar 卫星展示对比图

当 Capella 的 SAR 卫星工作于聚束式模式时，它能够实现最高 0.3m 的分辨率。然而，由于美国政府法规的限制，它只能提供分辨率大于 0.5m 的图像。该雷达能够实现 $100km^2$ 的成像范围(50×20/10×10)，最高 0.3m 的方位分辨率。当工作于滑动聚束式模式时，在 30°视角时，其图像长度为 10km 时，对应的最佳方向性分辨率为 0.018m；图像长度为 100km 时，对应的最佳方位向分辨率为 0.151m；图像长度为 200km 时，对应的最佳方位向分辨率为 0.027m。表 4-25 为 Capella 卫星的产品模式及细节。

表 4-25　Capella 卫星的产品模式及细节

产品模式	SAR 成像模式	标称场景大小	空间地面分辨率	倾斜距离分辨率	视角范围
点	点模式	5km×5km	0.5m	0.3m	25°~50°
网	滑动点模式	5km×5km	0.8m	0.5m	25°~50°
带	条带模式	5km×5km	1.2m	0.75m	25°~50°

Capella 的 SAR 系统支持的应用包括：

(1)国防与情报。该系统能够实现持续的 24/7 监控，提供对偏远地区的高分辨率、频繁重访的监控服务，有效识别潜在的安全风险。此外，系统还能通过高分辨率 SAR 图像，对同一场景集合序列的高分辨率和高对比度图像分析，从而识别船只、车辆和飞机的到达和离开。通过跟踪停靠的船只(如导弹巡洋舰)或船上突击直升机的存在，获得更深入的背景和态势感知。

(2)海域意识。利用实时监控来有效部署资源和协调海上活动。检测非法停用 AIS 应答器的暗船，包括非法捕鱼和走私船只；通过图像分析技术(如测量聚光海域的船舶尾流)确定船舶方向和速度等关键信息；识别和计算集装箱船和油轮等船只。

(3)灾难响应与恢复。飓风、洪水和野火等极端天气事件会阻碍能见度，但基于雷达的成像可以完全捕捉到。利用有关道路网络、环境变化和基础设施的最新信息，有效部署应急资源；了解洪水、海平面上升、侵蚀、水库使用等引起的水边界变化；提取海岸线和建筑物覆盖区，以使用机器学习模型或 GIS 分析对地图进行数字化和更新。

(4)采矿与资源。在人迹罕至、地域辽阔的地区，监测采矿活动及其进度极具挑战性。Capella 的高分辨率合成孔径雷达图像能够持续监控正在进行的项目，不受云层覆盖和夜间条件的影响。通过对边坡运动和故障进行远程、及时的成像，降低矿场运营和安全挑战的风险。跟踪地质变化，寻找不稳定的迹象和新出现的斜坡危险。利用高分辨率 SAR 图像更深入地了解矿产勘探项目，识别地质结构以确认矿物的存在，监控勘探设备，并跟踪进度以进行报告。减轻自然或人为危害带来的安全和生产力风险。

4.2.9　ICEYE 雷达观测星座

芬兰雷达公司 ICEYE 运营的星座是一个由小型、敏捷的 SAR 卫星组成的雷达观测系统。自 2018 年以来，该星座已经发射了 30 多颗卫星，并计划在 2024 年及以后再发射超过 15 颗卫星，是一个可以对地球上任何地方进行持续准实时监测的雷达观测系统。ICEYE 卫星搭载了基于微型卫星的 X 波段 SAR 传感器。相比传统体积庞大的 SAR 卫星天线，ICEYE 的小型敏捷 SAR 卫星具有更好的灵活性和重访能力，从而实现 ICEYE 星座能够每天甚至多次重访地球上相同的位置。这种设计以显著低于传统 SAR 卫星的重量和成本，提供了高性能的持续监测能力。

ICEYE 卫星将小型化 SAR 传感器载荷集成到高性能轻量化平台上，实现了极高分辨率下的长成像驻留时间，并能够灵活地操纵天线和跨大区域扫描雷达波束。这使得 ICEYE 能够提供多种成像模式，除了常见的聚束(spot)、条带(strip)、扫描(scan)成像模式，还有独特的驻留模式(dwell imaging)。

驻留成像模式(dwell imaging)本质是一种非常长的聚束模式 SAR 成像。ICEYE 卫星的质量和天线尺寸较小，使它们能够盯着同一点长达 25s，从而可以获得更高分辨率分辨率，最高可实现 0. 25m 空间分辨率成像，并从复杂场景中获取更多信息。根据成像时分辨率等不同，驻留模式又可细分为普通驻留模式(dwell)、精细驻留模式(dwell fine)和精准驻留模式(dwell precise)。ICEYE 卫星的聚束模式同样可以细分为几种不同模式，包括普通聚束模式(spot)、精细聚束模式(spot fine)和区域扩展聚束模式(spot extended area)。各种不同成像模式的参数信息如表 4-26 所示。

表 4-26 各模式对应的参数信息

成像模式	SPOT	SPOT FINE	Spot Extended Area	DWELL	Dwell Fine	Dwell Precise	STRIP	SCAN
地面分辨率/m	1	0.5	1	1	0.5	0.25	3	15
几何定位精度/m	6	6	6	6	6	6	6	15
图幅大小/km	5×5	5×5	15×15	5×5	5×5	5×5	30×50	100×100
方位向视数	4	5	2	20	10	5	1	1

4.2.10 UMBRA 雷达观测星座

2023 年 8 月 7 日，美国初创公司 Umbra 发布了一张分辨率为 16cm 的合成孔径雷达图像，这是全球有史以来发布的分辨率最高的商业 SAR 卫星图像，Umbra 宣布已成为全球首个可以向客户提供分辨率优于 25cm 高质量 SAR 卫星图像数据的商业公司。

Umbra 的星座目前包括八颗卫星，并计划在 2024 年及之后增加额外的星座。Umbra 卫星 04、05、06、07 和 08 于 2023 年发射。同时，在轨升级将进一步改善提高信噪比性能和地理定位精度。总共预计发射 32 颗高分辨率 SAR 卫星，计划完成后能够提供全球任意地点的几个小时内的数据重访能力(图 4-14)。

目前 Umbra 提供单视聚束(single-looked spotlight)模式下分辨率 25cm、35cm 的 SAR 卫星图像数据，以及多视聚束(multi-looked spotlight)模式下分辨率 50cm 和 1m 的 SAR 卫星图像数据。图像数据包括 GEC、SICD、SIDD 和 CPHD 四种格式。

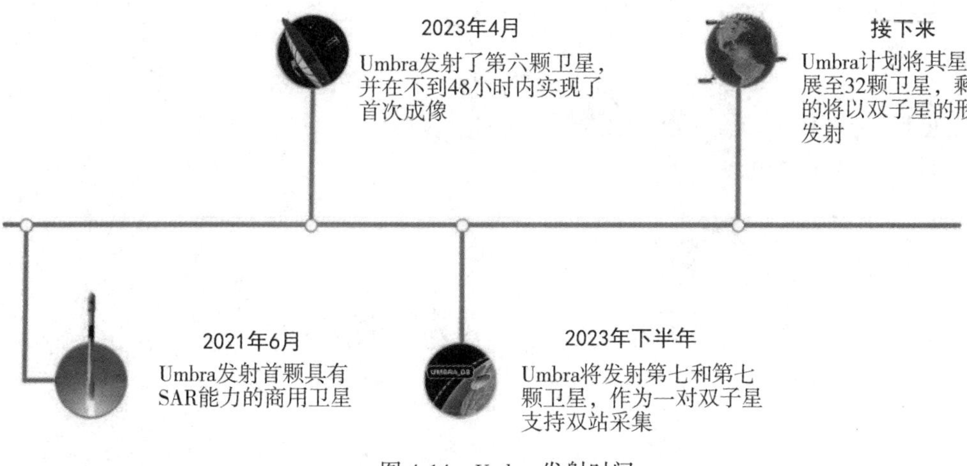

图 4-14 Umbra 发射时间

Umbra 的优势在于：首先减少了 SAR 图像中的散斑，从而生成清晰、低噪声的图像。其次，提供一段 25s 的视频数据信息，包括车辆航向和速度，而且能够快速识别人造物体。彩色子孔径图像(CSI)用颜色突出显示物体，提高识别移动目标的清晰度。Umbra 提供 25cm 地面分辨率数据，可实现极高的图像质量。场景大小介于 5km×5km 和 10km×10km 之间，最大可达 10km×14km 的大小。Umbra 的成像模式包括：

(1)条带扫描模式。非常适合测比聚束模式更大的区域(占地面积可达数百平方千米)，同时保持 1~2m 的相对较高的分辨率。Umbra 的条带扫描图像采集模式如图 4-15 所示。

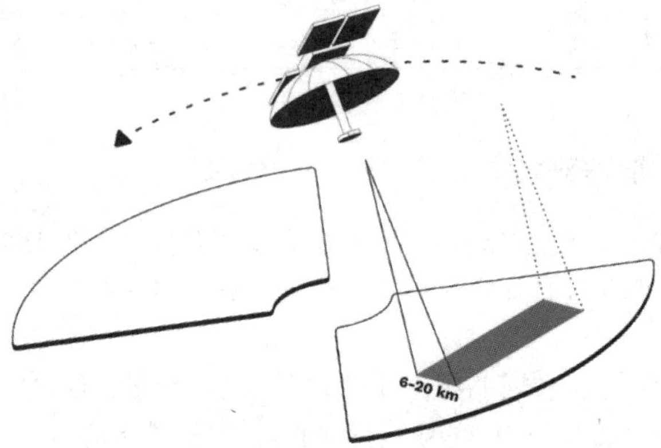

图 4-15　Umbra 的条带扫描图像采集模式

(2)镶嵌模式。在许多相邻的感兴趣区域收集高分辨率聚束数据，并将结果镶嵌或拼接成一个大的连续区域。这保留了聚光灯模式的极高空间分辨率，同时容纳了更大的覆盖区域。Umbra 的镶嵌图像采集模式如图 4-16 所示。

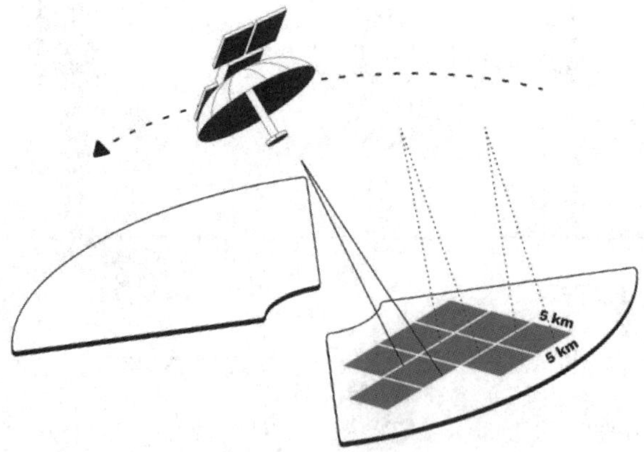

图 4-16　Umbra 的镶嵌图像采集模式

(3)海洋扫描模式。这种模式允许 Umbra 的卫星以低分辨率(1m×10m)捕获极大的区域。该模式非常适合监控航海船只和探测公海中的海冰和冰山。

4.3 国产遥感卫星

4.3.1 资源一号系列卫星

资源一号系列卫星是我国首个民用遥感卫星系列，首颗陆地卫星资源一号 01 星于 1999 年成功发射，填补了我国自主遥感卫星数据的空白。资源一号系列卫星分为两个分支，一个是“中巴资源卫星”CBERS 系列，另一个是国内独立研制的 ZY1 业务卫星系列。资源一号轨道参数见表 4-27。

资源一号 01 和 02 星(CBERS-01、02)，以法国 SPOT-4 卫星的设计指标为目标，由中国和巴西联合研制，是中国发射的第一颗民用国产陆地观测卫星。星上有效载荷包括 1 台 5 波段的 CCD 相机、1 台 4 波段的红外多光谱扫描仪和 1 台 2 波段的宽视场成像仪。CBERS-01 星于 1999 年 10 月 14 日发射，2003 年 8 月 13 日寿命结束；CBERS-02 星于 2003 年 10 月 21 日发射，2009 年 1 月 15 日寿命结束。资源一号卫星 01、02 星主要技术指标见表 4-28。

表 4-27 资源一号轨道参数

卫星	ZY-1(CBERS-01)
类型	标称圆形太阳同步轨道
高度	778km
倾角	98.5°
降交点时间	10:30 a.m.
周期	100.26min
重复周期	26d/相邻地面轨迹间隔时间 3d
姿控	三轴

表 4-28 资源一号卫星 01、02 星主要技术指标

探测器	波段/μm	空间分辨率/m	刈幅/km	像元素	其他
CCD	B1：0.45~0.52 B2：0.52~0.59 B3：0.63~0.69 B4：0.77~0.89 B5：0.51~0.73	19.5	113	5812	具有侧视功能 -32°~+32°

续表

探测器	波段/μm	空间分辨率/m	刈幅/km	像元素	其他
IRMSS 红外扫描仪	B6：0.51~1.1 B7：1.55~1.75 B8：2.08~2.35	77.8	119.5	1536	
IRMSS	B9：10.4~12.5	156		768	
WFI 广角成像仪	B10：0.63~0.69 B11：0.77~0.89	256	885	3456	
下行频道	X				
数据率/($Mb \cdot s^{-1}$)	113.23				

资源一号 02B(CBERS-02B)于 2007 年 9 月发射升空，首次搭载 2.36m 高分辨率相机，是我国第一颗民用高分辨率遥感卫星，具备了全色多光谱同时成像的能力，在轨运行两年 7 个月，于 2010 年 4 月寿命结束。资源一号 02B 卫星是具有高、中、低三种空间分辨率的对地观测卫星，改变了国外高分辨率卫星数据长期垄断国内市场的局面，开启了我国民用高分辨率遥感时代，在国土资源、城市规划、环境监测、减灾防灾、农业、林业水利等众多领域发挥重要作用。资源一号 02C 卫星搭载有全色多光谱相机和全色高分辨率相机，可广泛应用于国土资源调查与监测、防灾减灾、农林水利、生态环境、国家重大工程等领域，配置的两台 2.36m 分辨率高分相机使数据的幅宽达到 54km，从而大幅增加数据覆盖能力、缩短重访周期。表 4-29 为 ZY-02B 卫星所载传感器的主要技术参数。

表 4-29　ZY-02B 卫星所载传感器的主要技术参数

传感器	编号	波段/μm	分辨率/m	幅宽/km	侧摆	重访时间/d
CCD 相机	B01	0.45~0.52	20	113	±32°	26
	B02	0.52~0.59				
	B03	0.63~0.69				
	B04	0.77~0.89				
	B05	0.51~0.73				
高分辨率相机 HR	B06	0.5~0.8	2.36	27	±4°	104
宽幅成像仪 WFI	B07	0.63~0.69	258	890		5
	B08	0.77~0.89	258	890		5

资源一号 02C 星(ZY1-02C)于 2011 年 12 月 22 日发射升空，是中国第一颗国土资源普查的业务卫星，搭载全色 5m 的多光谱相机、全色 2.36m 的高分辨率相机和 10m 的 PMS 多光谱相机，幅宽达到 54km，目前在轨运行。表 4-30 为资源一号 02C 星相机参数。

表 4-30 资源一号 02C 星相机参数

参数		P/MS 相机		HR 相机
光谱范围	全色	0.51~0.85μm	全色	0.50μm~0.80μm
	多光谱	0.52~0.59μm	多光谱	—
		0.63~0.69μm		—
		0.77~0.89μm		—
空间分辨率	全色	5m	全色	2.36m
	多光谱	10m	多光谱	—
幅宽	60km		54km(2 台相机组合)	
侧摆能力	±32°		±25°	
重访时间	3d		3d	

资源一号 04 星(CBERS-04)于 2014 年 12 月 7 日发射，由中巴合作完成，被誉为“南南合作典范”。CBERS-04 搭载 5m 全色、10m 多光谱相机、20m 多光谱相机、40m/80m 的红外相机和分辨率为 67m 的宽视场成像仪，卫星轨道高度 778km。表 4-31 为资源一号 04 星信息。

表 4-31 资源一号 04 星信息

项目		参数	
卫星轨道	轨道类型	太阳同步圆轨道	
	轨道高度	628km	
	倾角	97.8963°	
	降交点地方时	10:30am	
	回归周期	31d	
	重访周期	5d	
宽幅全色多光谱相机	谱段范围	全色	0.45~0.9μm
		多光谱	0.45~0.52μm
			0.52~0.59μm
			0.63~0.69μm
			0.77~0.89μm
	量化位数	10bits	
	地面像元分辨率	全色 2m/多光谱 8m	
	成像幅宽	≥90km	
	图像定位精度	优于 50m(1σ)	

续表

<table>
<tr><th colspan="2">项　目</th><th colspan="2">参　数</th></tr>
<tr><td rowspan="7">多光谱相机</td><td rowspan="4">谱段范围</td><td rowspan="4">多光谱</td><td>0. 45～0. 52μm</td></tr>
<tr><td>0. 52～0. 59μm</td></tr>
<tr><td>0. 63～0. 69μm</td></tr>
<tr><td>0. 77～0. 89μm</td></tr>
<tr><td>量化位数</td><td colspan="2">8bits</td></tr>
<tr><td>地面像元分辨率</td><td colspan="2">17m</td></tr>
<tr><td>成像幅宽</td><td colspan="2">≥90km</td></tr>
<tr><td rowspan="7">宽视场相机</td><td rowspan="4">谱段范围</td><td rowspan="4">多光谱</td><td>0. 45～0. 52μm</td></tr>
<tr><td>0. 52～0. 59μm</td></tr>
<tr><td>0. 63～0. 69μm</td></tr>
<tr><td>0. 77～0. 89μm</td></tr>
<tr><td>量化位数</td><td colspan="2">10bits</td></tr>
<tr><td>地面像元分辨率</td><td colspan="2">60m</td></tr>
<tr><td>成像幅宽</td><td colspan="2">≥685km</td></tr>
<tr><td>卫星姿态控制</td><td>姿态机动</td><td colspan="2">滚动方向±32°，偏航方向±90°</td></tr>
<tr><td colspan="2">卫星重量</td><td colspan="2">1800kg</td></tr>
<tr><td colspan="2">设计寿命</td><td colspan="2">5 年</td></tr>
</table>

资源一号最新的两颗卫星：资源一号 02D 和资源一号 02E 又被称为 5m 光学卫星，5m 光学卫星 01 星(资源一号 02D 卫星)、02 星(资源一号 02E 卫星)是空基规划中部署建设的高光谱业务卫星，属于自然资源部主持建造的中分辨率对地观测星座，分别于 2019 年 9 月 12 日和 2021 年 12 月 26 日成功发射，以等相位方式组网运行在太阳同步轨道上，单星轨道回归周期为 55d，组网条件下可实现最快 2d 的全球对地重访观测。表 4-32 为资源一号 01/02 卫星参数。

资源一号 02D 星(ZY1-02D)，又称为 5m 光学卫星 01 星，是资源一号 02C 星的接续星，设计寿命五年。资源一号 02D 是中国首颗民用高光谱业务卫星，该星配置可见近红外相机和高光谱相机两型载荷，其特点是大幅宽观测和定量化遥感信息获取。可见近红外相机在传统的四波段基础上，增加海岸蓝波段、黄波段、红边波段和近红外波段，形成 9 谱段宽幅观测能力；高光谱相机可实现高信噪比条件下的 166 个波段辐射信息获取，从而提供 2. 5m 全色、10m 多光谱和 30m 高光谱图像数据，可支撑地物的精细化光谱信息调查。

资源一号 02E 星(ZY1-02E)，又称为 5m 光学卫星 02 星，继承 01 星成熟设计并与 01 星组网运行，设计寿命八年。该星除配置与 01 星相同的可见近红外、高光谱相机外，还新增一台空间分辨率为 16m、115km 幅宽的推扫式热红外相机，使得该星进一步具备 8~10μm 的热红外探测能力。

5m 光学卫星星座的持续有效运行，将进一步拓展我国自然资源调查监测技术手段，大幅度提高“山水林田湖草沙”等自然资源定量化调查监测能力，及时掌控自然资源数量、质量、生态状况及变化趋势，是推动自然资源事业高质量发展的重要科技支撑，并可广泛应用于应急管理、生态环境、住房和城乡建设、交通运输、农业农村、林业草原等相关领域。

表 4-32 资源一号 01/02 星参数

项目			参数	
卫星标识			5m 光学卫星 01 星	5m 光学卫星 02 星
卫星重量			1840 kg	2500 kg
设计寿命			5 年	8 年
卫星轨道	类型		太阳同步轨道	
	高度		约 778km	
	倾角		98.5°	
高光谱相机	光谱范围		0.4~2.5μm	
	谱段数		166	
	地面像元分辨率		30m	
	幅宽		60km	
	量化位数		12 bits	
	光谱分辨率	可见光近红外	10nm，共 76 个谱段	
		短波红外	20nm，共 90 个谱段	
	实验室定标精度		绝对定标精度 5% 相对定标精度 3%	
可见光/近红外相机	光谱范围	全色	B01：0.452~0.902μm	
		多光谱	B02：0.452~0.521μm	B02：0.45~0.52μm
			B03：0.522~0.607μm	B03：0.52~0.59μm
			B04：0.635~0.694μm	B04：0.63~0.69μm
			B05：0.776~0.895μm	B05：0.77~0.89μm
			B06：0.416~0.452μm	B06：0.40~0.45μm
			B07：0.591~0.633μm	B07：0.59~0.625μm
			B08：0.708~0.752μm	B08：0.705~0.745μm
			B09：0.871~1.047μm	B09：0.860~1.040μm

续表

项目		参数	
可见光/近红外相机	地面像元分辨率	全色：2.5m；多光谱：10m	
	幅宽	115km	
	量化位数	12 bit	
	实验室定标精度	绝对定标精度≤7%；相对定标精度≤3%	
热红外相机	光谱范围	无	8~10μm
	地面像元分辨率		≤16m
	幅宽		≥115km
	Nedt/K		≤0.2(@300K 黑体)
	动态范围/K		240~340(黑体)
侧摆能力	姿态机动范围	俯仰/滚转方向±26° 偏航方向±90°	俯仰/滚转方向±32°， 偏航方向±90°

4.3.2　高分系列卫星

高分系列卫星是“高分专项”所规划的高分辨率对地观测的系列卫星，是《国家中长期科学和技术发展规划纲要(2006—2020 年)》所确定的 16 个重大专项之一，于 2010 年批准启动实施，是自主研发的一系列高分辨率遥感卫星。该系列卫星旨在提供高质量、高精度的遥感数据，用于国土资源调查、环境监测、农业、城市规划等领域。

1. 高分一号(GF-1)卫星系列

高分一号卫星系列包含四颗卫星，该系列的首颗卫星于 2013 年 4 月 26 日成功发射，随后在 2018 年以“一箭三星”方式发射了同款的高分一号 02、03、04 卫星。该系列卫星搭载了两台 2m 分辨率全色和 8m 分辨率的多光谱相机，四台 16m 分辨率多光谱相机，能同时获取 2m 分辨率全色图像、8m 分辨率多光谱图像、2m 全色与 8m 多光谱融合和 16m 多光谱宽幅图像组图，具有多模式同时工作的能力。图 4-17 所示为高分一号卫星外形示意图。

高分一号卫星的传感器为多光谱传感器，共有两种类型的相机，分别是：

“高分相机”(PMS)，由两台相机组成，分别是 PMS1、PMS2；可获取 2m 的全色黑白图像、8m 多光谱彩色图像(蓝、绿、红、近红外 4 个波段)，以及多光谱和全色融合之后的 2m 真彩色产品。

“宽幅相机”(WFV)，由四台相机组成，分别是 WFV1、WFV2、WFV3、WFV4；可获取 16m 多光谱彩色图像(蓝、绿、红、近红外 4 个波段)；同时成像的幅宽可达 800km。表 4-33 和表 4-34 分别为高分一号卫星系列轨道参数和高分一号卫星传感器技术参数。

图 4-17　高分一号卫星外形示意图

表 4-33　高分一号卫星系列轨道参数

项目	参　　数
轨道类型	太阳同步回归轨道
轨道高度	645km(标称值)
倾角	98.0506°
降交点地方时	10:30am
侧摆能力(滚动)	±25°，机动 25°的时间≤200s，具有应急侧摆(滚动)±35°的能力

表 4-34　高分一号卫星传感器技术参数

参数	高分相机		宽幅相机	
光谱范围	全色	0.45～0.90μm	全色	—
	多光谱	0.45～0.52μm	多光谱	0.45～0.52μm
		0.52～0.59μm		0.52～0.59μm
		0.63～0.69μm		0.63～0.69μm
		0.77～0.89μm		0.77～0.89μm
空间分辨率	全色	2m	全色	—
	多光谱	8m	多光谱	16m
幅宽	60km(2 台相机组合)		800km(4 相机组合)	
重访周期(侧摆时)	4d		—	
覆盖周期(不侧摆)	41d		4d	

2. 高分二号(GF-2)卫星

高分二号卫星由长征四号乙运载火箭于 2014 年 8 月 19 日发射，并于 2015 年 3 月 6 日投入使用。卫星载荷为两台高分辨率 1m 全色、4m 多光谱相机，可提供 1m 分辨率全色数据和 4m 分辨率多光谱数据。高分二号卫星的空间分辨率优于 1m，同时还具有高辐射精度、高定位精度和快速姿态机动能力等特点，标志着中国光学遥感卫星进入亚米级“高分时代”。图 4-18 所示为高分二号卫星外形图。表 4-35 和表 4-36 分别为高分二号卫星轨道参数和高分二号卫星传感器技术参数。

图 4-18　高分二号卫星

表 4-35　高分二号卫星轨道参数

项　目	参　数
轨道类型	太阳同步回归轨道
轨道高度	631km(标称值)
倾角	97.9080°
降交点地方时	10:30am
侧摆能力(滚动)	±35°，机动 35°的时间≤180s

表 4-36　高分二号卫星传感器技术参数

参　　数	全色/多光谱相机	
光谱范围	全色	0.45~0.90μm
	多光谱	0.45~0.52μm
		0.52~0.59μm
		0.63~0.69μm
		0.77~0.89μm
空间分辨率	全色	0.8m
	多光谱	3.2m
幅宽	45km(2 台相机组合)	
重访周期(侧摆时)	5d	
覆盖周期(不侧摆)	69d	

3. 高分三号(GF-3)卫星

高分三号由长征四号丙运载火箭于 2016 年 8 月 10 日在太原卫星发射中心发射，是我国首颗分辨率达到 1m 的 C 频段多极化合成孔径雷达(SAR)卫星。高分三号卫星具备 12 种成像模式，涵盖传统的条带成像模式和扫描成像模式，以及面向海洋应用的波成像模式和全球观测成像模式，是世界上成像模式最多的合成孔径雷达卫星。卫星成像幅宽大，与高空间分辨率优势相结合，既能实现大范围普查，也能详查特定区域，可满足不同用户对不同目标成像的需求。此外，高分三号卫星还是我国首颗设计使用寿命 8 年的低轨遥感卫星，能为用户提供长时间稳定的数据支撑服务，大幅提高卫星系统效能。为海洋环境监测与权益维护、灾害监测与评估气象研究、水利设施监测与水资源评价管理等应用领域发挥重要作用。图 4-19 所示为高分三号工作模式图。表 4-37 和表 4-38 分别为高分三号卫星轨道参数和高分三号卫星传感器技术参数。

表 4-37　高分三号卫星轨道参数

项　　目	参　　数
卫星标识	高分三号
卫星重量	2779kg
设计寿命	8 年
轨道高度	755km
轨道类型	太阳同步回归晨昏轨道
波段	C 波段

续表

项　　目	参　　数
天线类型	波导缝隙相控阵
平面定位精度	无控优于 230m(入射角 20°~50°，3σ)
常规入射角	20°~50°
扩展入射角	10°~60°

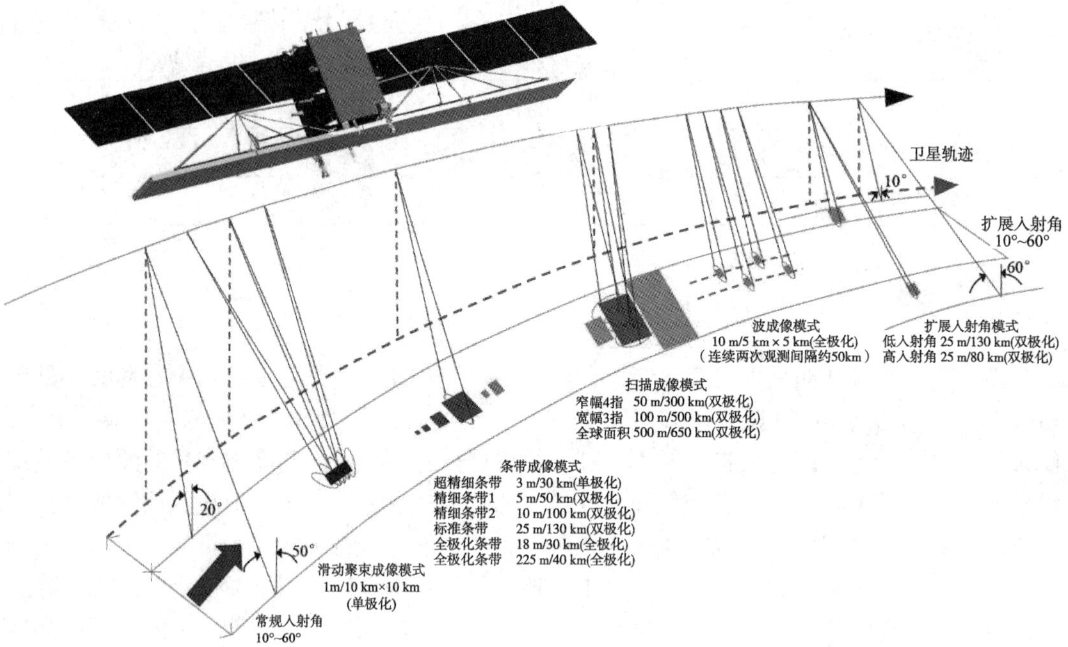

图 4-19　高分三号卫星工作模式图

表 4-38　高分三号卫星传感器技术参数

序号	工作模式	入射角/(°)	视数 A×E	分辨率/m				成像带宽	极化方式
				标称	方位向	距离向	标称	范围	
1	聚束(SL)	20~50	1×1	1	1.0~1.5	0.9~2.5	10×10	10×10	可选单极化
2	超精细条带(UFS)	20~50	1×1	3	3	2.5~5	30	30	可选单极化
3	精细条带 1(FSI)	19~50	1×1	5	5	4~6	50	50	可选双极化

续表

<table>
<tr><th rowspan="2">序号</th><th rowspan="2" colspan="2">工作模式</th><th rowspan="2">入射角
/(°)</th><th rowspan="2">视数
A×E</th><th colspan="4">分辨率/m</th><th>成像带宽</th><th rowspan="2">极化方式</th></tr>
<tr><th>标称</th><th>方位向</th><th>距离向</th><th>标称</th><th>范围</th></tr>
<tr><td>4</td><td colspan="2">精细条带 2
(FSII)</td><td>19~50</td><td>1×2</td><td>10</td><td>10</td><td>8~12</td><td>100</td><td>95~100</td><td>可选双
极化</td></tr>
<tr><td>5</td><td colspan="2">标准条带
(SS)</td><td>17~50</td><td>3×2</td><td>25</td><td>25</td><td>15~30</td><td>130</td><td>95~150</td><td>可选双
极化</td></tr>
<tr><td>6</td><td colspan="2">窄幅扫描
(NSC)</td><td>17~50</td><td>1×6</td><td>50</td><td>50~60</td><td>30~60</td><td>300</td><td>300</td><td>可选双
极化</td></tr>
<tr><td>7</td><td colspan="2">宽幅扫描
(WSC)</td><td>17~50</td><td>1×8</td><td>100</td><td>100</td><td>50~110</td><td>500</td><td>500</td><td>可选双
极化</td></tr>
<tr><td>8</td><td colspan="2">全球观测模式
(GLO)</td><td>17~53</td><td>2×
(2~4)</td><td>500</td><td>500</td><td>350~700</td><td>650</td><td>650</td><td>可选双
极化</td></tr>
<tr><td>9</td><td colspan="2">全极化条带 1
(QPSI)</td><td>20~41</td><td>1×1</td><td>8</td><td>8</td><td>6~9</td><td>30</td><td>20~35</td><td>全极化</td></tr>
<tr><td>10</td><td colspan="2">全极化条带 2
(QPSII)</td><td>20~38</td><td>3×2</td><td>25</td><td>25</td><td>15~30</td><td>40</td><td>35~50</td><td>全极化</td></tr>
<tr><td>11</td><td colspan="2">波模式(WAV)</td><td>20~41</td><td>1×2</td><td>10</td><td>10</td><td>8~12</td><td>5×5</td><td>5×5</td><td>全极化</td></tr>
<tr><td rowspan="2">12</td><td rowspan="2">扩展
(EXT)</td><td>低入
射角</td><td>10~20</td><td>3×2</td><td>25</td><td>25</td><td>15~30</td><td>130</td><td>120~150</td><td>可选双
极化</td></tr>
<tr><td>高入
射角</td><td>50~60</td><td>3×2</td><td>25</td><td>25</td><td>20~30</td><td>80</td><td>70~90</td><td>可选双
极化</td></tr>
</table>

4. 高分四号(GF-4)卫星

高分四号卫星(GF-4)于 2015 年 12 月 29 日在西昌卫星发射中心成功发射，是我国第一颗地球同步轨道遥感卫星，运行在距地 36000km 的地球静止轨道，与此前发射的运行于低轨的高分一号、高分二号卫星组成星座，具备高时间分辨率和较高空间分辨率的优势。

高分四号搭载了一台可见光 50m 分辨率(中波红外 400m 分辨率)、大于 400km 幅宽的凝视相机，采用面阵凝视方式成像，具备可见光、多光谱和红外成像能力，可对指定区域凝视观测，时间分辨率高达 10 秒级。可见光和多光谱分辨率优于 50m，红外谱段分辨率优于 400m，相当于从 36000km 外看见大油轮，代表我国地球同步轨道遥感卫星最高分辨率水平。设计寿命 8 年，通过指向控制实现对中国及周边地区的观测。

高分四号装有 2 个对地高增益信号传输天线，其数据下传码速率为 300Mbps，一幅照片只需要 3~4s 即可完成传输，据此推测其不调整卫星姿态时的拍照速度与此相当。高分四号每张照片覆盖范围约 16 万 km^2，完成对西太平洋 1000 万 km^2 海区的覆盖约需 60 张，4~12 分钟即可完成拍摄，足以承担对航母群的快速侦察任务。表 4-39 和表4-40分别为高分四号卫星轨道参数和高分四号卫星传感器技术参数。

表 4-39　高分四号卫星轨道参数

项　　目	参　　数
轨道类型	地球同步轨道
轨道高度	36000km(标称值)
定点位置	105. 6°E

表 4-40　高分四号卫星传感器技术参数

<table>
<tr><th>项　　目</th><th colspan="3">参　　数</th></tr>
<tr><td rowspan="6">光谱范围</td><td rowspan="5">可见光近红外</td><td>全色</td><td>0. 45~0. 90μm</td></tr>
<tr><td>蓝</td><td>0. 45~0. 52μm</td></tr>
<tr><td>绿</td><td>0. 52~0. 60μm</td></tr>
<tr><td>红</td><td>0. 63~0. 69μm</td></tr>
<tr><td>近红外</td><td>0. 76~0. 90μm</td></tr>
<tr><td colspan="2">中波红外</td><td>3. 50~4. 10μm</td></tr>
<tr><td rowspan="2">空间分辨率</td><td colspan="2">可见光近红外</td><td>50m</td></tr>
<tr><td colspan="2">中波红外</td><td>400m</td></tr>
<tr><td>幅宽</td><td colspan="3">400km</td></tr>
<tr><td>重访时间</td><td colspan="3">20s</td></tr>
</table>

5. 高分五号(GF-5)卫星

高分五号卫星(GF-5)于 2018 年 5 月 9 日成功发射，是对地观测系统重大专项 7 颗民用卫星中唯一的一颗高光谱卫星，是目前国家高分重大科技专项中搭载载荷最多、光谱分辨率最高的卫星，是国内探测手段最多的光学遥感卫星，是世界上第一颗同时对陆地和大气进行综合观测的卫星。表 4-41 和表 4-42 分别为高分五号卫星轨道参数和高分五号卫星传感器技术参数。

高分五号卫星首次搭载了大气痕量气体差分吸收光谱仪、大气主要温室气体监测仪、大气多角度偏振探测仪、大气环境红外甚高分辨率探测仪、可见短波红外高光谱相机、全谱段光谱成像仪共 6 台载荷，可对大气气溶胶、二氧化硫、二氧化氮、二氧化碳、甲烷、水华、水质、核电厂温排水、陆地植被、秸秆焚烧、城市热岛等多个环境要素进行监测。

表 4-41　高分五号卫星轨道参数

参　　数	指　　标
轨道类型	太阳同步回归轨道
轨道高度	705km
倾角	98.203°
轨道周期	98.723
降交点地方时	13:30
回归周期	51d
偏心率	0.001

表 4-42　高分五号卫星传感器技术参数

<table>
<tr><td colspan="4">可见短波红外高光谱相机</td></tr>
<tr><td colspan="2">光谱范围</td><td colspan="2">0.4~2.5μm，共 318 个通道</td></tr>
<tr><td colspan="2">空间分辨率</td><td colspan="2">30m</td></tr>
<tr><td colspan="2">幅宽</td><td colspan="2">60km</td></tr>
<tr><td colspan="2">光谱分辨率</td><td colspan="2">VNIR：5nm；SWIR：10nm</td></tr>
<tr><td colspan="2">量化位数</td><td colspan="2">12bits</td></tr>
<tr><td colspan="4">全谱段光谱成像仪</td></tr>
<tr><td>光谱范围</td><td>空间分辨率</td><td>幅宽</td><td>量化位数</td></tr>
<tr><td>0.45~0.52μm</td><td rowspan="6">20m</td><td rowspan="12">60km</td><td rowspan="12">12bits</td></tr>
<tr><td>0.52~0.60μm</td></tr>
<tr><td>0.62~0.68μm</td></tr>
<tr><td>0.76~0.86μm</td></tr>
<tr><td>1.55~1.75μm</td></tr>
<tr><td>2.08~2.35μm</td></tr>
<tr><td>3.50~3.90μm</td><td rowspan="6">40m</td></tr>
<tr><td>4.85~5.05μm</td></tr>
<tr><td>8.01~8.39μm</td></tr>
<tr><td>8.42~8.83μm</td></tr>
<tr><td>10.3~11.3μm</td></tr>
<tr><td>11.4~12.5μm</td></tr>
</table>

续表

大气主要温室气体监测仪

温室气体	中心波长	光谱范围	光谱分辨率	视场	观测模式	量化位数
O_2	0.765μm	0.45~0.52μm	0.6cm~1	IFOV 14.6mrad	天底观测 耀斑观测	14bits
CO_2	1.575μm	1.568~1.583μm	0.27cm~1			
	2.05μm	2.043~2.058μm				
CH_4	1.65μm	1.642~1.658μm				

大气环境红外甚高光谱分辨率探测仪

光谱范围	750~4100cm^{-1}(2.4~13.3μm)
光谱分辨率	0.03cm^{-1}
光谱仪视场角	1.25mrad
量化位数	18bits

大气痕量气体差分吸收光谱仪

光谱范围	240~315nm
	311~403nm
	401~550nm
	545~710nm
光谱分辨率	0.3~0.5nm
杂散光	<6×10^{-4}
总视场	114°(穿轨方向)
空间分辨率	48km(穿轨方向)×13km(沿轨方向)
量化位数	14bits

大气气溶胶多角度偏振探测仪

工作谱段	433~453nm
	480~500nm(偏振)
	555~575nm
	660~680nm(偏振)
	758~768nm
	745~785nm
	845~885nm(偏振)
	900~920nm

续表

大气气溶胶多角度偏振探测仪	
偏振解析	线偏振，三个方向 0°、60°、120°
多角度观测	沿轨 9 个角度
总视场	-50°～+50°
星下点空间分辨率	优于 3.5km
量化数位	12bits

6. 高分六号(GF-6)卫星

高分六号卫星(GF-6)于 2018 年 6 月 2 日成功发射，配置 2m 全色/8m 多光谱高分辨率相机、16m 多光谱中分辨率宽幅相机，2m 全色/8m 多光谱相机观测幅宽 90km，16m 多光谱相机观测幅宽 800km。高分六号还实现了 8 谱段 CMOS 探测器的国产化研制，国内首次增加了能够有效反映作物特有光谱特性的“红边”波段，可实现空间分辨率和时间分辨率的优化组合，满足多种空间分辨率、多种光谱分辨率、多源遥感数据需求。高分六号卫星与高分一号卫星组网运行后，将使遥感数据获取的时间分辨率从 4 天缩短到 2 天。表 4-43和表 4-44 分别为高分六号卫星轨道参数和高分六号卫星传感器技术参数。

表 4-43 高分六号卫星轨道参数

轨道类型	太阳同步轨道
轨道高度	644.5472km
倾角	97.9597°
轨道周期	97.4658min
降交点地方时	10:30am
重访周期	4/41d
偏心率	0

表 4-44 高分六号卫星传感器技术参数

项目	参数	项目	参数
星下点地面像元分辨率	全色：优于 2m	量化值	12bit
	多光谱：优于 8m		

续表

项目	参数	项目	参数
覆盖宽度	大于90km	静态传函	优于0.2(全视场平均，各谱段)
光谱段范围	全色波段(P)：0.45~0.9μm		
	蓝谱段(B1)：0.45~0.52μm	辐射定标精度	绝对定标精度优于7%
	绿谱段(B2)：0.52~0.60μm		相对定标精度优于3%
	红谱段(B3)：0.63~0.69μm	信噪比	全色：低端≥28dB，高端≥47dB
	近红外谱段(B4)：0.76~0.90μm		多光谱：低端≥20dB，高端≥46dB

7. 高分七号(GF-7)卫星

高分七号卫星(GF-7)于2019年11月3日成功发射，卫星运行于太阳同步轨道，搭载的两线阵立体相机可有效获取20km幅宽、优于0.8m分辨率的全色立体图像和3.2m分辨率的多光谱图像。通过立体相机和激光测高仪复合测绘的模式，实现1∶10000比例尺立体测图。作为我国首颗民用亚米级光学传输型立体测绘卫星，高分七号卫星(GF-7)的投入使用，标志着高分专项打造的高空间分辨率、高时间分辨率、高精度观测的天基对地观测能力初步形成，将进一步满足用户在基础测绘、全球地理信息保障、城乡建设监测评价、农业调查统计等方面的数据需求。图4-20所示为高分七号卫星示意图。表4-45和表4-46分别为高分七号卫星轨道参数和高分七号卫星传感器技术参数。

图4-20　高分七号(GF-7)卫星示意图

表4-45　高分七号卫星轨道参数

参　数	指　标
运载火箭	长征运载
发射地点	中国太原卫星发射中心
卫星轨道	太阳同步轨道
轨道高度	506km

续表

参　　数	指　　标
降交点地方时	10:30
卫星规模	2700 kg
回归周期	≤60d
设计寿命	8 年

表 4-46　高分七号卫星传感器技术参数

项目	技术指标名称	指 标 参 数	
双线阵相机	前视相机倾角	+26°	
	后视相机倾角	−5°	
	星下点地面像元分辨率	全色	≤0.8m
		多光谱	≤3.2m
	幅宽	≥20km	
	谱段	全色	0.45~0.9μm
		多光谱	B1 0.45~0.52μm
			B2 0.52~0.59μm
			B3 0.63~0.69μm
	静态 MTF	≥0.18	B4 0.77~0.89μm
	信噪比	≥48dB(太阳高度角 70°，地物反射率 0.65)	
		≥23dB(太阳高度角 20°，地物反射率 0.05)	
	影像量化位数	11bits	
激光测高仪	实验室辐射定标不确定度	绝对定标	≤7%
		相对定标	≤3%
	激光波束	2 个	
	激光工作波长	1.064μm	
	激光地面足印	≤60μ rad	
	激光重复频率	≥3Hz	
	激光脉冲累计工作次数	≥1×108 次(含预热)	
	距离测量精度	0.3m	

高分七号卫星发射入轨后，可与两颗已在轨运行的资源三号卫星组建光学立体测绘卫星星座，“三星”组网运行后可有效提高国土立体覆盖能力，更快更好地完成国土测绘、全球测图、自然资源监测，打破地理信息产业上游的高分辨率立体遥感图像市场大量依赖国外卫星的现状，开启我国自主大比例尺航天测绘新时代。图 4-21 所示为高分七号卫星数据生成的数字表面模型晕渲图(该图为公开的高分七号产品首发图之一)。

图 4-21　高分七号卫星数据生成的数字表面模型晕渲图

8. 高分系列其他卫星

在首批 7 颗卫星成功发射后，我国又陆续发射了多颗高分系列卫星，它们涵盖了不同的轨道、成像方式等，如高分八号于 2015 年 6 月 26 日发射，属于光学遥感卫星；高分九号于 2015 年 9 月 14 日发射，属于敏捷卫星，全色分辨率 0. 5m，多光谱分辨率 2m；高分十号于 2019 年 10 月 5 日发射，属于微波遥感卫星，地面像元分辨率最高可达亚米级；高分十一号于 2018 年 7 月 31 日发射，属于光学遥感卫星，地面像元分辨率最高可达亚米级；高分十二号于 2019 年 11 月 28 日发射，属于微波遥感卫星，地面像元分辨率最高可达亚米级；高分十三号于 2020 年 10 月 12 日发射，属于高轨光学遥感卫星；高分十四号于 2020 年 12 月 6 日发射，属于光学立体测绘卫星。

2020 年 7 月 3 日 11 时 10 分，我国在太原卫星发射中心用长征四号乙运载火箭成功发射高分辨率多模综合成像卫星。卫星运行于太阳同步轨道，卫星配置了 4 类有效载荷：1 台分辨率全色 0. 5m/多光谱 2m 的高分辨率光学相机、1 台 20 通道的大气同步校正仪、1 套数据传输设备(含在轨图像处理、区域提取功能)、1 套星间激光通信终端。表 4-47 为高分多模综合成像卫星参数。

表 4-47　高分多模综合成像卫星参数

<table>
<tr><th colspan="2">项　目</th><th colspan="2">参　数</th></tr>
<tr><td colspan="2">卫星重量</td><td colspan="2">2400 kg</td></tr>
<tr><td colspan="2">设计寿命</td><td colspan="2">8 年</td></tr>
<tr><td rowspan="7">卫星轨道</td><td>类型</td><td colspan="2">太阳同步圆轨道</td></tr>
<tr><td>高度</td><td colspan="2">643. 8km</td></tr>
<tr><td>倾角</td><td colspan="2">97. 96°</td></tr>
<tr><td>回归周期</td><td colspan="2">29d</td></tr>
<tr><td>轨道周期</td><td colspan="2">97. 5min</td></tr>
<tr><td>重访周期</td><td colspan="2">全球平均重访不超过 2d</td></tr>
<tr><td>降交点地方时</td><td colspan="2">10:30</td></tr>
<tr><td rowspan="5">成像模式与能力</td><td>同轨多点目标成像模式</td><td colspan="2">单轨成像条带数量不少于 20 个</td></tr>
<tr><td>同轨多条带拼幅成像模式</td><td colspan="2">最大拼接条带数量可达 6 个，最大条带长度可达 90km</td></tr>
<tr><td>同轨多角度成像模式</td><td colspan="2">同一目标多角度成像最大次数可达 10 次</td></tr>
<tr><td>同轨立体成像模式</td><td colspan="2">两视立体成像条带长度最大可达 200km
三视立体成像条带长度最大可达 60km</td></tr>
<tr><td>沿迹/非沿迹主动推扫成像模式</td><td colspan="2">具有与星下点轨迹任意方向的目标条带推扫成像能力，条带长度最大可达 300km</td></tr>
<tr><td rowspan="14">高分辨率相机</td><td rowspan="10">谱段范围</td><td>全色</td><td>0. 450～0. 900 μm</td></tr>
<tr><td rowspan="9">多光谱</td><td>0. 400～0. 450 μm</td></tr>
<tr><td>0. 450～0. 520 μm</td></tr>
<tr><td>0. 520～0. 590 μm</td></tr>
<tr><td>0. 590～0. 625 μm</td></tr>
<tr><td>0. 630～0. 690 μm</td></tr>
<tr><td>0. 705～0. 745 μm</td></tr>
<tr><td>0. 770～0. 890 μm</td></tr>
<tr><td>0. 860～1. 040 μm</td></tr>
<tr><td colspan="2"></td></tr>
<tr><td>星下点地面像元分辨率</td><td colspan="2">全色谱段 0. 5m
多光谱谱段 2m</td></tr>
<tr><td>星下点幅宽</td><td colspan="2">≥15km</td></tr>
<tr><td>静态传函</td><td colspan="2">全色≥0. 18，多光谱≥0. 25</td></tr>
<tr><td>信噪比</td><td colspan="2">最大信噪比：$\rho=0.7$，$\theta=70°$，默认级数，≥48dB
最小信噪比：$\rho=0.05$，$\theta=15°$，默认级数，≥23dB
典型信噪比：$\rho=0.2$，$\theta=30°$，默认级数，≥37dB</td></tr>
</table>

续表

项　　目		参　　数
高分辨率相机	量化位数	12 bit
	实验室定标精度	绝对定标精度≤7% 相对定标精度≤3%
	无控制点图像平面定位精度	≤10m(星下点，1σ)
大气同步校正仪	光谱及偏振	490nm±10nm(偏振)；550nm±10nm；670nm±10nm(偏振)；870nm±20nm(偏振)；910nm±10nm；1380nm±20nm；1610nm±30nm(偏振)；2250nm±40nm(偏振)
	幅宽	≥15km
	量化位数	14 bits
数据存储与压缩	数据存储	≥5T bits
	全色数据压缩比	4∶1、2∶1、不压缩可选
	多光谱数据压缩比	2∶1、无损压缩可选
数据在轨处理	云区域判别	厚云判别检测率：≥93% 厚云判别虚警率：≤3% (不区分厚云和雪)
	特定区域提取	可处理图像尺寸：15km×15km(一景) 快速处理时间：≤30s(一景)
	在轨几何校正精度	星下点平面定位精度≤100m(1σ)
对地数据传输	对地频段	X 频段
	对地调制方式	8 PSK
	对地传输码速率	2×800 Mbps(正交极化频率复用)
卫星姿态控制	姿态指向精度	≤0.01°(3σ)
	姿态稳定度	≤0.0005°/s(3σ)
	姿态测量精度	≤0.001°(3σ，在轨实时，惯性空间)
	姿态机动范围	俯仰/滚转方向±45°，偏航方向±90°
	姿态机动速度	绕任意轴机动并稳定度至 0.002°/s 时，10°/15s、25°/20s、40°/25s

高分辨率多模综合成像卫星是我国第一颗 0.5m 分辨率敏捷智能遥感卫星，采用政府与社会资本合作的模式(PPP)建设实施。高分多模卫星行业用户包括自然资源部、应急管理部、农业农村部、生态环境部、住房和城乡建设部、国家林业和草原局等。其图像数据

将广泛应用于国土、测绘、农业、环保、林业等多个行业的几十种业务，进一步满足自然资源、调查监测、开发利用、地质勘查以及应急减灾、农业调查、住建监测、林业保护等领域的高精度数据需求。

4.3.3 资源三号卫星

资源三号(ZY-3)卫星是我国第一颗自主的民用高分辨率立体测绘卫星，于 2012 年 1 月 9 日发射，实现了我国民用高分辨率测绘卫星领域零的突破。其主要目标是获取三线阵立体图像和多光谱图像，实现 1∶5 万测绘产品生产能力以及 1∶2.5 万和更大比例尺地图的修测和更新能力，可同时用于开展国土资源调查与监测。

资源三号(ZY-3)卫星搭载了四台光学相机，包括一台地面分辨率 2.1m 的正视全色 TDI CCD 相机，两台地面分辨率 3.5m 的前视和后视全色 TDI CCD 相机，一台地面分辨率 5.8m 的正视多光谱相机，包括蓝色、绿色、红色和近红外波段。资源三号相机具有较宽的幅宽，达到 52km。

资源三号 01 星(ZY3-01)星测图的总体精度指标优于法国 SPOT5、日本 ALOS 等国外同类产品。卫星在稀少控制点的条件下，图像平面精度优于 3m，高程精度优于 2m，全面超过了 1∶5 万立体测图卫星设计指标，并可用于 1∶2.5 万测图及部分 1∶1 万地理要素的更新。在无控制点的条件下，图像平面精度优于 10m，高程精度优于 5m；卫星图像的直接定位精度从 1000 多米提高到 10m 以内。多光谱卫星图像配准精度达到 0.15 个像元，总体图像质量优于国外同类卫星。资源三号(ZY-3)卫星可对地球南北纬 84 度以内地区实现无缝图像覆盖。自发射以来，资源三号(ZY-3)卫星获取了大量的卫星数据，圆满实现了资源三号首颗卫星工程的各项任务，技术指标达到国际同类领先水平，为我国测绘地理信息事业提供了可靠的数据保障，极大地推动了地理信息产业的发展和航天遥感技术的应用，为国民经济和社会发展做出重要贡献。

资源三号 02 星(ZY3-02)是 ZY3-01 的后续业务星，于 2016 年 5 月 30 日成功发射，资源三号 02 星是一颗高分辨率立体测图业务卫星，在资源三号 01 星的基础上进行优化，搭载三线阵测绘相机和多光谱相机等有效载荷，前后视相机分辨率由 3.5m 提高到优于 2.5m，并搭载了一套试验性激光测高载荷，该星较 01 星拥有更优异图像融合能力、更高图像高程测量精度。资源三号 02 星投入使用后，与资源三号 01 星组网运行，可使同一地点的重访周期由 5 天缩短至 3 天之内，大幅提高我国 1∶5 万立体测图信息源的获取能力。

资源三号 03 星(ZY3-03)是资源三号系列卫星的第三颗，于 2020 年 7 月 25 日成功发射，具备多角度立体观测和激光高程控制点测量能力。激光测高仪单点测高精度预计优于 1m，点间隔约 3.6km。设计寿命由资源三号 02 星的 5 年延长至 8 年，与目前在轨的资源三号 01 星、02 星共同组成我国立体测绘卫星星座，重访周期从 3 天缩短到 1 天，保证我国高分辨率立体测绘数据的长期稳定获取，形成全球领先的业务化立体观测能力，显著提升我国自然资源立体调查能力，为国民经济建设和社会发展提供基础性数据保障。图 4-22 所示为资源三号 03 星三线阵相机。表 4-48 和表 4-49 分别为资源三号轨道参数和资源三号传感器参数。

图 4-22　资源三号 03 星三线阵相机

表 4-48　资源三号轨道参数

卫星	资源三号(ZY-3)
发射日期	2012 年 1 月 9 日
传感器分率	星下点全色：2. 1m；星下点多光谱：5. 8m
重访周期(侧摆时)	5d
重访周期(不侧摆)	59d
光谱范围	全色：450~800nm；红：630~690nm、绿：520~590nm、蓝：450~520nm，近红外：770~890nm
幅宽	50km
轨道形式	太阳同步卫星
轨道高度	505km
赤道通过时间	10:30 a. m
影像格式	JPEG2000 或 GeoTIFF
采集能力	100 万 km^2/d
数据传输模式	图像实时传输模式；图像记录模式；边记边传；图像回放模式
观测模式	立体测绘观测模式：搭载的前正后视全色相机，推扫成像形成三线阵立体像对； 资源调查观测模式：搭载的正视全色和多光谱相机，推扫成像形成平面影像

表 4-49 资源三号传感器参数

平台	有效载荷	波段号	光谱范围/μm	空间分辨率/m	幅宽/km	侧摆能力	重返时间/d
资源三号	前视相机	—	0.50~0.80	3.5	52	±32°	3~5
	后视相机	—	0.50~0.80	3.5	52	±32°	3~5
	正视相机	—	0.50~0.80	2.1	51	±32°	3~5
	多光谱相机	1	0.45~0.52	6	51	±32°	5
		2	0.52~0.59				
		3	0.63~0.69				
		4	0.77~0.89				

4.3.4 “吉林一号”卫星星座

“吉林一号”卫星星座是长光卫星技术股份有限公司发射的遥感卫星星座，是我国首个商用遥感卫星星座。其一期工程计划由138颗涵盖视频、高分、宽幅、红外、多光谱等系列的高性能光学遥感卫星组成。截至2023年底，通过22次成功发射实现108颗“吉林一号”卫星在轨运行，我国建成了目前全球最大的亚米级商业遥感卫星星座。以现有在轨卫星测算，“吉林一号”卫星星座可对全球任意地点实现每天35~37次重访，具备全球一年覆盖3次、全国一年覆盖9次的能力。

2015年10月7日12时13分，首批“吉林一号”卫星由长征二号丁火箭以一箭四星的方式从酒泉卫星发射中心发射成功，包括一颗光学A星，两颗灵巧视频星和一颗灵巧验证星。随后，长光卫星技术有限公司成功进行了多次“吉林一号”卫星发射入太空，包括视频卫星、高分卫星、宽幅卫星、红外卫星等。

1.“吉林一号”光学A星

“吉林一号”光学A星主要采用高分辨推扫成像方式获取高分辨率图像，发射成功的第二天即成功获取首幅0.72m高分辨率光学影像图。吉林一号光学A星凭借其分辨力高、成像谱段多、重访时间短、具备快速机动能力等特点，可广泛应用于农林生产、资源管理、环境监测、土地规划、地理测绘等各领域。图4-23所示为“吉林一号”光学A星示意图。表4-50为“吉林一号”光学A星参数。

表 4-50 “吉林一号”光学A星参数

成像模式	常规推扫、大角度侧摆、条带拼接、立体成像
分辨率	全色≤0.72m、多光谱≤2.88m

续表

轨道类型	太阳同步轨道
幅宽	≥11.6km
最大侧摆角	±45°
设计寿命	>3 年
重访周期	3.3d
轨道高度	650km

2. “吉林一号”灵巧视频星

“吉林一号”灵巧视频星是由长光卫星技术股份有限公司自主研制生产的高分辨率商业遥感视频卫星，01/02 组星于 2015 年 10 月 7 日在我国酒泉卫星发射基地成功发射升空，具备获取 4K 高清彩色视频图像能力。同传统对地观测卫星相比，视频卫星能够对目标进行长时间的动态实时监测，且由于具有敏捷快速的机动能力，能够根据地面情况迅速改变观测地区和观测重点，通过视频图像直接下传给用户，显著缩短了用户响应时间，因此，更有利于地面突发事件的快速响应和灾害实时监视等，在国防和国民经济生活的诸多方面应用前景广阔。图 4-24 所示为“吉林一号”灵巧视频星示意图。表 4-51 为“吉林一号”灵巧视频星技术指标。

图 4-23　“吉林一号”光学 A 星

图 4-24　“吉林一号”灵巧视频星

表 4-51　“吉林一号”灵巧视频星技术指标

成像模式	凝视视频
成像光谱段	RGB Bayer 430~720nm

续表

分辨率	1.13m(视频)
轨道类型	太阳同步轨道
地面覆盖范围	4.6km×3.4km
最大侧摆角	±45°
设计寿命	>1 年
重访周期	2d(组网)
轨道高度	656km
轨道倾角	98°
降交点地方时	10:30 am

3. "吉林一号"灵巧验证星

"吉林一号"灵巧验证星是由长光卫星技术股份有限公司自主研发的高分辨率商业遥感卫星，于 2015 年 10 月 7 日在我国酒泉卫星发射基地成功发射升空。灵巧验证星的主要作用是为卫星技术发展提供技术积累，目前已完成多种成像技术及国产高灵敏度 CMOS 芯片验证。图 4-25 所示为"吉林一号"灵巧验证星示意图。表 4-52 为"吉林一号"灵巧验证星参数。

图 4-25 "吉林一号"灵巧验证星

表 4-52　“吉林一号”灵巧验证星参数

成像模式	常规推扫、凝视视频、灵巧成像、立体成像
分辨率	全色 4.7m
轨道类型	太阳同步轨道
幅宽	优于 9.6km
最大侧摆角	±45°
设计寿命	>1 年
重访周期	3.3d
轨道高度	650km

4.“吉林一号”视频卫星

2017 年 1 月 9 日，由长光卫星技术股份有限公司自主研发的“吉林一号”视频 03 星(林业一号卫星)在中国酒泉卫星发射中心用快舟一号甲运载火箭成功发射。“吉林一号”视频 03 星具有专业级的图像质量、高敏捷机动性能、多种成像模式和高集成电子系统，可以获取 11km×4.5km 幅宽、0.92m 分辨率的彩色动态视频。2017 年 11 月 21 日，由长光卫星技术股份有限公司自主研发的“吉林一号”视频 04~06 星在中国太原卫星发射中心用长征六号运载火箭成功发射。“吉林一号”视频 04、05、06 星采用一体化设计，充分继承了视频 03 星成熟单机及技术状态，根据用户及市场的反馈，对载荷、电源、数传等分系统进行了升级，提高卫星的业务运行能力。2018 年 1 月 19 日，由长光卫星技术股份有限公司自主研发的“德清一号”卫星(“吉林一号”视频 07 星)、“林业二号”卫星(“吉林一号”视频 08 星)在中国酒泉卫星发射中心用长征十一号运载火箭成功发射。表 4-53、表 4-54 和表 4-55 分别为“吉林一号”视频 03 星参数、“吉林一号”视频 04~06 星参数和“吉林一号”视频 07~08 星参数。

表 4-53　“吉林一号”视频 03 星参数

成像模式	凝视视频成像、推扫成像
地面分辨率	0.92m(彩色)
轨道类型	太阳同步轨道
地面覆盖范围	11km×4.5km
连续成像时间	120s(一次成像)
最大侧摆角	±45°
设计寿命	1~3 年
轨道高度	535km

表 4-54 "吉林一号"视频 04~06 星参数

成像模式	凝视视频成像、推扫成像、微光成像、惯性空间成像
地面分辨率	1m(彩色)
轨道类型	太阳同步轨道
地面覆盖范围	19km×4.5km
最大侧摆角	±45°
设计寿命	>3 年
轨道高度	535km

表 4-55 "吉林一号"视频 07~08 星参数

成像模式	凝视视频成像、推扫成像、微光成像、惯性空间成像
地面分辨率	1m(彩色)
轨道类型	太阳同步轨道
地面覆盖范围	19km×4.5km
最大侧摆角	±45°
设计寿命	>3 年
轨道高度	535km

5. "吉林一号"高分卫星

2019 年 11 月 13 日，"吉林一号"高分 02A 星在酒泉卫星发射中心用快舟一号甲运载火箭成功发射升空。"吉林一号"高分 02A 星采用了长焦距光学双相机共基准装调，结合双频 GNSS 定轨及高精度双星敏定姿技术，实现了高分辨率、大幅宽和高无控定位精度的优化结合，具备高分辨、大幅宽、高定位精度、高速数传等特点。"吉林一号"高分 02A 星可获取全色分辨率优于 0.75m、多光谱分辨率优于 3m、幅宽大于 40km 的推扫图像。表 4-56 为"吉林一号"高分 02A 星技术指标。

表 4-56 "吉林一号"高分 02A 星技术指标

轨道类型	太阳同步轨道
轨道高度	535km
分辨率	全色：0.75m；多光谱：3m
成像幅宽	优于 40km

续表

成像谱段	全色：450~800nm
	蓝色：450~510nm
	绿色：510~580nm
	红色：630~690nm
	近红外：770~895nm
数传码速率	最大 1.8Gbps
侧摆角度范围	±45°
成像模式	推扫成像
单轨成像时间	300s

2022 年 4 月 30 日，“吉林一号”高分 04A 星(“安溪铁观音二号”)依托长征十一号海射遥三运载火箭于东海海域成功发射，该卫星具有星上任务自主规划、实时数传和星上 AI 功能，结合快速机动控制，可实现单轨多点目标成像和信息快速回传。该卫星可获取全色分辨率 0.5m、多光谱 2m、幅宽优于 15km 的静态推扫图像，具备高分辨率、高集成度和智能化特点。

2023 年 6 月 15 日，长光卫星技术股份有限公司在太原卫星发射中心用长征二号丁运载火箭以“一箭 41 星”的形式成功将高分 06A 系列卫星发射升空，刷新了中国航天发射新纪录。该系列卫星采用了新一代高性能成像技术和全自主研发的中心机系统，在有效提升卫星成像动态范围和系统集成度的同时，重量、体积大幅降低，具有快速批产、智能运行、图美价廉的“快智廉”优势。表 4-57 为“吉林一号”高分 06A 星技术指标。

表 4-57　“吉林一号”高分 06A 星技术指标

轨道类型	太阳同步轨道
轨道高度	535km
分辨率	全色：0.75m；多光谱：3m
幅宽	优于 18km
成像模式	凝视视频、推扫、惯性空间、微光成像
卫星总质量	22kg

6. “吉林一号”宽幅卫星

2020 年 1 月“吉林一号”宽幅 01 星成功发射，该卫星在保证亚米级分辨率的基础上先后完成了亚米级超大幅宽光学卫星一体化设计技术、基于自主可控的大口径非对称高性能空间相机技术、基于遥感数据获取能力最优的高精度高稳定性服务系统、超大幅宽高分辨率卫星微振动抑制及测试技术的突破。该星幅宽优于 136km，是当时全球首颗亚米级超大幅宽光学遥感卫星。“吉林一号”宽幅 01B 卫星和“吉林一号”宽幅 01C 卫星是由“吉林一号”宽幅 01 星发展而来的，两颗卫星都同时具备高分辨、超大幅宽、高速存储、高速数传等特点，通过与“吉林一号”卫星星座其余卫星配合组网，星座的拍摄覆盖能力得到大幅提升。表 4-58 为“吉林一号”宽幅卫星参数。

表 4-58　“吉林一号”宽幅卫星参数

卫星名称	中文名	“吉林一号”宽幅 01 星	“吉林一号”宽幅 01B 卫星	“吉林一号”宽幅 01C 卫星
	冠名	红旗一号-H9	内蒙古一号	
	编号	JL1KF01A	JL1KF01B	JL1KF01C
轨道	类型	太阳同步轨道	太阳同步轨道	太阳同步轨道
	高度	481.56km	535km	535km
	降焦点地方时	10:00am	10:00am	10:00am
	无控定位精度	20m	20m	20m
成像质量	成像幅宽	优于 136km	优于 150km	优于 150km
	标准景大小	23km×23km	25.5km×25.5km	25.5km×25.5km
	分辨率	全色 0.75m，多光谱 3m	全色 0.5m，多光谱 2m	全色 0.5m，多光谱 2m
	成像谱段	全色 P：450~800nm	全色 P：450~800nm	全色 P：450~800nm
		蓝 B1：450~510nm	蓝 B1：450~510nm	蓝 B1：450~510nm
		绿 B2：510~580nm	绿 B2：510~580nm	绿 B2：510~580nm
		红 B3：630~690nm	红 B3：630~690nm	红 B3：630~690nm
		近红外 B4：770~895nm	近红外 B4：770~895nm	近红外 B4：770~895nm
	量化位数	12 bits	12 bits	12 bits
	成像模式	推扫成像	推扫成像	推扫成像

7.“吉林一号”高光谱卫星

2019 年 1 月 21 日，在中国酒泉卫星发射中心成功发射“吉林一号”光谱 01(吉林林草一号)、光谱 02 星(文昌超算一号)。两颗卫星搭载了多光谱成像仪，短波、中波、长波红外相机、“水运一号”系统等载荷，具有星上智能处理系统，可获取 5m 分辨率、110km 幅宽、26 谱段的遥感数据。表 4-59 为“吉林一号”光谱 01/02 星技术指标。

表 4-59　“吉林一号”光谱 01/02 星技术指标

指标	参　　数	
分辨率	可见光、近红外：5m 短波、中波红外：100m；长波红外：150m	
谱段	B0：450～800nm；B1：403～423nm；B2：433～453nm；B3：450～515nm；B4：525～600nm；B5：630～680nm；B6：784.5～899.5nm；B7：485～495nm；B8：615～625nm；B9：650～680nm；B10：698.75～718.75nm；B11：732.5～747.5nm；B12：773～793nm；B13：855～875nm；B14：660～670nm；B15：677.5～685nm；B16：750～757.5nm；B17：758.75～762.75nm；B18：935～955nm；B19：1000～1040nm；SW1：1195～1225nm；SW2：1360～1390nm；SW3：1550～1590nm；SW4：1610～1690nm；MW：3700～4950nm；LW：7500～13500nm	
轨道	高度	528km
	倾角	97.54 度(太阳同步)
降交点地方时	12:00am	
单次成像时长	1min	
重访周期	2～3d(双星)	
侧摆能力	±45°	
成像模式	推扫、夜光、空间目标成像	
幅宽	优于 110km	
传函	主载荷：>0.2 短波红外相机载荷：>0.3 中波红外相机载荷：>0.05 长波红外相机载荷：>0.25 辨云相机：>0.09	
数传速率	相控阵单通道：600Mbps，300 Mbps，150 Mbps(QPSK)，900Mbps(8PSK)	

2022 年 8 月 10 日，“天津滨海一号”(“吉林一号”红外 A06 星)、“云遥一号”04～08 星(“吉林一号”红外 A01～05 星)依托长征六号运载火箭于太原卫星发射中心成功发射，该系列卫星的有效载荷为长波红外相机，可对海洋、热点目标及大气层进行探测，获取目标的辐射度信息，进而根据大气、陆地及海洋等模型对目标实现红外辐射特性的测量。六颗卫星具备研制周期短、集成度高、重量轻、体积小、性价比高的特点，在轨业务化运行后将广泛应用于气象预报、搜索跟踪、火点监测、大气探测等方面。

4.3.5 高景一号卫星

高景一号(SuperView-1)卫星是中国航天科技集团公司自主研制的商业高分辨率遥感卫星，是我国首颗分辨率达到0.5m的商业高分辨率遥感卫星。高景一号01/02卫星于2016年12月28日上午11时23分在太原卫星发射中心以一箭双星的方式成功发射。高景一号01/02卫星全色分辨率0.5m，多光谱分辨率2m，轨道高度530km，幅宽12km，过境时间为上午10:30。它是国内首个具备高敏捷、多模式成像能力的商业卫星星座，不仅可以获取多点、多条带拼接等图像数据，还可以进行立体采集。单景最大可拍摄60km×70km图像。2018年1月9日，高景一号03/04卫星成功发射。在完成最终发射后，该轨道将有4颗0.5m高分辨率卫星以90°夹角运转，持续进行数据采集。四星组网后，全球任一点可实现1天重访。表4-60为高景一号卫星参数。

表4-60 高景一号卫星参数

光谱类型	谱段号	谱段范围	空间分辨率	幅宽	位深	面积
多光谱	蓝	450~520nm	2m	12km	11bits	144km^2
	绿	520~590nm				
	红	630~690nm				
	近红外	770~890nm				
全色		450~890nm	0.5m			
参数	指标		参数	指标		
轨道类型	太阳同步轨道		轨道高度	530km		
设计寿命	8年		重量	560kg		
重访时间	2d		日采集能力	90万km^2		
轨道周期	97min		数据采购	北京盛世华遥		

4.3.6 陆地探测系列卫星

陆地探测系列卫星是我国的雷达卫星系列。目前已发射成功的有陆探一号和陆探四号。

1. 陆探一号卫星

陆地探测一号卫星(L波段差分干涉SAR卫星)是我国第一组以干涉应用为核心任务的SAR卫星星座，由A、B星组成，双星均配置L波段合成孔径雷达载荷，具有全天时、全天候、多极化对地成像能力，是国家民用空间基础设施中长期发展规划(2015—2025年)的重要组成部分。图4-26所示为陆探一号卫星示意图。

图 4-26　陆探一号卫星

L 波段差分干涉 SAR 卫星 A 星和 B 星分别于 2022 年 1 月 26 日和 2 月 27 日在我国酒泉卫星发射中心成功发射，运行于 607km 高度的准太阳同步轨道，搭载了先进的 L 波段多极化多通道 SAR 载荷，具备多种成像模式，最高分辨率 3m，最大观测幅宽可达 400km。L 波段差分干涉 SAR 卫星的成功发射标志着我国开启国产民用干涉 SAR 卫星支撑地质灾害防治新篇章。双星采用编队构型运行，具备双星绕飞与双星跟飞两种模式，利用干涉测高和差分形变测量技术，实现高精度、全天时、全天候地形测量、地表形变和地质灾害监测等任务，形成全球领先的地质灾害快速反应能力，为自然资源及相关行业提供重要数据与技术支撑。表 4-61 为陆探一号传感器技术参数。

表 4-61　陆探一号传感器技术参数

项　目	参　数		
工作频段	L 波段/1.26GHz		
入射角	10°～60°		
成像模式名称	分辨率/m	幅宽/km	极化方式
条带模式 1	3	50	HH/VV
条带模式 2	12	100	HH/VV
条带模式 3	3	50	HH+HV/VV+VH
条带模式 4	6	30	HH+HV+VH+VV
条带模式 5	20～30	150～250	HH/VV

续表

项　　目	参　　数		
扫描模式	30	400	HH/VV
噪声等效后向散射系数	-28dB(干涉波位)		
相位同步精度	10°		
时间同步精度	100ns		
空间同步精度	90%		
压缩比	BAQ 10：2、10：3、10：4 可选		
数传码速率	2×450 Mbps		

2. 陆探四号卫星

陆地探测四号卫星是世界首颗地球同步轨道 SAR 卫星。2023 年 8 月 13 日 1 时 26 分，我国在西昌卫星发射中心使用长征三号乙运载火箭，成功将陆地探测四号 01 星发射升空。

陆地探测四号 01 星运行在距离地球近 40000km 的倾斜地球同步轨道，轨道倾角是 16°。这样的轨道设计使得卫星能够始终以“8”字形的飞行轨道始终飞行在亚太地区上空，可以固定地对一大片区域进行相对持续的观测，观测重访周期短、成像幅宽大。与低轨卫星、光学卫星相比，陆地探测四号 01 星将高轨观测重访周期短、成像幅宽大的优势与微波观测不受气候限制(全天候)、不受光照限制(全天时)的优势结合起来，可以提高灾害异常变化信息的识别精度和效率，提升自然灾害综合防治能力。陆地探测四号 01 星在同步轨道上可以保持 20m 级的分辨率。图 4-27 和图 4-28 分别为陆探四号卫星运行轨道和可视范围。

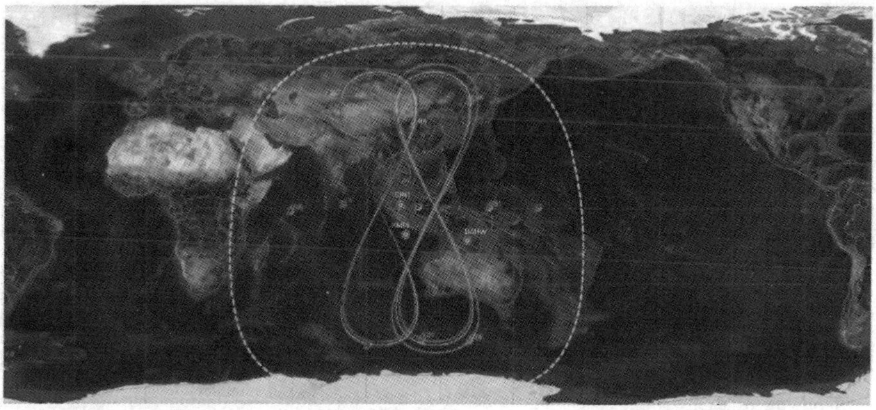

图 4-27　陆探四号卫星运行轨道

图 4-28　陆探四号卫星可视范围

4.3.7 "女娲星座"

我国航天宏图信息公司围绕卫星互联网新业态发力高分遥感全产业链构建，提出"女娲星座"建设计划。该计划旨在实现对地观测全球快速重访，利用激光星间通信组网，构建全球自主可控实时遥感混合星座，打造商业航天产业新生态。

2023 年 3 月 30 日 18 时 50 分，航天宏图"女娲星座"首批 4 颗卫星"航天宏图一号"SAR 卫星成功搭载长征二号丁运载火箭在太原卫星发射中心顺利发射升空。"航天宏图一号"SAR 卫星进行轨道抬升后，持续开展卫星编队构型工作。由于采用国际上首个干涉车轮构型，一主三辅，共面编队飞行，主星位于编队中心，三颗辅星环绕主星，呈间隔 120°均匀分布，卫星间距小，必须采用精密的编队构型及维持技术，实现编队构型与保持、高精度基线测量、星间相对状态测量、时间和相位同步等。经主星和各辅星的轨道调整和编队置入，实现了车轮编队构型，为四星干涉任务奠定了基础。图 4-29 所示为航天宏图一号雷达卫星星座。

"女娲星座"是航天宏图实现对地观测全球快速重访，利用激光星间通信组网，构建的全球自主可控实时遥感的混合星座。一期工程包括 44 颗雷达卫星组成的雷达遥感星座和 10 颗光学卫星组成的光学遥感星座，从而实现对全球任一点最大重访间隔不超过 12 小时，对全国陆地完成全覆盖不超过 15 天，对全球区域完成全覆盖不超过 40 天。后续计划中还包括 12 颗卫星组成的通导遥混合型卫星星座，轨道高度约 6000km，具备 5m 分辨率光学实时遥感数据获取、星上智能处理、最大速率 2. 5Gpbs 的星间通信等能力，通过星间通信技术建立覆盖全球的高速率、高可靠、低时延的空间信息走廊，不需要地面站部署，即可实现对"女娲星座"实时测控，全球任意地区获取的遥感数据可在分钟级回传地面。地面方面拟通过宏图实景 App 提供立体化、数字化的鲜活地球，构建基于 Web3. 0 的地图

图 4-29 航天宏图一号雷达卫星星座

应用新生态，持续推动形成基于遥感及时空大数据的大众化应用新模态。

“女娲星座”具备高精度测绘、高分宽幅成像及形变监测等能力，可快速、高效地制作高精度数字表面模型(DSM)并完成全球非极区测绘任务，具备在1年内完成全球陆地范围测图任务的能力，在城市地质灾害监测、海洋监测、洪涝灾害监测、地表沉降监测等方面具备极大优势。

4.4 陆地卫星数据接收系统

中国遥感卫星地面站(以下简称“地面站”)于1986年建成并投入运行。地面站是国家重大科技基础设施，也是国际资源卫星地面站网的重要成员。它是世界上接收与处理卫星数量最多的机构之一，也是我国时间最长的对地观测卫星数据历史档案库，为启蒙和推动我国遥感应用的发展做出了历史性贡献。

地面站现建有密云、喀什、三亚、昆明、北极5个卫星接收站，具有覆盖我国全部领土和亚洲70%陆地区域的卫星数据实时、无缝接收能力，以及全球卫星数据的快速获取能力。规模体量和卫星任务接收量位居世界民用卫星地面站前列。

建设发展历程：

密云卫星接收站于1986年建成并开始运行，现拥有9套接收天线及配套的数据接收、记录和数据传输设备，接收范围覆盖我国中部、东北地区及相邻境外地区。

喀什卫星接收站于2008年建成并投入运行，现拥有8套接收天线及配套的数据接收、记录和数据传输设备，接收范围覆盖我国西部以及中亚邻国等区域。

三亚卫星接收站于 2010 年建成并投入运行，现拥有 6 套接收天线及配套的数据接收、记录和数据传输设备，接收范围覆盖我国南海以及东南亚邻国等区域。

昆明卫星接收站 2016 年 5 月投入试运行，目前拥有 1 套 7.3m 数据接收天线系统，采用远程控制自动化运行模式(无人值守)，接收范围覆盖我国西南以及周边地区。

北极卫星接收站位于瑞典基律纳，于 2016 年 12 月建成并投入运行，目前拥有 1 套 12m S/X/Ka 三频数据接收天线系统，采用远程控制自动化运行模式(无人值守)，具备对全球陆地观测卫星数据的接收能力。

中国陆地卫星数据接收系统的建设和现状主要包括以下几个方面：

(1)地面接收站建设：中国陆地卫星数据接收系统的建设始于 20 世纪 80 年代，目前已经建设了一批具备接收、处理和存储遥感卫星数据的地面接收站。这些接收站分布在全国各地，包括北京、上海、广州、成都等地。接收站的规模和能力不断提升，能够接收多颗遥感卫星的数据，并进行实时处理和存储。

(2)卫星链路通信建设：为了实现遥感卫星数据的实时传输，中国陆地卫星数据接收系统建设了卫星链路通信网络。这些网络包括与遥感卫星通信的地面站、与地面接收站通信的中继卫星，以及相应的通信设备和技术。通过这些卫星链路通信网络，遥感卫星数据可以高效地传输到地面接收站。

(3)数据处理和存储能力提升：随着遥感卫星数据量的增大和数据处理需求的提高，中国陆地卫星数据接收系统也在不断提升数据处理和存储能力。现代化的数据处理设备和技术被引入，使得接收站能够更快速、精确地处理和分析遥感卫星数据。同时，存储设备和系统也得到了升级，以应对大规模数据的存储需求。

(4)数据共享和应用平台建设：为了促进遥感卫星数据的共享和应用，中国陆地卫星数据接收系统建设了数据共享和应用平台。这些平台提供了数据查询、下载、分发和应用的功能，为科研机构、政府部门和企业提供了便捷的数据获取和使用渠道。

目前，中国陆地卫星数据接收系统已经具备了较强的接收、处理和存储遥感卫星数据的能力。随着技术的不断进步和需求的不断增长，中国陆地卫星数据接收系统的建设还将继续完善和提升。

第 5 章　遥感图像的几何处理

遥感技术的快速发展，为人类提供了从不同角度、不同时间观察地球的能力，极大地丰富了人类对地球的认识。然而，获取遥感图像的过程中存在的多种复杂因素，如卫星的轨道偏差、姿态变化、地球曲率及地形起伏等，这些因素会导致图像中物体的位置与其实际地理位置存在偏差，影响遥感数据的准确性和可靠性。因此，遥感图像的几何处理，特别是几何纠正，成为了遥感数据处理中的一个重要环节。遥感图像的几何纠正具有多方面重要作用，具体体现在以下几个方面：

(1)提高位置精度：遥感图像的几何纠正能够有效校正由于卫星轨道偏差、姿态变化等因素造成的位置偏差，确保图像中物体的位置与实际地理位置的一致性。这种校正对于提高遥感数据的位置精度至关重要，使得遥感图像能够更准确地用于地理信息系统(GIS)和其他地理空间分析应用。

(2)实现图像的标准化和统一化：通过几何纠正，可以将不同时间、不同传感器、不同视角获取的遥感图像转换到统一的坐标系统中，实现图像的标准化和统一化。这一点对于遥感图像的对比分析、多时相分析和数据融合等应用非常重要，有助于从不同的遥感数据中提取一致和可比较的信息。

(3)促进遥感数据的应用：几何纠正后的遥感图像可以直接用于多种应用领域，如地图编制、土地利用分类、环境监测、灾害评估等。纠正后的图像能够与 GIS 中的其他空间数据无缝集成，为决策支持系统提供准确的空间信息，从而提高遥感数据的应用价值和实用性。

(4)增强遥感图像的可解译性：几何纠正后的图像在视觉上更接近于地面观测的真实情况，这有助于提高图像的可解译性。特别是在进行地物识别和分类时，减少了因几何畸变引起的误解和误判，提高了遥感数据分析的准确性。

(5)提升多源数据融合的质量：在进行多源遥感数据融合时，不同数据源之间的几何一致性是融合质量的关键。几何纠正确保了不同数据源在空间位置上的一致性，从而提升了数据融合的精度和可靠性，使得多源数据融合更加有效。

5.1　遥感传感器的几何成像模型

5.1.1　几何成像模型的一般概念

遥感图像的成像模型是指地物点在图像上的图像坐标 (x, y) 和其在地面对应点的大地坐标 (X, Y, Z) 之间的数学关系，也称为构像方程。根据摄影测量原理，这两个对应点和传感器成像中心成共线关系，可以用共线方程来表示。这个数学关系是对任何类型传感器成像进行几何纠正和对某些参量进行误差分析的基础。

为建立图像点和对应地面点之间的数学关系，需要在像方和物方空间建立坐标系，如图 5-1 所示。

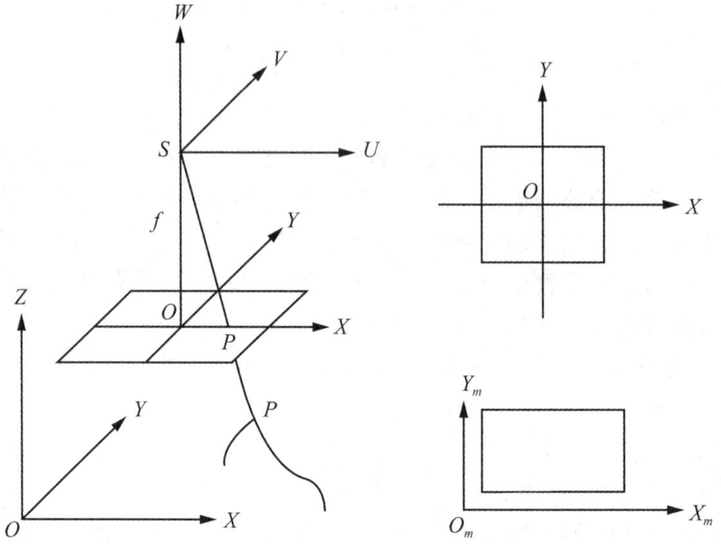

图 5-1　构像方程中的坐标系

其中主要的坐标系有：

(1)传感器坐标系 *S-UVW*，*S* 为传感器投影中心，作为传感器坐标系的坐标原点，*U* 轴的方向为遥感平台的飞行方向，*W* 轴为传感器指向地底点方向的负方向，*V* 轴垂直于 *WU* 平面，该坐标系描述了像点在空间的位置。

(2) 地面坐标系 *O-XYZ*，主要采用地心坐标系统。当传感器对地成像时，*Z* 轴与原点处的天顶方向一致，*XY* 平面与 *Z* 轴垂直。

(3)图像（像点）坐标系 *o-xyf*，(*x*，*y*)为像点在图像上的平面坐标，*f* 为传感器成像时的等效焦距，其方向与 *S-UVW* 方向一致。

上述坐标系统都是三维空间坐标系，而最基本的坐标系统是图像坐标系统 *o-xy* 和地图坐标系统 O_m-$X_m Y_m$，它们是二维的平面坐标系统，是遥感图像几何处理的出发点和归宿。

构像方程在地面坐标系与传感器坐标系之间建立转换关系。设地面点 *P* 在地面坐标系中的坐标为$(X, Y, Z)_P$，*P* 在传感器坐标系中的坐标为$(U, V, W)_P$，传感器投影中心 *S* 在地面坐标系中的坐标为$(X, Y, Z)_S$，**A** 为传感器坐标系相对地面坐标系的旋转矩阵，则构像方程的一般形式为

$$\begin{bmatrix} X \\ Y \\ Z \end{bmatrix}_P = \begin{bmatrix} X \\ Y \\ Z \end{bmatrix}_S + A \begin{bmatrix} U \\ V \\ W \end{bmatrix}_P \tag{5-1}$$

精确的成像模型是获取高精度几何信息的先决条件之一。卫星图像的传感器模型通常可分为两种：严格成像模型和通用成像模型。严格成像模型又被称为物理传感器模型，它从卫星轨道模型、姿态模型、成像几何等物理条件出发来建立线阵推扫式传感器的成像过程。严格成像模型一般采用卫星轨道参数(如升交点、近地点角距、平均异常等)和姿态角，或基于卫星的轨道位置、速度以及姿态角变化来构造成像几何模型。严格成像模型通常采用时间相关模型描述卫星平台的位置和姿态角数据，如采用椭圆表示卫星的轨道位置，或者将卫星的轨道位置和姿态角测量误差表示为二次多项式函数，或者采用二次分段函数建立卫星轨道和姿态数据模型，这些模型往往需要卫星图像供应商提供的图像元数据中卫星轨道位置和姿态角数据的观测值来求解模型参数。

如上所述，物理传感器模型的建立涉及传感器的物理构造、成像关系以及各种成像参数的获取。然而，有的情况下出于技术保密等原因，图像供应商并没有将传感器的镜头构造、成像方式以及卫星轨道姿态数据提供给用户，此时用户无法建立这些图像的物理传感器模型。因此，摄影测量学者提出了与传感器或卫星平台无关的、形式更简单的通用传感器模型，如多项式模型、直接线性变换(DLT)模型、仿射变换模型、平行光投影模型以及有理函数模型(RPC 模型)。特别是 IKONOS 卫星的成功发射推动了有理函数模型的全面研究。学者们以该模型作为 IKONOS 卫星的标准传感器模型，对基于 RPC 模型平差的误差传播理论、RPC 模型在城区和山区测图的可行性、基于 RPC 模型 IKONOS 图像几何定位精度等进行了大量研究，基于 RPC 模型的高分辨率卫星立体图像处理的理论、方法得到了全面发展，为高分辨率遥感卫星的发展和应用奠定了基础。

5.1.2 线阵推扫成像传感器的严格成像模型

线阵 CCD 推扫成像传感器的成像方式不同于传统的中心投影成像，而是由中心投影和线阵扫描联合构成图像。在不同的采样周期内，外方位元素处于实时变化中，行与行之间是平行投影关系，这就使得传统的中心投影构像方程不再适用。严格来说，要精确地解算每一扫描行的外方位元素是不可能的。

在实际应用中，首先需要确定表示卫星轨道位置和姿态的数学模型，然后根据线阵推扫式传感器的成像几何关系构建严格成像模型。本节首先介绍常见的遥感卫星的轨道姿态描述方法，然后以 SPOT-5 卫星传感器为例说明建立严格成像模型的过程。

1. 遥感卫星的轨道姿态描述方法

1)遥感卫星轨道描述方法

高分辨率光学卫星遥感图像地面处理时，需要精确获取每个扫描行图像的外方位线元素，才能建立其严密成像几何模型，从而实现图像的高精度几何处理。一般情况下，推扫式线阵传感器的成像频率远远大于 GNSS 观测频率，因此基于星载 GNSS 获取的卫星轨道参数并不能直接用于图像数据的几何处理中。考虑到高分辨率光学遥感卫星平台运行比较稳定，短时间内卫星在太空中的运行轨迹是一条平稳的弧线，且对地观测相机的各扫描行图像外方位元素是连续变化的，可以通过插值拟合构建合理的数学模型，描述一段时间内卫星平台的运行轨迹，从而得到任一扫描行图像的外方位元素。高分辨率光学遥感卫星轨道常用的插值拟合方法包括拉格朗日插值、常规多项式拟合、切比雪夫多项式拟合等。

设已知高分辨率光学遥感卫星在时间段 $[t_0,\ t_0+\Delta t]$ 内的 n 个历元$t_i=1,\ 2,\ \cdots,\ n$ 位置坐标$(X_i,\ Y_i,\ Z_i)$，那么任意时刻 $t\in(t_0,\ t_0+\Delta t)$ 的位置坐标可以分别按以下模型进行解算。

(1) 拉格朗日插值法：

拉格朗日插值法是以法国18世纪数学家约瑟夫·路易斯·拉格朗日命名的一种多项式插值方法。高分辨率光学遥感卫星任意时刻 t 的位置坐标$(X,\ Y,\ Z)$ 可以利用最邻近的 n 个历元处位置坐标$(X_i,\ Y_i,\ Z_i)$，按照公式内插计算：

$$X=\sum_{i=1}^{n}X_iW_i,\ Y=\sum_{i=1}^{n}Y_iW_i,\ Z=\sum_{i=1}^{n}Z_iW_i \tag{5-2}$$

式中，

$$W_i=\prod_{\substack{k=1\\k\neq i}}^{n}\frac{t-t_k}{t_i-t_k} \tag{5-3}$$

(2) 常规多项式拟合：

常规多项式由于形式简单、处理精度高，是处理数据的常用方法，在实际中应用较广泛。高分辨率光学遥感卫星历元 t 的 X 方向坐标的 m 次常规多项式拟合公式为

$$P_x(t)=a_0+a_1t+a_2t^2+\cdots+a_mt^m,\ (m\leqslant n-1) \tag{5-4}$$

定义矩阵$\boldsymbol{A}=\begin{bmatrix}a_0\\a_1\\\vdots\\a_m\end{bmatrix}$，$\boldsymbol{T}=\begin{bmatrix}1&t_1&\vdots&t_1^m\\1&t_2&\vdots&t_2^m\\\vdots&\vdots&&\vdots\\1&t_{n-1}&\vdots&t_{n-1}^m\end{bmatrix}$，$\bar{\boldsymbol{P}}=\begin{bmatrix}P_x(t_0)\\P_x(t_1)\\\vdots\\P_x(t_{n-1})\end{bmatrix}$，根据式(5-4)，误差方程为

$$\boldsymbol{V}=\boldsymbol{TA}-\bar{\boldsymbol{P}} \tag{5-5}$$

式中，$\boldsymbol{V}$ 为 $\boldsymbol{X}$ 的残差向量。由于卫星在各历元轨道观测为等权观测，故得到 $\boldsymbol{A}$ 的最小二乘估计为

$$\hat{\boldsymbol{A}}=(\boldsymbol{T}^{\mathrm{T}}\boldsymbol{T})^{-1}\boldsymbol{T}^{\mathrm{T}}\bar{\boldsymbol{P}} \tag{5-6}$$

将$\hat{\boldsymbol{A}}$ 代入式(5-4) 并结合式(5-5)，即可得到任何时刻卫星轨道参数的常规多项式拟合模型。

Y、Z 方向坐标拟合原理同 X 方向。

(3) 切比雪夫多项式拟合：

n 阶切比雪夫多项式T_n 的递推公式为

$$T_0(\tau)=1;\ T_1(\tau)=\tau;\ T_n(\tau)=2\tau T_{n-1}(\tau)-T_{n-2}(\tau),\ |\tau|\leqslant 1.\ n\geqslant 2 \tag{5-7}$$

在时间段 $[t_0, t_0+\Delta t]$ 内，将高分辨率光学遥感图像卫星 n 个历元轨道坐标用 m 阶切比雪夫多项式拟合，根据转换公式 $\tau = 2(t-t_0)/\Delta t - 1$，$t \in [t_0, t_0+\Delta t]$，保证变量 $\tau \in [-1, 1]$。那么高分辨率光学遥感卫星坐标可用切比雪夫多项式表示为

$$x(t) = q_0 T_0(\tau) + q_1 T_1(\tau) + \cdots + q_m T_m(\tau) \tag{5-8}$$

式中，$x(t)$ 为历元 t 时刻的卫星 X 方向坐标（Y、Z 方向坐标解算原理同 X 方向）；m 为切比雪夫多项式阶数；q_0，q_1，…，q_m 为切比雪夫多项式系数。

定义矩阵：

$$\boldsymbol{Q} = \begin{bmatrix} q_0 \\ q_1 \\ \vdots \\ q_m \end{bmatrix},\ \boldsymbol{T} = \begin{bmatrix} T_0(\tau_0) & T_1(\tau_0) & \cdots & T_m(\tau_0) \\ T_0(\tau_1) & T_1(\tau_1) & \cdots & T_m(\tau_1) \\ \vdots & \vdots & & \vdots \\ T_0(\tau_{n-1}) & T_1(\tau_{n-1}) & \cdots & T_m(\tau_{n-1}) \end{bmatrix},\ \bar{\boldsymbol{X}} = \begin{bmatrix} x(t_0) \\ x(t_1) \\ \vdots \\ x(t_{n-1}) \end{bmatrix}$$

根据式(5-8)，误差方程为

$$\boldsymbol{V} = \boldsymbol{TQ} - \bar{\boldsymbol{X}} \tag{5-9}$$

式中，$\boldsymbol{V}$ 为 $\boldsymbol{X}$ 的残差向量。由于卫星在各历元轨道观测为等权观测，故得到 $\boldsymbol{Q}$ 的最小二乘估计为

$$\hat{\boldsymbol{Q}} = (\boldsymbol{T}^{\mathrm{T}}\boldsymbol{T})^{-1}\boldsymbol{T}^{\mathrm{T}}\bar{\boldsymbol{X}} \tag{5-10}$$

进一步可得到任意时刻卫星轨道参数的切比雪夫多项式拟合模型。

三种拟合方式的拟合精度都达到米级甚至毫米级，都可以用于光学遥感卫星轨道模型构建，满足其高分辨率光学卫星遥感图像的高精度几何处理需要。

2)遥感卫星姿态描述方法

卫星姿态描述参数是描述卫星三轴平台在特定参考坐标系中的空间指向参数，是高分辨率光学卫星遥感图像严密成像几何模型中的外方位角元素。卫星姿态的表达方式主要有方向余弦、欧拉轴/角元素、欧拉角及四元数等。在高分辨率光学卫星遥感图像数据地面处理中，欧拉角和四元数是常用的姿态表达方式。

(1)欧拉角：

在工程技术中，希望三个姿态参数具有更简明的几何意义，并能够用姿态敏感器直接量测出这些参数，同时较方便地求解用这些参数描述的姿态动力学方程。其中，欧拉角就是这种最合适的姿态参数，且主要用于高分辨率光学遥感卫星姿态控制。根据欧拉定理，刚体绕固定点的位移也可以是绕该点的若干次有限转动的合成。在欧拉转动中，可以将参考系转动三次得到本体坐标系。三次转动中，每次的旋转轴是被转动坐标系的某一坐标轴，转动角即为欧拉角。

由参考系到本体系的坐标轴转动顺序和方式决定旋转矩阵结构不同，以绕 Z，X，Y 转动顺序为例，即依次转动角表示为航偏角(yaw angle) ψ、滚动角(roll angle) φ，以及俯仰角(pitch angle) θ，进行旋转变换对应的变换矩阵表示为

绕 Z 轴：

$$\boldsymbol{A}_Z(\psi)=\begin{bmatrix}\cos\psi & \sin\psi & 0\\ -\sin\psi & \cos\psi & 0\\ 0 & 0 & 1\end{bmatrix}$$

绕 X 轴：

$$\boldsymbol{A}_X(\varphi)=\begin{bmatrix}1 & 0 & 0\\ 0 & \cos\varphi & \sin\varphi\\ 0 & -\sin\varphi & \cos\varphi\end{bmatrix}$$

绕 Y 轴：

$$\boldsymbol{A}_Y(\theta)=\begin{bmatrix}\cos\theta & 0 & -\sin\theta\\ 0 & 1 & 0\\ \sin\theta & 0 & \cos\theta\end{bmatrix}$$

则最终由欧拉角表示的参考系到本体的变换旋转矩阵为

$$\begin{aligned}\boldsymbol{R}_{br}^{e}&=\boldsymbol{A}_Y(\theta)\,\boldsymbol{A}_X(\varphi)\,\boldsymbol{A}_Z(\psi)\\ &=\begin{bmatrix}\cos\theta\cos\psi-\sin\psi\sin\theta\sin\varphi & \cos\theta\sin\psi+\sin\varphi\sin\theta\cos\psi & -\cos\varphi\sin\theta\\ -\cos\varphi\sin\psi & \cos\varphi\cos\psi & \sin\varphi\\ \sin\theta\cos\psi+\sin\varphi\cos\theta\sin\psi & \sin\theta\sin\psi-\sin\varphi\cos\theta\cos\psi & \cos\varphi\cos\theta\end{bmatrix}\end{aligned}\tag{5-11}$$

由上式可以看出，此类欧拉角旋转的奇异发生在滚动角 $\varphi=\dfrac{\pi}{2}$ 时，航偏角 ψ 和俯仰角 θ 在同一平面转动，难以进行解算。

(2)四元数：

姿态四元数作为描述高分辨率光学遥感卫星飞行状态的常用表达方式，不存在奇点情况。目前，星上在轨星敏感器下传数据与星上实时姿态解算数据都是采用四元数表达方式，是高分辨率光学卫星遥感图像地面处理系统重要的辅助数据。

定义卫星的姿态四元数 q：

$$\begin{aligned}\boldsymbol{q}&=[q_0\quad q_1\quad q_2\quad q_3]^{\mathrm{T}}=[q_0\quad \boldsymbol{q}]^{\mathrm{T}}\\ &=[\cos(\phi/2)\quad e_x\sin(\phi/2)\quad e_y\sin(\phi/2)\quad e_z\sin(\phi/2)]^{\mathrm{T}}\end{aligned}\tag{5-12}$$

式中，$\boldsymbol{e}=(e_x,\ e_y,\ e_z)^{\mathrm{T}}$ 为欧拉旋转轴；ϕ 为旋转过的欧拉转角；q_0 为标量部分。$\boldsymbol{q}=[q_1\quad q_2\quad q_3]^{\mathrm{T}}$ 为矢量部分。

以上为四元数的矩阵表现形式，其代数表示形式为：$q=q_1i+q_2j+q_3k+q_0$，其中 i，j，k 为超虚数，满足以下乘法规则：

$$ii=jj=kk=-1,\ ij=-ji=k,\ jk=-kj=i,\ ki=-ik=j\tag{5-13}$$

同轨道数据内插一样，卫星姿态数据的差值或拟合一般同样采用多项式方法，包括拉格朗日插值、一元全区间插值、埃特金插值、球面线性插值、常规多项式拟合、切比雪夫多项式拟合等。

2. SPOT-5 卫星严格成像模型

SPOT-5 卫星搭载了两个典型的高分辨率线阵推扫成像传感器：高分辨率几何成像装置 HRG（high resolution geometric）和高分辨率立体成像装置 HRS（high resolution stereoscopic），可以获得同轨和异轨立体图像。

SPOT-5 利用恒星跟踪仪和定轨装置 DORIS 测定卫星位置和姿态，利用这些数据可以建立严格成像模型实现直接对地定位。SPOT-5 星上测量的外方位元素存储在元数据文件中。SPOT-5 数据产品的 DIMAP 格式包含两部分：图像文件（Image data）和元数据文件（Metadata）。图像文件为 GeoTIFF 格式（一般固定名称 Imagery. tif）；Metadata 元数据文件为 XML 格式（一般固定名称 Metadata. dim）。轨道姿态等就包含在该文件中。元数据文件详细记录了卫星辅助信息，如元数据的 ID 号、图像数据集的 ID 号、图像数据集的范围（如角点经纬度坐标、行列坐标、中心点经纬度坐标和行列坐标、图像方位角）、图像行列数、图像获取时间、图像参考坐标系统、卫星在图像成像前后的 8～10 个位置的坐标、速度和时间、Doris 系统测定的卫星位置坐标、速度和时间、原始的和经过改正的卫星姿态角和变化率等。

利用 SPOT-5 元数据文件存储的卫星图像的有关信息，根据成像过程可以建立 SPOT-5 严格成像模型。其基本过程是首先利用星上测量外方位元素内插得到每一个扫描行的外方位元素，然后将像点和投影中心确定的成像光线依次进行坐标转换，得到其在地心地固坐标系下的表达形式，根据像点、投影中心和地面点三点共线条件建立成像模型。涉及的坐标系包括：卫星本体坐标系、轨道坐标系和地心地固坐标系。

1）卫星星历参数内插

SPOT 5 卫星的时间确定精度优于 100μm，由此所产生的地面误差小于 1m。任一扫描行 l 的像元所对应的摄影时刻 t 为

$$t = t_c + lsp \times (l - l_c) \tag{5-14}$$

式中，t_c 为中央扫描行的摄影时刻；l_c 为图像中央扫描行的行序号；lsp 为扫描一行图像所用的时间，这些数据均可从卫星的辅助数据中获得。

SPOT-5 卫星图像的辅助数据中提供每隔 30s 的卫星位置和速度，则任意时刻的卫星位置和速度均可通过拉格朗日插值法获得。任意扫描行所对应的时刻 t 可以由式（5-14）计算，此时可计算 t 时刻对应得卫星位置 $\boldsymbol{P}(t)$ 和速度 $\boldsymbol{V}(t)$。在星历中选择 t 时刻前的 4 个星历数据（t_1，t_2，t_3 和 t_4）和 t 时刻后的 4 个星历数据（t_5，t_6，t_7 和 t_8），则 t 时刻的卫星位置 $\boldsymbol{P}(t)$ 和速度 $\boldsymbol{V}(t)$ 可以通过拉格朗日插值获得：

$$\boldsymbol{P}(t) = \sum_{j=1}^{8} \frac{\boldsymbol{P}(t_j) \times \prod\limits_{\substack{i=1 \\ i \neq j}}^{8} (t - t_i)}{\prod\limits_{\substack{i=1 \\ i \neq j}}^{8} (t_j - t_i)}$$

$$V(t)=\sum_{j=1}^{8}\frac{V(t_j)\times\prod_{\substack{i=1\\i\neq j}}^{8}(t-t_i)}{\prod_{\substack{i=1\\i\neq j}}^{8}(t_j-t_i)} \tag{5-15}$$

式中，$\boldsymbol{P}(t_j)$ 和 $\boldsymbol{V}(t_j)$ 分别是星历数据中卫星的位置和速度；t_j 是相应的时刻。

SPOT-5 卫星图像的辅助数据中提供采样频率为 8Hz 的卫星姿态数据。任意扫描行所对应的时刻 t 可以由式(5-14) 计算，又由于卫星的姿态变化较小，所以对于时刻 t，相应的 3 个姿态角仰俯角 $a_p(t)$、侧滚角 $a_r(t)$、航偏角 $a_y(t)$ 可通过简单的线性内插确定。

$$\begin{aligned}a_p(t)&=a_p(t_i)+(a_p(t_{i+1})-a_p(t_i))\times\frac{t-t_i}{t_{i+1}-t_i}\\a_r(t)&=a_r(t_i)+(a_r(t_{i+1})-a_r(t_i))\times\frac{t-t_i}{t_{i+1}-t_i}\\a_y(t)&=a_y(t_i)+(a_y(t_{i+1})-a_y(t_i))\times\frac{t-t_i}{t_{i+1}-t_i}\end{aligned} \tag{5-16}$$

式中，i 为 t 时刻前且距 t 时刻最近的一组有效姿态测量值的序号($t_i \leqslant t \leqslant t_{i+1}$)；$a_p(t_i)$、$a_r(t_i)$、$a_y(t_i)$ 分别是序列号为 i 的仰俯角、侧滚角、航偏角测量值。

2) 本体坐标系内的视线方向

本体坐标系($O_1-X_1Y_1Z_1$)是固定在卫星上的坐标系，其原点定义在卫星的重心，3个坐标轴由卫星姿态控制系统定义，目的是较容易地确定和控制卫星的姿态，因此也被称为导航参考坐标系。图 5-2 所示为本体坐标系及视线方向。

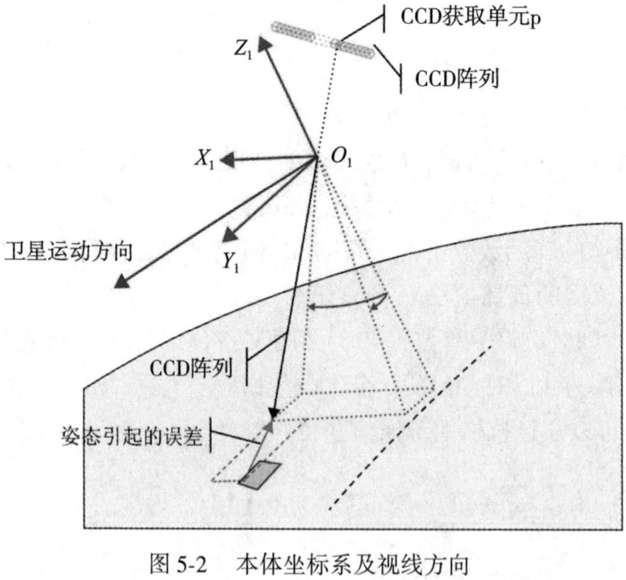

图 5-2　本体坐标系及视线方向

对于任意一个扫描行 l，第 p 列的图像是由一个确定的CCD像元获得的，该CCD像元在本体坐标系 $O_1\text{-}X_1Y_1Z_1$ 内的视线方向由 ψ_X 和 ψ_Y 两个角度确定，其中 ψ_X 为沿轨道方向的侧视角，ψ_Y 为垂直于轨道方向的侧视角。SPOT-5卫星辅助数据给出每个CCD像元的 ψ_X 和 ψ_Y 值，则 p 对应得侧视角为

$$\begin{aligned}\psi_X &= (\psi_X)_p \\ \psi_Y &= (\psi_Y)_p\end{aligned} \tag{5-17}$$

如果特征点是子像素级精度，两个角度可由相邻两个CCD像元的 ψ_X 和 ψ_Y 内插确定，则任意像素的视线方向 $\boldsymbol{u}_1$ 可由下式计算：

$$\boldsymbol{u}'_1 = \begin{pmatrix} -\tan(\psi_Y) \\ +\tan(\psi_X) \\ -1 \end{pmatrix} \tag{5-18}$$

$$\boldsymbol{u}_1 = \frac{\boldsymbol{u}'_1}{\|\boldsymbol{u}'_1\|} \tag{5-19}$$

3）轨道坐标系内的视线方向

如图5-3所示，轨道坐标系 $O_2\text{-}X_2Y_2Z_2$ 也建立在卫星上，坐标系原点为卫星的质心 O_2，Z_2 轴通过地球质心到卫星质心的向量经归一化确定，X_2 轴是卫星瞬间速度与 Z_2 轴的归一化叉积，Y_2 轴则由 Z_2 轴和 X_2 轴的叉积定义：

$$Z_2 = \frac{\boldsymbol{P}(t)}{\|\boldsymbol{P}(t)\|} \tag{5-20}$$

$$X_2 = \frac{\boldsymbol{V}(t) \times Z_2}{\|\boldsymbol{V}(t) \times Z_2\|} \tag{5-21}$$

$$Y_2 = Z_2 \times X_2 \tag{5-22}$$

式中，$\boldsymbol{P}(t)$ 和 $\boldsymbol{V}(t)$ 是经拉格朗日内插得到的卫星位置和速度。

由定义可知，轨道坐标系是瞬时坐标系，由每一时刻卫星的轨道位置和速度决定。轨道坐标系与本体坐标系的原点定义相同，三个坐标轴的方向差异即为星上测量的姿态角。因此，通过三个姿态角确定的旋转矩阵即可计算出成像光线在轨道坐标系下的视线方向 $\boldsymbol{u}_2$：

$$\boldsymbol{u}_2 = \frac{\boldsymbol{u}'_2}{\|\boldsymbol{u}'_2\|} \tag{5-23}$$

$$\boldsymbol{u}'_2 = \boldsymbol{M}_p \cdot \boldsymbol{M}_r \cdot \boldsymbol{M}_y \cdot \boldsymbol{u}_1 \tag{5-24}$$

$$\begin{aligned}
\boldsymbol{M}_p &= \begin{bmatrix} 1 & 0 & 0 \\ 0 & \cos(a_p(t)) & \sin(a_p(t)) \\ 0 & -\sin(a_p(t)) & \cos(a_p(t)) \end{bmatrix} \\
\boldsymbol{M}_r &= \begin{bmatrix} \cos(a_r(t)) & 0 & -\sin(a_r(t)) \\ 0 & 1 & 0 \\ \sin(a_r(t)) & 0 & \cos(a_r(t)) \end{bmatrix} \\
\boldsymbol{M}_y &= \begin{bmatrix} \cos(a_y(t)) & -\sin(a_y(t)) & 0 \\ \sin(a_y(t)) & \cos(a_y(t)) & 0 \\ 0 & 0 & 1 \end{bmatrix}
\end{aligned} \tag{5-25}$$

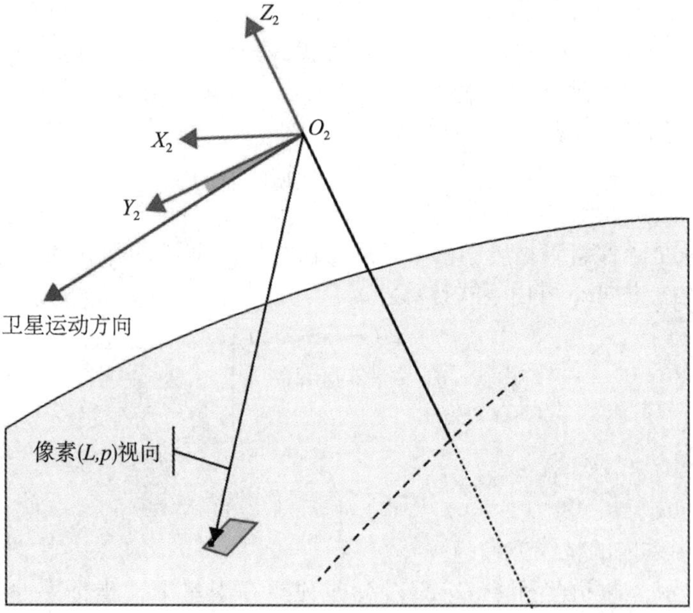

图 5-3　轨道坐标系及视线方向

式中，$\boldsymbol{u}_1$ 是导航参考坐标系内的视线方向；$\boldsymbol{M}_p$、$\boldsymbol{M}_r$、$\boldsymbol{M}_y$ 分别是由 t 时刻 3 个旋转角 $a_p(t)$、$a_r(t)$、$a_y(t)$ 构成的旋转矩阵。

4）确定地球坐标系内的视线方向

卫星的位置和速度都是在 ITRF 参考框架下表达的，而 ITRF 与 WGS-84 参考椭球之间的最大偏差一般小于 1m，实际应用中可以忽略二者的差别，直接使用 WGS-84 代替 ITRF。轨道坐标系下的坐标可通过下式转换到地球坐标系中：

$$\boldsymbol{u}_3 = \begin{bmatrix} (X_2)_X & (Y_2)_X & (Z_2)_X \\ (X_2)_Y & (Y_2)_Y & (Z_2)_Y \\ (X_2)_Z & (Y_2)_Z & (Z_2)_Z \end{bmatrix} \cdot \boldsymbol{u}_2 \tag{5-26}$$

式中，$\boldsymbol{u}_2$ 是轨道坐标系下的视线方向；$\boldsymbol{u}_3$ 是地球坐标系下的视线方向；X_2、Y_2、Z_2 为轨道坐标系的 3 个坐标轴，其值可由式(5-20)、式(5-21)、式(5-22)计算得到。

由上面的推导可以计算出任意像素所对应的卫星位置和视线方向，也即确定了一条从卫星质心指向地球的射线。如果能够获得立体像对(如 SPOT-5 的 HRS 立体像对)，或者单张图像和对应区域的 DEM，此时不需要任何地面控制点即可获得 WGS-84 坐标系下的地心空间直角坐标，从而实现图像的直接定位。

5）共线方程

如图 5-4 所示，$M=(X, Y, Z)$ 为地面上的一点，则 M 点可表示为

$$\boldsymbol{O}_T M = \boldsymbol{P}(t) + \mu \times \boldsymbol{u}_3 \tag{5-27}$$

式中，$\boldsymbol{P}(t)$ 为卫星在时刻 t 时的位置；μ 为投影系数；$\boldsymbol{u}_3$ 为视向在地球坐标系内的方向。

上式也可写为

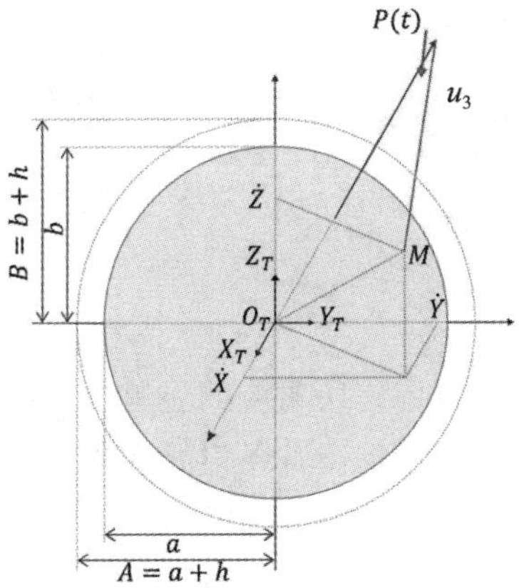

图 5-4 卫星位置、CCD 像元视向及地面点几何关系

$$\begin{cases} X = X_P + \mu \times (u_3)_X \\ Y = Y_P + \mu \times (u_3)_Y \\ Z = Z_P + \mu \times (u_3)_Z \end{cases} \tag{5-28}$$

结合前面的几个变换关系，则有：

$$\boldsymbol{u}_3 = \frac{1}{\|\boldsymbol{u}'_1\| \ \|\boldsymbol{u}'_2\|} \begin{bmatrix} (X_2)_X & (Y_2)_X & (Z_2)_X \\ (X_2)_Y & (Y_2)_Y & (Z_2)_Y \\ (X_2)_Z & (Y_2)_Z & (Z_2)_Z \end{bmatrix} \cdot M_p \cdot M_r \cdot M_y \cdot \begin{pmatrix} -\tan(\psi_Y)_P \\ +\tan(\psi_X)_P \\ -1 \end{pmatrix} \tag{5-29}$$

将式(5-29)代入式(5-28)可得：

$$\begin{bmatrix} X - X_P \\ Y - Y_P \\ Z - Z_P \end{bmatrix} = \frac{\mu}{\|\boldsymbol{u}'_1\| \ \|\boldsymbol{u}'_2\|} \begin{bmatrix} (X_2)_X & (Y_2)_X & (Z_2)_X \\ (X_2)_Y & (Y_2)_Y & (Z_2)_Y \\ (X_2)_Z & (Y_2)_Z & (Z_2)_Z \end{bmatrix} \cdot \boldsymbol{M}_p \cdot \boldsymbol{M}_r \cdot \boldsymbol{M}_y \cdot \begin{pmatrix} -\tan(\psi_Y)_P \\ +\tan(\psi_X)_P \\ -1 \end{pmatrix} \tag{5-30}$$

令 $\boldsymbol{R}^{-1} = \frac{\mu}{\|\boldsymbol{u}'_1\| \ \|\boldsymbol{u}'_2\|} \begin{bmatrix} (X_2)_X & (Y_2)_X & (Z_2)_X \\ (X_2)_Y & (Y_2)_Y & (Z_2)_Y \\ (X_2)_Z & (Y_2)_Z & (Z_2)_Z \end{bmatrix} \cdot \boldsymbol{M}_p \cdot \boldsymbol{M}_r \cdot \boldsymbol{M}_y$，由上式可得：

$$\begin{pmatrix} -\tan(\psi_Y)_P \\ +\tan(\psi_X)_P \\ -1 \end{pmatrix} = \boldsymbol{R} \cdot \begin{bmatrix} X - X_P \\ Y - Y_P \\ Z - Z_P \end{bmatrix} \tag{5-31}$$

令 $\boldsymbol{R} = \begin{bmatrix} r_{11} & r_{12} & r_{13} \\ r_{21} & r_{22} & r_{23} \\ r_{31} & r_{32} & r_{33} \end{bmatrix}$，则由上式可得共线方程：

$$\begin{cases} \dfrac{r_{11}(X-X_P)+r_{12}(Y-Y_P)+r_{13}(Z-Z_P)}{r_{31}(X-X_P)+r_{32}(Y-Y_P)+r_{33}(Z-Z_P)} - \tan(\psi_y)_P = 0 \\ \dfrac{r_{21}(X-X_P)+r_{22}(Y-Y_P)+r_{23}(Z-Z_P)}{r_{31}(X-X_P)+r_{32}(Y-Y_P)+r_{33}(Z-Z_P)} + \tan(\psi_x)_P = 0 \end{cases} \tag{5-32}$$

此式即 SPOT-5 卫星传感器的共线方程，该公式可用于立体像对交会定位，也可用于图像的直接定位。

6)单像空间定位模型

由上面的推导可以计算出任意像素所对应的卫星位置和视线方向，即确定了一条从卫星质心指向地球的射线，也就可以计算出这条射线和椭球某个高程面的交点。

给定地球椭球模型(图 5-4)为

$$\frac{X^2+Y^2}{A^2}+\frac{Z^2}{B^2}=1 \tag{5-33}$$

其中

$$\begin{cases} A = a + h \\ B = b + h \end{cases}$$

假设 $M(X, Y, Z)$ 为地面点，h 为高程，a、b 分别为地球椭球的长短半轴，这里取 $a = 6378137.0\text{m}$，$b = 6356752.3\text{m}$。

结合视向射线模型式(5-28)可得：

$$\left[\frac{(u_3)_X^2+(u_3)_Y^2}{A^2}+\frac{(u_3)_Z^2}{B^2}\right]\times\mu^2+2\times\left[\frac{X_P(u_3)_X+Y_P(u_3)_Y}{A^2}+\frac{Z_P(u_3)_Z}{B^2}\right]\times\mu+\left[\frac{X_P^2+Y_P^2}{A^2}+\frac{Z_P^2}{B^2}\right]=1 \tag{5-34}$$

解上式得两个不同的解(μ_1, μ_2)，将其分别代入式(5-28)得(X_1, Y_1, Z_1)、(X_2, Y_2, Z_2)，分别计算这两点与卫星位置 $P(t)$ 的距离，对应距离最小的坐标为地面点 $M(X, Y, Z)$ 的坐标。

如果有图像覆盖区域的 DEM，可以用迭代算法计算视向射线与地表的交点，如图 5-5 所示。h 的初始值可取 0，此后可根据计算出的地面点坐标在 DEM 中查找 h 值，当某次计算的地面点坐标与上一次计算的地面点坐标差值小于阈值时，取最后一次计算的地面点坐标为地面点 $M(X, Y, Z)$ 的坐标。算法流程见图 5-6。

7)立体像对空间定位模型

由上面的推导可以计算出任意像素所对应的卫星位置和视线方向，也即确定了一条从卫星质心指向地球的射线。如果能够获得立体相对(如 SPOT-5 的 HRS 立体像对)，则可确定两条从不同卫星位置同时指向地面某点的射线，这两条射线的交点(交点的求定与摄影测量中的前方交会原理完全相同)就是地面点，如图 5-7 所示。此时不需要任何地面信息即可获得 WGS-84 坐标系下的地心空间直角坐标，从而实现 SPOT-5 图像的直接定位。

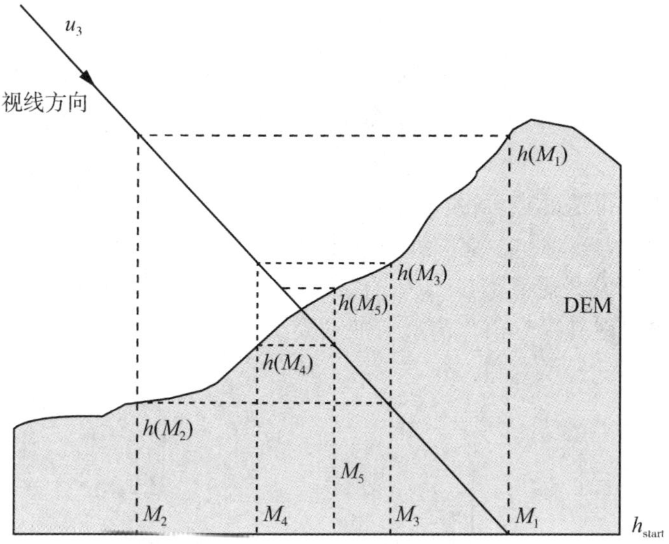

图 5-5　单像结合 DEM 直接定位

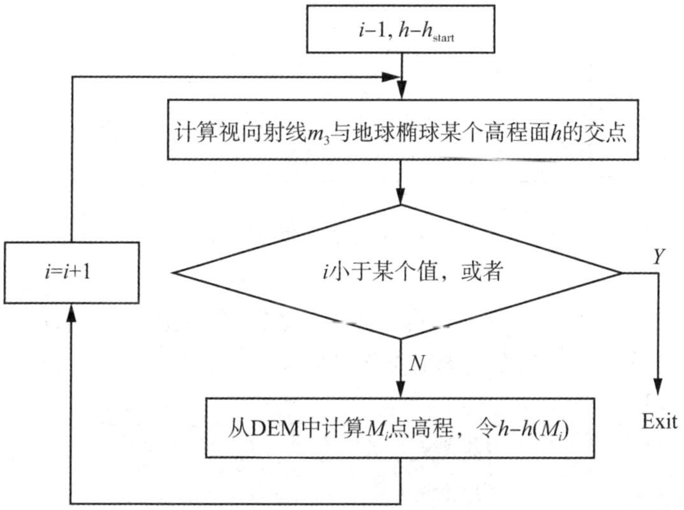

图 5-6　单像直接定位流程图

如图 5-7 所示，有一对同名点 $a_1(x_1, y_1)$ 和 $a_2(x_2, y_2)$，成像时刻卫星位置矢量分别为 $\boldsymbol{P}_1(X_P, Y_P, Z_P)$ 和 $\boldsymbol{P}_2(X'_P, Y'_P, Z'_P)$，地面点坐标矢量为 $\boldsymbol{A}(X, Y, Z)$，投影系数分别为 μ 和 μ'，由式(5-28) 可得：

$$\begin{cases} X = X_P + \mu \times (u_3)_X = X'_P + \mu' \times (u'_3)_X \\ Y = Y_P + \mu \times (u_3)_Y = Y'_P + \mu' \times (u'_3)_Y \\ Z = Z_P + \mu \times (u_3)_Z = Z'_P + \mu' \times (u'_3)_Z \end{cases} \tag{5-35}$$

令 $A=\begin{bmatrix}(u_3)_X & -(u'_3)_X\\(u_3)_Y & -(u'_3)_Y\\(u_3)_Z & -(u'_3)_Z\end{bmatrix}$，$W=\begin{bmatrix}X_P & -X'_P\\Y_P & -Y'_P\\Z_P & -Z'_P\end{bmatrix}$，$X=\begin{bmatrix}\mu\\\mu'\end{bmatrix}$，则由式(5-35)可得：

$$AX+W=0 \tag{5-36}$$

由最小二乘法可得地面点可得：

$$X=-(A^{\mathrm{T}}PA)^{-1}(A^{\mathrm{T}}PW) \tag{5-37}$$

由式(5-37)可计算投影系数μ、μ'，代入式(5-35)求解相应地面点坐标，此时可以得到两组坐标值，可以取其平均值作为最后的结果。

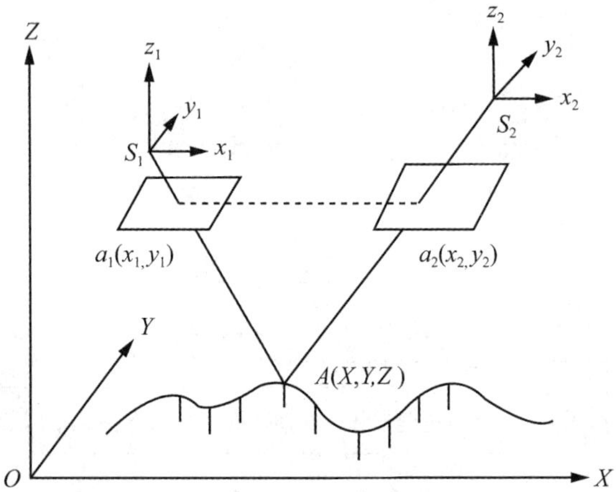

图 5-7　立体像对直接定位

对于上面这种算法，由于存在着两个投影系数，在计算地面坐标时可能存在投影误差，可以利用式(5-32)类共线方程来消除这种误差。

由式(5-32)整理而得：

$$\begin{cases}L_1X+L_2Y+L_3Z+L_X=0\\L_4X+L_5Y+L_6Z+L_Y=0\end{cases} \tag{5-38}$$

其中：

$L_1=r_{11}-r_{31}\tan(\psi_y)_P$

$L_2=r_{12}-r_{32}\tan(\psi_y)_P$

$L_3=r_{13}-r_{33}\tan(\psi_y)_P$

$L_X=(r_{31}\tan(\psi_y)_P-r_{11})X_P+(r_{32}\tan(\psi_y)_P-r_{12})Y_P+(r_{33}\tan(\psi_y)_P-r_{13})Z_P$

$L_4=r_{21}+r_{31}\tan(\psi_x)_P$

$L_5=r_{22}+r_{32}\tan(\psi_x)_P$

$L_6=r_{23}+r_{33}\tan(\psi_x)_P$

$L_Y=-(r_{21}+r_{31}\tan(\psi_x)_P)X_P-(r_{22}+r_{32}\tan(\psi_x)_P)Y_P-(r_{23}+r_{33}\tan(\psi_x)_P)Z_P$

对于左、右图像的一对同名点，可列出 4 个上述线性方程：

$$\begin{cases} L_1X + L_2Y + L_3Z + L_X = 0 \\ L_4X + L_5Y + L_6Z + L_Y = 0 \\ L'_1X + L'_2Y + L'_3Z + L'_X = 0 \\ L'_4X + L'_5Y + L'_6Z + L'_Y = 0 \end{cases} \tag{5-39}$$

令 $\boldsymbol{A} = \begin{bmatrix} L_1 & L_2 & L_3 \\ L_4 & L_5 & L_6 \\ L'_1 & L'_2 & L'_3 \\ L'_4 & L'_5 & L'_6 \end{bmatrix}$，$\boldsymbol{W} = \begin{bmatrix} L_X \\ L_Y \\ L'_X \\ L'_Y \end{bmatrix}$，$\boldsymbol{X} = \begin{bmatrix} X \\ Y \\ Z \end{bmatrix}$，则式(5-39) 可变换为

$$\boldsymbol{AX} + \boldsymbol{W} = 0 \tag{5-40}$$

由于所要求解未知数只有 3 个，因此可采用最小二乘法求解可得地面点坐标：

$$\boldsymbol{X} = -(\boldsymbol{A}^{\mathrm{T}}\boldsymbol{PA})^{-1}(\boldsymbol{A}^{\mathrm{T}}\boldsymbol{PW}) \tag{5-41}$$

5.1.3 雷达传感器严格成像模型

1. Leberl 构像模型

雷达传感器严格成像模型主要分为两类，一类是由常规摄影测量的共线方程转化而来，如 Konecny 等提出的平距显示的雷达图像的数学模型和斜距显示的雷达图像的数学模型，其公式形式与摄影测量中常用的共线方程类似；另一类是根据 SAR 本身的构像几何建立，如 Leberl 构像模型，该模型比较简单，也是比较常用的一种构像模型。

Leberl 构像模型是国际著名摄影测量学者 F. Leberl 提出的，该模型是根据雷达图像像点的距离条件和零多普勒条件来表达雷达图像瞬间构像的数学模型，也被称为距离-多普勒(R-D)模型，它描述了 SAR 图像坐标与相应地面点坐标之间的严密几何关系。

距离-多普勒(R-D)模型是根据 SAR 成像原理来确定像点空间位置的数学模型。其主要依靠两个条件：一是根据雷达波在目标上回波时间的长短来确定像点到雷达天线的距离，由此确定目标像点在距离向的位置；二是根据雷达回波的多普勒特性，通过方位压缩处理，确定目标所在的方位向位置。

1)距离条件

如图 5-8 所示，D_s 为初始斜距(也称扫描延迟)，R_s 为天线 S 到地面点 P 的斜距，m_y 为 SAR 图像距离向分辨率，y 为 SAR 图像距离向像元坐标。

$$D_S + m_y \cdot y = \sqrt{(X - X_S)^2 + (Y - Y_S)^2 + (Z - Z_S)^2} \tag{5-42}$$

式中，X_S，Y_S，Z_S 为 SAR 成像时的雷达天线位置；X，Y，Z 为地面点 P 的地面坐标。

2)多普勒条件

在信号处理中，雷达的回波频率的简化式为

$$R \cdot \sin\tau = u_x(X - X_S) + u_y(Y - Y_S) + u_z(Z - Z_S) \tag{5-43}$$

式中，R 为天线到地面点的距离；τ 为偏斜角；u_x，u_y，u_z 为飞机的单位瞬时速率。

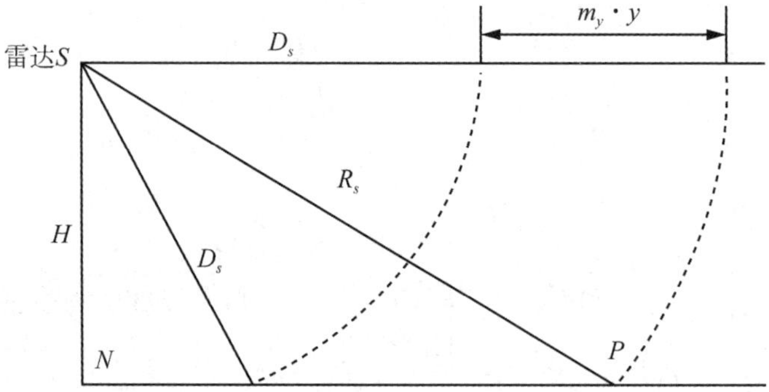

图 5-8　F. Leberl 模型距离条件示意图

当飞机飞行速度矢量与天线至地面点矢量保持垂直，此时 $\tau = 0$，式(5-41) 即为零多普勒条件。

$$u_x(X - X_S) + u_y(Y - Y_S) + u_z(Z - Z_S) = 0 \tag{5-44}$$

距离条件和多普勒条件结合构成了用于传统定位解算方法的方程式：

$$\begin{cases} f = (D_s + m_y \cdot y) - \sqrt{[(X - X_S)^2 + (Y - Y_S)^2 + (Z - Z_S)^2]} \\ g = v_X \cdot (X - X_S) + v_Y \cdot (Y - Y_S) + v_Z \cdot (Z - Z_S) \end{cases} \tag{5-45}$$

式中，D_s 为扫描延迟；m_y 为距离向像元大小；y 为距离向像点坐标。

2. 基于 Leberl 模型 SAR 图像定位

利用 Leberl 模型可以进行 SAR 图像坐标与地面坐标间的相互解算。

1) 由图像坐标解算地面坐标

从图像坐标解算地面坐标时，需要加上一个目标所在的约束平面(如地面)，或者在有 DEM 的情况下，可以用 DEM 数据作为约束条件辅助解算地面坐标。此时选取地面目标的高斯坐标的 X，Y 作为未知数，根据定位模型方程，建立误差方程进行最小二乘平差求解。DEM 作为约束条件提供高程，需要提供初值，利用牛顿迭代法精确求解。

基于距离-多普勒方程(5-44)，以地理坐标 X，Y 为未知数，进行线性化，建立误差方程为

$$\begin{cases} v_f = \dfrac{\partial f}{\partial X}\mathrm{d}X + \dfrac{\partial f}{\partial Y}\mathrm{d}Y + f_0 \\ v_g = \dfrac{\partial g}{\partial X}\mathrm{d}X + \dfrac{\partial g}{\partial Y}\mathrm{d}Y + g_0 \end{cases} \tag{5-46}$$

令 $M = \dfrac{1}{\sqrt{(Z - Z_S)^2 + (Z - Z_S)^2 + (Z - Z_S)^2}}$，则

$$\frac{\partial f}{\partial X} = -M \cdot (X - X_S)$$

$$\frac{\partial f}{\partial Y} = -M \cdot (Y - Y_S) \tag{5-47}$$

$$\frac{\partial g}{\partial X} = v_X$$

$$\frac{\partial g}{\partial Y} = v_Y$$

矩阵形式：

$$\boldsymbol{V} = \boldsymbol{A}\boldsymbol{x} - \boldsymbol{L} \tag{5-48}$$

其中，

$$\boldsymbol{V} = \begin{bmatrix} v_f \\ v_g \end{bmatrix},$$

$$\boldsymbol{A} = \begin{bmatrix} \frac{\partial f}{\partial X} & \frac{\partial f}{\partial Y} \\ \frac{\partial g}{\partial X} & \frac{\partial g}{\partial Y} \end{bmatrix},$$

$$\boldsymbol{x} - [\mathrm{d}X \quad \mathrm{d}Y]^{\mathrm{T}},$$

$$\boldsymbol{L} = \begin{bmatrix} -f_0 \\ -g_0 \end{bmatrix}$$

模型参数：

$$\boldsymbol{X} = [X \quad Y]^{\mathrm{T}} \tag{5-49}$$

具体实现计算步骤：

(1) 利用控制点的地理坐标平均值作为解算初始值 $X_0 = \frac{1}{n}\sum X_{\mathrm{gcp}}, Y_0 = \frac{1}{n}\sum Y_{\mathrm{gcp}}$；

(2) 利用 X_0, Y_0 初始值，基于 DEM 内插出高程初始值 Z_0；

(3) 代入初始值，计算方程系数，建立法方程 $\boldsymbol{A}^{\mathrm{T}}\boldsymbol{A}\boldsymbol{x} - \boldsymbol{A}^{\mathrm{T}}\boldsymbol{L} = 0$；

(4) 求解法方程，解算参数改正数 $\boldsymbol{x} = (\boldsymbol{A}^{\mathrm{T}}\boldsymbol{A})^{-1}\boldsymbol{A}^{\mathrm{T}}\boldsymbol{L}$；

(5) 对参数进行改正 $X_{i+1} = X_i + x$；

(6) 新的参数值进行迭代，重复步骤(2) ~ (5)，直到改正数的值都小于限值，停止迭代，得到直接定位结果。

以上解算中利用 DEM 内插高程，以及在以后的图像重采样过程中，都要涉及插值方法的问题。常用的插值方法有线性内插、双线性内插、移动曲面内插和多面函数内插等方法。

2) 由地面坐标解算图像坐标

从地理坐标到图像坐标的解算过程在解算时选取图像坐标作为平差参数，建立误差方程，进行平差计算。基于距离 - 多普勒方程(5-44)，以图像坐标 x, y 为未知数，进行线性化，建立误差方程为

$$\begin{aligned} v_f &= \frac{\partial f}{\partial x}\mathrm{d}x + \frac{\partial f}{\partial y}\mathrm{d}y + f_0 \\ v_g &= \frac{\partial g}{\partial x}\mathrm{d}x + \frac{\partial g}{\partial y}\mathrm{d}y + g_0 \end{aligned} \tag{5-50}$$

令 $M = \dfrac{1}{\sqrt{(Z-Z_S)^2+(Z-Z_S)^2+(Z-Z_S)^2}}$，则

$$\frac{\partial f}{\partial x} = M\cdot(X-X_S)\cdot v_X\cdot m_x + M\cdot(Y-Y_S)\cdot v_Y\cdot m_x + M\cdot(Z-Z_S)\cdot v_Z\cdot m_x$$

$$\frac{\partial f}{\partial y} = m_y$$

$$\begin{aligned}\frac{\partial g}{\partial x} = &-{v_X}^2\cdot m_x + (2a_2+6a_3x)\cdot(X-X_S)\cdot m_x\\ &-{v_Y}^2\cdot m_x + (2b_2+6b_3x)\cdot(Y-Y_S)\cdot m_x\\ &-{v_Z}^2\cdot m_x + (2c_2+6c_3x)\cdot(Z-Z_S)\cdot m_x\end{aligned}$$

$$\frac{\partial g}{\partial y} = 0 \tag{5-51}$$

矩阵形式：

$$\boldsymbol{V} = \boldsymbol{Ax} - \boldsymbol{L} \tag{5-52}$$

其中

$$\boldsymbol{V} = \begin{bmatrix} v_f \\ v_g \end{bmatrix}$$

$$\boldsymbol{A} = \begin{bmatrix} \dfrac{\partial f}{\partial X} & \dfrac{\partial f}{\partial Y} \\ \dfrac{\partial g}{\partial X} & \dfrac{\partial g}{\partial Y} \end{bmatrix}$$

$$\boldsymbol{x} = [\mathrm{d}X \quad \mathrm{d}Y]^{\mathrm{T}}$$

$$\boldsymbol{L} = \begin{bmatrix} -f_0 \\ -g_0 \end{bmatrix}$$

模型参数：

$$\boldsymbol{X} = [x \quad y]^{\mathrm{T}} \tag{5-53}$$

具体实现的计算步骤：

(1) 利用控制点的地理坐标平均值作为解算初始值 $x_0 = \dfrac{1}{n}\sum x_{\mathrm{gcp}}$，$y_0 = \dfrac{1}{n}\sum y_{\mathrm{gcp}}$；

(2) 代入初始值，计算误差方程系数，建立法方程 $\boldsymbol{A}^{\mathrm{T}}\boldsymbol{Ax} - \boldsymbol{A}^{\mathrm{T}}\boldsymbol{L} = 0$；

(3) 求解法方程，解算参数改正数 $\boldsymbol{x} = (\boldsymbol{A}^{\mathrm{T}}\boldsymbol{A})^{-1}\boldsymbol{A}^{\mathrm{T}}\boldsymbol{L}$；

(4) 对参数进行改正 $X_{i+1} = X_i + x$；

(5) 新的参数值进行迭代，重复步骤(2)～(4)，直到改正数的值都小于限值，停止迭代，得到间接定位结果。

5.1.4　多项式模型

多项式模型回避成像的空间几何过程，直接利用多项式函数描述像点和地面点的对应

关系。常用的多项式有一般多项式、勒让德多项式以及双变量分区插值多项式等。多项式模型是典型的通用成像模型，可以用于各种类型的图像几何处理。

一般多项式纠正变换公式为

$$\begin{cases} x = a_0 + (a_1X + a_2Y) + (a_3X^2 + a_4XY + a_5Y^2) \\ \quad + (a_6X^3 + a_7X^2Y + a_8XY^2 + a_9Y^3) + \cdots \\ y = b_0 + (b_1X + b_2Y) + (b_3X^2 + b_4XY + b_5Y^2) \\ \quad + (b_6X^3 + b_7X^2Y + b_8XY^2 + b_9Y^3) + \cdots \end{cases} \tag{5-54}$$

式中，x，y 为某像素原始图像坐标；X，Y 为同名像素的地面(或地图) 坐标。

多项式的项数(即系数个数)N 与其阶数 n 有着固定的关系：

$$N = \frac{(n+1)(n+2)}{2} \tag{5-55}$$

多项式的系数一般利用地面控制点列方程进行解算。实际应用中多项式的阶数一般不大于三次，因为更高阶的多项式有可能会产生明显的振荡现象，即在控制点上拟合很好，但在其他点的内插值可能有明显偏离，造成模型定位精度下降。另外，由于多项式函数不能真实描述图像形成过程中的误差来源以及地形起伏引起的变形，因此，其应用只限于变形很小的图像，如垂直下视图像、小覆盖范围图像或者平坦地区的图像。大范围、地形复杂图像的几何处理应该选择其他成像模型处理，如有理函数模型等。

5.1.5 有理函数模型

有理函数模型(rational function model，RFM)同样是利用数学公式近似表示像点和地面点对应关系。和严格传感器模型不同，它不需要了解每一类型成像传感器的轨道姿态参数等物理特性，因此在应用上是独立于传感器类型的。由于这种性质，许多卫星图像供应商都将这种模型作为图像传递的标准，利用严格成像模型反求有理函数模型，最后将 RFM 模型参数作为图像元数据的一部分提供给用户，这样用户就可以在传感器物理构造参数未知的情况下，利用 RFM 模型进行图像处理。

1. RFM 模型定义

有理函数模型(RFM)将像点坐标 (r, c) 表示为以相应地面点空间坐标(X, Y, Z) 为自变量的多项式的比值，具体形式如下式所示：

$$\begin{cases} r_n = \dfrac{p_1(X_n, Y_n, Z_n)}{p_2(X_n, Y_n, Z_n)} \\ c_n = \dfrac{p_3(X_n, Y_n, Z_n)}{p_4(X_n, Y_n, Z_n)} \end{cases} \tag{5-56}$$

式中，(r_n, c_n) 和(X_n, Y_n, Z_n) 分别表示像素坐标(r, c) 和地面点坐标(X, Y, Z)。其中，像点坐标是线阵推扫式图像的横纵坐标(sample，line)；地面点坐标一般采用经纬度加大地高的表达方式(P, L, H)。

经平移和缩放变换后的标准化坐标，取值位于$(-1.0 \sim +1.0)$ 之间，其变换关系为

$$\begin{cases} X_n = \dfrac{X - X_n}{X_s} \\ Y_n = \dfrac{Y - Y_n}{Y_s} \\ Z_n = \dfrac{Z - Z_n}{Z_s} \\ c_n = \dfrac{c - c_0}{c_s} \\ r_n = \dfrac{r - r_0}{r_s} \end{cases} \tag{5-57}$$

式中，(X_0，Y_0，Z_0，r_0，c_0) 为标准化平移参数，(X_s，Y_s，Z_s，r_s，c_s) 为标准化比例参数。采用标准化坐标是为了减少计算过程中由于数据数量级差别过大引入的舍入误差。

每个多项式的形式如下：

$$\begin{aligned} p = \sum_{i=0}^{m1}\sum_{j=0}^{m2}\sum_{k=0}^{m3} a_{ijk}X^iY^jZ^k &= a_0 + a_1Z + a_2Y + a_3X + a_4ZY + a_5ZX + a_6YX + a_7Z^2 \\ &+ a_8Y^2 + a_9X^2 + a_{10}ZYX + a_{11}Z^2Y + a_{12}Z^2X + a_{13}Y^2Z \\ &+ a_{14}Y^2X + a_{15}ZX^2 + a_{16}YX^2 + a_{17}Z^3 + a_{18}Y^3 + a_{19}X^3 \end{aligned} \tag{5-58}$$

多项式中每一项的各个坐标分量 X，Y，Z 的幂最大不超过 3，每一项各个坐标分量的幂的总和也不超过 3。另外，当分母项 p_2 和 p_4 中的a_0 不等于 1 时，可以分子分母都除以 a_0，将其变成 1。

在 RFM 模型中，光学投影系统产生的误差可采用有理多项式中的一次项来表示，地球曲率、大气折射和镜头畸变等产生的误差可采用有理多项式中二次项来模型化，其他一些未知的具有高阶分量的误差如相机震动等，可采用有理多项式中的三次项来表示。

在式(5-58)中，多项式的系数 a_{ijk} 称为有理函数系数(rational function coefficient，RFC)。RFCs 一般表示为 LINE_NUM_COEF_n ,LINE_DEN_COEF_n,SAMP_NUM_COEF_n,SAMP_DEN_COEF_n (n=1，2，…，20)的形式。RFCs 也被称为有理函数系数(rational polynomial coefficient，RPC)，从模型定义可以看出，一旦有理函数系数确定了，模型也就确定了，因此 RFM 模型也被称为 RPC 模型，二者含义是完全一致的。

2. 有理函数模型系数解算

有理函数系数(RPC)是建立有理函数模型的重要数据文件。图像供应商在提供卫星图像的时候，将 RPC 参数以图像元数据的形式给出。如 Space Imaging 公司发布的 IKONOS 卫星图像 RPC 文件共有 90 个参数，其中包括 80 个有理函数系数，10 个归一化参数。

有理函数系数同样可以通过求解得到。

将公式(5-56)变形为

$$\begin{cases} p_1(X_n, Y_n Z_n) - r_n * p_2(X_n, Y_n Z_n) = 0 \\ p_3(X_n, Y_n Z_n) - c_n * p_4(X_n, Y_n Z_n) = 0 \end{cases} \tag{5-59}$$

则误差方程为

$$V = Bx - l, \quad W \tag{5-60}$$

式中:

$$B = \begin{bmatrix} \frac{\partial F_X}{\partial a_i} & \frac{\partial F_X}{\partial b_j} & \frac{\partial F_X}{\partial c_i} & \frac{\partial F_X}{\partial d_j} \\ \frac{\partial F_Y}{\partial a_i} & \frac{\partial F_Y}{\partial b_j} & \frac{\partial F_Y}{\partial c_i} & \frac{\partial F_Y}{\partial d_j} \end{bmatrix}, \quad (i = 1,2,\cdots,20,\ j = 2,20)$$

$$l = \begin{bmatrix} -F_X^0 \\ -F_Y^0 \end{bmatrix},$$

$$x = [a_i \quad b_j \quad c_i \quad d_j]^{\mathrm{T}},$$

W 为权矩阵。

根据最小二乘平差原理，可以求解:

$$x = (B^{\mathrm{T}}B)^{-1}B^{\mathrm{T}}l \tag{5-61}$$

经过变形的 RPC 模型形式，平差的误差方程为线性模型，因此在求解 RPC 参数过程中不需要初值。RPC 模型参数较多，参数间存在较强的相关性，这会导致法矩阵($B^{\mathrm{T}}B$)的状态变差，法矩阵变为奇异矩阵，导致计算结果不稳定。为了克服最小二乘估计的缺点，可用岭估计的方式获得有偏的且符合精度要求的计算结果。所谓岭估计，就是对法方程进行必要的处理，使法方程的状态变好，常用的处理方式:

$$B^{\mathrm{T}}B += kI \tag{5-62}$$

式中，k 为某个较小的正实数，I 为单位矩阵。

在某个 k 之下，通过岭估计求出的均方差，要比最小二乘求出的均方差小。运用岭估计进行 k 估计时，其核心问题在于最优 k 值的选取，但是最优 k 值的选取在理论上没有解决，一般用岭迹分析的方法来确定最优 k 值。即取大量的 k 值进行计算，根据不同 k 值对应的检查点的中误差采取合适的搜索算法来确定合适的 k 值。

RPC 模型参数解算既可以在传感器严格成像模型已知的情况下进行，也可以在未知的条件下进行，因此 RPC 参数的解算可分为两种方案：与地形无关和与地形相关。与地形相关方案是指利用从地图上采集或野外实测等手段获取的地面控制点直接解算 RPCs；与地形无关方案则是在利用少量地面控制点计算出图像外方位元素，或直接利用卫星图像辅助文件提供的轨道和姿态数据测算出外方位元素的前提下，利用外方位元素建立的严格成像模型生成密集且均匀分布的虚拟地面控制点，用以解算 RPCs，其实质是利用有理函数模型拟合严格成像模型。

1)与地形相关的方案

在传感器严格成像模型未知的情况下，为了解算 RFM 的未知系数，必须通过从地图上量测或野外实测的方式获取若干真实的地面控制点。在此情况下，解算方法完全取决于实际的地形起伏以及控制点的数量与分布，因此这种方法与地形严格相关。Vincent Tao 的实验表明，与地形相关的解算方案精度较低，且受控制点分布和密度的影响很大，只有在地面控制点数量充足且分布均匀的前提下，才可能达到与严格成像模型相当的定位精度。而大量控制点的获取一般成本较高，实际应用中，更多是采用地形无关的解算方案。

2)地形无关的解算方案

如果传感器的严格成像模型已知，则可利用严格成像模型建立一组虚拟的三维目标格网点作为控制点来解算 RFCs。这些格网点坐标可以利用严格成像模型计算得到(通常是利用像点坐标和高程值计算地面点的平面坐标)，而不需要实际的地形信息，因此这种称之为与地形无关的解算方案，如图 5-9 所示。首先利用卫星图像辅助文件提供的轨道和姿态数据建立起传感器的严格成像模型；然后，利用严格模型生成大量均匀分布的虚拟地面控制点，再利用这些控制点计算 RPCs。采用这种方案，可实现 RPC 模型对严格成像模型的高精度拟合，一般为了保证 RPC 模型的拟合精度，应该使虚拟控制点在空间上分布均匀且数量充分。

其计算流程如图 5-9 所示。

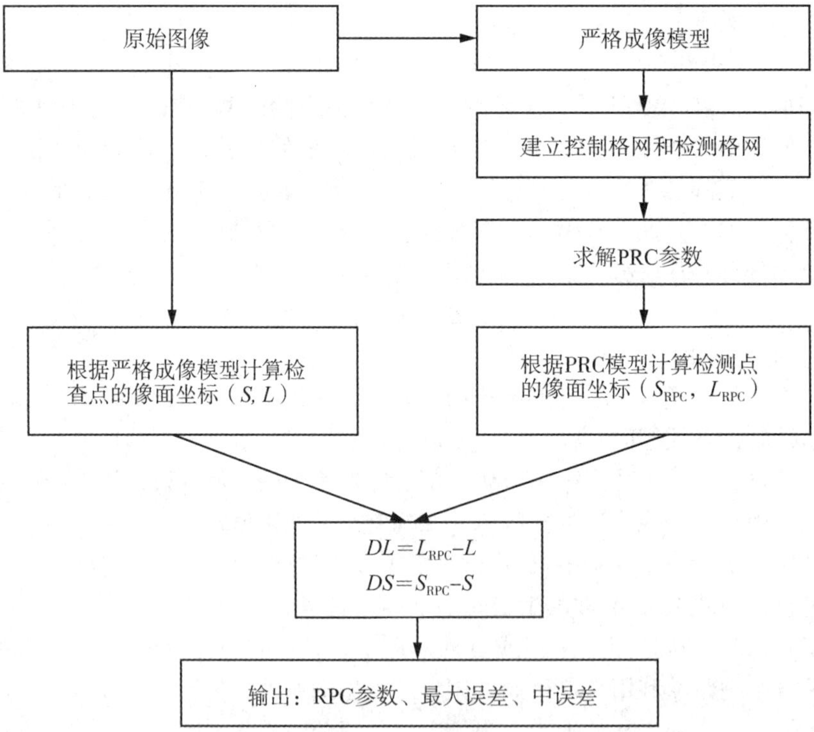

图 5-9　基于地形无关方案的 RPC 的解算流程及精度评价

具体解算步骤如下：

(1)控制点获取：

①将整幅图像均匀分成 $m \times n$ 个网格，通常 m、n 取值相同；

② 将图像覆盖区域的高程范围($h_{min} \sim h_{max}$)均分为 k 层(为避免法方程病态，一般 $k > 3$)，每层具有相同的高程值 Z，并都有上述$(m+1)\times(n+1)$个均匀分布的像点。这样就生成$(m+1)\times(n+1)\times k$个像坐标(r, c)和高程 Z 已知，且在平面、高程上均匀分布的格网点；生成的层状控制格网点分布如图 5-10 所示；

③ 利用图像的严格成像模型，依据每个虚拟控制点的图像坐标(x, y)和高程值 Z 计算出地面坐标(X, Y)，这样就得到$(m+1)\times(n+1)\times k$个格网点的三维坐标。

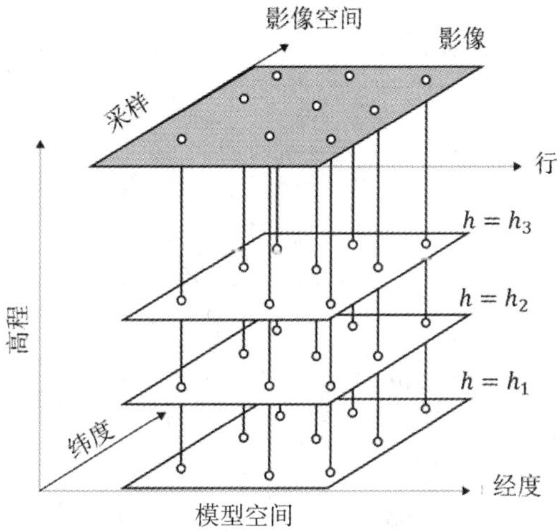

图 5-10　控制格网点分布

(2) 检查点获取：

① 将整幅图像覆盖的地面区域均匀分成 $m\times n$ 个网格(通常 m、n 取相同的值)；

② 根据上述地面点的平面坐标，利用该区域高精度 DEM 数据内插出上述每一个地面格网点的高程值 Z；

③ 利用图像的严格成像模型，根据每个检查点的地面坐标(X, Y, Z)计算出像点坐标(x, y)，这样就得到$(m+1)\times(n+1)$个格网点的全部坐标。

检查点的生成与虚拟控制点生成过程相同，只是检查点格网的坐标变化范围应该在控制点格网的坐标变化范围以内，并且尽量拉开检查点与控制点的距离。检验点数量可以和控制点相当，甚至可以多倍于控制点数量，以保证检验效果。

(3) RPC 系数的解算：

用上述生成的层状控制格网点来解算 RFM 模型系数。因为生成控制格网点的数量一般远超过式(5-60)所需控制点数，并且在平面和高程上分布均匀，因此能达到很高的拟合精度。

(4) 精度检查：

用解算出来 RPC 系数计算这些生成的检查点的地面坐标或对应的像点坐标。通过和已知的格网点坐标相比较就可以得出解算精度。

3. 基于有理函数模型的定位方法

根据 RPC 模型的形式可知，当已知地面点的三维坐标时，直接代入 RPC 模型公式即可得到对应的像点坐标。而单张图像时无法根据已知像点坐标计算地面点坐标，必须已知立体像对的同名点坐标，才能交会计算出地面点坐标。此时，对于立体像对的左右图像分别建立各自的有理函数模型后，根据同名像点的像坐标计算出相应地面点的空间坐标。具体计算过程如下：

由坐标的标准化式(5-57)，将 $r_n = \dfrac{r - r_0}{r_s}$，$c_n = \dfrac{c - c_0}{c_s}$ 代入式(5-56)，整理得：

$$\begin{cases} r = r_s \cdot \dfrac{p_1(X_n,\ Y_n,\ Z_n)}{p_2(X_n,\ Y_n,\ Z_n)} + r_0 \\ c = c_s \cdot \dfrac{p_3(X_n,\ Y_n,\ Z_n)}{p_4(X_n,\ Y_n,\ Z_n)} + c_0 \end{cases} \tag{5-63}$$

将上式的两个方程按照泰勒公式展开至一次项：

$$\begin{cases} r \approx \hat{r} + \dfrac{\partial r}{\partial X} \cdot \Delta X + \dfrac{\partial r}{\partial Y} \cdot \Delta Y + \dfrac{\partial r}{\partial Z} \cdot \Delta Z \\ c \approx \hat{c} + \dfrac{\partial c}{\partial X} \cdot \Delta X + \dfrac{\partial c}{\partial Y} \cdot \Delta Y + \dfrac{\partial c}{\partial Z} \cdot \Delta Z \end{cases} \tag{5-64}$$

于是误差方程为

$$\begin{bmatrix} v_r \\ v_c \end{bmatrix} = \begin{bmatrix} \dfrac{\partial r}{\partial X} & \dfrac{\partial r}{\partial Y} & \dfrac{\partial r}{\partial Z} \\ \dfrac{\partial c}{\partial X} & \dfrac{\partial c}{\partial Y} & \dfrac{\partial c}{\partial Z} \end{bmatrix} \begin{bmatrix} \Delta X \\ \Delta Y \\ \Delta Z \end{bmatrix} - \begin{bmatrix} r - \hat{r} \\ c - \hat{c} \end{bmatrix} \tag{5-65}$$

$$\begin{cases} \dfrac{\partial r}{\partial X} = \dfrac{r_s}{X_s} \cdot \dfrac{\dfrac{\partial P_1}{\partial X_n} \cdot P_2 - P_1 \cdot \dfrac{\partial P_2}{\partial X_n}}{P_2 \cdot P_2} \\ \dfrac{\partial r}{\partial Y} = \dfrac{r_s}{Y_s} \cdot \dfrac{\dfrac{\partial P_1}{\partial Y_n} \cdot P_2 - P_1 \cdot \dfrac{\partial P_2}{\partial Y_n}}{P_2 \cdot P_2} \\ \dfrac{\partial r}{\partial Z} = \dfrac{r_s}{Z_s} \cdot \dfrac{\dfrac{\partial P_1}{\partial Z_n} \cdot P_2 - P_1 \cdot \dfrac{\partial P_2}{\partial Z_n}}{P_2 \cdot P_2} \end{cases} \tag{5-66}$$

其中各偏导数的形式为

$$\frac{\partial p(X,Y,Z)}{\partial X} = a_3 + a_5 Z + a_6 Y + 2a_9 X + a_{10} ZY + a_{12} Z^2 + a_{14} Y^2 + 2a_{15} ZX + 2a_{16} YX + 3a_{19} X^2$$

$$\frac{\partial p(X,Y,Z)}{\partial Y} = a_2 + a_4 Z + a_6 Y + 2a_8 Y + a_{10} ZX + a_{11} Z^2 + 2a_{13} YZ + 2a_{14} YX + a_{16} X^2 + 3a_{18} Y^2$$

$$\frac{\partial p(X,Y,Z)}{\partial Z} = a_1 + a_4 Y + a_5 X + 2a_7 Z + a_{10} YX + 2a_{11} ZY + 2a_{12} ZX + a_{13} Y^2 + a_{15} X^2 + 3a_{17} Z^2$$

则由左右像片的同名点坐标(r_l, c_l)、(r_r, c_r)，可列出以下四个误差方程：

$$\begin{bmatrix} v_{rl} \\ v_{rr} \\ v_{cl} \\ v_{cr} \end{bmatrix} = \begin{bmatrix} \frac{\partial r_l}{\partial Z} & \frac{\partial r_l}{\partial Y} & \frac{\partial r_l}{\partial X} \\ \frac{\partial r_r}{\partial Z} & \frac{\partial r_r}{\partial Y} & \frac{\partial r_r}{\partial X} \\ \frac{\partial c_l}{\partial Z} & \frac{\partial c_l}{\partial Y} & \frac{\partial c_l}{\partial X} \\ \frac{\partial c_r}{\partial Z} & \frac{\partial c_r}{\partial Y} & \frac{\partial c_r}{\partial X} \end{bmatrix} \begin{bmatrix} \Delta Z \\ \Delta Y \\ \Delta X \end{bmatrix} - \begin{bmatrix} r_l - \hat{r}_l \\ r_r - \hat{r}_r \\ c_l - \hat{c}_l \\ c_r - \hat{c}_r \end{bmatrix} \tag{5-67}$$

$$V = A\Delta - l \tag{5-68}$$

于是坐标改正数 Δ 的最小二乘解为

$$\Delta = [\Delta Z \quad \Delta Y \quad \Delta X]^{\mathrm{T}} = (A^{\mathrm{T}}A)^{-1}A^{\mathrm{T}}l \tag{5-69}$$

具体解算步骤如下：

(1) 由于有理函数模型为非线性函数，所以在迭代求解过程中，首先要确定地面坐标的初始值 $X^{(0)}$，$Y^{(0)}$，$Z^{(0)}$，并将其标准化。可将左右图像对应的标准化平移参数的平均值作为地面坐标的初始值，或利用 RFM 的一次项求解地面坐标初始值 $X^{(0)}$，$Y^{(0)}$，$Z^{(0)}$；

(2)根据同名像点组成误差方程(5-68)；

(3)将式(5-68)法化，求解出坐标改正数；

(4)当改正数超出范围时，将改正数加到本次解算过程中地面坐标的初值上，得到新的初值，并再次将其标准化，转到第二步迭代进行求解；

(5)当第 4 步的改正数在限差范围之内时，跳出循环。最终的地面坐标即为改正数加本次循环的初值。

利用有理函数模型解算地面点坐标的具体流程见图 5-11。

4. 有理函数模型的特点

同严格的传感器模型相比，有理函数模型的特点可以归纳为以下几个方面：

(1)采用一般的多项式作为模型时，它与确定系数的地面控制点（GCP）拟合很好但在其他点的内插值可能有明显偏离，而与相邻 GCP 不协调，即在某些点处产生振荡现象。这导致了多项式近似计算中误差的界限明显超出平均误差，而 RFM 可以更均匀地分布拟合误差。

(2) RFM 具有独立性，采用可变坐标系，因此能够适应大多数坐标系统中的物方坐标，例如地理坐标或任何地图投影坐标系。RFM 允许有不同的地理参考坐标系，并且不

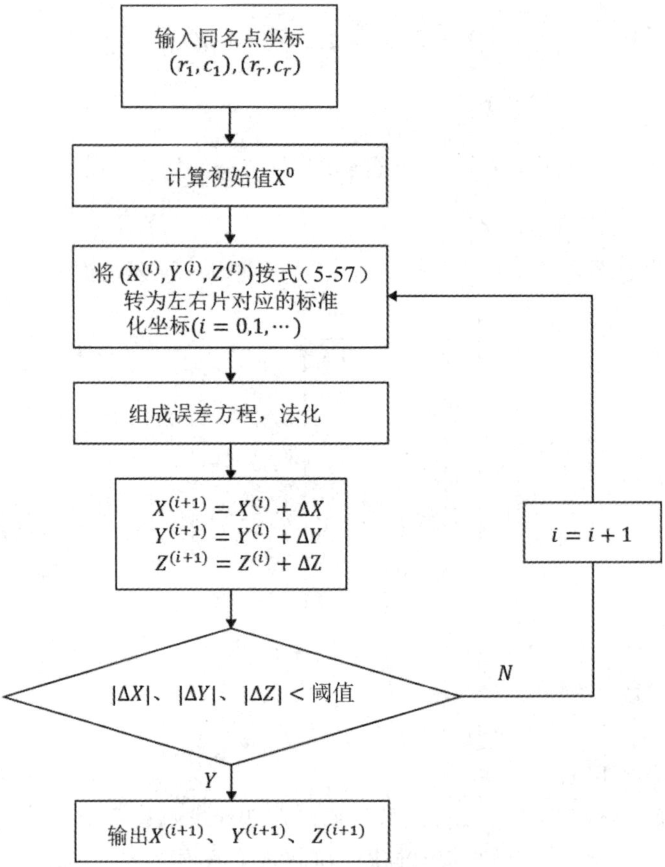

图 5-11　基于 RFM 空间定位流程

需要成像参数，这也是其能在遥感中得到广泛应用的重要原因。

（3）RFM 和物理传感器模型的本质差别在于：物理传感器模型对每一个地面点及其相应像点都严格成立，而 RFM 的函数关系从理论上讲只在 GCP 上是较严格的，而在其他点则是近似的。实际上，由于有理函数的系数是利用 GCP 数据通过最小二乘法解算确定的，因此 RFM 的函数关系在所有的点都不会严格成立。这意味着有理函数的拟合曲面并不严格通过 GCP，也就不代表地面的真实起伏，而是纯以数学模型来套合地形。因此，有理函数的模型精度与地面控制点的精度、分布和数量及纠正范围密切相关。

（4）RFM 较之物理传感器模型有以下几个突出的优点：

①一般性：适用于大多数传感器，其系数包含了各种因素的影响（如传感器构造、地球曲率、大气折光等），并且其形式简单，对于非摄影测量专业人员尤为适合。

②保密性：RFC 中隐含了传感器信息，并且从 RFC 中反解传感器参数基本是不可能的，采用这种模型厂家不再担心其传感器设计参数信息被泄露。

③高效性：便于实时处理。利用有理函数这种模型，图像供应商仅提供给用户图像和相应的一组 RFM 的系数，这样用户就可以避免涉及图像的前提处理，从而可以直接进行后续的处理。

(5) RFM 的缺点也很明显。

①不稳定性：高阶 RFM 因参数过多会导致解的不稳定性。在某些情况下分母可能为 0，此时要进行复杂的处理；物理意义不甚明确的 RFC 可能隐含了一些系统性误差。

②精度局限性：使用 RFM 时可能会带来额外的内插误差。采用地形无关的方案，RFM 的精度取决于严格传感器模型的解算精度；采用地形相关的方案 RFM 的精度与控制点的数量与分布密切相关。

RFM 并不要求了解传感器的几何性质，引入新型传感器只是改变了获取参数这一部分，因此它在应用上是独立于传感器类型的。根据以上特点，很多卫星资料供应商把 RFM 作为图像传递的标准。IKONOS 图像供应商便是首先解算出严格的几何模型，然后利用严格几何模型的结果反求 RFM，最后将 RFC 作为图像元数据的一部分提供给用户。因此，用户可以在不知道精确传感器模型的情况下进行图像纠正以及后续的图像数据处理。与真实的传感器模型不同，RFM 不需要了解每一个类型的成像传感器的物理特性，如轨道参数和平台的定向参数。目前，高分辨率的卫星遥感技术正在走向民用商业化及军民融合方向发展，高分辨率军用遥感卫星资料如果要实现在民用领域的应用，同时又不涉及军事机密和危害国家利益，那么 RFM 的应用将是十分有价值的。因此 RFM 在遥感领域有相当大的使用价值。

RFM 是纯以数学模式来套合地形，因此有理函数的模型精度与地面控制点的精度、分布、数量及纠正范围密切相关。作为一类抽象的传感器模型，有理函数的系数没有具体的物理含义，因此我们只能通过检查点来分析、评定其精度，无法对系数的作用和影响作定性的分析，也就无法根据误差传播信息来进行精度分析和解法的优化。另外，我们无法确定检查点之间的内插误差。综上所述，RFM 作为一类通用的传感器几何模型，其应用前景是令人鼓舞的，但是上述一系列问题仍然需要对其进行深入细致的分析和研究，只有这样才能进一步提高该模型的精度和稳定性以及实用性，从而使 RFM 的应用更广泛。

5.2 遥感图像的几何变形

遥感图像的几何处理基于某个规定的图像投影参照系统。在成像过程中，由于各种因素的影响，图像本身的几何形状往往与其对应的地物形状不一致。遥感图像的几何变形是指原始图像上各地物的几何位置、形状、尺寸、方位等特征与在参照系统中的表达要求不一致时产生的变形。研究遥感图像几何变形的前提是必须确定一个图像投影的参照系统，即地图投影系统。本书采用切平面坐标系作为图像变形的参照系统。

遥感图像的变形误差可分为静态误差和动态误差两大类。静态误差是在成像过程中，传感器相对于地球表面呈静止状态时所具有的各种变形误差。动态误差主要是在成像过程中由于地球的旋转等因素所造成的图像变形误差。变形误差又可分为内部误差和外部误差两类。内部误差主要是由于传感器自身的性能技术指标偏移标称数值所造成的。内部误差随传感器的结构不同而异，其数据和规律可以在地面通过检校的方式测定，其误差值不大，本书不予讨论。外部变形误差是在传感器本身处在正常工作的条件下，由传感器以外的各种因素所造成的误差，如传感器的外方位元素变化、传感器介质不均匀、地球曲率、地形起伏以及地球旋转等因素引起的变形误差。本节主要讨论外部误差对图像变形的影响。此外，把某些传感器特殊的成像方式所引起的图像变形，如全景变形、斜距变形等也加以讨论。

5.2.1　传感器成像方式引起的图像变形

传感器的成像方式有中心投影、全景投影、斜距投影以及平行投影等几种。中心投影可分为点中心投影、线中心投影和面中心投影三种。由于中心投影图像在垂直摄影和地面平坦的情况下，地面物体与其图像之间具有相似性(并不考虑摄影本身产生的图像变形)，不存在由成像方式所造成的图像变形，因此把中心投影的图像作为基准图像来讨论其他方式投影图像的变形规律。

1. 全景投影变形

全景投影的图像面不是一个平面，而是一个圆柱面，如图 5-12 所示的圆柱面 MON，相当于全景摄影的投影面，称之为全景面。地物点 P 在全景面上的像点为 p，则 p 在扫描线方向上的坐标y'_p为

$$y'_p = f\frac{\theta}{\rho} \tag{5-70}$$

式中，f 是焦距；θ 是以度为单位的成像角。

$$\rho = 57.2957°/\text{rad}$$

设 L 是一个等效的中心投影成像面(如图 5-12 中的 Oy)，P 点在 Oy 上的像点 p，其坐标y_p，则有

$$y_p = f\tan\theta \tag{5-71}$$

从而可以得到全景变形公式：

$$dy = y'_p - y_p = f\left(\frac{\theta}{\rho} - \tan\theta\right) \tag{5-72}$$

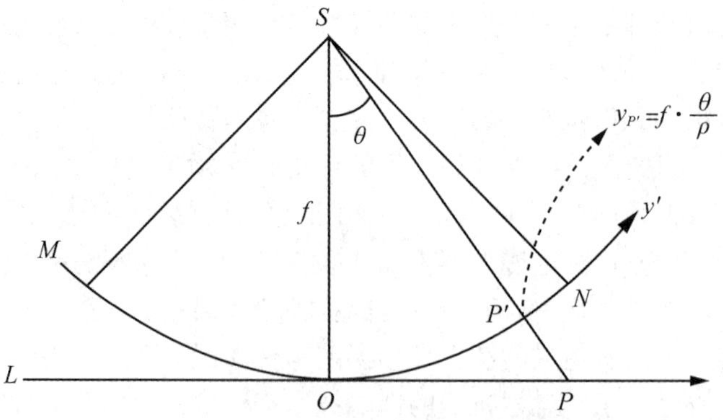

图 5-12　全景投影

全景投影变形的图形变化情况如图 5-13(b)所示。

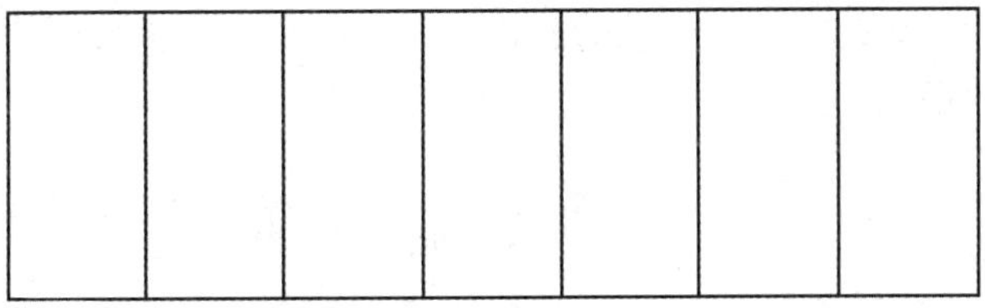

（a）无变形的图形

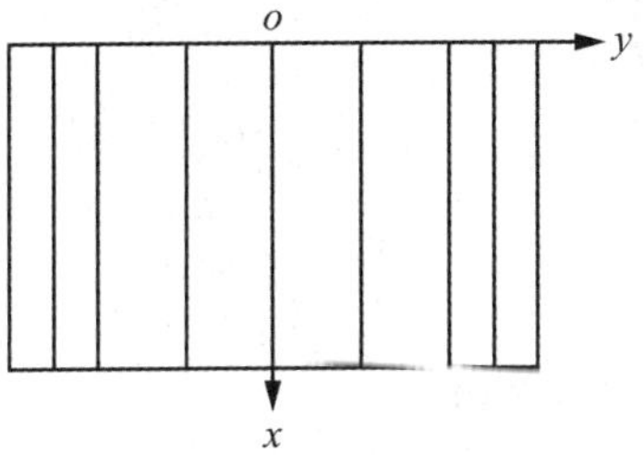

（b）全景投影变形图形

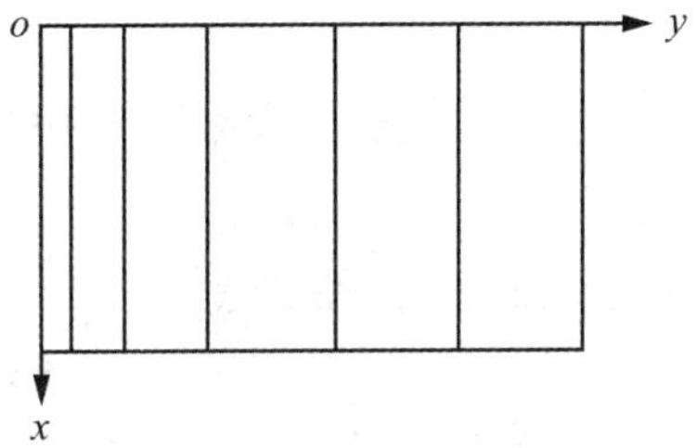

（c）斜距投影变形图形

图 5-13　成像几何形态引起的图像变形

2. 斜距投影变形

侧视雷达属斜距投影类型传感器。如图 5-14 所示，S 为雷达天线中心，S_y 为雷达成像面，地物点 P 在斜距投影图像上的图像坐标为y_p，它取决于斜距R_p 以及成像比例 λ。

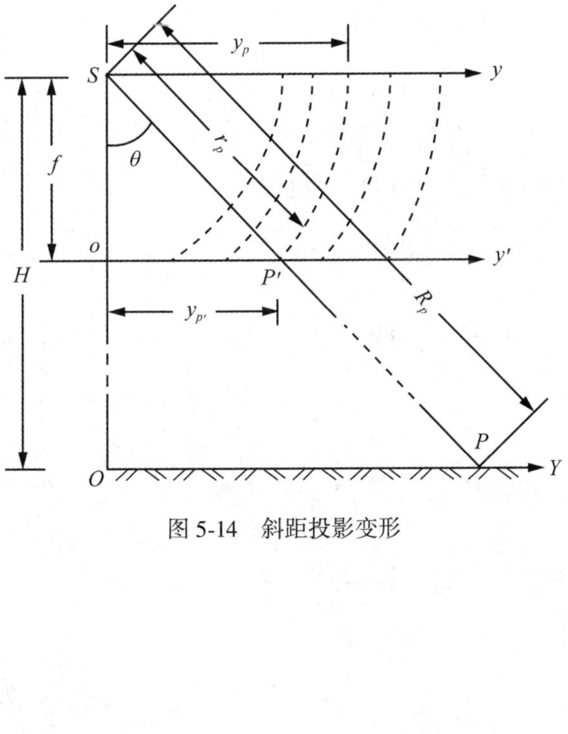

图 5-14　斜距投影变形

$$\lambda = \frac{2V}{C} = \frac{f}{H} \tag{5-73}$$

式中，V为雷达成像阴极射线管上亮点的扫描速度；C为雷达波速；H为航高；f为等效焦距。斜距R_p 可由下式得到：

$$R_p = \frac{H}{\cos\theta} \tag{5-74}$$

因而可以得到斜距投影图形上的图像坐标y_p 为

$$y_p = \lambda\ R_p = \frac{\lambda H}{\cos\theta} = \frac{f}{\cos\theta} \tag{5-75}$$

而地面上 P 点在等效中心投影图像 Oy' 上的像点 p' 的坐标y'_p为

$$y'_p = f\tan\theta \tag{5-76}$$

可以得到斜距投影的变形误差：

$$\mathrm{d}y = y_p - y'_p = f(\sec\theta - \tan\theta) \tag{5-77}$$

斜距变形的图形变形情况如图 5-13(c)所示。

5.2.2　传感器外方位元素变化的影响

传感器的外方位元素是指传感器成像时的位置（X_S，Y_S，Z_S）和姿态角(φ，ω，κ)。当外方位元素偏离标准位置而出现变动时，就会使图像产生变形。这种变形一般是由地物点图像的坐标误差来表达的，并可以通过传感器的构像方程推出。

根据摄影测量学原理，常规的框幅摄影机的构像几何关系可用式（5-1）的构像方程来表达，以外方位元素为自变量，对式（5-1）微分，同时考虑到在竖直摄影条件下，$\varphi = \omega = \kappa \approx 0$，有：

$$\boldsymbol{A} \approx \begin{bmatrix} 1 & -\kappa & -\varphi \\ \kappa & 1 & -\omega \\ \varphi & \omega & 1 \end{bmatrix} \tag{5-78}$$

可以得到外方位元素变化所产生的像点位移为

$$\left.\begin{aligned} \mathrm{d}x &= -\left(\frac{f}{H}\right)\mathrm{d}X_S - \left(\frac{x}{H}\right)\mathrm{d}Z_S - \left[f\left(1 + \frac{x^2}{f^2}\right)\right]\mathrm{d}\varphi - \left(\frac{xy}{f}\right)\mathrm{d}\omega + y\mathrm{d}\kappa \\ \mathrm{d}y &= -\left(\frac{f}{H}\right)\mathrm{d}Y_S - \left(\frac{y}{H}\right)\mathrm{d}Z_S - \left(\frac{xy}{f}\right)\mathrm{d}\varphi - \left[f\left(1 + \frac{y^2}{f^2}\right)\right]\mathrm{d}\omega - x\mathrm{d}\kappa \end{aligned}\right\} \tag{5-79}$$

式中，H 为航高。

由式（5-79）可知，六个外方位元素中的 $\mathrm{d}X_S$、$\mathrm{d}Y_S$、$\mathrm{d}Z_S$ 和 $\mathrm{d}\kappa$ 对整幅图像的综合影响是使其产生平移、缩放和旋转等线性变化，只有 $\mathrm{d}\varphi$、$\mathrm{d}\omega$ 才使图像产生非线性变形，变形规律如图 5-15 所示。

对推扫式成像仪图像，一条图像线与中心投影相同，但 $x = 0$，因此可以得到推扫式成像仪的像点位移公式：

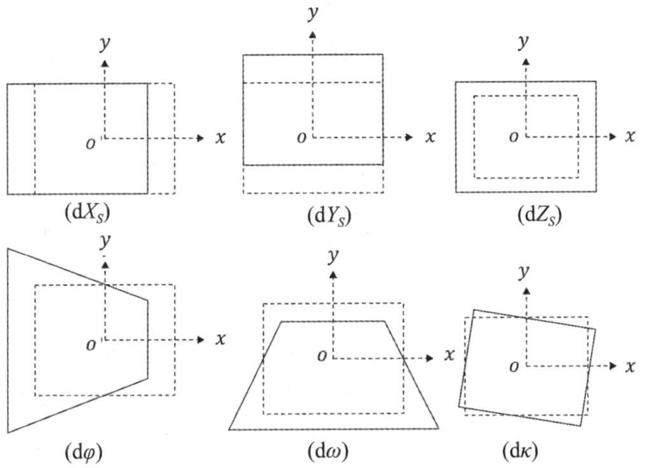

图 5-15 各单个外方位元素引起的图像变形

$$\begin{cases} \mathrm{d}x = -\dfrac{f}{H}\mathrm{d}X_S - f\mathrm{d}\varphi + y\mathrm{d}\kappa \\ \mathrm{d}y = -\dfrac{f}{H}\mathrm{d}Y_S - \dfrac{y}{H}\mathrm{d}Z_S - f\left(1 + \dfrac{y^2}{f^2}\right)\mathrm{d}\omega \end{cases} \tag{5-80}$$

不同的行，其外方位元素是不同的，随时间变化，因而产生很复杂的动态变形。

对于扫描式成像仪图像，其外方位元素对图像的影响为 $x \to 0$，$y = f\tan\theta$ 时的误差方程式，代入式（5-79）可以得到像点位移公式，它与推扫式成像的像点位移公式类似。实际上，由于扫描式成像存在全景畸变，因此其像点位移与推扫式像点位移有如下关系：

$$\begin{cases} \mathrm{d}\bar{x} = \mathrm{d}x\cos\theta \\ \mathrm{d}\bar{y} = \mathrm{d}y\cos^2\theta \end{cases} \tag{5-81}$$

故可以得到扫描式成像的像点位移公式：

$$\begin{cases} \mathrm{d}\bar{x} = -\left(\dfrac{f}{H}\right)\cos\theta\mathrm{d}X_S - f\cos\theta\mathrm{d}\varphi + f\sin\theta\mathrm{d}\kappa \\ \mathrm{d}\bar{y} = -\left(\dfrac{f}{H}\right)\cos^2\theta\mathrm{d}Y_S - \left(\dfrac{f}{H}\right)\sin\theta\cos\theta\mathrm{d}Z_s - f\mathrm{d}\omega \end{cases} \tag{5-82}$$

式中，θ 为对应于某像点的扫描角。

需要注意的是，动态扫描时的构像方程都是对应于一个扫描瞬间（相应于某一像素或某条一扫描线）而建立的，不同成像瞬间的传感器外方位元素可能各不相同，因而相应的变形误差方程式只能表达为该扫描瞬间像幅上相应点、线所在位置的局部变形，整个图像的变形将是所有瞬间局部变形的综合结果。例如，在一幅多光谱扫描图像内，假设各条扫描行所对应的各外方位元素，是从第一扫描行起按线性递增的规律变化的，则地面上一个方格网图 5-16（a）成像后，将出现如图 5-16（b）所示的综合变形。各个外方位元素单独造成的图像变形将分别由图 5-16（c）~图 5-16（h）所示。可见它与常规框幅摄影机的情况不同，它的每个外方位元素变化都可能使整幅图像产生非线性的变形，而且这种变形通常不能由常规的航测光学纠正仪来得到严格的纠正，只有数字纠正法才能满足解析上的严密性要求。

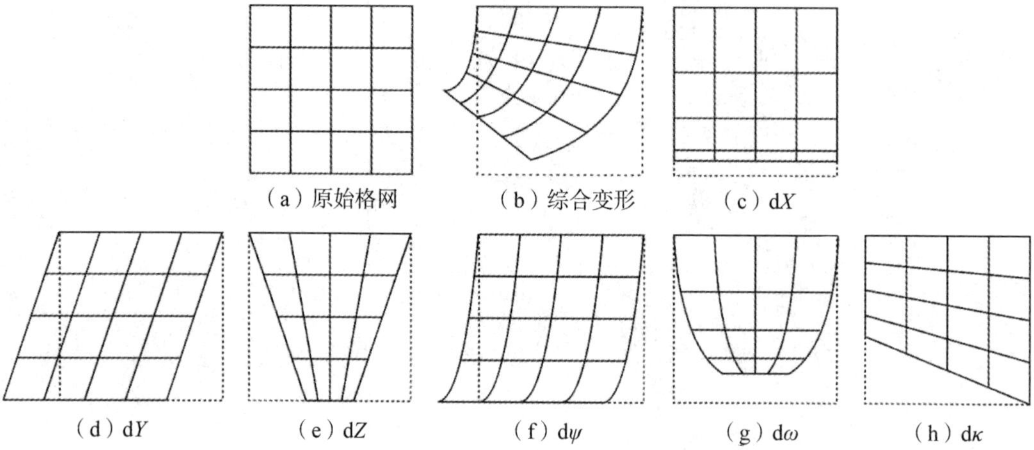

图 5-16　外方位元素引起的动态扫描图像的变形

对于真实孔径侧视雷达，它的侧向图像坐标取决于雷达天线中心到地物点之间的斜距。由于雷达发射波沿侧向呈现细长波瓣状(图 5-17(a))，形成一条细长的照射带(如图中 AB)，当雷达天线的姿态角发生变化时，其航向倾角 dφ 和方位旋角 dκ 将使雷达波瓣产生沿航向的平移和指向的旋转，引起雷达对地物点扫描时间上的偏移和斜距的变化，因而造成图像变形(图 5-17(b)、图 5-17(c))。而旁向倾角 dω 不会改变斜距，只是地物反射信号的强度发生改变，并且使照射带的范围发生变化。

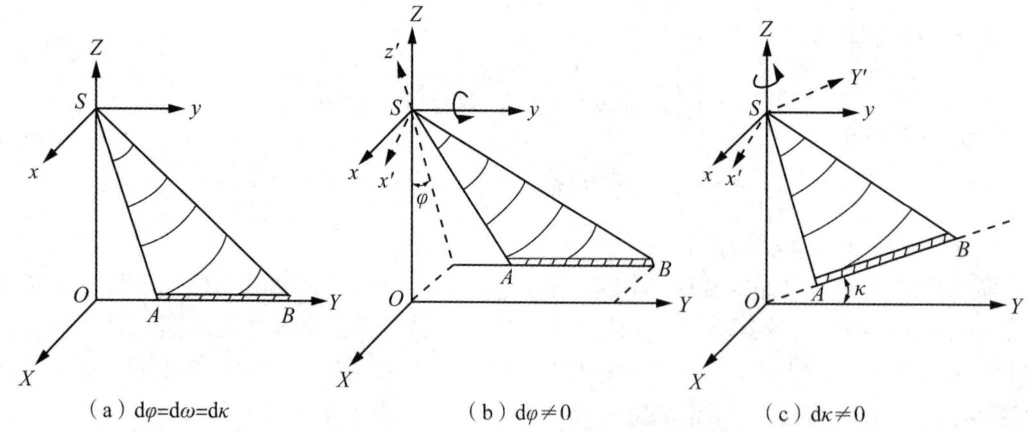

图 5-17　真实孔径侧视雷达姿态变化的影响

所以对于真实孔径侧视雷达成像，外方位元素变化所引起的像点位移可表示为

$$\begin{cases} dx = -\dfrac{r}{H}\cos\theta dX_S - r\cos\theta d\varphi + r\sin\theta d\kappa \\ dy = -\dfrac{r}{H}\cos\theta dY_S - \dfrac{r}{H}\sin\theta dZ_s \end{cases} \tag{5-83}$$

5.2.3 地形起伏引起的像点位移

由地形起伏引起的像点位移称为投影误差。当地形有起伏时，对于高于或低于某一基准面的地面点，其在像片上的像点与其在基准面上垂直投影点在像片上的构像点之间有直线位移，如图 5-18 所示。

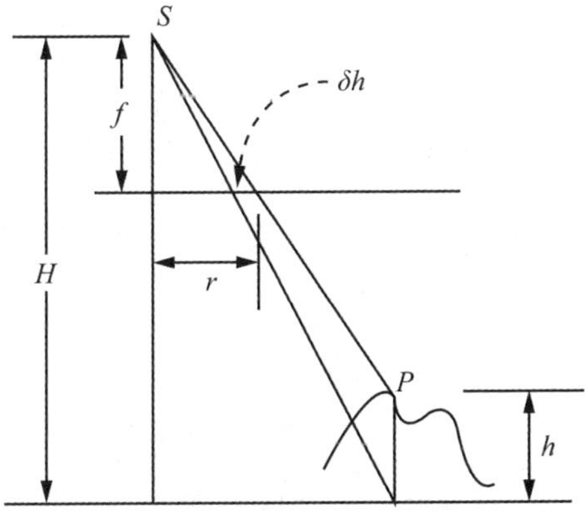

图 5-18　垂直摄影时地形起伏的影响

对中心投影，在垂直摄影的条件下，φ，ω，$\kappa \to 0$，地形起伏引起的像点位移为

$$\delta_h = \frac{r \cdot h}{H} \tag{5-84}$$

式中，h 为像点所对应地面点与基准面的高差；H 为平台相对于基准面的高度；r 为像点到底点的距离。在像片坐标系中，在 x、y 两个方向上的分量为

$$\delta_{h_x} = \frac{x}{H}h$$

$$\delta_{h_y} = \frac{y}{H}h$$

式中，x、y 为地面点对应的像点坐标；δ_{h_x}，δ_{h_y} 为由地形起伏引起的在 x、y 方向上的像点位移。

由以上两式可以看出，投影误差的大小与底点至像点的距离，地形高差成正比，与平台航高成反比。投影差发生在底点辐射线上，对于高于基准面的地面点，其投影差离开底点；对于低于基准面的地面点，其投影差朝向底点。

对于推扫式成像仪，由于 $x = 0$，所以$\delta_{h_x} = 0$，而在 y 上方有

$$\delta_{h_y} = \frac{y \cdot h}{H} \tag{5-85}$$

即投影差只发生在 y 方向(扫描方向)。

对于逐点扫描仪成像，因地形起伏引起的图像变形发生在 y 方向，如图 5-19 所示，得到地形起伏引起的逐点扫描仪图像的投影差公式：

$$\delta_{h_x} = 0$$

$$\delta_{h_y} = \delta_{h_y} \cos^2\theta = \frac{\bar{y}}{H}\cos^2\theta h = \frac{f\tan\theta}{H}\cos^2\theta h = \frac{f\sin\theta\cos\theta}{H}h \tag{5-86}$$

对于侧视雷达成像，因地形起伏引起的图像变形如图 5-20 所示，对图像的影响只发生在 y 方向，其投影差近似公式为

$$\delta_{h_x} = 0$$

$$\delta_{h_y} = \frac{1}{m_r}(R_P - R_{P_0}) = -\frac{1}{m_r}h \cdot \cos\theta \tag{5-87}$$

式中，θ 为侧视角；$\frac{1}{m_r}$ 为雷达图像的比例尺因子。地形起伏对侧视雷达图像的影响发生在 y 方向上，且投影差的方向与中心投影相反。

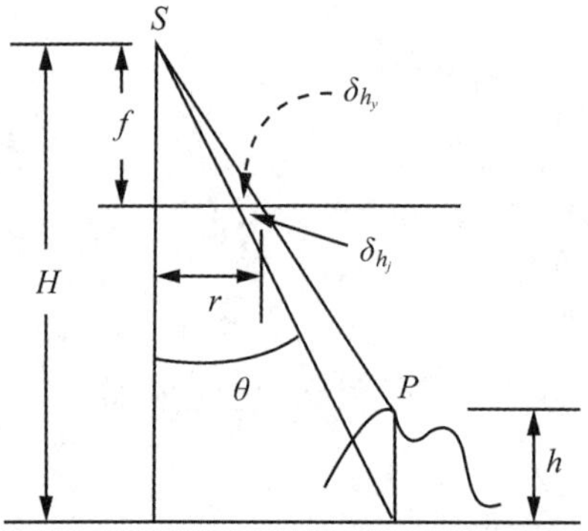

图 5-19　逐点扫描仪图像的地形起伏影响

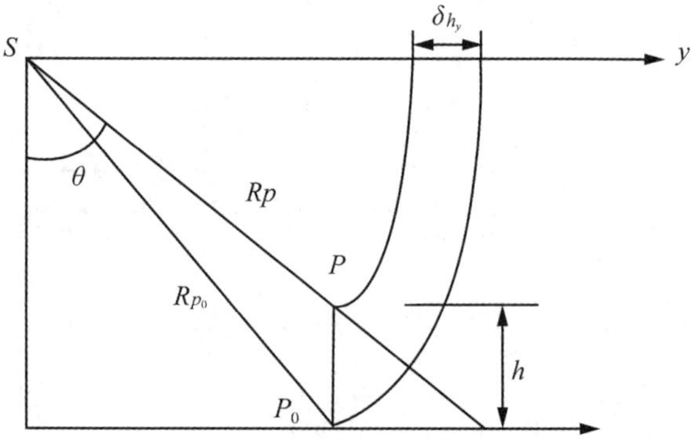

图 5-20　侧视雷达图像的地形起伏影响

5.3　遥感图像的几何纠正

遥感图像的几何纠正是指消除图像中的几何变形，生成一幅符合某种地图投影或图形表达要求的新图像的过程。一般常见的几何纠正分为从图像到地图的纠正和从图像到图像的纠正，后者也被称为图像的配准。遥感图像中需要改正的几何变形主要来自相机系统误差、地形起伏、地球曲率以及大气折光等。

几何纠正包括两个环节：一是像素坐标的变换，即将图像坐标转变为地图或地面坐标；二是对坐标变换后的像素亮度值进行重采样。遥感图像纠正主要处理过程如下：

(1)根据图像的成像方式确定图像坐标和地面坐标之间的数学模型；

(2)根据所采用的数字模型确定纠正公式；

(3)根据地面控制点和对应像点坐标进行平差计算模型变换参数，评定精度；

(4)对原始图像进行几何变换计算，像素灰度值重采样。

目前的纠正方法有多项式法和数字微分纠正等。其中数字微分纠正采用严格成像模型，理论严密，精度较高，但计算复杂、运算量较大，而且不同传感器的图像的处理模型相差很大。多项式纠正模型是近似模型，理论不如数字微分纠正严密，精度相比要低，但模型简单，计算量较小，并且适用于各种卫星图像。

地理定位精度是地理信息产品的重要的因素之一，遥感图像的纠正过程中必须通过地面控制点来保证其地理定位精度。当遥感图像本身没有成像模型信息时，利用控制点可以解算出简单的构像方程(如多项式模型)；当图像本身具有成像模型信息时，利用地面控制点可以有效提高成像模型的几何精度，提高图像的地理定位的精度。

几何校正的精度直接取决于地面控制点选取的精度、分布和数量。因此，地面控制点的选择必须满足一定的条件，即地面控制点应当均匀地分布在图像内；地面控制点应当在图像上有明显的、精确的定位识别标志，易于判读；地面控制点上的地物不随时间变化而变化，以保证两幅不同时段的图像或地图几何纠正时，可以同时被识别出来。人工布设的一般地面控制点的大小为图像分辨率的 2~3 倍最好。也可以采用天然的明显地物点作为图像的控制点，如公路、铁路交叉点、公共基础设施(消防栓、井盖等)、农田边界角点及测量基准点。

地面控制点同时具有图像坐标和地面真实坐标，地面真实坐标可以由地面 GPS 实测获得，也可以在已有地形图和 DEM 上选取。图像坐标则需要通过处理软件界面，通过光标人工选择。地面控制点可以通过地面实测，也可以从已有地理信息产品中获取，一般有以下方法获取：

- 地面实测获得，如经纬仪测量、全站仪测量、GPS 测量等；
- 地形图中获得；
- 数字正射影像图中获得；
- 从 DEM 获得。

为了检核图像的几何纠正效果，需要采用一些控制点来对比检查纠正后图像的地理精度，这种地面控制点被称为检查点。目前，绝对定位精度的评价指标有两种：一种是中误差指标，通过统计检查点平面和高程误差的均方根误差(root mean squared error，RMSE)作为定位精度；另一种是 CE90(circular error 90%)和 LE90(linear error 90%)指标，即按照误差大小顺序统计 90%检查点平面误差和高程误差的误差范围，如定位误差为 2m CE90，即图像中 90%检查点的平面误差优于 2m，3m LE90 即图像中 90%检查点的高程误差优于 3m。当绝对定位误差满足标准正态分布时，中误差 δ 则表示 68%检查点误差优于 δ。国外商业卫星的绝对定位精度多采用 CE90 和 LE90 指标，而国内一般采用中误差指标。

利用检查点检查几何纠正精度的 RMSE 公式为

$$\mathrm{RMS}=\sqrt{\left[\sum_{i=1}^{n}(X'_i-X_i)^2+(Y_i'-Y_i)^2+(Z'_i-Z_i)^2\right]/n} \tag{5-88}$$

式中，(X', Y', Z') 是从图像上获得的控制点的地理坐标；(X, Y, Z) 是地面实际的地理坐标；n 是检查点的个数。

另外，还可以将纠正好的图像与地形图进行叠加对比，来考察几何纠正的效果。

5.3.1　基于多项式模型的几何纠正

多项式纠正回避成像的空间几何过程，直接对图像变形的本身进行数字模拟。遥感图像的几何变形由多种因素引起，其变化规律十分复杂。为此，把遥感图像的总体变形看作平移、缩放、旋转、仿射、偏扭、弯曲以及更高次的基本变形的综合作用结果，难以用一个严格的数字表达式来描述，而是用一个适当的多项式来描述纠正前后图像相应点之间的坐标关系。多项式法这种近似的关系表达方式适用于各种类型传感器图像的纠正。其基本过程是利用图像坐标和其对应的地面坐标通过平差原理计算多项式变换的系数，然后用该多项式对图像进行纠正。常用的多项式有一般多项式、勒让德多项式以及双变量分区插值多项式等。

根据公式(5-54)可以写出多项式纠正变换公式，例如，利用三次多项的纠正变换公式为

$$\begin{cases} x = a_0 + a_1X + a_2Y + a_3 X^2 + a_4XY + a_5 Y^2 + a_6 X^3 + a_7 X^2Y + a_8X Y^2 + a_9 Y^3 \\ y = b_0 + b_1X + b_2Y + b_3 X^2 + b_4XY + b_5 Y^2 + b_6 X^3 + b_7 X^2Y + b_8X Y^2 + b_9 Y^3 \end{cases} \tag{5-89}$$

式中，x，y 为某像素的原始图像坐标；X，Y 为同名像素的地面(或地图)坐标。

根据纠正图像要求的不同选用不同的阶数，当选用一次项纠正时，可以纠正图像因平移、旋转、比例尺变化和仿射变形等引起的线性变形。当选用二次项纠正时，则在改正一次项各种变形的基础上，还改正二次非线性变形。例如，选用三次项纠正则改正更高次的非线性变形。一般来说，采用多项式纠正都是采用二次或者三次多项式，更高阶的多项式会出现震荡现象，精度反而会下降。在实际应用中，可以根据研究区域的地形特点选择不同的阶数的多项式模型，选择不同的阶数，所需的地面控制点的个数也不一样。

几何纠正多项式的系数 a_i，$b_i(i, j = 0, 1, \cdots, N-1)$ 一般可由利用已知控制点的坐标值按最小二乘法原理求解。利用多项式纠正模型进行遥感图像纠正的流程如下：

1. 利用已知地面控制点求解多项式系数

(1) 列误差方程式：

$$\begin{aligned} V_x &= A\Delta a - L_x \\ V_y &= A\Delta b - L_y \end{aligned} \tag{5-90}$$

式中：

$\boldsymbol{V}_x = [V_{x1} \quad V_{x2} \quad \cdots \quad V_{xn}]$

$V_y = [V_{y1} \quad V_{y2} \quad \cdots \quad V_{yn}]$ 为改正数向量；

$\boldsymbol{A} = \begin{bmatrix} 1 & X_1 & Y_1 & \cdots & Y_1^t \\ \vdots & \vdots & \vdots & & \vdots \\ 1 & X_m & Y_m & \cdots & Y_n^t \end{bmatrix}$ 为系数矩阵；

$\Delta a = [a_0 \quad a_1 \quad \cdots \quad a_n \quad]$
$\Delta b = [b_0 \quad b_1 \quad \cdots \quad b_n \quad]$ 为所求的变换系数；

$\boldsymbol{L}_x = [x_0 \quad x_1 \quad \cdots \quad x_n \quad]$
$\boldsymbol{L}_y = [y_0 \quad y_1 \quad \cdots \quad y_n \quad]$ 为像点坐标。

(2) 构成法方程：

$$
\begin{aligned}
(\boldsymbol{A}^{\mathrm{T}}\boldsymbol{A})\,\Delta\boldsymbol{a} &= \boldsymbol{A}^{\mathrm{T}}\,\boldsymbol{L}_x \\
(\boldsymbol{A}^{\mathrm{T}}\boldsymbol{A})\,\Delta\boldsymbol{b} &= \boldsymbol{A}^{\mathrm{T}}\,\boldsymbol{L}_y
\end{aligned}
\tag{5-91}
$$

(3) 计算多项式系数：

$$
\begin{aligned}
\Delta a &= (\boldsymbol{A}^{\mathrm{T}}\boldsymbol{A})^{-1}\,\boldsymbol{A}^{\mathrm{T}}\,\boldsymbol{L}_x \\
\Delta\boldsymbol{b} &= (\boldsymbol{A}^{\mathrm{T}}\boldsymbol{A})^{-1}\,\boldsymbol{A}^{\mathrm{T}}\,\boldsymbol{L}_y
\end{aligned}
\tag{5-92}
$$

(4) 精度评定：

$$
\begin{cases}
\delta x = \pm\left(\dfrac{[V_x^{\mathrm{T}} V_x]}{n-N}\right)^{1/2} \\
\delta y = \pm\left(\dfrac{[V_y^{\mathrm{T}} V_y]}{n-N}\right)^{1/2}
\end{cases}
\tag{5-93}
$$

式中，n 为控制点个数；N 为系数个数；$n-N$ 为多余观测。

设定一个限制 ε 作为评定精度的标准。若 $\delta > \varepsilon$，则说明存在粗差，精度不可取，应对每个控制点上的平差残余误差 V_{xi}、V_{yi} 进行比较检查，视最大者为粗差，将其剔除或重新选点后再进行平差，直至满足 $\delta < \varepsilon$ 为止。

2. 遥感图像的纠正变换

当用上述方法解求变换参数后，就可以对遥感图像进行几何纠正。

1) 纠正后数字图像的边界范围的确定

纠正后图像的边界范围，是指在计算机存储器中为输出图像所开出的存储空间大小，以及该空间边界(首行和首列，末行和末列)的地图(或地面)坐标定义值。图 5-21(a) 左侧为一幅原始图像 $abcd$，定义在图像坐标系 a-XY 中，右侧 O-XY 是地图坐标系，$a'b'c'd'$ 为纠正后的图像，$ABCD$ 表示在计算机中为纠正后图像开出的存储范围及相应的地面位置。显然，由于图像边界定义得不恰当，造成了纠正后图像未被全部包括，以及出现了过多空白图像空间的不合理现象，因而，输出图像边界范围的确定原则。如图 5-21(b) 所示，既包括纠正后图像的全部内容，又使空白图像空间尽可能地少。

纠正后图像边界范围的确定过程如下：

(1) 把原始图像的四个角点 a，b，c，d 按纠正变换函数投影到地图坐标系统中去，得到 8 个坐标值：

$$
(X'_a,\ Y'_a),\ (X'_b,\ Y'_b),\ (X'_c,\ Y'_c),\ (X'_d,\ Y'_d)
$$

(2) 对这 8 个坐标值按 X 和 Y 两个坐标组分别求其最小值 $(X_1,\ Y_1)$ 和最大值 $(X_2,\ Y_2)$

$$
\begin{aligned}
X_1 &= \min(X'_a,\ X'_b,\ X'_c,\ X'_d) \\
X_2 &= \max(X'_a,\ X'_b,\ X'_c,\ X'_d) \\
Y_1 &= \min(Y'_a,\ Y'_b,\ Y'_c,\ Y'_d) \\
Y_2 &= \max(Y'_a,\ Y'_b,\ Y'_c,\ Y'_d)
\end{aligned} \tag{5-94}
$$

并令X_1，Y_1，X_2，Y_2为纠正后图像范围四条边界的地图坐标值。

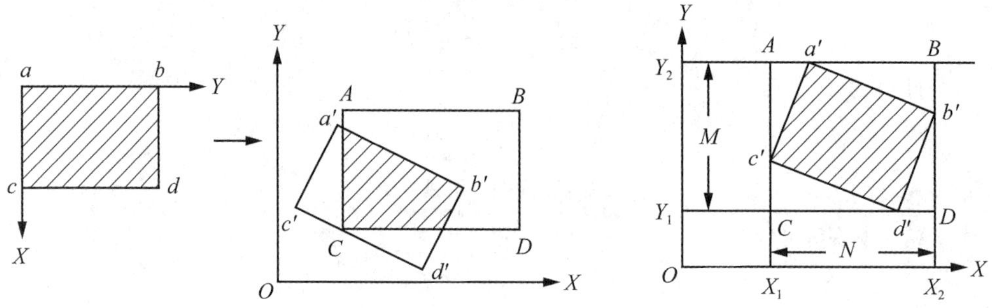

（a）不正常边界范围　　（b）正确边界范围

图 5-21　确定输出图像的边界

(3)为了把该边界范围转换为计算机中纠正后图像的贮存数组空间，必须在其中划分出格网，每个网点代表一个输出像素，为此，要根据精度要求定义输出像素的地面尺寸 ΔX 和 ΔY。与此同时，以边界范围左上角 A 点(图 5-21) 为输出数字图像的坐标原点，以 AC 边为x'坐标轴，表示图像行号，以 AB 边为y'坐标轴，表示图像列号，图像总的行列数 M 和 N 由下式确定：

$$
\begin{aligned}
M &= \frac{Y_2 - Y_1}{\Delta Y} + 1 \\
N &= \frac{X_2 - X_1}{\Delta X} + 1
\end{aligned} \tag{5-95}
$$

至此，在输出图像坐标系 $A\text{-}x'y'$ 中，每个像素都可以其所在的行列号来确定其位置。行列号的取值范围可为

$$
\begin{cases} x' = 1,\ 2,\ \cdots,\ M \\ y' = 1,\ 2,\ \cdots,\ N \end{cases} \tag{5-96}
$$

(4) 由于图像纠正变换函数通常仅建立原始图像坐标$(x,\ y)$和地面坐标$(X,\ Y)$之间的关系，若需进一步表达原始图像与输出图像坐标间的关系，则需要把地面坐标转换为输出图像坐标$(x'_p,\ y'_p)$：

$$
\begin{cases} x'_p = \dfrac{Y_2 - Y_p}{\Delta Y} + 1 \\ y'_p = \dfrac{X_2 - X_p}{\Delta X} + 1 \end{cases} \tag{5-97}
$$

或

$$\begin{cases} X_p = X_1 + (y'_p - 1)\,\Delta X \\ Y_p = Y_2 + (x'_p - 1)\,\Delta Y \end{cases} \tag{5-98}$$

式中，(X_p, Y_p) 为纠正后像素 P 的地面坐标；(x'_p, y'_p) 为纠正后像素 p 的图像坐标(行列号)。

2)直接法和间接法纠正方案

在输出图像边界及其坐标系统确立后，就可以按照选定的纠正变换函数把原始数字图像逐像素变换到图像贮存空间中去。这里有两种可供选择的纠正方案，即直接法方案和间接法方案，如图 5-22 所示。

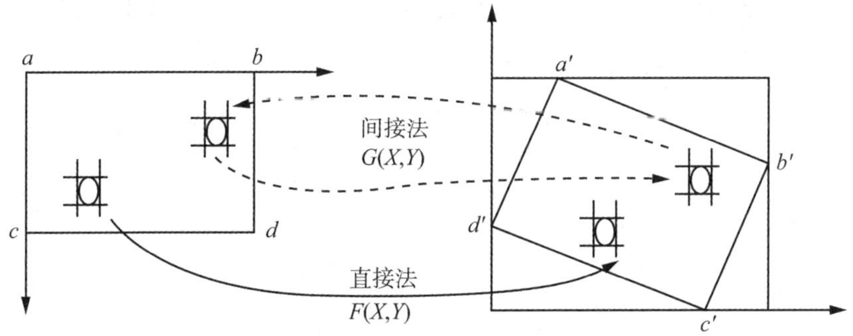

图 5-22　直接法和间接法纠正方案

所谓直接法方案，是从原始图像阵列出发，按行列的顺序依次对每个原始像素点位求其在地面坐标系(也是输出图像坐标系)中的正确位置：

$$\begin{cases} X = F_x(x,\ y) \\ Y = F_y(x,\ y) \end{cases} \tag{5 99}$$

式中，F_x 和F_y 为直接纠正变换函数。同时，把该像素的亮度值移置到由式(5-99) 算得的输出图像中的相应点位上去。

所谓间接法方案，是从空白的输出图像阵列出发，亦按行列的顺序依次对每个输出像素点位反求原始图像坐标中的位置：

$$\begin{cases} x = G_x(X,\ Y) \\ y = G_y(X,\ Y) \end{cases} \tag{5-100}$$

式中，G_x 和G_y 是间接纠正变换函数。然后把由式(5-100)所算得的原始图像点位上的亮度值取出填回到空白图像点阵中相应的像素点位上去。

这两种方案本质上并无差别，主要不同仅在于所用的纠正变换函数不同，互为逆变换。其次，纠正后像素获得的亮度值的办法，对于直接法方案，称为亮度重配置，而对间接法方案，称为亮度重采样。由于直接法纠正方案需要进行像元的重新排列，要求内存空间大一倍，计算时间也长，所以在实践中通常使用间接法方案。

3. 数字图像亮度(或灰度)值的重采样

以间接法纠正方案为例，假如输出图像阵列中的任一像素在原始图像中的，投影点位坐标值为整数时，便可直接将整数点位上原始图像的亮度值取出填入输出图像中。但若该投影点的坐标计算值不为整数时，原始图像阵列中该非整数点位上没有现成的亮度值，此时需要采用适当的方法，将该点位周围邻近整数点位上的亮度值进行加权累积，从而生成该点的新亮度值。这个过程称为数字图像亮度(或图像灰度)值的重采样。

图像亮度(或图像灰度)值重采样时，周围像素亮度值对被采样点(非整数点位)贡献的权可用重采样函数来表达。理想的重采样函数是如图 5-23 所示的 sinc 函数，其横轴上各点的幅值代表了相应点对其原点 O 处亮度贡献的权。但由于 sinc 函数是定义上在无穷域上的，又包括三角函数的计算，实际使用不方便，因此人们采用了一些近似函数代替它，据此产生了三种常用的重采样算法。

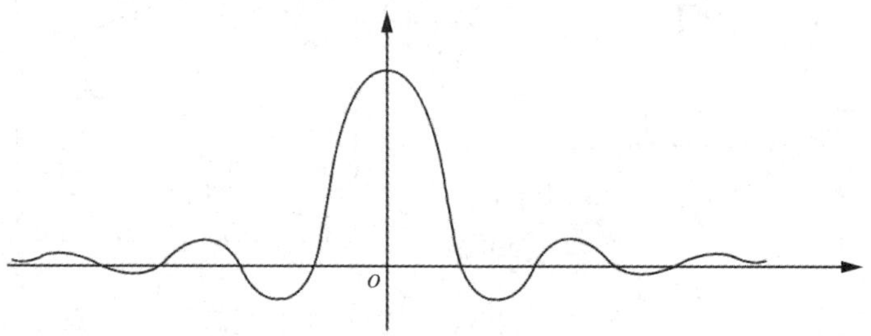

图 5-23　sinc 函数

1)最邻近像元采样法

该方法实质是取距离被采样点最近的已知像素元素的 (N) 亮度I_n 作为采样亮度。采样函数为

$$W(x_c,\ y_e) = 1 \quad (x_c = x_N,\ y_c = y_N) \tag{5-101}$$

采样亮度为

$$I_p = W(x_c = x_N,\ y_c = y_N) \tag{5-102}$$

式中：

$$x_N = \text{取整}(x_p + 0.5)$$
$$y_N = \text{取整}(y_p + 0.5)$$

最邻近像元采样法最简单，辐射保真度较好，但它将造成像点在一个像素范围内的位移，其几何精度较其他两种方法差。

2) 双线性内插法

该方法的重采样函数是对 sinc 函数的更粗略近似，可以用如图 5-24 所示的一个三角形线性函数表达：

$$W(x_c) = 1 - |x_c| (0 \leqslant |x_c| \leqslant 1) \tag{5-103}$$

当实施双线性内插时，需要有被采样点 p 周围 4 个已知像素的亮度值参加计算，即

$$I_p = W_x \cdot I \cdot W_y^{\mathrm{T}} = \begin{bmatrix} W_{x_1} & W_{x_2} \end{bmatrix} \begin{bmatrix} I_{11} & I_{12} \\ I_{21} & I_{22} \end{bmatrix} \begin{bmatrix} W_{y_1} \\ W_{y_2} \end{bmatrix} \tag{5-104}$$

式中：

$$W_{x_1} = 1 - \Delta x \quad W_{y_1} = 1 - \Delta y$$

$$W_{x_2} = \Delta x \qquad W_{y_2} = \Delta y$$

由于该方法的计算较为简单，并具有一定的亮度采样精度，所以它是实践中常用的方法，但图像略变模糊。

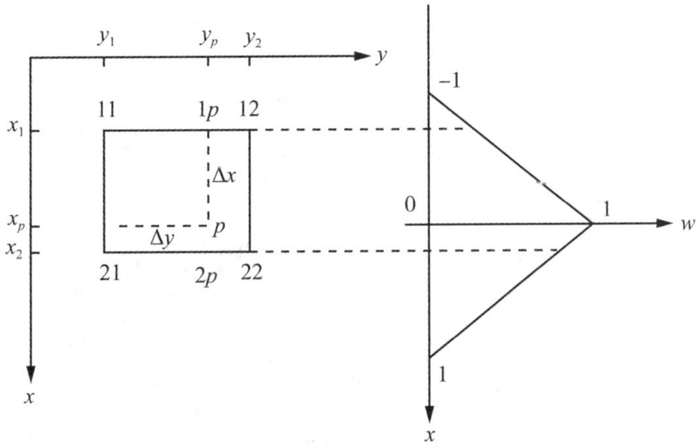

图 5-24 双线性插值法亮度重采样

3) 双三次卷积重采样法

该方法用一个三次重采样函数来近似表示 sinc 函数(图 5-25)：

$$\left.\begin{aligned} &W(x_c) = 1 - 2x_c^2 + |x_c|^3 && (0 \leqslant |x_c| \leqslant 1) \\ &W(x_c) = 4 - 8|x_c| + 5x_c^2 - |x_c|^3 && (1 \leqslant |x_c| \leqslant 2) \\ &W(x_c) = 0 && (|x_c| > 2) \end{aligned}\right\} \tag{5-105}$$

式中，x_c 定义为以被采样点 p 为原点的邻近像素 x 坐标值，其像素间隔为 1，当把式 (5-105) 函数作用于图像 y 方向时，只需把 x 换为 y 即可。

设 p 点为被采样点，它距离左上方最近像素(22) 的坐标差 Δx，Δy 是一个小数值，即

$$\begin{cases} \Delta x = x_p - 取整(x_p) = x_p - x_{22} \\ \Delta y = y_p - 取整(y_p) = y_p - y_{22} \end{cases} \tag{5-106}$$

当利用三次函数对 p 点亮度重采样时，需要 p 点邻近的 4×4 个已知像 (i, j) $(i = 1, 2, 3, 4; j = 1, 2, 3, 4)$ 的亮度值 (I_{ij}) 参加计算。

内插点 p 的亮度值为

$$I_p = \boldsymbol{W}_x \cdot I \cdot \boldsymbol{W}_y^{\mathrm{T}} \tag{5-107}$$

其中：

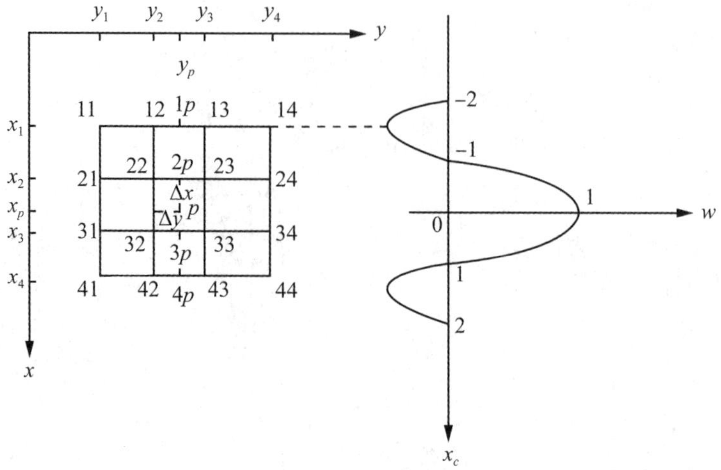

图 5-25　双三次卷积法重采样

$$\boldsymbol{W}_x = \begin{bmatrix} W_{x_1} & W_{x_2} & W_{x_3} & W_{x_4} \end{bmatrix};$$

$$\boldsymbol{I} = \begin{bmatrix} I_{11} & I_{12} & I_{13} & I_{14} \\ I_{21} & I_{22} & I_{23} & I_{24} \\ I_{31} & I_{32} & I_{33} & I_{34} \\ I_{41} & I_{42} & I_{43} & I_{44} \end{bmatrix};$$

$$\boldsymbol{W}_y = \begin{bmatrix} W_{y_1} & W_{y_2} & W_{y_3} & W_{y_4} \end{bmatrix}。$$

$$W_{x_1} = -\Delta x + 2\Delta x^2 - \Delta x^3 \qquad W_{y_1} = -\Delta y + 2\Delta y^2 - \Delta y^3$$

$$W_{x_2} = 1 - 2\Delta x^2 + \Delta x^3 \qquad W_{y_2} = 1 - 2\Delta y^2 + \Delta y^3$$

$$W_{x_3} = \Delta x + \Delta x^2 - \Delta x^3 \qquad W_{y_3} = \Delta y + \Delta y^2 - \Delta y^3$$

$$W_{x_4} = -\Delta x + \Delta x^3 \qquad W_{y_4} = -\Delta y + \Delta y^3$$

双三次卷积的内插精度较高，但计算量大。

4. 纠正结果评价

利用现有的资料，根据相应的规范，对纠正结果进行精度评价。只有符合精度要求，遥感图像的几何纠正才完成。

通过上述完整的纠正过程，就获得了具有地理编码的遥感图像。

5.3.2　基于严格成像模型的几何纠正

基于严格成像模型的几何纠正流程与多项式模型相似，其区别在于使用成像模型不同，使用的图像坐标和地面坐标间的数学变换公式也不同。基于多项式模型的几何纠正过程中是直接利用控制点计算多项式系数；对于严格成像模型来说，用于构建模型的星上测量外方位元素精度有限，一般难以直接满足几何纠正精度要求，同样需要利用一定数量的控制点对星上测量外方位元素进行精化。另一方面，基于多项式模型一般不考虑地面点的高程坐标，纠正过程可以不需要 DEM 数据，而严格成像模型中地面点坐标为三维坐标，纠正过程中需要使用 DEM 数据作为辅助。下面以 SPOT-5 卫星为例，介绍基于严格成像模型的几何纠正过程。

1. 利用控制点精化星上测量外方位元素

由于卫星定轨测姿误差的影响，由 5.1.2 中内插出的 SPOT-5 卫星轨道和姿态参数与传感器成像时卫星的真实轨道姿态存在偏差，这种偏差可以表示为随时间变化的二次函数，如式(5-108)所示。

$$\begin{cases} X_S(\bar{t}) = X_S^{obs}(\bar{t}) + c_{x,0} + c_{x,1} \cdot \bar{t} + c_{x,2} \cdot \bar{t}^2 \\ Y_S(\bar{t}) = Y_S^{obs}(\bar{t}) + c_{y,0} + c_{y,1} \cdot \bar{t} + c_{y,2} \cdot \bar{t}^2 \\ Z_S(\bar{t}) = Z_S^{obs}(\bar{t}) + c_{z,0} + c_{z,1} \cdot \bar{t} + c_{z,2} \cdot \bar{t}^2 \\ \text{roll}(\bar{t}) = \text{roll}^{obs}(\bar{t}) + e_{r,0} + e_{r,1} \cdot \bar{t} + e_{r,2} \cdot \bar{t}^2 \\ \text{pitch}(\bar{t}) = \text{pitch}^{obs}(\bar{t}) + e_{p,0} + e_{p,1} \cdot \bar{t} + e_{p,2} \cdot \bar{t}^2 \\ \text{yaw}(\bar{t}) = \text{yaw}^{obs}(\bar{t}) + e_{y,0} + e_{y,1} \cdot \bar{t} + e_{y,2} \cdot \bar{t}^2 \end{cases} \tag{5-108}$$

式中，$c_{x,0}$，$c_{x,1}$，…，$e_{y,1}$，$e_{y,2}$ 是卫星轨道和姿态误差改正项系数，可以根据卫星星历中所提供的卫星轨道位置、姿态角数据的误差大小，以及分布来选择不同的误差修正模型，如表 5-1 所示。

表 5-1 卫星轨道和姿态误差修正模型及定向参数选择

误差修正模型	定向参数选择
常数项修正	$c_{x,0}$，$c_{y,0}$，$c_{z,0}$，$e_{r,0}$，$e_{p,0}$，$e_{y,0}$
一次项修正	$c_{x,0}$，$c_{x,1}$，$c_{y,0}$，$c_{y,1}$，$c_{z,0}$，$c_{z,1}$，$e_{r,0}$，$e_{r,1}$，$e_{p,0}$，$e_{p,1}$，$e_{y,0}$，$e_{y,1}$
二次项修正	$c_{x,0}$，$c_{x,1}$，$c_{x,2}$，$c_{y,0}$，$c_{y,1}$，$c_{y,2}$，$c_{z,0}$，$c_{z,1}$，$c_{z,2}$，$e_{r,0}$，$e_{r,1}$，$e_{r,2}$，$e_{p,0}$，$e_{p,1}$，$e_{p,2}$，$e_{y,0}$，$e_{y,1}$，$e_{y,2}$

对星上测量的外方位元素进行修正时，首先根据卫星图像星历中记录的轨道位置和姿态角数据内插出各扫描行(或条带)的外方位元素初始值（$X_S^{obs}(\bar{t})$、$Y_S^{obs}(\bar{t})$、$Z_S^{obs}(\bar{t})$、$\text{roll}^{obs}(\bar{t})$、$\text{pitch}^{obs}(\bar{t})$、$\text{yaw}^{obs}(\bar{t})$），并根据轨道和姿态误差改正模型确定定向参数组合(见表 5-1)，然后利用地面控制点采用光束法平差的方法解算轨道和姿态误差改正系数。

以二次项误差修正模型为例，将式(5-108)代入式(5-32)，按照泰勒级数展开，取小值一次项得到误差方程：

$$
\begin{aligned}
Vx_F = & \frac{\partial x_F}{\partial c_{x,0}} \cdot dc_{x,0} + \frac{\partial x_F}{\partial c_{x,1}} \cdot dc_{x,1} + \frac{\partial x_F}{\partial c_{x,2}} \cdot dc_{x,2} + \frac{\partial x_F}{\partial c_{y,0}} \cdot dc_{y,0} + \frac{\partial x_F}{\partial c_{y,1}} \cdot dc_{y,1} + \frac{\partial x_F}{\partial c_{y,2}} \cdot dc_{y,2} + \\
& \frac{\partial x_F}{\partial c_{z,0}} \cdot dc_{z,0} + \frac{\partial x_F}{\partial c_{z,1}} \cdot dc_{z,1} + \frac{\partial x_F}{\partial c_{z,2}} \cdot dc_{z,2} + \frac{\partial x_F}{\partial e_{r,0}} \cdot de_{r,0} + \frac{\partial x_F}{\partial e_{r,1}} \cdot de_{r,1} + \frac{\partial x_F}{\partial e_{r,2}} \cdot de_{r,2} + \\
& \frac{\partial x_F}{\partial e_{p,0}} \cdot de_{p,0} + \frac{\partial x_F}{\partial e_{p,1}} \cdot de_{p,1} + \frac{\partial x_F}{\partial e_{p,2}} \cdot de_{p,2} + \frac{\partial x_F}{\partial e_{y,0}} \cdot de_{y,0} + \frac{\partial x_F}{\partial e_{y,1}} \cdot de_{y,1} + \frac{\partial x_F}{\partial e_{y,2}} \cdot de_{y,2} - \\
& l_{x_F} \\
Vy_F = & \frac{\partial y_F}{\partial c_{x,0}} \cdot dc_{x,0} + \frac{\partial y_F}{\partial c_{x,1}} \cdot dc_{x,1} + \frac{\partial y_F}{\partial c_{x,2}} \cdot dc_{x,2} + \frac{\partial y_F}{\partial c_{y,0}} \cdot dc_{y,0} + \frac{\partial y_F}{\partial c_{y,1}} \cdot dc_{y,1} + \frac{\partial y_F}{\partial c_{y,2}} \cdot dc_{y,2} + \\
& \frac{\partial y_F}{\partial c_{z,0}} \cdot dc_{z,0} + \frac{\partial y_F}{\partial c_{z,1}} \cdot dc_{z,1} + \frac{\partial y_F}{\partial c_{z,2}} \cdot dc_{z,2} + \frac{\partial y_F}{\partial e_{r,0}} \cdot de_{r,0} + \frac{\partial y_F}{\partial e_{r,1}} \cdot de_{r,1} + \frac{\partial y_F}{\partial e_{r,2}} \cdot de_{r,2} + \\
& \frac{\partial y_F}{\partial e_{p,0}} \cdot de_{p,0} + \frac{\partial y_F}{\partial e_{p,1}} \cdot de_{p,1} + \frac{\partial y_F}{\partial e_{p,2}} \cdot de_{p,2} + \frac{\partial y_F}{\partial e_{y,0}} \cdot de_{y,0} + \frac{\partial y_F}{\partial e_{y,1}} \cdot de_{y,1} + \frac{\partial y_F}{\partial e_{y,2}} \cdot de_{y,2} - \\
& l_{y_F}
\end{aligned}
\tag{5-109}
$$

式中，$dc_{x,0}$，$dc_{x,1}$，…，$de_{y,2}$ 为待求解改正模型系数的改正数，它们在方程中的系数为函数的偏导数。

将上述误差方程的系数项写成矩阵式 $\boldsymbol{A}$，常数项 $\boldsymbol{L} = [l_x,\ l_y]^{\mathrm{T}}$，其中 $l_{x_F} = x_F - x_F^c + f\dfrac{\bar{X}}{\bar{Z}}$，$l_{y_F} = y_F - y_F^c + f\dfrac{\bar{Y}}{\bar{Z}}$，$\boldsymbol{V} = [Vx_F,\ Vy_F]^{\mathrm{T}}$，定向参数的改正数为 $\hat{\boldsymbol{X}} = [dc_{x,0}, dc_{x,1}, \cdots, de_{y,2}]^{\mathrm{T}}$，则误差方程可表示为

$$\boldsymbol{V} = \boldsymbol{A}\hat{\boldsymbol{X}} - \boldsymbol{L} \tag{5-110}$$

误差方程中共有 18 个未知参数，故至少需要 9 个地面控制点才能解算出这些参数。如果采用常数或者一次项误差修正模型，需要解算 6 个或 12 个参数，则至少需要 3 个或 6 个控制点解算相应的改正模型系数。

星载 CCD 传感器的突出特征表现为长焦距和窄视场角，这种成像几何关系造成了传感器的定向参数之间存在较强的相关性，从而导致误差方程系数矩阵的列向量之间存在近似的线性关系，即复共线性，此时法方程严重病态，甚至奇异。虽然传统的最小二乘估计仍是线性无偏的估计，但已不再是最优估计，因此需要采取措施克服定向参数间的强相关性。可以使用的方法包括将线角元素分开迭代求解，以及利用有偏估计如广义岭估计、谱修正迭代方法等。

解算出星上测量外方位元素修正模型后，就可以对每一个扫描行的外方位元素进行修正，从而提高模型的定位精度。一般来说，需要利用一定数量的地面控制点作为检查点，验证外方位元素修正后的定位精度。若精度不满足要求，则需要增加或调整控制点，重新解算星上测量外方位元素修正模型直至其精度符合要求。最后，利用该模型进行具体的图

像纠正过程。

2. 基于严格模型的遥感图像纠正变换

1)确定纠正后遥感图像的边界范围

首先，利用外方位元素精化后的严格成像模型，基于单向空间定位模型，在 DEM 数据的辅助下计算原始图像的四个角点的地面点坐标，进而根据地面点坐标的最大最小值确定纠正后图像的地理范围。接着，计算纠正后图像的大小，并建立像点坐标与平面地理坐标的对应关系式。

2)利用间接法纠正方案对输出图像进行逐像素的纠正变换

遍历纠正后的输出图像，对于每一个像素，计算出其对应的平面地理坐标。根据平面坐标和 DEM 数据获取其高程坐标，从而得到对应地面点的三维坐标。将三维地面坐标代入 SPOT-5 严格成像模型，计算出对应原始图像的像点坐标。将原始图像中对应位置的灰度值就生成了赋给纠正后图像中的相应像素。这一过程中同样涉及数字图像灰度值的重采样，需要选择合适的重采样方法。当输出图像上所有像素点都得到灰度赋值后，纠正后的图像就生成了，完成了图像的纠正变换。

5.3.3 基于 RPC 模型的遥感图像纠正

基于 RPC 模型的几何纠正流程与严格成像模型基本一致。通常遥感图像的 RPC 模型是通过严格成像模型的基于地形无关方案解算得到的。严格成像模型的星上测量外方位元素误差会引入到 RPC 模型中，导致其精度有限，因此需要利用一定数量的控制点对 RPC 模型进行精化。由于 RPC 模型考虑了地面点的高程坐标，纠正过程中需使用 DEM 数据作为辅助。基于 RPC 模型的遥感图像几何纠正过程如下：

1. 利用控制点精化有理函数模型

理论上可采用两种方式来利用控制点提高 RFM 模型的精度，一种是利用控制点直接对 RPC 参数进行校正，该方法需要使用大量控制点来解求 RFM 中的 80 个参数，且参数间可能存在相关性，使得解求较为困难；另一种方式是通过少量控制点来计算图像的变换参数，而不直接校正 RPC 参数，该方法直接需要解求像点的量测坐标与利用 RFM 模型计算图像坐标之间的变换关系，该方法只需少量控制点，实际应用中一般使用第二种精化方法。

分析卫星系统参数对图像目标定位精度的影响，需要改正两类误差：一类行方向的误差，一类列方向的误差。其中行参数吸收轨道、姿态在行方向上的影响，列参数吸收轨道、姿态在列方向上的影响，因此可以采用定义在图像面的仿射变换来校正此类误差。

在图像上定义仿射变换：

$$\begin{cases} y = e_0 + e_1 \cdot \text{Sample} + e_2 \cdot \text{Line} \\ x = f_0 + f_1 \cdot \text{Sample} + f_2 \cdot \text{Line} \end{cases} \tag{5-111}$$

式中，(x，y)是控制点在图像上的量测的真实像点坐标；Sample 和 Line 为地面点坐标带入 RPC 模型后计算出的像点坐标。

根据式(5-111)可以对每个控制点列出如下线性方程，根据最小二乘原理解求仿射变换参数。

$$
\begin{cases}
\boldsymbol{v}_x = \left(\dfrac{\partial x}{\partial e_0}\cdot\Delta e_0 + \dfrac{\partial x}{\partial e_1}\cdot\Delta e_1 + \dfrac{\partial x}{\partial e_2}\cdot\Delta e_2 + \dfrac{\partial x}{\partial f_0}\cdot\Delta f_0 + \dfrac{\partial x}{\partial f_1}\cdot\Delta f_1 + \dfrac{\partial x}{\partial f_2}\cdot\Delta f_2\right) + F_{x0} \\
\boldsymbol{v}_y = \left(\dfrac{\partial y}{\partial e_0}\cdot\Delta e_0 + \dfrac{\partial y}{\partial e_1}\cdot\Delta e_1 + \dfrac{\partial y}{\partial e_2}\cdot\Delta e_2 + \dfrac{\partial y}{\partial f_0}\cdot\Delta f_0 + \dfrac{\partial y}{\partial f_1}\cdot\Delta f_1 + \dfrac{\partial y}{\partial f_2}\cdot\Delta f_2\right) + F_{y0}
\end{cases}
\tag{5-112}
$$

解算 6 个仿射变换参数至少需要 3 个控制点。在缺少地面控制点时(少于 3 个)，可以将模型简化，当只有一个控制点时，可以只求解偏移参数e_0 和f_0。实验表明，即使仅做偏移改正，也能显著提高 RPC 模型精度；当有两个控制点时，可以计算偏移参数(e_0 和f_0)和 Line 方向系数(e_2 和f_2)，可以获得较高的精度。

解算完精化模型参数后，需利用一定数量的地面检查点验证模型修正后的定位精度，符合要求后方可基于 RPC 模型进行后续图像纠正。

2. 基于 RPC 模型的遥感图像纠正变换

完成 RPC 模型的精化后，即可利用 RPC 模型和 DEM 数据进行遥感图像纠正变换。其基本步骤包括：

(1)确定纠正后遥感图像的边界范围和纠正后图像的大小。

计算原始图像的四个角点所对应的地面点坐标(该步骤是基于有理函数模型的定位方法解算)。四个角点的地面点坐标所确定最大外接矩形即为纠正后图像的范围。确定输出图像的空间分辨率后，输出图像的大小也就确定了。a，b，c，d 按纠正变换函数投影到地图坐标系统中去，得到 8 个坐标值。

(2)利用间接法纠正方案对输出图像进行逐像素的赋值。

对纠正后图像范围内的每一个点，进行间接法逐像素纠正变换。

①根据纠正后像点坐标确定地面点平面坐标；

②根据地面点坐标从 DEM 中查找对应高程值；

③将平面坐标和该点高程变换为大地坐标系下的经纬度和椭球高；

④由式(5-57)将地面坐标正则化；

⑤由式(5-56)将正则化后的地面点坐标带入到 RPC 模型中，计算像点的正则化坐标 X，Y；

⑥由式(5-57)计算像点的(Line，Sample)；

⑦由式(5-111)将(Line，Sample)变换为原始图像上的像点坐标(x，y)；

⑧利用重采样方法计算原始图像上像点(x，y)的灰度值，将其赋给输出图像上的待纠正像素。

当输出图像上每一个像素都完成了纠正变换后，就完成了整个图像的纠正。

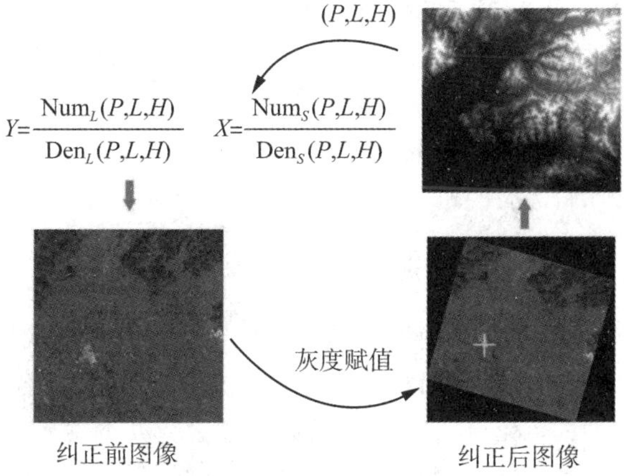

图 5-26 图像纠正变换

5.3.4 侧视雷达图像的几何纠正

雷达图像几何纠正是消除由地形引起的几何位置的误差，生成地理编码的正射图像。对于 SAR 图像，由地形引起的几何位置误差要比摄影类型成像的图像严重。在相同观测角的条件下，高程引起的 SAR 图像几何位置的误差是 SPOT 卫星图像的 4~5 倍。对于高差在 400~500m 的地形，高程引起的视差将是主要的误差，而在同等条件下的 Landsat 和 SPOT 图像的误差主要是由系统误差引起的。这些几何畸变将引起与地形相关的当地入射角和距离压缩的变化，从而引起 SAR 图像的辐射变化。

SAR 图像几何校正方法与光学图像类似，不同的只是定向参数的解算方法。SAR 图像定向的参数涉及初始斜距(也称扫描延迟) D_s、方位向分辨率 m_x、距离向分辨率 m_y 和成像时刻雷达天线状态矢量。其中，D_s、m_x、m_y 会在图像参数数据中给出，天线状态矢量需要解求，解求天线状态矢量的过程也就是定向的过程。

雷达天线是以一定的时序对每一扫描行成像，所以飞行时间和每一扫描行的行号(即方位向图像坐标)是线性相关的，雷达天线的姿态可用如下关于时间的多项式(三次模拟)描述：

$$\begin{cases} X_S = a_0 + a_1 T + a_2 T^2 + a_3 T^3 \\ Y_S = b_0 + b_1 T + b_2 T^2 + b_3 T^3 \\ Z_S = c_0 + c_1 T + c_2 T^2 + c_3 T^3 \\ v_X = a_1 + 2a_2 T + 3a_3 T^2 \\ v_Y = b_1 + 2b_2 T + 3b_3 T^2 \\ v_Z = c_1 + 2c_2 T + 3c_3 T^2 \\ T = m_x \cdot x \end{cases} \tag{5-113}$$

式中，m_x 为方位向像元大小；x 为方位向像点坐标；a_i、b_i、$c_i(i=0, 1, 2, 3)$ 为多项式拟合系数。

当传感器的导航定位装置记录的一系列状态矢量，由式(5-116)拟合状态矢量，但一般精度不足，需要利用控制点进一步精化；也可以利用若干已知地面坐标的图像控制点，结合 Leberl 构像模型方程式(5-45)，直接解求状态矢量参数。

求解出模型参数后，按照与多项式模型几何纠正方法相同的流程进行逐点的纠正变换即可完成整幅雷达图像的几何纠正。

5.3.5　基于自动匹配的小面元微分纠正

如前文所述，多项式模型计算简便，但仅适用于小覆盖范围或平坦地区的图像。基于严格模型或 RPC 模型的方法纠正精度高，适用于山地丘陵等复杂场景的图像几何纠正，但需要有 DEM 数据的辅助。当需要对复杂场景图像进行几何纠正，但缺少成像模型信息或 DEM 数据时，若有该区域的正射图像，可以以正射图像作为参考，采用小面元微分纠正方法纠正待处理图像。

小面元微分纠正方法的基本原理是：首先利用图像匹配技术，全自动地在参考图像和待纠正图像上获取密集同名点。这些密集同名点对构成密集三角网，每一个三角形即一个小面元。对每一个小面元，以三角形的三个顶点作为控制点建立仿射变换模型，对待处理图像进行纠正。由于小面元的范围较小，仿射变换模型能够实现精确的纠正结果。

小面元微分纠正的算法如下：

1. 图像特征点提取

将目标图像中的显著特征点提取出来，作为配准的控制点。这些特征点是通过兴趣点算子(如 SIFT 或 Harris)提取的。

2. 预处理

不同的遥感图像间存在着平面位置、方位与比例的差异，因而需要对其进行平移、旋转与缩放等预处理，以便进行图像匹配。当图像的差异较大时，需要人工选取一到三对同名点的概略位置，根据这些同名点解算图像间概略的平移、旋转与缩放等预处理参数。

通过预处理可以使低分辨率图像的比例尺和方位与目标图像基本接近，便于图像匹配。

3. 粗匹配

以特征点为中心，取一矩形窗口作为目标窗口。根据先验知识的预测，从图像中取一较大的矩形窗口作为搜索窗口。将目标窗口的灰度矩阵和搜索窗口中等大的子窗口灰度矩阵进行比较。其中最相似的子窗口的中心为该特征点的同名点。

粗匹配的结果将被作为控制，用于后续的精匹配，因此具有较高的可靠性，其分布应尽量均匀。为了检测其粗差，可对同名点的位置之差进行多项式拟合，将拟合残差大的点剔除。为了提高可靠性，可以采用由粗到细的匹配策略。特征提取与粗匹配按分层多级图像金字塔结构进行。

4. 几何条件约束的整体松弛匹配

1)改正地面坡度产生的畸变

地面坡度产生不同的畸变是图像间最重要的差别。粗匹配的方法是以特征点为窗口中心。这种中心窗口模式不考虑上述差别，因而不能解决地面坡度产生不同畸变的问题。改变这个中心模式的窗口为边缘模式的窗口，即以两相邻的特征作为左右两边构成窗口。在评价相似性之前，先将搜索子窗口重采样，使其与目标窗口等大，然后再评价其相似性，这样可以克服坡度引起的畸变差对匹配的不利影响。

2)几何约束条件

大部分的地表是连续光滑的，因此在匹配的过程中应先考虑连续光滑的几何约束条件。具体包括：第一，目标点的顺序与其同名点的顺序应保持一致，不应出现顺序错乱的情况；第二，同名点的左右横坐标差不应出现突变，若检测到突变则视为粗差，应予以剔除；第三，同名点的左右横坐标应接近，且它们离拟合曲面的距离应较小。

3)整体松弛匹配

传统的图像匹配方法通常是基于单点的匹配，它以相似性测度最大或最小为评价标准，取该测度为其唯一的结果，它不考虑周围点的匹配结果的一致性。由于图像变形的复杂性，相似性测度最大者有时不是对应的同名点。根据相关分析，互相关是一个多峰值函数，其最大值不一定对应着同名点，而某些非峰值则有可能是同名点。因此，同名点的判定必须借助其邻近点，且它们的影响是相互的。利用整体松弛匹配法能较好的解决这个问题，因为它考虑了邻近点之间的相互影响。

根据模式识别理论，设由目标集合 $O=\{O_1, O_2, \cdots, O_n\}$ 与类别集合 $C=\{C_1, C_2, \cdots, C_n\}$，其中目标图像的像素 i 为目标O_i，从图像上对应的像素 j 为类别C_j，图像匹配就是要解决$O_i \in C_j$ 是否成立的问题。

为提高其可靠性，必须考虑结果的全局一致性，即分类结果是否互相协调一致。设O_i与O_j 的相关系数为$\rho(i, j)$，并将其换算为$O_i \in C_j$ 的概率P_{ij}，O_h 为与O_i 相邻的像素，C_k为与 Cj 相邻的像素。利用概率松弛法必须引入$O_i \in C_j$ 与$O_h \in C_k$ 的相容系数 $C(i, j; h, k)$，可将其定义为目标图像中的区间 $[i, h]$ 和从图像中的区间 $[i, h]$ 的相关系数 $\rho(ih, jk)$，即：

$$C(i, j; h, k) \propto \rho(ih, jk)$$

一旦确定了P_{ij} 和 $C(i, j; h, k)$，就可根据下列公式进行松弛迭代运算：

$$\begin{aligned}
Q(i, j) &= \sum_{h=1}^{n(H)}\left(\sum_{k=1}^{m(K)} C(i, j; h, k) \cdot P(i, j)\right) \\
P^{(r)}(i, j) &= P^{(r-1)}(i, j) \cdot (1 + B \cdot Q(i, j)) \\
P^{(r)}(i, j) &= \frac{P^{(r)}(i, j)}{\sum_{j=1}^{m(J)} P^{(r)}(i, j)}
\end{aligned} \tag{5-114}$$

式中，$n(H)$ 为相邻目标点的个数；$m(K)$ 和 $m(J)$ 为从图像匹配候选点的个数；r 为迭代次数。如果$P^{(r)} > T$(T为事先给定阈值)，则停止迭代，并确定可靠的对应点。此外，图像的金字塔数据结构应用于这个匹配过程，以进一步提高数据处理的速度和配准的可靠性。

5. 小面元微分纠正

通过上述方法，通常可以从一幅图像中提取数万至数十万对同名点。这些点分布在山脊、山谷等特征线上，或者本身就是明显的特征点。将这些点构成相互对应的三角网。由于点数多，三角网的三角形面积都较小。对于三角网的每一对三角形 $\triangle P_1P_2P_3$ 和 $\triangle P'_1P'_2P'_3$，利用其三个顶点的对应坐标(x_i, y_i) 和(x'_i, y'_i) 其中($i = 1, 2, 3$)，求解仿射变换：

$$\begin{cases} x' = a_0 + a_1x + a_2y \\ y' = b_0 + b_1x + b_2y \end{cases} \tag{5-115}$$

求得式(5-115) 中的系数a_0，a_1，a_2，b_0，b_1，b_2。然后将待纠正图像上的三角形$\triangle P'_1P'_2P'_3$纠正成与目标图像对应的三角形 $\triangle P_1P_2P_3$。

该方法使用的控制点沿着图像的特征线密集分布，能够对不同遥感图像之间的几何变形进行了精确的相对纠正。因此，该方法能够有效解决缺乏 DEM 数据情况下的山区遥感图像纠正问题。

第 6 章　遥感图像的辐射处理

在遥感数据的采集过程中，除了图像几何畸变可能引起的误差外，还有多种因素可能影响数据质量，导致遥感图像无法准确反映地表目标的真实光谱特性。这些因素包括传感器的性能限制、大气状况的变化、太阳辐射的影响以及地形特征等。这些因素可能会降低图像的分辨率和对比度，进而导致图像辐射值的失真。这种辐射失真会直接影响遥感图像的质量，并降低其后续应用中的有效性。

为了从长期序列的卫星图像中探测地表反射率的变化，并准确揭示实际地物的变化情况，进行辐射校正至关重要。辐射校正的目的是通过一系列处理步骤，消除或减少上述因素对遥感数据质量的负面影响。这些处理步骤确保图像更真实地反映地面目标的光谱特性（如反射率、反射率等），从而提高遥感图像的准确性和应用价值。

遥感图像辐射校正的主要意义和重要性主要体现在以下几方面：

(1)提高数据质量：通过辐射校正，可以有效地消除或减少大气条件、传感器特性等因素对遥感图像的影响，从而提高遥感数据的质量，使得数据更接近真实的地表反射情况。这对于后续的数据分析和解译至关重要。通过科学的方法消除图像的辐射畸变，使遥感图像能够更真实、更准确地获取地表信息。

(2)增强数据的可比性：不同时间、不同传感器获取的遥感数据之间存在辐射差异，这些差异会影响数据的一致性和可比性。通过辐射校正，可以将不同条件下获取的数据转换到同一标准下，从而使数据具有更好的可比性，便于进行时间序列分析和多源数据融合。通过确保数据的一致性，我们可以更公正地评价和比较不同地区、不同时间的地表变化，为资源合理分配和环境保护提供科学依据。

(3)促进数据的应用：辐射校正后的遥感数据能够更准确地反映地表物质的光谱特性，这对于土地覆盖分类、植被监测、环境评估等应用领域至关重要。准确的辐射信息有助于提高这些应用的精度和可靠性。

(4)支持定量分析：辐射校正是实现遥感数据定量化分析的关键步骤。通过校正，可以将遥感图像的像元值转换为实际的地表反射率或辐射亮度值，从而为定量化提取地表参数提供基础，如植被指数计算、地表温度反演等。精确的定量分析使人类能够更深入地理解地表变化的规律，为科学研究和社会管理提供坚实的数据支撑。

(5)提升遥感图像的解译能力：辐射校正后的遥感图像能更真实地反映地物的光谱特征，减少了由于辐射畸变引起的误差，从而提升了遥感图像的解译能力，有助于更准确地识别和分类地表物质。

综上所述，遥感图像的辐射校正不仅是实现遥感数据准确分析和广泛应用的关键技术步骤，更是科技进步与社会发展相互促进的辩证法则的体现，对于促进遥感技术在地球科学研究、资源管理、环境监测等多个领域的应用具有重要作用。

地表接收到的辐射包括以下几个部分，如图 6-1 所示：①太阳直接入射辐射，这部分辐射一般是与太阳入射光线和对应地表法线的夹角大小相关；②大气散射辐射，这部分辐射一般和地表的天空可见视角有关，由于卫星获取的图像中不同地表单元的地理位置不同，受地形的影响也不同，因而天空可见视角不同，该点接收到的大气散射辐射也不同。大气散射后的部分辐射会直接到达传感器，称为大气程辐射；③邻近环境辐射，这部分辐射跟地表单元周围地形有关，地表单元周围地形不同，其邻近辐射也会有所差异。以上三部分辐射共同构成了地表接收的总辐射。

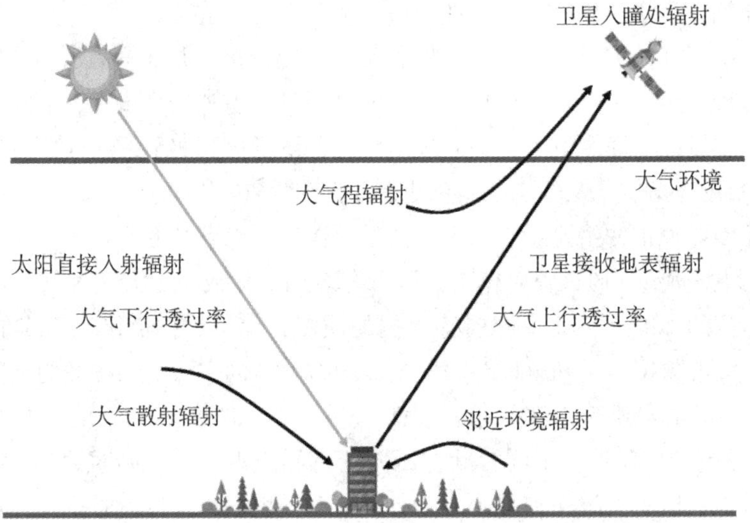

图 6-1　地表接收辐射的组成

地表接收辐射过程的复杂性，使得航空航天遥感在成像瞬间往往受到多种内在和外在因素的干扰，包括传感器结构与状态、光照条件、大气分布、地表形态等。不同类型的干扰因素作用于观测过程，经常导致图像内部或图像之间出现明显的辐射差异。图像内部的辐射差异主要指同类地物在同一图像的不同区域表现出的辐射不一致现象，图像间的辐射差异指多时相或多源图像在辐射表征上出现的时空不一致问题。

图 6-2 列出了遥感数据中常见的辐射差异表现形式，由传感器、光照、大气、地表等不同因素独立或联合导致而成。

(1) 线阵扫描传感器的探元响应差异。线阵扫描传感器一般由一定数量行状分布的探测元件构成，每个探测元件对应一个像素。受光学空间响应、CCD 暗电流等因素的影响，不同感光元件对辐射信号的响应存在不一致问题，在图像上也就对应出现如图 6-2(a) 所示的条状辐射差异。

(2)大气分布导致的薄云与雾霭。当大气中的水汽浓度过于饱和时，水分子就会聚集在微尘等凝结核周围形成小水滴，并进一步聚集形成云或雾。由于大气散射效应，受薄云、雾霭影响较大的图像区域辐射亮度显著增高，与受云雾影响较小的区域形成明显的辐射差异，如图 6-2 (b)和图 6-2 (c)所示。

(3)地表形态导致的地形和建筑物阴影。在山区，地形起伏会导致阳坡与阴坡之间出现明显的辐射差异，表现形式即为地形阴影，如图 6-2 (d)所示；在高分辨率遥感图像的城市区域，建筑物的投射阴影导致局部地表入射能量减少，信息被削弱且信噪比较低，如图 6-2 (e)所示。

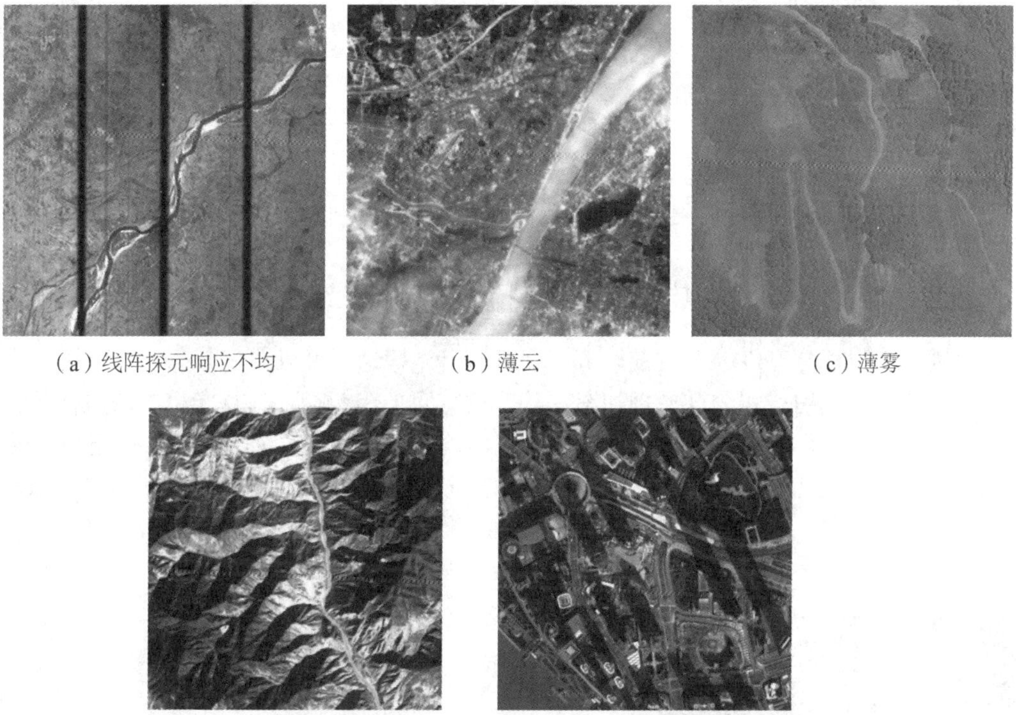

(a) 线阵探元响应不均　(b) 薄云　(c) 薄雾

(d) 地形阴影一　(e) 地形阴影二

图 6-2　多类型的信息不均

以上多种干扰因素导致的辐射信息差异，不但影响数据的视觉效果，也会降低图像的解译精度与定量应用能力。为了消除或者改正遥感图像的辐射畸变，使其能够正确地反映地物真实辐射状况，就需要进行辐射校正。辐射校正一般分为绝对辐射校正和相对辐射校正。绝对辐射校正是指消除各种因素的影响，获取地物真实反射率或辐射值的过程。针对仪器影响的辐射校正主要任务是建立 DN(digital number)值与入瞳处辐射亮度值之间的定量关系，从而对数据进行辐射转换。绝对辐射校正与遥感数据的定量化应用密切相关，是定量遥感的重要环节。

6.1　遥感图像的辐射定标

6.1.1　绝对定标

绝对定标要建立传感器测量的数字信号与对应的辐射能量之间的数量关系，即定标系数，在卫星发射前后都要进行。

卫星发射前的绝对定标是在地面实验室或者试验场进行的，通过使用传感器观测辐射亮度值已知的标准辐射源来获取定标数据。卫星发射后，各种因素会影响传感器的响应，因此在卫星运行过程中需要定期进行定标。入轨后的定标方式包括星上定标与场地定标。星上定标的方法是将传感器内部设置的电光源有关参数测量后下传到地面，这些参数包含在卫星下传的辅助数据中。

绝对定标的方法有：

1. 传感器实验室定标

利用积分球数据是实验室辐射定标的主要方法之一。积分球是一个内壁均匀喷涂高反射率漫射材料（如聚四氟乙烯、硫酸钡等）并内置多个小体积光源的球形腔体，如图 6-3 所示。通过改变内部点亮灯的个数来调节其辐射输出，理论上可以在积分球出光面任一位置获得均匀的朗伯辐射。积分球原理如图 6-4 所示。通过不断调整 CCD 相机的增益档数 p 和亮度档数 q，可以得到一系列不同增益和亮度档数的定标数据。如果利用线性模型，输入孔辐射亮度与输出孔值（每个 CCD 探测器实际输出 DN 值）间的关系可表示为 $Y_{p,q} = aX_{p,q} + b$，其中 a 和 b 是校正模型的偏移和增益参数。

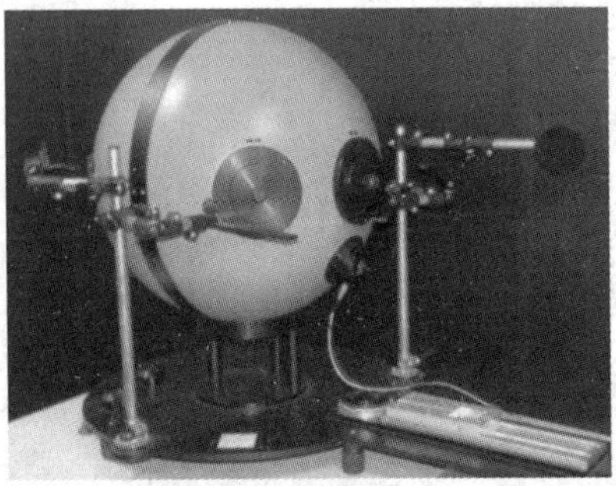

图 6-3　积分球示意图

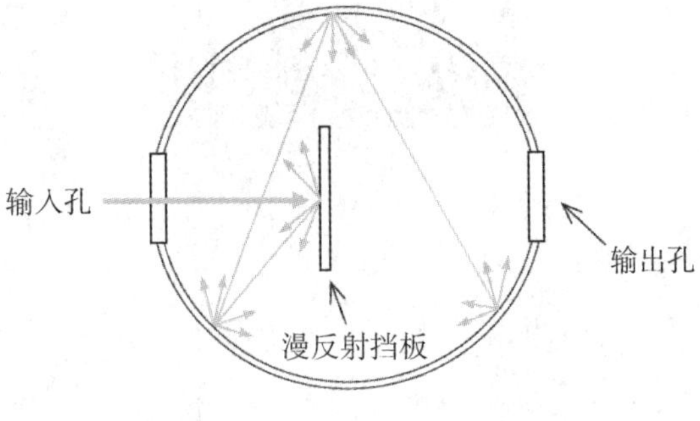

图 6-4　积分球原理图

发射前定标能够使用已知特性的辐射源在可控环境中进行测试，具有在载荷上天前探查并解决异常的优势。然而，掌握载荷特性在发射后的变化对于获取高质量的数据产品更为关键。遥感载荷在实际工况下运行并获取遥感数据的过程中，受到发射/飞行过程中的震动、工作环境和气压的改变以及元器件老化等因素影响，诸如长期暴露于紫外线下引起的光学器件衰变等问题会导致载荷的实际性能发生变化。如果仍旧沿用发射前测得的定标系数进行数据处理，往往无法保证遥感数据产品的准确度。

2. 遥感器星上定标

星上定标利用卫星搭载的星上定标系统来实现遥感载荷在轨辐射定标，具有高频次、高效率、高精度等优点。光学载荷星上定标采用的定标光源包括标准灯、太阳光、黑体等。1972 年，美国第一颗陆地卫星 Landsat-1 搭载“标准灯”，首次将星上定标方法应用于遥感载荷的在轨辐射定标。其优点可对一些光学遥感进行实时定标，但不足之处在于大部分星上定标只是部分系统和部分口径定标，没有模拟遥感器的成像状态，且星上定标系统也不够稳定，从而影响了定标精度。

利用标准灯照射反射率已知的漫射板（或积分球）来实现载荷在轨定标，而标准灯和漫射板（或积分球）只能从光路中间某个部位切入，导致“标准灯+漫射板”(或“标准灯+积分球”）的方式无法实现全光路定标，因此这种方法也被称作“内定标”(IC)法。此外，随着点灯次数和点灯时间的增加，标准灯的性能会发生严重衰退。例如，Landsat-7 搭载的定标灯主灯辐射性能在大部分波段以每年约 1% 的速度衰退。以太阳作为辐射参考基准的全孔径太阳定标法，通过调整平台姿态，将太阳光引入载荷内部，并利用漫射板将辐射降低到载荷响应的动态范围内，从而实现载荷全光路的定标。

3. 遥感器场地定标

场地定标是利用辐射校正场对在轨卫星载荷进行绝对辐射定标的方法。根据地面同步测量参数的差异，场地定标方法包括反射率基法、辐照度基法和辐亮度基法。

反射率基法是在遥感载荷过境的同时，在辐射定标场进行地面参考目标反射率和大气光学参量的同步测量，然后利用大气辐射传输模型计算出遥感器入瞳处各光谱带的辐射亮度，最后确定它与遥感器对应输出的 DN 值的数量关系，求解定标系数，并进行误差分析。

辐照度基法是对反射率基法的改进，它将气体吸收引起的消光与散射作用分离开来，并进行实际测量。在外场试验中，除了需要对参考目标表面反射率和大气参数进行同步测量外，还需测量参考目标表面的漫射辐照度和总辐照度。

辐亮度基法是在卫星过境的同时，使用飞机搭载经过准确定标的机载遥感载荷，在一定的海拔高度上，以与星载遥感载荷相同的几何观测角进行同步测量。在修正卫星与飞机之间的大气影响差异之后，推算星载遥感载荷的表观辐亮度，最终实现星载遥感载荷的辐射定标。

6.1.2 相对定标

实际上，在绝对辐射校正之前，通常需要进行相对辐射校正。相对辐射校正是为了消除传感器各探元对信号的响应差异，实现原始 DN 值归一化的处理过程，又称为传感器探元归一化。在理想状态下同一传感器各探元，输出的量化值 DN 与入射的亮度值成正比，并且具有相同的比例因子。然而，由于地面测试条件、卫星在轨运行环境、以及传感器老化等因素的影响，不同探元的子图像之间通常存在亮度差别，形成如图 6-5 所示遥感图像上的残疵条纹，使得观测地物信息呈现异常记录。相对辐射校正可以有效消除 CCD 探测器件和电路系统所引起的探元之间的响应非均匀性，是绝对辐射校正的基础。

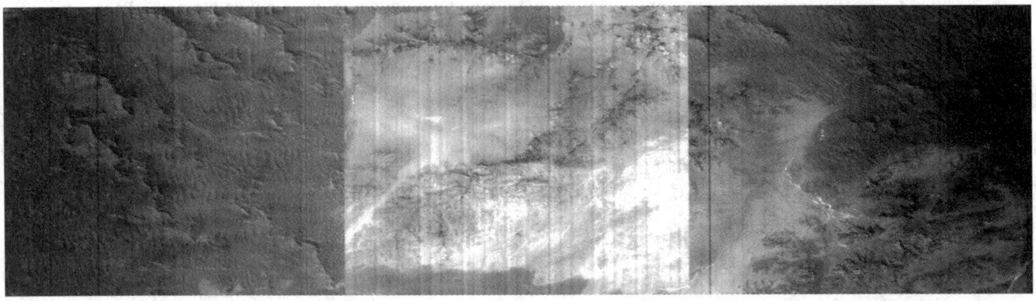

图 6-5　传感器各探元对信号的响应差异

需要说明的是，针对线阵传感器的去条带处理与相对辐射校正是容易混淆的两个概念，实际上去条带也属于相对辐射校正的范畴，而相对辐射校正的重要目的之一也是消除探元响应不均匀导致的条带问题。一般说来，在卫星数据接收到分发之前，需要经过地面预处理系统进行标准产品的生产。例如，相对辐射校正通常是对 0 级遥感图像进行的归一化校正处理，生产 1 级产品数据。该过程是利用标准化的方法，对所有数据进行的统一处理，但由于算法通用性、时效性等原因，地面预处理系统生成的数据仍可能残留部分条带，遥感用户则可采用针对性更强的条带去除方法做进一步处理。本节主要介绍地面预处理系统中常用的相对辐射校正方法。

1. 相对辐射校正模型

1)线性模型

在实际工作中，主要利用积分球、星上定标灯和均匀场景等手段获取定标数据，构建相对辐射校正线性模型解算传感器各探元之间的增益和偏置系数，对待校正 CCD 子图像各像元 DN 值通过式(6-1)做转换，消除探元间辐射响应差异，实现相对辐射校正。

$$L_j = a_j \times \mathrm{DN}_j + b_j \tag{6-1}$$

式中，L_j 表示相对辐射校正后第 j 号探元的计数值；DN_j 表示原始第 j 号探元的灰度值；b_j 表示第 j 号探元偏置系数；a_j 表示第 j 号探元的增益系数。

最小二乘法是广泛使用的线性模型拟合方法，利用偏差的平方和最小作为拟合准则。其中，偏差是指检测值与拟合估计值的差，偏差平方和最小可表示为

$$\sum_{i=1}^{n} \delta_i^2 = \min \tag{6-2}$$

式中，δ 指检测值与拟合近似值的差。在相对辐射校正中，当获得探元 j 不同辐照度 i 下多个标准值(L_{ji})和实际输出值(DN_{ji})时，绘制函数拟合曲线并构造逼近函数 $L_j = f(\mathrm{DN}_j) = a_j \times \mathrm{DN}_j + b_j$，如图 6-6 所示。

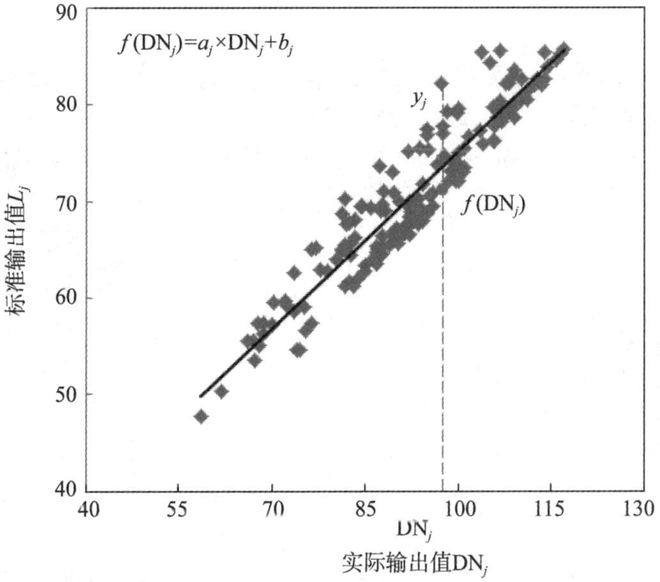

图 6-6 最小二乘拟合图

通过最小化所有样本点的函数值 $f(\mathrm{DN}_{ji})$ 和标准值 L_{ji} 的平方和：

$$[a_j, b_j] = \operatorname{argmin}\sum_{i=1}^{n} \| L_{ji} - f(\mathrm{DN}_{ji}) \|^2 \tag{6-3}$$

获得探元 j 最优增益 a_j 和偏置 b_j 系数(王小燕和龙小祥，2008)，如下：

$$\begin{aligned} a_j &= \frac{N\sum_{i=1}^{N}\mathrm{DN}_{ji}L_{ji} - \sum_{i=1}^{N}\mathrm{DN}_{ji}\sum_{i=1}^{N}L_{ji}}{N\sum_{i=1}^{N}(\mathrm{DN}_{ji})^2 - \left[\sum_{i=1}^{N}\mathrm{DN}_{ji}\right]^2} \\ b_j &= \frac{\sum_{i=1}^{N}L_{ji}\sum_{i=1}^{N}(\mathrm{DN}_{ji})^2 - \sum_{i=1}^{N}\mathrm{DN}_{ji}\sum_{i=1}^{N}\mathrm{DN}_{ji}L_{ji}}{N\sum_{i=1}^{N}(\mathrm{DN}_{ji})^2 - \left[\sum_{i=1}^{N}\mathrm{DN}_{ji}\right]^2} \end{aligned} \tag{6-4}$$

式中，N 表示辐照度的档数。

2)非线性模型

线性模型通常更加适用于探元在中等亮度区域的光电响应关系，但传感器在低亮度和高亮度辐射区域往往呈现出非线性响应特征，线性校正模型往往带来一定的校正误差。为了补偿传感器非线性误差，国内外研究者提出了多项式拟合校正方法。多项式拟合法仍然对全局构建一个模型，有时也不能很好地补偿非线性误差。在此情况下，可进一步采用自适应分段拟合方法。

自适应分段拟合方法的基本思路是在光谱输出幅度范围内，将定标数据分组，对每组分别进行一次或高次多项式逼近拟合，获得相应的定标系数。根据一般传感器的特性，中间段用直线表示，两端用高次曲线表示。在计算过程中，实现多项式形式和分段区间的自适应确定。

假设 $f(x)$ 为传感器的真实输出函数，$p_n(x)$ 为 n 组观测的逼近多项式，$p_n(x)$ 是 $[m, n]$ 区间上 $f(x)$ 最优逼近多项式的充要条件，是它在此区间上有 $n+2$ 个轮流正、负偏差点。以此理论为基础实现定标数据的自适应分段拟合，具体步骤如图 6-7 所示。

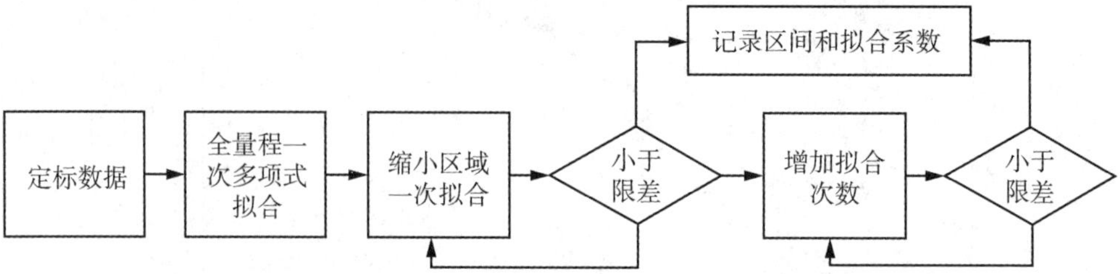

图 6-7　自适应分段拟合流程图

为了在最大区间内得到最佳直线，首先在全量程范围内进行一次多项式拟合。如果拟合误差大于预设限值，缩小区间重新拟合。若区间缩小到一定范围仍不能满足要求，改用高次多项式曲线拟合。如果最大误差小于限值，记录相应的区间和拟合系数。然后对端点区间以逐渐逼近的方式实现最佳拟合，记录相应的区间和拟合系数。当图像数据由多个谱段构成时，对每一谱段按照上述方法循环处理直至所有数据得到校正。

2. 相对辐射校正处理流程

1) 基于积分球数据的相对辐射校正

与绝对定标类似，不断调整 CCD 相机增益档数 p 和亮度档数 q，得到一系列不同增益和亮度档数的定标数据 $\boldsymbol{I}_{p,q}^{M,N}$，其中 M 和 N 分别表示行和列数。利用积分球数据进行相对辐射校正的具体实现过程如下：

(1) 定标数据预处理。数据在获取过程中不可避免地受仪器系统误差、外界因素的影响，导致同一探元响应列出现异常值。为消除误差对相对辐射校正的影响，一般采用统计的方法，对每一定标数据计算每个探元输出列 DN 值的平均值，统计所有数据中每个值出现的次数，从两端开始将所有出现次数小于阈值 ε 的点“剔除”掉，然后计算各列的加权平均值：

$$\overline{\mathrm{DN}}_{p,q}(i) = \frac{\sum_k k \times f(k)}{\sum_k f(k)} \tag{6-5}$$

式中，$\overline{\mathrm{DN}}_{p,q}(i)$ 表示定标数据第 i 列的平均计数值；$f(k)$ 表示定标数据某一列 DN 值为 k 的点出现的次数；k 表示 DN 值的大小。

(2) 计算整体定标数据 DN 值的平均值，作为标准值。

$$\mathrm{DN}_{p,q}^{0} = \frac{1}{N} \times \sum_i \overline{\mathrm{DN}}_{p,q}(i) \tag{6-6}$$

式中，$DN^0_{p,q}$ 表示定标数据在增益档数为 p 和亮度档数为 q 的条件下 DN 值的标准值，即 CCD 在 p 档增益和 q 档照度下的标准输出。

(3) 将每个 CCD 探测器实际输出 DN 值的平均值作为 X 坐标，标准输出 $DN^0_{p,q}$ 作为 Y 坐标，得到它在 p 档增益下输出的离散数据对应点（$DN_{p,0}$，$DN^0_{p,0}$），（$DN_{p,1}$，$DN^0_{p,1}$），…，（$DN_{p,q}$，$DN^0_{p,q}$）。利用这些离散的点，通过最小二乘法拟合该探元的响应校正曲线，由式(6-3) 计算出在 p 档增益下所对应的校正模型参数(a_j，b_j)。

(4) 对 CCD 相机的各档增益重复步骤(1)～(3) 得到对应增益下的校正系数。根据要求使用式(6-1) 实现各探元的相对辐射校正。

如图 6-8 所示，利用积分球计算的定标系数对观测的遥感图像(图 6-8(a))进行校正处理，得到图 6-8(b) 的结果。可以看出，待校正数据中因不同探元响应差异造成的条纹得到校正，CCD 各列响应均匀一致，图像不存在亮度突变，图像质量明显提升。

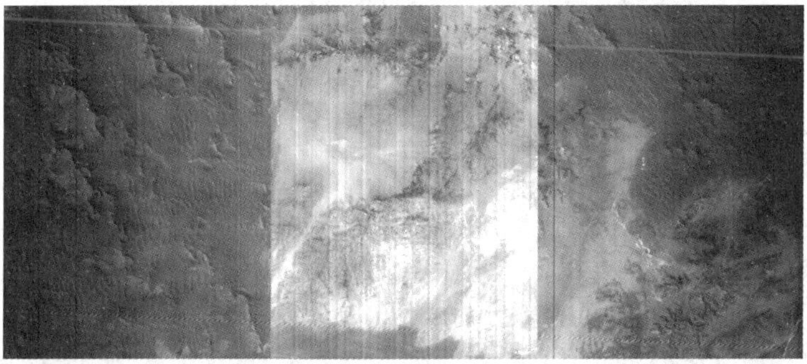

(a) 原始图像

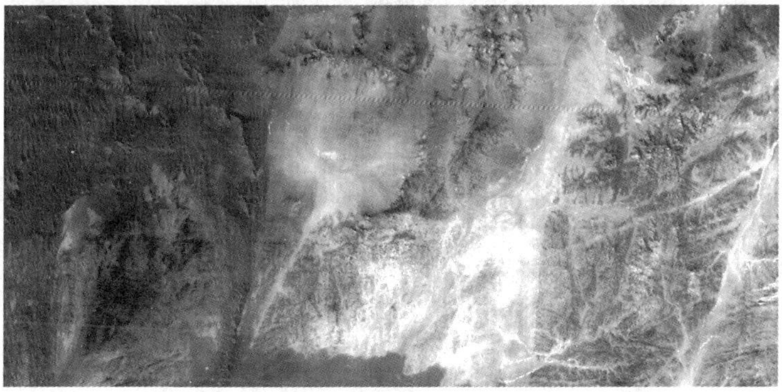

(b) 定标结果

图 6-8　积分球数据对图像的校正结果

2) 基于在轨定标灯数据的相对辐射校正

当卫星发射入轨后，由于发射时高温和工作环境温度变化的影响，发射前的相对辐射校正关系可能发生变化，因此需要更新相对辐射校正系数。利用星上定标灯数据更新相对辐射校正系数是卫星发射入轨后是一种常用的方法。卫星正常运行时保持俯视观测姿态，为了得到星上定标灯数据，需要调整卫星传感器观测角度为正视星上定标灯。获取到星上定标灯数据后，参照基于积分球的相对辐射校正方法，利用最小二乘法进行相对辐射校正处理。

为了利用定标灯数据进行在轨辐射校正，首先需要在地面上对定标灯的光强空间分布进行测量。由于星上使用的定标灯光强空间分布不是一个常数，即照在每个 CCD 探测器上的光强有微小的不同，用一个无量纲系数 $R(j)$ 对照射在各个 CCD 探测器上的光强进行修正。即

$$R(j) = \frac{A}{\mathrm{DN}_j} \tag{6-7}$$

式中，$R(j)$ 表示第 j 个探元无量纲的修正系数；A 表示定标灯照射下的平均输出，即

$$A = \frac{1}{M}\sum_j \mathrm{DN}_j \tag{6-8}$$

式中，DN_j 表示第 j 个探测器的输出 DN 值。

根据 $R(j)$ 的均方差 D，判断 $R(j)$ 是否符合要求。由定标灯的均匀度设计指标选定一个阈值 δ，若 $D > \delta$，需要重新采集定标灯的图像进行计算。若仍不能满足要求，则需要重新拟合 CCD 探测器的校正曲线。

若相对辐射校正的精度要求较高，考虑采用自适应分段线性拟合的方法进行改进。

3) 基于图像自身统计信息的辐射校正

搭载在卫星传感器上的 CCD 探元，有时会出现暗电流的影响加大、工作转改状态不一致、CCD 的光谱响应函数不一致等现象。这些现象反映在遥感图像中就是具有一定宽度的条带，掩藏地物的真实辐射信息，使图像的解译、定量分析等后续工作难以高精度进行。因此，有必要对局部条带进行校正处理。

在遥感图像的灰度分布均匀且无典型特征地物处，各正常探元所对应的子图像之间 DN 值相差不大，且灰度均值曲线过渡光滑自然。但是，受到局部条带影响的探元与正常探元所对应的子图像在视觉上有明显的差别。为了降低 CCD 局部条带现象对图像质量的影响，利用探元之间的相关性对局部条带的子图像进行校正处理，具体步骤如下：

(1) 在已知局部条带的左右边界处(如图 6-9 所示的 i 列和 j 列)，分别向外扩展一定的列数，找到正常探元所对应的两列(如图 6-9 所示的 m 列和 n 列)；

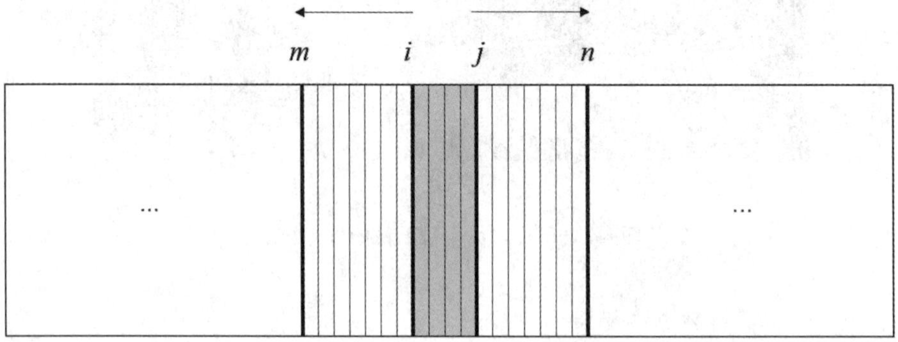

图 6-9　局部条带左右外扩示意图

(2) 以选出的两列 (m 列和 n 列) 作为参考列，分别计算参考列像素 DN 值的标准差 σ_n、σ_m 和均值 μ_n、μ_m；

(3) 计算参考列之间标准差和均值的列变化量 $\Delta\sigma$、$\Delta\mu$；

$$\begin{cases}\Delta\sigma = \dfrac{\sigma_n - \sigma_m}{n - m} \\ \Delta\mu = \dfrac{\mu_n - \mu_m}{n - m}\end{cases} \tag{6-9}$$

(4) 计算每个局部条带列的标准差、均值的理想统计量；

$$\begin{cases}\sigma_x = \sigma_m + \Delta\sigma \times (x - m) & x = i,\ i+1,\ i+2,\ \cdots,\ j \\ \mu_x = \mu_m + \Delta\mu \times (x - m) & x = i,\ i+1,\ i+2,\ \cdots,\ j\end{cases} \tag{6-10}$$

(5) 由理想统计参量计算局部条带列的增益值 a_i 和偏置值 b_i：

$$\begin{cases}a_i = \dfrac{\sigma_x}{\sigma_m} \\ b_i = \mu_x - \dfrac{\sigma_x}{\sigma_m} \times \mu_m\end{cases} \tag{6-11}$$

(6) 对局部条带列中的每个像素列进行校正，实现地物的均匀变化；

$$\mathrm{DN}_m = a_i \times \mathrm{DN}_m + b_i \tag{6-12}$$

对于整幅图像，每遇到一个局部条带区域，重复上述步骤(1)~(6)，直至整幅图像的局部条带区域处理完毕。

当 CCD 局部条带图像列出现在图像的边缘处时，上述方法只能得到一个参考列，另一个参考列则需要从其他的正常列中选取。例如，选取 CCD 图像的局部条带区域进行处理，处理前后对比结果分别如图 6-10 所示。图 6-10(a)显示了两列暗条纹，经过处理之后，图 6-10(b)显示两列暗条纹均已消失，有效恢复遥感图像的固有信息，为高精度定量分析提供精确图像数据。

(a) 局部条带处理前图像

(b) 局部条带处理后图像

图 6-10　局部条带处理结果

6.1.3　评价方法

在相对辐射校正之后，对其结果进行评价是十分必要的，常用的评价指标包括列均值、标准偏差等。

探元列均值与标准偏差曲线反映了探元对信号响应的均一性，被广泛用于评价相对辐射校正的效果，列计算公式为

$$\overline{\mathrm{DN}_i} = \frac{1}{n}\sum_{j=1}^{n}\mathrm{DN}_j \tag{6-13}$$

式中，$\overline{\mathrm{DN}_i}$ 表示第 i 个探元(列) 的平均值；DN_j 表示第 j 个像素的灰度值；n 表示第 i 个探元(列) 的像素总数。

$$\mathrm{DN}_i^{\mathrm{std}} = \sqrt{\frac{1}{n}\sum_{j=1}^{n}(\mathrm{DN}_j - \overline{\mathrm{DN}_i})^2} \tag{6-14}$$

式中，$\mathrm{DN}_i^{\mathrm{std}}$ 表示第 i 个探元(列) 的标准偏差；DN_j 表示第 j 个像素的灰度值；n 表示第 i 个探元(列) 的像素总数；$\overline{\mathrm{DN}_i}$ 表示第 i 个探元(列)的平均值。

图 6-11(a)和图 6-11(c)分别为一原始图像(4 个 CCD 拼接)在辐射校正前的列均值曲线与列标准偏差曲线，可以看出曲线存在明显的由探元响应不一致带来的趋势特征，例

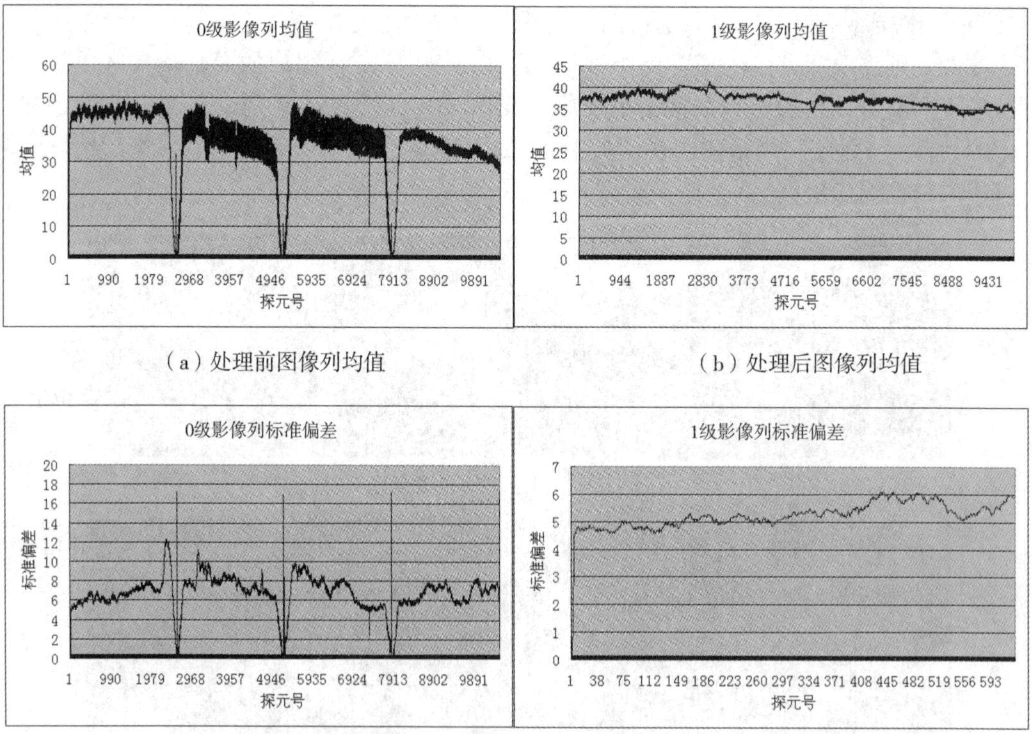

(a) 处理前图像列均值　　(b) 处理后图像列均值

(c) 处理前图像列标准偏差　　(d) 处理后图像列标准偏差

图 6-11　拼接处理效果统计图

如，在后三个 CCD 中列均值逐步减小，明显不符合正常地物分布的特征。此外，在像元拼接处的统计信息还存在明显的跳跃现象。图 6-11(b)和图 6-11(d)分别为辐射校正处理后图像的列均值曲线与列标准偏差曲线，可以看出，整个曲线的趋势较为合理，在拼接处的统计特性也能平稳过渡，表明具有较好的相对辐射校正效果。

6.2 遥感图像的大气校正

大气校正是遥感辐射校正的重要步骤，是由遥感图像获取反映地表真实反射率的必不可少的环节，对于定量遥感而言尤为重要。这是由于传感器在获取信息过程中受到大气分子、气溶胶和云粒子等大气成分吸收与散射的影响，使其获取的遥感信息中带有一定非目标地物的成像信息，数据预处理的精度达不到定量分析的高度。一方面，大气的吸收、散射作用削弱了地表反射能量，对图像信号有衰减作用；另一方面，大气程辐射(又称路径辐射)对图像信号有增加作用。消除这些大气影响的处理，称为大气校正。

早期进行大气校正过程中，假设大气条件均一，整幅图像仅使用一套参数进行校正。但在实际情况下，卫星观测地面生成的图像每一个像元的大气参数、观测角度、海拔高度等参数均不相同，特别是在雾霾天气的情况下，气溶胶分布的不均匀更较为直观地影响着卫星图像大气校正的结果。最常用的辐射传输模型有 6S LOWTRAN、MODTRAN 等。基于这些辐射传输模型，发展出了许多大气校正模块，包括 ATCOR、FLAASH 等，逐像元考虑大气、角度、高程等参数进行大气校正，以提高大气校正的精度。

6.2.1 6S 模型

6S(Second Simulation of the Satellite Signal in the Solar Spectrum)模型由 Eric Vermote 等人在 5S(the simulation of the satellite signal in the solar speetrum radiative code)模型的基础上进行改进，采用 SOS(successive order of scattering)的散射计算方法，建立在辐射传输理论基础之上，准确模拟太阳-目标物-传感器路径上的大气影响，应用范围广，受地表特点及目标类型等的影响较小，精度高，与 LOWTRAN、MODTRAN 等模型同为目前发展比较成熟的大气订正模型。6S 模型适用于 0.25~4.00μm 波长范围内电磁波的大气辐射传输的模拟。利用该模型进行大气校正的工作流程是：按顺序将几何参数、大气模式、气溶胶模式、可见度、海拔高度、观测波段等参数输入 6S 模型；通过计算模拟太阳辐射在大气中的辐射状况；给出大气校正系数 X_a、X_b 和 X_c 。假设目标表面为均匀朗伯体表面，不考虑气体吸收，在 6S 模型中卫星观测的表观反射率可用下式表达：

$$\rho_{TOA}(\theta_s, \theta_v, \varphi_s - \varphi_v) = \rho_0(\theta_s, \theta_v, \varphi_s - \varphi_v) + \frac{T(\theta_s)T(\theta_v)}{1 - \rho_S S}\rho_S \tag{6-15}$$

式中，ρ_{TOA} 为大气表观反射率；ρ_0 为大气的路径辐射项等效反射率；ρ_S 为地表反射率；θ_s 为太阳天顶角；θ_v 为卫星天顶角；φ_s 为太阳方位角；φ_v 为卫星方位角；$\varphi_s - \varphi_v$ 代表相对方位角；S 代表大气球面反照率；$T(\theta_s)$ 代表大气下行透过率；$T(\theta_v)$ 代表上行辐射总透过率。

运行 6S 辐射传输模型后，可得到大气校正系数 X_a、X_b 和 X_c，然后按下式计算得到地表反射率：

$$\rho_S = Y/1 + X_c Y \tag{6-16}$$

式中，$Y = X_a L - X_b$；Y 为中间变量；L 为定标后的辐射亮度值。

6.2.2　LOWTRAN 模型

LOWTRAN(low resolution transmission，低谱分辨率大气透过率计算程序)是美国空军基地地球物理管理局利用 Fortran 语言编写的一款大气辐射计算软件，主要应用在军事和遥感等工程领域。目前应用流行的 LOWTRAN7 是在 1989 年 2 月发布的最新版本。它的光谱分辨率为 20/cm²，可计算的光谱范围为 0～5000/cm(即 0.2～∞ μm)。

大气衰减通常认为是大气吸收和散射的共同作用。这两种衰减都遵循比尔朗伯定律，根据经验公式，在特定波长下，大气总的光谱透过率可以表示为

$$\tau_a(\lambda) = \tau_{ab}(\lambda) \cdot \tau_s(\lambda) \tag{6-17}$$

式中，$\tau_{ab}(\lambda)$ 为利某一波长上大气的透过率，与二氧化碳、水蒸气等大气透过率有关；通过给出气象视距，可以得到大气散射对应的透过率 $\tau_s(\lambda)$。

但是实际应用中，往往不会有理想的天气条件，且随着海拔高度的变化，大气组分中水蒸气含量和气溶胶浓度也会发生改变，在斜程大气观测时，还要把大气随高度的变化考虑进来，增加了公式计算的复杂度。随着计算机技术的发展，大气辐射传输可以通过大气计算软件 LOWTRAN7 来计算。LOWTRAN7 包括了吸收衰减、多次散射、气溶胶衰减和几何路径这几种计算方法。类似经验公式，LOWTRAN 也将大气吸收看成是几种气体分子吸收的乘积。

LOWTRAN 在计算由分子吸收导致的大气衰减时，采用的是图表式的计算方法，根据分子吸收的谱带理论和实验数据得到：

$$\bar{\tau}_{ai}(\lambda) = f(C_v \cdot \omega' \cdot D_s) \tag{6-18}$$

式中，$\bar{\tau}_{ai}$ 为某一气体分子吸收引起的大气透过率；C_v 为光谱吸收截面；D_s 为实际路程长度；ω' 为等效的海平面单位路程长度的吸收体量，可以利用给定的高度查图线来确定。当给定波长范围，就可先从存在 LOWTRAN 中的图线数据找到光谱吸收截面 C_v，再利用给定的实际路程长度 D_s，找到对应的吸收体量 ω'，这三者的乘积就是等效光学深度，LOWTRAN 再利用相关函数求解出对应的透过率。

6.2.3　MODTRAN 模型

MODTRAN(moderate resolution transmission)是由美国空军地球物理实验开发的计算大气透过率及辐射的软件包。MODTRAN 从 LOWTRAN 发展而来，它提高了 LOWTRAN 的光谱分辨率。MODTRAN 的基本算法包括透过率计算、多次散射处理和几何路径计算等。需要输入的参数有四类：计算模式、大气参数、气溶胶参数和云模式。

MODTRAN 有四种计算模式：透过率、热辐射、包括太阳或月亮的单次散射的辐射率、直射太阳辐照度计算。使用 MODTRAN 进行大气纠正的一般步骤是：首先输入反射率，运行 MODTRAN 得到大气层顶(TOA)光谱辐射，解得相关参数；然后将这些参数代

入公式进行大气纠正。

MODTRAN 解决的是正向问题，给出反射率，MODTRAN 能计算出大气层顶辐照度；6S 解决的是反向问题，给出大气层顶辐照度，计算地表的反射率。MODTRAN 可以计算的波段范围是 0.20μm 到无穷，而 6S 只能计算 0.25~4.0μm 太阳反射光谱波段的大气传输参数。两者进行大气校正的操作也不相同，MODTRAN 得到大气传输参数，需要带入传输公式，得到校正后的反射率；6S 输入星上表观反射率，直接能得到校正后的地面反射率。

6.2.4 ATCOR 模型

ATCOR 大气校正模型最早由德国 Wessling 光电研究所 Richter 博士于 1990 年研究提出，并且经过大量验证和评估，是一种快速大气校正算法。ATCOR 模型有两种模式：一种是适用于卫星图像的 ATCOR2/3 模式，另一种是适用于机载和航拍的 ATCOR4 模式。软件支持几乎所有的高光谱和多光谱卫星传感器，如 RapidEye、WorldView-2、Landsat-8 和资源三号等，也可对新的卫星或者航空传感器进行自定义。它带有大气数据库，辐射传输查找表由最新的 MODTRAN5 程序计算。最新版本的 ATCOR 大气校正商业软件由 IDL 语言开发，在参数反演、图像处理和数据更新等方面作了较大改进，譬如加入二次雾霾去除算法、更新了相函数、基于 MODTRAN5.3 和 HITRAN-2013 进行了高分辨率数据库的更新以及支持更多传感器等。

ATCOR 模型算法的核心是利用 MODTRAN 代码，计算辐射传输方程的数据库，通过大气和几何等参数，对生成的动态查找表进行插值计算从而进行精确快速的大气校正。在水汽参数反演方面，该模型采用适合不同情形下的 APDA 和 LIRR 两种方法，通过查找表内插或生成的水汽含量模型来获取大气水汽含量。对于气溶胶光学厚度的反演，模型采用经典的 DDV 算法。在大气参数反演方面，采用循环迭代的方式，动态更新查找表，以提高反演精度。

6.3 遥感图像的地形辐射校正

山区地形起伏导致地表接收到的太阳辐射存在差异，形成地形阴影，从而影响对地物进行解译与制图的精度。地形辐射校正的主要目的是消除地形阴影引起的辐射畸变，充分恢复地形阴影区的辐射信息。

6.3.1 地形阴影的形成机理

地表单元接收的辐射来源的差异形成了不同类型的地形阴影，如图 6-12 所示。地形阴影可以分为自阴影和投射阴影两类。自阴影处于山体的背阴坡，由于无法接收到太阳光直接照射，在遥感图像中呈现阴影的形态；投射阴影主要位于山体的向阳坡，由于受到相邻较高山体投射影响，在遥感图像成像中也呈现阴影的形式。地表的剧烈起伏是山区遥感图像中阴影的主要原因。阴影区由于缺少太阳辐射，信息可能会部分或全部损失，同类地物在阴影区和非阴影区的辐射值差异显著，这都给山区遥感图像分析带来了挑战。因此，对遥感图像进行地形校正，消除地形阴影的影响，对改善图像质量，提高解译与分析精度至关重要。

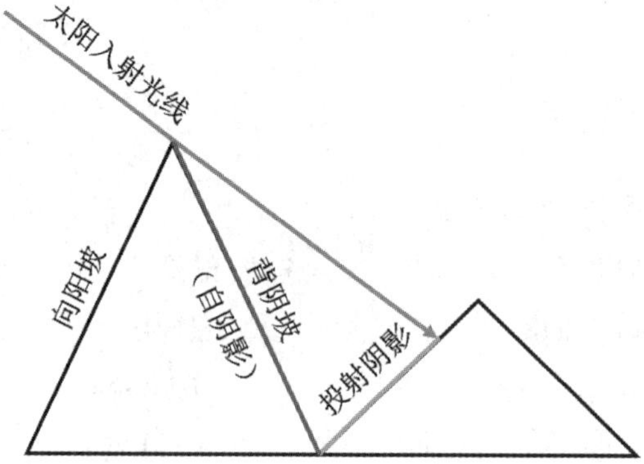

图 6-12　地形阴影类型示意图

为了分析地形对遥感图像的影响，采用数字高程模型(DEM)来提取各种地形特征，并结合图像中的对应像素，模拟地形特征对像元辐射值的影响。由于遥感图像和 DEM 数据均表现了地物与地形的空间分布特征，因此，不可避免会存在空间尺度的问题。在高空间分辨率情况下，遥感图像上单个像元内更多地表示为同质区域，DEM 数据能展示出更具体更复杂的地物细节特征。随着空间分辨率的下降，图像像元逐渐变粗，像元内异质性增大，DEM 数据上栅格边长增大，地形离散化和平滑效应程度显著增加，地形细节信息很大程度上会损失。同时，随着空间分辨率的变化，影响遥感图像的主导因素也会发生变化。例如，对于山区森林，当像元分辨率为米级时，成像的主导因素是树冠形状大小和分布模式，此时地形特征并不明显；当分辨率达到十米级时，植被结构由于自身大小的限制，显现在图像上的特征减小，此时地形成为影响成像的主导因素；当像素分辨率增大到百米甚至千米级时，此时植被本身的结构特征已经完全消失，地形特征也变得不明显，此时成像主要由区域中占主导份额的植被类别决定。这表明，虽然地形对遥感图像的影响客观存在，但是在不同的空间分辨率下，地形特征的表现形式会有所差异，甚至完全不同。

6.3.2　地形校正方法

地形校正方法主要分为基于物理模型的方法和经验校正的方法。基于物理模型的方法类似大气校正模型，以大气辐射传输模型为基础，同时考虑大气和地形情况，通过研究太阳光与地表相互作用的物理过程，对山体阴影区的信息进行补偿。该类方法物理机制清晰，理论基础较为完善，校正模型的参数具有明确的物理意义。但需要大量成像瞬间的大气与传感器参数支持，而这些参数是难以获得的，从而限制了该类方法的适用范围。经验校正方法将复杂的大气传输过程简化，分析图像辐射值与地形因素的相关关系，建立线性或非线性模型，进而对山体阴影区的辐射值进行校正。该类方法仅需要少量的基本参数，模型简单，可用性强，能够满足一些遥感应用的需求。由于投射阴影的处理更为复杂，因此本节主要选取经验校正方法中的余弦校正模型、C 校正模型、SCS(Sun-Canopy-Sensor)，以及 SCS+C 模型对自阴影进行处理。

传统的地形校正模型从不同角度考虑地表接收太阳辐射的形式，简化了辐射传输过程，从而构建地形校正公式。这些地形校正方法可以概括简化为以下形式：

$$L_H = L_T f(\cos i) \tag{6-19}$$

式中，$f(\cos i)$ 表示一个关于入射角余弦值 $\cos i$ 的函数。图像辐射值与入射角余弦值 $\cos i$ 有很强的关系，一般情况下，两者呈正相关关系。入射角余弦值较低的区域，图像辐射值较低；余弦值较高的区域，辐射值相对也较高。

1. 余弦校正模型

余弦校正模型的基本原理是：遥感图像的像元辐射值在校正前后呈正相关关系，该关系由太阳入射角余弦值和太阳高度角决定。作为最早的基于物理机制的校正模型，其假设地表为朗伯体，并且所有波段的双向反射率是一个跟太阳入射角和反射角无关的常量。然而，该模型完全忽略了天空散射辐射以及地表单元周围的邻近环境辐射。

首先，根据图像对应的 DEM 数据计算出各像素的坡度角 α、坡向角 β，又已知太阳的天顶角 sz，方位角 ω，那么地表各像素的入射角余弦值 $\cos i$ 由以上四个角度共同决定：

$$\cos i = \cos\alpha\cos(sz) + \sin\alpha\sin(sz)\cos(\beta - \omega) \tag{6-20}$$

由于地表假设为朗伯体，因此双向反射率在水平和倾斜地表相同，那么倾斜地表遥感图像的辐射值 L_T 可以如下式表示：

$$L_T = \frac{\rho T^{\uparrow} E\cos i}{\pi\cos(sz)} \tag{6-21}$$

式中，ρ 是地表反射率；$T^{\uparrow}$ 是大气上行透过率；E 是地表接收的太阳总能量。

此时，水平地表的像素辐射值 L_H 可以表示为

$$L_H = \frac{\rho T^{\uparrow} E}{\pi} \tag{6-22}$$

由式(6-21)和式(6-22)可得，余弦校正公式为

$$L_H = L_T \frac{\cos(sz)}{\cos i} \tag{6-23}$$

当地形坡度较小，太阳入射角比较低的情况下，余弦模型可以在一定程度上修复地形阴影，消除地形起伏对遥感图像的影响。若地形起伏较大，太阳高度角较小，该方法会导致阴坡地形出现严重的过校正现象。

2. C 校正模型

由于余弦模型只考虑太阳直接辐射，忽略了其他的辐射，Teillet 等在该模型基础上进

行改进，提出了 C 校正模型。C 校正模型基本上考虑了地表接收的总辐射，包括太阳直接入射辐射、天空散射辐射和邻近环境辐射三部分。其基本思想为：每一波段遥感图像辐射值与太阳入射角余弦值存在线性相关关系，其关系满足下式：

$$L_T = m\cos i + a \tag{6-24}$$

式中，m 是线性拟合方程的斜率，a 是该方程的截距，它们分别模拟了太阳直接入射辐射和其他辐射对图像辐射值的影响。这两个系数可以通过选取合适样本区域，拟合图像辐射值和入射角余弦值得到。地表水平时，太阳天顶角即是太阳入射角，式(6-24) 可表示为

$$L_H = m\cos(sz) + a \tag{6-25}$$

将式(6-24) 和式(6-25) 两式结合，可以得到 C 校正模型，即

$$L_H = L_T \frac{\cos(sz) + C}{\cos i + C},\quad C = \frac{a}{m} \tag{6-26}$$

该方法引入了经验参数 C，每个波段的 C 值均不同。一般说来，波段越长，C 值越小；波段越短，C 值越大，故在可见光波段 C 值要比近红外大，这主要是因为波段越短，散射效应越明显。由于该方法充分考虑了辐射传输的物理机制，又用了经验参数，也可以称为半经验校正方法，该方法一般具有较好的校正效果。

3. SCS 校正模型

在遥感图像中，特别是山区的有林区域，植被覆盖区域的辐射值常受到地形和树木向地性影响，导致树木的高度和冠层结构在图像中表现不准确。为了解决这一问题，采用 SCS 校正模型，该模型通过考虑太阳-冠层-传感器三者之间的几何关系对图像进行辐射校正，从而更准确地反映植被的真实情况。计算公式如下：

$$L_H = L_T \frac{\cos(sz)\cos\alpha}{\cos i} \tag{6-27}$$

上式根据余弦模型的形式进行了改进，引入了坡度量来考虑太阳辐射的散射情况，不过该方法也存在一些校正过度的现象。

4. SCS+C 校正模型

由于 C 校正方法能有效弥补余弦校正的不足，而且 C 参数的计算公式也比较简单。在参考 C 校正的思想后，引入 C 参数对上述模型改进，形成 SCS+C 校正模型。公式如下：

$$L_H = L_T \frac{\cos(sz)\cos\alpha + C}{\cos i + C},\quad C = \frac{a}{m} \tag{6-28}$$

其中，参数 C 的计算方式与 C 校正方法相同。

上述四种经验校正方法的处理效果如图 6-13 所示(彩色效果见附录彩图 6-13)。目视上可以看出，原始图像受地形阴影影响严重，不同的地形校正方法都能不同程度地修复了地形对遥感图像的影响，但校正效果有所差异。余弦校正结果与 SCS 校正结果出现了显著的过校正现象，阴阳坡的亮度值发生明显变化，此时阴坡亮度值要高于阳坡，并且色彩

畸变非常严重；C 校正方法、SCS+C 校正方法相对来说具有较好的地形校正效果，且对地物光谱的保持较好，图像整体色彩基本保持不变。

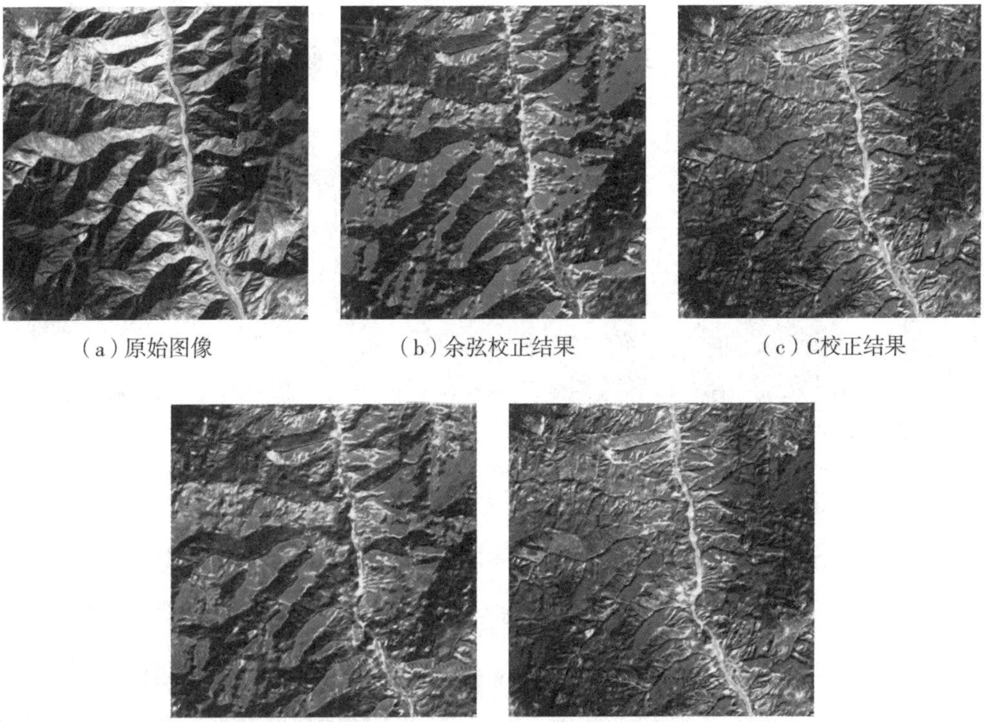

（a）原始图像　（b）余弦校正结果　（c）C校正结果

（d）SCS校正结果　（e）SCS+C校正结果

图 6-13　常用地形校正方法结果

第 7 章　遥感图像的配准镶嵌融合

遥感图像配准是将两幅或多幅遥感图像的几何位置精确对应起来的过程，它对于遥感数据的分析和应用至关重要。遥感图像配准的重要性主要体现在以下几个方面：

(1)提高多时相分析的准确性：在进行时间序列分析(如监测土地利用变化、环境变化等)时，需要将不同时间获取的遥感图像进行配准。准确的图像配准保证了时间序列分析的准确性，使变化检测结果更可靠。

(2)促进多源数据融合：遥感数据来源多样，包括不同传感器和平台(如卫星和航空)获取的数据。图像配准是多源数据融合的前提，它能够将这些具有不同空间分辨率和光谱分辨率的图像精确对齐，为数据融合提供基础，从而发挥各自数据的优势，提高最终分析结果的精度和可靠性。

(3)增强遥感数据的应用价值：配准后的遥感图像能够直接应用于地图制作、城市规划、灾害评估等领域。例如，在灾害发生后，通过将灾后图像与灾前图像配准，可以准确评估灾害造成的损失，为救援和重建提供参考。

(4)支持精确的地理编码：遥感图像配准能确保图像中的每个像素都能与地球表面的确切位置相对应，这对于地理信息系统(GIS)中的空间分析和决策支持系统(DSS)的建立和应用具有重要意义。

(5)提升解译和分类的准确性：在进行遥感图像解译和分类时，精确配准的图像能够减少地物错分和漏分的情况，提高遥感解译和分类的准确性。

不同遥感技术因其探测方式、分辨率、覆盖范围等方面的差异，使得单一数据源往往难以全面反映目标信息。多源融合技术通过整合不同数据源，可以互补各自的不足，提供更全面、更准确的信息，从而增强数据的应用价值。遥感图像融合是将两幅或多幅具有互补信息的遥感图像合成为一幅图像的过程，通过这种方式可以综合利用不同图像的信息，提高遥感数据的应用效果。主要体现在以下几个方面：

(1)提高空间分辨率：通过将高光谱分辨率但低空间分辨率的图像与高空间分辨率但低光谱分辨率的图像融合，可以得到既具有高光谱信息又具有高空间分辨率的图像。

(2)增强特定信息：融合不同波段的图像可以突出特定的地表特征，如增强植被信息、水体信息等，对特定领域的研究具有重要意义。

(3)改善数据的可视化效果：融合可以改善遥感图像的视觉效果，使得图像更加适合于直观分析和解译。

(4)提升数据分析的综合性：融合可以综合利用不同数据源的优势，提高对地表特征的识别能力和分类精度，有助于更全面、更准确地理解和分析地表情况。

遥感图像配准与融合技术通过确保来自不同时间或来源的遥感数据在空间上的一致

性，增强了特定信息的表现，改善了数据的可视化质量，显著提升了数据的准确性和可信度，提高了图像的综合应用价值。这些技术的应用反映了不同学科间数据源的有效协作与整合，实现了数据利用的最大化，提升了遥感数据的精确度和可靠性，这为国家在监测土地利用变化、环境保护、迅速应对自然灾害，以及有效推进城市规划与管理等方面，提供了坚实的数据基础。

7.1 遥感图像的配准

7.1.1 配准的目的和步骤

随着卫星遥感技术的发展，遥感图像的种类越来越丰富，形成不同空间分辨率、时间分辨率、辐射分辨率和光谱分辨率的多源遥感图像。在实际应用中，需要将多源遥感图像进行叠加、比较和分析，例如图像融合、变化检测、统计模式识别、三维重建和地图修正等。这些都需要多源图像具有相同的几何基准。

图像配准(image registration)是将不同时间、不同传感器(成像设备)或不同条件下(天候、照度、摄像位置和角度等)获取的两幅或多幅图像进行匹配、叠加的过程。图像配准的结果是图像重叠区域的同名像素都一一对准。

图像配准的实质是遥感图像的几何纠正，根据图像的几何特点，采用一种几何变换将图像归化到统一的坐标系中。图像之间的配准一般有两种方式：

(1)图像间的匹配，即以多源图像中的一幅图像为参考图像，其他图像与之配准，其坐标系是任意的，输出图像的坐标系与参考图像的坐标系一致。图像间配准通常采用多项式纠正法或者基于小面元微分纠正法。

(2)绝对配准，即选择某个地图坐标系，将多源图像变换到这个地图坐标系以实现坐标系的统一。利用严格成像模型(或者 RPC 模型)以及 DEM 对图像进行正射纠正后，就实现了其与地图坐标系的绝对配准。

图像配准通常采用几何纠正来实现。图像配准的步骤如下：

(1)在多源图像上确定分布均匀、足够数量的图像同名点；

(2)通过所选择的图像同名点解算几何纠正的变换系数，通过纠正变换完成一幅图像对另一幅图像的几何纠正；

(3)检查配准后的图像，评估配准的准确性，若配准效果不理想，可通过调整选择的同名像点来改进配准结果。

7.1.2 光学图像的配准

光学图像的配准常采用基于角点和兴趣点的方法。由于角点和兴趣点对比例、位移、旋转等变换具有不变性，对噪声的敏感性也比较小，在不同成像条件下仍能够保持相似性和一致性，从而使得它们可以作为一种性能良好的特征并应用于图像配准中。通过对角点和兴趣点的匹配可以获取配准所需的控制点对，而且这个过程只使用了小部分的图像信息，可以大幅减少算法的运算量。角点和兴趣点包括如 Harris 角点、SUSAN 特征点、

SIFT 特征点、小波边缘点等。搜索这些角点和兴趣点几何位置的算法就是提取算子，有的算子寻找局部区域的梯度变化极值点，有的算子寻找目标的角点，还有的算子在纹理信息丰富的区域寻找特征点。其中，SIFT 算子使用高维描述子来表示特征点，以其良好和稳定的性能越来越受到关注，在多个领域中得到了越来越广泛的应用。

基于 SIFT 特征的遥感图像自动配准算法能够确定尽量多的、定位精确的且分布均匀合理的关键点，然后通过数据拟合来减少整体误差，通常采用特征向量的欧氏距离作为相似性判定度量。首先根据最近邻(NN)和第二近邻(SNN)的距离之比(NN/SNN)，选择那些可靠性最高的匹配点对来计算几何约束模型，然后在这个几何模型的约束下，再对其余可能的匹配点对进行验证，来扩展更多的匹配点对，最后去除由于图像自相似或对称性造成的可能的错误匹配点对。具体步骤如下：

(1)把 NN/SNN 设定为较小的阈值，如果 SIFT 描述子之间的欧氏距离小于这个阈值，就选定为可能的匹配点对。

(2)应用 RANSAC(random sample consensus)方法，通过几何一致性检验去除错误点对，并初步估计几何约束模型。几何约束模型的主要思想为：对于近似同一视点获取的图像，采用单应矩阵约束模型；对于不同视点获取的图像，采用基本矩阵约束模型。

(3)获取更多的匹配点对。除了根据 NN/SNN 确定的匹配点对外，对其余的、仅仅根据最近邻距离(NN)确定的可能匹配点对进行判断。如果这些点对满足第二步计算出来的基本矩阵或者单应矩阵约束条件，就判断为匹配点对，否则予以剔除。

(4)调整匹配点对的分布。通过数据点来拟合几何模型时，为了提高精度，通常希望这些数据点能在图像中尽量均匀合理分布。由于第三步得到的匹配点对大部分都是正确的，可以在每个邻域内保留任意一个关键点，而把分布比较密集的其他关键点去除。

(5)计算精确的几何约束模型。对已经确定的所有可能匹配点对设定较小的容差，再一次应用 RANSAC 方法进行几何一致性检验，去除少数精度较低的匹配点对。

获取精确匹配点对后，使用最小二乘法求解出变换参数，并对待配准图像进行相应的仿射变换，从而实现了两幅图像之间的配准。

7.1.3　光学和 SAR 图像配准

在光学和 SAR 图像配准中，主要难点有两个：第一个是稳定的特征提取。由于光学与 SAR 图像成像机制不同，很难在两幅图像同一位置提取到特征点。同时，SAR 图像中的散斑噪声会对特征检测造成干扰，有时也会被检测成特征点。第二个是鲁棒的描述符构建。简单地采用梯度信息来表示图像的几何结构特征进行配准并不能取得理想的效果，因为梯度对图像间的辐射变化很敏感。相比之下，相位一致性特征已经被证明对光照和对比度变化更有抵抗力。

在图像配准中，特征点的响应值对图像对比度变化高度敏感，阈值必须设置在低于理想的水平。传统的特征匹配算法通常采用图像强度或者梯度信息来描述特征点，这在辐射差异相似或呈线性关系的图像间能够取得较好的配准效果。然而，图像强度和梯度对非线性辐射差异都很敏感，不适合用于描述符的构建。为了解决这两个问题，RIFT(radiation-variation insensitive feature transform)算法利用对辐射差异不敏感的相位一致性来提取特征点以及构建鲁棒的特征描述符，解决了图像间的非线性辐射差异，具有辐射不变性。

相位一致性的理论基础是傅里叶变换。该变换可以将图像分解成幅度分量和相位分量。相位信息对于保存图像特征具有重要作用，且对对比度、照度、比例和其他变化具有高度不变性。从图 7-1 可以看出，光学与 SAR 图像呈现出非常显著的非线性辐射差异，根据差分梯度提取出的图像结构信息也表现出非线性差异；而相位一致性图之间的差异小，对上述变化具有较好的鲁棒性。此外，图像中的某些点会引起人类视觉系统的强烈反应，这些点通常具有高度一致的局部相位信息。因此，不同角度的局部相位信息的一致性程度称为相位一致性度量。

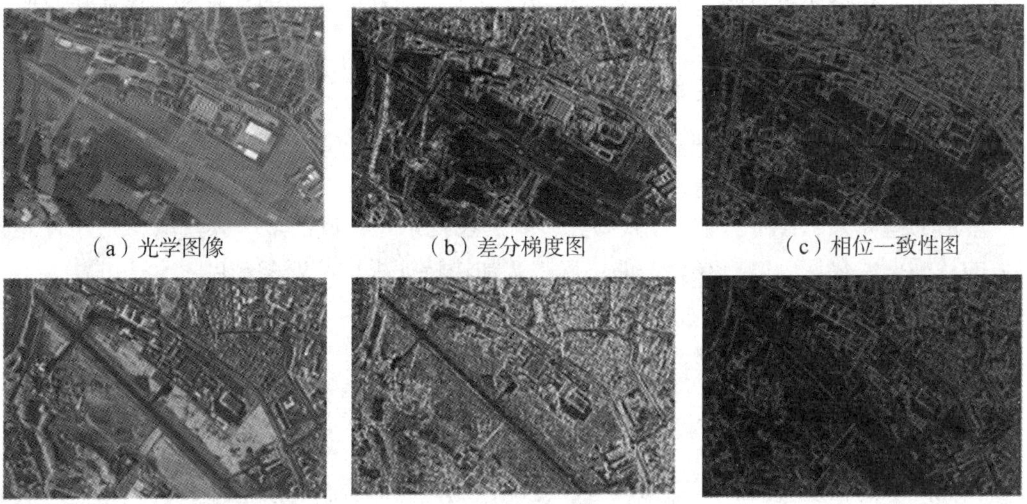

(a) 光学图像　(b) 差分梯度图　(c) 相位一致性图

(d) SAR图像　(e) 差分梯度图　(f) 相位一致性图

图 7-1　相位一致性

RIFT 算法步骤如下：

(1)利用相位一致性最小矩和最大矩叠加图和 Harris 算子，提取大量稳定可靠的角点、边缘点作为特征点；

(2)基于相位一致性的方向和多尺度加权的最大幅值索引图，利用 HOG 模板，建立一种基于局部相位特征的描述符，能有效抑制可见光和 SAR 图像的非线性辐射差异；

(3)进行特征点的匹配，以及剔除误匹配，输出变换矩阵。

7.1.4　光学与红外图像配准

可见光图像和红外图像由于光谱特性和成像方式上的差异，在进行图像配准时存在如下难点：

(1)灰度不同。灰度差异与光谱特性有关，由于红外波段与可见光波段不同的光谱特性，所以图像在灰度上存在较大差异，尤其是中、长波红外图像与可见光图像之间的同一位置甚至可能出现灰度反转的情况。在进行图像处理时，两幅图像的灰度统计特性则会存在差异。

(2)空间分辨率不同。由于传感器的成像原理不同，红外与可见光传感器的构造不同，可见光遥感图像的空间分辨率可以达到亚米级，比如美国的 WorldView 卫星的可见光遥感图像的空间分辨率可以达到 0. 31m；而红外遥感图像的分辨率从几米甚至到几百米，比如 Landsat 卫星的 TM 传感器的热红外波段的空间分辨率为 120m。

(3)纹理信息不同。同样由于成像原理不同，可见光遥感图像可以清晰地反映场景中的纹理信息，且与目标物体的颜色有关。而红外图像是通过辐射信息成像，且与目标物体的温度有关，热扩散导致温度过渡平缓，所以红外图像的细节信息较模糊。在进行图像配准时，可能存在特征不对称的情况，即在两幅图像中的理应相同的位置并不存在相对应的特征。

为解决以上难点，可采用基于边缘复杂度的图像配准方法，步骤如下：

(1)将图像转换到频域进行处理，基于两幅图像在频域的相位一致性获得图像中的边缘轮廓；

(2)对边缘图构建金字塔，计算图像边缘复杂度，并生成区域掩膜，减少描述符差异较大的特征点的数目，以提高算法的正确率，加快特征提取与匹配速度；

(3)对无掩膜区域提取特征点，并对特征点进行匹配；

(4)最后采用几何纠正模型进行图像配准。

7. 1. 5　图像配准的评价标准

图像配准的精度直接影响图像融合、变化检测、叠加分析等实际应用的效果。有效的图像配准算法必须在计算配准参数的时间和配准精度方面取得适当的平衡。因此，对图像配准精度进行评价变得极为重要。建立一整套良好的客观图像评级体系对于图像配准的研究具有非常重要的意义。在图像配准后，图像的精度评价可以分为两种主要方式：

(1) 主观评价标准。可以通过直接观察配准后的图像来判断配准效果并做出相应评价。目前主流的解决方案是利用图像拼接、镶嵌叠加等方法对图像配准的效果进行评价。例如，观察配准后图像线段的连接是否平滑，以此来判断配准效果的优劣。

(2)客观评价标准。在图像配准后，通过各种匹配算法将获取的图像特征点信息变换到参考图像中的位置。在进行转换过程中，像素点可能会发生一些位移，从而导致两幅图像相同的位置的像素点可能存在偏差。然后计算偏差的均方根，就会得到图像的均方根误差(root mean square error，RMSE)。

$$\text{RMSE} = \sqrt{\frac{1}{n}\sum_{i=1}^{n}\left((x_i - x'_i)^2 + (y_i - y'_i)^2\right)} \tag{7-1}$$

式中，n 表示匹配点对的数量；$(x_i,\ y_i)$ 为参考图上第 i 个特征点坐标；$(x'_i,\ y'_i)$ 为待配准图上对应点经过地面真实变换模型变换后的坐标，RMSE 越小，说明配准效果越好。

7.2 遥感图像的镶嵌

7.2.1 图像镶嵌的目的和概念

图像镶嵌(image mosaic)是当感兴趣的研究区域在不同的图像文件时，需要将这些图像文件合在一起，形成一幅完整的包含感兴趣区域的图像。遥感图像的单景图像覆盖范围是有限的，对于高分辨遥感图像尤其如此。很多情况下，往往需要很多景图像才能完成对整个区域的覆盖。此时，需要将不同的图像文件无缝的拼接成一幅完整的包含感兴趣区域的图像，这就是图像镶嵌。通过镶嵌处理，可以获得单一传感器所无法得到的覆盖更大范围的地面图像。参与镶嵌的图像可以是多源的，可以是不同时间同一传感器获取的，也可以是不同时间不同传感器获取的图像，但同时要求镶嵌的图像之间要有一定的重叠度，而且具有相同的波段数。在镶嵌之前，先将多源图像进行配准，拼接后要通过后处理使图像反差一致，色调相近，没有明显的接缝。前者是通过前文所述的几何纠正方法实现，后者则需要对图像进行匀光匀色处理、接缝线搜索与平滑等处理过程。

对遥感图像镶嵌而言，特别是高分辨率卫星，生成大区域的镶嵌图像，需要消除多景图像之间存在的不同程度的辐射差异。多景图像存在的辐射差异表现为亮度、色彩等差异，造成这些差异的因素有多种，包括：

(1)成像角度存在差异；

(2)成像时间存在差异，从而地物发生变化，特别是高分辨率卫星通常覆盖周期也较长，覆盖大区域范围时，通常图像间的时相差异也较大；

(3)天气、光照条件、大气状况等不同；

(4)地形变化造成的辐射误差；

(5)不同场景成像时传感器响应存在差异以及成像系统本身的噪声干扰引起的辐射误差。

除上述因素之外，大区域范围内地物类型多样，云覆盖的情况各不相同，多景图像存在明显的亮度、色调差异，进而影响镶嵌图像的质量。因此，在多景图像拼接前，需要进行匀光匀色处理。

7.2.2 图像镶嵌的步骤

1. 图像的几何纠正

通过第 5 章所述方法对待镶嵌图像进行几何纠正。

2. 图像匀光匀色

图像匀光匀色处理过程中，一般先选定参考图像，然后将其他图像的灰度值逐波段地归一化到参考图像上，使多景图像具有相似的亮度、对比度和色调。最常用的处理方法是基于线性模型的方法，即通过图像间重叠区域的像元对采用一定的方法得出图像间的线性关系，然后对图像进行处理，从而达到辐射归一化的目的。

根据图像线性拉伸基本公式，当以图像 1 为参考，对图像 2 进行处理的基本公式为

$$\text{New } S_2 = S_2 \times \text{gain}(2)_1 + \text{offset}(2)_1 \tag{7-2}$$

式中，S_1 、S_2 是两幅图像的对应波段；$\text{gain}(2)_1$和$\text{offset}(2)_1$分别是乘性系数和加性系数。$\text{gain}(2)_1$表示两幅图像对应波段的反差差异，可以用两幅图像的灰度范围比值解算，也可以用标准差计算；$\text{offset}(2)_1$表示整体亮度差异，一般可以用重叠区域的平均灰度值差计算。线性模型的累加仍然是线性模型，因此其适合大区域遥感图像镶嵌的整体相对辐射校正，线性模型可以从整体上同时考虑区域范围内的所有图像，处理的结果不依赖于图像的顺序。

另一种常用的匀光匀色方法是将待处理图像与参考图像进行逐波段的直方图匹配。直方图匹配是建立数学上的查找表，通过非线性变换，使一幅图像的直方图与另一幅图像的直方图类似，从而有效地消除不同图像间亮度和反差不一致的现象。

如图 7-2 所示(彩色效果见附录彩图 7-2)，参与镶嵌的图像间的辐射差异较大，直接镶嵌效果很差。进行了匀光匀色处理后，待镶嵌图像的整体亮度、颜色基本一致，镶嵌效果明显改善。但一般在拼接的接缝处仍存在一定的差异，在进行拼接后，拼接线附近就有可能会存在明显的过渡痕迹。此时需要通过搜索算法获得合适的接缝线使其避开重要地物，并对接缝线进行一定的平滑处理，使得重叠区域的亮度变化得平缓，消除拼接线的痕迹，达到无缝拼接的目的。

（a）未经过直方图匹配　　（b）经过直方图匹配

图 7-2　图像镶嵌效果

3. 接缝线生成

接缝线是在图像重叠区按一定规则确定的镶嵌线，其主要目的是确保镶嵌图像中地物目标的完整性。目前接缝线生成方法通常是采用一定的测度计算重叠区域的差异，然后通

过一定的搜索策略选择一条差异最小的路径作为镶嵌线；或者利用图像分割等使接缝线尽可能的沿着明显地物的边界，用地物的边界来“掩盖”镶嵌时可能会出现的接缝；或者基于道路矢量、DSM 等辅助数据对城市区域镶嵌时接缝线的走向进行优化。当待镶嵌的图像比较多时，往往需要采用两两镶嵌的方法。该方法存在中间结果，且结果依赖处理顺序。为了避免这些缺点，可采用接缝线网络的生成与优化方法，从整体上确定各图像的有效镶嵌范围，优化接缝线的走向。

1) 基于平分线原则接缝线的生成方法

最简单的接缝线可以通过平分线原则来生成。如图 7-3 所示，设某一图像的范围为 A，其相邻图像的范围为 B，A 与 B 重叠部分为这两个相邻像对的拼接区域，图中虚线部分 $abcd$ 为其初始接缝线。初始的接缝线根据 A 与 B 的相对位置按平分线原则生成的，ab 和 cd 部分是角平分线，bc 部分是拼接区域的中线。按照这样的平分线的原则生成的接缝线，由于接缝线基本上位于输入图像靠近中间部分，图像的变形相对较小，因此有利于镶嵌处理。

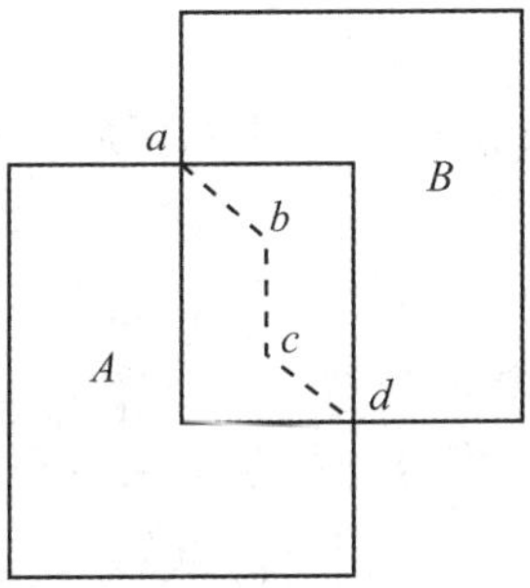

图 7-3　初始接缝线生成示意图

按照该初始接缝线的生成原则，根据相邻像对图像范围的相对位置，几种常见的初始接缝线情况如图 7-4 所示。

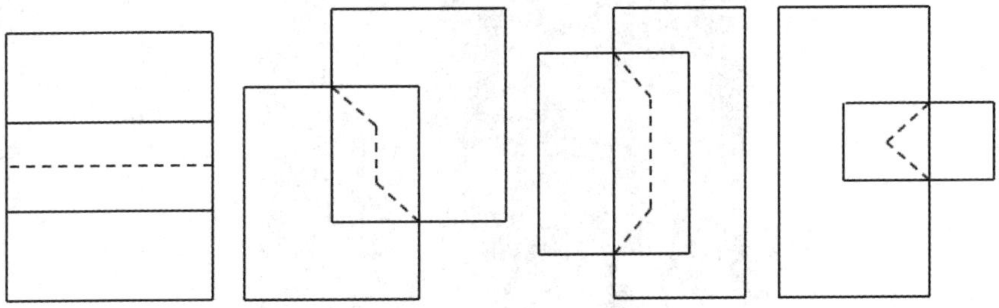

图 7-4　初始接缝线的各种情况

这种方法获得的接缝线并没有考虑地物内容，当图像内容较简单时，可以直接使用该方法获得的接缝线；而当图像内容复杂时，生成的接缝线可以作为初始接缝线，由用户根据需要对初始接缝线进行进一步的编辑，或者采用优化算法对接缝线进行进一步优化。

2)基于搜索方法的接缝线的生成

对于待拼接的两幅图像来说，需要寻找一条理想状态下的接缝线将两幅图像进行接合，生成一幅完整的“无缝”图像。这条接缝线应该具有如下两条性质：首先，在两幅图像上，拼接线上的像素的灰度值之差的绝对值应该最小；其次，拼接线上的像素点在两幅待拼接图像上的邻域的几何结构应该最相似。

在实际应用中，由于难以同时满足灰度之差的绝对值最小和几何结构最相似这两个约束条件，所以能够同时满足这两条性质的拼接线并不容易寻找，但是可以用一条近似理想状态的最优拼接线来代替。

Duplaquet 提出的拼接线搜索方法中，定义了如下的准则：

$$c(x, y) = c_{\text{dif}}(x, y) - \lambda c_{\text{edge}}(x, y) \tag{7-3}$$

其中

$$\begin{cases} c_{\text{dif}}(x, y) = \dfrac{1}{N_V} \sum\limits_{i, j \in V} \left| a_1(x+i, y+j) - a_2(x+i, y+j) \right| \\ c_{\text{edge}}(x, y) = \text{Min}(g_1(x, y) - g_2(x, y)) \end{cases}$$

式中，$a(x, y)$ 表示像素坐标为 (x, y) 的像素点的灰度值；$g(x, y)$ 表示梯度值大小；V 代表当前像素点周围的一个矩形邻域；N_V 表示区域 V 中像素点总数；λ 为权调节系数。

以位置关系为左、右的两幅相邻图像拼接为例，假设两幅图像的重叠区域中可以检测到 w 条拼接线，每一条拼接线都可计算得到其准则值，将准则值最小的接缝线视为最优接缝线。在 Duplaquet 提出的接缝检测方法中，首先将重叠区域第一行的每一个像素初始化为各条备选拼接线的第一个点，将准则值赋为一常量；然后从每个起始点出发向下寻找，即在下一行计算与当前点相邻的 N 个像素点的准则值，将准则值最小的点更新为当前点；接下来继续重复上一步直到检测到重叠区域底部为止。图 7-5 所示为基于搜索方法生成接缝线。

图 7-5 基于搜索方法生成接缝线

3)基于分割方法的接缝线的生成

基于分割的接缝线生成方法是：首先对图像进行分割，然后沿着分割边界获得接缝线，这样避免了镶嵌线穿越复杂地物，从而获得较好的镶嵌效果。分水岭变换是常用的图像分割方法，具有分割速度快、边缘精度高的优点。利用分水岭方法可以快速分割获得图像地物边界，图 7-6 所示为分水岭分割结果图。

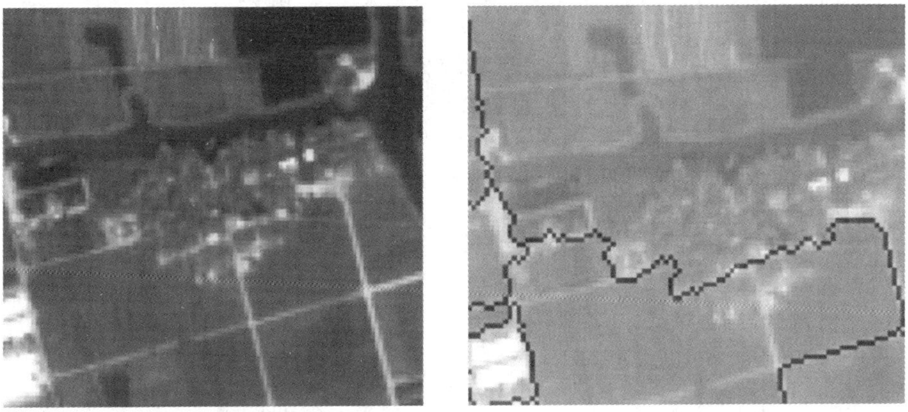

图 7-6 分水岭分割结果图

基于已经获得的分水岭分割的地理边界，采用迪杰斯特拉算法进行最优镶嵌线的生成，其原理是将路径的节点分为两个部分存储，一部分是选择出来的节点集合 A，一部分是剩余节点集合 B，同时对选择出来的最短路径进行标记，用于每次选择剩余节点时使用，按最短路径长度的递增次序依次把 B 中的节点添加到 A 集合中。大致步骤如下：

(1) 首先根据初始镶嵌线获取初始镶嵌线的两个端点，其中纵坐标较大的那个点定为起点估算点，纵坐标较小的那个点定为终点估算点；

(2) 计算起止点。采用计算欧式距离的方法来确定，分别计算估算点到待选点 1 与待选点 2 的距离，选择距离较小的点作为真起始点，按照同样的原则选择真终点；

(3) 设定每条线的权重值，其权重值的大小为每条线包含的点数，实际为其线的长度值。其中所有的位于重叠区边界的线的权重值全部为无穷大，防止其在边界，跨越地物；

(4) 创建点集 A 存储待选点 1，创建点集 B 存储剩余所有节点形态学边界节点；

(5)根据迪杰斯特拉算法，循环搜索所有节点；

(6)循环到终点时停止循环，并且将最短路径提取，获取最优镶嵌线。

4. 接缝线平滑

在图像镶嵌过程中，最优镶嵌线将重叠区域分割成两部分，最终镶嵌结果的左侧部分由左侧的输入图像填充，右侧部分由右侧输入图像填充。这样一来，即使经过前期匀光匀色处理，在图像的接缝处会仍有可能出现明显的拼接痕迹，需要进行平滑处理。

常用的方法是在接缝线两侧一定范围内采用左右图像灰度值加权相加的方式计算获得

镶嵌后图像的灰度值。权值一般与每个像素距离接缝线的位置有关。这种基于距离加权平均值的处理方法称为羽化(feathering)，能有效消除接缝线。图 7-7 和图 7-8(彩色效果见附录彩图 7-8)分别为羽化方法原理示意图和采用羽化处理后图像镶嵌效果图。

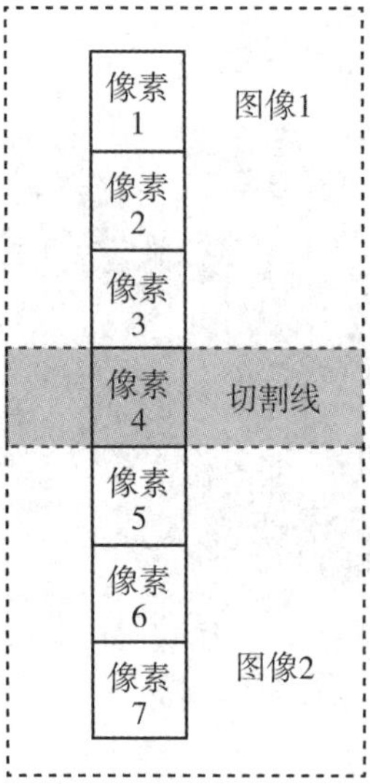

像素	距离加权值
1	100%图像1 0%图像2
2	83%图像1 17%图像2
3	67%图像1 33%图像2
4	50%图像1 50%图像2
5	33%图像1 67%图像2
6	17%图像1 83%图像2
7	0%图像1 100%图像2

图 7-7　羽化方法原理示意图

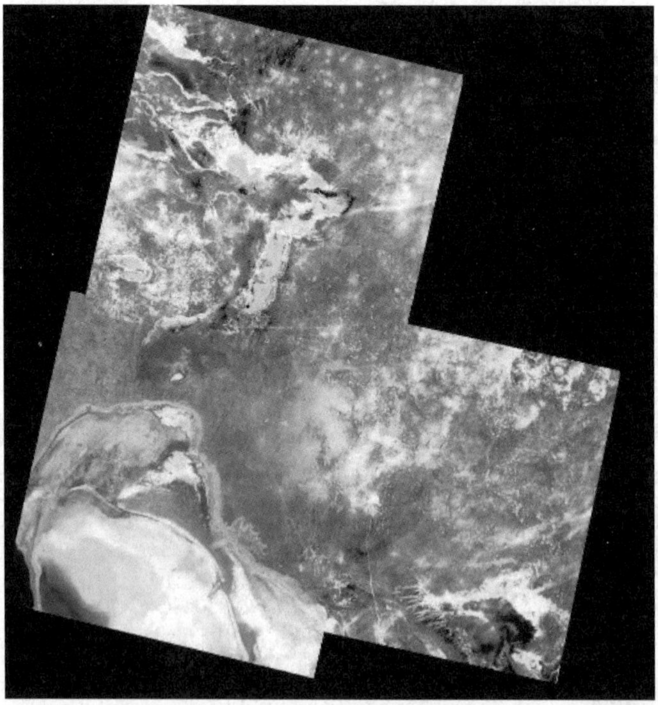

图 7-8　采用羽化处理后图像镶嵌效果

7.3 遥感图像的融合

7.3.1 图像融合的目的

遥感技术的发展为人们提供了丰富的多源遥感数据，这些来自不同传感器的数据具有不同的时间、空间和光谱分辨率以及不同的极化方式。单一传感器获取的图像信息量有限，往往难以满足应用需要，通过图像融合可以从不同的遥感图像中获得更多的有用信息，补充单一传感器的不足。

图像融合(image fusion)是指将多源遥感图像按照一定的算法，在规定的地理坐标系下，生成新的图像的过程。将具有较高空间分辨率的全色图像和较高光谱分辨率的多光谱图像融合，得到同时具有较高空间分辨率和光谱分辨率的融合图像。

图像融合的核心问题是融合模型的建立与优化。需要充分认识研究对象的地学规律与信息特征，充分了解每种融合的数据的特性，适用性和局限性，考虑选择最佳波段用丁融合。

图像融合的条件是：

(1)融合的图像应是同一区域；

(2)融合图像应包括不同空间和光谱分辨率；

(3)图像应尽可能精确配准；

(4)不同时间获取的图像其内容没有大的变化。

7.3.2 像素级遥感图像融合

像素级遥感图像融合的算法主要有：代数运算融合(加权融合、比值融合、乘法融合)以及变换域融合(HIS 变换融合、主分量变换融合、小波变换融合)等。

1. 加权融合

对两幅图像I_i I_j 加权融合按下式进行

$$I_{ij} = P_i I_i + P_j I_j \tag{7-4}$$

P_i P_j 为两个图像的权

$$\begin{aligned} P_i &= \frac{1}{2}(1 - | r_{ij} |) \\ P_j &= 1 - P_i \end{aligned} \tag{7-5}$$

r_{ij} 为两幅图像的相关系数。

2. 比值融合

比值融合算法按下式进行

$$\begin{aligned} DB_1 &= [B_1/(B_1 + B_2 + B_3)]D \\ DB_2 &= [B_2/(B_1 + B_2 + B_3)]D \\ DB_3 &= [B_3/(B_1 + B_2 + B_3)]D \end{aligned} \tag{7-6}$$

式中，$DB_i(i=1, 2, 3)$ 为比值融合后图像；$B_i(i=1, 2, 3)$ 为多光谱图像；D 为高分辨率图像。

比值融合可以增加图像两端的对比度。

3. 乘法融合

乘法融合算法按下式进行

$$DB_i = D \times B_i \tag{7-7}$$

乘法融合可以增加融合图像的亮度成分。

4. HIS 变换融合

HIS 变换可以分离图像亮度、色调和饱和度。利用 HIS 变换把多光谱图像的辐射信息和光谱信息分离，图像融合只在表达辐射信息的亮度通道上进行，融合图像的光谱信息保持不变。

HIS 变换融合步骤：

(1)将待融合的全色图像和多光谱图像进行几何配准，并将多光谱图像重采样与全色分辨率相同；

(2)将多光谱图像变换转换到 HIS 空间；

(3)对全色图像 I′和 HIS 空间中的亮度分量 I 进行直方图匹配；

(4)用全色图像 I′代替 HIS 空间的亮度分量；

(5)将 HS′I 逆变换到 RGB 空间，即得到融合图像。

5. 主成分变换融合

利用主分量变换可以把多光谱图像的相似信息和差异信息分离，图像融合只将全色图像和第一主分量图像进行融合，融合图像的差异信息保持不变。

主分量变换融合步骤：

(1)对高分辨率全色图像和多光谱图像进行几何配准，并且对多光谱图像重采样与全色图像分辨率相同；

(2)对多光谱图像进行主分量正变换。变换后的第一主分量含有变换前各波段图像的主要空间信息，而各波段中其余对应部分被分配到变换后的其他波段；

(3)将高分辨率的全色图像和中第一主分量进行直方图匹配，使高分辨率图像和第一主分量有相同的均值和方差；

(4)用直方图匹配后的高分辨率图像代替主分量中的第一主分量；

(5)进行主分量逆变换，然后对矩阵进行重组，得融合图像。

6. 小波变换融合

小波变换融合步骤：

(1)对高分辨率全色图像和多光谱图像进行几何配准，并且对多光谱图像重采样与全色图像分辨率相同；

(2)对全色图像和多光谱图像进行直方图匹配；

(3)对全色高分辨图像进行小波分解，分解成 LL(低频部分)，HL(水平方向的小波系数)，LH(垂直方向小波系数)，HH(对角方向的小波系数)；

(4)对多光谱图像进行分解成四部份 LL，LH，HL，HH；

(5)根据需要或保持多光谱色调的程度由步骤(3)~(4)中的 LL 重新组合成新的 LL；

(6)根据需要由步骤(3)~(4)中的 LH，HL，HH 重新组合成新的 LH，HL，HH；

(7)由步骤(5)~(6)所得的新的 LL，HL，LH，HH 小波反变换重建图像；

(8)其他波段融合重复步骤(3)~(7)。

在实际应用中，经常将小波变换与 HIS 变换结合使用进行融合，即先将多光谱图像做 HIS 变换，将 I 分量与全色图像采用小波变换融合，然后做 HIS 反变换。

7. Gram-Schmidt 变换融合

Gram-Schmidt 变换是在 20 世纪 70 年代初由 Schmidt 提出，关于它在遥感图像融合方面的应用始于 20 世纪末期。Gram-Schmidt 变换是一种多维线性正交变换。任意一组相互独立的向量 $\{u_1, u_2, \cdots, u_n\}$ 通过 Gram-Schmidt 变换能够得到一个正交向量 $\{v_1, v_2, \cdots, v_n\}$，假设 $v_1 = u_1$，v_{i+1} 计算公式如下：

$$v_{i+1} = u_{i+1} - \mathrm{proj}_{wi} u_{i+1}$$
$$\mathrm{proj}_{wi} u_{i+1} = \frac{\langle u_{i+1}, v_i \rangle}{\| v_i \|^2} v_i \tag{7-8}$$

式中，w_i 是前 i 个正交向量跨越的空间；$\mathrm{proj}_{wi} u_{i+1}$ 是 u_{i+1} 在 w_i 上的正交投影。

Gram-Schmidt 变换可以对多光谱图像做正交变换，去除不同光谱图像间的相关性。融合的一般过程包括三步：首先，生成低分辨率全色图像，可以通过多光谱图像模拟全色图像或是将高分辨率全色图像低通滤波得到低分辨率全色图像；然后，将低分辨率全色图像作为第一分量对多光谱波段图像做 Gram-Schmidt 变换，得到其他分量；最后，用模拟的全色图像修改高分辨率图像，用修改后的图像作为第一分量和其他分量一起做 Gram-Schmidt 反变换，得到融合后图像。Gram-Schmidt 变换可以消除融合过程的冗余信息，但是抗干扰能力较差。

8. 基于非负矩阵分解的融合

D. D. Lee 和 H. S. Seung 于 1999 年在 *Nature* 发表了新的矩阵分解方法——非负矩阵分解算法(non-negative matrix factorization，NMF)。非负矩阵分解是一种矩阵中元素为 0 或正数情况下的矩阵分解法。假设已知非负矩阵 V，NMF 是寻找非负矩阵 W 和 H，满足下式：

$$\boldsymbol{V} \approx \boldsymbol{W} \times \boldsymbol{H} \tag{7-9}$$

式中，$\boldsymbol{V}$ 是 $n \times m$ 矩阵，$\boldsymbol{W}$ 是 $n \times r$ 矩阵，同时 r 满足 $(n + m) r < mn$，上式可写为如下形式：

$$v^t \approx \sum_{i=1}^{r} w_i h_i^t = Wh^t, \quad t = 1, 2, \cdots, n \tag{7-10}$$

式中，v^t 和 h^t 是 $\boldsymbol{V}$ 和 $\boldsymbol{H}$ 对应的列向量。

利用NMF融合图像时，待融合图像组成列向量数据集 $V_{m\times n}$，n 是每幅图像中的像素数目，m 是需要融合的图像数。$\boldsymbol{V}$ 的表达式为

$$\boldsymbol{V}=[v_1,\ v_2,\ \cdots,\ v_m]=\begin{bmatrix} v_{11} & v_{12} & \cdots & v_{1m} \\ v_{21} & v_{22} & \cdots & v_{2m} \\ \vdots & \vdots & & \vdots \\ v_{n1} & v_{n2} & \cdots & v_{nm} \end{bmatrix} \tag{7-11}$$

对矩阵 $\boldsymbol{V}$ 做非负矩阵分解，前 k 个特征基包含了原始矩阵中的大部分信息，$\boldsymbol{W}=[w_1,\ w_2,\ \cdots,\ w_n]$。将高分辨率图像和 W 中第一特征基进行直方图匹配，用高分辨率图像代替第一特征基，反变换后得到细节丰富的多光谱图像。

7.3.3　特征级遥感图像融合

特征级遥感图像融合是分别提取待融合图像的特征，对同一位置在不同图像上获得的特征进行融合，融合后得到该位置对应地物的较为全面的特征信息。通过归纳这些特征矢量，可以得到同类地物的数学模型，为后续的分类识别应用奠定基础。特征级图像融合过程如图 7-9 所示。

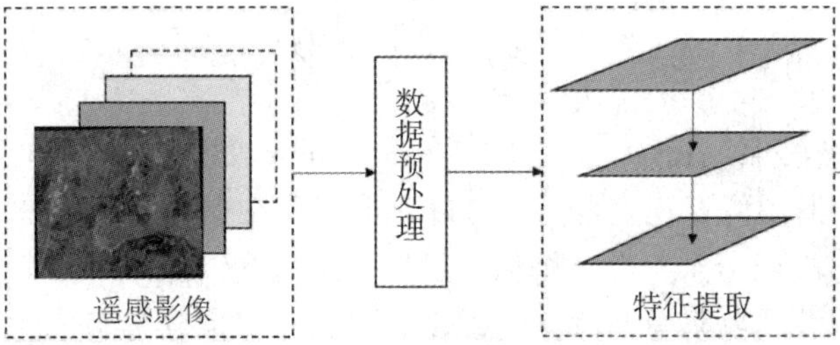

图 7-9　特征级图像融合示意图

1. 典型相关分析(canonical correlation analysis，CCA)

典型相关分析是提取两个向量间相关性的多元统计方法，能够最大化图像间的交互信息。设有两个随机变量是 $x\in R^p$，$y\in R^q$，若有一对 α 和 β 投影方向，使得 $x^*=\alpha^{\mathrm{T}}x$ 与 $y^*=\beta^{\mathrm{T}}y$ 有最大相关，这种最大相关成为典型相关。x_1^* 和 y_1^* 称为第一对典型相关变量。按照相似要求，找出第二对相关变量 x_2^* 和 y_2^*，而且要和第一对相关变量不相关。找出几对相关变量即可以代替随机变量 x，y。投影 α 和 β 可以最大化式(7-12)中函数。

$$\rho=\frac{E[\alpha^{\mathrm{T}}xy^{\mathrm{T}}\beta]}{\sqrt{E[\alpha^{\mathrm{T}}xx^{\mathrm{T}}\alpha]\times E[\beta^{\mathrm{T}}yy^{\mathrm{T}}\beta]}} \tag{7-12}$$

将图像看成张量空间的二阶张量，计算方差和协方差，按照准则函数将图像矩阵投影到两个向量空间的张量积空间。

2. 证据理论

Dempster 于 1967 年提出证据理论，1976 年由 Shafer 推广了证据理论，因此证据理论也称为 D-S 证据理论。D-S 证据理论用先验概率函数表示后验证据区间，利用证据合成公式可以根据 n 个不同证据的基本概率分布函数 m_1，m_2，…，m_n 得到新的概率赋值函数，合成公式如下：

$$
\begin{aligned}
m_{\oplus}(A) &= \frac{1}{1-k} \sum_{A_{i1} \cap A_{i2} \cap \cdots \cap Ai_n = A} m_1(A_{i1}) \cdot m_2(A_{i2}) \cdot \cdots \cdot m_m(A_{in}) \\
k &= \sum_{A_{i1} \cap A_{i2} \cap \cdots \cap Ai_n = \phi} m_1(A_{i1}) \cdot m_2(A_{i2}) \cdot \cdots \cdot m_n(A_{in})
\end{aligned}
\tag{7-13}
$$

使用证据理论融合特征的过程如下：对遥感图像进行适当的特征提取；将提取的特征矢量与每一类型的标准特征矢量比较，计算特征矢量属于某类特征的概率；根据证据理论，融合不同特征。

7.3.4 决策级遥感图像融合

决策级遥感图像是对多种分类器识别结果取舍、综合的过程。进行决策融合前，需要已经完成对遥感图像的基本分类判断。决策融合的方法有模糊集理论、神经网络、多数投票法、Bayes 理论等。决策及图像融合过程如图 7-10 所示。

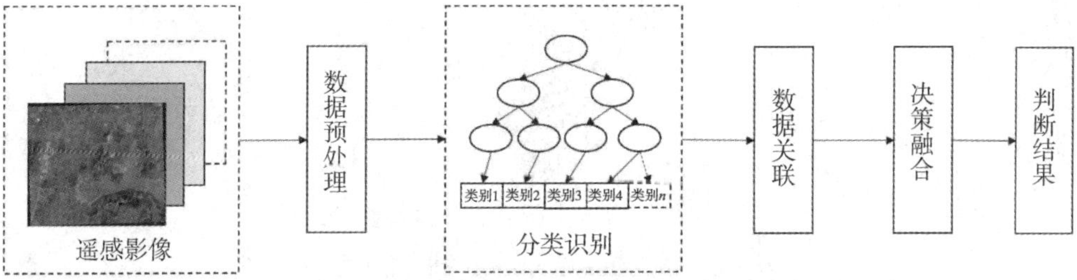

图 7-10　决策级图像融合示意图

1. 多数投票法

多数投票是决策级多分类器融合中最简单且最常用的方法。早在 18 世纪，康德尔塞对投票问题进行研究。20 世纪 70 年代，美国的经济学家肯尼思．阿罗利用数学方法对投票问题进行评估论证。多数投票算法认为每个分类器都有一票，输入模式归于得票最多的类型。假设模式空间有 M 个模式类型 ω_1，ω_2，…，ω_M，利用 R 个分类器 e_1，e_2，…，e_R 对输入 x 分类，定义当分类器 e_k 判断模式 x 属于 j 类，相当于分类器 e_k 给 x 属于 j 类投了一票，如果超过一般的分类器认为输入 x 属于 j 类，多数投票算法认为 x 属于 j 类，否则认为 x 属于未定义类。

Ceamanos、Chung 都在分类决策阶段选择多数投票法推导分类结果，即使是处理高光谱遥感数据，多数投票法也取得较好分类效果。

2. 模糊集理论

L. A. Zadeh 于 1973 年提出了模糊推理理论。模糊决策包含三步：输入模糊化，设计模糊决策，输出去模糊。输入模糊化是将输入信号通过某种映射变为[0，1]区间的某一值。设计模糊决策是将得到的映射值，即隶属度，运用专业知识组织起来，形成综合模糊的输出。输出去模糊是利用质心法、输出模糊集最大值或输出模糊集平均值的方法将模糊的输出变成确定的输出。

3. 神经网络

神经网络理论最初用于数据的分类学习，在决策融合中的应用始于 2001 年，基于神经网络的决策融合是根据输入特征，自适应选择决策方案。神经网络决策融合过程如图 7-11 所示。

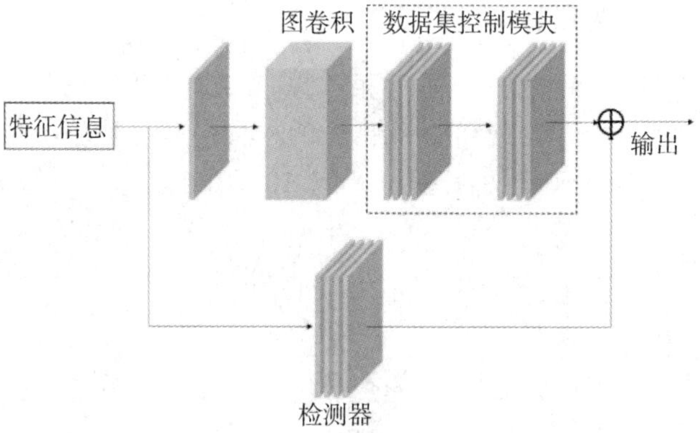

图 7-11　神经网络决策融合框图

输入矢量输入到每个独立分类器 C_i，得到分类器 C_i 对输入矢量的解释。同时输入矢量也被输入到检测器。检测器根据输入矢量，赋予每个分类器一个信任度 D_i。因为输入矢量不同，不同分类器对它的判断正确率是不同的。检测器要得到在当前输入情况下各个分类器的可信度。集成过程利用检测器输出的信任度指导合并不同分类器结果。集成策略分为两个阶段：学习阶段和决策阶段。集成部分的神经网络能够根据分类器输出和检测器输出对每个分类器产生修正后的信任度，辅助实现决策融合。

7.3.5　图像融合效果的评价

遥感图像融合效果的评价包括定性评价和定量评价。定性评价主要以目视判读为主，目视判读即用人眼来直观判断最终融合遥感图像质量的高低。随机抽选足够数目的图像观察人员，这些人在相互独立不受他人影响的条件下细致查看由各不相同的融合方法得到的融合图像，在各个图像中区分不同的目标地物。统计观察人员区分目标地物的准确率，从而可得知不同的融合方法所得到的融合效果。

定量评价从融合图像包含的信息量和分类精度两方面进行评价，可以弥补定性评价的不足。

(1)平均梯度：反映图像中微小细节反差和纹理变化的特征，表达图像的清晰度。平均梯度越大，图像层次越多，图像越清晰。

$$G = \frac{1}{MN}\sum_{i=0}^{M-1}\sum_{j=0}^{N-1}[\Delta xf(i, j)^2 + \Delta yf(i, j)^2]^{1/2} \tag{7-14}$$

(2)熵与联合熵：描述图像信息量的一个指标。根据香农(Shannon)信息论原理，一幅 8bit 的图像的熵为

$$H(x) = -\sum_{i=0}^{255} P_i \log_2 P_i \tag{7-15}$$

式中，P_i 为图像像素灰度值 i 的概率。

对于彩色图像的联合熵为

$$H(x_1, x_2, x_3) = -\sum_{i_1, i_2, i_3=0}^{255} P_{i_1, i_2, i_3} \log_2 P_{i_1, i_2, i_3} \tag{7-16}$$

式中，P_{i_1, i_2, i_3} 表示图像 x_i 中像素为 i_1 与图像 x_2 中像素灰度为 i_2 以及图像 x_3 中像素灰度为 i_3 的联合概率。熵越大，图像包含的信息量越丰富。

(3) 偏差指数：反映两图像间的偏离程度。

$$D = \frac{1}{MN}\sum_{i=0}^{M-1}\sum_{j=0}^{N-1}\frac{|f_A(i, j) - f_B(i, j)|}{f_B(i, j)} \tag{7-17}$$

(4) 相关系数：描述两图像的相似程度。

$$CC(R, F) = \frac{\sum_{m=1}^{M}\sum_{n=1}^{N}(R(m, n) - \bar{R})\cdot(F(m, n) - \bar{F})}{\sqrt{\sum_{m=1}^{M}\sum_{n=1}^{N}(R(m, n) - \bar{R})^2 \cdot \sum_{m=1}^{M}\sum_{n=1}^{N}(F(m, n) - \bar{F})^2}} \tag{7-18}$$

上式 F 与 R 各自是融合图像与评价参考图像，$\bar{F}$ 与 $\bar{R}$ 各自是融合图像与评价参考图像的平均值。CC 一般用在代表可见光图像与融合图像彼此的联系性上，该数值越大，代表两幅图像越相似，就融合图像而言，光谱信息保留程度越高，CC 则趋近于 0，这表示融合图像与对比参考图像间的光谱距离大，融合图像的光谱质量较低。

(5) 均值偏差：反映两图像均值之间的偏离程度。设 m_{f_A}，m_{f_B} 为 f_A，f_B 的均值，两图像的均值偏差为

$$b_m = \frac{|m_{f_A} - m_{f_B}|}{m_{f_B}} \tag{7-19}$$

(6) 方差偏差：反映两图像方差之间的偏离程度。设 V_{f_A}，V_{f_B} 为 f_A，f_B 的均值，两图像的均值偏差为

$$b_V = \frac{|V_{f_A} - V_{f_B}|}{V_{f_B}} \tag{7-20}$$

（7）光谱角(spectral angle mapper，SAM)

$$\mathrm{SAM} = \arccos\left(\frac{\sum_{i}^{n} u_i^R u_i^F}{\sqrt{\sum_{i}^{n} u_i^R u_i^R}\sqrt{\sum_{i}^{n} u_i^F u_i^F}}\right) \tag{7-21}$$

式中，$u^R = \{u_1^R,\ u_2^R,\ \cdots,\ u_i^R\}$ 为参考对比图像的光谱向量；$u^F = \{u_1^F,\ u_2^F,\ \cdots,\ u_i^F\}$ 为融合图像的光谱向量。光谱角SAM一般作为评断融合图像的光谱质量，若值等于0，代表融合图像的光谱性能质量高，该融合图像的失真则小；若值等于1，代表融合图像的光谱保持性能相差，失真则大。

（8）通用质量评价指标(universal image quality index，UIQI)

$$\mathrm{UIQI} = \frac{\sigma_{RF}}{\sigma_R \sigma_F} \cdot \frac{2\bar{R}\bar{F}}{(\bar{R})^2 + (\bar{F})^2} \cdot \frac{2\sigma_R \sigma_F}{\sigma_R^2 + \sigma_F^2} \tag{7-22}$$

式中，$\bar{R}$，$\bar{F}$ 分别是融合图像和参考对比图像间的平均值；σ_R，σ_F 为相应的标准差；σ_{RF} 则为两图像间的协方差。UIQI一般用来做参考对比图像和评价融合图像间的常见评价参数，理想情况下UIQI越趋近1，两图像间的一致性越高。反之，UIQI越趋近0，两图像间的一致性越低。

第8章　遥感图像的目视解译及自动分类

遥感图像解译分类是遥感技术应用的核心，其目的是通过对遥感图像的分析和处理，提取地物特征，识别地物类型，获取地表信息。这一过程可以通过目视解译或计算机自动分类来实现。遥感图像解译分类的意义主要体现在以下几个方面：

(1)土地利用与土地覆盖分析：通过遥感图像解译分类，可以获取土地利用和土地覆盖的空间分布信息，如农田、森林、草地、水体、城市建设用地等。这些信息对于自然资源管理、国土空间规划、生态环境保护等工作具有重要的支撑作用。

(2)自然资源调查与监测：遥感图像解译分类可用于自然资源的调查与监测，如森林资源、矿产资源、水资源等。通过解译分类，可以了解资源的分布、数量、质量等信息，为资源开发利用和保护提供决策依据。

(3)灾害监测与评估：遥感图像解译分类在灾害监测与评估中发挥着重要作用，如洪水、干旱、山火、地震等自然灾害。通过解译分类，可以快速获取灾害的范围、程度、影响区域等信息，为灾害应急响应和灾后重建提供支持。

(4)生态环境监测：遥感图像解译分类可用于植被覆盖、水体质量、土壤侵蚀等生态环境监测。通过定期解译分类，可以掌握生态环境的动态变化，为生态保护和修复提供科学依据。

(5)城市规划与管理：遥感图像解译分类在城市规划与管理中具有广泛应用，如城市扩展监测、基础设施规划、绿地系统规划等。通过解译分类，可以获取城市土地利用现状，分析城市空间结构，为城市可持续发展提供决策支持。

目视解译作为遥感图像解译分类的传统方法，依然在许多领域发挥着重要作用。其优势在于：充分利用人的知识和经验，对复杂地物的识别和判读能力强。能够综合考虑图像的色调、纹理、形状、大小、阴影等多种特征，提高解译精度。对于一些特殊地物或小面积地物，目视解译往往优于自动分类。遥感图像解译分类技术为人类认识、管理和保护地球表面提供了重要的手段，在资源环境领域具有广泛而重要的应用价值。

前面的章节提到了遥感图像的几何处理和辐射处理，而最终目标是通过这些处理更准确地利用遥感图像提取地表及其附近的有用信息。遥感图像解译也称为图像判读，是指对遥感图像上的各种特征进行综合分析、比较、推理和判断，最后提取所感兴趣的信息。图像判读通常可以分为两大类方法：①基于人工的目视判读的方法；②基于计算机辅助的自动判读，即计算机自动分类。8.1~8.2小节主要介绍目视判读的方法。8.3~8.7小节主要介绍自动分类的各种算法。

遥感图像目视判读借助一些光学仪器或在计算机显示屏幕上，凭借丰富的判读经验、扎实的专业知识和手头的相关资料，通过人脑的分析、推理和判断，提取有用的信息；而自动判读则是运用人工智能的方法和一些准则，将专家的知识和经验，在计算机中建立知识库，将遥感数据和其他资料建立数据库，模拟人工判读。

8.1　遥感图像的特征标志

遥感的地物特征主要有光谱特征、空间特征、时间特征以及偏振特性(微波图像)。地物特征是遥感图像解译的基础。地物特征在图像上以灰度变化的形式表现出来，因此遥感图像上的像元灰度值可以表示如下：

$$g = f(\lambda,\ X,\ Y,\ Z,\ t) \tag{8-1}$$

遥感图像由于成像波段不同、所在的地理位置不同、获取图像的时间不同、传感器类型的不同而呈现不同的灰度值。同类地物在相同的波段往往具有相似的灰度值，而不同地物的灰度值则呈现一定的差异性。因此，各种地物的各种特征都以各自的形式(或称模式)表现在图像上，各种地物在图像上的各种特有的表现形式称为判读标志。

8.1.1　光谱特征及判读标志

第 2 章中介绍了以连续曲线表示的地物反射波谱特性曲线，而在实际获取遥感图像的过程中，多波段传感器接收到的是每个波段区间内地物辐射能量的积分值(或平均值)，称为波谱响应值。图 8-1 为三种地物的波谱特性曲线及其在四个多光谱波段的波谱响应，其中图 8-1(a)为波长-反射率形成的光谱特性曲线，图 8-1(b)为波段-亮度形成的波谱响应曲线。图 8-1(a)中植被在 MSS-5 波段区间 0.6～0.7μm 的曲线包络面积与图 8-1(b)中 MSS-5 的亮度值响应，其他地物和波段也是如此。从图中可以看出地物的波谱响应曲线与其光谱特性曲线的变化趋势是一致的。地物在多波段图像上这种波谱响应就是地物的光谱特征的判读标志。

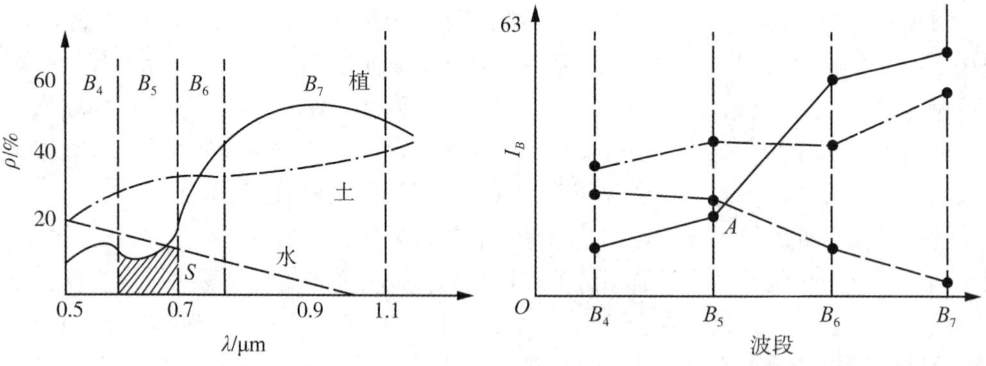

(a) 光谱特性曲线　(b) 波谱响应曲线

图 8-1　光谱特性曲线与波谱响应曲线

8.1.2 空间特征及判读标志

地物的各种几何形态为其空间特征，它与物体的空间坐标 *X*、*Y*、*Z* 密切相关，这种空间特征在遥感图像上也是由不同的灰度值(亮度)表现出来，它是识别目标地物的基本依据。目标地物和背景之间必须存在亮度差异，目标才能被区分。空间特征的判读标志通常包括：形状、大小、图形、阴影、位置、纹理、类型等。

(1)形状：指地物的外形、轮廓，它通常是从高空观察地面物体的形状在 *XY* 平面内的投影，形状与物体本身的性质和形成有密切关系。例如人工建筑物通常呈现比较规则的几何外形，而自然地物(如河流、森林等)通常呈现出不规则的外形。

(2)大小：地物的尺寸、面积、体积在图像上按比例缩小后的相似性记录，可以直观地反映某一类地物和其他类型地物之间的面积差异。例如在一些高分图像上面积较小的人工建筑物往往是居民地，而面积较大的建筑物则可能是厂房或者商业大楼。

(3)图形：自然或人造复合地物所构成的图形。自然地物构成的图形往往是自由形态，人造地物往往是规则图形。

(4)阴影：由于地物高度的变化，阻挡太阳光的照射而产生阴影。它既表示了地物隆起的高度，又显示了地物侧面形状。不同地物类别其阴影会有差异，如树木的阴影外形通常不规则且面积较小，而高层建筑物的阴影往往轮廓规则且面积较大。在进行高分遥感图像解译时阴影会影响其覆盖区域的真实光谱特征，造成判读错误。因此通常需要单独提取，然后进行进一步解译。

(5)位置：地物存在的地点和所处的环境。图像上的地物类别除了与其所在的位置有关，还与它所处的环境有很大的关系。例如处在阳坡、阴坡的树，可能长势不同或品种不同；又例如湖面或者江面断开则可能有桥。

(6)纹理：图像上细部结构以一定频率重复出现，是单一特征的集合，实地为同类地物聚集分布。纹理可以区分为光滑的、粗糙的、规则的或者不规则的。

(7)类型：各大类别的组成类型。如水系类型、土地利用类型、地貌类型、地质构造类型、土壤类型等。根据其形状、结构、图形，组成类型又可以分成许多种类。如图 8-2(彩色效果见附录彩图 8-2)为各种土地利用类型，图 8-3(彩色效果见附录彩图 8-3)为各种水体类型。

8.1.3 时间特征及判读标志

同一地区地物的时间变化特征表现为地表覆盖类型随季节更替发生显著变化，导致地面景观发生很大化。如冬天冰雪覆盖，初春为露土，春夏为植物或树林枝叶覆盖。对于同一种类型，尤其植物，随着出芽、生长、茂盛、枯黄的自然生长过程，景物及景观也在发生巨大变化。此外，洪水期和枯水期，以及不同时期水中含沙量变化都随时间而变。

地物的时间特征在图像上以光谱特征及空间特征的变化表现出来。图 8-4 是 11 月 15 日至次年 5 月 24 日，小麦下种到成熟各个阶段上测定的反射波谱特性曲线，显示了小麦生长过程的光谱变化。又如水稻田在插秧前后为水的光谱特征，而在水稻长高时，一直到成熟之前都为植物的光谱特征，特别在收割前后，田中无水，表现为土壤的光谱征。再如

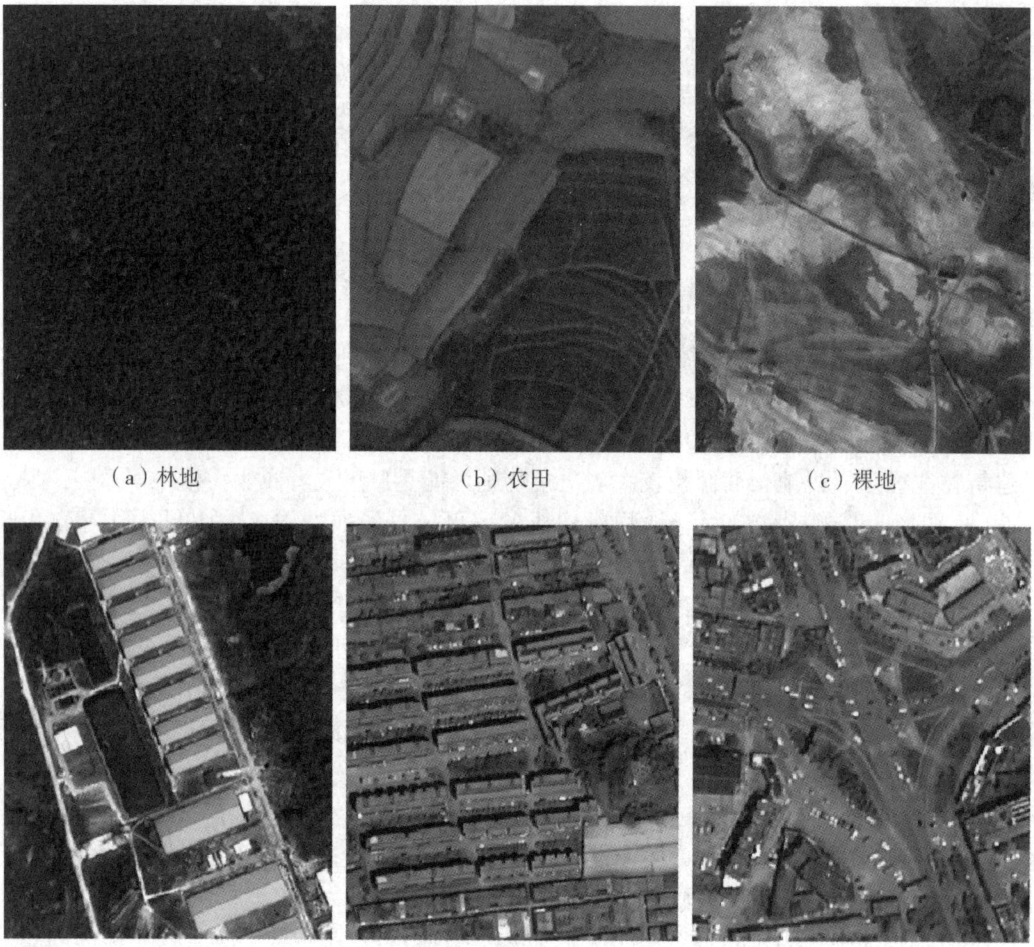

（a）林地　（b）农田　（c）裸地

（d）工厂　（e）住宅小区　（f）交通用地

图 8-2　土地利用类型

森林砍伐，随时间变化，砍伐区在扩大，形状发生变化。

8.1.4　影响地物特征及判读的因素

1. 地物本身的复杂性

地物种类繁多，大的种类之间光谱特征不同，空间特征存在一定的差异，有助于目视判读区分不同的地物大类。但同一大类中还存在亚类、子亚类，它们在光谱特征和空间特征上存在较大的相似性，这会给判读带来困难。此外还有“同物异谱”和“异物同谱”的情况。例如同一种地物，由于一些内外部因素的影响出现了不同的光谱特征和空间特征，又如不同的地物类型由于一些因素的影响呈现出相同的光谱特征或者空间特征。图 8-5(彩色效果见附录彩图 8-5)展示的武汉市 TM 图像中长江、汉水和沙湖等湖泊均属于水体，但呈现的光谱特征差别非常大，空间特征也不相同。

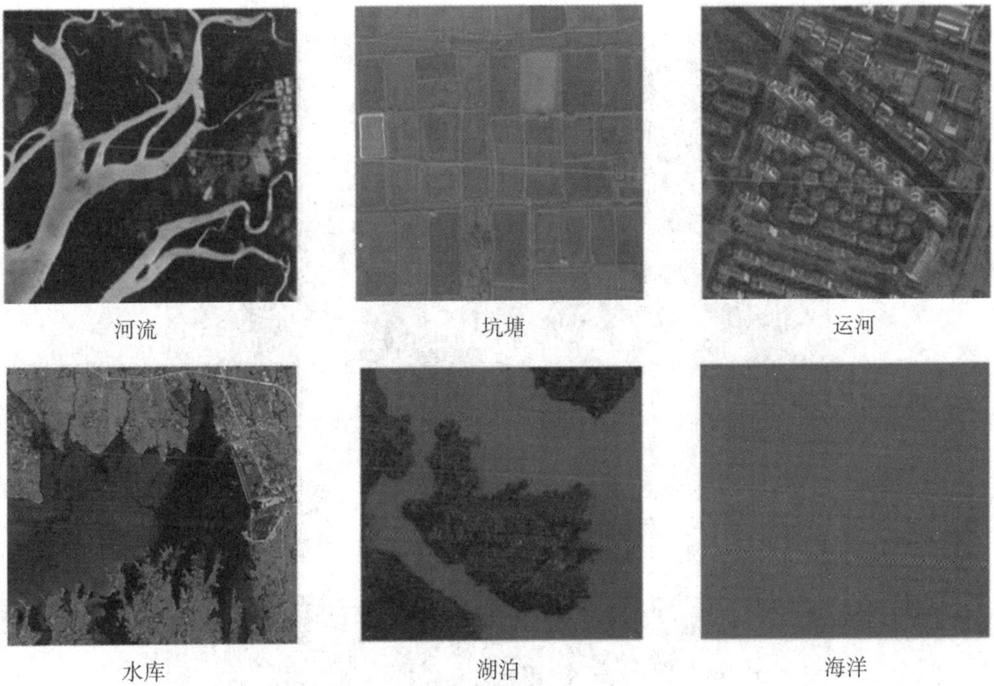

图 8-3 水体类型

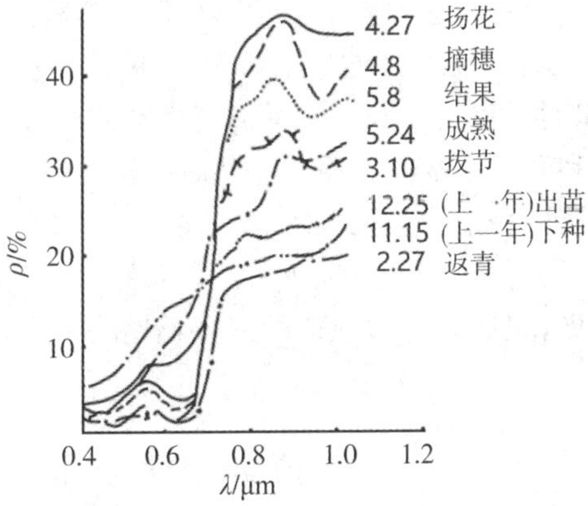

图 8-4 冬小麦各生长阶段的波谱特性曲线

又如土壤的光谱特性曲线与土壤类别、含水量、有机质含量、黏土、砂和粉砂的相对百分含量及土壤表面的粗糙度有关。图 8-6 为三种低含水量土壤的反射特性曲线，从图中可以看出含水量的增加会明显降低土壤的反射率。土壤中氧化铁含量增大会使土壤呈现红色，并使土壤反射率明显下降。

水的反射率取决于水中泥沙的含量和叶绿素浓度以及天然和人造物质的注入。水中悬浮泥沙含量增大，反射率增高，特别是在黄色和红色光区域，此外近红外区域也会增高。

图 8-5　武汉市 TM 图像

水中叶绿素浓度值是衡量水体初级生产力和富营养化作用的有关指标，它与藻类的存在和浓度有关。叶绿素浓度增加时，蓝色光的反射率显著下降，但绿色部分反射率上升。图 8-6 显示了不同叶绿素含量时，可见光部分的反射特性曲线，在近红外区域反射率也略有提高。当水中生长有沉生和浮生植物时，反射特性曲线将会呈现出一些植物的特征。当水中含有一些自然的可溶性有机悬浮物和无机质时，也会造成水体的反射特性发射变化。另外，人为的污染，如造纸厂、化工厂等废水注入，废油的排放等都会引起水体反射率的变化。前文图 8-5 展示的武汉市 TM 图像中水体的差异就反映了上述因素的影响。

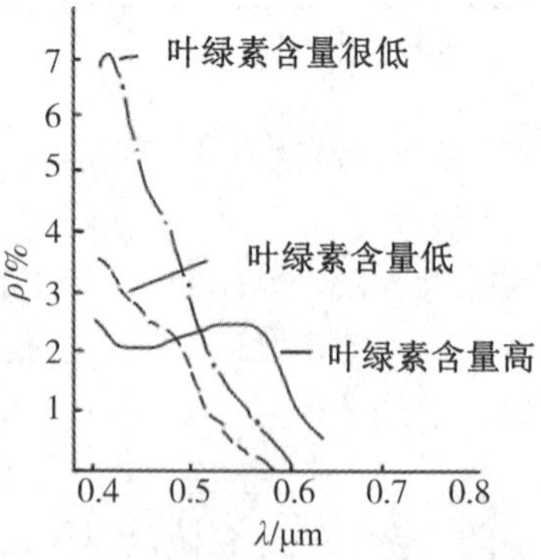

图 8-6　三种低含水量土壤的反射特性曲线和不同叶绿素含量的海水的反射特性曲线

2. 传感器特性的影响

传感器特性对判读标志的影响最大的是分辨率，包括第 3 章所介绍的空间分辨率、辐射分辨率、光谱分辨率和时间分辨率等。其中，空间分辨率、辐射分辨率、光谱分辨率越高，越有利于区分和判别不同地物，而时间分辨率的提高有利于区分本身存在动态变化的地物。

3. 目视能力的影响

人眼的目视能力包括对图像的空间分辨能力、灰阶分辨能力、色别与色阶分辨能力。

人眼的空间分辨能力与眼睛张角(分辨角)、图像距人眼的距离、照明条件、图像的反差等有关。正常人眼的分辨角为 1′，在明视距离 250mm 处，能分辨相距 75μm 的两个点，6~7 线对/mm。

人眼对灰度(亮度)信息的分辨主要取决于视网膜上杆状细胞的灵敏度。一般人眼能分辨大约十几级灰度，可以通过反差拉伸、密度分割、伪彩色编码等图像方式增强图像的显示效果。

人眼对颜色的分辨取决于视网膜上视锥细胞。视锥细胞可以感受红绿蓝三原色。通常人眼可以辨识大约 50 种颜色，借助仪器可以分辨 13000 多种颜色。

8.2 遥感图像的目视解译

8.2.1 目视解译方法和流程

在遥感图像的目视解译过程中，通常需要根据项目的需求选择合适的遥感图像，联系代理商进行购买，或者通过网上下载免费的遥感图像数据。在购买或者下载图像时，要充分考虑到成本因素、项目需求、云量限制、时间要求等，选择合适的遥感图像源。例如自然灾害突发时应尽量选择灾后最新图像，以便快速进行灾情评估；对于土地利用方面，可以选择 5m 左右的光学图像；对空间分辨率要求高的，可以选择高空间分辨率的光学图像；对地形要求较高的，可以选择雷达图像；如果需要进行 30 年左右的时序分析则可以选择 Landsat 系列图像；城市热岛效应的研究则选择热红外图像等。有了合适的图像，就可以按下述步骤开展目视判读。

目视判读一般可以分为两步：判读前的准备、内业判读。

判读前需要进行一系列准备工作，包括判读区域资料收集、典型试验区域的建立、判读训练等。

判读前应尽可能地搜集判读地区已有的各种相关资料，如历史资料、各种地图及专题图、实测资料或者其他的一些辅助资料。此外，还应充分了解图像的来源、性质和质量，包括传感器类型、成像时间和地点、波段、比例尺、航高、投影性质、几何分辨率、辐射分辨率、光谱波段的个数和波长区间、时间重复性、图像的反差、最小灰度和最大灰度等。

如果判读区域较大，地物分布复杂，可以建立典型试验区域，进行判读分析，积累判读经验。对典型试验区域中可以目视确定的部分制作解译标志表，对于不确定的区域可以结合搜集到的相关资料进行判断，或者实地踏勘确定类别信息。图 8-7(彩色效果见附录彩图 8-7)展示了解译标志的例子，表中给出了不同地物类别的样本。

一级类		二级类		不同分辨率影像			实地照片
编码	名称	编码	名称	优于1 m分辨率	2.5 m分辨率	5 m分辨率	
01	耕地	011	水田			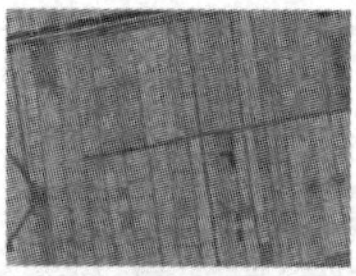	
		012	水浇地				
		013	旱地				
02	园地	021	果园		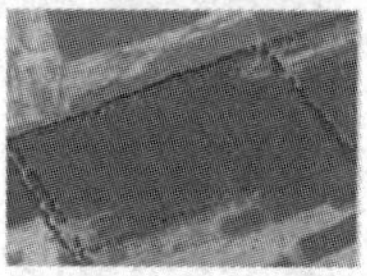	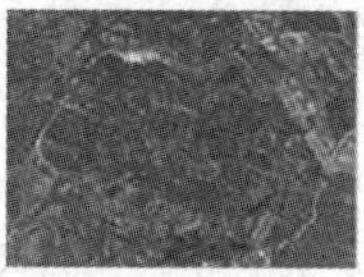	
		022	茶园	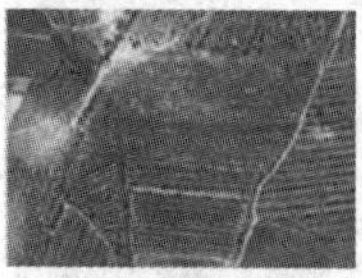	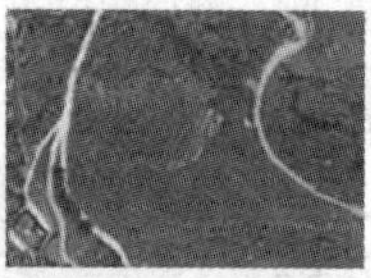	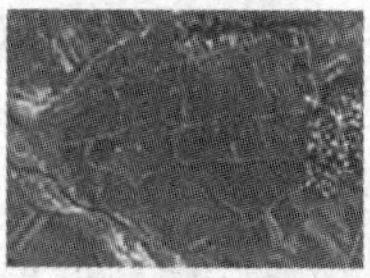	
		023	其他园地		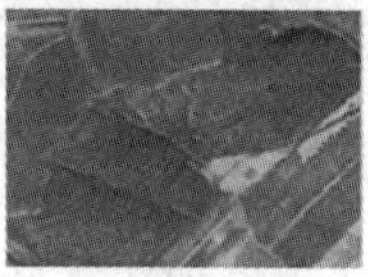		

图 8-7　不同分辨率真彩色图像判读标志(与实地踏勘对照)

判读过程包括发现目标、描述目标、评价目标(专题图)。

根据图像上显示的各种地物及其特征，先宏观观察，再微观进行分析，遵循先大后小、由易入难、由已知到未知的顺序，同时考虑先反差大的目标后反差小的目标。

描述目标：从光谱特征、空间特征、时间特征等方面描述目标。有些目标根据经验容易描述和判读，有些目标则可能存在判读困难，此时可以借助计算机读取其光谱值，量测其大小或者提取其纹理。可以将描述的目标建立标准特征，分门别类地记录下来，形成如图 8-7 所示的不同分辨率图像特征与实地照片对比，或者如图 8-8 所示的全色、真彩色、标准假彩色图像的判读标志，作为后续判读的依据。

	全色		真彩色		标准假彩色		大小	形状	纹理	位置
	样本	颜色	样本	颜色	样本	颜色				
树林1		亮灰		深绿		大红	较大	面状	较均匀	周边常有道路
树林2		浅黑		紫黑红		暗红	较大	面状	较密集的团状分布	周边常有道路、建筑
裸地1		亮浅灰		亮黄		亮浅蓝	较大	面状	较均匀	周边常有道路
裸地2		亮灰		土砖色		浅绿	较大	面状	较均匀	周边常有道路
……		……		……		……	……	……	……	……
湖水1		深黑		蓝绿		深蓝	很大	不规则面状	非常均匀	周边有陆地
湖水2		浅黑		墨绿		青蓝	很大	不规则面状	非常均匀	周边有陆地
工厂		浅灰		天蓝		玫红	较大	矩形	由多个规则矩形组成	周边常有裸地或者密集低矮民房
住宅小区		暗灰		青灰		灰绿	较大	面状	较粗的规则纹理	周边常有主干道

图 8-8　全色、真彩色、标准假彩色图像判读标志

评价目标：图上各种目标解译并确认后可以生成各种专题图，并进行分类效果的评价。

8.2.2　遥感图像目视判读举例

1. 单波段灰度图像的判读

在实际应用的过程中，很少只使用单波段进行图像判读。单波段图像判读的举例，主要是为了与第 2 章中提到的地物反射波谱特性曲线的相关知识点联系起来。图 8-9 从武汉市 7 个波段的 TM 图像中选择了两个可见光波段和两个近红外波段图像，并给出了这些波段对应的直方图。从图中可以看出，对同一地区的不同波段的图像，各波段图像整体的亮度分布情况有差异。大多数情况下，近红外波段的图像目视效果要优于可见光波段。其次，在同一波段的图像上，地物类别的不同导致地物在图像中的亮度有差异，因而可以基于此进行一些明显可区分性地物类别的判定。例如，水体中近红外波段偏黑色，而植被在该波段亮度较大。这些均与它们的地物反射波谱特性曲线的规律一致。

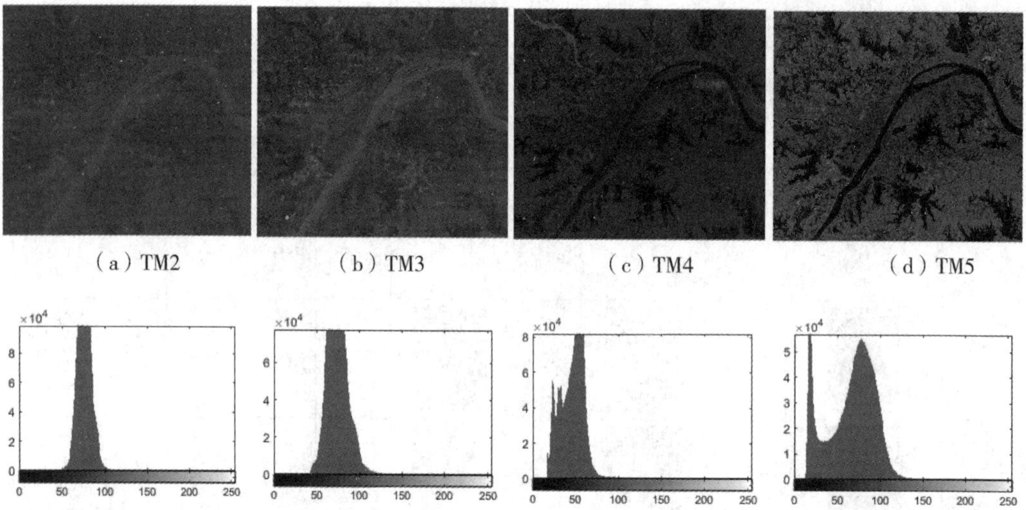

（a）TM2　（b）TM3　（c）TM4　（d）TM5

（e）TM2直方图　（f）TM3直方图　（g）TM4直方图　（h）TM5直方图

图 8-9　TM 不同波段的图像及其对应的直方图

2. 全色图像和多光谱图像的判读

大部分的光学遥感卫星会同时提供全色图像和多光谱图像。全色图像具有高空间分辨率，但只有一个波段，所以只能以灰度图的形式展示。而相应的多光谱图像空间分辨率相对较低，但有较高的光谱分辨率，一般可以选择差异性较大的三个波段进行波段组合以彩色图像显示。通常全色图像的空间分辨率是多光谱波段的 2 倍（如 Landsat 系列卫星）或者 4 倍（如 IKONOS、资源三号卫星等）左右，因此全色波段对地物的空间位置、几何结构和轮廓表达更清晰，而多光谱图像则更多地反映地物类别的差异。因而可以通过波段组合以彩色形式显示多光谱图像，有利于人眼对不同地物类别的辨识。

例如图 8-10(彩色效果见附录彩图 8-10)中，道路的边界、建筑物(如居民楼、大型建筑物等)的轮廓在图 8-10(a)所示的全色波段的图像上较清楚，但树木、草坪、裸地等则很难区分。然而在图 8-10(b)所示的多光谱图像上道路的边界、建筑物轮廓则比较模糊，而林地、草坪、裸地等可以通过不同的颜色和纹理进行区分。裸地呈黄色，草坪和树木均呈红色，但草坪纹理细腻，而林地的纹理比草坪要粗糙。

(a)全色图像　　(b)多光谱图像(432波段组合)

图 8-10　资源三号卫星图像

在图像判读的实践过程中，通常用图像融合的方法将二者的优势结合，以更好地进行地物信息的提取。在中低分辨率的遥感图像上主要关注覆盖面积较大的区域性目标，更多的是进行一些大类的判读，如植被、水体、城区、土壤等。而对于高分遥感图像，由于其能够较准确地反映地物轮廓、内部几何结构和地物的细节，因此可区分的地物种类更具多样性。例如，植被可以细分为草坪、林地、农田等，城区可以进一步细分为住宅区、商业大楼、学校、道路、工厂等。

3. 热红外图像的判读

在热红外波段范围内，物体自身的热辐射能量大于对太阳的反射能量，因此热红外图像主要体现地物的热辐射特性，是地物辐射温度分布的记录。在热红外图像上，浅色代表地物发射率高或者温度高，深色代表地物发射率低或者温度低。第 2 章中曾经介绍过地物的辐射通量密度与温度的四次方和发射率成正比，其中受温度的影响最大。无论温度(自然状态下)和发射率都与地物的热特性(包括热容量、热传导率和热惯量等)有关。热传导率大的物体(如土壤、岩石)，一般发射率都小；白天物体易受太阳辐射影响，温度较高，呈暖色调；夜间物体易散热，温度降低，呈冷色调。比热大、热惯量大的物体(如水体)白天升温较慢，温度比水泥、土壤等温度低，呈冷色调；夜晚水体储热能力强，热量不易散发，比周围的土壤或者岩石的温度高，呈暖色调。植被在热红外图像上的亮度比较复杂，受植被生长期、含水量、植被种类等多种因素的影响。

图 8-11(彩色效果见附录彩图 8-11)展示了武汉市全色图像、多光谱图像和热红外图像的对比。从图中可以看出热红外图像的地物特征，特别是光谱特征与全色图像和多光谱图像有很大的不同。长江和汉水呈黑色；武汉市城区由于人口密集，钢筋混凝土建筑物较多，因而温度较高，热岛效应明显，在图中呈现亮白色；武汉市周边区域人口稀疏，温度明显下降，除道路网呈现亮白色之外，其他地物基本呈现灰色。由于热红外图像对温度的变化非常敏感，因此城市热岛效应的研究往往采用热红外图像。

（a）全色图像

（b）多光谱图像

（c）热红外图像

图 8-11　武汉市 TM 卫星图像

4. 雷达图像的判读

侧视雷达图像上的色调与可见光、近红外及热红外都不同，它主要反映的是地物对雷达波的反射情况。雷达图像的亮度与地物的以下特性有关：第一，与入射角和地物坡度有关；第二，与地面粗糙度有关；第三，与地物的电特性有关。

图 8-12 显示了不同地物类别的雷达图像判读标志。沥青道路在雷达图像上呈黑色(道路中间和两侧的绿化带呈现亮白色)。如果雷达波朝向居民地发射的一面为“前”，则居民地呈现前亮后暗的特点。水体在雷达图像上基本呈现黑色。金属桥梁也呈现亮白色。耕地后向散射较弱，呈现灰色。林地随着叶面方向的不同呈现不同的反射强度，有些呈现亮白

色，有些呈现灰色，还有些由于遮挡无反射回波，则出现阴影。

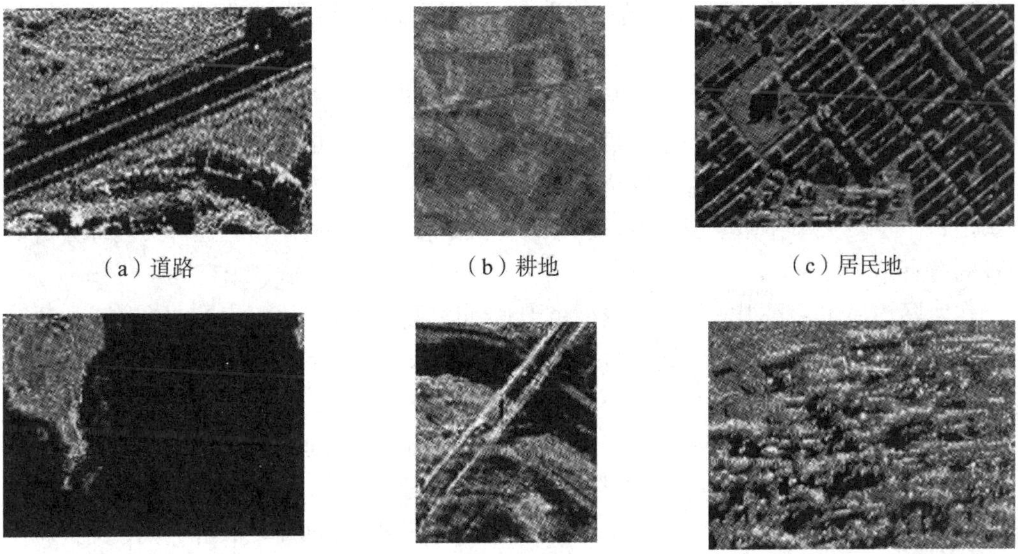

（a）道路　（b）耕地　（c）居民地

（d）水体　（e）铁路　（f）林地

图 8-12 雷达图像判读标志

侧视雷达图像还有一些其他的特征：

（1）微波对云层和树木的穿透能力较强。

（2）微波会在物体内部产生体散射，因此可以将地下浅层的一些状况反映出来。这一点在沙漠中地下河床的探测，或者一些遗迹的考古中都有应用。

图像解译主要包括两个重要的环节：一是如何实现对图像有效特征的准确提取，二是合理分析与推理出造成上述图像特征的原因。SAR 目视解译的关键就是要识别 SAR 图像中地物目标的相应特征，并根据先验知识和合理的逻辑推理获得地物目标的原始信息。目前，SAR 图像目视解译方法主要包括以下几类：

（1）直判法。直判法是指通过 SAR 图像的解译标志，直接确定某一地物目标或现象的存在及相应属性的解译方法。对于 SAR 图像中具有比较明显灰度特征的地物目标，如桥梁、铁路、水体、油罐、输电线等，大多采用直判法进行解译。

（2）对比法。对比法是指通过对比同一区域不同时期的 SAR 图像，同一区域相同时期不同波长/观测角度/分辨率 SAR 图像的地物目标特征，或者同一区域不同类型的遥感图像，确定地物目标或现象的存在及相应属性的方法。例如，对于农田等具有季节周期性变化的地物目标，可以通过对比其不同时期对应的 SAR 图像判定其对应的作物生长情况；对于森林等具有明显垂直向空间分布特性的地物目标，由于不同波长对应的穿透性不同（X 波段大多对应树冠层的散射特征，L 波段大多对应地表层的散射特征），因此可以根据图像获取树木相应的散射特征及高度，进而判定树木的种类；对于舰船、坦克等人工特征比较明显的地物目标，不同分辨率/观测角度 SAR 图像获得的目标散射特征存在差别，可以根据上述差别获取舰船、坦克的类别和具体型号；对于不同类型的遥感图像，如光学、红外和 SAR 图像，其各自反映的地物目标特性不同，可以综合利用上述几类遥感图像对地物目标进行准确解译。

(3)逻辑推理法。逻辑推理法是指通过借助地物目标相互间或地物目标与周围环境之间的相互关系，间接判断某一地物目标或现象的存在及相应属性的方法。该方法最重要的是需要做到逻辑自洽，即如果在判读解译过程中存在多个逻辑关系；应使解译结果尽可能地满足每个逻辑关系；如果逻辑关系间存在冲突，应重点分析产生上述冲突的原因并找到合理的解释。

在实际应用中，目视解译一般遵循由宏观到微观、由浅入深、由易到难的顺序逐步展开。为获得地物目标准确、全面的解译结果，需要综合运用上述多种方法。

SAR 图像目视解译一般包含以下几个步骤：

(1)SAR 图像预处理。SAR 图像目视解译中的图像预处理主要是指改善 SAR 图像观测质量，其目的是使调整后的 SAR 图像更加符合判读员的个人视觉习惯。目前，图像判读解译的应用类软件，如 ENVI、Photoshop 等，大多可以提供降噪、图像比度和亮度调整、边缘增强和锐化处理等功能，并且能够提供一定程度的自动化处理。需要注意的是，由于上述软件的通用化设计思想，使得其自动整后的 SAR 图像视觉效果并不一定最佳。因此，在实际的 SAR 图像目视解中，通常需要判读员根据个人习惯手动调节 SAR 图像，以改善 SAR 图像的观测质量。

(2)SAR 图像特征提取。SAR 图像目视解译中对目标特征的提取，是指利用人眼获取 SAR 图像中目标的灰度、形状、大小、阴影、位置和纹理等特征。由于人眼对亮度和对比度的高敏感性，SAR 图像中目标的灰度和阴影特征比较容易被人眼发现，而地物目标的形状、大小和纹理特征主要根据地物目标的灰度和阴影特征的边缘来获取。由于 SAR 图像不可避免地存在斑点噪声，而斑点噪声在一定程度上会模糊目标的边缘，因此斑点噪声严重时会造成判读员对目标形状、大小和纹理的误判，影响最终的判读结果。

(3)SAR 图像特征分析。SAR 图像目视解译中的图像特征分析，是指结合 SAR 成像原理对人眼提取的地物图像特征进行综合分析，以获得该图像特征与地物目标之间的联系并判断其归属。对于具有垂直类结构的地物目标，当电磁波从面向垂直类结构的一侧入射时，容易发生二次散射或多次散射现象。此时由于受到多路径现象影响，使得成像结果在远离目标一定距离的位置处存在强散射现象。如果不了解多路径现象在 SAR 图像中的具体表现，很容易将上述强散射现象认为是另一个独立地物目标，导致图像误判。因此，SAR 图像目视解译中如何对图像特征行合理和有效的分析，很大程度上依赖于判读员的专业背景知识和相关经验，这也是不同判读员判读能力和水平的重要区分点。

(4)SAR 图像判读结果整理与分析。SAR 图像目视解译的最后步骤是对判读结果进行整理、分析和总结。该步骤需要在图像上标注重点关注目标的判读结果以突出显示，并根据任务要求对解译结果进行分析和总结，最后编写判读结果说明。

8.3　遥感图像的特征变换和特征选择

8.3.1　遥感图像的光谱特征空间

遥感图像的光谱特征通常是以地物在多光谱图像上的亮度体现出来的(图 8-13)，即不同地物在同一波段上表现的亮度一般互不相同，不同地物在多个波段图像上亮度的呈现规律也不同，这就构成了图像中不同地物分类的物理依据。同名地物点在不同波段图像中亮度的观测量将构成一个多维随机向量 $\boldsymbol{X}$，称为光谱特征向量，即

$$\boldsymbol{X}=[x_1 \quad x_2 \quad \cdots \quad x_N]^{\mathrm{T}} \tag{8-2}$$

式中，x_i 为地物图像点在第 i 个波段图像中的亮度值；N 为遥感图像波段总数。

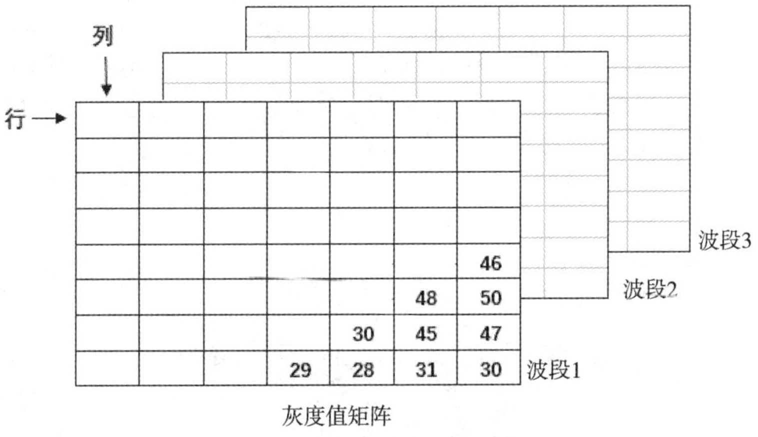

图 8-13　多光谱图像的灰度值矩阵示意图

为了度量图像中地物的光谱特征，建立一个以各波段图像的亮度分布为子空间的多维光谱特征空间。这样，地面上任意一点通过遥感传感器成像后对应于光谱特征空间中的一个点。各种地物由于其光谱特征(光谱反射特征或光谱发射特征)不同，将分布在特征空间的不同位置。图 8-14 表示出地物与光谱特征空间的关系。假定地面上有三类地物：植被、土壤和水，以遥感图像的两个波段($B5$ 和 $B7$)为例，以两个波段的图像亮度值作为光谱特征空间的两个坐标轴，每类地物取一个像元将其亮度值表示在光谱特征空间中，三对同名像元对应特征空间中的三个不同点。

由于随机性因素(如大气条件、背景、地物朝向、传感器本身的“噪声”等)影响，同类地物的各取样点在光谱特征空间中的特征点将不可能只表现为同一点，而是形成一个相对聚集的点集群(如图 8-15 特征空间中所示的椭圆形范围)，而不同类型地物的点集群在特征空间内一般是相互分离的。特征点集群在特征空间中的分布大致可以分为如下三种情况：

理想情况——不同类别的地物集群至少在一个特征子空间中的投影是完全可以互相区

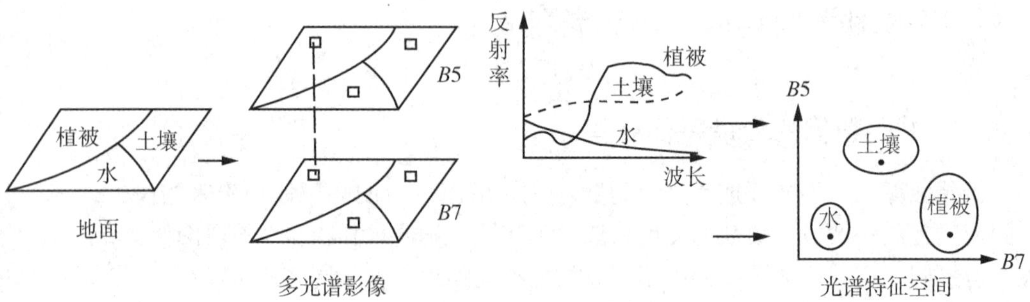

图 8-14　地物与光谱特征空间的关系

分的。

典型情况——不同类别的地物集群在任一子空间中都有互相重叠的现象，但在总的特征空间中还是可以完全区分的。这时可以采用特征变换使之变成理想情况进行分类。

一般情况——无论在总的特征空间中还是在任一子空间中，不同类别的集群之间总是存在一定的重叠。这时重叠部分的特征点所对应的地物在分类时总是会出现不同程度的错分，这是遥感图像中最常见的情况。

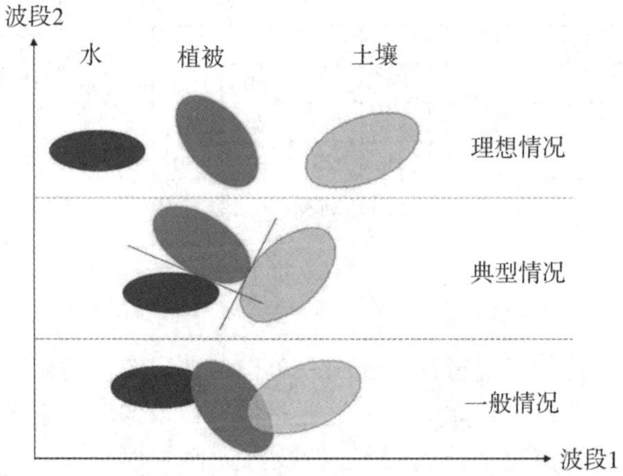

图 8-15　特征点集群在特征空间中的分布

地物在特征空间中的聚类通常用特征点(或相应的随机矢量)分布的概率密度函数 $P(X)$ 来表示。通常假定遥感图像特征点的统计分布属于正态分布，则概率密度函数可以表示为

$$P(X)=\frac{|\Sigma|^{-1/2}}{(2\pi)^{n/2}}\exp\left[-\frac{1}{2}(X-M)^{\mathrm{T}}\cdot\Sigma\cdot(X-M)\right] \tag{8-3}$$

假定多光谱图像的波段数为 N，单景图像大小为 m 行 n 列，将每个波段的二维图像矩阵变为一行，则式(8-2) 中的 $\boldsymbol{X}$ 代表了用二维矩阵形式表达的多光谱图像：

$$X = \begin{bmatrix} x_{1,1} & x_{1,2} & \cdots & x_{1,mn} \\ x_{2,1} & x_{2,2} & \cdots & x_{2,mn} \\ \vdots & \vdots & & \vdots \\ x_{N,1} & x_{N,2} & \cdots & x_{N,mn} \end{bmatrix} \tag{8-4}$$

图像的均值向量为

$$M = [m_1 \quad m_2 \quad \cdots \quad m_N]^{\mathrm{T}} \tag{8-5}$$

其中，$m_i = \sum_{k=1}^{mn} x_{i,k}$。图像的协方差矩阵为

$$\Sigma = \begin{bmatrix} \delta_{1,1} & \delta_{1,2} & \cdots & \delta_{1,N} \\ \delta_{2,1} & \delta_{2,2} & \cdots & \delta_{2,N} \\ \vdots & \vdots & & \vdots \\ \delta_{N,1} & \delta_{N,2} & \cdots & \delta_{N,N} \end{bmatrix} \tag{8-6}$$

$$\delta_{i,j} = \frac{1}{mn}\sum_{k=1}^{mn}(x_{i,k} - m_i)(x_{j,k} - m_j) \tag{8-7}$$

式中，$x_{i,k}$ 表示第 i 个波段的第 k 个像元的光谱特征值；N 为特征数目(此处为波段数)。

8.3.2 遥感图像的特征变换

遥感图像的自动分类主要依据地物的光谱特征。遥感图像的类型众多，波段数量可达上百，因而能够用于分类的图像数量巨大，如果不加区分地将所有数据用于地物分类，则计算量大，数据间的相关性强，分类效果不佳。在遥感图像分类前需要进行一定的处理，以便于后续更好地进行分类。

通常采用特征变换的方法对遥感图像进行一定的处理，其基本思想是将原始图像通过一定的数学变换生成一组新的特征图像，这一组新图像信息集中在少数几个特征图像上。其基本过程如图 8-16 所示，首先利用已知波段的遥感图像建立特征向量空间，并利用一定的数学方法对该特征空间进行特征变换，建立新的特征空间，将原始图像变换为新的特征图像，再用于后续的分类。

特征变换一方面可以减少特征之间的相关性，用尽可能少的特征来最大限度地包含所有原始图像的信息；另一方面使得待分类别之间的差异在新的特征空间中更加明显，从而改善分类效果。

常用的特征变换方法有：主分量变换、哈达玛变换、穗帽变换。不论是哪一种变换方法，其基本思想都是对原始特征空间 $\boldsymbol{X}$ 施加一个线性变换 $\boldsymbol{A}$，将其变换到新的特征空间 $\boldsymbol{Y}$ 中去，即：

$$Y = AX \tag{8-8}$$

然后在新的特征空间中实现图像分类。因此各种特征变换方法的关键是变换矩阵 $\boldsymbol{A}$ 的确定，不同的变换矩阵 $\boldsymbol{A}$ 代表了不同的变换方法。

1. 主分量变换

主分量变换：也称为 KL(Karhunen-Loève)变换，是均方误差最小的正交变换，也是

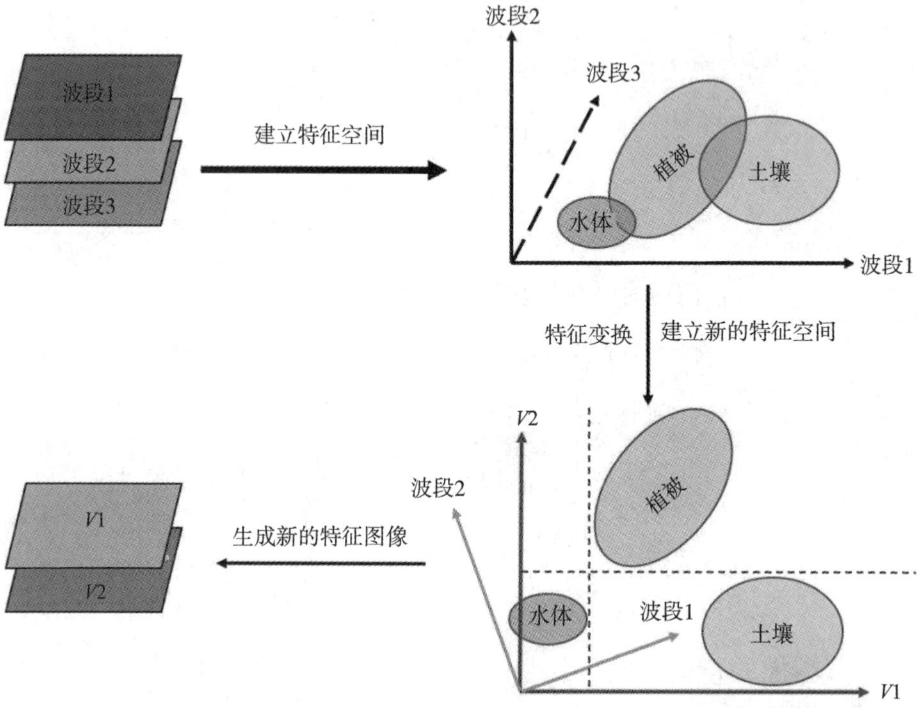

图 8-16　多光谱图像的特征变换

一种线性变换。主分量变换能够把原来多个波段中的有用信息集中到数目尽可能少的特征图像组中去，达到数据压缩的目的；还能够使新的特征图像间互不相关，使新的特征图像包含的信息内容不重叠，增加类别的可分性。

图 8-17 展示了二维主分量变换的几何示意图。图中原始多光谱数据的特征空间为 $O\text{-}X_1X_2$，其数据分布范围用椭圆形表示。主分量变换后的生成的新特征空间用 $O\text{-}Y_1Y_2$ 表示。椭圆形所代表的数据分别投影到两个特征空间中各自的坐标轴上，分别用深灰色和浅灰色表示投影后的数据范围，很明显黑色线段的长度差异大于灰色线段长度差异。同时当数据在新特征空间中沿 Y_2 轴变化时，Y_1 不变，即在特征变换后，特征 Y_1 和 Y_2 线性无关，而在原始特征空间 $O\text{-}X_1X_2$ 中，特征 X_1 的数值会随 X_2 变化而变化。因此主分量变换将原来多个图像中的灰度分布集中，突出了灰度分布的差异。

主分量变换的数学模型为

$$\boldsymbol{Y} = \boldsymbol{\Phi}^{\mathrm{T}}\boldsymbol{X} \tag{8-9}$$

假定原始数据的协方差矩阵为

$$\boldsymbol{\Sigma}_X = \boldsymbol{X}\boldsymbol{X}^{\mathrm{T}} = \begin{bmatrix} \sigma_{x1}^2 & \sigma_{x1}\sigma_{x2} & \cdots & \sigma_{x1}\sigma_{xn} \\ \sigma_{x2}\sigma_{x1} & \sigma_{x2}^2 & \cdots & \sigma_{x2}\sigma_{xn} \\ \vdots & \vdots & & \vdots \\ \sigma_{xn}\sigma_{x1} & \sigma_{xn}\sigma_{x2} & \cdots & \sigma_{xn}^2 \end{bmatrix} \tag{8-10}$$

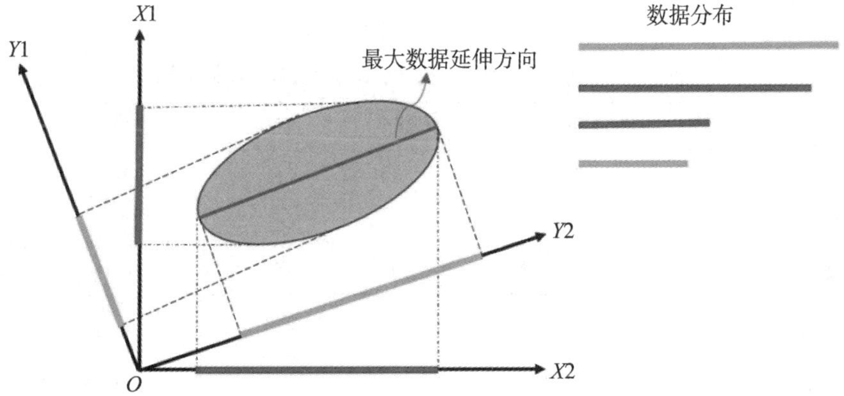

图 8-17　二维主分量变换的几何示意图

则变换后数据的协方差矩阵为

$$\boldsymbol{\Sigma}_Y = \boldsymbol{Y}\boldsymbol{Y}^{\mathrm{T}} = \begin{bmatrix} \sigma_{y1}^2 & 0 & \cdots & 0 \\ 0 & \sigma_{y2}^2 & \cdots & 0 \\ \vdots & \vdots & & \vdots \\ 0 & 0 & \cdots & \sigma_{yn}^2 \end{bmatrix} = \Lambda \tag{8-11}$$

首先根据 $\boldsymbol{\Phi}^{\mathrm{T}}$ 为正交矩阵的特点，可以得到下式：

$$\boldsymbol{\Sigma}_Y = \boldsymbol{Y}\boldsymbol{Y}^{\mathrm{T}} = (\boldsymbol{\Phi}^{\mathrm{T}}\boldsymbol{X})(\boldsymbol{\Phi}^{\mathrm{T}}\boldsymbol{X})^{\mathrm{T}} = \boldsymbol{\Phi}^{\mathrm{T}}(\boldsymbol{X}\boldsymbol{X})^{\mathrm{T}}\boldsymbol{\Phi} = \boldsymbol{\Phi}^{\mathrm{T}}\boldsymbol{\Sigma}_X\boldsymbol{\Phi} = \Lambda \tag{8-12}$$

从而有：

$$\Sigma_X\Phi = \Phi\Lambda \tag{8-13}$$

因此正交矩阵 $\boldsymbol{\Phi}^{\mathrm{T}}$ 是由协方差矩阵 $\boldsymbol{\Sigma}_X$ 的特征向量组成的矩阵，对角阵 Λ 中对角线上的元素就是矩阵 $\boldsymbol{\Sigma}_X$ 的特征值。这样对正交矩阵 $\boldsymbol{\Phi}^{\mathrm{T}}$ 的求解就转化成对协方差矩阵 $\boldsymbol{\Sigma}_X$ 的特征值和相应的特征向量的求解。

即

$$|\boldsymbol{\Sigma}_X - \lambda\boldsymbol{E}| = 0 \tag{8-14}$$

主分量变换的基本步骤如下(为简化起见，直接用 $\boldsymbol{\Sigma}$ 代替 $\boldsymbol{\Sigma}_X$)：

(1) 计算均值向量 M 和协方差矩阵 $\boldsymbol{\Sigma}$；

(2) 计算矩阵 Σ 的特征值和特征向量；

(3) 将特征值按由大到小的次序排序；

(4) 用排序后的特征值对应的特征向量构造变换矩阵 $\boldsymbol{\Phi}$；

(5) 根据 $\boldsymbol{Y} = \boldsymbol{\Phi}^{\mathrm{T}}\boldsymbol{X}$ 进行变换，得到的新特征图像就是变换的结果，$\boldsymbol{X}$ 为多光谱图像的一个光谱特征矢量。

通过主分量变换：①可以将图像的信息集中到前面较少的几个特征图像中去，排在后面的特征图像可以看作是噪声图像，在分类中可以忽略；②使得变换后的所有特征图像之间互不相关，更有利于后续的图像分类。表 8-1 给出了 TM 图像主分量变换前后图像数据的灰度均方差对比。

表 8-1　TM 图像主分量变换前后图像数据的灰度均方差

原始图像	TM1	TM2	TM3	TM4	TM5	TM6
	70.425	59.808	67.580	47.529	41.443	25.796
主分量变换后图像	PC1	PC2	PC3	PC4	PC5	PC6
	65.794	26.817	13.405	6.990	3.675	2.368

2. 哈达玛变换

哈达玛变换主要利用哈达玛矩阵作为正交变换矩阵对遥感图像实施变换，其数学模型为

$$\boldsymbol{I}_H = \boldsymbol{H} \cdot \boldsymbol{X} \tag{8-15}$$

哈达玛矩阵有非常简单的递推关系，特别方便计算机编程计算。令一阶哈达玛矩阵的变换核为

$$\boldsymbol{H}^1 = \begin{bmatrix} 1 & 1 \\ 1 & -1 \end{bmatrix} \tag{8-16}$$

则高阶哈达玛矩阵均可以由其第一阶的哈达玛矩阵按如下形式进行递推：

$$\boldsymbol{H}^{m+1} = \begin{bmatrix} H^m & H^m \\ H^m & -H^m \end{bmatrix} \tag{8-17}$$

由哈达玛变换核可知，哈达玛变换实际是将坐标轴旋转了 45° 的正交变换：

$$\begin{bmatrix} h_1 \\ h_2 \end{bmatrix} = \begin{bmatrix} 1 & 1 \\ 1 & -1 \end{bmatrix} \begin{bmatrix} x_1 \\ x_2 \end{bmatrix} = \sqrt{2} \begin{bmatrix} \sin 45^\circ & \cos 45^\circ \\ \cos 45^\circ & -\sin 45^\circ \end{bmatrix} \begin{bmatrix} x_1 \\ x_2 \end{bmatrix} \tag{8-18}$$

下面以四波段的陆地卫星图像的哈达玛变换为例，分析哈达玛变换在遥感图像处理中的意义。取二阶哈达玛变换矩阵

$$\boldsymbol{H} = \begin{bmatrix} 1 & 1 & 1 & 1 \\ 1 & -1 & 1 & -1 \\ 1 & 1 & -1 & -1 \\ 1 & -1 & -1 & 1 \end{bmatrix} \tag{8-19}$$

令

$$\boldsymbol{I}_H = [h_0 \quad h_3 \quad h_1 \quad h_2]^{\mathrm{T}} \tag{8-20}$$

按式(8-21) 进行哈达玛变换，可得：

$$\begin{aligned} h_0 &= (x_4 + x_5) + (x_6 + x_7) \\ h_1 &= (x_4 + x_5) - (x_6 + x_7) \\ h_2 &= (x_4 - x_5) - (x_6 - x_7) \\ h_3 &= (x_4 - x_5) + (x_6 - x_7) \end{aligned} \tag{8-21}$$

即：

$$\begin{bmatrix} h_0 \\ h_1 \end{bmatrix} = \begin{bmatrix} 1 & 1 \\ 1 & -1 \end{bmatrix} \begin{bmatrix} X_{4+5} \\ X_{6+7} \end{bmatrix} \tag{8-22}$$

$$\begin{bmatrix} h_3 \\ h_2 \end{bmatrix} = \begin{bmatrix} 1 & 1 \\ 1 & -1 \end{bmatrix} \begin{bmatrix} X_{4-5} \\ X_{6-7} \end{bmatrix} \tag{8-23}$$

以土壤、植被和水体为例，分别将三类地物在 MSS4 ～ 7 波段上的灰度值投影到 X_{4+5}、X_{6+7} 和 X_{4-5}、X_{6-7} 形成的两个二维空间上去，如图 8-18 所示。

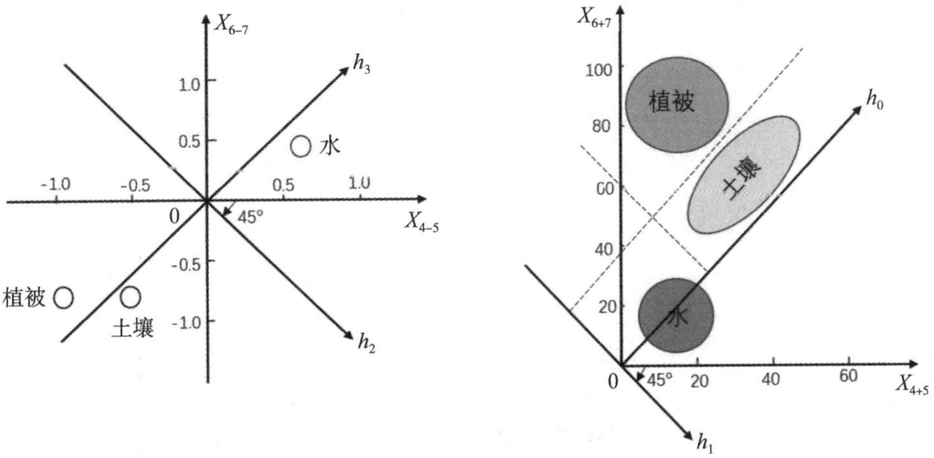

图 8-18　二维哈达玛变换

从图中可以看出，特征图像 h_0 集中了大量的土壤信息，能够更好地将水体同植被和土壤的混合体区分开来，而特征图像 h_1 能够更好地将植被同水体和土壤的混合体区分开来，更有利于植被提取。特征图像 h_3 与各类之间的关系类似于$(-h_0)$，而 h_2 则类似于 h_1。但由于(X_{4-5})和(X_{6-7})的数值对各类都很小$(<1\%)$，所以 h_3 和 h_2 主要表现为噪声图像，通常在特征选择时将其舍去，以达到数据压缩的目的。

3. 穗帽变换

穗帽变换又称 K-T 变换，由 Kauth-Thomas 提出，也是一种线性特征变换。如图 8-19 所示，MSS 图像信息随时间变化的空间分布形态是呈规律性形状的，像一个顶部有缨子的毡帽。具体来说有以下两个特点：

(1)土壤在特征空间(光谱空间)的集群，随亮度的变化趋势沿从坐标原点出发的同一根辐射线方向上出现。

(2)把土壤和植被的混合集群投影到 MSS-5 和 MSS-6 波段图像组成的特征子空间中，形成一个近似帽状三角形 。

土壤亮度变化轴(前面提到的辐射线) I_{SB} 为穗帽的底边，帽上各部分反映了植被的生

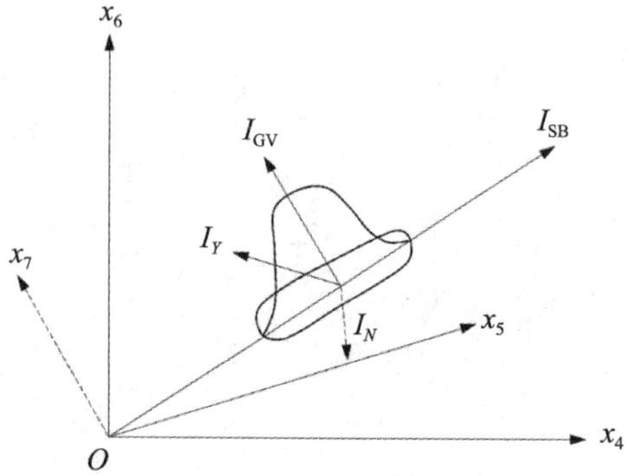

图 8-19　穗帽变换

长变化情况，绿色植被生长从底边逐渐发展到顶部，最旺盛的时期在帽顶，之后逐渐枯黄，沿着帽穗的路径回归到土壤底线。

穗帽变换的数学模型如下：

$$\boldsymbol{Y} = \boldsymbol{A}\boldsymbol{X} \tag{8-24}$$

即

$$\boldsymbol{Y} = \begin{bmatrix} I_{SB} \\ I_{GV} \\ I_Y \\ I_N \end{bmatrix} = \begin{bmatrix} 0.433 & 0.632 & 0.586 & 0.264 \\ -0.290 & -0.562 & 0.600 & 0.490 \\ -0.824 & 0.533 & -0.050 & 0.185 \\ 0.223 & 0.012 & -0.543 & 0.809 \end{bmatrix} \cdot \begin{bmatrix} x_4 \\ x_5 \\ x_6 \\ x_7 \end{bmatrix} \tag{8-25}$$

式中，I_{SB} 为土壤亮度轴的像元亮度值；I_{GV} 为植物绿色指标轴的像元亮度值；I_Y 为黄色轴；I_N 为噪声轴；$x_i(i = 4, 5, 6, 7)$ 为地物在 MSS 四个波段上的亮度值；A 是根据经验确定的变换矩阵。

SB 分量和 GV 分量一般情况下等价于主分量变换中的第一主分量 PC1 和第二主分量 PC2；SB 分量集中了大部分土壤信息，所以对土壤的分类是有效的，并且其亮度的变换反映了不同的土壤类别；GV 分量对植被的分类是有效的。

8.3.3　遥感图像的特征选择

特征变换虽然可以降低特征维数和特征相关性，但改变了原始图像特征。为了保留物理意义明确的图像特征，同时消除特征冗余与噪声干扰，筛选出有利于图像分类的关键特征子集，就需要在遥感图像分类前进行特征选择。

特征选择是指从原始多/高光谱图像中，选择一组最佳的特征图像进行组合，以便用于后续的图像分类。该组合可以是光谱特征、几何特征、语义特征等，能够最大限度地区别不同地物的各种特征。选择重要的特征可以降低维数，去除相关特征，既降低了分类的难度，也可以在一定程度上提高分类的精度。

光谱之间的相关性会影响分类的效果，可以通过散点图法或者波段间相关系数对参与分类的图像进行筛选，选择相关性较小的图像参与分类，从而提高分类的精度。高光谱图像通常有几十至上百个波段，数据量大且波段间相关性高，对存储和计算量的要求也高。为了减少参与分类的特征图像，特征选择是其分类前必不可少的步骤。高分遥感图像分割后可提取的特征数量可达几十个，但是很多特征存在相关性和分类效果的不确定性，在一定程度上也可以通过特征选择来改善分类效果。

所选参与分类的特征应尽可能满足如下要求：

(1)特征应具有较好的可分性。也就是说对多种待识别的地物有较明显的区分性。例如用中低分辨率的遥感图像进行地物波段选择时，通常会将近红外波段纳入所选特征之一，因为水体、植被、建筑物等常见的地物类型在该波段的亮度差异较大，具有明显的区分度。

(2)特征应具有较强的可靠性。一般可根据经验选择常用的特征或者通过实验选择较可靠的特征，应尽量摒弃模棱两可、似是而非或者不确定的特征。

(3)特征应具有较高的独立性。应尽量从众多相关性强或者重复性的特征中选择一个典型的特征参与后续的分类。

(4)特征数量应尽可能少。分类的特征数量与分类效果之间满足图 8-20 所示曲线关系图。该曲线在某个位置达到最优，过多或过少的特征都会使分类效果下降。特征过少时可能导致分类困难；特征过多时，同类数据在特征空间中的距离变远，容易导致过分类。

通常可以从定性和定量两个方面进行特征选择。其中，定性的方法主要是通过目视判读来选择相关性较小的波段或者特征来参与后续的分类；定量的方法则是利用一些特征选择的数学公式计算特征的相关性，从而挑选出合适的特征参与后续的分类。

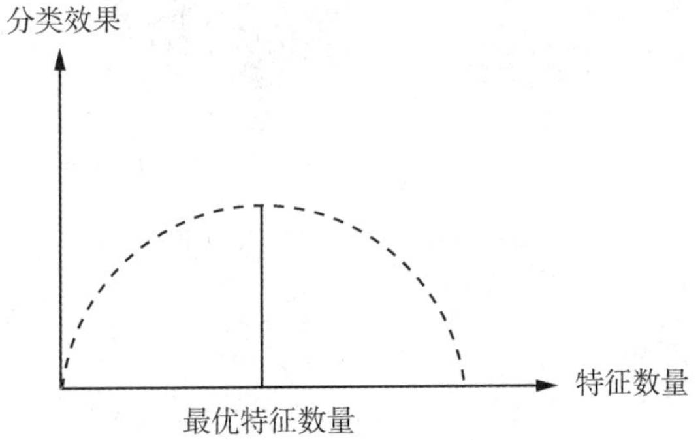

图 8-20　分类效果与特征数量的曲线关系图

1. 特征选择的定性方法

特征选择的定性方法主要有假彩色合成法、散点图法和相关系数法。

1)假彩色合成法

通常将多光谱各个波段称为特征图像，从多光谱图像中任选三个波段进行组合可以合成彩色图像。特征图像间的相关性，表现为假彩色合成图像的色调特征。特征越独立，色彩越鲜艳、丰富。图 8-21 和图 8-22(彩色效果见附录彩图 8-22)分别为波段 TM 图像 7 个波段的灰度图和图像波段组合效果对比。

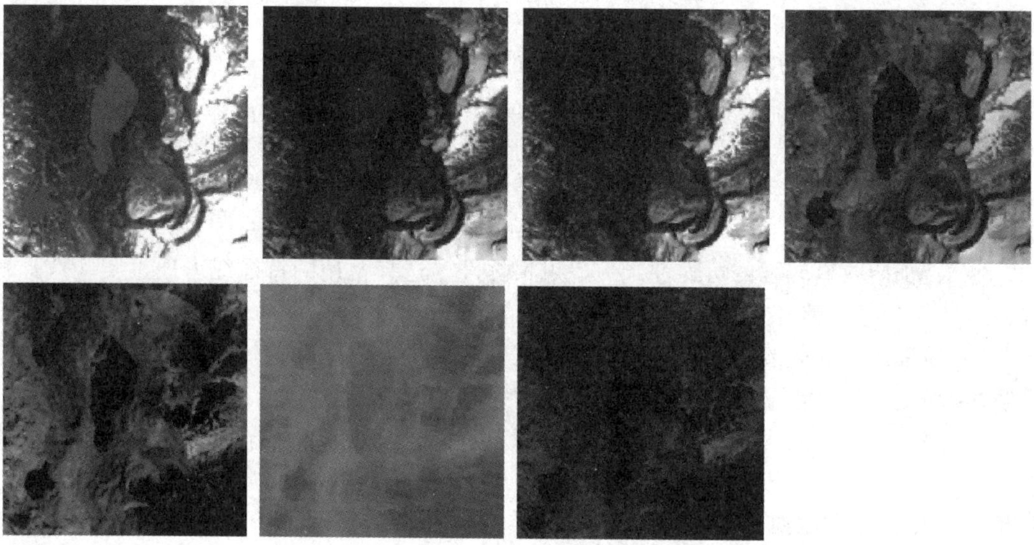

图 8-21　TM 图像 7 个波段的灰度图

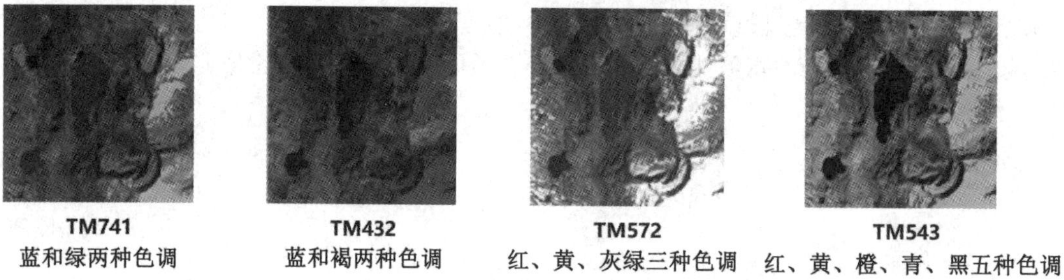

图 8-22　TM 图像波段组合效果对比

2)散点图法与相关系数法

将同一地物点在两个特征图像上的灰度(g_1, g_2)映射到一个二维平面空间(两个坐标轴均为灰度等级)形成一个点，这样两个特征图像上的所有像点将以散点的形式分布在二维平面上。散点图是图像上所有二维散点出现频率的统计图，它实际上是二维灰度直方图。图 8-23(彩色效果见附录彩图 8-23)中不同的颜色表示灰度组合出现频率的高低。散点的分布形式和集中程度可以反映特征之间的相关性。从图 8-23 中可以看出 TM1、TM3 均与 TM2 有较强的相关性，TM5 和 TM7 相关性也比较强，TM4 与各波段之间的相关性都比较弱。因此比较好的特征选择为：TM4、TM1、TM3、TM7(或者 TM5)。

当波段数不多的时候，通过相关系数法也可以达到类似散点图的特征选择效果。表 8-2 给出了 TM 图像各波段间的相关系数。从表中可以得到与散点图的特征选择类似的结果。

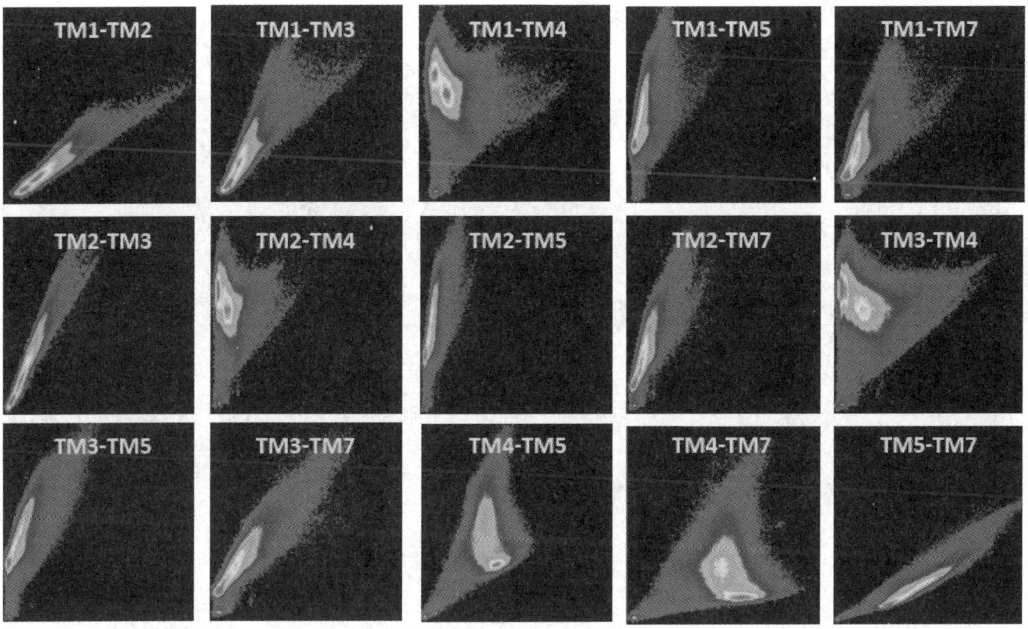

图 8-23 TM 图像部分波段间的散点图

表 8-2 TM 图像各波段相关系数

	TM1	TM2	TM3	TM4	TM5	TM6	TM7
TM1	1.00	0.93	0.87	0.07	0.59	0.43	0.74
TM2	0.93	1.00	0.95	0.17	0.69	0.45	0.80
TM3	0.87	0.95	1.00	0.14	0.74	0.43	0.81
TM4	0.07	0.17	0.14	1.00	0.37	-0.08	0.12
TM5	0.59	0.69	0.74	0.37	1.00	0.53	0.89
TM6	0.43	0.45	0.43	-0.08	0.53	1.00	0.67
TM7	0.74	0.80	0.81	0.12	0.89	0.67	1.00

值得注意的是，当光谱维数增加的时候，特征组合的数量将呈指数倍增，此时定性方法的组合判别量太大，需要定量方法计算出最优特征组合。

2. 特征选择的定量方法

特征选择的定量方法主要有平均距离法、归一化距离法、J-M 距离法和散布矩阵法。

1) 平均距离

两个类别中心的欧氏距离即为平均距离。该方法计算简单快捷，但用其衡量两个类别间的可分性不够准确，如图 8-24(a) 和 图 8-24 (b) 均展示了两类的数据分布，其平均距离相同，但图(a)的可分性明显高于图(b)。

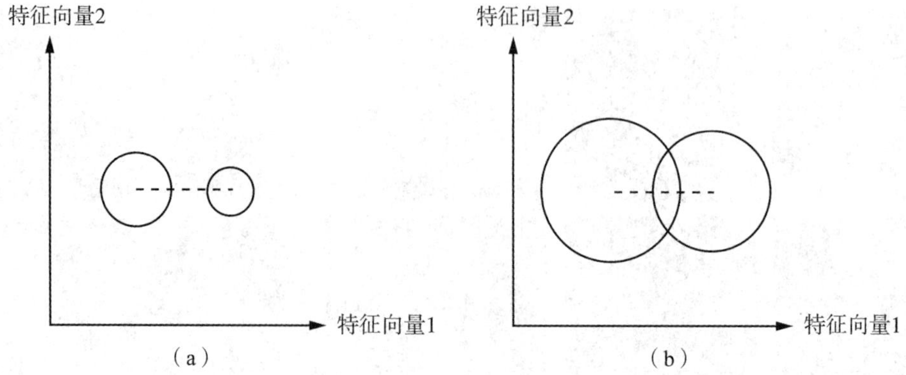

图 8-24　平均距离相同情况下的类别可分性差异

2)归一化距离

$$d_{\text{norm}} = \frac{|\mu_1 - \mu_2|}{\sigma_1 + \sigma_2} \tag{8-26}$$

该式表明 d_{norm} 越大，两个类别之间越容易区分，即两个类别之间相距越远，类别内部各点聚集越紧密，则类别越容易区分。

3)J-M 距离

当模式类服从正态分布时，J-M(Jeffries-Matusita)距离可以表示为

$$J_{ij} = \sqrt{2(1 - e^{-B})} \tag{8-27}$$

其中：$B = \frac{1}{8}(M_i - M_j)^{\mathrm{T}}\left[\frac{\Sigma_i + \Sigma_j}{2}\right]^{-1}(M_i - M_j) + \frac{1}{2}\ln\left[\frac{|\Sigma_i + \Sigma_j|/2}{(|\Sigma_i| + |\Sigma_j|)^{1/2}}\right]$

J-M 距离是 B 的单调增加函数，B 由两部分组成，第一部分相当于归一化距离，这里把它的作用缩小到了 1/8。随着归一化距离的增加，J-M 距离和分类精度都增加，当其增加到一定程度后就不再增加，分类精度达到一定程度后也不再增加。事实上，当两类的距离足够大，致使分类精度达到 100%时，再增大距离对于分类精度是没有意义的。

通常可以依据表 8-3 判断类别的可分性。

表 8-3　类别可分性判断依据

$1.9 \leqslant J_{ij} \leqslant 2.0$	类别可分性好
$1.7 \leqslant J_{ij} < 1.9$	类别可分性较好
$1.0 \leqslant J_{ij} < 1.7$	类别可分性不佳
$0 \leqslant J_{ij} < 1.0$	类别的相似性很强

4. 散布矩阵

当涉及多个类别之间总体的可分性时可以用散布矩阵进行衡量。

(1)类内散布矩阵 $\boldsymbol{S}_w$。类内散布矩阵表示某一类别的样本特征在其均值周围的散布情况。对于 m 类别情况，总的类内散布矩阵可以写成各类别类内散布矩阵的先验概率 $P(\omega_i)$ 加权之和。

$$\boldsymbol{S}_w = \sum_{i=1}^{m} P(w_i)\,\boldsymbol{\Sigma}_i \tag{8-28}$$

式中，m 是类别总数；$\boldsymbol{\Sigma}_i$ 是 w_i 类的协方差矩阵。

(2) 类间散布矩阵 $\boldsymbol{S}_b$。类间散布矩阵表示不同类别间相互散布的程度。类似地，对于 m 类别情况，总的类间散布矩阵也采用先验概率 $P(\omega_i)$ 加权之和表示，即

$$S_b = \sum_{i=1}^{m} P(w_i)(\boldsymbol{M}_i - \boldsymbol{M}_0)(\boldsymbol{M}_i - \boldsymbol{M}_0)^{\mathrm{T}} \tag{8-29}$$

式中，$\boldsymbol{M}_0$ 是全体模式的均值向量；$\boldsymbol{M}_i$ 是 w_i 类的均值向量。

(3) 总体散布矩阵 $\boldsymbol{S}_m$。对于多类别情况，也采用总体散布矩阵来表示类别的可分性。

$$\boldsymbol{S}_m = \boldsymbol{S}_w^{-1}\boldsymbol{S}_b \tag{8-30}$$

S_w 的行列式值越小，S_b 的行列式值越大，可分性越好。用散布矩阵进行特征选择，其准则的表示形式有：

行列式方式：
$$J_1 = \det(\boldsymbol{S}_w^{-1}\boldsymbol{S}_b) = \prod_i \lambda_i \tag{8-31}$$

迹方式：
$$J_2 = \mathrm{tr}(\boldsymbol{S}_w^{-1}\boldsymbol{S}_b) = \sum_i \lambda_i \tag{8-32}$$

式中，λ_i 为矩阵 $\boldsymbol{S}_w^{-1}\boldsymbol{S}_b$ 的第 i 个特征值。

使 J_1 或 J_2 为最大的特征就是最好的特征。

8.4 遥感图像分类方法

遥感图像的自动分类，是模式识别在遥感领域中的具体应用，它是用一个图像数据集构造一个有意义的专题图的过程。图像分类器按照实施方案可以分为监督分类和非监督分类。非监督分类是指事先对分类过程不施加任何的先验知识，而仅凭遥感图像地物的特征分布规律，顺其自然地进行“盲目”的分类，其分类结果只是对不同的类别实现了区分，而并未确定类别的具体属性。类别属性可以通过后处理分析(如经验知识、目视判别、实地调查)来确定。监督分类是指利用人们对实验区域的先验知识来定义地物的类别。通过选择训练样本，将先验知识应用于分类过程，训练不同分类器。然后，用训练好的判决规则或者判决函数对未知数据进行分类。分类结束后，不但各类之间得到区分，同时也确定了各自的地物属性。

8.4.1 遥感图像分类概述

遥感图像的自动分类实际上是人工智能(AI)的重要组成部分——“机器学习”算法在遥感领域的具体应用。它主要是利用遥感图像的统计特性，通过各种机器学习算法，模拟人脑对遥感图像的解译过程从而实现分类。这一过程就是依次输入图像数据 $X=$

$\{x_1, x_2, \cdots, x_n\}$ (n 为图像中的像元数目)，通过机器学习算法 $f(\cdot)$ 对图像数据进行分析，最终得到分类标签 $f = \{f_1, f_2, \cdots, f_n\}$，假定图像中 n 个像元的真实类别为 $Y = \{y_1, y_2, \cdots, y_n\}$。在这一过程中算法是关键，不同的算法得到的结果往往有很大不同，并且不同的算法应用的场景也不一样。衡量算法的优劣主要看 f 的分类结果与真实类别 Y 的一致程度，两者一致的情况在总数量中的占比越高，则意味着分类精度越高。

机器学习算法种类繁多，从经典的最大似然分类法、决策树方法到后来出现的支持向量机、随机森林、人工神经网络(ANN)等。到目前为止，分类精度最高的当属由 ANN 发展而来的深度学习算法，其中又以卷积神经网络为代表。

在机器学习的各种算法中，有少量算法可以直接对数据自动完成图像分类(但分类结果还需要进一步人工解读)，但是大部分的算法则需要我们给出一些标准数据作为参考(称之为"样本")，让计算机学习算法中必要的模型参数，然后再对所有未知类别的数据进行分类。前者称为"非监督分类"方法，后者称为"监督分类"方法。两者的本质区别就在于有没有"学习"的过程，或者说有没有"样本"作为先验知识的指导。

从本节到 8.6 小节选择了几种代表性的算法，由浅入深地阐述遥感图像自动分类的基本原理和方法以及具体的实现过程。本节主要是介绍一些计算机自动分类的相关概念和几种简单且经典的机器学习算法，这些算法主要应用在中低空间分辨率的遥感图像分类中；8.5 小节中阐述的面向对象的遥感图像分类则适用于对高空间分辨率遥感图像的分类；8.6 小节中阐述的神经网络和深度学习的相关算法则适用于大样本数据的场景级的遥感图像分类。

8.4.2　非监督分类(聚类)的方法

非监督分类是指在分类的过程中不施加任何先验知识，仅根据遥感图像中地物的光谱特征分布的规律(聚类统计特性)，利用算法让计算机直接对输入的图像数据进行分类。虽然这种方法对图像进行了分类，但其属性未知，还需要通过后续的目视判读或实地调查确定。非监督分类也称为聚类分析，它纯粹是利用数据的聚类特性通过算法来实现分类。

通常聚类算法先选择若干个聚类中心，每一个中心代表一个类别。按照某种相似性度量方法(如最小距离法)，将各样本归于聚类中心所代表的类别，形成初始分类。然后，根据聚类准则判断初始聚类是否合理，如果不合理，则修改分类，如此反复迭代，直到分类合理为止。

这里仅选择最有代表性的两种聚类算法进行原理阐述。

1. K-均值聚类算法

K-均值聚类算法的聚类准则是样本点到各自类别中心的距离平方和最小：

$$J = \sum_{j=1}^{m} \sum_{X \in S_j} \| X - Z_j \|^2 \tag{8-33}$$

其基本思想是通过迭代不断调整各类中心，直至得到最好的聚类结果为止。

假定需要将图像分为 m 类，则K-均值聚类算法的步骤如下：

(1) 适当地选取 m 个类的初始中心 $Z_1^{(1)}$，$Z_2^{(1)}$，$\cdots$，$Z_m^{(1)}$，上角标代表迭代次数。初

始类中心可以随机地从样本点中选取，指定几个点作为初始类中心。

(2) 按照到类中心距离最小的原则对所有样本点进行分类：

对于所有的 $i \neq j$，$i = 1, 2, \cdots, m$，如果 $|X - Z_j^{(k)}| < |X - Z_i^{(k)}|$，则 $x \in S_j^{(k)}$，其中 $S_j^{(k)}$ 是以 $Z_j^{(k)}$ 为中心的类；

(3) 根据步骤(2) 中的结果重新计算类中心：

$$Z_j^{(k+1)} = \frac{1}{N_j}\sum_{X \in S_j^k} X \tag{8-34}$$

(4) 对于所有的 $i = 1, 2, \cdots, m$，如果 $Z_i^{(k+1)} = Z_i^{(k)}$，说明类中心不再变化，则迭代结束，否则转至步骤(2) 继续迭代处理。

K-均值聚类法的优点是算法简单，计算方便快捷。但也存在明显的缺点：算法的结果受到所选聚类中心的数目和其初始位置，以及模式分布的几何性质和读入次序等因素的影响，不同的初始类中心可能会得到不同的分类结果；在迭代过程中没有调整类数的措施，因此不同的 m 值会得到不同的结果。

2. ISODATA 聚类算法

迭代自组织数据分析算法（iterative self-organizing data analysis technique algorithm, ISODATA）是在 K-均值算法的基础上，设定了一些控制参数，增加了对聚类结果的“合并”和“分裂”两个操作，进而实现分类的一种聚类算法。该算法比较复杂，迭代次数和迭代参数均会影响最终结果。

算法步骤如下：

(1) 读入样本数据 $\{X_i, i = 1, 2, \cdots, N\}$，$N$ 为样本数。

(2) 设定控制参数：

K：预期的类数；

L：最大迭代次数；

Nc：初始聚类中心个数(可以不等于 c)；

TN：每一类中允许的最少样本数目(若少于此数，就不能单独成为一类)；

TS：类内各特征分量分布的相对标准差上限(大于此数就分裂)；

TD：两类中心间的最小距离下限(若小于此数，这两类应合并)；

TC：在每次迭代中最多可以进行“合并” 操作的次数；

(3) 如果迭代次数 iter = 0，预选 Nc 个初始聚类中心 $\{Z_1, Z_2, \cdots, Z_{Nc}\}$，其初始位置可以直接从样本中任选一些代入；如果 iter > 0，则进入下一步。

(4) 按最近邻规则将样本集 $\{X_i\}$ 中每个样本分到最近的聚类 S_j：

$$若\ D_j = \min\{\|X - Z_i\|, i = 1, 2,, \cdots, Nc\}, \quad x \in S_j \tag{8-35}$$

(5) 依据 TN 判断合并：如果 S_j 中样本数 N_j < TN，则取消该类的中心 Z_j，Nc = Nc - 1，转至步骤(4)。

(6) 计算分类后的参数：

修正后各聚类中心值：

$$Z_j = \frac{1}{N_j}\sum_{X \in S_j} X, \quad j = 1, 2, \cdots, Nc \tag{8-36}$$

各聚类域中样本到类中心的平均距离：

$$\bar{D}_j = \frac{1}{N_j}\sum_{X \in S_j} |X - Z_j|, \quad j = 1, 2, \cdots, Nc \tag{8-37}$$

各个样本到其聚类中心的总体平均距离：

$$\bar{D} = \frac{1}{N_j}\sum_{j=1}^{Nc} N_j \bar{D}_j \tag{8-38}$$

(7) 判断停止、分裂或合并。

① 若迭代次数 iter = L，则算法结束；

② 若 $Nc \leqslant K/2$，则转至步骤(8)(将一些类分裂)；

③ 若 $Nc \geqslant 2K$，则转至步骤(9)(跳过分裂处理)；

④ 若 $K/2 < Nc < 2K$，当迭代次数 iter 是奇数时转至步骤(8)(分裂处理)；迭代次数 iter 是偶数时转至步骤(9)(合并处理)。

(8) 分裂操作：

计算各聚类中样本到类中心的标准差向量：

$$\boldsymbol{\sigma}_j = (\sigma_{1j} \quad \sigma_{2j} \quad \cdots \quad \sigma_{Nj})^{\mathrm{T}} \tag{8-39}$$

其中各个分量为

$$\sigma_{ij} = \sqrt{\frac{1}{N_j}\sum_{X \in S_j} (x_{ij} - z_{ij})^2}$$

式中，维数 $i = 1, 2, \cdots, n$；聚类数 $j = 1, 2, \cdots$；Nc，$k = 1, 2, \cdots, N_j$。

求出每一类内标准差向量 $\{\sigma_j, j = 1, 2, \cdots, Nc\}$ 中的最大分量 $\sigma_{j\max}$。若某一聚类中的最大分量 $\sigma_{j\max} > TS$，同时又满足如下两个条件之一：

①$\bar{D}_j > D$ 和 $N_j > 2(TN + 1)$，即 S_j 中样本数超过规定值 1 倍以上；

②$Nc \leqslant K/2$；

则将 Z_j 分裂为两个新的聚类中心 Z_j^+ 和 Z_j^-，原 Z_j 取消且令 $Nc = Nc + 1$。两个新类的中心 Z_j^+ 和 Z_j^- 分别是在原 Z_j 中相应于 $\sigma_{j\max}$ 的分量加上和减去 $k\sigma_{j\max}(0 < k \leqslant 1)$。分裂后 iter = iter + 1，转至步骤(4)。

(9) 合并操作：

计算各类中心间的距离：

$$D_{ij} = |Z_i - Z_j| \quad i = 1, 2, \cdots, Nc - 1; \ j = 1, 2, \cdots, Nc \tag{8-40}$$

依据 TD 判断合并。将 D_{ij} 与 TD 比较，并将小于 TD 的那些 D_{ij} 按递增次序排列，取前 TC 个。从最小的 D_{ij} 开始，将相应的两类合并，并计算合并后的聚类中心：

$$Z_l^* = \frac{1}{N_{il} + N_{jl}}(N_{il}Z_{il} + N_{jl}Z_{jl}), \quad i = 1, 2, \cdots, l \tag{8-41}$$

在一次迭代中，某一类最多只能合并一次。$Nc = Nc -$ 已并掉的类数 l。

(10) 如果迭代次数 iter=L 或过程收敛，则算法结束。否则，iter=iter+1，若需要调整参数，则转至步骤(2)；若不改变参数，则转至步骤(4)。

8.4.3 监督分类的基本方法

监督分类是基于遥感图像上样本区内地物的类属已知，从而利用这些样本的特征作为依据来识别非样本数据的类别。

在8.1小节中提到，遥感图像上不同地物在特征空间中往往分布在不同的区域，同类地物则会呈现集群分布。这样就可以把特征空间中的某些区域与特定的地面覆盖类型联系起来。如果能够用数学函数描述这些区域的边界，从而将特征空间划分成不同的判别区域，当特征矢量 $\boldsymbol{X}$ 落入某个区域时，这个地物单元就属于该区域对应的类别。这样的数学函数就是判别函数 $d(\mathrm{x})$。

不同的地物类别对应于不同的判别区域，因而有不同的判别函数。对于一个未知矢量 $\boldsymbol{X}$，将其代入所有可能的判别函数并求得其值后，还需要进一步判断该矢量的类别，这时候要给出判断的依据：若依据最大值，则 $\boldsymbol{X}$ 属于判别函数最大值对应的类别；若依据最小值，则 $\boldsymbol{X}$ 属于判别函数最小值对应的类别。这种判断的依据称为判别规则。

监督分类的基本思想是先学习后分类。首先确定判别函数(参数的具体值待定)和相应的判别准则，然后根据一定数量的已知样本(类别已知的标准数据或者参考数据)作为先验知识，利用样本的观测值及其统计信息求解待定参数(称为学习或训练)，再将未知类别的样本观测值代入判别函数，依据判别准则对该样本的所属类别做出判定。不同的判别函数和判别准则对应于不同的监督分类算法。本节主要介绍两种经典的遥感图像监督分类方法：最大似然分类法和最小距离分类法。

1. 监督分类过程

在遥感图像分类时，一旦确定了分类方法，相应的判别函数和判别规则也就随之确定。判别函数主要包含两部分：一是观测的随机向量 $\boldsymbol{X}$(类别待求)，二是判别函数中的参数，比如最大似然分类法或者最小距离分类法中的均值向量 M_i 和协方差 $\boldsymbol{\Sigma}_i$。将这两部分代入判别函数后，可以计算出 $d_i(X)$，然后按判别规则确定像元 $\boldsymbol{X}$ 的类别。此处 $\boldsymbol{X}$ 即遥感图像上每个像元对应的光谱特征向量，就是输入的图像数据。

实际上，判别函数中不同类别的参数差异反映了前面提到的遥感图像的聚类统计特性以及不同地物类别在特征空间中的分布差异。

判别函数中参数的计算是通过“训练样本区”的数据来估计的。在监督分类法中，先验知识是指根据分类的具体要求为每个类别选择一些代表性的“训练样本区”，这些样本区的观测数据 $\boldsymbol{X}$ 从图像中提取的，其类别由人工指定。通过计算出每个类别对应的判别函数参数，可以确定每个类别的判别函数。然后将类别未知的 $\boldsymbol{X}$ 依次代入每一个类别的判别函数中，计算其 $d(X)$，最后按判别规则进行类别判定。

监督分类的主要步骤如下：

(1)确定感兴趣的类别数。首先根据分类需求确定需要对哪些地物类别进行分类；

(2)特征变换和特征选择。遥感数据量大，波段数较多，波段间往往有一定的相关性，可以通过特征变换和特征选择的方法减少参与分类的特征图像，以加快分类速度并提高分类精度；

(3)选择训练样区。训练样区代表了已知的先验知识，反映了每个类别的样本分布情况，是每个类别的参考标准，对保证最后的分类精度至关重要。因此，训练样区的选择要保证准确性、代表性和统计性。准确性意味着保证样区与实地情况一致，避免出现错误或者不确定的情况；代表性是指所选样区在测区图像中具有典型性，能够在很大程度上可以代表同类的其他地物，同时要考虑地物本身的复杂性，在一定程度上保证能够反映同类地物光谱特性的波动情况；统计性是指选择的训练样区内有足够多的像元，以确保计算出来的类别参数符合统计规律；

(4)确定判别函数和判别规则。一旦确定了训练样区，就可以使用训练样区中的样本数据进行统计，计算相应地物类别的光谱特征，从而得到每个类别对应的判别函数中的参数；

(5)根据判别函数和判别规则对非训练样区的图像区域进行分类；

(6)分类后处理。分类完成后，每一个像元都会被指定对应的分类编码，最终形成分类专题图。最后还需要对分类结果进行评价。

2. 最大似然分类法

如前面介绍光谱特征空间时所述，遥感图像上的同类地物在特征空间中会形成一个满足某种概率分布的集群，不同类别之间的集群分布会有所不同。因此，可以把某光谱特征矢量 $\boldsymbol{X}$ 落入某类集群的条件概率 $P(\omega_i/X)$ 作为分类的判别函数，把 $\boldsymbol{X}$ 落入某集群的条件概率最大的类作为 $\boldsymbol{X}$ 的类别，这种判别规则就是贝叶斯判别规则。贝叶斯判别规则是以错分概率最小为准则的判别规则。

假设同类地物在特征空间服从正态分布，则类别 ω_i 的概率密度函数如式(8-42)所示，依据贝叶斯公式，可得

$$P(\omega_i/X)=\frac{P(X/\omega_i)\cdot P(\omega_i)}{P(X)} \tag{8-42}$$

式中，$P(\omega_i)$ 为 ω_i 类出现的概率，即先验概率；$P(X/\omega_i)$ 为在 ω_i 类中出现 X 的条件概率，也称 ω_i 的似然概率；$P(\omega_i/X)$ 为 X 属于 ω_i 的后验概率。

式中 $P(X)$ 对各个类别都一样，可以视作常数，故可以略去，所以判别函数可以表示为

$$d_i(X)=P(X/\omega_i)\cdot P(\omega_i) \tag{8-43}$$

$d(X)$ 是一个单调递增函数，对其取对数不影响最后的分类结果，为了方便计算，将上式取对数：

$$d_i(X)=\ln P(X/\omega_i)+\ln P(\omega_i) \tag{8-44}$$

再将式(8-3) 代入式(8-44) 得到贝叶斯判别函数：

$$d_i(X)=-\frac{1}{2}(X-M_i)^{\mathrm{T}}\cdot\Sigma_i^{-1}\cdot(X-M_i)-\frac{n}{2}\ln 2\pi-\frac{1}{2}\ln|\Sigma_i|+\ln P(\omega_i) \tag{8-45}$$

去掉与 i 值无关的项，对分类结果没有影响，从而将上式简化为

$$d_i(X)=-\frac{1}{2}(X-M_i)^{\mathrm{T}}\cdot\Sigma_i^{-1}\cdot(X-M_i)-\frac{1}{2}\ln|\Sigma_i|+\ln P(\omega_i) \tag{8-46}$$

相应的判别规则为：若对于所有可能的$j=1, 2, \cdots, m, j\neq i$，有$d_i(X)>d_j(X)$，则$X$属于$\omega_i$类。

假设有两类，则概率判别函数的判别边界为$d_1(X)=d_2(X)$。使用概率判别函数进行分类时，分类错误的总概率由后验概率函数重叠部分下的面积给出，如图8-25所示。错分概率是判别边界两侧做出错误判别的概率之和。很容易看出，贝叶斯边界使得错分总概率最小，因为该边界无论左移或者右移都将增加总的错分概率。这也说明了贝叶斯判别规则是错分概率最小的最优准则。

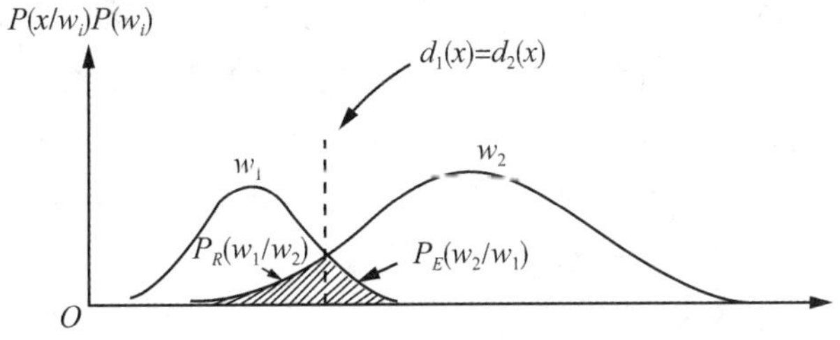

图8-25 最大似然分类法的错分概率

根据概率判别函数和贝叶斯判别规则来进行的分类通常称为最大似然分类法。

3. 最小距离分类法

根据距离判别函数和距离最小的判别规则来进行的分类通常称为最小距离分类法。最小距离分类法适用于地物光谱特征在特征空间中呈集群式分布的情形，这一点正好与遥感图像的聚类统计特性一致。最小距离分类法的判别规则是：若对于所有可能的$j=1, 2, \cdots, m, j\neq i$，有$d_i(X)>d_j(X)$，则$X$属于$\omega_i$类。

最小距离分类法中有三种常用的距离判别函数：

(1)马氏(Mahalanobis)距离：

$$d_{M_i}(X)=(X-M_i)^{\mathrm{T}}\cdot\Sigma_i^{-1}\cdot(X-M_i) \tag{8-47}$$

(2)欧氏(Euclidean)距离：

$$d_{E_i}(X)=(X-M_i)^{\mathrm{T}}(X-M_i)=\|X-M_i\|^2 \tag{8-48}$$

(3)计程(Taxi)距离：

$$d_{T_i}(X)=\sum_{j=1}^{m}|X_j-M_{ij}| \tag{8-49}$$

虽然最小距离分类法偏重几何位置，但也可以从概率判别函数出发，通过概念简化导出上述三种距离。

假定$P(\omega_i)=P(\omega_j)$，$\sum_i=\sum_j$，则式(8-46)的后两项是常数项，可以去掉，从而得到马氏距离。马氏距离的几何意义是X到ω_i类的重心M_i之间的加权距离，其权系数为

多维方差或协方差 σ_{ij}。因此，马氏距离判别函数实际上是在各类别先验概率 $P(\omega_i)$ 和集群体积 $|\Sigma|$ 都相同(或先验概率与体积的比为同一常数)情况下的概率判别函数。

若进一步考虑协方差矩阵为对角阵(即所有特征不相关)，并且每一特征的方差均相等，则马氏距离简化为欧氏距离。欧氏距离是马氏距离用于分类集群的分布形式都相同情况下的特例。

为了避免平方(或者开方)计算，可以进一步将欧氏距离简化为计程距离。此时距离判别函数用 X 到集群中心 M_i 在多维特征空间中距离的绝对值之和来表示。

上述三种距离公式马氏距离最符合实际情况，但计算复杂度较高，计程距离最简单，欧氏距离介于两者之间。实际进行分类时往往使用欧氏距离或者计程距离。

以一维特征空间为例，分析一下最大似然法和最小距离分类法的错分概率问题。假定有两类 ω_1 和 ω_2，其后验概率分布如图 8-26 所示。这里最小距离分类法只考虑欧氏距离和计程距离。从图中可以看出，最大似然分类法的判别边界为两条钟形曲线相交处，最小距离分类法的判别边界为两类地物均值中点处。仅当两者重合时，两种方法的错分概率相同(这种特殊情况很少见)，否则最大似然法的错分概率总是小于最小距离分类法(因为后者总是比前者多出一个小曲边三角形的错分面积)。

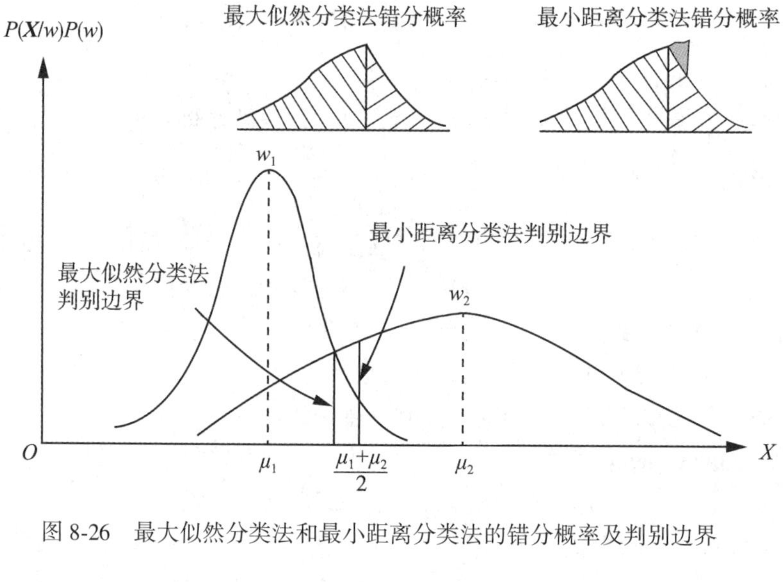

图 8-26　最大似然分类法和最小距离分类法的错分概率及判别边界

8.5　面向对象分类的基本原理

早期的遥感图像分辨率较低(80m 至 5m 不等)，主要采用面向像元的分类方法(如 8.1 小节提到的最大似然分类法)，该方法假设像元之间相互独立且同一类地物光谱特征符合正态分布。随着高分辨率遥感影像(如 1m 以下)的出现，图像中空间信息更加丰富，地物的几何结构和纹理细节更加清晰，像元空间关联性增强、同质地物内部光谱异质性显著增加，导致传统基于统计分布像元分类方法会出现“椒盐噪声”和分类精度下降问题。

面向对象的分类方法从一定程度上解决了上述问题。面向对象的分类方法通过图像分割技术将相邻像元聚合为同质对象，综合利用同质对象的光谱、纹理、形状及空间拓扑关系等多维度特征进行分类，更适应高分辨遥感图像中复杂地物的表达需求。

面向对象的遥感图像分类的基本思想是：首先对遥感图像进行分割，得到大量同质的影像对象，再根据遥感分类或目标地物提取的具体要求，提取影像对象的多种特征，利用模糊分类方法对遥感影像进行分类和地物目标提取。面向对象的方法有两个重要特征：一是利用影像对象的多特征；二是在不同的分割尺度上生成不同的影像对象层，各类地物在其最适宜的尺度上进行提取。

面向对象分类方法的关键在于如何实现多尺度影像分割以及如何利用多种特征进行分类。

8.5.1　多尺度影像分割与异质度计算

首先对于一幅遥感图像，可以利用区域生长法或者分水岭算法对其进行初步分割，将相似像素合并形成区域，从而得到初始分割结果。此时，分割得到的是大量的破碎区域。然后，利用一定的相似性准则将这些区域进行合并，不断重复这一过程直至达到某个终止准则。通过这一过程，最终提取的图像对象与目标地物具有较高的形状与类别一致性。

上述过程的关键是采用合适的特征及相似性准则来判断两区域是否可以合并，可以通过对比两区域合并前后所选特征的相似性差异来判定。为了避免不同特征在数量级上的差异对相似性程度的影响，通常需要对所选的各种特征进行标准化。假定有 d 个特征，初始分割得到的区域数量为 s，则 s 个区域的所有特征可以用矩阵 $\boldsymbol{f}$ 来表示，从而得到所有这些区域在各个特征上的均值 m_f 以及标准差 $\boldsymbol{\sigma}_f$：

$$\boldsymbol{f}=\begin{bmatrix} f_{11} & f_{12} & \cdots & f_{1d} \\ f_{21} & f_{22} & \cdots & f_{2d} \\ \vdots & \vdots & & \vdots \\ f_{s1} & f_{s2} & \cdots & f_{sd} \end{bmatrix} \tag{8-50}$$

$$\boldsymbol{m}_f=[m_{f1} \quad m_{f2} \quad \cdots \quad m_{fd}] \tag{8-51}$$

$$\boldsymbol{\sigma}_f=[\sigma_{f1} \quad \sigma_{f2} \quad \cdots \quad \sigma_{fd}] \tag{8-52}$$

假定某个区域(标记为 1 号区域) 与其周围某个相邻区域(标记为 2 号区域) 合并，此时可以根据式(8-53) 计算两区域合并之后的异质度：

$$h_{12}=\sqrt{\sum_{k=1}^{d}\left(\frac{f_{1k}-f_{2k}}{\sigma_{fk}}\right)^2} \tag{8-53}$$

同理可以计算 1 号区域分别与其周围所有相邻区域合并后的异质度，异质度越小表明 1 号区域与对应的相邻区域相似性越大，首选其与 1 号区域合并。假定异质度最小的区域编号为 k 区域，将该区域与 1 号区域进行合并，并将该区域从区域列表中删除，以合并后的新区域代替原来的 1 号区域。其他所有区域采用类似方法进行合并，直至达到理想的结果为止。

总结上述过程可以分为四步：

(1) 对图像进行初步分割，得到大量的图像分割区域，生成标记图像；

(2) 选定多种特征(如光谱均值特征、光谱差异特征、纹理特征、形状特征等) 作为备选特征；

(3) 通过标记图像计算所有区域的所有备选特征，并标准化每一种特征；

(4) 依次计算每一个标记区域与其周围区域合并后的异质度变化，通过双向最优的方式(减少区域合并顺序对合并结果的影响) 选择合并后异质度最小的两个相邻区域进行合并，直至合并达到要求为止。

上述的异质度计算通常采用光谱特征和形状特征结合的方式来实现，并且两者在异质度中所占的权重也不同。其中，光谱特征对异质度的影响较大，因而其权重 ω_1 较大，通常可以设定在 0.5 以上；而形状特征所占权重较小，通常小于 0.5。此外，形状特征可以进一步分解为光滑度和紧致度两种，因此其权重可以进一步分解为 ω_2 和 $1-\omega_2$。因而，两相邻影像对象的异质度可以表示为

$$\begin{aligned} H &= \omega_1 h_{\text{color}} + (1-\omega_1) h_{\text{shape}} \\ &= \omega_1 h_{\text{color}} + (1-\omega_1)[\omega_2 h_{\text{compactness}} + (1-\omega_2) h_{\text{smoothness}}] \end{aligned} \tag{8-54}$$

式中，h_{color} 为光谱相似性指数，它可以按下式根据合并前后光谱值的方差变化计算：

$$h_{\text{color}} = \sum_c \omega_c (n_1(\sigma_{mc} - \sigma_{1c}) + n_2(\sigma_{mc} - \sigma_{2c})) \tag{8-55}$$

式中，c 为图像波段数；ω_c 代表不同波段所定的权值，可以指定为各波段的 ω_c 相同；n_1，n_2 分别为合并前两区域各自的像元数；σ_{1c}，σ_{2c} 分别为合并前两区域各自的光谱特征值的标准差，σ_{mc} 为两区域合并后的光谱特征值的标准差。

式(8-54) 将两区域合并前后的光谱相似度计算出来，该数值越小，证明两区域的相似性越高，合并的效果越好。

形状相似性指数是尽量保证具有规则形状(紧致、光滑) 的对象优先合并。紧致度和光滑度计算公式分别如下：

$$h_{\text{compactness}} = \frac{l}{\sqrt{n}} \tag{8-56}$$

$$h_{\text{smoothness}} = \frac{l}{b} \tag{8-57}$$

式中，l 为图像对象的周长；n 为对象内的像元总数；b 为图像对象最小外接矩形的周长。紧致度用来保证合并后新的图像对象更加紧凑，光滑度则表示了合并后新的图像对象边界的光滑程度。

式(8-54) 中 $h_{\text{compactness}}$ 和 $h_{\text{smoothness}}$ 的具体表达式如下：

$$h_{\text{compactness}} = n_1\left(\frac{l_m}{\sqrt{n_m}} - \frac{l_1}{\sqrt{n_1}}\right) + n_2\left(\frac{l_m}{\sqrt{n_m}} - \frac{l_2}{\sqrt{n_2}}\right) \tag{8-58}$$

$$h_{\text{smoothness}} = n_1\left(\frac{l_m}{b_m} - \frac{l_1}{b_1}\right) + n_2\left(\frac{l_m}{b_m} - \frac{l_2}{b_2}\right) \tag{8-59}$$

式中，n_1，n_2 分别为两区域合并后的像元数；l_1，l_2 分别为合并前两区域各自的周长，l_m 为两区域合并后的周长；b_1，b_2 分别为合并前两区域各自的最小外接矩形的周长，b_m 为两区域合并后的最小外接矩形的周长。

图 8-27 以一个小区域为例展示了自下而上实现的遥感图像多尺度分割过程。原始的遥感图像作为底层，其构成是一个个独立的像元及其光谱特征值。采用区域生长法等图像分割算法得到初始分割的结果，作为第一图像对象层(image object level)，它们构成初步的同质区域，整体比较破碎。按上述提到的合并过程和公式，依次遍历所有第一图像对象层的图像对象，进行图像对象的合并。初始合并时 H 的值比较小，随着合并的推进，H 值逐渐加大，因而 H 值代表了尺度的大小。从图 8-27 中可以看出，建筑物在较小的尺度上提取最佳，而操场、林地等则需要在较大的尺度上提取，图像对象与实际情况才能更加符合。这样，不同的地物可以在各自适合的尺度上进行提取，提取的结果就是各个尺度下的图像对象。同一区域不同尺度的图像对象连接成了如图 8-27 中所示的一个空间语义层次网络，每个图像对象都有其对应的邻居、子对象和父对象，产生一个不同尺度从属关系的描述。

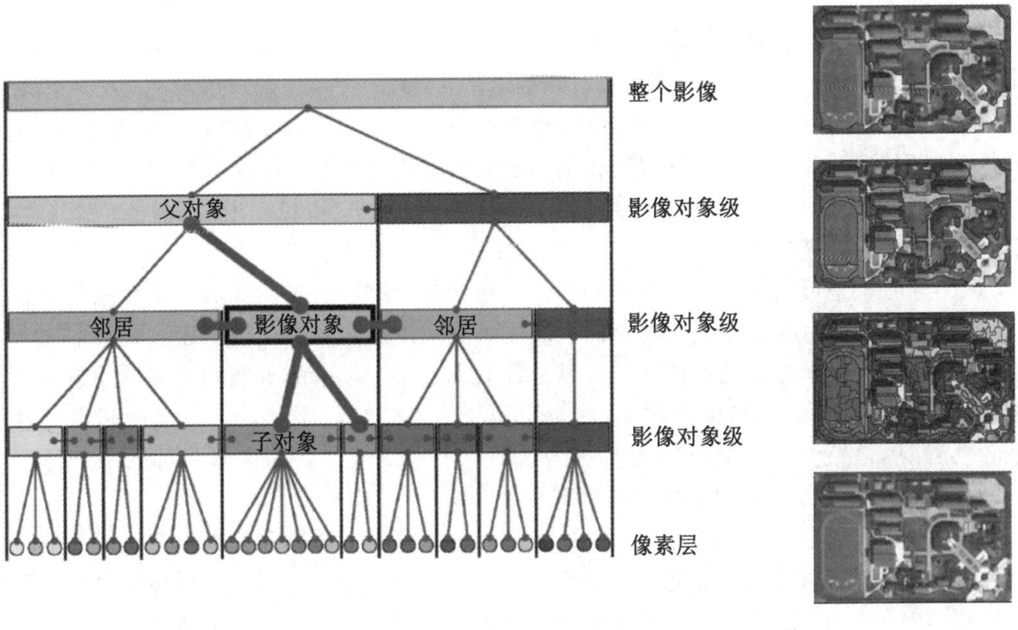

图 8-27 遥感影像的多尺度分割

8.5.2 面向图像对象的多尺度分类

在多尺度图像分割完成后，整个图像被分成了不同尺度的图像对象，每个图像对象有各自的属性。不同尺度的分割结果构成了不同的图像层，层与层之间存在着父子关系。面向的对象的分类就是要提取这些图像对象的各种特征，利用多特征对图像对象进行分类。

在面向对象分类方法的早期主要有两种分类方法：最近邻分类方法和决策支持的模糊分类方法。后来支持向量机、随机森林等分类器也被用于面向对象分类过程。这些方法均属于监督分类的方法，需要进行分类样本选择。

1. 最近邻分类

在最近邻分类法中，每个类别都定义了相应的样本和特征空间。初始分类时选用较少的样本，如果出现错分，则增加错分类别的样本，再次进行分类，不断优化分类结果，直至分类结束。最近邻法的分类规则是：对于任意一个未知类别的图像对象，在特征空间中寻找距离最近的样本对象，则图像对象的类别就是该样本对象的类别。其算法公式如下：

$$d = \sqrt{\sum_f \left(\frac{f_s - f_o}{\sigma_f}\right)^2} \tag{8-60}$$

式中，f_s、f_o 分别为图像对象 s 和图像对象 o 的特征值；d 是两图像对象的特征空间距离；σ_f 为特征值 f 的标准差。

2. 决策支持的模糊分类

决策支持的模糊分类方法采用自上而下的分类方式，借助模糊数学和语义模型，建立用于分类的决策规则。该方法实质就是建立一棵决策树，不同尺度的分割图像对应决策树的不同层次。在每一层上分别定义图像对象的光谱特征(亮度、均值、方差)、形状特征(面积、长度、宽度、周长、长宽比、形状因子、密度、主方向、对称性、边界指数)、纹理特征(图像对象的方差、由灰度共生矩阵计算得到的一些纹理特征值)和拓扑特征。通过定义多种特征并指定不同的权重，给出每个对象隶属于某一类别的概率，建立分类标准，并按概率最大原则，先在大尺度上分出“父类”，再根据需要在小尺度上分出“子类”，从而得到最终的分类结果。

从图像对象中可以计算多种不同的特征。对于某个类别，可以针对某个特征建立隶属度函数，计算图像对象属于某一类别的隶属度。隶属度函数是一个模糊表达式，形式上表现为一条曲线，横坐标为类别特征值，纵坐标为属于某一类别的隶属度。常见的隶属度函数见图 8-28，其中(a)图给出了常见的隶属度函数，(b)图给出了一个隶属度函数计算的例子。隶属度是一个 0~1 之间的无量纲的数值，不同特征计算的隶属度可以采用计算极值或(加权)均值的方法确定最终的隶属度。

相比于传统的基于像元的分类方法，面向对象的多尺度分割和分类在理想情况下能够更好地实现高分遥感图像的分类。其分类体系一旦建立完成，可以快速实现分类，分类精度也比传统的分类方法高，可以有效地克服分类结果图中产生的“椒盐噪声”。分类过程也与人脑的分类思维过程更接近。但其不足之处在于：遥感图像地物种类繁多，场景通常较复杂，面向对象的方法需要大量的特征筛选的过程，在规则制定中往往需要丰富的经验。即便如此，一个分类任务完成后，再进行类似的分类任务，很难移植之前的一些规则，可能仍然需要进行大量的工作重新修改之前的规则。过多的中间环节和人工干预有可能导致分类结果的不确定性。

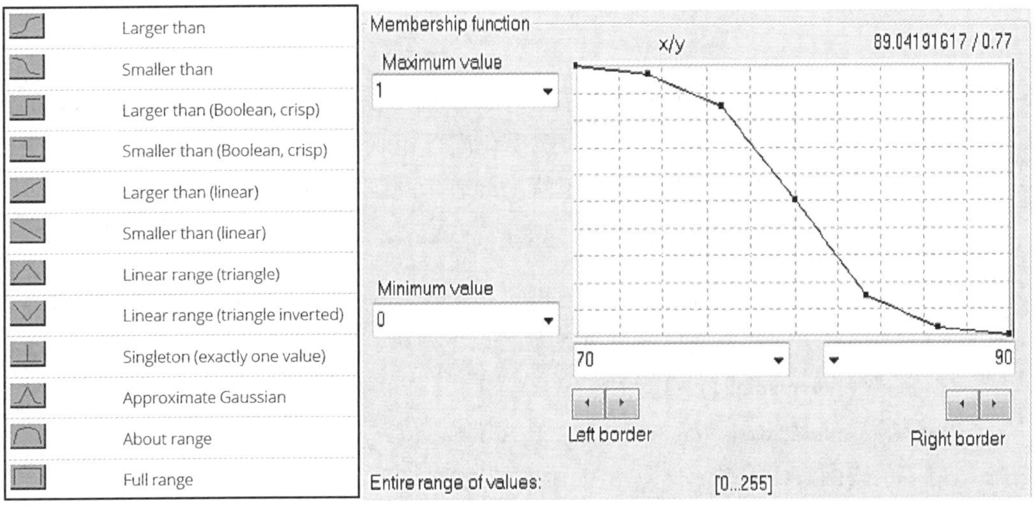

（a）各种隶属度函数　　　　（b）隶属度函数曲线举例

图 8-28　隶属度函数

8.6　基于机器学习的遥感图像分类

8.6.1　支持向量机

SVM(suppor vector machines)是一种基于统计学习理论的机器学习算法，采用结构风险最小化(structural risk minimization，SRM)原理，在最小化样本误差的同时，SVM 旨在缩小模型的泛化误差，从而提高模型的泛化能力。与传统机器学习算法通常采用的经验风险最小化(empirical risk minimization，ERM)准则不同，SVM 采用了一种新的策略：将函数集构造为一个函数子集序列，并根据 VC 维(Vapnik-Chervaonenkis dimension，瓦普尼克-切尔沃宁维数)的大小对各个子集进行排列；在每个子集中寻找较小经验风险，并在子集之间考虑经验风险和置信范围，以实现实际风险的最小化，这种思想被称为结构风险最小化。SVM 对特征空间的维数并不敏感，因此它被认为是对 Hughes 效应具备鲁棒性的分类器。下面简述 SVM 的基本原理和主要公式概念。

对于一个两类分类问题，在 d 维特征空间中有 N 个训练模式，每个模式的目标 $y_i \in \{-1, +1\}$。非线性 SVM 把数据投影到一个更高维的特征空间 $\phi(x)$。在这个空间里，两个类别的区分即寻找一个权向量为 w，偏置为 b 的超平面(optimal separating hyperplane，OSH)：

$$f(x) = w \cdot \phi(x) + b \tag{8-61}$$

式中，$f(x)$ 是超平面的判别函数，与 OSH 平行且在平面$(x) = 1$ 上的训练样本称为支持向量(support vectors，SVs)。OSH 通过最大化两个超平面的距离和最小化训练错误来优化计算：

$$\min_{w,\ b,\ \xi_i}\left\{\frac{\| w \|^2}{2} + C\sum_{N}^{i=1}\xi_i\right\} \tag{8-62}$$

式中，ξ_i 是松弛变量，用于处理不可分的样本；C 是惩罚系数，用于控制区分函数的形状，影响 *SVM* 的泛化能力。式(8-62) 的最小化问题可通过 Lagrange 对偶优化求解。此外，在式(8-61) 中，可以使用核技巧在低维空间表示高维特征空间 $\phi(x)$：

$$f(x) = \left(\sum_{i \in \mathrm{SVs}} \alpha_i y_i K(x_i,\ x_j) + b\right) \tag{8-63}$$

式中，$K(\cdot)$ 是核函数，用于计算样本之间的相似度；SVs 是支持向量集合，代表非零 Lagrange 乘子 α_i 对应的样本。常用的核函数有以下两种：

多项式函数(polynomial kerel)：$K(x_i,\ x_j) = (x_i \cdot x_j + 1)^d$

径向基函数(radial basis function)：$K(x_i,\ x_j) = \exp(-\gamma x_i - x_j{}^2)$

式中，d 是多项式函数的阶数；γ 是 RBF 函数的宽度。

SVM 最初用来解决两类模式识别问题，通常有两种多类 SVM 算法：一对一(one against one，OAO)和一对多(one against all，OAA)。OAO 方法为每两类问题使用一个 SVM，最终的类别归属用投票的方式确定；而 OAA 则是对 K 个类别的情况采用 K 个分类器，每个分类器解决类别与其他所有类别的区分问题，最终根据函数值 $f(x)$ 的大小来确定每个样本的类别属性。

8.6.2　关系向量机

RVM(relevance vector machines)是 SVM 的贝叶斯(Bayesian)扩展形式，它的出现是为了改善 SVM 的以下缺点：

(1)SVM 只能输出一个类别标号的预期值，不直接支持概率输出，因此不能提供分类过程的不确定性信息；

(2)尽管 SVM 在一定程度上也是稀疏的(sparse)，但所使用的核函数的数量(即支持向量的个数)仍然会随着训练样本的增加而显著增加；

(3)核函数 $K(\cdot)$ 必须满足 Mercer 条件；

(4)SVM 的具体实施，需要预先确定惩罚系数和核参数，通常采用的交叉验证(cross validation)方式会显著增加计算时间。

针对以上问题，Tipping 提出了一种称为关系向量机(RVM)的模型。在 RVM 中，对式(8-61)中的每权值向量 w_i，RVM 赋予一个独立的高斯先验分布 $w_i \sim N(0,\ \alpha_i^{-1})$，$\alpha$ 为 RVM 的超参数(hyperparameter)，用于控制先验的方差。RVM 通过贝叶斯框架来评估每个权值向量的重要性。在训练过程中，RVM 会计算每个权值向量的后验概率，如果某个权值向量的后验概率对模型的贡献不大，那么这个权值向量就可以被设置为零，从而实现稀疏性。这种稀疏性是 RVM 的一个显著特点，它允许模型只保留那些对预测结果有显著影响的权值向量，同时忽略那些不重要的权值向量。这样的机制有助于提高模型的泛化能力和解释性。

不同于支持向量机，RVM 中非零的权值所对应的关系向量(relevance vectors，RVs)并不分布在决策边界的周围，而是作为各类样本的典型代表模式。这意味着 RVM 通过保留那些最能代表数据特性的向量来构建模型，而不是仅仅关注于边界附近的样本点。这种选择性更新的机制使得 RVM 在处理高维数据和进行特征选择时更为有效。

假设一个输入-输出数据集 $\{x_n, t_n\}_{n=1}^{N}$(x_n 为样本，t_n 为标号)，RVM 用下式来表达数据 t 的似然分布：

$$P(t \mid w) = \prod_{n=1}^{N} \sigma\ (y(x_n;w))^{t_n}\ [1 - \sigma(y(x_n;w))]^{1-t_n} \tag{8-64}$$

式中，w 是可迭代调整的权值；$y(\cdot)$ 为均值函数；$\sigma(\cdot)$ 表示函数 $\sigma(x) = \dfrac{1}{1+\mathrm{e}^{-x}}$。权值向量 w 通过对函数 $p(t \mid w)$ 的最大化来求取，初始值 α 在迭代的过程中逐步更新，当迭代终止时，非零权值所对应的就称为关系向量。

与 SVM 类似，RVM 最初也是针对两类问题，多类(K 类) 问题的解决可以通过上式进行扩展：

$$P(t \mid w) = \prod_{n=1}^{N}\prod_{k=1}^{N} \sigma\ (y_k(x_n;w_k))^{t_{n_k}} \tag{8-65}$$

RVM 只需设置权向量的初始值，不需要像 SVM 那样设置惩罚系数和核参数，从而使模型训练更加简洁。此外，RVM 通过选择性保留与任务相关的关系向量(RVs)，显著减少了核函数的数量，这种稀疏性使其在小样本情况下仍能有效提取重要特征，避免过拟合。RVM 这些特性共同降低了模型的计算复杂度，提高了训练和预测的效率。

8.6.3 随机森林

随机森林(random forest，RF)是一种集成学习方法，它通过将多个无剪枝的决策树作为基分类器，并基于 Bagging 方法进行组合，同时引入随机属性选择来增强模型的性能。

决策树是一种常见的分类算法。其结构呈树状，由根节点、内部节点、叶子节点组成。根节点代表训练数据或预测数据，内部节点对应对象的属性，而叶子节点预测分类标签。从根节点到任意叶子节点的路径都对应着一系列判断条件序列。划分属性的选择是决策树的核心问题，常用的方法有信息增益和基尼指数等。为了防止决策树出现过拟合问题通常会进行剪枝处理。

Bagging 是一种常用的并行式集成学习方法，它通过自助采样法从 m 个样本集中生成 T 个采样集。每个采样集独立地训练一个基分类器，然后将这些基分类器的预测结果进行组合。通常，简单投票法被用来整合这些基分类器的预测输出。

随机森林作为 Bagging 方法的一种扩展，具有多个显著特点。首先，在每棵决策树的构建过程中，随机森林不仅对样本进行采样，还在每个节点分裂时随机选择一部分特征，这种随机性增加了模型的多样性，从而提高了整体性能。其次，随机森林使用无剪枝的决策树，使得每棵树能够充分利用训练数据，捕捉更多的特征信息。此外，由于集成了多棵决策树，随机森林在处理高维数据时表现出较强的抗过拟合能力，有效提高了模型的泛化性能。随机森林还能够处理缺失值，并在构建树时有效利用缺失数据的信息。最后，通过计算特征在树中的分裂贡献，随机森林还能提供特征重要性的评估，帮助理解模型的决策过程。

8.7　基于深度学习的遥感图像分类

8.7.1　神经网络概述

神经网络是一种模拟人脑神经元连接方式的计算模型，由多个神经元组成。每个神经元接收输入信号并通过激活函数输出信号。通过大量神经元相互连接，形成网络。神经网络可以学习并模拟人类的思维模式，实现对复杂数据的处理和分类。因此，神经网络作为机器学习的一个重要分支，是深度学习中最基础且非常重要的部分。

近年来，深度学习已经成为计算机视觉领域中热门的研究之一，其应用愈发广泛。深度学习是一种基于神经网络的机器学习技术。传统的神经网络只有少数几层，而深度学习中的神经网络可以有数十层，甚至更多。由于这种深层结构的引入，深度学习在特征提取和数据处理方面表现出了强大的能力，尤其在图像识别、语音识别、自然语言处理等领域取得了显著成果。遥感图像作为一种特殊的图像，早在 2013 年国内外学者就开始利用深度学习方法进行智能遥感图像解译的研究，并取得了诸多研究成果。

1. 神经元的基本结构

神经元是神经网络的基本构建单元，其基本结构如图 8-29 所示。它通过将一个 n 维的输入信号进行权重组合，并将总输入值与神经元阈值进行比较，再通过激活函数来增强或抑制这种差异，从而得到该神经元的输出。神经元可以视为一种从输入 x 到输出 y 的非线性映射函数。

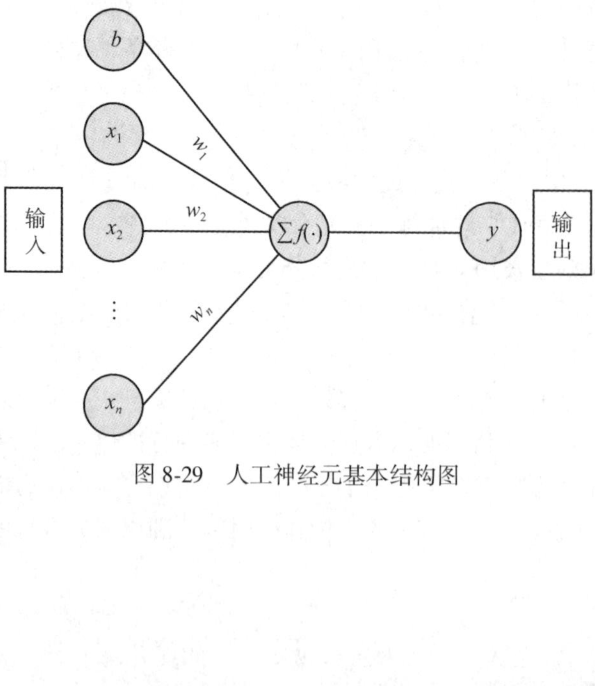

图 8-29　人工神经元基本结构图

神经元的数学模型可以表示为

$$y = f\left(\sum_{i=1}^{n} w_i x_i + b\right) \tag{8-66}$$

式中，x_1，x_2，…，x_n 为神经元输入信号；b 为偏置项；w_1，w_2，…，w_n 为输入信号的权重；$f(\cdot)$ 为激活函数。激活函数通常是一个非线性函数，它在每层神经元节点处理上一层神经元输出之前，使用某种阈值型函数对其进行激活。

设 $b = -w_{n+1}$，并且考虑使用符号函数作为神经元的激活函数，则式(8-66) 可以改写为

$$y = f(\text{net}) = \text{sgn}(\boldsymbol{W}^{\mathrm{T}}\boldsymbol{X}) = \text{sgn}\left(\sum_{i=1}^{n} w_i x_i + b\right) \tag{8-67}$$

式中，$\boldsymbol{W} = [w_1,\ w_2,\ \cdots,\ w_n,\ w_{n+1}]^{\mathrm{T}}$；$\boldsymbol{X} = [x_1,\ x_2,\ \cdots,\ x_n,\ 1]^{\mathrm{T}}$。

2. 人工神经网络

人工神经网络(artificial neural networks，ANN)是由多个类似大脑神经元的处理单元相互连接而构成的复杂信息处理系统，旨在模拟、抽象和简化人脑的组织结构和运行机制。如图 8-30 所示，人工神经网络通常由多层神经元组成，其中第一层称为神经网络输入层，最后一层则称为神经网络输出层，其余层称为隐藏层。人工神经网络通常只有一个输入层和一个输出层，但可以包含多个隐藏层。网络的每一层输出均作为下一层的输入，这类网络称为前馈神经网络；同时，还存在一种情况，即当前层输出作为当前层或更前层的输入，这类网络称为反馈神经网络或递归神经网络。

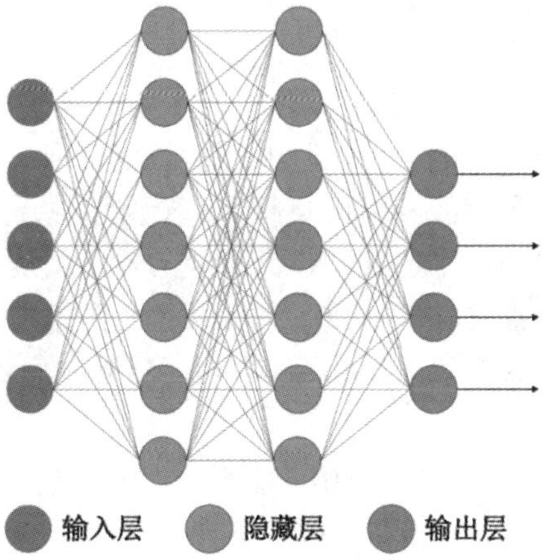

图 8-30　人工神经网结构

人工神经网络之所以能够有效处理相关任务，主要原因在于它能够以任意精度逼近连续函数。理论上，仅使用单个隐藏层的人工神经网络，只要神经元数量足够多且参数设置合理，就能够解决现实问题。实践证明，通常多个隐藏层的人工神经网络能够更有效地解

决问题，这正是深度学习基于层次化概念体系理解世界的理念。层次化概念体系是指将复杂概念分解为多个简单概念，使计算机能够逐步学习和理解更高层次的抽象。这种体系结构允许模型在不同层次上捕捉特征，从而形成更全面的理解。如果绘制这些概念的关系图，就可以得到一张“深”(多层次)图，即为深度学习中关于模型深度的度量。关于模型深度的度量存在两种主要的表达方式：第一种是基于评估架构所需执行的顺序指令的数量，这通常与模型的计算复杂度相关，涉及模型在处理信息时需要执行的步骤或操作的多少；第二种是描述概念彼此如何关联的图的深度，这涉及模型内部结构的层级关系，例如在神经网络中，层与层之间的连接和信息流动的深度。

不同研究者可能会根据不同的问题和数据构建不同深度的图来解决相关问题。因此，模型深度并不存在单一的正确值，对于模型究竟要多深才能被称为“深”也没有一定的共识。这种深度的度量和定义在很大程度上取决于具体的应用场景和研究目标。多层人工神经网络是深度学习模型的典型代表，它们通过增加网络的层数来捕获数据中的复杂模式和高层次特征。深度学习模型的“深度”通常指的是网络中层的数量，但这个概念也在不断发展，因为新的架构和训练技术可能会改变对“深度”的理解。

8.7.2　网络模型的基本组成

一般的神经网络通常由输入层、隐含层(中间层)和输出层组成，各层顺次连接，如图 8-31 所示。每一层的各神经元只能接受前一层神经元的输出，作为自身的输入信号。对遥感图像分类而言，输入层用于接收图像信息(每一个 x 对应于一个波段的像元灰度值)，并由各输入单元传送至相连的隐含层各单元，最终的输出层对应于图像像元的分类信息。隐含层为神经网络的内部处理单元层，神经网络所具有的模式变换能力，如模式分类、特征提取等，主要体现在隐含层单元的处理中，大多数情况下隐含层有多层。在神经网络中，通常用深度(depth)表示网络的层数，宽度(width)表示该层网络上神经元的个数。

输入层与隐含层、隐含层与输出层之间的连接权重是网络的关键，它和各层神经元数目、隐含层数量等一起确定了神经网络的构架。当指定了隐含层数量、各层神经元数目，就可以通过输入一定数量已知类别的样本及其对应的输出类别来进行神经网络的训练，确定各神经网络中的所有连接点之间的权重。因此，神经网络的训练过程可看作一个参数寻优过程：在参数空间中，寻找一组最优参数 $\boldsymbol{W}=[w_1, w_2, \cdots, w_n, w_{n+1}]^{\mathrm{T}}$ 使得分类误差最小。

如图 8-31 所示，如果对每个输入使用一个权重，对于大图像而言，权重(待训练的参数)数量将变得难以处理。想象一个三通道的图像大小为 1000×1000，以全连接层作为第一个隐含层，假定隐含层有 100000 个神经元，则连接总数(权值个数)将是 $3\times10^{11}=3000$ 亿个参数。而卷积神经网络则通过局部感受野、权重共享和多卷积核解决了上述问题。

因为图像的空间联系是局部的，可以通过卷积核感受局部的图像区域，然后在更高层将这些感受不同局部的神经元综合起来得到全局信息。卷积神经网络是一类包含卷积计算且具有深度结构的前馈神经网络(feedforward neural networks)，是深度学习(deep learning)的代表算法之一，其最大的优势是具有特征学习的能力。

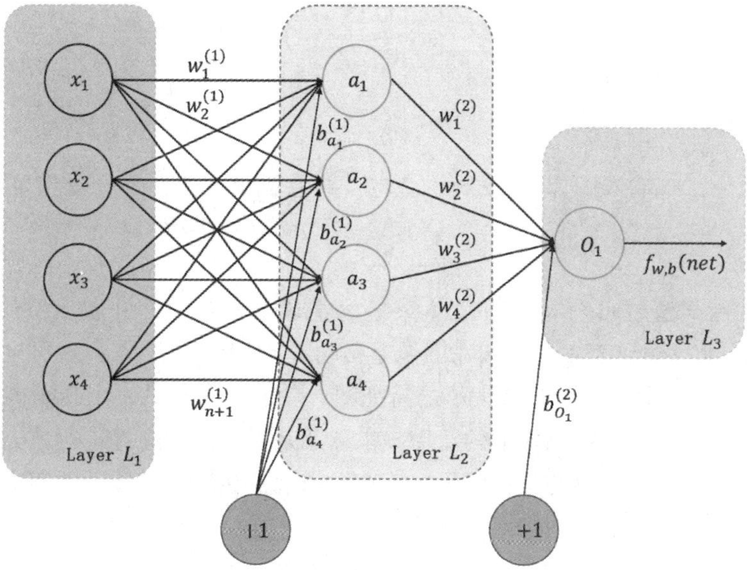

图 8-31 人工神经网络的基本组成

一个典型的卷积神经网络由一些连续的卷积堆叠，最后连接若干个全连接层。其中每个卷积块又包含若干个卷积层和若干个池化层(汇聚层)。其中卷积层主要用于发现图像特征，池化层用于降低特征维度，全连接层用于建立特征空间与标记空间的映射，分类器则用于进行分类输出。

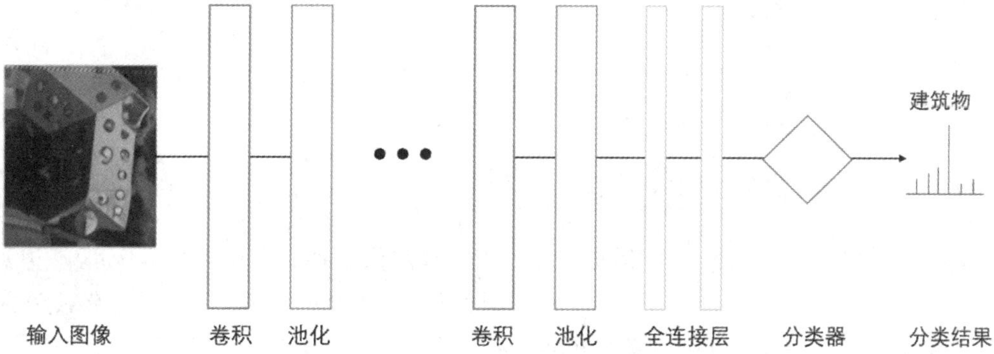

图 8-32 典型的卷积神经网络构成

1. 卷积层

卷积神经网络是由若干卷积层堆叠的网络，卷积层又是由许多卷积运算构成。卷积运算是对两个实值函数的一种数学运算，通常用卷积符号 $*$ 表示。具体而言，对于二维的图像 I 作为输入，需要相应的二维卷积核 K，运算过程可表示为

$$Y(s, t) = (I * K)(s, t) = \sum_m \sum_n I(m, n)K(s-m, t-n) \tag{8-68}$$

卷积是可交换的，可以等价地写作：

$$Y(s, t) = (K * I)(s, t) = \sum_m \sum_n K(m, n)I(s-m, t-n) \tag{8-69}$$

例如，对于二维输入图像 I 应用 3×3 的二维卷积核 K 进行卷积操作可表示为

$$Y(s, t) = \sum_{m=1}^{3} \sum_{n=1}^{3} k_{m, n} \cdot I_{s+m, t+n} + b \tag{8-70}$$

式中，$k_{m, n}$ 为卷积核第 m 行 n 列的权重参数；b 为偏置；$I_{s+m, t+n}$ 是输入特征的第 $s+m$ 行 $t+n$ 列的像素值；s 和 t 表示卷积核在图像上移动了 s 行和 t 列。图 8-33 可视化地展示了上述卷积运算过程，进而得到 2×2 大小的特征图。除了选取合适大小卷积核对图像进行卷积操作，还需设定卷积核在图像上的滑动步幅以及是否对图像边缘进行填充操作。步幅操作是卷积核在输入特征图上的采样间隔，填充操作则是在输入特征图的四边各添加一定数目的行或列，从而扩大输入图像。前者可以减少计算量，后者使输入方块能作为卷积窗口的中心，从而获取更多的图像信息。对于输入图像大小为 $I \times I$ 的图片，选取大小为 $K \times K$，步幅为 $S \times S$，填充像素数为 P，则可以通过式(8-71) 计算特征图的大小 $F \times F$。

$$F = \frac{I - K + 2 \times P}{S} + 1 \tag{8-71}$$

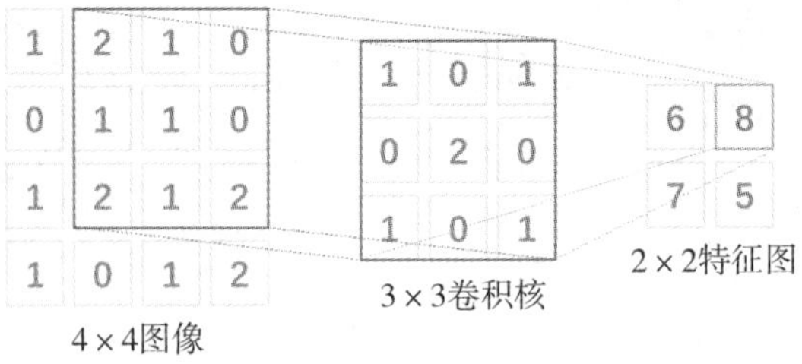

图 8-33　图像卷积运算过程

卷积运算具有以下优势：① 稀疏交互。当进行图像处理时，输入的图像可能包含百万个像素点，但是可以通过只占用几十到上百个像素点的核来探测一些小的有意义的特征。②参数共享。卷积运算中的参数共享保证了卷积只需要学习一个参数集合，而不是对于每一位置都需要学习一个单独的参数集合。③平移不变性。如果移动输入对象，它的表示也会在输出中移动同样的量。在图像处理过程中，常常使用 3×3 的卷积核提取图像局部区域特征，随着卷积层数加深，可以逐步获得全局图像信息，如图 8-34 所示。

2. 激活层

激活函数对于人工神经网络模型学习、理解非常复杂和非线性的函数来说具有十分重要的作用。卷积操作是对图像输入局部进行加权求和，可以说是一个线性映射操作，而多个卷积堆叠操作也只是线性层面上的变化。引入激活函数可以增加卷积神经网络非线性特

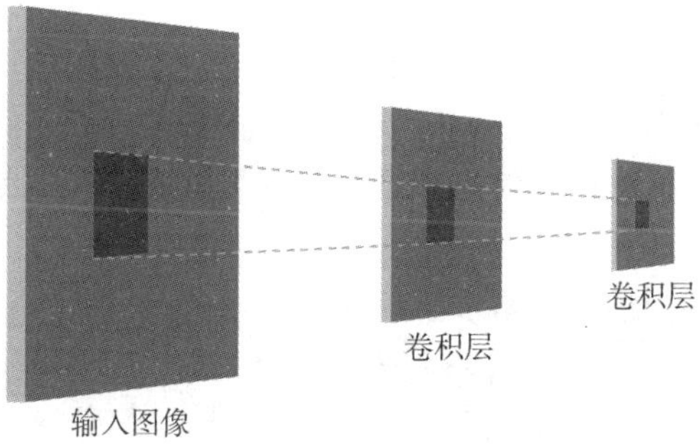

图 8-34 图像卷积层获得全局感受野

性的表达能力。激活函数是作用于卷积操作之后，类似于人的大脑中基于神经元之间交互的操作。激活函数最终决定了是否传递信号以及要传递给下一个神经元的内容。激活函数是非线性函数，具有连续且可导、函数和其导数简单、导数值域在合适区间的特点，这些特点保证了神经网络可以用数值优化方法学习参数，提高训练效率及稳定性。网络中常用的激活函数是 Sigmoid 函数、tanh 函数、ReLU 函数、Leaky ReLU 函数，这些函数表达式及函数图像如图 8-35 所示。

函数表达式	$\mathrm{Sigmoid}(x)=\frac{1}{1+\mathrm{e}^{-x}}$	$\tanh(x)=\frac{\mathrm{e}^{x}-\mathrm{e}^{-x}}{\mathrm{e}^{x}+\mathrm{e}^{-x}}$
函数图像	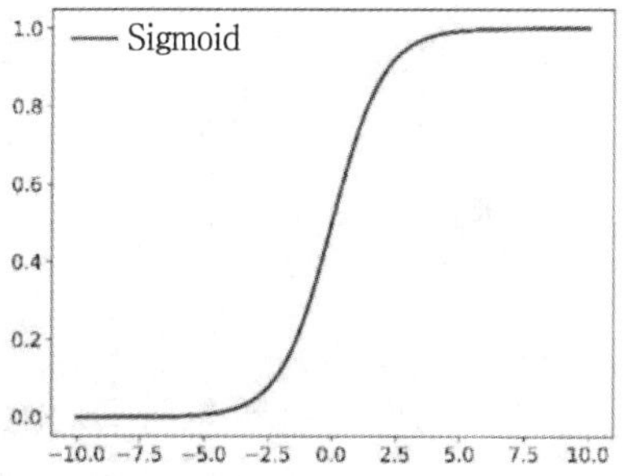	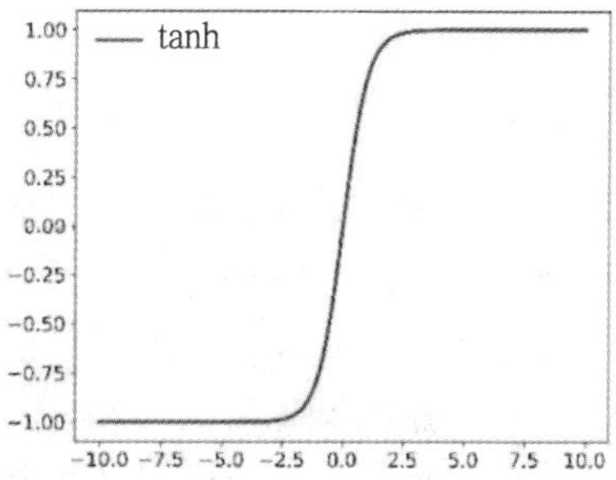
函数表达式	$\mathrm{ReLU}(x)=\begin{cases} x & x\geqslant 0 \\ 0 & x<0 \end{cases}$	$\mathrm{LeakyReLU}(x)=\begin{cases} x & x>0 \\ y_o\cdot x & x\leqslant 0 \end{cases}$
函数图像	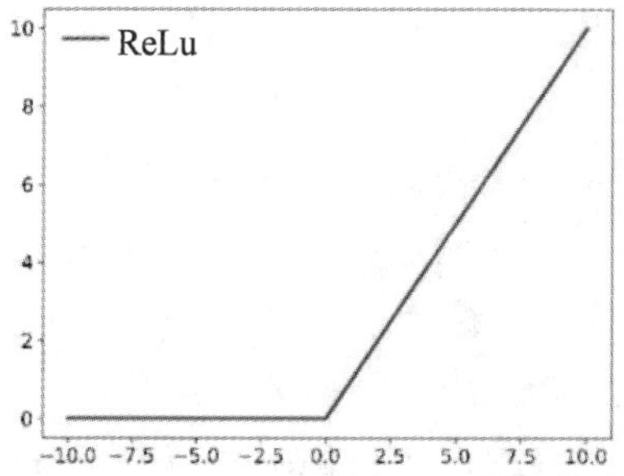	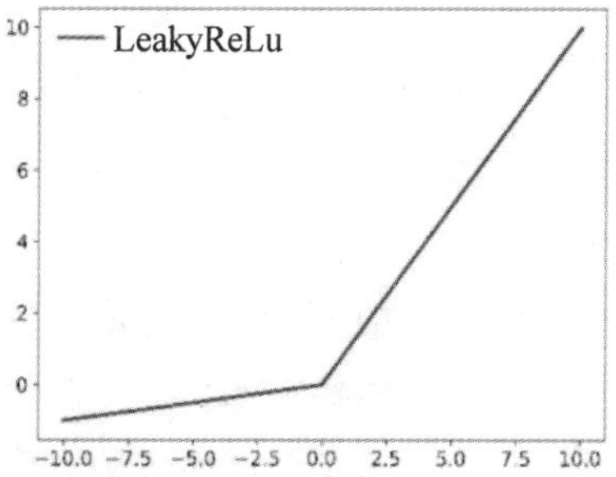

图 8-35 常用的激活函数及其图像

3. 批量归一化层

深度神经网络模型在训练过程中，随着前一层参数的改变，哪怕很小的改变，也会因为网络加深而被放大，而这种改变使得每一层输入的分布发生改变，从而每一层需要持续地适应这种改变，导致训练困难、收敛慢。可通过批量归一化(batch normalization，BN)方法解决该问题，从而达到加速网络训练、稳定训练过程及提高模型泛化能力的效果。

假设有批量为 m 的训练样本，其输入数值集合表示为 $\mathscr{B}=\{x_1, x_2, \cdots, x_m\}$，则对该批量进行归一化操作，具体步骤如下：

(1) 估计均值 $\mu_{\mathscr{B}}$ 与方差 $\sigma^2_{\mathscr{B}}$。

$$\mu_{\mathscr{B}} \leftarrow \frac{1}{m}\sum_{m}^{i=1} x_i \tag{8-72}$$

$$\sigma^2_{\mathscr{B}} \leftarrow \frac{1}{m}\sum_{m}^{i=1} (x_i - \mu_{\mathscr{B}})^2 \tag{8-73}$$

(2) 对 $\mathscr{B}=\{x_1, x_2, \cdots, x_m\}$ 进行归一化操作。

$$\hat{x}_i \leftarrow \frac{x_i - \mu_{\mathscr{B}}}{\sqrt{\sigma^2_{\mathscr{B}} + \varepsilon}} \tag{8-74}$$

(3) 引入可学习的参数尺度因子 γ 和平移因子 β，恢复数据本身的表达能力，对规范化后的数据进行线性变换。

$$y_i \leftarrow \gamma \hat{x}_i + \beta \tag{8-75}$$

4. 池化层

池化层的引入是参照人的视觉系统对视觉输入对象进行抽象提炼。池化是对特征图进行的降采样操作，它不需要学习任何参数。通常来说，CNN 的卷积层之间都会周期性地插入池化层，以减少数据空间的大小，从而使参数量和计算量下降。池化层具有三个作用：特征降维、一定程度上防止过拟合、少量平移的不变性。

常用的池化操作有最大池化、全局最大池化、平均池化和全局平均池化，如图 8-36 所示。具体操作过程是将输入的图像划分为若干个矩形区域，对每个区域的像素值输出最大值或平均值。这种机制行之有效的原因在于，在发现一个特征之后，其精确位置远不及它和其他特征的相对位置关系重要。

8.7.3　网络模型的训练过程

深度学习的训练过程与传统神经网络类似，先初始化网络的所有参数，定义网络的损失函数，然后进行神经网络的前向传播，根据损失函数计算前向传播的最终输出结果与实际值之间的总体损失 loss，进行误差的反向传播，直至总体损失 loss 收敛或小于某个阈值为止。将训练集数据输入到人工神经网络的输入层，经过隐藏层，最后达到输出层并输出结果，这是神经网络的前向传播过程。由于神经网络的输出结果与实际结果有误差，需要根据预先定义的损失函数，计算网络输出的估计值与实际值之间的总体误差损失，并将该

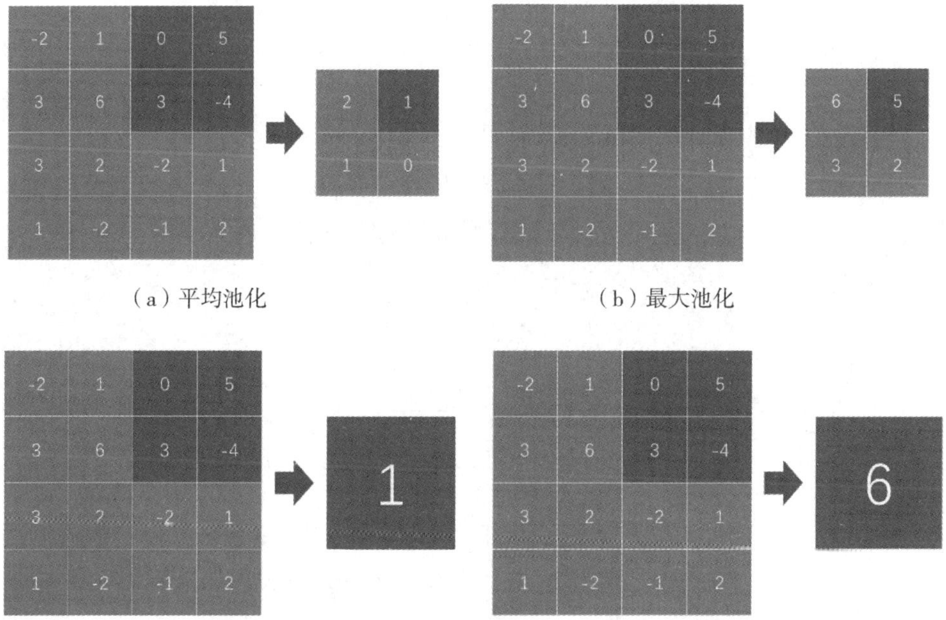

（a）平均池化　（b）最大池化

（c）全局平均池化　（d）全局最大池化

图 8-36　池化操作

误差损失从输出层向隐藏层反向传播，直至传播到输入层，这就是神经网络的误差的反向传播过程。在反向传播的过程中，根据误差调整各参数的值。不断迭代上述过程，直至收敛。

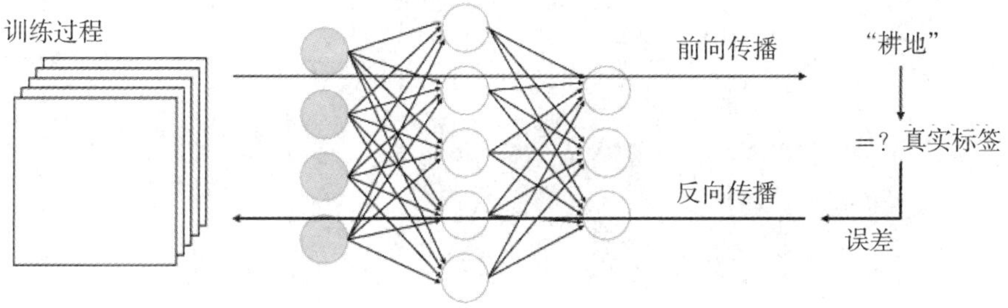

图 8-37　神经网络的训练的基本流程

1. 前向传播

深度学习网络是一种层次模型(hierarchical model)，在原始数据(其数据形式为 H 行、W 列、B 波段的遥感影像，记为 x^1) 上逐层堆砌神经元，以损失函数的计算作为最终层。在x^1 上经过第一层神经元操作可记作x^2，对应第一层神经元中的参数记为ω^1；x^2 作为第二层神经元ω^2 的输入，输出为x^3，直至第 $L-1$ 层，此时网络输出为x^L。

在网络训练阶段，整个网络的前向传播以损失函数(即优化目标）作为结束。记 y 为输入x^1 对应的参考标签，则损失函数可以表示为

$$z = \mathcal{L}(x^L,\ y) \tag{8-76}$$

式中，函数 $\mathcal{L}(\cdot)$ 用来计算预测值与参考值之间的差异。对于不同的任务，损失函数的形式随之改变。经典遥感解译任务是将地物标记为某个特定的类别，可建模为深度学习的分类问题，常采用交叉熵(cross entropy）损失函数。它能够度量两概率分布间的差异性信息，二者越相似，交叉熵的值越接近于 0。其数学表达式如下：

$$z = -\sum_i y_i \ln(p_i) \tag{8-77}$$

$$p_i = \frac{\exp(x_i^L)}{\sum_j \exp(x_j^L)} \tag{8-78}$$

式中，$i=1,\ 2,\ \cdots,\ C$，C 为分类任务类别数。图 8-38 所示为将神经网络的输出映射成一个概率分布的激活函数 Softmax，主要应用于多分类问题，可将多个神经元的输出映射到(0，1)的区间。x^L 经过 Softmax 函数激活后，其最可能的地物类别的隶属概率越大越好。

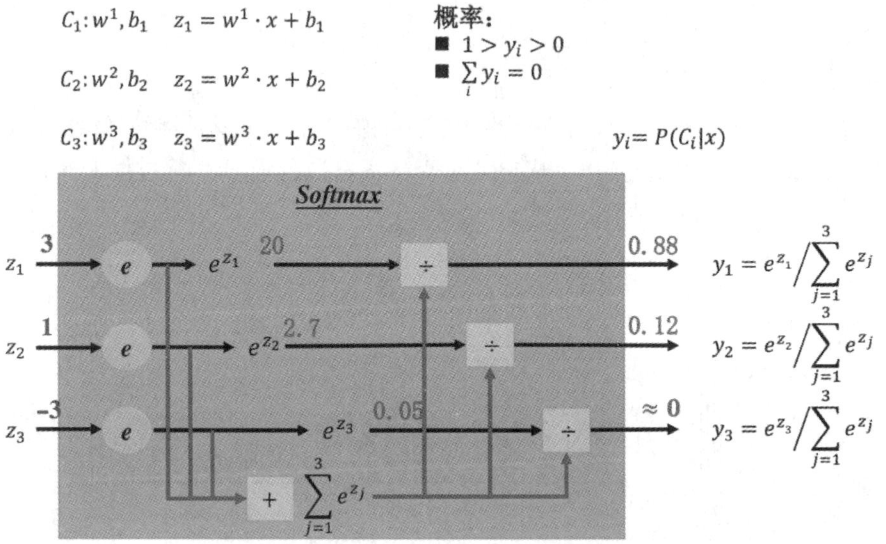

图 8-38　Softmax 分类层原理示意图

假设网络已训练完成，即参数 ω^1，ω^2，$\cdots$，ω^L 均已收敛到某最优解，可用该网络进遥感解译预测任务。预测实际上就是一次网络的前向传播，将测试集影像作为输入x^1 送入网络，利用训练好的参数逐层映射，直至输出 $x^L \in \mathbb{R}^c$。在利用交叉熵损失函数训练得到的网络中，x^L 中每一维表示x^1 隶属于该类别的后验概率。因此，通过 $\arg\max_i x_i^L$ 即可得测试影像x^1 对应的预测标记。

2. 反向传播

反向传播算法(back propagation, BP)是一种以梯度下降法为基础，旨在最小化损失函数，适用于深度网络模型的学习算法。同时，遥感深度学习往往针对大规模应用问题，因此在梯度下降的基础上，常采用批处理的解决思路。即在训练阶段从样本整体中选择 n 个样本作为一批(batch)样本，先通过前向传播做出预测并计算其误差，将误差函数沿着网络连接路径反向传播至模型各层，最后利用梯度下降法沿着所求误差函数的负梯度方向对网络中的逐层参数进行学习和调整，直至更新到网络的第一层。用一批样本完成参数更新的过程称为“批处理过程”(mini-batch)。不同批按无放回抽样、遍历所有训练样本的方式，即称为“一轮”(epoch)。

下面以一次批处理为例，简述基于经典梯度下降的误差反向传播的详细过程。

令某批训练数据前向传播后在 n 个样本上的误差为 z，此时分别计算误差关于当前层参数的导数(式(8-79))和误差关于当前层输入的导数(式(8-80))：

$$\frac{\partial z}{\partial w^L} = 0 \tag{8-79}$$

$$\frac{\partial z}{\partial x^L} = \frac{\partial L}{\partial x^L} \tag{8-80}$$

式中,L 表示最后一层的损失函数。

将 L 推广到任一层 i,此时关于参数w^i 的导数用于该层参数更新：

$$w^i = w^i - \eta \frac{\partial z}{\partial w^i} \tag{8-81}$$

式中，η 是梯度下降的步长(即学习率)。在经典梯度下降时，学习率通常需要人为设定。

同时，关于输入x^i 的导数则用于误差向前一层进行传播，第 i 层参数更新时需计算$\frac{\partial z}{\partial w^i}$和$\frac{\partial z}{\partial x^i}$，根据链式法则，可通过下式计算：

$$\frac{\partial z}{\partial \omega^i} = \frac{\partial z}{\partial x^{i+1}} \frac{\partial x^{i+1}}{\partial w^i} \tag{8-82}$$

$$\frac{\partial z}{\partial x^i} = \frac{\partial z}{\partial x^{i+1}} \frac{\partial x^{i+1}}{\partial x^i} \tag{8-83}$$

在由后往前推导时,$\frac{\partial z}{\partial x^{i+1}}$ 已经计算得到,$\frac{\partial x^{i+1}}{\partial w^i}$ 和$\frac{\partial x^{i+1}}{\partial x^i}$ 可经由当前层神经元的非线性映射函数求导获得,然后更新第 i 层神经元参数,并将$\frac{\partial z}{\partial x^i}$ 传播到第 $i-1$ 层。如此逐层向前传递，直至更新到第 1 层，即完成一批训练数据驱动下的网络参数更新。

3. 深度网络常用的性能优化方法

深度学习虽然功能强大，但是针对具体问题，通常还需要一些“技巧”才能有效发挥其作用。

1)数据预处理

数据预处理对深度学习的性能有着重要影响，这里主要介绍数据标准化和数据扩增，分别对应数据质量改善和数据数量扩增。

(1)数据标准化：

通过数据标准化，可以将不同规模的特征量都统一到同一个规模下，从而增加模型的泛化能力。常用的数据标准化方法有以下两种：

①针对数列 $\{x_i\}$ 的数据标准化处理如下：

$$\mu = \frac{1}{n}\sum_{n}^{i=1} x_i,\quad \sigma^2 = \frac{1}{n}\sum_{n}^{i=1}(x_i - \mu)^2 \tag{8-84}$$

$$\hat{x}_i = \frac{x_i - \mu}{\sqrt{\sigma^2 + \varepsilon}},\quad i = 1, 2, \cdots, n \tag{8-85}$$

②将每个特征维度的最大值和最小值按比例缩放到-1～+1。当前，针对网络每一层都进行数据预处理的批标准化方法应用十分广泛。

(2)数据扩增：

除了有效提高数据质量外，有效扩增样本数据数量对增强模型的泛化能力同样具有重要影响。对于图像数据来说，通常可通过图像的平移、翻转、旋转等图像几何变换操作，有效扩增数据数量。

2)权重初始化

网络参数的初始化对网络的训练效率和训练效果有重要影响。使用 ReLU 激活函数的神经网络，随机化网络权重的方差应是$\frac{2.0}{n}$。

3)正则化

正则化是指通过给目标函数增加一个约束项，从而使模型具有更好的泛化性能。正则化只用于神经网络中的权重部分。常用的一种正则化是 L_2 正则化，即

$$\tilde{C} = C + \lambda\sum_i w_i^2 \tag{8-86}$$

式中，C 为原目标函数；λ 为正则化参数。

正则化实际是使网络倾向于选择小一点的权重，通过参数 λ 进行最小化原目标函数和网络权重的折中。

除了 L_2 正则化外，还有一种常用的正则化方法——L_1 规范化，即

$$\tilde{C} = C + \lambda\sum_i |w_i| \tag{8-87}$$

4)随机失活处理

随机失活处理(dropout)方法是实践证明有效的一种防止过拟合的方法。该方法的原理非常简单，即让神经元以概率 p 随机激活或无效(设置为 0)。通过 dropout，网络中的节点需要自适应纠正可能由此带来的错误，从而使训练的网络更加健壮。此外，dropout 策

略使原有神经网络的运算结构发生了变化，可以理解为每一次 dropout 之后就是一个新的模型，从而将整个训练看作集成学习方法。

需要注意的是，dropout 策略仅在训练时的输入层和隐含层中使用，不能在输出层中使用。同时，该策略在训练完成后的测试阶段不使用，且最终的模型权重需要根据失活比例进行缩放。

5)超参数优化

学习率参数、正则化参数、网络层数、各层神经元个数乃至网络架构等人工神经网络中用到的超参数的确定是一件比较困难的事情，通常需要使用者具有丰富的经验。除了上述方法外，还存在很多其他改进深度学习性能的方法。由于调整深度学习网络达到性能最优比较困难，因此，有人将深度学习相关的调优训练戏称为“炼丹术”。目前已有很多研究者致力于自动化深度学习(AutoDL)研究方向，并取得了相当多的成果。谷歌已于 2018 年发布了深度学习模型自动构建工具 Cloud AutoML。此外还有 Auto-Keras，Auo-Sklea 等开源平台。

6)梯度下降优化算法

在深度学习的 BP 反向传播过程中，梯度消失(vanishing)和梯度爆炸(exploding)是在网络训练中容易出现的两个问题。其产生的原因是在更新梯度的过程中，求导值过大或者过小，在链式法则下导致连乘累积放大。梯度消失会导致靠近输入层的隐含层权值更新缓慢或停止更新，使网络仅等价于后面几层网络的浅层学习；梯度爆炸一般出现在网络层数过深和权值初始化值太大的情况，会引起网络不稳定，最好的结果是无法从训练数据中学习有用信息，最坏的结果是出现无法再更新的 NaN 参数值。总的来说，目前尚无“最优”的通用优化算法。使用者需要根据网络中神经元的特性、网络结构和迭代优化过程的收敛情况选择恰当的梯度优化算法。在深度学习中，用于调整神经网络模型参数以最小化损失函数的算法被称为优化器。下面给出三种常见的优化器：

(1)梯度下降法：

梯度下降法是最简单且最常用的优化算法。其中，梯度代表函数沿着某一方向取得最大值的方向，而下降则代表它沿着梯度的反方向以一定的学习率进行调整，最终逐渐趋于最优解。目前，梯度下降法的延伸算法有批量梯度(batch gradient decent，BGD)、小批量梯度(mini-batch gradient descent，Mini-batch GD)和随机梯度(stochastic gradient decent，SGD)下降法三种。三者的核心差别在于权衡了训练时的准确率和效率，因此更新权值时选取的样本数据不同。虽然随机梯度下降法在更新权值时仅采用一个样本，导致其变化范围较大，而其收敛速度快且通过合理设置参数也能够达到很好的效果，因此随机梯度下降法仍是最常用的方法。

(2)带动量(momentum)的随机梯度下降法：

“动量”一词的思想，最初用于模拟物理中动量的概念——积累历史动量来更新当前动量，后被运用于梯度下降法，就如同为下降的方向补充一个惯性，使当前下降梯度与历史梯度产生联系。在训练初期，如果当前梯度与历史梯度方向一致，那么将加速下降的步伐；在训练的中期和后期，如果当前梯度与历史梯度方向不一致，则减缓下降的步伐、减小梯度；当梯度为 0、已处于局部最优点时，此法还可以跳出鞍点继续寻找全局最优点。如此有助于加快收敛速度，并避免随机梯度下降法在下降时因依赖当前计算的梯度而导致的“Z”字形振荡。

(3)自适应学习率梯度下降法：

在使用梯度下降法训练的过程中，最重要的问题在于如何收敛至全局最优点，因此选择合适的学习率至关重要。通常训练初期会选择较大的学习率，这样能够使梯度快速下降并迅速接近至局部最优点。但是大学习率将导致模型在最优点附近来回震荡，难以继续下降，因此在训练的后期阶段最好采用较小的学习率逐步逼近最优点。针对这个问题，越来越多的自适应学习率梯度下降法被提出，如 AdaGrad、RMSProp 和 Adam 等。

8.7.4　主流的深度学习网络

深度学习的训练需要大量的标签样本，因此遥感图像解译常用海量自然图像训练的网络作为预训练网络。目前主流的卷积神经网络(CNNs)，比如 VGG、ResNet，都是由输入层(图像)、多个级联的卷积块(conv block)、全连接层和输出层组合而成的。此外，Vision Transformer(ViT)在深度学习中也具有广泛的应用，在处理序列数据方面的强大能力、避免过拟合的能力以及方便的迁移学习能力，在计算机视觉领域中获得了广泛应用。

1. VGG

VGG 是由牛津大学计算机视觉组(Visual Geometry Group)研发的一系列深度卷积神经网络模型。该网络具有简洁的架构和强大的性能，在图像识别领域受到广泛关注，其中最著名的是 VGG-16 和 VGG-19。VGG 网络的主要特点包括：

(1)结构简洁。如图 8-39 所示，VGG-16 由 13 层卷积层、3 层全连接层、激活层和 Softmax 输出层构成，层与层之间使用最大池化分开，所有激活单元都采用 ReLU 函数。

(2)小卷积核和多卷积子层。VGG 使用多个较小卷积核(3×3)的卷积层代替一个卷积核较大的卷积层，一方面可以减少参数，另一方面相当于进行了更多的非线性映射，可以增加网络的拟合/表达能力。VGG 通过降低卷积核的大小(3×3)，增加卷积层数来达到同样的性能。用 3 个 3×3 的卷积层代替 1 个 7×7 的卷积层，感受野不变，但是参数减少了 $(49-27)/49\approx44\%$，增加了模型的非线性学习能力。

(3)小池化核。VGG 全部采用 2×2 的池化核。

(4)通道数多。VGG 网络第一层的通道数为 64，后面每层都进行了翻倍，最多到 512 个通道，通道数的增加，使得更多的信息被提取出来。

(5)层数更深、特征图更宽。使用连续的小卷积核代替大的卷积核，网络的深度更深并且对边缘进行填充，卷积的过程并不会降低图像尺寸。

(6)全连接转卷积(测试阶段)。在网络测试阶段将训练阶段的三个全连接替换为三个卷积，使得测试得到的全卷积网络因为没有全连接的限制，因而可以接收任意宽或高的输入。随着网络的逐渐加深，感受野逐渐变大，能够实现场景从空间局部到全局信息的提取。

在最后 3 个全连接层中间，还插入了随机失活层(dropout)作为网络训练的正则化方法。随机失活的操作方式为：对于某层的每个神经元，在训练阶段均以概率 δ 随机将该神经元权重置为 0，测试阶段所有神经元均呈激活状态，但其权重需乘以 $(1-\delta)$ 以保证训练和测试各自权重拥有相同的期望。随机失活可以看作隐式地在整个网络架构上学习了多个子网络，并在测试阶段将多个子网络集成，可以有效地提升网络的泛化能力。

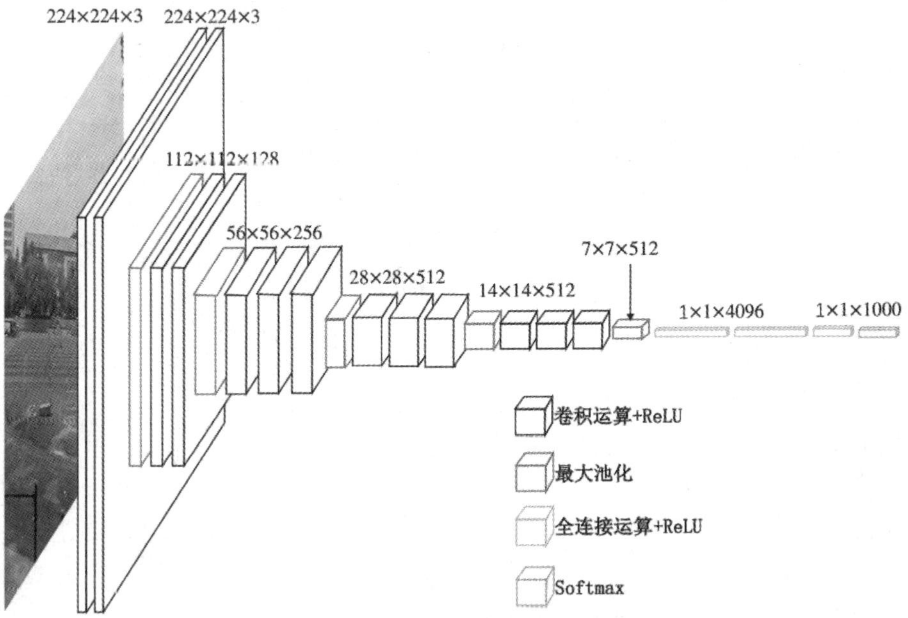

图 8-39　VGG-16 的网络结构图

2. ResNet

ResNet 是 2015 年 ImageNet Challenge 图像识别比赛的冠军模型，由微软亚洲研究院(MSRA)的研究团队完成。ResNet 之所以叫残差网络(residual network)，是因为 ResNet 是由很多残差块(residual block)组成的(图 8-40)。

以 VGG-16 模型为例，深度是 16，其第一层的网络宽度为 64。理论和实验表明，深度在增加网络复杂性方面更加有效，这也是大量的网络设计想方设法增加网络深度的原因。然而，随着继续增加网络的深度，训练数据的误差没有降低反而升高。使用 20 层和 56 层的常规卷积网络在 CIFAR 10 上的训练错误率和测试错误率与我们的直觉相悖(图 8-41)，因为如果一个浅层神经网络可以被训练到某一个不错的解，那么在它基础上的深层网络应该表现也可以，而不是更差。机器学习中把这种现象称为模型的退化问题。

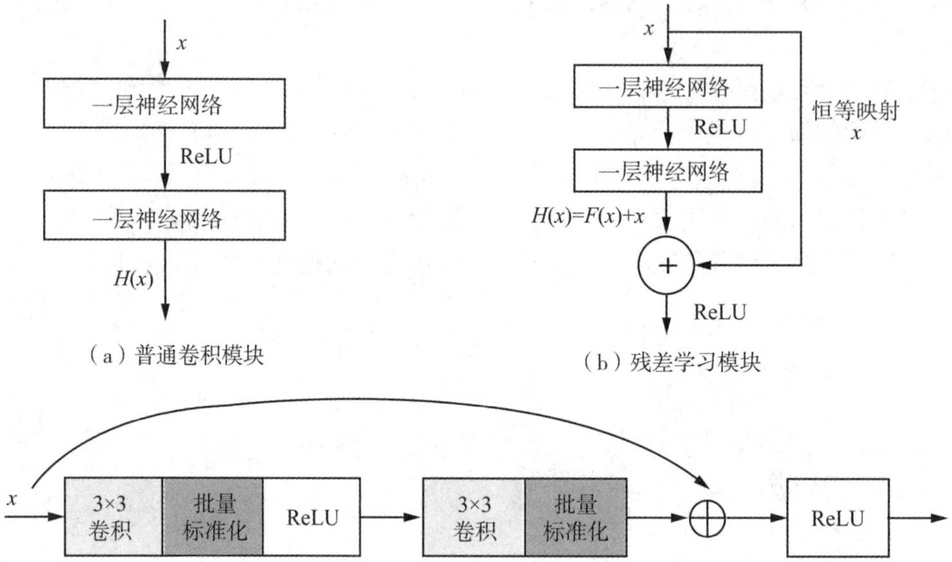

（a）普通卷积模块

（b）残差学习模块

（c）加入BN层的残差块

图 8-40　网络模块

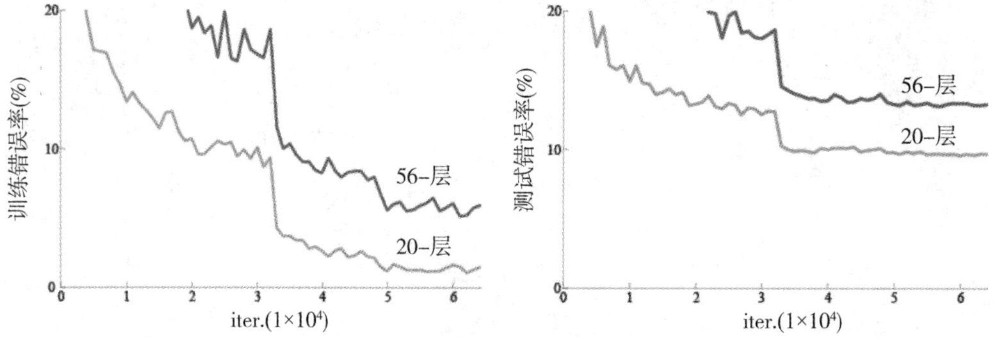

图 8-41　ResNet 训练和测试错误率

残差块的使用可以解决随着网络层数增加而模型精度下降的退化问题。如图 8-40(b)所示，残差块在卷积块的基础上，将主分支上经过一系列卷积层之后得到的特征矩阵与输入的特征矩阵相加，再经过 ReLU 激活函数。图中的一层神经网络 weight layer 是 3×3 的卷积层；$F(x)$ 表示经过两个卷积层计算后得到的结果；恒等映射也称为跳跃连接，就是把 x 的值不做任何处理直接传过去。最后计算 $H(x)=F(x)+x$，这里的 $F(x)$ 跟 x 是种类相同的信号，所以将其对应位置进行相加。

下面举例说明残差映射的作用。假定现在网络达到某一个深度且网络性能已经达到最优状态了。此时网络错误率最低，再往下加深网络的话就会出现退化问题(即错误率上升)。现在更新下一层网络权值的难度很大，因为理想情况下权值得让下一层网络同样也是最优状态才行。此时采用残差网络就能很好地解决这个问题。为了保证下一层的网络状态仍然是最优状态，只需要令 $F(x)=0$。因为 x 是当前输出的最优解，为了让它成为下一层的最优解，只要让 $F(x)=0$ 就行了。在实际的网络训练中，虽然 x 很难达到最优，但是总会有那么一个时刻它能够无限接近最优解。此时也只需要小小地更新 $F(x)$ 部分的权重值就行，不用像普通卷积块那样"大动干戈"，这也就是残差网络能解决模型退化的原因。通过不断堆叠这个残差单元，就可以得到最终的 ResNet 模型。应当注意到，ResNet 网络具有较深的网络结构，会遇到梯度消失、梯度爆炸等问题，因此如图 8-40(c)在卷积映射后采用 BN 操作。

3. Vison Transformer

在图像任务中，注意力要么与卷积网络结合使用，要么用于替换卷积网络的某些组件，同时保持其整体结构不变。Vison Transformer（ViT)表明了这种对 CNN 的依赖是不必要的，Transformer 直接应用于图像块序列可以很好地执行图像分类任务。ViT 将标准 Transformer 直接应用于图像，并进行尽可能少的修改。将图像分成固定大小的块，线性嵌入每个块并添加位置嵌入，将生成的向量序列输入标准的 Transformer 编码器。为了执行分类，还使用标准方法向序列添加额外的可学习"分类标记"，图 8-42 描绘了该模型的概况。

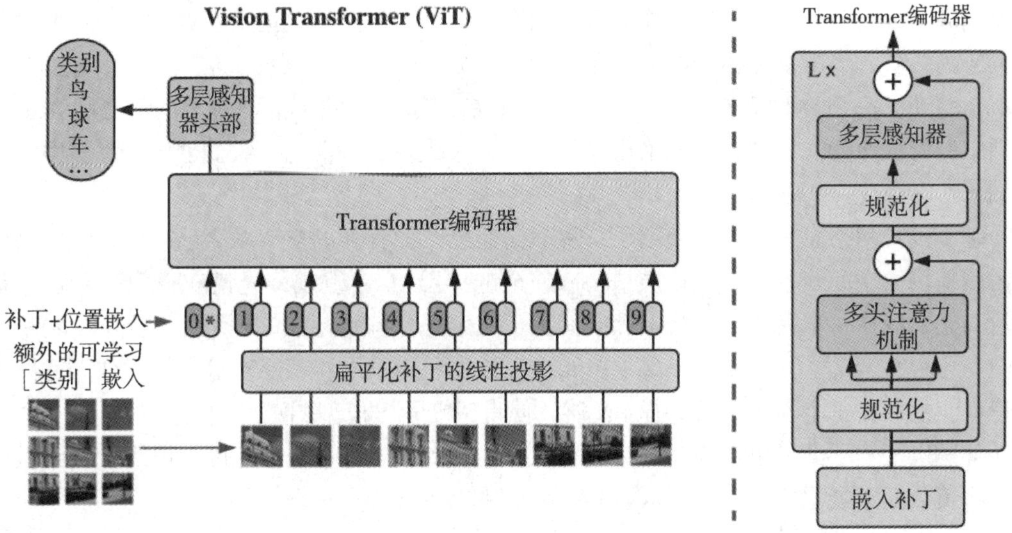

图 8-42　ViT 概览图

标准的 Transformer 接收一维词例嵌入（token embedding)序列作为输入。为了处理二维图像，ViT 将输入图像 $x\in\mathbb{R}^{C\times H\times W}$ 重塑为一系列扁平化的二维块 $x_p\in\mathbb{R}^{N\times(P^2\cdot C)}$，其中 $(H,\ W)$ 是原始图像的分辨率，C 是通道数，$(P,\ P)$ 是每个图像块（patch)的分辨率，$N=$

HW/P^2 是产生的图像块数，也是 Transformer 的有效输入序列长度。Transformer 在所有层中使用恒定的潜在向量(大小为 D)，将块展平并使用可训练的线性投影将矩阵 $\boldsymbol{E}$ 映射到 D 维度，此投影的输出称为块嵌入。与 BERT 的类别标记类似，在嵌入块序列($z_0^0 = x_{\text{class}}$) 中添加了一个可学习的嵌入，由此可得到初始输入z_0。

$$z_0 = [x_{\text{class}};\ x_p^1\boldsymbol{E};\ x_p^2\boldsymbol{E};\ \cdots;\ x_p^N\boldsymbol{E}] + \boldsymbol{E}_{\text{pos}},\quad \boldsymbol{E} \in \mathbb{R}^{(P2\cdot C)\times D},\quad \boldsymbol{E}_{\text{pos}} \in \mathbb{R}^{(N+1)\times D} \tag{8-88}$$

在 Transformer 编码器(z_L^0) 输出端的状态用 y 表示，可得到下列计算流程：

$$z'_l = \text{MSA}(LN(z_{l-1})) + z_{l-1},\quad l = 1,\ 2,\ \cdots,\ L \tag{8-89}$$

$$z_l = \text{MLP}(LN(z_l')) + z_l',\quad l = 1,\ 2,\ \cdots,\ L \tag{8-90}$$

$$y = LN(z_L^0) \tag{8-91}$$

式中，LN(·) 表示层规范化；MSA(·) 表示多头自注意层；MLP(·) 表示包含两个具有 GELU 非线性的层的多层感知器。

8.7.5　深度学习网络分类应用

高光谱图像光谱分辨率高、波段众多，能够获取地物几乎连续的光谱特征曲线，能够探测到更多地物对电磁波的响应特征，广泛应用于遥感分类任务。考虑到高光谱数据的空间和光谱联合特性，令 $\boldsymbol{X}$ 表示已知类别标签的像素集合 $\boldsymbol{X} = \{x_1,\ x_2,\ \cdots,\ x_N\} \in \mathbb{R}^{1\times1\times b}$，对应的类别编码 $\boldsymbol{Y} = \{y_1,\ y_2,\ \cdots,\ y_N\} \in \mathbb{R}^{1\times1\times L}$，其中 b 和 l 分别表示光谱波段数和土地覆盖类别数。为充分利用高光谱图像的空间和光谱信息，以原始数据像素点为中心提取相邻的大小为 $w\times w\times b$ 的立方体构成一组新的数据集 $\boldsymbol{Z} = \{z_1,\ z_2,\ \cdots,\ z_N\} \in \mathbb{R}^{w\times w\times b}$，分为训练组$\boldsymbol{Z}_1$，验证组$\boldsymbol{Z}_2$ 和测试组$\boldsymbol{Z}_3$。可见，对于高光谱图像，不同于前面章节的经典机器学习模型中的特征向量，深度学习网络模型的输入为兼顾空谱特征的三维立方体，具体网络模型如下：

基于残差网络思想，本节介绍了一种面向遥感图像分类的空谱联合残差网。该网络由光谱残差块、空间残差块、池化层(pool)和全链接层(FC)组成，光谱和空间残差块连续地从高光谱图像中丰富的光谱特征和空间上下文中学习判别特征。利用前面介绍的卷积层和归一化层，定义了 CONV+BN 基本单元块。首先利用三维卷积层对输入的三维立方体提取特征，然后在每个卷积层后添加 BN 层，使得深度学习模型的训练更加高效。每一层的结果都是以上一层的输出作为输入，进行三维卷积和 BN 处理后，通过修正线性单元激活函数将负数元素置零后得到。CONV+BN 的过程表示如下：

$$\boldsymbol{X}_i^{k+1} = R\left(\sum_{j=1}^{n^k} \hat{\boldsymbol{X}}_j^k * H_i^{k+1} + b_i^{k+1}\right) \tag{8-92}$$

$$\hat{\boldsymbol{X}}^k = \frac{\boldsymbol{X}^k - E(\boldsymbol{X}^k)}{\text{Var}(\boldsymbol{X}^k)} \tag{8-93}$$

式中，$\boldsymbol{X}_j^k$ 是第 $k+1$ 层的第 j 个输入特征；$\hat{\boldsymbol{X}}^k$ 是在第 k 层中特征$\boldsymbol{X}^k$ 的归一化输出结果；$\boldsymbol{H}_i^{k+1}$ 和 b_i^{k+1} 表示第 $k+1$ 层第 i 个卷积核中的网络参数。

在此基础上，如图 8-43 所示，结合 ResNet 的残差连接思想，构造残差块，即将输入与经过两个 CONV+BN 块处理后的输出跳跃连接，这种架构使得高层的梯度能够快速传播回低层，从而规则化模型训练过程，并使该过程更加方便。光谱残差块和空间残差块之后，结合平均池化层和全连接层，组成完整的光谱-空间残差网络。

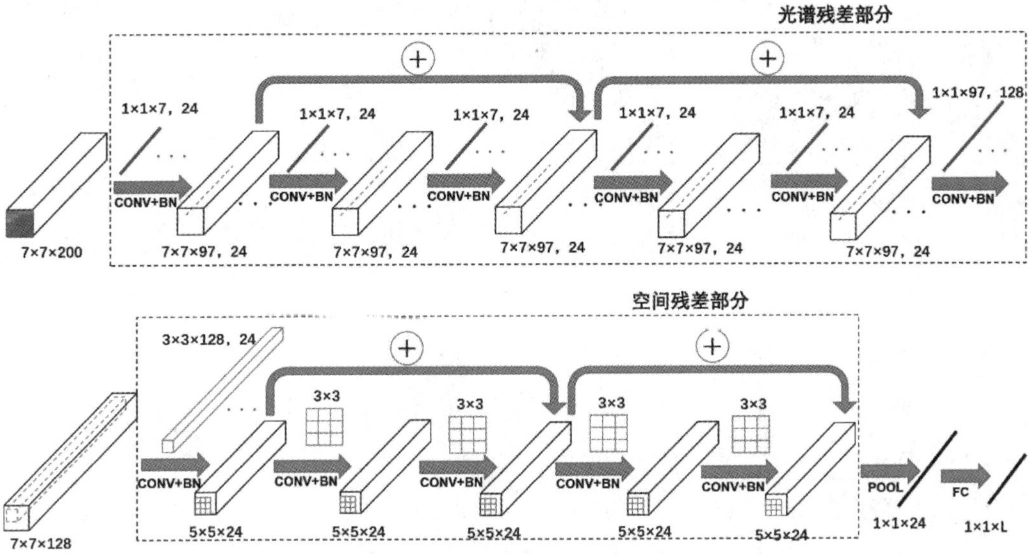

图 8-43 面向高光谱影像的空谱残差网络

以 Indian Pines 高光谱图像为例，利用上述网络进行地表类型分类实验。实验舍弃其中 20 个被水吸收而效应受到破坏的波段后，将剩余 200 个波段用于分析，选择空间维度上 7×7，图块大小为 7×7×200 大小的三维立方图数据，按照 2∶1∶7 的比例随机分配产生训练、验证和测试组。光谱特征学习部分包括 2 个卷积层和 2 个光谱残差块。在第一个卷积层中，以(1, 1, 2)为亚采样步长的 24 个 1×1×7 谱核对输入的 HSI 体进行卷积，生成 24 个 7×7×97 的特征立方体。1×1×7 的向量核使得该层降低了输入立方体的高维度，提取了 HSI 的低层光谱特征。然后，包含四个卷积层和两个恒等映射的两个连续光谱残差块在每个卷积层使用 24 个 1×1×7 的向量核来学习深度光谱表示。在光谱残差块中，所有卷积层都使用填充来保持输出特征立方体的大小与输入相同。最后一个卷积层包含 128 个 1×1×97 的光谱核，用于保持具有判别性的光谱特征，将 24 个 7×7 的特征张量卷积生成一个 7×7 的特征体，作为空间特征学习段的输入。空间特征学习部分使用连续的三维卷积滤波器组提取具有判别性的空间特征，其中的核与输入的三维特征体具有相同的深度。该部分包括一个三维卷积层和两个空间残差块。本部分的第一个卷积层以 24 个 3×3×128 的空间核提取低层次的空间特征，输出 5×5×24 的特征张量，减小了输入特征立方体的空间尺寸。然后，与它们的光谱对应物类似，两个空间残差块使用四个卷积层学习深度空间表示，所有卷积层都使用 24 个 3×3×24 的空间核，并保持特征立方体的大小不变，为 5×5×24。经过上述两个特征学习环节后，一个平均池化层将提取的 5×5×24 的光谱-空间特征体转化为 1×1×24 的特征向量。最后，全连接层根据土地覆盖类别的数量生成输出向量用于分类，得到如图 8-44(彩色效果见附录彩图 8-44)所示的分类结果。

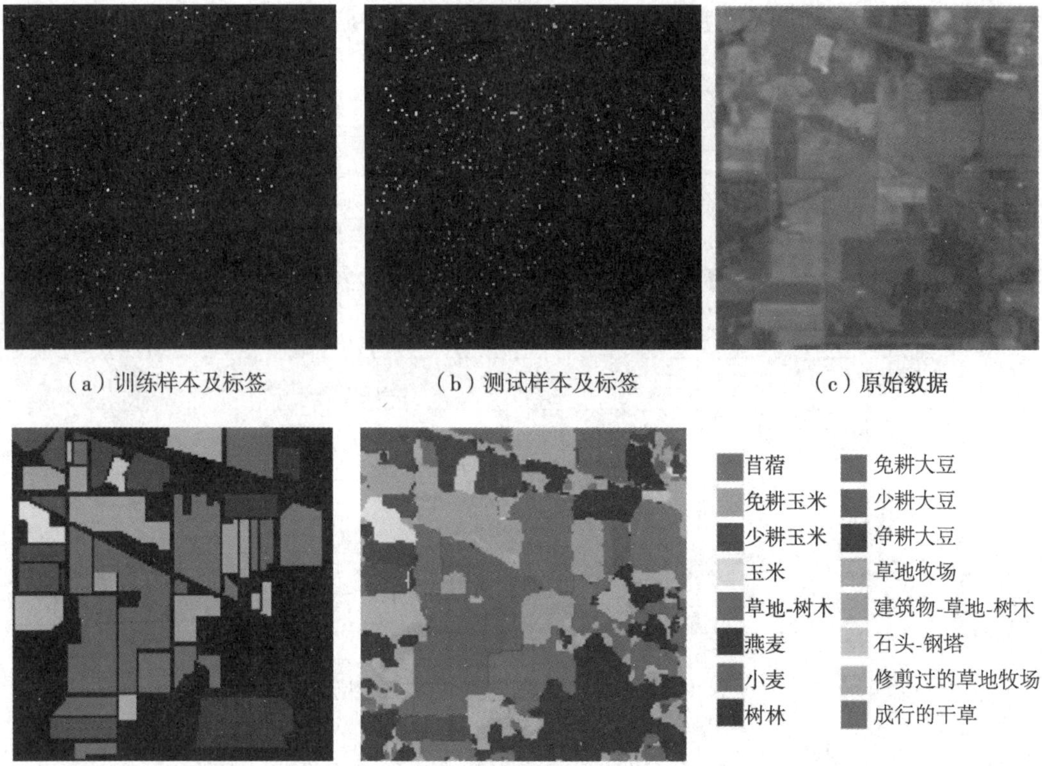

(a) 训练样本及标签　(b) 测试样本及标签　(c) 原始数据

(d) 真实标签　(e) 分类结果　(f) 分类类别

图 8-44　Indian Pines 高光谱影像分类实验

8.8　分类后处理与精度评定

8.8.1　分类后处理

在遥感图像分类中，提升分类精度的手段包括分类预处理和分类后处理两种。分类预处理是通过提取空间(如纹理、形状)构建多维特征空间，在输入分类器前扩展原始数据的信息维度，弥补纯光谱分类的局限性。分类后处理是针对初始分类结果中的孤立误判像素，利用空间上下文关系(如超像素边界、形态学滤波)进行标记优化。以下分别介绍面向像元光谱信息分类和面向对象分类的分类后处理。

1. 邻域处理的分类平滑算法

在利用光谱信息对遥感图像上的像元逐一进行分类后，在结果图中往往存在一些“噪声”(面积过小的分类区域)。这些噪声产生的原因比较多，如地物交界处混合像元产生的错分，图像本身的噪声影响等。还有一种情况是分类正确，但某种地物类别零星分布于地面，占地面积很小，从成图的角度考虑希望删除这些不感兴趣的小面积区域。不论是哪种原因，分类过程都应该去除这些“噪声”。

通常可以采用邻域处理的分类平滑算法解决这类“噪声”问题，邻域窗口可以选为3×3或者5×5。如图8-45所示，在该窗口内三种类别数量占比分别为：6个A类，2个C类，1个B类。A类占绝对优势，因此将中心像元C改为A，这就是所谓的“多数平滑”方法。平滑时中心像元值取周围占多数的类别。按行列顺序依次遍历分类图上的每一个像元。完成整幅图像的平滑。

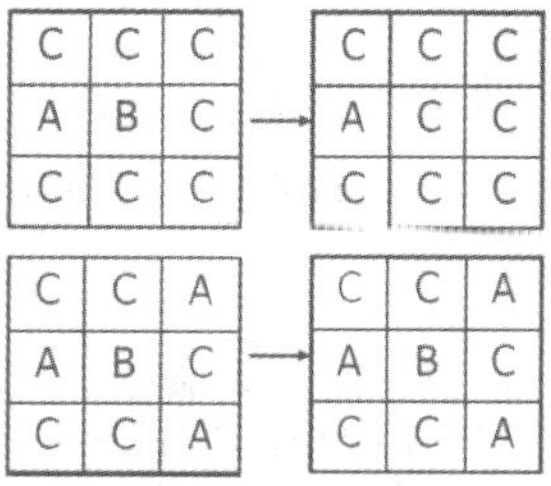

图8-45　分类平滑算法

2. 面向对象的分类后处理方法

面向对象的分类后处理方法(object-based voting，OBV)立足于图像的分割结果，结合所获得目标边界对不同目标内部的像素进行信息统计。相较于逐像素分类的方法，该方法对地物内部的同质性保持得更好，同时地物的边界信息也得到了保护。但是，OBV依赖于图像的分割结果。到目前为止，仍然没有一种分割算法能够在不损失地物完整性的同时将不同地物完整地分割开来。同时，在分割算法中选择合适的分割参数也是一件相当困难的事情。分别着眼于图像的标记空间和概率空间，有两种不同的OBV方法：

(1)针对标记结果的对象后处理方法(OBV-Crisp)：

$$p_{s,i} = \frac{1}{N_s}\sum_{u \in s} \tau(C(u) = i) \tag{8-94}$$

(2)针对概率输出的对象后处理方法(OBV-Soft)：

$$p_{s,i} = \frac{1}{N_s}\sum_{u \in s} p_{u,i} \tag{8-95}$$

式中，函数τ指示了分割块s中被判别为类别i的像素的个数。获取了面向对象的概率后使用具有最大概率的类别作为当前对象的标记。

3. 基于随机场的分类后处理方法

马尔可夫随机场模型(MRF)可以有效地将图像的空间信息融入分类结果中。由于该法引入了空间平滑假设用于优化图像的初始分类结果，也可以将其视为一种分类后处理方

法。MRF 的目的是使全局概率最大化，也就是令图像全局能量最小。MRF 能量函数可以表达为

$$E(X,\ C) = -\sum_{x \in X} \ln(p_{x,\ i}) + \beta \sum_{y \in N_x} [1 - \delta(C(x),\ C(y))] \tag{8-96}$$

式中，X 和 C 分别代表图像及其标记空间；$C(x)$ 和 $C(y)$ 分别对应像素 x 和 y 的标记；δ 为 Kronecker 函数(当 $x = y$ 时，$\delta(x,\ y) = 1$，否则，$\delta(x,\ y) = 0$)，用于避免邻域内标记不一致的情况；而参数 β 决定了周边邻域信息对于最终分类结果的影响。

值得注意的是，能量函数全局最小化是一个求解时间复杂度为指数级别的问题。最简单的求解方法是采用逐像素计算的方式，每次改变一个像素的标记。迭代条件模式(ICM)是一种常用的方法，选择能使能量函数迅速降低的类别，更新该像素的标记，但是该方法求解效率过低并容易陷入局部最优解。基于图割理论的求解方式在近年来得到了快速发展，如 α-expansion 算法求解全局能量函数最小。与传统的方法不同，该方法能够同时优化大量样本的标记，并获得最优的满足能量最小化的标记图。

8.8.2　分类精度评定

对于遥感图像分类而言，最终所有像元都会有唯一的类别，不允许有“漏分”或者“多类别”的像元存在。预先指定每个类别的颜色，最终可以得到分类专题图。对于分类专题图，还需要对其正确分类的程度进行检核。由于遥感数据量特别大，不可能对所有的像元一一进行检核，通常是采取抽样的方法对一些样本的分类误差进行评估。这些样本可以通过以下三种方式进行采集：来自监督分类的训练样本；专门选定的实验场数据，图像上随机选取。这些样本可以通过目视判读或者实地调查得到其真实类别，而分类算法对其也有相应的预测类别。可以统计两者之间的一致性和差异性来定量地实现分类精度的评估。

一般采用混淆矩阵来进行分类精度的评价。混淆矩阵是形如表 8-4 所示的行列数相等的二维数据表格，其行列数等于预先设定的分类数 n。选取一定数量的类别已知的像元(此处假定参与混淆矩阵计算的总像元数为 N)，其类别可以看作真实类别，作为混淆矩阵中的参考类别。再用分类算法对这些像元进行分类，得到的类别作为预测类别。表格中任意元素 p_{ij} 代表预测类别为第 i 类，参考类别为第 j 类的像元数。因此，对角线上的元素 p_{ii} 代表参考类别和预测类别均为第 i 类的像元数，即对角线上的数据代表了正确分类的像元数；而非对角线上的数据代表了预测类别和真实类别不一致的情况，即错误分类的像元数。这里需要注意的是，混淆矩阵一般是非对称矩阵，p_{ij} 与 p_{ji} 的含义是不同的。

在混淆矩阵的基础上可以进一步评估遥感图像分类的总体精度。式(8-97)和式(8-98)是两种常见的分类精度评估公式。

$$p = \sum_{k=1}^{n} p_{kk} \Big/ N = \sum_{k=1}^{n} p_{kk} \Big/ \sum_{k=1}^{n} p_{k+} = \sum_{k=1}^{n} p_{kk} \Big/ \sum_{k=1}^{n} p_{+k} \tag{8-97}$$

总体精度是指正确分类的像元数占总抽检像元数的百分比，它从总体上衡量了算法分类的精度，其值介于 0~1 之间，且计算比较简单，取值越大说明算法的分类精度越高。

表 8-4 混淆矩阵表

	参考类别					合计	用户精度 $p_{u_i} = p_{ii}/p_{i+}$
	类别	1	2	……	n		
预测类别	1	p_{11}	p_{12}	……	p_{1n}	p_{1+}	p_{u_1}
	2	p_{21}	P_{22}	……	p_{2n}	p_{2+}	p_{u_2}
	……	……	……	……	……	……	……
	n	p_{n1}	p_{n2}	……	p_{nn}	p_{n+}	p_{u_n}
合计		p_{+1}	p_{+2}	……	p_{+n}	N	
生产者(制图)精度 $p_{A_j} = p_{jj}/p_{+j}$		p_{A_1}	p_{A_2}	……	p_{A_n}		

总体分类精度的计算没有考虑到样本数据不平衡的问题，这种不平衡如果不加以调整，算法容易偏向大类别而放弃小类别。Kappa 系数的计算公式则考虑了这种情况的影响。

$$\text{Kappa} = \frac{N\sum_{k=1}^{n} p_{kk} - \sum_{k=1}^{n} p_{k+}p_{+k}}{N^2 - \sum_{k=1}^{n} p_{k+}p_{+k}} \tag{8-98}$$

还可以利用混淆矩阵评估生产者(制图)精度和用户精度。生产者(制图)精度是算法分类与实际类别一致的概率。用户精度是指算法将像元正确归类的概率。混淆矩阵的最后一列就是用户精度的计算公式，最后一行就是制图精度的计算公式。

在分类精度评价方面，混淆矩阵是评估遥感图像分类精度的主要工具。通过对真实类别与预测类别的比较，混淆矩阵可以定量评估分类的准确性，包括总体精度、生产者精度和用户精度等指标。总体精度反映了正确分类像元占总抽检像元的比例，而 Kappa 系数考虑了样本数据的不平衡性，从而提供更全面的分类精度评估。

第 9 章　遥感图像处理系统

9.1　遥感图像的格式

9.1.1　BSQ/BIL/BIP

Landsat Technical Working Group 提出 LTWG 格式，即世界标准格式。从 1982 年以后包括陆地卫星和 SPOT 卫星等卫星遥感数据都采用了 LTWG 格式。LTWG 格式有 BSQ 和 BIL 格式两种，见表 9-1。

BSQ(Band SeQuential)：按波段次序记录各波段的图像，即一个波段保存后接着保存第二个波段。按图像的波段顺序分为独立文件记录存放，每个波段的文件则以像元的行、列序号排列。当图像处理仅需对一个波段的数据进行处理时，这种格式最为方便。只要调用所需的波段数据文件即可，见图 9-1。

表 9-1　BSQ、BIL 格式组成

<table>
<tr><th colspan="3">文件</th><th rowspan="2">记录类型码①</th><th rowspan="2">字节②</th><th rowspan="2">记录个数</th><th rowspan="2">编码③</th><th rowspan="2">提要</th></tr>
<tr><th>文件名</th><th colspan="2">记录名</th></tr>
<tr><td>磁带属性文件</td><td colspan="3">011_8</td><td>360</td><td>1</td><td>ASCII
二进制</td><td>给出 CCT 组合的内容，记录范围、格式</td></tr>
<tr><td rowspan="4">图像属性文件</td><td colspan="2">头部记录</td><td>022_8</td><td>3596/5388</td><td>1</td><td>ASCII
二进制</td><td>给出识别以后数据的内容、格式</td></tr>
<tr><td rowspan="2">辅助记录</td><td>模拟数据记录</td><td>044_8</td><td>3596/5388</td><td>2</td><td>ASCII
二进制</td><td>给出正确的图像阵列和卫星特征</td></tr>
<tr><td>与投影有关的数据记录</td><td>044_8</td><td>3596/5388</td><td>24/28⑤</td><td>ASCII
二进制</td><td>给出 SOM 及 PS 或 UTM 两者之一的投影校正</td></tr>
<tr><td colspan="2">注释记录</td><td>333_8</td><td>3596/5388</td><td>8</td><td>ASCII
二进制</td><td>给出所有印在标准胶片产品底部的字母数字资料以及图像周围的信号资料</td></tr>
</table>

续表

文件		记录类型码①	字节②	记录个数	编码③	提要
文件名	记录名					
图像数据文件	355_8		3596/5388	4×2400	ASCII 二进制	给出图像数据及与之有关的校准数据和质量数据
尾部数据文件	366_8		3596/5388	4/5⑥	ASCII 二进制	提供对图像数据进行数字增强时需要的数据

注：①8 表示该数为八进制数，如 011 为八进制，相当于十进制的 9；②本栏中的 A/B，A 表示 MSS 的情况，B 表示 RBV 的情况；③ASCII，美国信息交换标准码，用来表示存储在计算机存储器里并在计算机系统与有关设备之间进行交换的字符；④辅助记录只存在于未经几何校正的 CCT 上(CCT-AM 或 CCT-AR)；⑤24/28 中，24 为 MSS 的情况，28 为 RBV 的情况；⑥4/5 中，4 为 Landsat-1/2 情况，5 为 Landsat-3 情况。

BIL(Band Interleaved by Line)：逐行按波段次序排列，即保存第一个波段的第一行后，接着保存第二个波段的第一行，依此类推。这种格式比较节省存储空间，见图 9-2。

BIP(Band Interleaved by Pixel)：逐像元按波段次序排列，即先保存第一个波段的第一个像元，接着保存第二个波段的第一个像元，依次保存。这种格式最适于提取典型地物光谱曲线，分析遥感图像光谱特征，依据光谱特征进行合成增强以及自动识别分类处理，因为各个波段的同一个像元灰度值集中在一起，因此可以一次读出，调用方便。

9.1.2 GeoTiff

Tag Image File Format(TIFF)图像文件是图形图像处理中常用的格式之一，它的图像格式很复杂，但由于它对图像信息的存放灵活多变，可以支持很多色彩系统，而且独立于操作系统，因此 TIFF 得到了广泛的应用。

TFW(TIFF World File)：TFW 文件是关于 TIFF 图像坐标信息的文本文件，ArcInfo、Microstation、AutoCAD 等均支持该格式的坐标信息文件。此文件定义了图像像素坐标与实际地理坐标的仿射关系。TFW 文件包含相关的 TIFF 文件的空间参数(spatial reference)数据。

在各种地理信息系统、摄影测量与遥感等应用中，通常要求图像具有地理编码信息，例如图像所在的坐标系、比例尺、图像上点的坐标、经纬度、长度单位及角度单位等。然而，纯 TIFF 格式的图像文件难以存储和读取这些信息。为此 GeoTIFF 作为 TIFF 的一种扩展格式，在 TIFF 的基础上定义了一些 GeoTag（地理标签），用于对各种坐标系统、椭球基准、投影信息等进行定义和存储。通过这种方式，GeoTIFF 图像数据和地理数据存储在同一图像文件中，从而为用户制作和使用带有地理信息的图像提供了便捷的途径。

GeoTIFF 支持三种坐标空间：栅格空间，设备空间，模型空间。栅格空间和设备空间在 TIFF6.0 标准中已经定义。为了支持图像和 DEM 数据的存储，GeoTIFF 引入了模型空间，用来描述数据对应的地理位置，根据不同需要可选用地理坐标系，地心坐标系，投影坐标系和垂直坐标系(涉及高度或深度时)。

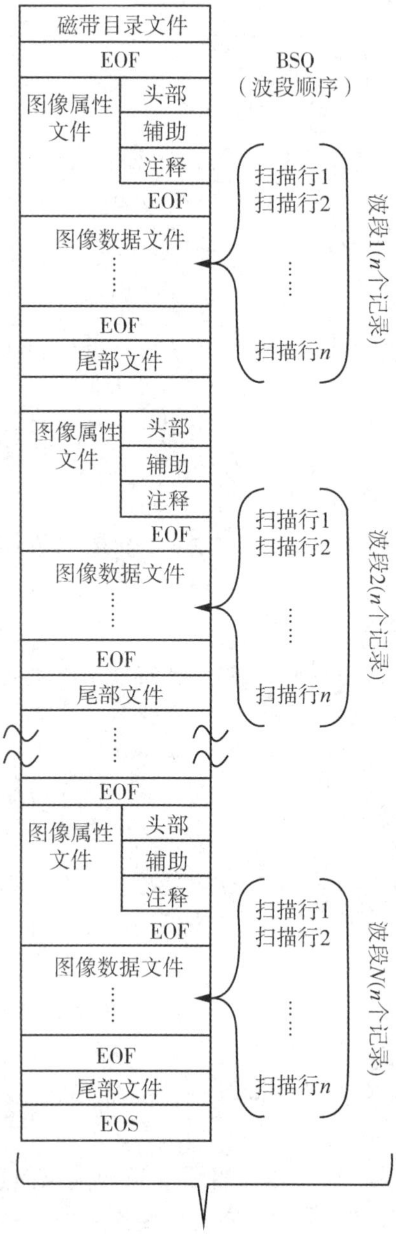

图 9-1　BSQ 格式

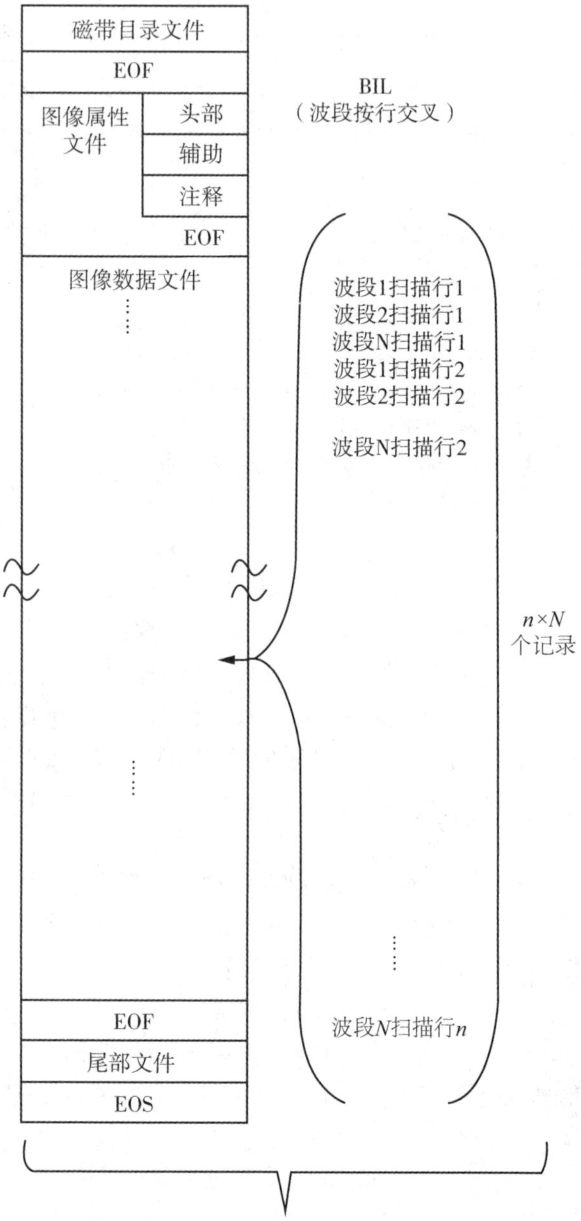

图 9-2　BIL 格式

如果知道栅格空间与模型空间之间的缩放和平移关系，则两个空间之间的变换关系可以表示为

$$\begin{bmatrix} X \\ Y \\ Z \\ 1 \end{bmatrix} = \begin{bmatrix} a & b & 0 & d \\ e & f & 0 & h \\ 0 & 0 & 0 & 0 \\ 0 & 0 & 0 & 1 \end{bmatrix} \begin{bmatrix} I \\ J \\ K \\ 1 \end{bmatrix} = M \cdot \begin{bmatrix} I \\ J \\ K \\ 1 \end{bmatrix} \tag{9-1}$$

此时，只需要 3 个线性无关的坐标点对就可以解算出 M，将其记录到 GeoTIFF 文件中。

GeoTIFF 引入了 6 个“地理标签”(GeoTag)来记录坐标信息，而对于其他与地图投影相关的辅助信息，则采用一系列“地理键”(GeoKey)进行处理。地理键是一种“元标签”，因为它们在功能上相当于标签，但比普通 TIFF 标签更加抽象。与标签类似，地理键也具有 ID 号，其范围从 0 到 65535，这 65536 个 ID 专门用于标识地理参数。

在 6 个地理标签中，单独使用 ModelTransformationTag(变换矩阵)，或者联合使用 ModelTiepointTag(控制点)和 ModelPixelScaleTag(像元比例)，均可以描述栅格空间到模型空间的对应关系。此外，结合 GeoDoubleParamsTag(双精度参数)、GeoAsciiParamsTag(ASCII 参数)和 GeoKeyDirectoryTag(地理信息目录)提供的信息，就可以确定模型空间的点对应的实际地理位置。图 9-3 所示为栅格空间到实际地理位置。

图 9-3　栅格空间到实际地理位置

整个 GeoTIFF 的结构图如图 9-4 所示。BitsPerSample(每个波段的位数)是标准的 TIFF 标签，ModelPixelScaleTag、ModelTiepointTag 的结构与其他地理标签类似。

各个地理标签的含义：

(1) ModelTransformationTag(ID：34264/0x85D8)：

含有 16 个双精度型字段，保存了 M 矩阵的各个元素。

(2) ModelTiepointTag(ID：33922/0x8482)：

含 6 的整数倍个双精度型字段，记录了控制点的栅格坐标和模型坐标，格式为 ModelTiepointTag = ($\cdots$, I_0, J_0, K_0, X_0, Y_0, Z_0, $\cdots$)。

(3) ModelPixelScaleTag(ID：33550/0x830E)：

含有 3 个双精度型字段，存放栅格空间中某点在模型空间的缩放比例。

(4) GeoDoubleParamsTag(ID：34736/0x87B0)：

代表 GeoTIFF 定义的一种数据类型，用来存储双精度类型的地理键。

(5) GeoAsciiParamsTag(ID：34737/0x87B1)：

用来存储字符型的地理键。

(6) GeoKeyDirectoryTag(ID：34735/0x87AF)：

该地理标签分为头和记录两部分：头部的结构为 Header = {目录版本号，修订版本号，副版本号，地理键的个数}；每条记录的结构为 KeyEntry = {地理键 ID，存放位置，元素的个数，值，索引}。

9.1.3 HDF

HDF(Hierarchical Data Formats)数据格式由美国国家高级计算机应用中心(National

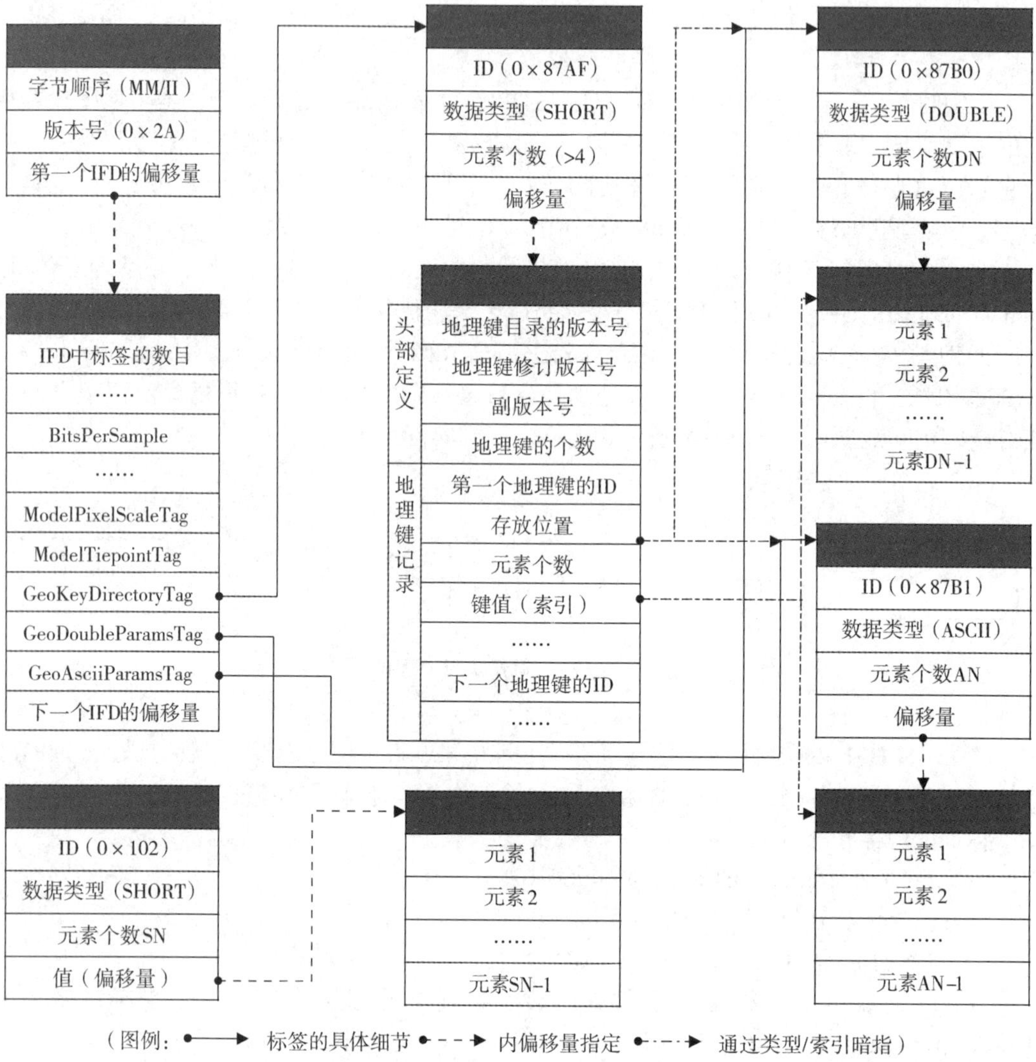

图 9-4　GeoTIFF 结构图

Center for Supercomputing Application，NCSA）开发，即为层次型数据格式，以满足不同群体的科学家在不同工程项目中的需要。

HDF 产生的背景是人们通常在不同的计算机上创建和处理数据。在处理数据的过程中，除了原始数据信息外，还会生成大量的结果数据、辅助信息和说明信息。由于这些信息具有不同的数据格式，因此通常被存储在不同的文件中。这样一来，在数据共享过程中，不得不利用各种软件将这些文件打包并进行传输。即便如此，仍然可能出现遗漏或错误，导致许多不必要的麻烦。

为了解决这些问题，HDF 提供了一种“总体目录结构”。它为程序提供一种机制，使它能够直接从嵌套的文件中获得信息。它可以将不同类型的数据源存于同一个文件中，而这些数据源又可以同时包含其数据信息和其他相关信息。HDF 对常用数据集的格式和描述标准化，鼓励所有机器和程序使用标准数据格式，产生包括具体数据的文件。

HDF 格式的特点：

(1)自述性：HDF 允许应用程序解释 HDF 文件的结构和内容。

(2)通用性：HDF 允许许多数据类型被嵌入在一个 HDF 文件里。

(3)灵活性：HDF 允许用户把相关的数据对象放到一个分层结构中。

(4)拓展性：HDF 极易容纳将来新增加的数据模式，与其他格式兼容。

(5)跨平台型：HDF 是一个与平台无关的文件格式，不同平台不需要转换。

经历了 20 多年的发展，HDF 格式的最新版本是 HDF5，它包含了数据模型、库和文件格式标准。HDF5 因其便捷有效，移植性强，灵活可扩展的特点受到了广泛的关注和应用。

很多大型机构的数据存储格式都采用了 HDF5，比如 NASA 的地球观测系统、MATLAB 的 .m 文件、流体细算软件 CDF，都将 HDF5 作为标准数据格式。现在 HDF5 还支持了大数据技术和 NoSQL 技术，被广泛用于科研、金融，以及其他科学和工程领域。

HDF5 在技术上提供了丰富的接口，包含 C、C++、Fortran、Python、Java 等，能够完美兼容不同的编程语言。图 9-5 所示为 HDF5 结构模型。

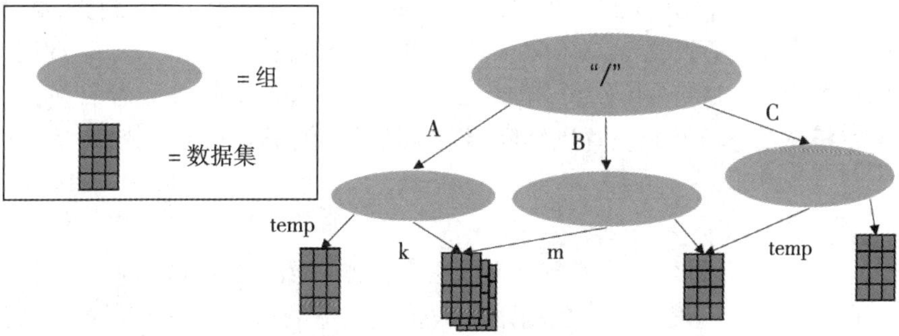

图 9-5　HDF5 结构模型

9.1.4 IMG

IMG 格式是 Erdas imagine 软件专用的文件格式，它支持单波段和多波段遥感图像数据的存储。IMG 文件采用 HFA 结构组织数据(图 9-6)，HFA 是一种树状结构，各种数据(图像数据、统计数据、投影信息、地理数据等)占据“树”中的各个节点。为方便图像存储、处理及分析，遥感数据源必须首先使用数据转换模块转换为 .img 格式进行存储。转换后的 .img 格式文件包括图像对比度、色彩值、描述表、图像金字塔结构信息及文件属性信息。针对同一个图像，.img 格式使得诸如 .rrd(金字塔文件)、.hdr 等文件成为一个整体。IMG 格式的设计非常灵活，由一系列节点构成，除了可以灵活地存储各种信息外，还有一个重要的特点是图像的分块存储。一幅 IMG 图像按照其行列数被分成了 n 块，如 512×512 的图像被分成了 64 块(横 8 纵 8)，每一块的大小为 64×64。这种存储以及显示的模式称为金字塔式存储显示模式，塔式结构图像按分辨率分级存储与管理，最底层的分辨率最高，数据量最大。这可以实现跨分辨率的索引与浏览。

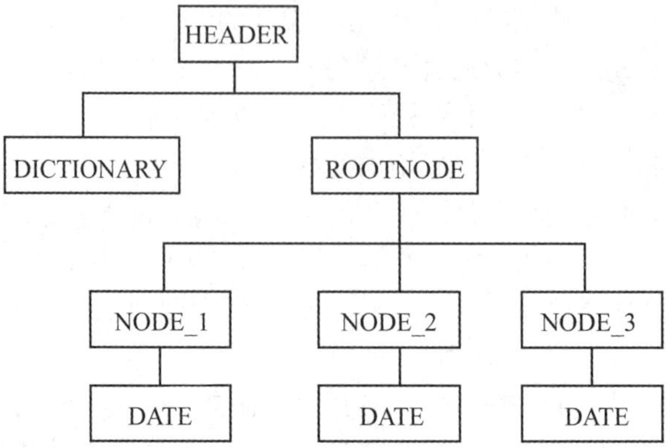

图 9-6　HFA 结构

当图像数据量超过了一定限度(一般大于 2GB)，会生成 . ige 文件。实际数据存储在 . ige 文件中，而 . img 就变成一个连接文件。. rrd 文件是金字塔文件，即块视图。ERDAS 可以打开 2GB 以上的文件，但是通常的格式，如 TIFF 等是无法打开大于 2GB 的图像文件的。如果需要打开大于 2GB 的文件，可以将其转换为 IMG 格式。此时，ERDAS 会自动生成三个文件：IMG、IGE 和 RRD 文件。其中，IMG 文件成为索引文件，RRD 文件仍然是金字塔文件，而 IGE 文件则实际用来存储栅格数据。

9. 1. 5　NITF

NITF 是美国国防部和联邦情报局制定的一套标准，用于数字图像产品及图像相关产品的交换、存储和传输。根据美国国防部的政策，其他图像格式可以在单个系统内部使用；然而 NITFS 提供了一个包含有关图像、图像本身及可选叠加图形的包(即一个包含图像、子图像、符号、标签和文本以及与图像相关的其他信息的“包”)。

9. 1. 6　JPEG2000

JPEG 2000 是基于小波变换的图像压缩标准，由 Joint Photographic Experts Group 组织创建和维护。文件名后缀通常为 . jp2。JPEG2000 同时支持有损压缩和无损压缩，其压缩比可设置成5 ~ 20之间。因其较高的压缩性能、渐进性传输和感兴趣编码等优点，是遥感图像存储和传输领域的主要图像格式之一。

9. 1. 7　ECW

ECW(ER Mapper Compressed Wavelet)是由澳大利亚 Earth Resource Mapping 公司开发的小波压缩技术。压缩比在 20 : 1 ~ 100 : 1 之间。ECW 可以把不同分辨率的单幅图像压缩到一个单独的文件中，方便地得到不同分辨率的图像，便于遥感图像的快速浏览。在解压时也可以采取选择性的解压，按指定的分辨率来单独提取任意部分的图像数据，解压速度快。ECW 可以对任意大小的遥感图像使用无缝压缩方式，将几千幅的单张图像镶嵌并压缩成一个完整的高分辨率图像，图像浏览时不会有“块失真”现象。

9.1.8 MrSID

MrSID(Multi-resolution Seamless Image Database)是由美国 Los Alamos 国家实验室发明的图像压缩、解压、存储和提取技术。采用离散小波变换实现高比例无损压缩，压缩比通常在 20∶1~50∶1 之间，尤其适用于遥感图像存储。目前 MrSID 格式已经成为图像压缩的一个公认标准，ArcGIS、MapInfo、ERDAS 及 PCI 等软件平台都能直接读取处理。

9.2 遥感图像的坐标系统

遥感图像是地理信息的一种表达方式，与普通图像的一个重要区别是遥感图像具有地理信息，例如图像所在的坐标系、比例尺、图像上点的坐标、经纬度、长度单位及角度单位等。遥感图像所包含的坐标信息主要包括投影信息、坐标系统以及图像对应的地面描述。坐标系统分为球面坐标系和平面坐标系，在遥感图像处理中，经常涉及这两种坐标系统之间的转换，这种转换是通过投影转换来实现的。

9.2.1 地理坐标系

地理坐标系是球面坐标系，以经纬度为单位。由于地球是一个不规则的椭球体，将地球上的数字化信息存放到球面坐标系上，首先需要对地球的形状进行模拟，模拟的结果形成不同的地球椭球面(ellipsoid)。椭球面通过长半轴、短半轴、偏心率等参数来描述。常用的椭球体包括海福特椭球、WGS-84 地心椭球和克拉索夫斯基椭球。仅有椭球面还不够，还需要一个大地基准面将椭球定位。大地基准面(datum)是利用特定椭球体对特定地区地球表面的逼近，每个国家或地区均有各自的大地基准面。我们通常所说的 1954 北京坐标系和 1980 西安坐标系指的是我国的两个大地基准面。我国参照苏联从 1953 年起采用克拉索夫斯基(Krassovsky)椭球体建立了 1954 北京坐标系，1978 年采用国际大地测量协会推荐的 IAG75 地球椭球体建立了西安 80 坐标系。目前 GNSS 定位所得出的结果都属于 WGS-84 坐标系。WGS-84 基准面采用 WGS-84 椭球体，它是一个地心坐标系，即以地心作为椭球体中心的坐标系。因此，对于同一地理位置，不同的大地基准面所对应的经纬度坐标是有差异的。

椭球体和大地基准面之间的关系是一对多的关系，即基准面是在椭球体基础上建立的，但椭球体不能代表基准面，同样的椭球体可以定义不同的基准面。

9.2.2 投影坐标系

地理坐标描述的是地物在球面坐标系中的三维坐标，而遥感图像不论是在获取的过程中，还是在后续的应用中，都是地面景观的一种二维平面表现形式。为了用这种二维的图像表现三维的地面信息，需要将地球表面上的点转换到平面上，这就涉及投影坐标系。

地图投影的实质就是将地球椭球面上的地理坐标转化为平面直角坐标。通过某种投影条件，将投影圆面上的地理坐标点一一投影到平面坐标系内，从而形成某种地图投影。图 9-7 展示出了一种投影方式：如果将地球像剥橘子皮一样展开、摊平、再拉伸每一个带的边缘直到它们接触，就能得到投影后的地图，形成如图 9-8 所示的一幅平面图。

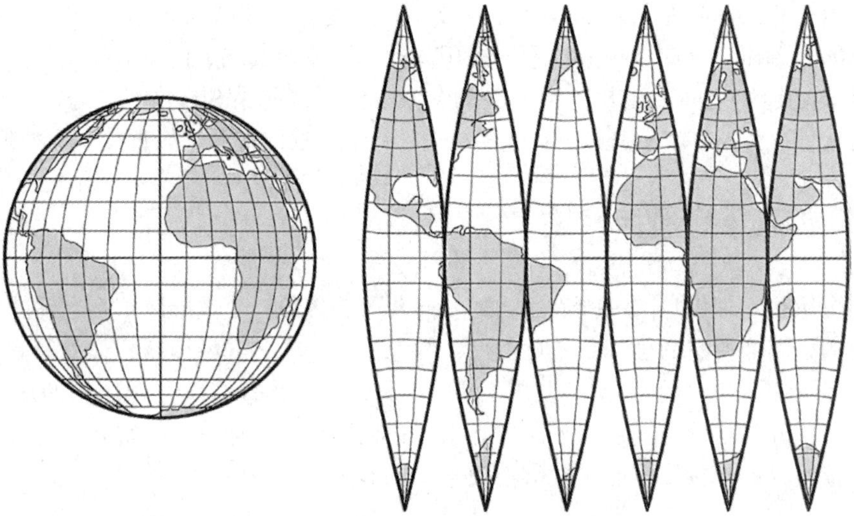

图 9-7　投影方式

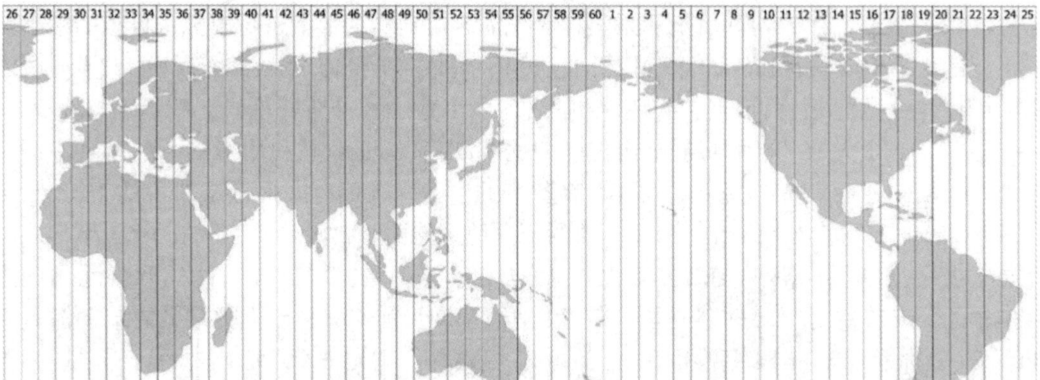

图 9-8　投影后形成的平面图

地球表面是一个不可展开的曲面，因此使用任何数学方法进行投影转换都会产生误差。为了缩小误差，人们开发了各种投影方法。根据变形性质，地图投影可分为三类：等角投影、等积投影和任意投影。

由于投影的变形，地图上所表示的地物，如大陆、岛屿、海洋等的几何特性(长度面积、角度、形状)也会随之发生变形。每一幅地图都有不同程度的变形；在同一幅图上，不同地区的变形情况也不相同。地图上表示的范围越大，离没有变形的线或点的距离越长，变形也越大。

从上述内容可以看出，投影需要一个基准地理坐标系，投影操作都基于这个坐标系所确定的椭球和大地基准面进行。因此，经过处理的遥感图像都包含这些信息，如椭球、大地基准面、投影方式等。有了这些信息，就可以确定图像中每个像元所对应的地面坐标。

在遥感图像处理中，经常会遇到地理变换和投影变换。地理变换是在地理坐标系之间进行数据转换的方法，基准可能不同，有三参数和七参数法。当系统所使用的数据来自不同的地图投影时，则需要将一种投影的数据转换成另一种投影，这就需要进行投影变换。

9.3 遥感图像处理系统

9.3.1 ERDAS IMAGINE

ERDAS IMAGINE 是美国 ERDAS 公司开发的遥感图像处理系统。ERDAS 公司成立于 1978 年，总部位于美国佐治亚州的亚特兰大市。2003 年 6 月，在美国国家图像制图局(NIMA)等权威机构组织的历时 5 年的 Passfind 项目遥感图像系统评比中，ERDAS IMAGINE 在十一个项目评比中获得九个项目的第一名，最终综合功能和性价比方面名列第一。自 2002 年得到 Leica 公司的资金支持后，ERDAS IMAGINE 软件发展迅速，将遥感、摄影测量、激光雷达分析、基本矢量分析、雷达处理和人工智能整合到一个产品中，并在新版本中加入了更多的新功能和算法。

1. ERDAS IMAGINE 主要功能

ERDAS IMAGINE 主要功能包括：

(1)遥感图像输入、输出和显示；

(2)遥感图像预处理；

(3)遥感图像解译；

(4)遥感图像制图；

(5)遥感图像分类；

(6)可视化建模；

(7)矢量数据处理；

(8)雷达数据处理；

(9)正射校正和立体图像处理；

(10)三维显示和虚拟 GIS。

ERDAS IMAGINE 面向不同需求的用户，对于系统的扩展功能采用开放的体系结构以 IMAGINE Essentials、IMAGINE Advantage、IMAGINE Professional 的形式为用户提供了低、中、高三档产品架构，并有丰富的功能扩展模块供用户选择，产品模块的组合比较灵活。

1) IMAGINE Essentials

IMAGINE Essentials 是一款功能强大且成本较低的图像和激光雷达测绘和可视化工具，能够整合不同类型的地理空间数据，并快速为项目进行组织。IMAGINE Essentials 提供了一套强大的工具，用于地理校正、开发、分析、可视化以及地图输出。

2) IMAGINE Advantage

IMAGINE Advantage 是一个地理成像工具集，它扩展了 IMAGINE Essentials 的功能，通过传感器模型支持和增强的地理空间数据处理功能，提供了更精确的制图能力。IMAGINE Advantage 支持点云编辑，并包括一套完整的工具，用于图像数据分析，包括拼接、表面插值、雷达分析、高级图像解释和正射校正。

3) IMAGINE Professional

IMAGINE Professional 是最先进的地理成像软件，包括复杂的高光谱图像分析、先进的多光谱图像分类、点云分类工具以及人工智能功能。它还具备地理空间数据建模能力，这是分析空间数据的一项独特功能。其强大的空间建模器提供了一个动态的、图形化的地理空间数据建模环境，支持实时反馈和预览。现代用户界面包括扩展的分析运算符(支持点云数据)以及对 Python 脚本的支持。创建的模型可以轻松批量运行，与其他用户共享，或发布到服务器(如 ERDAS Apollo)。

4) IMAGINE Photogrammetry

最大限度地提升了最先进的摄影测量卫星和航空图像处理算法的生产力。

2. IMAGINE 扩展包

IMAGINE 扩展包是一组增强 ERDAS IMAGINE 实用功能的工具集，它涵盖了三维可视化与分析、对 NITF 格式的扩展支持、立体特征收集、自动图像配准、高级变化检测、雷达校正以及从雷达图像提取 DEM 等功能。

(1)三维可视化

IMAGINE 扩展包赋予用户快速构建逼真 3D 环境的能力。用户仅需通过简单的拖放操作，即可将地图、航空摄影、卫星图像或分析结果叠加在由激光雷达、干涉测量或摄影测量生成的高程层上，实现超越基础 3D 渲染和简单飞行的复杂场景构建。此外，用户还可以利用注释、GIS 层、符号、3D 模型等元素来丰富场景。该功能支持创建第一人称和第三人称视角的动画 3D 飞行路径的各个方面，以立体声形式呈现数据，与 2D 视图同步，以及精确控制使用操纵杆、鼠标或数字仪表板实时操控场景。

(2)自动图像配准和边缘匹配

在变化检测图像泛化的工作流程中，快速且精确地配准两幅图像的能力至关重要。IMAGINE 扩展包提供强大的工具，从两幅或多幅图像中生成高度精确的几何模型，即使是不同类型的图像也能实现这一目标。该过程不仅可以改进已有地理参考数据集之间的配准精度，还能将新的原始图像与现有的地理参考基础图像进行关联。通过自动生成数千个连接点，建立输出图像与初始参考图像之间的对应关系。边缘匹配工作流程则通过对图像对重叠区域应用局部化模型，解决沿两幅图像边界的道路配准问题。类似于图像对图像配准的过程，在重叠区域生成连接点并对齐特征。随后检查残差，自动筛选并剔除误差较大的点，最后通过滑动和混合工具检查对齐效果。

(3) 高级变化检测

IMAGINE 扩展包通过提供简化复杂变化检测所需的工具，增强了 ERDAS IMAGINE 中的变化检测能力，使用户快速地从图像中提取信息并生成结果。基于项目的工作流允许用户执行必要的预处理、变化检测、变化过滤和结果解释。灵活的交互式工具使用户能够专注于他们感兴趣的特定类型的变化，同时忽略季节差异、阴影甚至轻微的图像错位。IMAGINE 扩展包在 ERDAS IMAGINE 现有变化检测工作流程和上述配准步骤的基础上，提供了一套适应性强的处理程序，用于检测多时相图像中的变化。通过专门为变化检测设计的向导和查看器，可以生成适合集成到 GIS 和其他数据库的各种格式的输出结果。

(4) 立体特征采集

IMAGINE 扩展包提供了立体特征收集和解释的实用工具。通过直接从图像中采集 3D 特征，将 2D GIS 转换为现实世界的三维视角。纹理可以自动从图像中提取并应用于模型。此外，Texel Mapper 能够将真实街景或库存的街景映射到建筑物模型上，进一步增强场景的真实感。

3. ERDAS IMAGINE 2023 中的增强功能

ERDAS IMAGINE 2023 (v16.8.0) 中包含许多增强功能，包括 IMAGINE Photogrammetry (以前称为 LPS Core)。图 9-9 所示为 ERDAS IMAGINE 2023 界面。

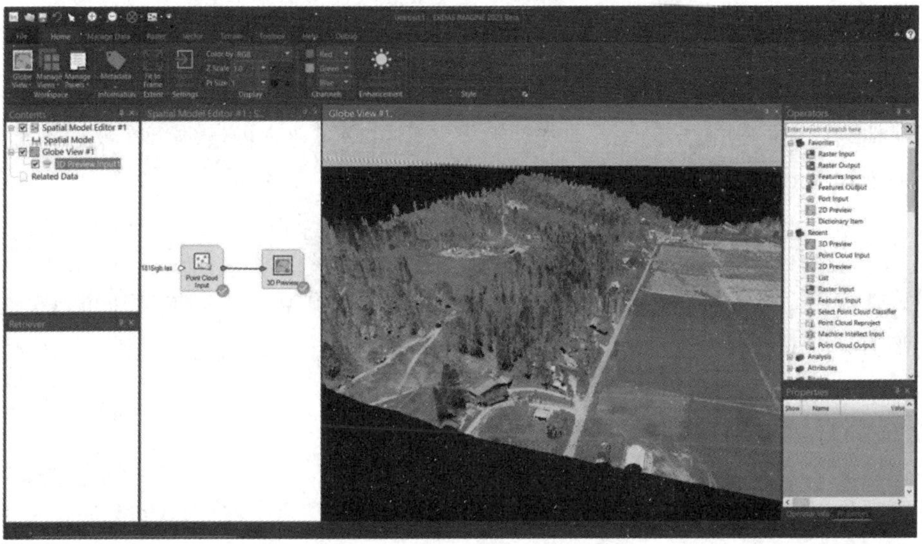

图 9-9 ERDAS IMAGINE 2023 界面

(1) 空间建模功能的更新。

添加了三种额外类型的预览操作：3D、图表和网页。加入新的空间建模功能：附加元数据、使用深度学习对点云进行分类、从图像参数计算地理参考、使用边缘匹配计算地理参考、计算帧相机的内部方向、定义投影变换的调整选项、生成 SIFT 匹配点、机器学习布局改进、支持语义分割、选择点云分类器等。

(2)支持更多格式文件。

IMAGINE 图像文件格式(IMG)、Hexagon 智能点云(HSPC)、元光栅格式(MRF)和有限错误光栅压缩(LERC)格式、Sentinel-3 SLSTR Level-2 WST、Adobe Deflate in GeoTIFF 、USGS 光谱库 Version 7。

(3)由 LiveLink 为 Google Earth Engine 提供的新接口操作符。

9.3.2　ENVI

ENVI(The Environment for Visualizing Images)是美国 Research System Inc. 公司开发的一套功能齐全的遥感图像处理系统，能够处理、分析并显示多光谱数据、高光谱数据和雷达数据，图 9-10 所示为 ENVI 界面。ENVI 的主要功能包括：

(1)图像显示、处理和分析；

(2)多光谱图像处理；

(3)栅格和矢量数据处理；

(4)雷达数据处理；

(5)地形分析。

ENVI 提供了专业可靠的波谱分析工具和高光谱分析工具。还可以利用 IDL 为 ENVI 编写扩展功能。ENVI 可扩充模块有：

1. 大气校正模块(Atmospheric Correction)

校正了由大气气溶胶等引起的散射和由于漫反射引起的邻域效应，消除了大气和光照等因素对地物反射的影响，获得了地物反射率和辐射率、地表温度等真实物理模型参数，同时能够进行卷云和不透明云层的分类。

2. 立体像对高程提取模块(DEM Extraction)

可以从卫星图像或航空图像的立体像对中快速获得 DEM 数据，同时还可以交互量测特征地物的高度或者收集 3D 特征并导出为 3D Shapefile 格式文件。

3. 面向对象空间特征提取模块(ENVI EX)

根据图像空间和光谱特征，从高分辨率全色或多光谱数据中提取特征信息。系统包含人性化的操作平台、常用图像处理工具、流程化图像分析工具以及面向对象特征提取工具(FX)等。

4. 正射纠正扩展模块(Ortho Rectification)

提供基于传感器物理模型的图像正射校正功能，可一次性可以完成大区域、多景图像及多传感器的正射校正，并支持以镶嵌结果的形式输出，提供接边线、颜色平衡等工具，采用流程化向导式操作方式。

5. 高级雷达处理扩展模块(SAR Scape)

提供全面的雷达处理功能，包括基本 SAR 数据的数据导入、多视处理、几何校正、辐射校正、去噪、特征提取等一系列基本处理功能。调焦模块扩展了基础模块的调焦功能，采用经过优化的调焦算法，能够充分利用处理器的性能，实现数据快速处理。该模块提供基于 Gamma/Gaussian 分布式模型的滤波核，能够最大程度地去除斑点噪声，同时保留雷达图像的纹理属性和空间分辨率信息。此外，该模块还可生成干涉图像、相干图像、地面断层图。主要功能包括：SLC 像对交叠判断、多普勒滤波、脉冲调节、干涉图像生成、单列干涉图生成等；支持极化 SAR 和极化干涉 SAR 数据的处理；永久散射体模块能用来确定特征地物在地面上产生的 mm 级的位移。

6. NITF 图像处理扩展模块(Certified NITF)

读写、转化、显示标准 NITF 格式文件。

7. 深度学习模块(ENVI Deep Learning)

支持建筑物、道路、农作物等特征提取，并支持多要素提取功能。适用于多光谱和高光谱图像的处理。可对栅格数据进行快速分类，包括异常检测、监督分类和非监督分类。此外，支持从一个或多个数据上选择样本，生成训练模型，并将该模型应用于其他图像的分析与处理。

8. 全新建模工具(ENVI Modeler)

ENVI Modeler 建模工具提供直观的可视化界面，用户通过拖拽方式灵活“组装”ENVI 现有功能，不需要编写代码即可实现复杂工作流和图像批处理的构建。该工具支持一键生成 IDL 代码和 ENVI 扩展工具等，并且支持将自定义 ENVI Task 作为处理节点添加到模型中，进一步扩展其他功能。

9.3.3 PCI Geomatica

PCI Geomatica 加拿大 PCI 公司开发的遥感图像处理软件产品。包括以下工具：

1. PCI Geomatica FreeView

FreeView 是一款免费的图像浏览工具，支持浏览和显示多种数据类型，包括矢量、位图、卫星图像、航片以及 GIS 矢量数据叠加显示，并可进行属性查询。此外，FreeView 还具备图像增强、任意漫游、缩放、图像灰度值矩阵显示等功能。

2. PCI Geomatica GeoGateway

GeoGateway 数据网关能够进行各种格式的遥感和 GIS 数据的输入和输出。

3. PCI Geomatica Fundamentals

Fundamentals 包括基础处理模块的所有功能。

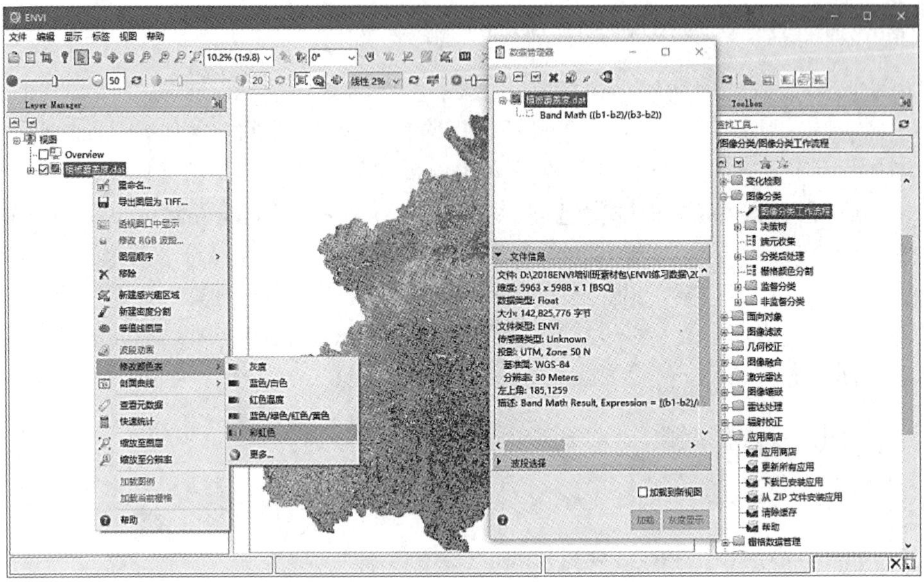

图 9-10　ENVI 界面

4. PCI Geomatica Prime

Prime 增加了 PCI Modeler、EASI、FLY、算法库等模块。提供的工具可用于图像几何校正、数据可视化与分析以及专业标准地图生产。

5. PCI Geomatica Tools

Tools 是一系列为了提高 PCI 软件的生产能力和效率而设计的自动或批处理操作的导向功能，是对 Fundamentals 和 Prime 功能的扩展。其主要提供图像自动镶嵌功能，以及针对 ORTHOENGINE 系列产品的航片、光学卫星图像和雷达卫星的自动同名点提取功能。同时，Tools 提供图像控制点库及其管理功能。

6. PCI AIRPHOTO MODEL

该模块是与 Fundamentals 和 Prime 模块一起使用的航空图像正射纠正工具。

7. PCI SATELLITE MODELS

该模块主要支持对 SPOT 1/2/3/4、Landsat 4/5/7、IRS 1A/B/C/D、AVHRR、IKONOS、ASTER、RADARSAT、JERS1、ERS1/2 等卫星图像的正射纠正。

8. PCI IKONOS MODELS

特别针对 IKONOS 设计的高精度正射纠正工具。

9. PCI AUTOMATIC DEM EXTRACTION

该工具包可从航片、SPOT、IRS、ASTER 图像上自动提取 DEM。软件允许用户选择提取绝对和相对高程，如果提取绝对高程，必须收集 GCP 和同名地物点。产生的 DEM 可以多种格式输出。

主要功能包括：核线图像生成，自动 DEM 提取，GEOCODE DEM、2D DEM 手工编辑，出错点消除及内插等。

10. PCI Automatic RADARSAT DEM

该工具包可从 RADARSAT 图像上自动提取 DEM。软件允许用户选择提取绝对高程和相对高程，如果是提取绝对高程，必须收集 GCP 和同名地物点。产生的 DEM 可以用多种格式输出。

主要功能包括：核线图像生成，自动 DEM 提取，GEOCODE DEM、2D DEM 手工编辑，出错点消除及内插等。

11. PCI 3D Viewing and Editing

该工具包向用户提供三维立体显示和特征提取(矢量编辑)功能，主要面向航片、SPOT、IRS-I、RADARSAT 图像。同时也包括 3DDEM 编辑。需要使用偏振眼镜/监视器进行立体作业。

12. PCI Advanced Modules

该工具包包括使用 EASI/PACE 技术进行光学图像和雷达图像以及高光谱图像分析和处理，使用 SPANS 进行 GIS 空间分析。

PCI 软件的高光谱分析模块提供高光谱地物库，并支持有限光谱通道的光谱库，也就是可由用户自行组合成有限光谱通道(如 10~20 个)的光谱曲线库。它同时提供用户各种光谱分析工具，根据光谱特点自动地物判读的功能。用户可用这些工具对高光谱图像进行辅助的或半自动的地物判读，或结合 PCI 软件的多光谱分析和神经元网络分类模块及其他图像解译方法进行地物判读。

13. 开发工具包

由 150 个 C 和 FORTRAN 源程序和库构成，具备完备的语法结构。用户可用它们编写应用系统、访问数据库和外设、显示图像和进行图像处理。同时它还提供 PCI 用户界面编辑功能，使用户可以将新开发的功能和程序加入 PCI 软件的用户界面上。

14. PCI Author

Author 应用程序是一个基于 EASI+描述语言的直观并且功能强大的可视化设计工具，该语言已被集成进入 SPANS 和 EASI/PACE 软件中。这使得用户能够通过图形界面方式体现 EASI+提供的底层功能。SPANS 和 EASI/PACE 的功能都已集成到 EASI+的框架结构中，使得用户可以方便地创造、编辑和运行用户定制的所有 SPANS 和 EASLPACE 所提供功能的图形程序。

15. ACE Cartographic Edition

PCI 的 ACE 是一个功能完善的专业制图软件，提供"所见即所得"的栅格与矢量一体化的制图环境。该软件支持黑白、真彩色和伪彩色图像处理，矢量数据分层调用，每类要素的表示方法存储在表示码设置表中统一管理。ACE 具有任意复杂的填充方式和多层线形的制作功能，以及灵活的文字注释方式。一张图可分成多个区域，图廓可以可视化制作调整，并可支持各种绘图仪和打印机。此外，ACE 还提供有符号编辑和外国文字(包括汉字)引入的功能，支持分色打印，并具有索引功能。图 9-11 所示为 PCI Geomatica 界面图。

图 9-11　PCI Geomatica 界面图

9.3.4　eCognition

eCognition 是德国 Definiens Imaging 公司开发的遥感图像分析软件，是首个面向目标对象的遥感信息提取软件。该软件突破了传统图像分类方法的局限，提出了革命性的分类技术——面向对象的分类方法。面向对象分类充分利用了对象的色调、形状、纹理、层次信息以及对象之间邻近关系和父子关系特征。

eCognition 克服了面向像素分类中像元孤立化分析、解译精度较低且斑点噪声难以消除的缺点，利用图像分割技术把图像分解成具有一定相似特征的像元集合，即图像对象。与像元相比，图像对象具有颜色、大小、形状、匀质性等多元特征，更有利于图像分类。

eCognition 主要功能包括：

(1)多源数据融合。可以融合不同分辨率的对地观测图像数据。将不同类型的图像数据和矢量数据同时参与分类。

(2)多尺度图像分割。可用来将任何全色或多光谱图像数据以选定的尺度分割为匀质图像对象，形成图像对象层次网络。在对象层次网络中，每一个对象都有其上下文、邻居、子对象和父对象。图像对象的属性和对象之间的关系可用于进一步分类。

(3)基于样本的监督分类。图像对象通过点击训练样本来定义，形象地称为“一点就分”。

(4)基于知识的分类。用户运用继承机制，模糊逻辑概念和方法，以及语义模型来建立用于分类的知识库。

eCognition 软件提供了三种不同的组件，分别是 eCognition Developer、eCognition Architect 和 eCognition Server，它们可以单独或互相结合解决图像分析任务。

1. eCognition Developer

eCognition Developer 是一种功能强大的面向对象的图像分析开发环境，用于在地球科学领域开发规则集(或为 eCognition Architect 开发应用程序)，以实现遥感数据的自动分析。eCognition Developer 可以应用于所有常用的遥感任务中，例如植被制图、特征提取、变化监测和对象识别等。其面向对象的方法有助于分析所有常见的数据源，包括高空间分辨率的卫星数据、超高分辨率的航空图像、雷达数据和高光谱数据。

2. eCognition Architect

eCognition Architect 是一款强大的非专业用户信息提取工具，它使植被制图专家、城市规划师和林业工作者等非专业技术人员能够轻松利用 Definiens 公司的技术和产品。它是一个综合的工具集，支持交互编辑和质量评价工作流程，用户可以很方便地对 eCognition Developer 中创建的工作流程进行配置、校准和执行图像分析。

3. eCognition Server

eCognition Server 是一个软件组件，提供了图像分析工作的批处理执行环境。eCognition Developer 或 eCognition Architect 用户向 eCognition Server 提交一个包含多种工程的工作空间。在批处理模式下，eCognition Server 可以自动处理大量的图像，并在单一的、全自动运行的环境中进行详细的分析。

在三种不同组件的实际应用中，ECogniton Developer 用于试验研究，构建分类规则集；利用 ECogniton Architect 和 eCognition Server 进行二次开发、校正和调用执行构建好的规则集，以及对遥感图像进行批处理。图 9-12 所示为 eCognition Developer 界面。

9.3.5 Pixel Factory

Pixel Factory(像素工厂)是法国信息地球公司(INFOTERRA)开发的一套用于大型生产的遥感图像处理系统。该系统是当今世界一流的遥感图像自动化处理系统，具有自动化、并行处理、多种图像兼容性、远程管理等功能。Pixel Factory 凭借其强大的处理能力和开

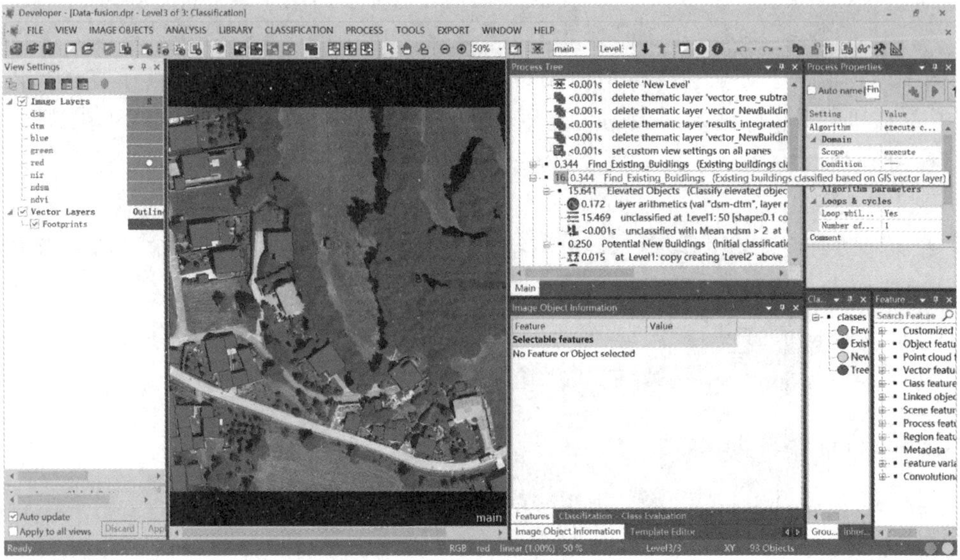

图 9-12　eCognition Developer 界面

放式架构可以自动处理不同探测器的对地观测数据，包括数字表面模型(DSM)、真正射图像、大面积正射镶嵌图像等。

1. 优异的并行计算和海量数据在线存储能力

Pixel Factory 运用并行计算技术，能够同时处理多个涉及大规模数据集的项目。系统根据各项目的优先级自动安排和分配系统资源，使系统资源最大限度地得到利用。项目执行过程中，系统自动将大型任务划分为多个子任务，把这些子任务分配给各个计算节点去处理，节点越多，可以接收的子任务越多，整个任务需要的处理时间就越少。此外，在数据处理过程中会产生比初始数据量更加庞大的中间数据和结果数据，只有拥有海量的在线存储能力，才能保证工程连续自动的运行。为此，像素工厂系统采用磁盘阵列技术实现海量数据的在线存储，并定期进行数据备份，尽可能地避免意外情况造成的数据丢失，确保数据的安全性。基于这些先进技术和策略，Pixel Factory 显著提升了生产效率，大幅缩短了项目周期，实现了效益的最大化。

2. 开放式的系统构架

Pixel Factory 是基于标准 J2EE 应用服务开发的系统，使用 XML 实现不同节点之间的交流和对话，在 XML 中嵌入数据、任务以及工作流等，支持跨平台管理，兼容 Linux、Unix、True64 和 Windows。Pixel Factory 有外部访问功能，支持 Internet 网络连接(通过 http 协议、RMI 等)，并可以通过 Internet (例如 VPN) 对系统进行远程操作。可以通过 XML/PHP 接口整合任何第三方软件，辅助系统完成不同的数据处理任务。

3. 兼容多种传感器遥感数据

在航天传感器方面，Pixel Factory 能够处理 SPOT、IKONOS、QuickBird、ALOS 等卫星图像以及 ERS、RADARSAT 等卫星雷达数据；在航空传感器方面，Pixel Factory 不仅可以处理 ADS40、UCD、UCX、DMC、SWDC 等数字航空摄影相机所获取的图像数据，还能处理 RC30 等基于胶片的航空摄影相机经扫描得到的图像数据。同时，Pixel Factory 还支持通过调整传感器参数来适应不同传感器数据的处理需求，因此“像素工厂”是一个与传感器类型无关的遥感图像处理系统。

4. 数字表面模型(DSM) 自动计算

与传统数字摄影测量工作站相比，Pixel Factory 优势之一就在于 DSM 的计算。首先，“像素工厂”充分利用测区内的图像数据创建了大量的立体像对(航向和旁向立体像对)；其次，DSM 计算任务启动后，“像素工厂”会将所有的立体像对分配到可用的计算节点上进行并行计算，通过逐点匹配获取单模型 DSM，最后通过融合得到测区数字表面模型。这样的组织方式实现了 DSM 计算的全自动化，减少立体像对匹配所花费的时间，从而提高生产效率。

5. 真正射图像(TrueOrtho) 生产

真正射图像是基于 DSM 对高重叠度的遥感图像进行数字微分纠正，修正原始图像的几何变形，并对整个分区进行图像重采样，采样后的图像视角均被纠正为垂直视角。与传统正射图像相比，真正射图像呈现给人们的是一种垂直视角的观测效果，避免了高大建筑物的倾斜对其他地物的遮挡，在拼接区域能够实现平滑自然的过渡。为了保证地面上的每一个点都能获得“最垂直”的观测效果，通常采取的方法是在航空摄影阶段加大航向和旁向重叠度，多角度获取地物信息。随之带来的海量图像数据处理便成了传统数字摄影测量工作站难以逾越的一道“鸿沟”，而 Pixel Factory 的高自动化程度和分布式处理方式则为真正射图像产品的商业化和大规模生产提供了可能。图 9-13 所示为像素工厂镶嵌线自动提取的局部成果。

像素工厂系统具有四个用户界面：Main Win2dow、Administrator Console、Information Console 和 Activity Window，所有的软件功能模块均内嵌在这四个界面的菜单中。像素工厂在国内市场尚处于起步阶段，在法国、日本、美国、德国等地已有许多成功的项目案例。最近，国内也引进了该像素工厂系统，在数码相机越来越普及的今天，该系统得到了业内越来越广泛的关注。

9.3.6 ER Mapper

ER Mapper 是由澳大利亚 EARTH RESOURCE MAPPING 公司开发的软件。除了具有传统图像处理功能外，ER Mapper 在开发起点和设计思想等方面与早期的传统图像处理系统有显著区别。

图 9-13　像素工厂镶嵌线自动提取局部成果

(1)算法概念贯穿整个图像处理过程，特别适用于大型工程的图像处理任务。

ER Mapper 不再是简单地把各个处理功能堆砌起来，而是将一系列的处理过程(如数据输入、波段选择、滤波、直方图变换、公式合成等)有效地组织起来，形成一个完整的处理流程。用户可以按自己的处理方案，将多个处理功能组织成一个处理流程，并可以将这个流程以算法方式存储。该处理流程可以作为一种功能模块，供自己或他人调用。

(2)遥感、GIS、数据库的全面集成。

ER Mapper 可直接读取、编辑、增加、存储 GIS 数据，并且可以利用卫星图像、航空图像数据对 GIS 数据进行更新。通过与大型数据库(如 Oracle)的动态连接，ER Mapper 可直接读取 Oracle 中的数据并将其集成到图像中。

(3)数据高比例压缩算法的应用，最大幅度地节约用户的硬件投资。

ER Mapper 在图像压缩技术方面有了重大突破，即小波压缩技术(ECW)，其压缩比可达 10∶1~50∶1，显著减少了图像存储空间，同时仍保持图像的高质量。ER Mapper6.0 及以上版本可以直接显示和处理压缩后的图像。

(4)ER Mapper 是全模块设计，除了具有空间滤波、图像增强、波段间运算、几何变换、几何纠正、图像配准、镶嵌、图像分类等传统图像处理功能外，还具有强大的镶嵌与数据融合能力、雷达图像处理、三维可视化及贯穿飞行、先进的制图系统等高级功能。图9-14 所示为 ER Mapper 界面图。

图 9-14　ER Mapper 界面图

第 10 章　遥感技术的应用

10.1　遥感地面基准网

自 2020 年以来，自然资源部陆续发布了《自然资源部信息化建设总体方案》《自然资源调查监测体系构建总体方案》《自然资源三维立体时空数据库建设总体方案》等相关建设方案。这些方案要求利用卫星遥感平台，实现广域的定期图像覆盖和数据获取、处理，以支持周期性的自然资源调查和监测。生产卫星 DOM 产品是进行自然资源调查和监测的必要工作，但生产制作 1∶10000 级别精度的 DOM 作为卫星遥感图像定向基准耗时较长、成本较高，因此需要寻求一种更新替代产品来保障遥感图像生产的定位精度和时效性需求。

遥感地面基准网，包括几何基准网和辐射基准网，可以解决广域多源多期的自然资源调查和监测图像的基准统一难题，提升调查监测成果的时效性和可靠性。根据目前已有的资料，如 1∶1 万外业检查点、省级地理国情普查控制点、数字城市基础测绘像控点检查点、全省 LiDAR 数据检查点成果，构建高分辨率遥感图像的地面基准网。

10.1.1　几何基准网

搜集并整理已有的省级地理国情监测和基础测绘控制点、空三加密像控点、图像几何纠正像控点、正射图像特征控制点、DOM 等数据，研究分析现有控制点和 DOM 的数量、分布及精度。设计图像控制点数据库结构及建库方法流程。山西省运城市盐湖区的外业检查点、500m 分辨率 DOM 影像图分别如图 10-1 和图 10-2 所示。

图 10-1　山西省运城市盐湖区的外业检查点

图 10-2　山西省运城市 500m 分辨率 DOM 影像图

以实测控制点、已有正射图像和空三结果为数据来源，建立像控点数据库。总体技术流程如图 10-3 所示。

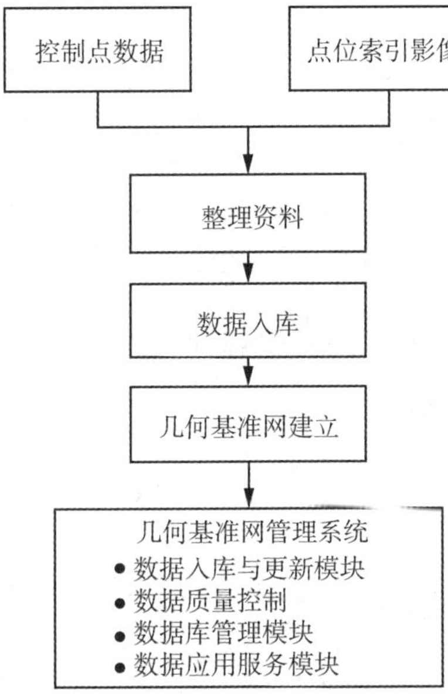

图 10-3　图像控制点基准数据建库流程图

其中控制点和图像要求见表 10-1 和表 10-2。

表 10-1　控制点要求

指标	要求	备注
控制点坐标系	CGCS2000	
定位精度	高精度控制点	
控制点选取	图像中具有纹理清晰、特征明显、易于定位、稳定的地面目标	交叉路口、桥梁、水库坝、机场等地物，尽量避免选取房屋、围墙角落
控制点分布	控制点应尽可能均匀分布以体现图像总畸变趋势	

表 10-2　图像要求

指标	要求	备注
图像大小	256×256 以上	不可过小
格式	TIFF 等	
像素灰度值	保留原始灰度	不可在图像上画十字丝。若有，应在原始图像上重新裁剪
投影	将图像对应的投影信息附加在图像中	

对符合要求的控制点和图像进行入库管理，数据库表结构见表 10-3。其中控制点的属性数据和其对应的图像数据是控制点图像数据库最重要的两类数据。控制点的属性数据包含控制点的坐标信息及坐标系信息等，具体内容见表 10-4。

表 10-3　数据库表组成

标识	说明	备注
TB_POINTTYPE	控制点类型表	
TB_SCALETYPE	比例尺类型	
TB_ELERS	高程系统信息表	
TB_GEORS	平面坐标系信息表	
TB_SENSORTYPE	传感器类型信息表	
TB_ELEVATION	高程信息表	
TB_GCPIAMGE	控制点影像图像信息表	
TB_GCPINFO	控制点元数据信息表	
TB_PHOTO	控制点实地照片信息表	
TB_AUXDATA	辅助数据信息表	存储点之记等辅助信息

表 10-4　控制点表设计图

列　名	数据类型(精度范围)	空/非空	描述
F_POINTID	NUMBER(10,0)	NOT NULL	点 ID
F_XP	NUMBER(12,4)	NOT NULL	像坐标 X
F_YP	NUMBER(12,4)	NOT NULL	像坐标 Y
F_PHOTOIDS	VARCHAR2 (50)	NOT NULL	参考图像路径
F_X2000	NUMBER(12,4)	NOT NULL	中心点投影坐标(东)
F_Y2000	NUMBER(12,4)	NOT NULL	中心点投影坐标(西)
F_LON	NUMBER(13,9)	NOT NULL	中心点经度
F_LAT	NUMBER(13,9)	NOT NULL	中心点纬度
F_H	NUMBER(10,4)	NOT NULL	中心点大地高
F_H85	NUMBER(10,4)	NOT NULL	中心点 85 高程
F_DATADATE	DATETIME	NOT NULL	数据日期

续表

列　名	数据类型(精度范围)	空/非空	描述
F_GEORSID	NUMBER(2,0)	NOT NULL	平面坐标系 ID
F_ELERSID	NUMBER(2,0)	NOT NULL	高程系 ID
F_POINTTYPE	NUMBER(2,0)	NOT NULL	点类型
F_USABLE	NUMBER(1,0)	NOT NULL	点的可用性(1/0)
F_SCALETYPEID	NUMBER(2,0)	NOT NULL	比例尺类型 ID
F_POINTDESID	VARCHAR2 (50)	NOT NULL	点之记路径
F_CHECK	NUMBER(1,0)	NOT NULL	点是否检核(1/0)
F_PROJECTION	VARCHAR2 (50)	NOT NULL	投影信息
F_AUXDATAID	VARCHAR2 (50)	NOT NULL	辅助数据 ID

构建控制点图像数据库的目的是对控制点与参考图像数据进行存储和有效的管理，并基于数据库能够快速提取待匹配的控制点和参考图像，实现与待纠正图像的特征匹配。把控制点属性数据与其对应的图像数据录入数据库中，以完成控制点属性数据和图像数据的更新操作。控制点图像数据库入库的功能主要完成控制点属性数据和图像数据的同步入库，数据库要保证控制点属性数据和图像数据的一一对应关系，遵循数据库统一性原则。为确保数据库的数据完整性和准确性，需要对入库的控制点属性及图像数据进行相关的质量检查。图像入库预处理流程图与数据入库流程图分别见图 10-4 和图 10-5。

10.1.2　辐射基准网

辐射基准网是为了解决目前辐射校正缺乏标准化手段的问题而建立的辐射统一基准。选取辐射质量较好的图像作为辐射基准图像(图 10-6)，并对典型地物辐射值进行采样，以建立辐射控制基准。辐射控制基准分为辐射不变性地物和辐射确定性地物，它们的选择依据和方法需要根据实际情况确定。

1. 辐射不变性地物

假定图像上存在具有较稳定反射辐射特性的像元，并且能够确定这些像元的地理意义，那么这些像元被称为辐射不变目标，其对应的地物为辐射不变地物。这些辐射不变地物在不同时相的遥感图像上的反射率将呈现一种线性关系。当确定了辐射不变地物以及它们在不同时相遥感图像中反射率的这种线性关系，就可以将这些地物作为辐射基准，用于遥感图像辐射质量评价。研究发现，在山西省盐湖区，以下三种具有稳定的辐射特性，可作为辐射不变性地物：水体、常绿针叶林、大型构筑物(如硬化地表、广场、露天体育场、停车场、停机坪与跑道)。

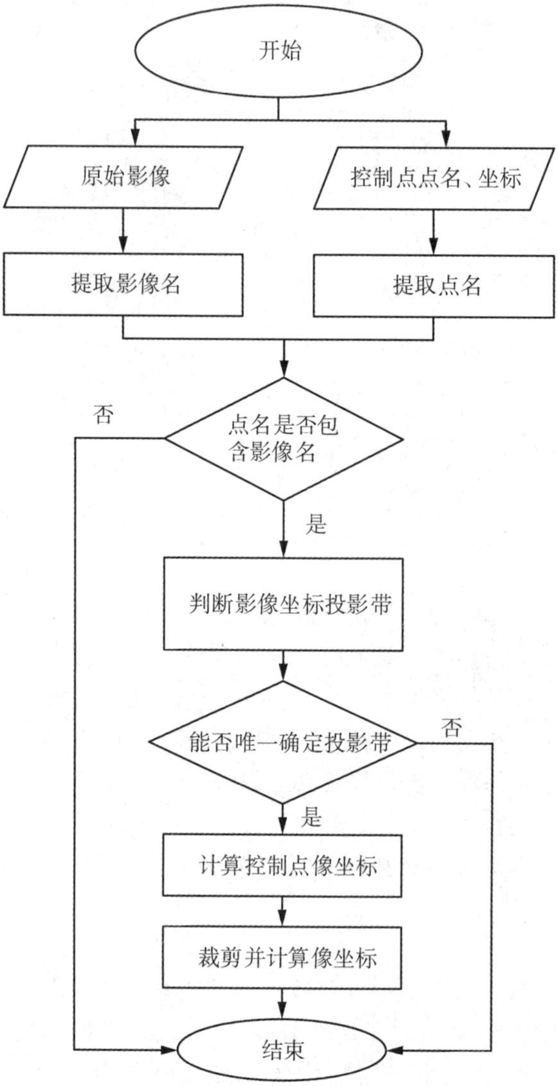

图 10-4　图像入库预处理流程图

2. 辐射确定性地物

相较于辐射不变性地物，更多的地物反射辐射特性会随着时间发生变化，其中部分地物辐射特性受季节等因素影响呈现出规律性变化，这类地物被称为辐射确定性地物。如果对不同季节下这类地物的反射辐射率进行采样，并对其辐射特性进行统计分析，确定其辐射特性随季节变化的规律，进而建立地物辐射特性数据集，同样可以将其作为辐射参考基准，用于对不同季节下的遥感图像进行辐射质量评价。研究发现，在山西省盐湖区辐射确定性地物以植被覆盖区域为主，其中山西落叶阔叶林和茂密的草地可以作为辐射基准，用

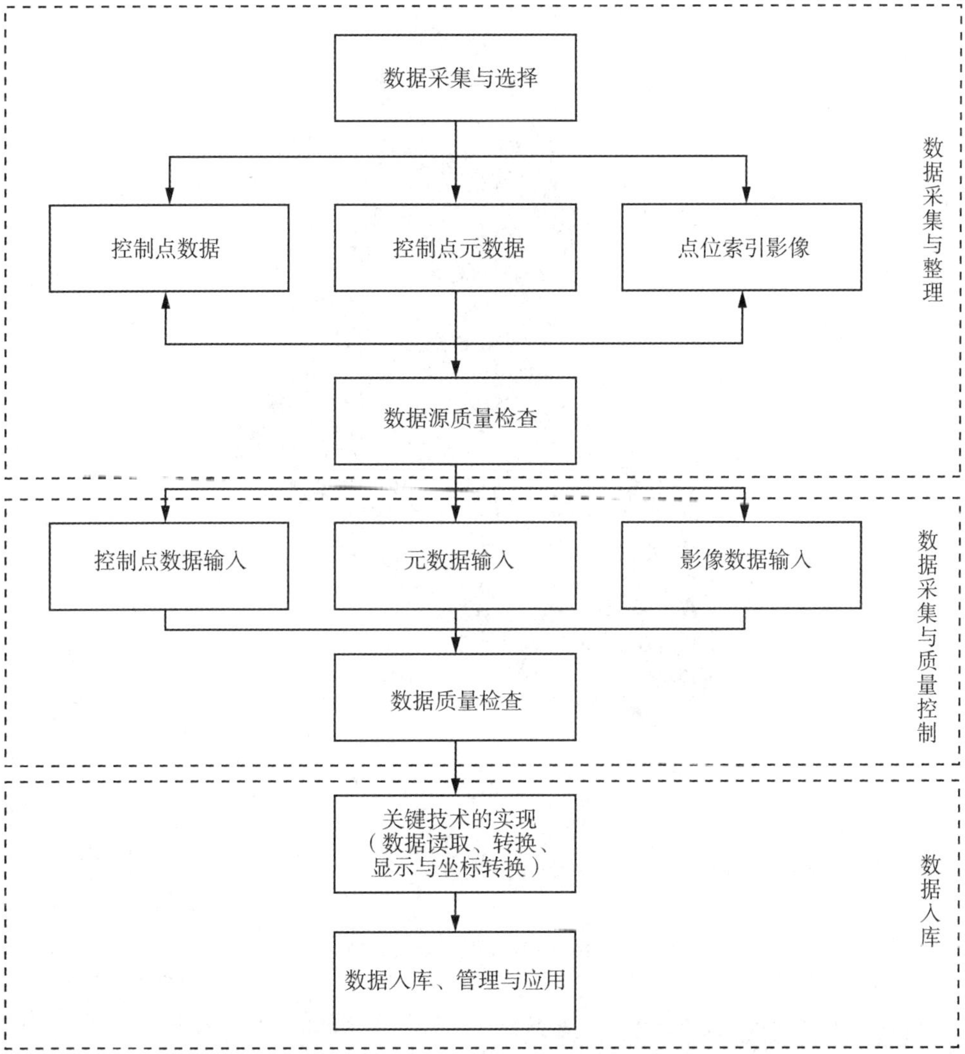

图 10-5　数据入库流程图

于建立辐射控制基准库。

辐射控制基准采用的数据源有高分二号、资源三号、北京二号，时间为 2017 年至 2021 年。可作为辐射基准的地物分为水体、植被、人工建筑三类。对这三类典型地物的辐射特性进行研究，将各类地物的辐射特性作为依据，研究对应地物提取方法。辐射基准地物分布随地形起伏有所差异，提取的辐射基准类型比例有所不同：

平地：人口聚集较多，因此人工建筑和水体为平地辐射基准的主要构成地物；

丘陵地：人烟稀少，植被、水体分布广泛，植被和水体构成丘陵地区的辐射基准；

山地：荒无人烟，水资源匮乏，植被覆盖率高，植被成为山地辐射基准主要的提取对象。

图 10-6　山西省运城市盐湖区遥感影像图

入库的辐射基准数据质量要求如表 10-5 所示。

表 10-5　辐射基准数据要求

指标	要　求	备注
坐标系	CGCS2000	
分辨率	优先选择高分辨率产品	
基准选取	辐射基准应选取在图像中具有稳定辐射特性和几何特性的地面目标上	湖泊、水泥地面、茂密植被、沥青屋顶等地物
基准分布	辐射应尽可能均匀分布，且分布密度保证覆盖到所有待评价图像范围	
基准存储	辐射不变基准存储地表反射率图像和元数据；辐射确定基准存储多时相地表反射率图像、图像边界矢量文件和元数据	

表 10-6 和表 10-7 列出了辐射控制基准入库时需要具备的属性数据表。其中，F_RIDID 为辐射控制基准的地物类别对应的 ID。为便于辐射控制基准的检索和同名像点的

获取，需要将统一地理坐标系框架下的辐射控制基准坐标准确记录在数据库内。

表 10-6 辐射不变基准表

列 名	数据类型(精度范围)	空/非空	描述
F_ RIDID	NUMBER(10, 0)	NOT NULL	辐射基准类型 ID
F_ NAME	STRING	NOT NULL	辐射基准名称
F_ SENSORID	NUMBER(3, 0)	NOT NULL	传感器类型 ID
F_ RESOLUTION	NUMBER(5, 3)	NOT NULL	分辨率
F_ BANDCOUNT	NUMBER(2, 0)	NOT NULL	波段数
F_ IMAGEDATE	DATETIME	NOT NULL	图像数据日期
F_ IMAGE	STRING	NOT NULL	辐射基准图像路径
F_ AREA	STRING	NOT NULL	辐射基准矢量图名称
补充说明			

表 10-7 辐射确定基准表

列名	数据类型(精度范围)	空/非空	描述
F_ RDID	NUMBER(10, 0)	NOT NULL	辐射基准类型 ID
F_ NAME	STRING	NOT NULL	辐射基准名称
F_ SENSORID	NUMBER(3, 0)	NOT NULL	传感器类型 ID
F_ RESOLUTION	NUMBER(5, 3)	NOT NULL	分辨率
F_ BANDCOUNT	NUMBER(2, 0)	NOT NULL	波段数
F_ IMAGEDATE	DATETIME	NOT NULL	图像数据日期
F_ IMAGEFOLDER	STRING	NOT NULL	辐射基准图像文件夹路径
F_ AREA	STRING	NOT NULL	辐射基准矢量图名称
补充说明			

辐射控制基准库建库流程分为四步，流程如图 10-7 所示。

(1)获取地表反射率数据；

(2)利用多种地物提取方法提取辐射控制基准数据；

(3)根据辐射控制基准数据信息，建立辐射控制基准数据表；

(4)辐射控制基准数据入库管理。

10.1.3 几何辐射一体化校正

建立几何基准网和辐射基准网后，就可以将待处理图像直接利用遥感地面基准网进行校正。目前绝大多数的图像处理将几何校正和辐射校正分开，处理过程独立，而且没有考

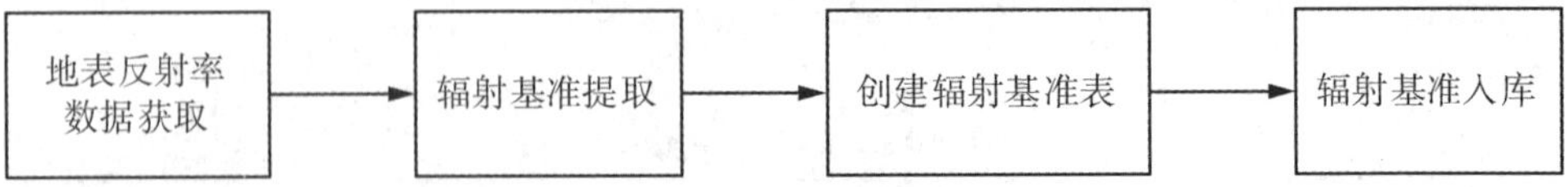

图 10-7　辐射控制基准库建库流程图

虑到几何信息和辐射信息在图像处理中的相互影响。几何辐射一体化校正是同步完成相对几何校正和相对辐射校正。首先选定图像控制点和感兴趣区域，然后利用最小二乘匹配推导出的一体化校正技术求解所有参数，最后综合均方根误差和其他评价指标进行一体化精度评价。

利用图像纠正与大气校正联合设计的平差方法（相对几何校正和相对辐射校正），同时解算出几何校正系数与辐射校正系数。原理如下：

$$\begin{cases} f_i(x, y) = h_0 + h_1 \cdot g_i(X, Y) \\ X = a_0 + a_1 x + a_2 y + a_3 xy + a_4 x^2 + a_5 y^2 \\ Y = b_0 + b_1 x + b_2 y + b_3 xy + b_4 x^2 + b_5 y^2 \end{cases} \tag{10-1}$$

式中，$f(x, y)$ 是待纠正图像像素值；$g(X, Y)$ 是参考图像像素值。由式（10-1）可推导出：

$$f_i(x, y) = h_0 + h_1 g_i(a_0 + a_1 x + a_2 y + a_3 xy + a_4 x^2 + a_5 y^2,\ b_0 + b_1 x + b_2 y + b_3 xy + b_4 x^2 + b_5 y^2) \tag{10-2}$$

因此联合平差的残差方程：

$$v = s_1 d h_0 + s_2 d h_1 + s_3 d a_0 + s_4 d a_1 + s_5 d a_2 + s_6 d a_3 + s_7 d a_4 + s_8 d a_5 + s_9 d b_0 + s_{10} d b_1 + s_{11} d b_2 + s_{12} d b_3 + s_{13} d b_4 + s_{14} d b_5 \tag{10-3}$$

其中，$s_1 - s_{14}$ 的表达式：

$$s_1 = 1;\quad s_2 = g_i(X,Y);\quad s_3 = \frac{\partial g_i(X,Y)}{\partial X} h_1;\quad s_4 = \frac{\partial g_i(X,Y)}{\partial X} h_1 x;$$

$$s_5 = \frac{\partial g_i(X,Y)}{\partial X} h_1 y;\quad s_6 = \frac{\partial g_i(X,Y)}{\partial X} h_1 xy;\quad s_7 = \frac{\partial g_i(X,Y)}{\partial X} h_1 x^2;$$

$$s_8 = \frac{\partial g_i(X,Y)}{\partial X} h_1 y^2;\quad s_9 = \frac{\partial g_i(X,Y)}{\partial Y} h_1;\quad s_{10} = \frac{\partial g_i(X,Y)}{\partial Y} h_1 x;$$

$$s_{11} = \frac{\partial g_i(X,Y)}{\partial Y} h_1 y;\quad s_{12} = \frac{\partial g_i(X,Y)}{\partial Y} h_1 xy;\quad s_{13} = \frac{\partial g_i(X,Y)}{\partial Y} h_1 x^2$$

$$s_{14} = \frac{\partial g_i(X,Y)}{\partial Y} h_1 y^2 \tag{10-4}$$

其中，$g(X,Y)$ 的偏导数可以用差分的方法计算。由残差方程（10-3）写成矩阵形式

$$\boldsymbol{V} = (\boldsymbol{S} \cdot dX - \boldsymbol{L}) \tag{10-5}$$

根据残差方程计算可以得到改正数 dX。

$$dX = (\boldsymbol{S}^{\mathrm{T}} \cdot \boldsymbol{P} \cdot S)^{-1} \cdot \boldsymbol{S}^{\mathrm{T}} \cdot \boldsymbol{P} \cdot \boldsymbol{L} \tag{10-6}$$

其中，$L = f_i(x_1, y_1) - [h_0 + h_1 \cdot g_i(x_2, y_2)]$，设置迭代次数和改正数的范围，并不断

更新参数改正后的值，最后求出几何校正与辐射校正的 14 个参数。

几何和辐射一体化校正的流程如图 10-8 所示。首先，利用改进的 SIFT 多源遥感图像自动匹配算法匹配几何基准库生成控制点，用于几何校正模型；接着，利用控制点周围的辐射不变基准如不变地物、黑暗像元等提取像素值。当相对辐射校正模型选择线性模型时，影响辐射校正精度的原因主要包括两个方面：一个是拟合线性关系所选的像元集包含粗差，另一个是像元集灰度值之间的关系不服从线性关系，无法用线性模型进行拟合。因此，需要利用 RANSAC 算法对提取的像素进行处理，以得到拟合较好的线性方程。最后，将校正后的结果通过几何校正的模型与辐射校正的模型进行约束，若校正精度不满足要求，则需要重新进行匹配和计算。

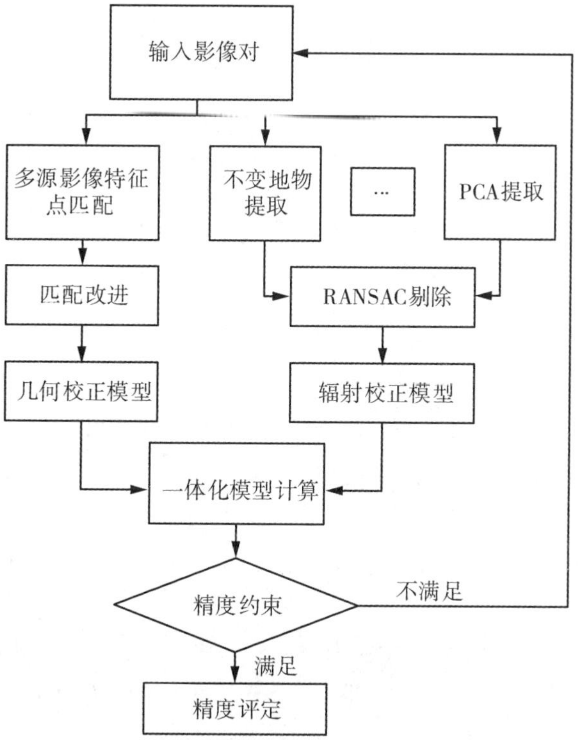

图 10-8　一体化校正技术路线图

对于经过几何和辐射一体化校正的图像，采用基于 SIFT 自动匹配的几何校正精度评价和基于 TOPSIS 法的辐射校正精度评价方法。

在几何校正精度评价方面，首先利用 SIFT 算法匹配图像的同名地物点，然后使用 RANSAC 算法对特征点进行筛选，通过不断迭代计算，寻找能够匹配上最多特征点的最优参数模型。最后，利用筛选后的匹配点进行精度分析和误差统计。

在辐射校正精度评价方面，基于 TOPSIS 法，首先将数据进行正向化处理，将其转化为极大型指标(指标数值越大越好)，接着为了消除数据量纲影响，对数据进行标准化处理：

$$z_{ij}=\frac{x_{ij}}{\sqrt{\sum_{i=1}^{n}x_{ij}^{2}}} \tag{10-7}$$

若标准化过程中出现负数，则需要重新标准化：

$$\tilde{z}_{ij}=\frac{x_{ij}-\min\{x_{1j},\ x_{2j},\ \cdots,\ x_{nj}\}}{\max\{x_{1j},\ x_{2j},\ \cdots,\ x_{nj}\}-\min\{x_{1j},\ x_{2j},\ \cdots,\ x_{nj}\}} \tag{10-8}$$

计算概率矩阵：

$$p_{ij}=\frac{\tilde{z}_{ij}}{\sum_{i=1}^{n}\tilde{z}_{ij}} \tag{10-9}$$

计算每个指标的信息熵：

对于第 j 个指标而言，其信息熵的计算公式为

$$e_j=-\frac{1}{\ln n}\sum_{i=1}^{n}p_{ij}\ln(p_{ij})\quad(j=1,\ 2,\ \cdots,\ m) \tag{10-10}$$

计算信息效用值：

$$d_j=1-e_j \tag{10-11}$$

计算熵权：

$$W_j=\frac{d_j}{\sum_{j=1}^{m}d_j}\quad(j=1,\ 2,\ \cdots,\ m) \tag{10-12}$$

评分构建：

最终评分采用样本到最优和最劣解的距离：

定义最大值：

$$Z_{\max}^{+}=(\max(z_{11},\ z_{21},\ \cdots,\ z_{n1}),\ \cdots,\ \max(z_{1m},\ z_{2m},\ \cdots,\ z_{nm})) \tag{10-13}$$

定义最小值：

$$Z_{\min}^{+}=(\min(z_{11},\ z_{21},\ \cdots,\ z_{n1}),\ \cdots,\ \min(z_{1m},\ z_{2m},\ \cdots,\ z_{nm})) \tag{10-14}$$

定义第 i（$i=1,\ 2,\ \cdots,\ n$）个评价对象与最大值的距离D_i^{+}：

$$D_i^{+}=\sqrt{\sum_{j=1}^{m}(Z_j^{+}-Z_{ij})^2} \tag{10-15}$$

定义第 i（$i=1,\ 2,\ \cdots,\ n$）个评价对象与最小值的距离D_i^{-}：

$$D_i^{-}=\sqrt{\sum_{j=1}^{m}(Z_j^{-}-Z_{ij})^2} \tag{10-16}$$

计算得到第 i（$i=1,\ 2,\ \cdots,\ n$）个评价对象未归一化的得分：

$$S_i=\frac{D_i^{-}}{D_i^{+}+D_i^{-}} \tag{10-17}$$

将得分归一化：

$$\tilde{S}_i = \frac{S_i}{\sum_{i=1}^{n} S_i} \tag{10-18}$$

最后得到经过辐射基准校正处理后的图像的评分，并依据此评分来评价辐射校正的质量。

基于2019年的(参考图像)和2020年的(待校正图像)山西地区高分二号的遥感图像数据，在图像裁剪之后，以盐湖区的平地区域、丘陵区域、山地区域为研究对象，通过几何和辐射基准库中匹配出的控制点数据以及周边的辐射基准，将多项式模型和基于不变目标法的线性模型联合平差计算的方法，同时解算出几何校正与辐射校正的系数，并根据解算的系数对原始图像进行一体化校正。

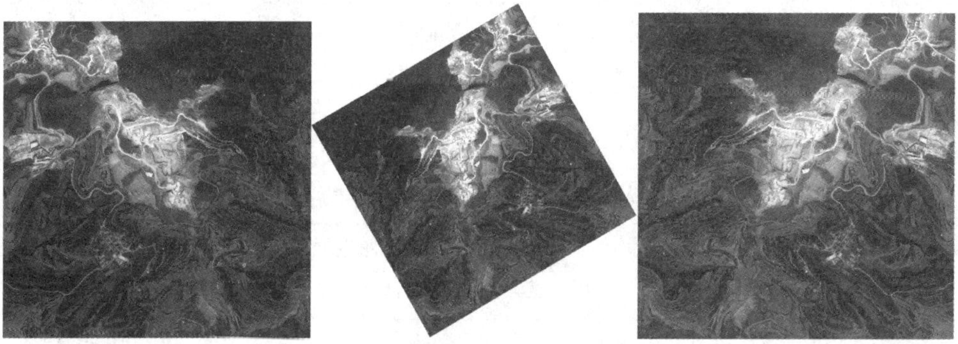

参考图像　　待校正图像　　一体化校正结果

图10-9　研究一体化校正结果

计算的参数见表10-8。

表10-8　几何校正与辐射校正参数表

统计指标	分步校正	一体化校正结果
几何系数	613.5299	614.2203
	-0.5426	-0.5427
	0.1035	0.1035
	0.0002	0.0002
	-0.0005	0.0005
	0.0003	0.0003
辐射系数 R	0.9940	0.9938
	8.4614	8.5106

续表

统计指标	分步校正	一体化校正结果
辐射系数 G	0.9869	0.9945
	17.342	11.915
辐射系数 B	0.9745	0.9529
	3.2131	5.3937
几何精度	0.7248	0.7144
辐射精度	5.7749	4.8668

根据表 10-8 可知，采用一体化方法进行校正后，无论是几何精度还是辐射精度都优于分步校正。该技术在遥感图像地面基准网的基础上，充分利用了建立的几何基准库与辐射基准库，通过自动匹配生成控制点和辐射校正基准，对于提高遥感图像校正的效率有重要作用。

表 10-9　SIFT-RANSAC 方法误差统计

	X 方向误差均值(像素)	Y 方向误差均值(像素)	均方误差 MSE(像素)
1	1.007	1.019	1.442
2	1.538	1.549	2.1964
3	0.405	0.514	0.724

表 10-10　检查点误差统计

	X 方向误差均值(像素)	Y 方向误差均值(像素)	均方误差 MSE(像素)
1	0.975	1.052	1.468
2	1.424	1.446	2.082
3	0.3881	0.482	0.664

通过对图像几何校正后误差数据的对比分析，无论是 X 方向、Y 方向的误差均值还是整体的均方根误差，利用 SIFT-RANSAC 匹配得到的同名地物点计算的几何校正误差与利用检查点计算的几何校正误差均在 0.2 个像素以内，这也证明了利用 SIFT-RANSAC 方法进行几何质量评价的有效性。

辐射校正选用的数据是山西地区的已经进行辐射校正的遥感图像，分辨率为 2m，分别获取自 2019 年 10 月、2020 年 5 月、2020 年 11 月和 2021 年 2 月，如图 10-10 所示。

通过对各单项指标的考察可以了解图像辐射质量的某一个方面，但难以对图像的整体质量形成全面认识。因此，需要通过 TOPSIS 法对这些评价指标进行综合处理，计算结果

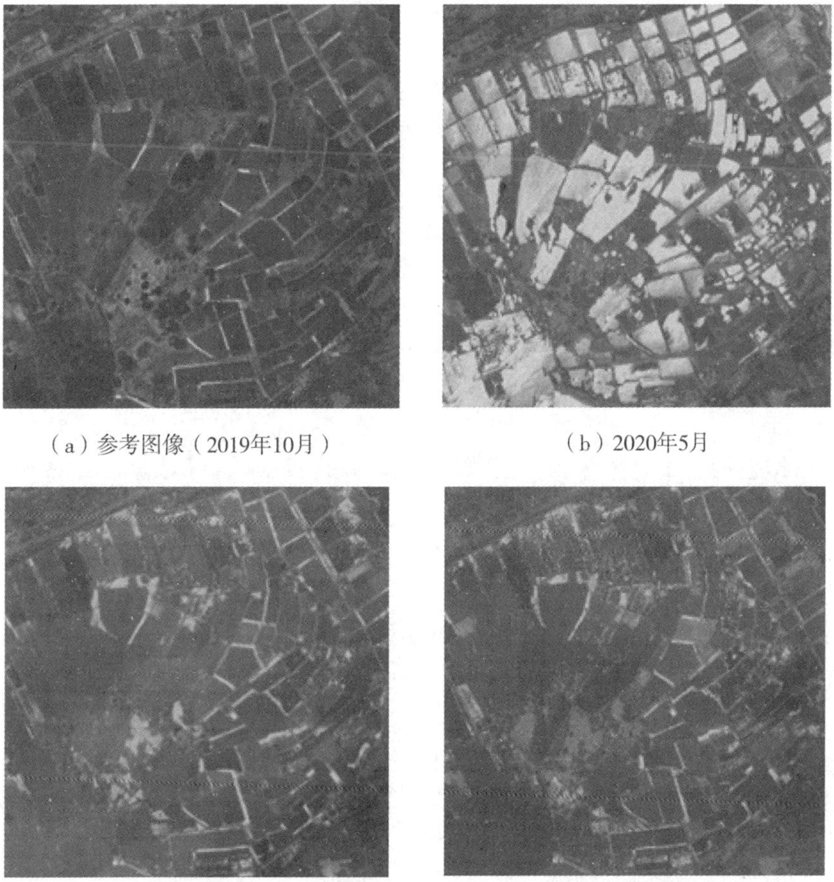

（a）参考图像（2019年10月） （b）2020年5月

（c）2020年11月 （d）2021年2月

图 10-10 辐射质量评价图像

如表 10-12 所示。综合评价方法与目视检查结果具有良好的一致性，证明了该评价体系的有效性。

表 10-11 图像各指标评价结果

指标	(a)	(b)	(c)	(d)	理想值
信息熵	6.251	7.098	6.493	6.459	∞
清晰度	80.059	189.754	29.255	235.859	∞
均方根误差	2	56.147	29.732	20.02	0
光谱角	0	0.182	0.105	0.029	0
峰值信噪比	100	28.581	27.882	28.334	∞
信噪比	∞	0.973	0.002	0.760	∞

表 10-12　TOPSIS 法综合评价

图像	正理想解距离 D+	负理想解距离 D-	相对接近度 C	排序结果
(a)	0.5	1.402	0.737	1
(b)	1.248	0.799	0.39	3
(c)	1.257	0.487	0.279	4
(d)	0.721	1.139	0.612	2

10.2　多模态遥感数据变化检测

多模态数据包括三峡地区 2022 年 2 月 24 日 Sentinel-2A 遥感数据、2023 年 2 月 9 日 Sentinel-1A SLC 数据(IW 模式，VV 极化方式)整景覆盖研究区域。参考 DEM 数据为 30m 分辨率的 SRTM DEM。

10.2.1　数据预处理

1. 多视处理

单视复数(SLC)SAR 图像产品包含显著的斑点噪声。为了获得最高空间分辨率的 SAR 图像，SAR 信号处理器使用完整的合成孔径和全部信号数据。多视处理通过对图像的距离向和方位向上的分辨率进行平均来抑制 SAR 图像的斑点噪声。多视处理提高了图像的辐射分辨率，但降低了空间分辨率。多视处理结果如图 10-11 所示。

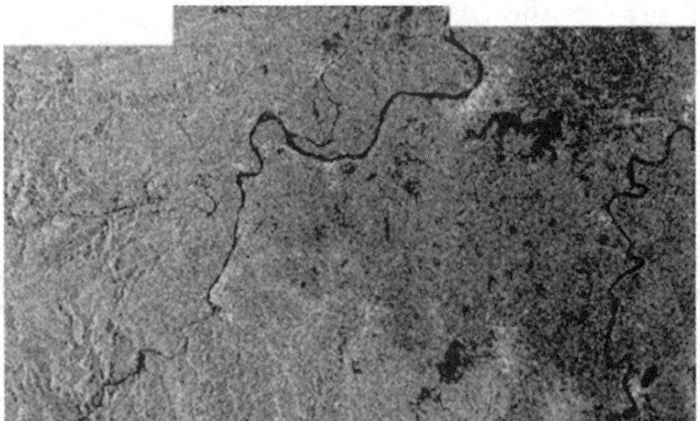

图 10-11　多视处理结果

2. 滤波

从相干 SAR 传感器获取的图像均存在斑点噪声，而图像滤波能够有效抑制或去除图像中的斑点噪声，从而改善图像质量和可用性。滤波技术的基本原理是在局部邻域内对像素进行统计分析，并根据统计信息调整像素值以降低噪声影响。选择特定的滤波器取决于图像特征、噪声特征以及应用需求。在使用滤波器时，需要在噪声抑制与细节保持之间进行权衡，滤波结果如图 10-12 所示。

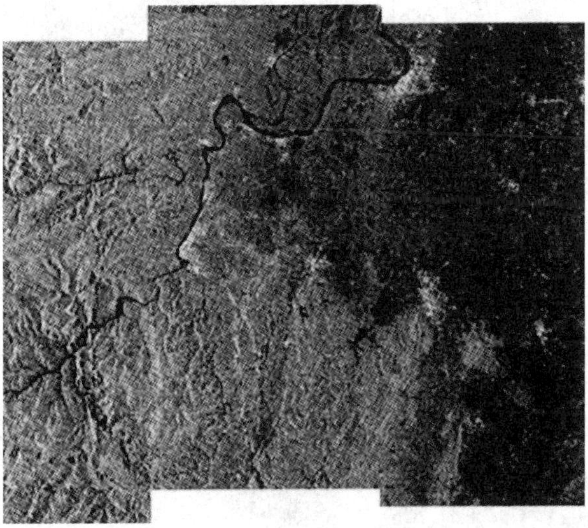

图 10-12　滤波结果

3. DEM 导入

在 SAR 数据处理中，需要用到参考 DEM 数据，用来提供参考地形或者参考地理坐标系。

4. 地理编码及辐射定标

SAR 系统通过测量发射和返回脉冲的功率比来工作，这个比值(即后向散射)被投影为斜距几何。由于不同的 SAR 传感器或接收模式存在差异，为了更好地对比 SAR 图像几何和辐射特征，需要将 SAR 数据从斜距或地距投影转换为地理坐标投影(制图参考系)，结果如图 10-13 所示。

5. 裁剪

将地理编码结果文件参照三峡地区 shp 文件进行裁剪，结果如图 10-14 所示。

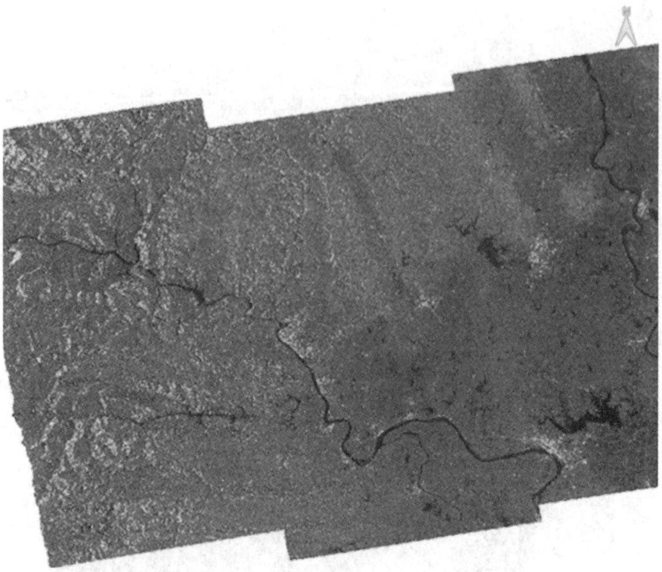

图 10-13　地理编码及辐射定标结果

图 10-14　三峡地区裁剪结果

6. 配准

对于覆盖同一地区的多幅雷达图像，如要进行时间序列分析、动态监测或多时相滤波处理等操作，需要进行图像间的配准处理，结果如图 10-15 所示。

图 10-15 三峡地区配准结果

10.2.2 监督分类

1. 光学图像监督分类

先手动进行训练样本选取收集，分为水体、建筑物、道路、裸地、林地、草地、耕地七个类别进行判读。对于每一类别，需勾选 20 个以上容易判读的样本，以及十几个不容易判读的样本。在绘制样本时，应尽量涵盖各类别的不同表现形式。完成监督分类后，还需进行后续处理，如去除小斑点处理等操作，结果如图 10-16 所示。

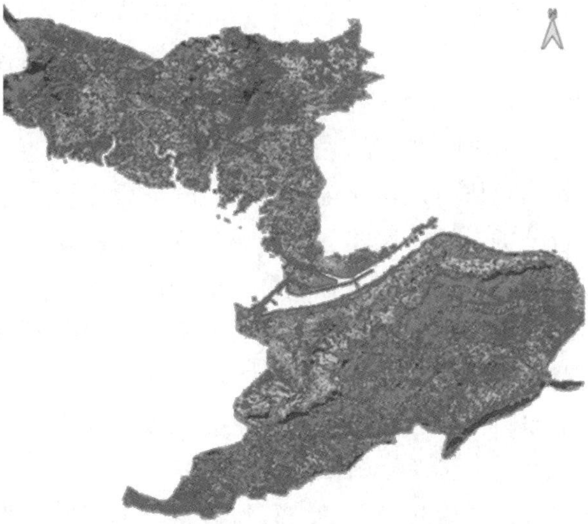

图 10-16 光学图像监督分类结果

2. SAR 图像监督分类

将之前的分类训练样本重新导入到已完成配准的 SAR 图像上，确认位置准确无误后，对有偏差的地物类别进行适当调整，随后执行监督分类，分类结果如图 10-17 所示。

图 10-17　SAR 图像监督分类结果

10.2.3　变化检测

变化检测结果受到多种因素影响，主要包括传感器类型差异、采集日期和时间差异方法、图像像元单位差异、像素分辨率差异、成像大气条件差异以及图像配准精度等。变化检测主要分为图像直接比较法、分类后比较法和直接分类法。

图像直接比较法是最为常见的方法，它是对经过配准的两个时相遥感图像中像元值直接进行运算或变换处理，从而识别变化的区域。分类后比较法是将经过配准的两个时相遥感图像分别进行分类，然后比较分类结果得到变化检测信息。直接分类法，结合了图像直接比较法和分类后比较法的思想，当地物属性发生变化时，必将导致其在图像某几个波段上的值发生变化。因此，只要找出两个时相的图像中对应波段值的差别并确定这些差别的范围，即可发现变化信息。在具体工作中，将两个时相的图像各波段组合成一个两倍于原图像波段数的新图像，并对该图像进行波谱空间变换。由于变换结果的前几个分量上集中了两个图像的主要信息，而后几个分量则反映出了两图像的差异信息，因此可以选择后几个分量进行波段组合来识别变化信息。采用图像直接比较法进行变化检测，结果如图 10-18 所示。

图 10-18　三峡地区变化检测结果

10.3　高分六号图像在自然资源调查中的应用

自然资源是国家经济建设、社会发展和人类生存的物质基础、能量源泉和空间载体。"山水林田湖草海城"等自然资源类型丰富多样，需要通过先进的技术手段进行全面、精准的调查和监测，从而及时掌握自然资源的分布和变化情况。目前，自然资源基础调查的主要成果包括国土"三调"和地理国情普查。国土"三调"主要针对地表覆盖情况，详细调查土地利用类型，即图斑地类调查。地理国情普查则对城镇区域的地理要素按照主要特征进行了分类调查，非建设用地主要调查地类。调查内容是以遥感正射影像图为基础，依据土地利用分类标准，调查土地的地类、面积和权属、地类分布及利用状况。

高分六号卫星采用单相机体制实现超大视场成像，其 65.6°视场是常规十几度视场相机的 5~6 倍。2m 全色/8m 多光谱相机观测幅宽为 90km，16m 多光谱相机观测幅宽为 800km，能进行更大尺度范围的信息提取。针对高分六号遥感图像的特点，研究并分析图像分类体系的建立。从概略到细致，逐步建立高分六号图像的自然资源分类体系，并采用基于对象的分类方法进行分类实验。针对分类结果，通过对验证区域的参考分类结果与实验结果叠加分析，进行分类精度评价。通过对一系列实验过程及结果的分析，横向对比实验各个流程中的区别与联系，总结其中的规律。

10.3.1　数据源

试验区位于广州市南沙区，该区域以建设用地为主，地物类型丰富多样，非常适合作为样本选取区域。试验区中包含大量乔木林地、耕地、园地、草地以及水体等地物类型。选用的图像是 2020 年 10 月 3 日成像的高分六号卫星图像(图 10-19)，成像范围是广州市南沙区及周边区域。图像全色波段的空间分辨率为 2m，多光谱波段空间分辨率为 8m，包含蓝、绿、红和近红外四个波段。

图 10-19　广州市南沙区高分六号图像

10.3.2　分类体系设计

高分六号的图像条件无法满足将地类细分至所有二级地类的要求。因此，首先按照三大类(建设用地、农用地和未利用地)对遥感图像进行分类，并根据分类结果确定后续实验的分类体系。此外，南沙区遥感图像有云层遮挡，在分类过程中将云层单独分离出来，以避免对遥感图像的分类结果造成影响。

(1)按照建设用地、农用地、未利用地分类：使用该分类体系进行样本选取后，通过计算得出了各类别样本之间的分离度矩阵，见表 10-13。

(2)按照建设用地、农用地(耕地、草地、种植园用地、坑塘水面、其他农用地)、未利用地(水体、其他未利用地)分类：根据对黄阁镇图像进行分类所得经验结合人工对南沙区遥感图像的判读，认为上述分类体系是该遥感图像可能达到的最多类别。因此，先利用该体系进行实验，视情况减少或增加类别。使用该分类体系进行样本选取后，通过计算得出了各个类别样本之间的分离度矩阵，见表 10-14。

(3)按照建设用地、农用地(草地、耕地和种植园用地、坑塘水面、其他农用地)、未利用地(水体、其他未利用地)分类：使用该分类体系进行样本选取后，通过计算得出了各个类别样本之间的分离度矩阵，见表 10-15。

(4)按照建设用地、农用地(草地、坑塘水面、其他农用地)、未利用地(水体、其他未利用地)分类：使用该分类体系进行样本选取后，通过计算得出了各个类别样本之间的分离度矩阵，见表 10-16。

(5)按照建设用地、农用地(坑塘水面、其他农用地)、未利用地(水体、其他未利用地)分类：使用该分类体系进行样本选取后，通过计算得出了各个类别样本之间的分离度矩阵，见表 10-17。

表 10-13 分类体系(1)中地类分类矩阵

	建设用地	农用地	云层	未利用地
建设用地	0	1.1052	6.7414	1.0138
农用地	1.1052	0	9.7092	2.1045
云层	6.7414	9.7092	0	5.7441
未利用地	1.0138	2.1045	5.7441	0

表 10-14 分类体系(2)中地类分类矩阵

	云层	建设用地	水体	其他未利用地	草地	其他农用地	耕地	坑塘水面	种植园用地
云层	0	0.7969	3.6221	1.0177	2.5184	2.4290	1.5698	2.1707	1.2341
建设用地	0.7969	0	1.3965	1.5766	2.1627	1.4726	1.2316	1.4474	0.9168
水体	3.6221	1.3965	0	3.3686	3.1327	2.2972	1.6789	0.3192	1.6597
其他未利用地	1.0177	1.5766	3.3686	0	2.0712	2.2929	1.1463	1.3439	0.8520
草地	2.5184	2.1627	3.1327	2.0712	0	0.4292	0.3851	2.1730	0.4489
其他农用地	2.4290	1.4726	2.2972	2.2929	0.4292	0	0.2736	1.9119	0.2694
耕地	1.5698	1.2316	1.6789	1.1463	0.3851	0.2736	0	0.9348	0.1283
坑塘水面	2.1707	1.4474	0.3192	1.3439	2.1730	1.9119	0.9348	0	0.9759
种植园用地	1.2341	0.9168	1.6597	0.8520	0.4489	0.2694	0.1283	0.9759	0

表 10-15 分类体系(3)中地类的分离度矩阵

	云层	建设用地	水体	其他未利用地	草地	其他农用地	耕地和种植园用地	坑塘水面
云层	0	0.7304	2.8004	1.7260	2.9070	2.2471	1.4409	2.1346
建设用地	0.7304	0	1.3965	1.5766	2.1627	1.5361	1.0544	1.4474
水体	2.8004	1.3965	0	3.3686	3.1327	2.1251	1.5180	0.3192
其他未利用地	1.7260	1.5766	3.3686	0	2.0712	1.9507	1.0218	1.3439
草地	2.9070	2.1627	3.1327	2.0713	0	0.5419	0.3933	2.1730

续表

	云层	建设用地	水体	其他未利用地	草地	其他农用地	耕地和种植园用地	坑塘水面
其他农用地	2.2471	1.5361	2.1251	1.9507	0.5419	0	0.1938	1.4556
耕地和种植园用地	1.4409	1.0544	1.5180	1.0218	0.3933	0.1938	0	0.9031
坑塘水面	2.1346	1.4474	0.3192	1.3439	2.1730	1.4556	0.9031	0

表 10-16　分类体系(4)中地类的分离度矩阵

	云层	建设用地	水体	其他未利用地	草地	其他农用地	坑塘水面
云层	0	0.4416	2.2631	0.4316	1.8456	1.3012	1.2063
建设用地	0.4416	0	1.3908	1.4440	1.8499	1.0837	1.0753
水体	2.2631	1.3908	0	3.8274	4.5951	2.3372	0.4048
其他未利用地	0.4316	1.4440	3.8274	0	2.7850	1.5393	1.7620
草地	1.8456	1.8499	4.5951	2.7850	0	0.5256	2.9319
其他农用地	1.3013	1.0837	2.3372	1.5393	0.5256	0	1.4733
坑塘水面	1.2063	1.0753	0.4048	1.7620	2.9319	1.4733	0

表 10-17　分类体系(5)中地类的分离度矩阵

	云层	建设用地	水体	其他未利用地	其他农用地	坑塘水面
云层	0	0.7322	3.1022	1.5929	1.6969	2.2186
建设用地	0.7322	0.000000	1.433914	1.576620	1.176025	1.125058
水体	3.1022	1.4339	0	2.7900	1.8983	0.3052
其他未利用地	1.5929	1.5766	2.7900	0	1.3956	1.3143
其他农用地	1.6969	1.1760	1.8983	1.3956	0	1.1419
坑塘水面	2.2186	1.1251	0.3052	1.3143	1.1419	0.0000

10.3.3　监督分类及评价

经过实验确定南沙区多光谱遥感图像的分类体系后，分别选取部分区域作为主样本选取区域(图 10-20 和图 10-21)。其中，试验区 1 以建设用地、林地、空闲地等；试验区 2 以耕地、坑塘水面等地类为主。分类结果见图 10-22，各类别之间的分离度矩阵见表 10-18。

图 10-20　样本选取区域 1

图 10-21　样本选取区域 2

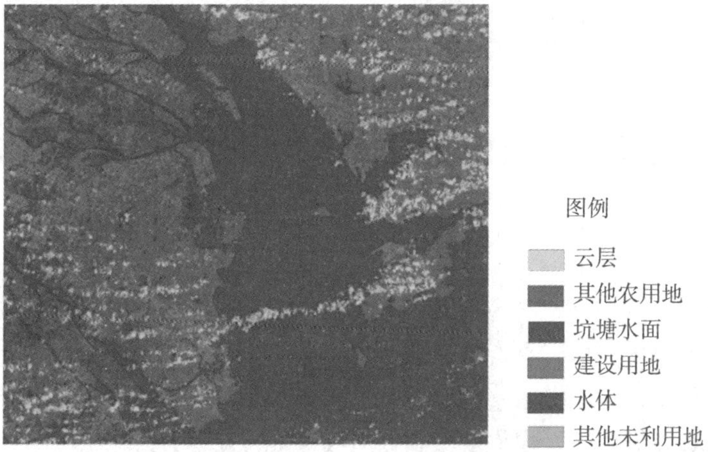

图 10-22　南沙区自然资源分类实验结果图

表 10-18　南沙区自然资源分类实验分离度矩阵

	云层	建设用地	水体	其他未利用地	其他农用地	坑塘水面
云层	0	0.5700	2.4417	1.2381	1.3037	1.9228
建设用地	0.5700	0.000000	1.0146	1.4845	1.1235	1.0475
水体	2.4417	1.0146	0	2.7587	1.4732	0.3063
其他未利用地	1.2381	1.4845	2.7587	0	1.2872	1.3072
其他农用地	1.3037	1.1235	1.4732	1.2872	0	0.9286
坑塘水面	1.9228	1.0475	0.3063	1.3072	0.9286	0

由表 10-19 可知，基于南沙区图像的自然资源分类结果总体精度为 72.44%，Kappa 系数为 0.4617，表明分类效果好。其中，其他农用地和建设用地的用户精度较高，分别为 78.64%和 71.57%；其他农用地的生产者精度尤为突出，达到 86.27%。

表 10-19 南沙区图像分类混淆矩阵(对象面积：m^2)

	建设用地	其他农用地	其他未利用地	坑塘水面	水体	合计	用户精度
建设用地	258668.48	70955.47	1248.07	30538.72	—	361410.73	71.57%
其他农用地	247839.62	1147813.81	1236.00	62734.60	—	1459624.03	78.64%
其他未利用地	28255.12	34580.07	0.00	11034.71	—	73869.90	0.00%
坑塘水面	8007.25	68920.42	264.54	127544.39	—	204736.59	62.30%
水体	3429.22	8150.38	0.00	6424.19	—	18003.80	—
合计	546199.68	1330420.15	2748.62	238276.60	—	2117645.05	
生产者精度	47.36%	86.27%	0.00%	53.53%	—		
总体分类精度	72.44%	Kappa 系数	0.4617				

10.4 高分六号图像结合国土“三调”的西部地区县域自然资源调查

自然资源是社会经济发展的重要物质载体。通过对自然资源调查监测，掌握自然资源的总量、分布、类别和动态变化，对于国家制定经济社会发展重大战略规划具有重要意义。高分遥感技术，特别是高分六号卫星的应用，是目前快速、及时、准确地发现土地利用变化情况的重要手段之一，具有显著的应用优势。随着技术水平的不断提高，它为自然资源调查工作提供了坚实的技术基础。

我国西部地区地域广阔，但土地基础数据较为薄弱，地类变化检测的可靠性较低。因此，通过较低的成本投入，为大范围地区提供精准的调查成果已成为当前的迫切需求。由于西部地区地形地貌复杂，多山地丘陵的特点，传统测绘手段受到极大限制，且不适用于范围较大的区域。高分遥感数据在自然资源调查中得到广泛应用，显著提高了自然资源动态监测的效率和准确度。

采用高分六号遥感图像，结合全色与多光谱数据，通过先进的全色与多光谱图像融合技术，获取高空间分辨率与高光谱分辨率的遥感图像。利用融合后的数据对叙永县进行土地资源基础调查。具体采用面向对象的图像分类方法，参照已有的第三次全国国土调查成果，对遥感图像进行监督分类，并自动提取变化区域。

10.4.1 数据源

数据为叙永县的高分六号遥感图像和国土“三调”成果(图 10-23 和图 10-24)。其中，高分六号遥感图像包含 2019 年 7 月 28 日与 2021 年 8 月 4 日两期数据。由于叙永县需要两景遥感图像才能完全覆盖，因此每期数据都包含两景 2m 分辨率的全色图像与两景 8m 分辨率的多光谱图像，共 8 景图像。国土“三调”成果地类图斑共包含 40 个类别，图斑总数 236066 个。无论是在图斑数量还是图斑面积上，农村宅基地、旱地、林地、水田、农村道路、果园等均为主要地类类型。

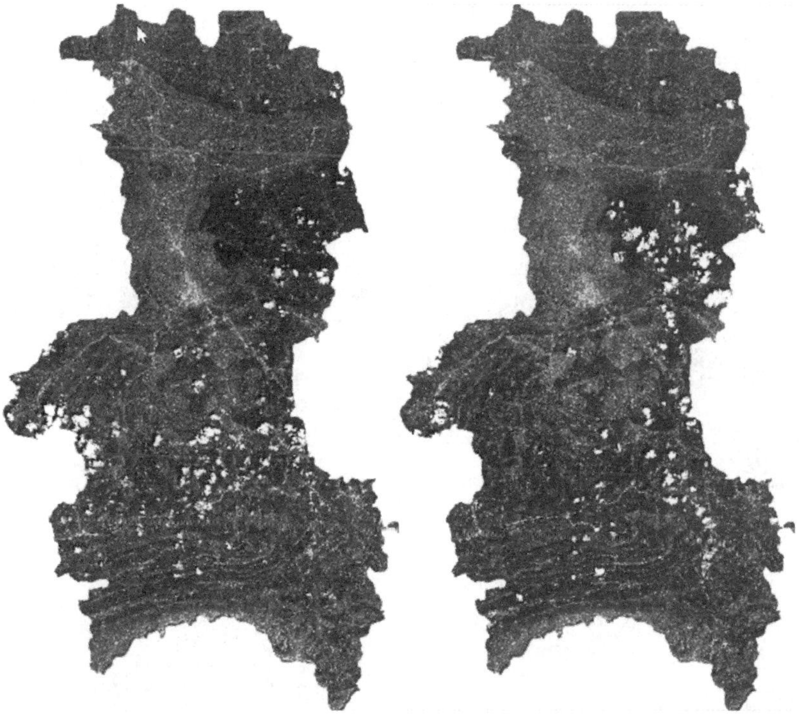

图 10-23　叙永县遥感图像(左：2019 年；右：2021 年)

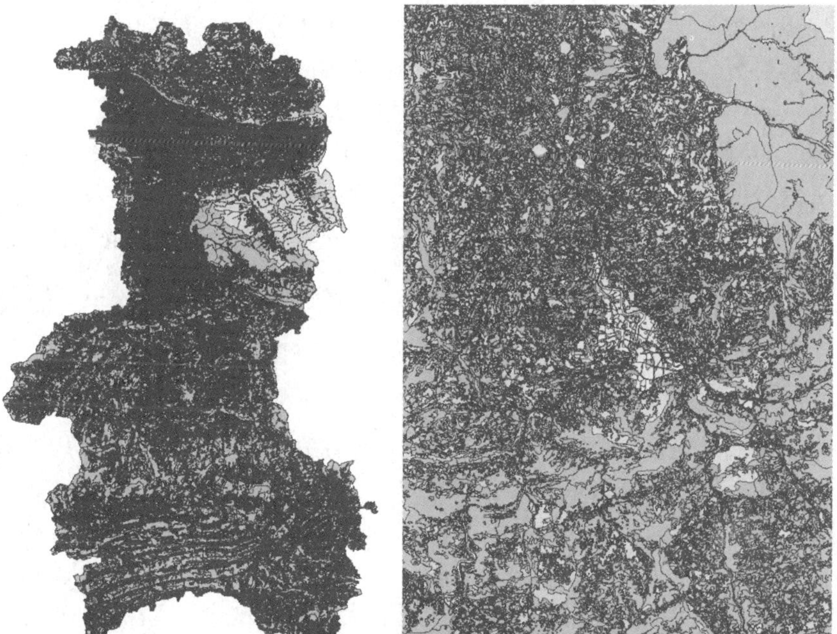

图 10-24　叙永县“三调”地类图斑(左：全县；右：局部)

10. 4. 2　调查方法

通过对原始图像进行辐射校正、大气校正等预处理后，利用融合方法得到的 2m 融合多光谱图像作为实验数据，对遥感图像进行监督分类与变化检测。总体技术路线如图 10-26所示。

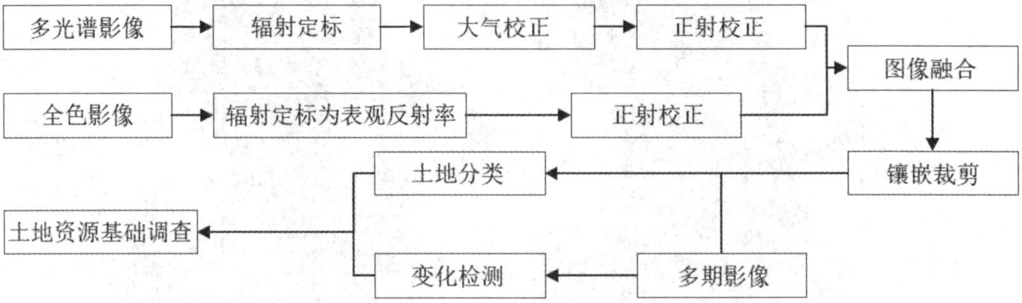

图 10-25　自然资源调查整体流程图

1. 数据预处理

遥感图像的预处理过程包括辐射定标、大气校正、正射校正、图像融合和图像的镶嵌裁剪。首先对多光谱图像进行绝对辐射定标，将数据转换为辐射亮度值，并使用 FLAASH 模型对多光谱图像进行大气校正。对于全色图像，由于不需要进行大气校正，辐射定标直接把数据转换为大气表观反射率，并扩大 10000 倍，以确保与大气校正之后的多光谱图像的量纲保持一致。此外，对多光谱图像和全色图像均需要进行正射校正。由于高分六号具有 RPC 信息，因此利用有理函数模型进行正射校正是最佳选择。然后采用 NNDiffuse 融合法，将高分六号的多光谱图像和全色图像进行融合，获得高空间分辨率与高光谱分辨率的遥感图像。最后进行图像镶嵌与裁剪工作，在镶嵌过程中，两景图像的匀色处理采用直方图匹配方法，把相邻多景遥感图像拼接成一个大范围、无缝的图像，并利用行政区划边界的矢量文件进行不规则的图像裁剪。

2. 面向对象的图像监督分类

面向对象的图像监督分类流程具体如图 10-26 所示。首先，由于融合后的单景高分六号图像不足以覆盖研究区域叙永县的全部范围，因此需首先进行图像镶嵌工作，把相邻多景遥感图像拼接成一个大范围、无缝的图像。接着进行图像裁剪工作，去除掉研究区域以外图像部分。其次，采用多尺度分割的方法对图像进行分割，从二维的图像信息阵列中恢复出图像所反映的景观场景中目标地物的空间形状及组合方式。接着，进行样本与训练样区的选择，构建包含对象的固有特征、拓扑特征与上下文特征的特征空间；最后，对类别进行可行性分析，执行监督分类并进行统计分析。

图 10-26　面向对象的图像监督分类流程

对 2019 年度和 2021 年度叙永县遥感图像进行监督分类，其结果如图 10-27 所示。

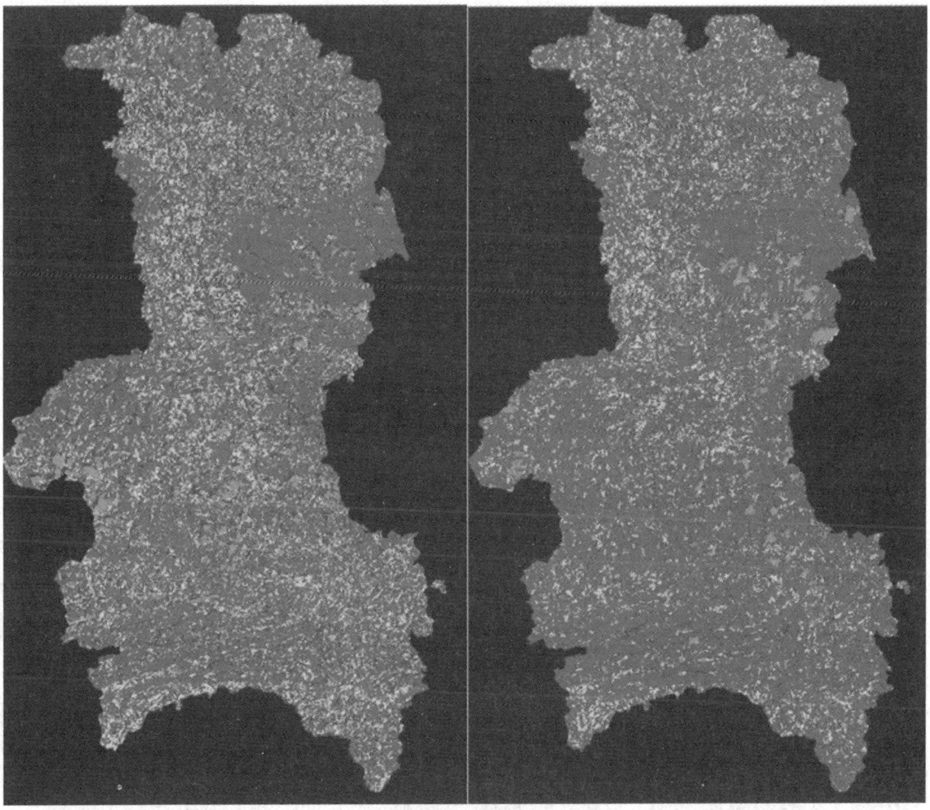

（a）2019　　（b）2021

图 10-27　叙永县监督分类结果图示

对 2019 年图像数据与 2021 年图像各随机选取耕地、建设用地、林地、水体与其他地类样本共 300 个，对其精度进行评价(表 10-20 和表 10-21)，得到 2019 年的最终总体分类精度为 89.7%，Kappa 系数为 0.832。2021 年的最终总体分类精度为 91%，Kappa 系数为 0.843。

表 10-20　2019 年叙永县土地利用分类误差矩阵

地物类别	耕地	建设用地	林地	水体	其他地类	总计
耕地	43	1	3	2	1	50
建设用地	1	30	0	1	0	32
林地	4	7	162	3	1	177
水体	2	1	2	28	0	33
其他地类	1	0	1	0	6	8
总计	51	39	168	34	8	300

表 10-21　2021 年叙永县土地利用分类误差矩阵

地物类别	耕地	建设用地	林地	水体	其他地类	总计
耕地	40	0	1	2	0	43
建设用地	2	43	2	1	0	48
林地	2	6	175	5	1	189
水体	3	1	0	10	0	14
其他地类	0	1	0	0	5	6
总计	47	51	178	18	6	300

10.4.3　遥感图像变化检测

自然资源要素信息的自动变化提取面临诸多挑战，包括场景范围广、目标特征复杂多变、尺度多样化、变化目标小且数据稀疏、云雪季节等导致变化干扰多等方面因素影响，单纯利用图像分类方法很难获得理想的提取结果。通过国土“三调”等工程，可以获得准确的自然资源分布图斑，在较短时间内只有较少的要素类别发生变化，自然资源调查中只需要对少数变化要素进行类别确定。另一方面，已有的“三调”图斑可以为图像分类过程提供较准确的分割边界，并提供大量分类样本，从而提高变化要素的分类精度。因此，充分利用“三调”数据中的先验知识，可以提高自然资源调查监测的自动化程度和准确性。

采用基于分类的遥感变化检测方法对图像进行分类后，获得前后时相的土地利用类别，并通过对比前后的类别获得变化区域。选择支持向量机作为分类器，充分利用“三调”土地利用矢量数据和多时相遥感图像，将变化检测方法和图像分类方法相结合，形成自然资源自动化调查技术方法。

变化检测的具体流程如下：首先，利用多源数据进行土地利用变化检测，结合前一时相的土地利用数据，自动获取后时相图像上的像素级训练样本，并进行自动的像素级图像分类。随后，将后时相的分类结果与前时相的土地利用数据进行对比，自动识别变化区域。通过对前后两时相图像进行 MAD 变换，利用 MAD 变换图像自动设置阈值以去除伪变化。然后，对变化区域进行面向对象分类，以确定变化区域的具体类别。在这一过程中，土地利用数据的矢量边界作为面向对象分类过程中的边界先验约束，可提升图像分割的效果；同时，利用稳定区域矢量图斑类别自动获得大量分类样本，并采用基于最近邻的方法确定变化区域图斑的新类别。

变化图斑的自动检测结果如图 10-28 所示，共自动提取变化区域 547546 个。由于自动分类存在误差，会造成较多的伪变化，初步提取的疑似变化图斑数量较多，需进一步处理去除伪变化。去除伪变化后，变化区域还有 23403 个。然而剩下的疑似变化图斑中仍有比较多的伪变化，主要集中在云覆盖区域、裸露的农田和林地。大部分伪变化是由客观地物与土地利用定义不一致所导致的，只能通过目视观察分辨。这些伪变化往往比较集中，可以通过目视观察快速剔除。最终的变化图斑绘制结果如图 10-29 所示。

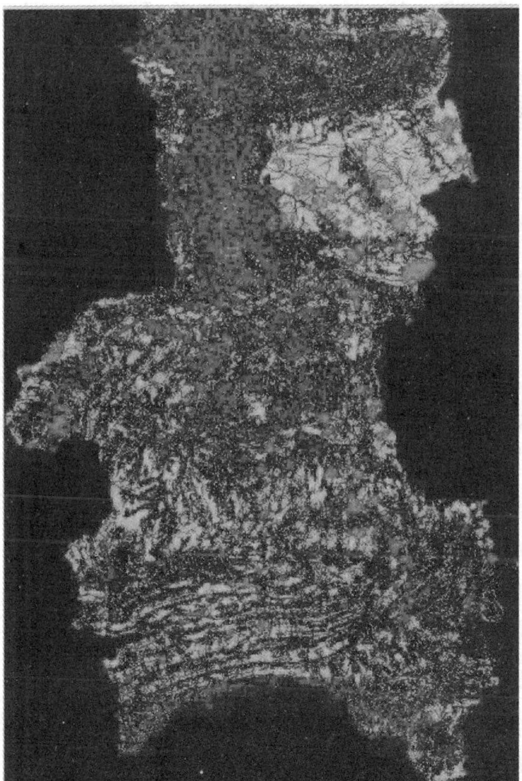

图 10-28 自动检测变化图斑

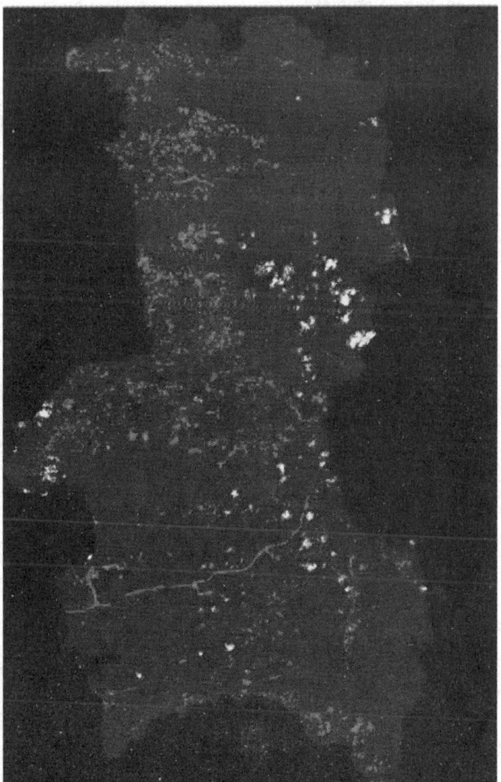

图 10-29 变化图斑绘制结果

从 2019 年到 2021 年，总体变化面积为 368114920. 018 m^2，见表 10-22。其中，耕地面积减少 104946393. 10 m^2，占总变化面积的 28. 51%；建设用地增加 110355532. 21 m^2，占总变化面积的 29. 98%；林地增加 76156780. 60 m^2，占总变化面积的 20. 69%；水体面积减少 74612165. 50 m^2，占总变化面积的 20. 27%；其他地类增加 2044048. 60 m^2，占总变化面积的 00. 55%。通过对变化图斑进行人工解译，最终得出变化检测结果中面积检测的正确率为 83. 51%。

表 10-22　叙永县变化检测结果统计表

变化类别	变化面积/m^2	变化占比/%
耕地	104946393. 10	-28. 51
建设用地	110355532. 21	29. 98
林地	76156780. 60	20. 69
水体	74612165. 50	-20. 27
其他地类	2044048. 60	00. 55

10. 5　基于 RPC 模型的高分辨率图像空中三角测量

10. 5. 1　基本原理

在基于有理函数模型（RPC）的高分辨率图像空中三角测量中，投影光线束被作为一个平差单元，而 RPC 模型作为平差的基础方程。通过各光线束在空间的平移和旋转，使模型之间的公共点光线实现最佳交会，进而将整个测量区域纳入已知的控制点坐标系统。这一过程旨在确定加密点的地面坐标和 RPC 模型的像面变换参数，这就是基于 RPC 模型的遥感图像区域网平差的核心思想。

由于卫星图像的 RPC 模型通常采用与地面无关的模式，并通过卫星遥感图像的严格成像模型获得，因此可能存在较大的系统性误差。为了补偿有理函数模型的系统误差并提高立体定位精度，可以利用图像自身之间的约束关系。基于 RPC 模型的区域网平差综合考虑了多航带以及重叠图像的情况，通过控制点和连接点的统一平差来消除模型存在的系统误差。

CCD 推扫式传感器的系统误差主要影响图像获取时的行向和列向，可以通过定义在像面上的仿射变换来纠正此类误差。观测方程如下：

$$\begin{cases} F_x = a_0 + a_1\text{Sample} + a_2\text{Line} + r - \text{Line} = 0 \\ F_y = b_0 + b_1\text{Sample} + b_2\text{Line} + c - \text{Sample} = 0 \end{cases} \tag{10-19}$$

将上式线性化可以得到每个连接点的线性方程：

$$\begin{cases} v_x = \begin{bmatrix} \dfrac{\partial F_x}{\partial a_0}\cdot\Delta a_0 + \dfrac{\partial F_x}{\partial a_1}\cdot\Delta a_1 + \dfrac{\partial F_x}{\partial a_2}\cdot\Delta a_2 + \dfrac{\partial F_x}{\partial b_0}\cdot\Delta b_0 + \dfrac{\partial F_x}{\partial b_1}\cdot\Delta b_1 \\ + \dfrac{\partial F_x}{\partial b_2}\cdot\Delta b_2 + \dfrac{\partial F_x}{\partial P}\cdot\Delta P + \dfrac{\partial F_x}{\partial L}\cdot\Delta L + \dfrac{\partial F_x}{\partial H}\cdot\Delta H \end{bmatrix} + F_{x0} \\ v_y = \begin{bmatrix} \dfrac{\partial F_y}{\partial a_0}\cdot\Delta a_0 + \dfrac{\partial F_y}{\partial a_1}\cdot\Delta a_1 + \dfrac{\partial F_y}{\partial a_2}\cdot\Delta a_2 + \dfrac{\partial F_y}{\partial b_0}\cdot\Delta b_0 + \dfrac{\partial F_y}{\partial b_1}\cdot\Delta b_1 \\ + \dfrac{\partial F_y}{\partial b_2}\cdot\Delta b_2 + \dfrac{\partial F_y}{\partial P}\cdot\Delta P + \dfrac{\partial F_y}{\partial L}\cdot\Delta L + \dfrac{\partial F_y}{\partial H}\cdot\Delta H \end{bmatrix} + F_{y0} \end{cases} \tag{10-20}$$

其中(P,L,H) 为相应的大地坐标。将上式记为

$$V = At + BX - l \tag{10-21}$$

同样可以得到每个控制点的线性方程：

$$\begin{cases} v_x = \begin{bmatrix} \dfrac{\partial F_x}{\partial a_0}\cdot\Delta a_0 + \dfrac{\partial F_x}{\partial a_1}\cdot\Delta a_1 + \dfrac{\partial F_x}{\partial a_2}\cdot\Delta a_2 + \dfrac{\partial F_x}{\partial b_0}\cdot\Delta b_0 \\ + \dfrac{\partial F_x}{\partial b_1}\cdot\Delta b_1 + \dfrac{\partial F_x}{\partial b_2}\cdot\Delta b_2 \end{bmatrix} + F_{x0} \\ v_y = \begin{bmatrix} \dfrac{\partial F_y}{\partial a_0}\cdot\Delta a_0 + \dfrac{\partial F_y}{\partial a_1}\cdot\Delta a_1 + \dfrac{\partial F_y}{\partial a_2}\cdot\Delta a_2 + \dfrac{\partial F_y}{\partial b_0}\cdot\Delta b_0 \\ + \dfrac{\partial F_y}{\partial b_1}\cdot\Delta b_1 + \dfrac{\partial F_y}{\partial b_2}\cdot\Delta b_2 \end{bmatrix} + F_{y0} \end{cases} \tag{10-22}$$

记为

$$\boldsymbol{V} = \boldsymbol{At} - \boldsymbol{l} \tag{10-23}$$

其中

$$\boldsymbol{A} = \begin{bmatrix} \dfrac{\partial F_x}{\partial a_0} & \dfrac{\partial F_x}{\partial a_1} & \dfrac{\partial F_x}{\partial a_2} \\ \dfrac{\partial F_x}{\partial b_0} & \dfrac{\partial F_x}{\partial b_1} & \dfrac{\partial F_x}{\partial b_2} \end{bmatrix}$$

$$\boldsymbol{B} = \begin{bmatrix} \dfrac{\partial F_x}{\partial P} & \dfrac{\partial F_x}{\partial L} & \dfrac{\partial F_x}{\partial H} \\ \dfrac{\partial F_y}{\partial P} & \dfrac{\partial F_y}{\partial L} & \dfrac{\partial F_y}{\partial H} \end{bmatrix} = \begin{bmatrix} \dfrac{\partial r}{\partial P} & \dfrac{\partial r}{\partial L} & \dfrac{\partial r}{\partial H} \\ \dfrac{\partial c}{\partial P} & \dfrac{\partial c}{\partial L} & \dfrac{\partial c}{\partial H} \end{bmatrix}$$

$$\boldsymbol{t} = [\Delta a_0 \quad \Delta a_1 \quad \Delta a_2 \quad \Delta b_0 \quad \Delta b_1 \quad \Delta b_2]^{\mathrm{T}}$$

$$\boldsymbol{X} = [\Delta P \quad \Delta L \quad \Delta H]^{\mathrm{T}}$$

$$\boldsymbol{l} = \begin{bmatrix} -F_{x0} \\ -F_{y0} \end{bmatrix} \quad \boldsymbol{V} = \begin{bmatrix} v_x \\ v_y \end{bmatrix}$$

根据最小二乘平差构建法方程：

$$\begin{bmatrix} A^{T}A & A^{T}B \\ B^{T}A & B^{T}B \end{bmatrix}\begin{bmatrix} t \\ X \end{bmatrix}=\begin{bmatrix} A^{T}l \\ B^{T}l \end{bmatrix} \tag{10-24}$$

对式(10-24)求解，对于区域网空中三角测量而言，由于所涉及的航线数、每条航线的图像数和每幅图像的量测像点数(即光束数)有时会很多，此时误差方程式的个数十分可观，可以先消除一类未知数去求另一类未知数，一般情况下坐标未知数 $\boldsymbol{X}$ 远远大于定向未知数 $\boldsymbol{t}$，可以先求解 $\boldsymbol{t}$，消去 $\boldsymbol{X}$。上式消去 $\boldsymbol{X}$ 后可得：

$$t=[A^{T}A-A^{T}B(B^{T}B)^{-1}B^{T}A]^{-1}\cdot[A^{T}L-A^{T}B(B^{T}B)^{-1}B^{T}L] \tag{10-25}$$

区域网平差必须满足有足够的起始数据，至少需要两个平高控制点和一个高程控制点，才能确定平差的基准。如果区域网中没有起始数据或起始数据不足，误差方程系数矩阵将出现列秩亏，这就是秩亏区域网平差。可以采用谱分析法求解，获得无偏的地面点坐标和仿射变换参数。

将式(10-24)两边同时加上$\begin{bmatrix} t \\ X \end{bmatrix}$，得到

$$\left[\begin{pmatrix} A^{T}A & A^{T}B \\ B^{T}A & B^{T}B \end{pmatrix}+E\right]\begin{bmatrix} t \\ X \end{bmatrix}=\begin{bmatrix} A^{T}l \\ B^{T}l \end{bmatrix}+\begin{bmatrix} t \\ X \end{bmatrix} \tag{10-26}$$

其中，$\boldsymbol{E}$ 为和$\begin{pmatrix} A^{T}A & A^{T}B \\ B^{T}A & B^{T}B \end{pmatrix}$阶数相同的单位矩阵，由于式子两边都含有$\begin{bmatrix} t \\ X \end{bmatrix}$，只能采用迭代的方式求解未知参数，具体的迭代公式为

$$\begin{bmatrix} t \\ X \end{bmatrix}^{(k)}=\left[\begin{pmatrix} A^{T}A & A^{T}B \\ B^{T}A & B^{T}B \end{pmatrix}+E\right]^{-1}\left[\begin{pmatrix} A^{T}l \\ B^{T}l \end{pmatrix}+\begin{pmatrix} t \\ X \end{pmatrix}^{(k-1)}\right] \tag{10-27}$$

对于该迭代过程，可以通过基于 RPC 模型的空间前方交会来提供区域网平差的初始值。基于 RPC 模型的区域网平差的具体步骤如下：

(1)基于 RPC 模型进行空间前方交会，从而确定各个连接点的地面坐标近似值；

(2)确定 RPC 模型的像面仿射变换参数的初始值，一般初始化为

$$a_0=0,\ a_1=1,\ a_2=0,\ b_0=0,\ b_1=0,\ b_2=1$$

(3)逐点法化，根据最小二乘平差原理构建区域网平差的法方程；

(4)解求每景的像面仿射变换参数和每个地面点的坐标；

(5)精度评定。

基于 RPC 模型的区域网平差直接与相机物理模型的几何特性有密切关系，对于将多个严格几何模型参数合并为一个参数，不但不会影响图像上对象之间的相互关系，相反被证明为比传统区域网平差中内外定向参数更具有稳定性，该方法对于任何窄视场角、内部校准稳定方向、有准确的先验外方位数据的高分辨率遥感图像都有适用性。

10.5.2　无控制点区域网平差

测试数据为北京清河地区的 IKONOS 立体图像对 po_5408_pan_0000010000 和 po_5408_pan_0010000000，图像地面分辨率 1m，RPC 参数文件随图像附带。该区域采用 GPS 全野外方式测量了 20 个地面控制点，估计精度约为 0.5m。

直接利用图像附带的 RPC 参数，开展基于 RPC 模型的无地面控制点的区域网平差试验，20 个控制点全部作为检测点来评定模型精度。同时，为了对比计算精度，列出了无控制点条件下直接利用 RPC 参数进行空间前方交会的精度，结果如表 10-23 和图 10-30 所示。

表 10-23　IKONOS 图像无控制点区域网平差及前方交会精度

		无控制点区域网平差	无控制点前方交会
最大残差	*X*	2.309	5.423
	Y	-2.232	-7.127
	平面	2.711	7.791
	Z	11.548	16.47
最小残差	*X*	0.092	1.942
	Y	0.105	-2.566
	平面	0.611	3.221
	Z	0.109	7.484
中误差	*X*	1.302	3.135
	Y	1.158	4.232
	平面	1.742	5.267
	Z	6.812	13.518

注：平面= $\sqrt{X^2+Y^2}$ 。

从表 10-23 和图 10-30 可以看出：IKONOS 图像在无控制点条件下的直接空间前方交会的精度较差，平面最大残差为 7.791m，最小残差为 3.321m，中误差为 5.267m；高程最大残差为 16.47m，最小残差为 7.484m，中误差为 13.518m。在无地面控制点的条件下，由于利用了图像自身之间的约束关系补偿了 RPC 模型的系统误差，区域网平差的精度有了较为显著提高，平面最大残差为 2.711m，最小残差为 0.611m，中误差为 1.742m；高程最大残差为-11.548m，最小残差为 0.611m，中误差为 6.812m。如果剔除地面控制点坐标自身的误差，目标定位精度应该会有所提高。

10.5.3　地面控制点对区域网平差的精度影响

分别选取 0 个、4 个、7 个、10 个、16 个和全部 20 个控制点，按照光束法区域网平差的数学模型进行区域网平差，并依次进行精度评定。

随着控制点个数的增加，平面中误差和高程中误差均逐渐减小，平面中误差由 1.742m 降低至 0.867m，高程中误差由 6.812m 降低至 0.867m。这表明控制点的增加可以提高区域网平差的精度。然而，当控制点从 10 个增加到 13 个，再增加到 16 个时，平面

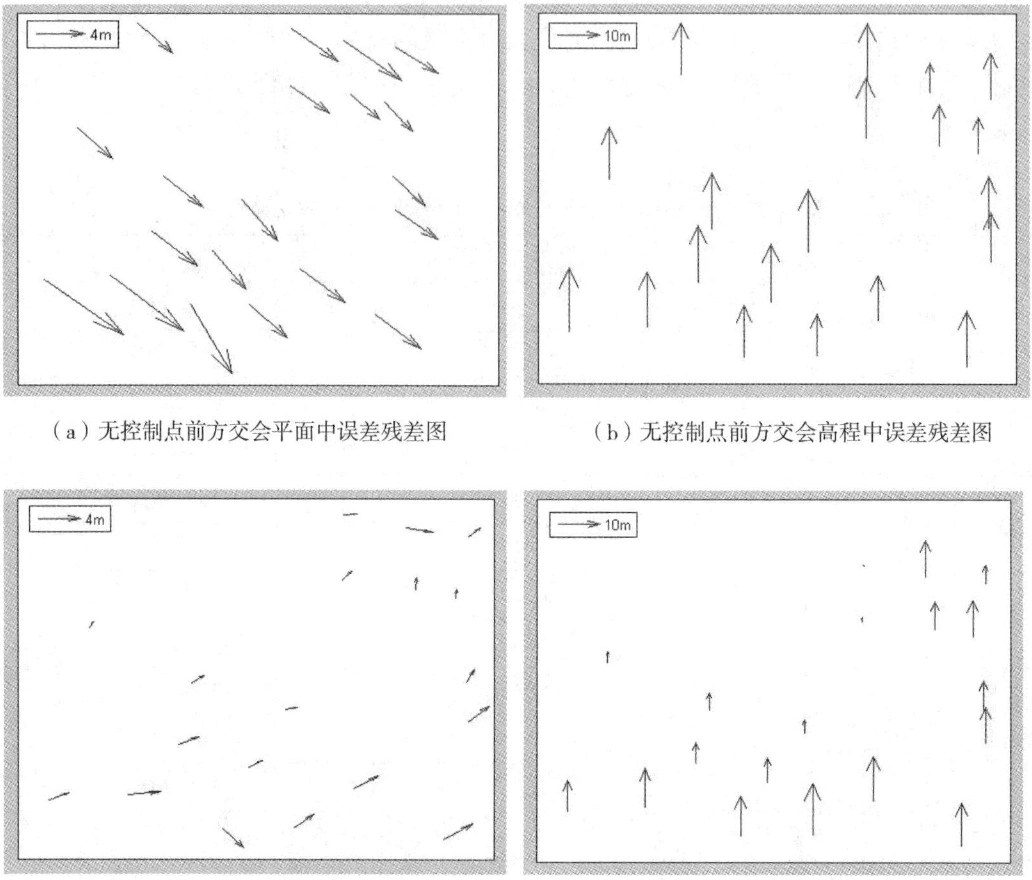

（a）无控制点前方交会平面中误差残差图　（b）无控制点前方交会高程中误差残差图

（c）无控制点区域网平差平面中误差残差图　（d）无控制点区域网平差高程中误差残差图

图 10-30　无控制点前方交会及区域网平差残差图

中误差由 0.867m 变为 1.103m，再变为 1.152m；高程中误差由 1.603m 变为 1.708m，再变为 1.908m，精度不仅未提高，反而略有降低。这说明当控制点的个数增加到一定程度后，精度不会进一步提高，当控制点过多且其精度不够高时，精度反而可能会略有下降。

表 10-24　控制点数量对区域网平差结果的影响

GCPs		0	4	7	10	13	16	20
最大残差	*X*	2.309	-1.364	-1.193	-1.105	-1.105	-1.02	1.360
	Y	-2.232	-3.879	-3.774	1.007	1.118	1.006	-3.219
	平面	2.711	3.774	3.774	1.493	1.570	1.431	3.219
	Z	-11.548	3.859	3.893	-3.383	-3.620	-3.688	-4.699

续表

GCPs		0	4	7	10	13	16	20
最小残差	X	0.092	-0.259	-0.030	-0.079	-0.079	-0.079	0.003
	Y	0.105	0.115	0.223	-0.229	0.56	0.673	0.113
	平面	0.611	0.238	0.238	0.452	0.714	0.892	0.333
	Z	0.109	-0.317	-0.325	-0.293	0.078	0.045	-0.047
中误差	X	1.302	0.821	0.670	0.601	0.743	0.772	0.528
	Y	1.158	1.088	1.174	0.625	0.816	0.855	0.834
	平面	1.742	1.362	1.352	0.867	1.103	1.152	0.987
	Z	6.812	1.874	1.823	1.603	1.708	1.998	2.036

注：平面= $\sqrt{X^2+Y^2}$ 。

为了比较控制点的分布对区域网平差的精度影响，选取以下5种情况作对比分析：

A：4个GCP分布在区域靠边界一侧，剩余16个控制点作为检查点用于评定该方案精度。

B：4个GCP分布在区域一条对角线，剩余16个控制点作为检查点用于评定该方案精度。

C：4个GCP分布在四个角点，剩余16个控制点作为检查点用于评定该方案精度。

D：4个GCP分布在四周，另加1个GCP在中间，剩余15个控制点作为检查点用于评定该方案精度。

E：4个GCP分布在四周，另加3个GCP在中间，剩余13个控制点作为检查点用于评定该方案精度。

表10-25　控制点的分布对区域往平差的影响状况

GCPs布设方案		A	B	C	D	E
最大残差	X	1.199	1.533	1.360	1.446	1.616
	Y	2.004	-3.550	-3.772	-3.551	-3.663
	平面	2.207	3.556	3.778	3.553	3.662
	Z	-8.341	-6.322	-5.420	-4.248	-5.355
最小残差	X	-0.072	0.085	0.002	0.002	-0.029
	Y	0.448	0.001	-0.108	-0.001	0.002
	平面	0.678	0.085	0.140	0.171	0.256
	Z	-0.132	0.274	0.108	-0.102	0.202

续表

GCPs 布设方案		A	B	C	D	E
中误差	X	0.578	0.593	0.589	0.600	0.629
	Y	1.470	1.047	1.054	1.024	1.120
	平面	1.579	1.203	1.207	1.187	1.285
	Z	3.133	2.452	2.330	2.207	2.211

注：平面 = $\sqrt{X^2+Y^2}$。

由表 10-25 可以看出：控制点分布对该模型的定位精度影响较小，最大平面中误差和最小平面中误差相差 0.392m，最大高程中误差和最小高程中误差相差 0.926m。这表明对于区域网平差，控制点的分布对平差模型的影响并不显著。即使仅使用一个控制点，也能显著提高定位精度。此外，由于其稳定性，可以减少对控制点数量的需求。

10.6　Landsat TM6 南极冰面地形图测绘

10.6.1　冰面高程信息提取

在南极大陆，大片冰盖白茫茫一片，无论航空照片或卫星照片，雪面的高强度反射使得图像呈现出一片白色，很难观测立体效果。在热红外波段，图像的亮度值与地面温度和发射率有关，雪面反射在这个波区很弱，而地面的温度是随海拔升高而降低。在南极大陆的特殊环境条件下，全为冰雪覆盖，其发射率为常数(据测定，东南极中部冰盖的发射率 $\varepsilon=0.70$)，因此有可能利用热红外图像来提取南极冰盖表面的高程信息。TM6 是一个热图像，其光谱响应范围是 10.4~12.5μm，根据普朗克定律，冰面辐射功率可写成：

$$W^{ice}=\varepsilon\int_{10.4}^{12.5}\frac{2\pi hc^2}{\lambda^5}\cdot\frac{1}{e^{hc/\lambda KT}-1}\tag{10-28}$$

普朗克公式是定义在单位波长上的，因此将式(10-28)的定积分展开为

$$W^{ice}=\varepsilon\left(\frac{2\pi hc^2}{12.5^5}\cdot\frac{1}{\mathrm{e}^{hc/12.5KT}-1}-\frac{2\pi hc^2}{10.4^5}\cdot\frac{1}{\mathrm{e}^{hc/10.4KT}-1}\right)\tag{10-29}$$

可见 W^{ice} 仅与 T 有关，即

$$W^{ice}=f(T)\tag{10-30}$$

成像后图像亮度值与 W^{ice} 成函数关系，因此

$$I^{ice}=f(T)\tag{10-31}$$

而冰面的温度是随高度增加而有规律地递减的，最终

$$I^{ice}=f(H)\tag{10-32}$$

根据日本昭和基地至瑞穗基地之间测定，高度每上升 100m，温度下降 0.77K；我国中山站南部地区随冰面高程上升，温度下降的速率为每 100m 在 0.5~0.7K 之间。根据美国空军航空导航图信息服务处(USAF)出版的普里兹湾 1∶100 万地图，选取 18 个高程注

记点，在纠正后的 TM6 图像上读出其亮度值(表 10-28 列出部分高程点的测量值)，可见图像亮度值与高程之间的关系是符合式(10-33)的关系。

基于实测数据，采用高次拟合法求解待定系数，进而对每个图像点计算其高程值。拟合公式为

$$H = C_i I^i \tag{10-33}$$

式中，$i = 0, 1, \cdots, m$；m 为选择的最高次项数。

解求待定系数：

$$\Delta = [\boldsymbol{A}^{\mathrm{T}} \quad \boldsymbol{A}]^{-1} [\boldsymbol{A}^{\mathrm{T}} \quad \boldsymbol{M}] \tag{10-34}$$

式中，

$$\boldsymbol{\Delta} = [C_0 \ C_1 \ C_2 \ \cdots \ C_m]^{\mathrm{T}}, \ \boldsymbol{A} = \begin{bmatrix} 1 & I_1 & I_1^2 & I_1^3 & \cdots & I_1^m \\ 1 & I_2 & \cdots & \cdots & \cdots & I_2^m \\ \vdots & \vdots & & & & \vdots \\ 1 & I_n & \cdots & \cdots & \cdots & I_n^m \end{bmatrix}, \ \boldsymbol{M} = [H_1 \ H_2 \ H_3 \ \cdots \ H_n]^{\mathrm{T}}$$

表 10-26　高程点与图像亮度值对应表

高程/m	经度 E/(°　′　″)	纬度 S/(°　′　″)	亮度值
300	76　41　55	69　21　38	72.0
600	76　37　29	69　28　08	66.0
700	76　35　51	69　31　39	63.0
800	76　32　49	69　37　04	61.0
900	76　26　51	69　47　04	60.0
1000	76　28　25	69　51　24	58.8
1100	76　22　02	69　56　48	57.3
1200	76　19　17	70　00　32	56.4

将待定系数 C_i 代入式(10-33)，对图像中每一个像元计算其高程 H，最后通过内插生成整高程处的等高线，绘制成地形图。

10.6.2 各种影响因素的分析和处理

在理想状态下，式(10-33)是用于求解每个像元的高程。然而，实际中存在多种因素影响其求解精度。以下从 7 个方面来分析这些因素对高程求解精度的影响程度及处理方法。

1. 发射率的影响

尽管前文指出冰盖的发射率为常数，但测区内高程 100m 以下出海口处的冰川舌成裸

露冰，其发射率与冰盖不一致。此外，沿海地区的裸岩和水面的发射率与冰盖相差较大。由于该区域最高的裸露山峰为 160m，为了避免这些地物因发射率不同对高程信息提取造成影响，绘制地形图时高程从 200m 开始。

2. 反射光的影响

在南极冰盖上，人们普遍感受到反射辐射强度异常强烈。据测定，在 0. 5μm 的蓝绿光区，反射率达到 90%以上；进入红外区时急剧下降，在 1. 4μm 以后反射率很低，甚至趋近于 0，如图 10-31 所示。人眼只对可见光敏感，无法感知红外光。假设人眼能感知 10. 4~12. 5μm 波段的红外光，那么雪看起来会非常暗。由此看来，尽管南极雪面的反射强度很高，但对于 10. 4~12. 5μm 波段的影响可以忽略不计。

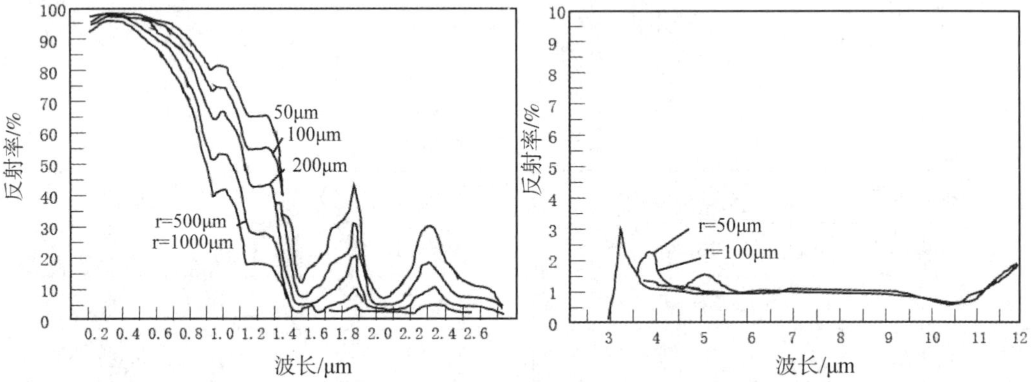

图 10-31　冰面光谱反射率

3. 离海岸远近的影响

由于海洋温度高于冰盖，且受洋流尤其是“暖”流的影响，离海岸距离不同而高程相同的地点，其温度存在差异，这会使高程解算产生误差。因此，必须根据离海岸的距离对式(10-33)解算的高程加以修正。表 10-27 列出了另一组离海岸距离不同的高程点(左)，并与表 10-26 的高程点(右)作比较。可以看出距离差异较小时对亮度值影响不大，而距离差异较大的、离海岸距离较远且高程较高的点影响显著，但总体上呈现递减规律。通过修正后，可以明显提高高程解算的精度。

表 10-27　高程点与图像亮度值对应表

高程	经度 纬度	离海岸 距离/km	亮度值	经度 纬度	离海岸 距离/km	距离差 /km	亮度值	亮度 值差
700	76°58′36″ 69°26′00″	18	63. 0	76°35′51″ 69°31′39″	17	1. 0	63. 0	0

续表

高程	经度 纬度	离海岸 距离/km	亮度值	经度 纬度	离海岸 距离/km	距离差 /km	亮度值	亮度 值差
800	77°07′24″ 69°26′30″	24	61.0	76°32′49″ 69°37′04″	25	-1.0	61.0	0
900	77°20′16″ 69°27′20″	29.5	60.0	76°26′51″ 69°47′04″	28.5	1.0	60.0	0
1000	77°35′04″ 69°28′10″	32	58.6	76°28′25″ 69°51′24″	30	2.0	58.8	-0.2
1100	78°19′38″ 69°24′07″	40	56.8	76°22′02″ 69°56′48″	35	5.0	57.3	-0.5
1200	78°22′26″ 69°29′17″	50	55.6	76°19′17″ 70°00′32″	37	13.0	56.4	-0.8

4. 纬度的影响

极区的地表和空气温度随纬度升高而降低，这是一种大尺度的变化。一幅 TM 图像纬度差异仅 1°左右，影响很小，测区内纬度升高与高程升高趋势一致。即使存在微小的影响，在表 10-26 量测的亮度值中已反映这一变化，因此不需另作改正。

5. 阴影的影响

如上所述，由于入射的太阳光 90% 以上被反射，雪面吸收的热量非常微弱。在 TM6 波段范围内，主要是雪面温度作用下发射的红外光。测区雪面为大斜坡，地形起伏不大，冰沟宽阔且浅，沟边轮廓不明显。因此阳坡和阴坡温度很小，只有海拔 200m 以下的冰川入海口陡峭区域影响较大。由于等高线绘制从 200m 开始，因此阴影影响可忽略不计。

6. 时间和气候的影响

时间和气候的变化对雪面温度影响是很大的，但整幅图像在 20 多秒内获取，各处地物几乎同时成像，图像内各处的相对关系保持稳定。气候的影响也与时间有关，南极该地区一般在晚上 10—12 时开始从内陆向海边刮猛烈的下降风，冰面温度骤然下降，至次日上午 7—8 时结束，凌晨 2—4 时温度最低。据 1993 年 1 月 27 日在拉斯曼丘陵以南测定，温度下降 5~7℃，到早晨 6 时开始又渐渐返暖，七八点时已经影响较小。下降风在该地区也是从海拔高的地区刮向海边，风源(冷端)位于高处，与高程变化趋势一致，其影响已在表 10-39 量测的亮度值中体现，因此不需要另作改正。

7. 噪声的影响

TM6 的等效噪声温度为 0.5K。在南极地区，海拔每升高 1000m，温差在 5~10℃之间(同一时刻、同样天气、局部地区)。在测绘等高线时，若等高距为 50m，误差小于 0.5K，因此等高距应设定为 100m。

10.6.3 高程信息提取的精度

检验地形图精度的最佳方法是野外实地测绘检查点。1990 年 1 月，中国极地研究所在该地区冰上测定了 40 个高程点，将这些高程点的坐标标在影像图上，与 TM6 测绘的等高线进行比较。图上的高程通过上下两根等高线最短平面距离内插求得，采用均方误差计算得到高程中误差为±13.34m，不到 1/2 等高距，小于国家测绘局规范规定的限差。1997 年 12 月，中国南极内陆冰盖考察队使用 GPS 在更大范围内对该图进行随机检测，结果显示高程偏差都在 10m 以内。中山站地区地形图(其中等高线由 TM6 热图像测绘而成，其他地物是从 TM4、3、2 合成的假彩色图像上获取)，是目前该地区最详细的地形图(除了站区周围小区域内有更大比例尺的地形图外)，为我国南极内陆冰盖考察提供了可靠的基础图件。

10.7 单通道中红外高分辨率航空图像温度反演

随着红外传感器技术的不断进步与广泛应用，红外图像及红外测温技术在科学研究、环境保护、工业生产、房屋漏热检测等领域中得到了越来越广泛的应用，并产生了良好的经济与社会效应。作为红外波段的重要组成部分，中红外波段兼具发射辐射与反射辐射的特性，给温度反演带来了极大的困难，但是也使得图像更为清晰，具有较好的分辨能力。同时，相对于热红外波段，中红外波段对大气的透过率更高，衰减更小，且对高温目标具有很好的灵敏度，因此适用于高温目标如火山、林火等的探测。

陆地表面温度在地气相互作用过程中扮演着十分重要的角色，是全球变化研究的关键参数，对水文、生态、环境和生物地球化学等领域的研究具有重要意义，并且在农业气象、热惯量计算等方面也具有重要的应用价值。精确定量反演陆面温度的成果将推动旱灾预报和作物缺水研究、农作物产量估算、数值天气预报、全球气候变化和全球碳平衡等领域的研究进展。

基于阴影检测技术和上下文信息的中红外图像反演方法，是在图像包含阴影的情况下，通过图像处理技术识别阴影地区，并利用阴影地区与空间相关地点的辐射反差，解析太阳辐射的影响，从而实现中红外图像温度的精确反演。此外，该方法还利用 MODIS 温度产品进行了初步验证。

10.7.1 数据源

实验数据在西安蒲城县内府机场附近获取。蒲城县位于陕西关中东部渭河平原东北部，东经 109°20′17″至 109°54′48″，北纬 34°44′50″至 35°10′30″。东与澄城县、大荔县相邻；西与富平县相接；南与渭南市接壤；北与白水县相连；西北与铜川市相望。县城位于县境中心，渭清公路和西禹公路在此交汇。蒲城县地形多样，北部为丘陵，中部为高原，南部为平川，耕地面积达 168 万亩。该地区属暖温带季风型大陆性气候，四季分明，年平均气温 13.2°，无霜期为 180~220 天，年平均降雨量为 550mm。

测区内包含农田、水体、道路、农村聚落和机场等地理要素，内容较为丰富，实验数据对于北方农村地貌具备较好的代表性。图像数据获取时间为 2012 年 12 月 10 日，正值北方冬季，部分水面出现结冰现象，耕地普遍已经种植春小麦，部分区域为上一季作物灰烬残留。测区情况见图 10-32(图片源自 Google Map，与实际实验季节不同)。

图 10-32　测区概况

10.7.2　基于阴影检测技术和上下文信息的中红外温度反演算法

整个图像温度反演的处理流程主要包括以下几个步骤：图像预处理、辐射定标、通过大气校正计算地表辐射亮度、通过日光图像校正计算地表发射辐射的贡献，最终结合地表比辐射率信息，通过普朗克公式反演得到地表的真实温度。温度反演流程如图 10-33 所示。

1. 反演模型的建立

在中红外波段，大气并非完全透明。考虑到中红外波段太阳发射的能量和地表发射的能量处在一个数量级，因此在计算传感器信号时，必须考虑太阳辐射的贡献以及大气吸收、发射和散射作用。因此，中红外波段的大气辐射传输方程通常为式(10-35)所示。

$$
\begin{aligned}
R_i(\theta,\ \varphi) = & \int f_i(\lambda)\varepsilon_\lambda(\theta,\ \varphi)B_\lambda(T_s)\tau_\lambda(\theta,\ \varphi)\mathrm{d}\lambda\ + \\
& \iint f_i(\lambda)B_\lambda(T\cdot P)\ \frac{\partial_{\tau\lambda}(\theta,\ \varphi,\ p)}{\partial_p}\mathrm{d}p\mathrm{d}\lambda + \int f_i(\lambda)\iint\rho_{b\lambda}(\theta,\ \theta',\ \varphi')\ \cdot \\
& L_{s\lambda}(\theta')t_\lambda(\theta',\ \varphi')\cos\theta'\sin\theta'\mathrm{d}\theta'\mathrm{d}\lambda + \int f_i(\lambda)\iint\rho_{b\lambda}(\theta,\ \theta,\ \varphi)\ \cdot \\
& L_{\mathrm{sun},\ \lambda}(\theta_s,\ \varphi_s)t_\lambda(\theta_s,\ \varphi_s)\tau_\lambda(\theta,\ \varphi)\mathrm{d}\lambda
\end{aligned}
\tag{10-35}
$$

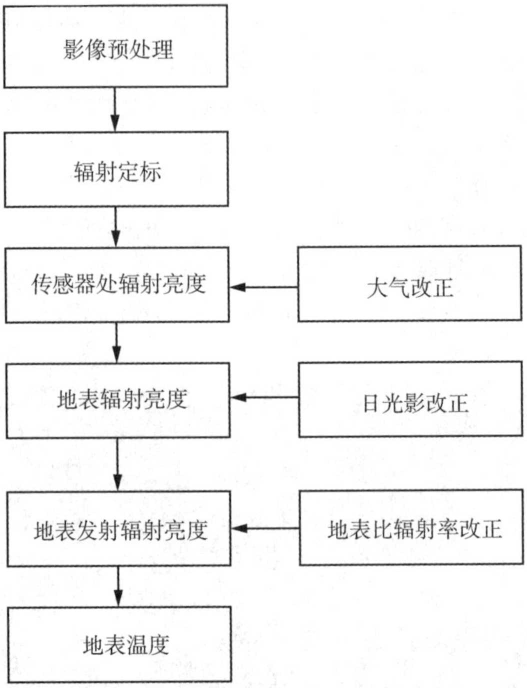

图 10-33　温度反演流程图

式中，$L_{s\lambda}$ 表示大气的下行辐射；R_i 表示传感器接收的总辐射；$B_\lambda(T)$ 表示温度为 T 时的黑体辐射；ε_λ 表示地表比辐射率；τ_λ 表示整层大气的总透过率；$\rho_{b\lambda}$ 表示地表的散射相函数；$f_i(\lambda)$ 表示传感器第 i 通道的波长响应函数；θ，φ 分别表示传感器的天顶角和方位角；θ'，φ' 分别表示大气下行辐射的天顶角和方位角；$L_{\text{sun},\lambda}(\theta_s, \varphi_s)$ 为太阳在大气层顶的辐射亮度；τ_λ 为大气在太阳光照射方向的透过率。

式(10-35)右边第一项表示地表中红外辐射经大气吸收衰减后到达传感器的辐射；第二项表示大气上行辐射的贡献；第三项表示大气下行辐射经地表反射后通过大气传输到传感器的辐射；最后一项是太阳辐射经过地表反射对于传感器信号的贡献。

然而，式(10-35)过于复杂，大量参数无法计算得到。同时该公式专门为星载多波段传感器设计，不符合大气层内低空作业中利用单通道进行温度反演的实际需求。因此，在式(10-35)的基础上，对其进行必要的简化，以实现其可计算性并符合真实实验条件。简化后的公式见式(10-36)。

$$R(\theta, \varphi) = (\tau_\lambda \cdot (\varepsilon \cdot B_\lambda(T_s) + (1-\varepsilon) \cdot B_\lambda(T_{\text{environment}}))) + (1-\tau_\lambda) \cdot B_\lambda(T_{\text{atm}}) + \tau_\lambda R_{\text{sun}}(1-\varepsilon) \tag{10-36}$$

在近地面近距离大气中，可以使用消光系数计算辐射能量在大气中的衰减。

$$\tau_\lambda = e^{-d \cdot a} \tag{10-37}$$

式中，d 为距离，单位为千里；a 为消光系数。消光系数本来不是一个具体数值，而是与海拔高程相关，通常表现为大气消光系数廓线。消光系数与高程的积分为大气光学厚度。在短距离条件下，可以简化为距离与其平均值的乘积。

式(10-37)主要在以下几个方面对辐射传输方程进行了简化。首先对接受辐射来源方面，剔除了散射辐射的贡献；同时假设地表为朗伯体，不考虑地表发射率的方向性；并且根据航空摄影的实际情况，将大气上行呈辐射、下行呈辐射统一归结为环境辐射影响；最后不再考虑同一张图像上不同像素对应的不同天顶角。这个参数引起的差异将通过图像的预处理解决。

通过辐射定标后，已知方程左边的最终辐射辐亮度，通过对右边参数的求解，可以最终求解出地表发射辐射辐亮度，再结合普朗克公式反算，即可计算出最终各个像元对应地表范围的平均温度值。

2. 关键算法

在阴影的边缘地带，处于阴影区的像素和非阴影区的像素具有非常接近的温度值，因此它们具有近似的发射辐射能量。然而，中波红外图像上，这些像素呈现出了比较大的灰度差异(相比之下，热红外图像的一个显著特征即为没有阴影效应，立体感差)。因此，可以利用阴影边缘地区的像素灰度值进行定标计算后做差，以修正日照的影响。但是不使用阴影内部的像素和非阴影地区比对，因为长期被阴影遮蔽的地区和暴晒地区本身的温度可能存在一定差异。在具体的算法中，首先在已经配准的可见光图像上搜索阴影像素。为简化计算减少计算量，只和其上方的像素进行判断：若上方像素为阴影，则不予计算；若上方像素非阴影，则计算这两个像素定标后辐射亮度的差值，除以它们的发射率，并进行累加。遍历整个图像后，对结果进行平均，即可得到太阳在传感器入瞳处的辐射亮度，将其存储在全局变量中。太阳反射辐射亮度计算算法的示意图如图 10-34 所示。

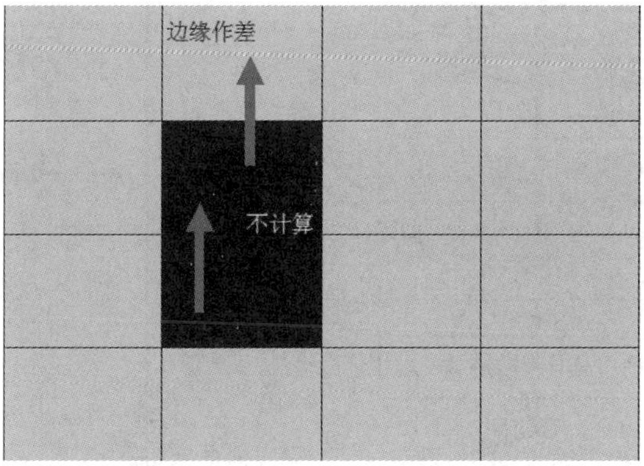

图 10-34 太阳反射辐射亮度计算算法示意图

根据上述算法，针对阴影检测中存在的错分问题(即非阴影区域被误判为阴影)，使用灰度差值阈值进行判断。具体步骤如下：在可见光图像中识别出阴影边缘像素后，将其对应的中红外像素灰度减去邻近非阴影区域的中波红外像素灰度值。若得到的差值大于 100，则将该区域视为真正的阴影与非阴影边缘区域。

为了解决在乡村或平坦农田等地区因缺乏阴影像素而无法直接计算太阳辐射亮度的问题，采用全局变量存储太阳在地表的辐射亮度。具体方法如下：在一个航次的实验中，总会拍摄到含有阴影的图像，首先使用包含阴影的图像进行初始化计算，得到一个初始太阳辐射亮度值。然后，对不同的图像进行反演：若图像可以检测出阴影并具备单片进行反演的条件，则使用单片计算出的太阳辐射亮度与存储的初始值进行加权平均，同时对两个值进行修正，以通过增加样本数量的方法提高太阳辐射亮度的准确性。对于在可见光图像上无法检测到阴影的中波红外图像，则直接调用在全局变量中存储的太阳辐射亮度常量进行校正。由于航摄时间通常较短，阳光和气象条件一般不会发生显著变化，因此使用同一次实验中不同曝光时间的图像计算太阳辐射亮度值用于无阴影图像的方法不会引入较大误差。

在计算出传感器入瞳处的太阳辐射亮度后，还要对其进行大气修正。考虑到计算结果由相邻像素的差值得出，散射、辐射等大气影响可以在差值中相互抵消。因此，只需要将计算出的传感器处太阳辐射亮度除以透过率，即可得到地面的太阳辐射亮度。图 10-35 所示为太阳反射辐射计算流程图。

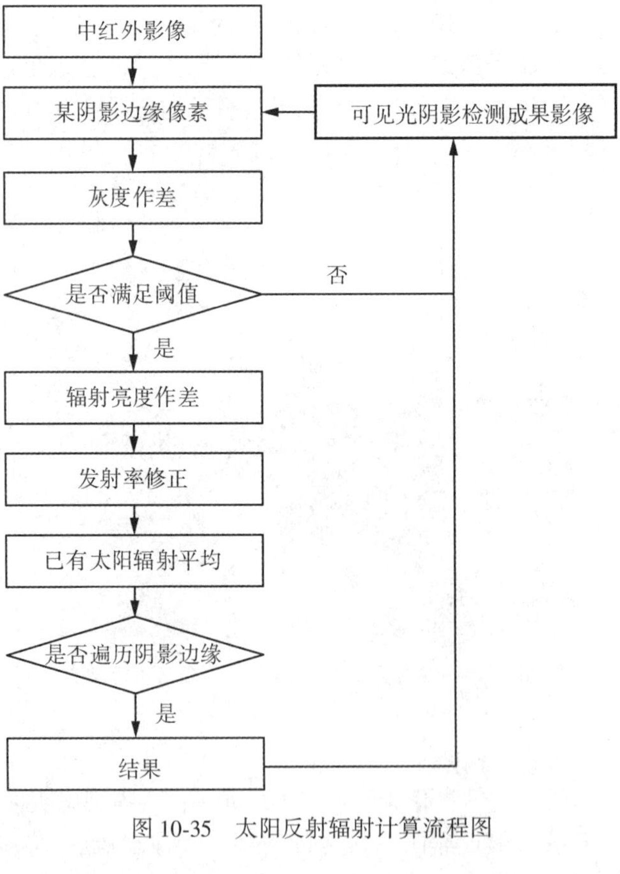

图 10-35　太阳反射辐射计算流程图

10.7.3 实验结果及评价

实验采用上述方法进行了九组实验，以验证算法的准确性与稳定性。由于中红外数据与可见光数据的成像机理不同，常用的匹配方法难以实现二者之间的匹配。因此，使用ENVI软件进行手工配准，虽然效率较低，但确保了配准精度，这限制了实验的组数。实验数据选取了水体和农田、村庄和公路、机场共三组可见光图像，基本涵盖了整个实验区域的地物类型，具有较强的代表性。每张可见光图像分别对应三张中红外图像，共选取了9张中红外图像进行反演。实验选取的可见光图像如图10-36所示。

（a）代表农田

（b）代表道路与村庄聚落

图10-36 实验选取可见光图像

选取相应的中红外图像，将可见光图像进行配准和重采样等预处理操作后，按照上文的算法和模型进行计算，得到结果如表10-28所示。

表10-28 中波红外温度反演验证试验

图像号	地理坐标	主要地物类型	反演温度	MODIS温度
575	34.824001 109.548147	乡村聚落及道路	8.49	5.91
576	34.824243 109.548146	乡村聚落道路	8.33	5.91
574	34.823758 109.548149	乡村聚落道路	7.76	5.91
159	34.852559 109.554911	农田	7.92	5.23
154	34.854338 109.554928	农田	7.99	5.23
149	34.856118 109.554993	农田	6.96	5.23
956	34.833602 109.541614	水泥跑道及荒草	6.08	5.93
958	34.832597 109.541670	水泥跑道及荒草	7.06	5.93
607	34.836346 109.548414	水泥跑道及荒草	7.82	5.93

使用反演温度的均方根误差(RMSE)、反演温度误差的标准差(SD)和误差均值(μ)共三个指标来评价反演的精度。尽管计算过程相似，但标准差和均方根误差的含义并不相同：标准差是用来衡量一组数自身的离散程度，而均方根误差是用来衡量观测值同真值之间的偏差。反演温度的标准差代表温度反演的稳定性，而通过计算反演结果温度值和“真实”温度的差值得出的均方根误差，则可以反映反演结果与真值的偏离程度。

$$\mathrm{RMSE} = \sqrt{\left(\sum_{t=0}^{n} D_t^2 \Big/ n\right)} \tag{10-38}$$

$$\mathrm{SD} = \sqrt{\frac{1}{N}\sum_{i=1}^{N} (x_i - \mu)^2}$$

$$\mu = \frac{1}{N}\sum_{i=1}^{N} x_i \tag{10-39}$$

经计算，误差均值为 1.91℃，RMSE 为 2.07℃，而标准差 SD 为 0.85℃。

从精度评价指标可以看出，虽然反演温度结果与 MODIS 图像相比存在一定的差距，但是各组实验内部的反演结果较为稳定。在此基础上，如果算法可以成功通过更多不同日照、气温等条件下的实验，则可以通过一定的数学方法对系统误差进行直接修正，从而将基于物理基础的反演模型与经验模型相结合，使反演温度期望与真实值更加匹配。

参考文献

[1] Aeromap Technology Systems. PCI Geomatica[EB/OL]. https://www.aeromapss.com/geomatica.

[2] Allan J A, Curran P J. Principles of remote sensing[J]. Physics Bulletin, 1985, 36(3): 431.

[3] Anwer R M, Khan F S, van de Weijer J, et al. Binary patterns encoded convolutional neural networks for texture recognition and remote sensing scene classification[J]. ISPRS Journal of Photogrammetry and Remote Sensing, 2018, 138: 74-85.

[4] Aplin P. Image Analysis, Classification and Change Detection in Remote Sensing, with algorithms for ENVI/IDL[J]. International Journal of Geographical Information Science, 2009, 23(1-2): 129-130.

[5] Awange J L, Kiema J B K. Awange J L., et al. Fundamentals of Remote Sensing[J]. Environmental Geoinformatics: Monitoring and Management, 2013: 111-118.

[6] Boschett M, Stroppiana D, Brivio P A, et al. Multi-year monitoring of rice crop phenology through time series analysis of MODIS images[J]. International Journal of Remote Sensing, 2009, 30(17-18): 4643-4662.

[7] Chang D, Liu J, Jiang Y, et al. Geometric correction with photographic model for satellite remote-sensing images [C]//Digital Image Processing and Visual Communications Technologies in the Earth and Atmospheric Sciences. SPIE, 1990, 1301: 162-170.

[8] Chen L C, Papandreou G. Deep convolutional nets, atrous convolution, and fully connected CRFs[J]. IEEE Transactions on Pattern Analysis & Machine Intelligence, 2017, 40(4): 834-848.

[9] Cho K, Van Merriënboer B, Gulcehre C, et al, Learning phrase representations using RNN encoder-decoder for statistical machine translation[J]. arXiv Prepr. arXiv1406. 1078, 2014.

[10] Clevert D A, Unterthiner T, Hochreiter S. Fast and accurate deep network learning by exponential linear units(elus)[J]. arXiv Prepr. arXiv1511. 07289, 2015.

[11] Cuartero A, A. M. Felicísimo, Polo M E, et al. Positional Accuracy Analysis of Satellite Imagery by Circular Statistics[J]. Photogrammetric Engineering & Remote Sensing, 2010, 76(1): 1275-1286.

[12] Dellwig L F. Physical fundamentals of remote sensing[J]. Earth Science Reviews, 1986, 25(3): 254-254.

[13] Dial G, Grodecki J. Block adjustment with rational polynomial camera models [C]//

Proceedings of ASPRS 2002 Conference, Washington, DC. 2002: 22-26.

[14] Dial G, Grodecki J. IKONOS accuracy without ground control[C]//Proceedings of ISPRS Commission I Mid-Term Symposium. 2003: 10-15.

[15] Dibs H, Mansor S, Ahmad N, et al. Geometric Correction Analysis of Highly Distortion of Near Equatorial Satellite Images Using Remote Sensing and Digital Image Processing Techniques[J]. 工程(英文)(1947-3931), 2022(001): 014.

[16] Dimitrios K, Thomas A, Chetan D, et al. Contribution of Remote Sensing on Crop Models: A Review[J]. Journal of Imaging, 2018, 4(4): 52.

[17] Ferretti A, Montiguarnieri A, Prati C, et al. InSAR Principles : Guidelines for SAR Interferometry Processing and Interpretation[J]. Journal of Financial Stability, 2007, 10 (10): 156-162.

[18] Firat H, Asker M E, Hanbay D. Classification of hyperspectral remote sensing images using different dimension reduction methods with 3D/2D CNN[J]. Remote Sensing Applications: Society and Environment, 2022, 25: 100694.

[19] Fraser C, E. P. Baltsavias, A. Gruen. Processing of IKONOS Imagery for Sub-meter 3D Positioning and Building Extraction [J]. ISPRS Journal of Photogrammetry & Remote Sensing, 2002, 56(3): 177-194.

[20] Fraser C, H. B. Hanley. Bias Compensation in Rational Functions for IKONOS Satellite Imagery[J]. Photogrammetric Engineering & Remote Sensing, 2003, 69(1): 53-57.

[21] GillesPieAR, RokugawaS, MatsunagaT, et al. A temperature and emissivity separation algorithm for Advanced Spaceborne Thermal Emission and Reflection Radiometer(ASTER) images[J]. IEEE Trans. Geoscience and Remote Sensing, 1998. 36(4): 1113-1126.

[22] Hasan F E T, Mahmoud M F, Abdel Dayem I A, et al. ANALYSIS AND TRADE-OFF STUDY OF SIGNAL-TO-NOISE RATIO DEPENDENT DESIGN PARAMETERS OF SATELLITE PASSIVE ELECTRO-OPTICAL REMOTE SENSORS [C]//International Conference on Aerospace Sciences and Aviation Technology. The Military Technical College, 2007, 12(ASAT Conference, 29-31 May 2007): 1-13.

[23] He k, ckioxari G, Dollár P, et al. Mask r-enn[C]. Proceedings of the IEEE International Conference on Computer Vision, 2017: 2961-2969

[24] He K, Zhang X, Ren S, et al. Deep residual learning for image recognition [C]. Proceedings of the IEEE conference on computer vision and pattern recognition, 2016: 770-778.

[25] Hexagon. ERDAS IMAGINE: Your Complete Remote Sensing Solution [EB/OL]. (https: //hexagon. com/products/erdas-imagine.

[26] Heydari S, Mountrakis G. Meta-analysis of deep neural networks in remote sensing: A comparative study of mono-temporal classification to support vector machines[J]. ISPRS Journal of Photogrammetry and Remote Sensing, 2019, 152: 192-210.

[27] Hong D, Yokoya N, Xia G S, et al. X-ModalNet: A Semi-Supervised deep cross-modal

network for classification of remote sensing data[J]. ISPRS Journal of Photogrammetry and Remote Sensing, 2020, 167: 12-23.

[28] Huang G, Liu Z, Van Der Maaten L, et al. Densely connected convolutional networks[C]. Proceedings of the IEEE Conference on Computer Vision and Pattern Recognition, 2017: 4700-4708.

[29] Huang X, Hu T, Li J, et al. Mapping urban areas in china using multisource data with an ovel ensemble SVM method[J], IEEE Transactions on Geoscience and Remote Sensing 2018, 56(8): 4258-4273.

[30] Huang X, Wen D, Xie J, et al. Quality assessment of panchromatic and multi spectral image fusion for the ZY-3 satellite: From an information extraction perspective[J]. IEEE Geoscience and Remote Sensing Letters, 2013, 11(4): 753-757.

[31] Huang X, Yuan W, Li J, et al. A new building extraction postprocessing framework for high spatial-resolution remote-sensing imagery[J]. IEEE Journal of Selected Topics in Applied Earth Observations and Remote Sensing, 2016, 10(2): 654-668.

[32] Huang X, Zhang L. An SVM ensemble approach combining spectral, structural, and semantie features for the classification of high-resolution remotely sensed imagery[J]. IEEE Transactions on Geoscience and Remote Sensing, 2013, 51(1): 257-272.

[33] Hu Y, Tao C V. Updating Solutions Of The Rational Function Model Using Additional Control Information[J]. Photogrammetric Engineering and Remote Sensing, 2002, 68(7): 715-724.

[34] Irons J R, Dwyer J L. An overview of the Landsat data continuity mission[J]. Algorithms and Technologies for Multispectral, Hyperspectral, and Ultraspectral Imagery XVI, 2010, 7695: 58-64.

[35] Ji S, Chi Z, Xu A, et al. 3D convolutional neural networks for crop classification with multi-temporal remote sensing images[J]. Remote Sensing, 2018, 10(2): 75.

[36] Jung H S, S. W. Kim, J. S. Won. Line-of-Sight Vector Adjustment Model for Georeferencing of SPOT-5 Stereo Images[J]. Photogrammetric Engineering & Remote Sensing, 2007, 73(11): 1267-1276.

[37] Kardoulas N G, Lawan A I. Geometric Correction of SPOT and Landsat Imagery: A Comparison of Map and GPS-Derived Control Points[J]. Photogrammetric Engineering and Remote Sensing, 1996, 62(10): 1173-1177.

[38] Kattenborn T, Leitloff J, Schiefer F, et al. Review on Convolutional Neural Networks (CNN) in Vegetation Remote Sensing[J]. ISPRS Journal of Photogrammetry and Remote Sensing, 2021, 173: 24-49.

[39] Kaufman Y. J., Justice C. O., Flynn L. P., Kendall J. D., Prins E. M., Giglio L., et al. Potential global fire monitoring from EOS-MODIS[J]. Journal of Geophysical Research—Atmospheres, 2008, 103(24): 32215-32238.

[40] Kawata Y, Ueno S, Kusaka T. Radiometric correction for atmospheric and topographic

effects on Landsat MSS images[J]. International Journal of Remote Sensing, 1988, 9(4): 729-748.

[41] Li G, Li L, Zhu H, et al. Adaptive multiscale deep fusion residual network for remote sensing image classification[J]. IEEE Transactions on Geoscience and Remote Sensing, 2019, 57(11): 8506-8521.

[42] Li H., Xu L., Shen H., et. al. A general variational framework considering cast shadows for the topographic correction of remote sensing imagery[J]. ISPRS Journal of Photogrammetry and Remote Sensing, 2016, 117: 161-171.

[43] Li H., Zhang L. and Shen H. An Adaptive Nonlocal Regularized Shadow Removal Method for Aerial Remote Sensing Images[J]. IEEE Transactions on Geoscience and Remote Sensing, 2014, 52(1): 106-120.

[44] Lin T Y, Dollár P, Girshick R, et al. Feature pyramid networks for object detection[C]. Proceedings of the IEEE Conference on Computer Vision and Pattern Recognition, 2017: 2117-2125.

[45] Liu J, Wang L, Yang L, et al. Geometric correction of GF-1 satellite images based on block adjustment of rational polynomial model[J]. Transactions of the Chinese Society of Agricultural Engineering, 2015, 31(22): 146-154.

[46] lofle S, Szegedy C. Batch normalization: Accelerating deep network training by reducing internal covariate shift[C]. In International Conference on Machine Learning, 2015: 448-456.

[47] Long J, Shel hamer E, Darrell T. Fully convolutional networks for semantic segmentation [C]. Proceedings of the EEE Conference on Computer Vision and Pattern Recognition, 2015: 3431-3440.

[48] Luo W, Li Y, Urtasun R, et al. Understanding the effective receptive field in deep convolutional neural networks[J]. Advances in neural information processing systems. 2016, 29.

[49] Luo W, Schwing A G, Urtasun R. Efficient Deep Learning for Stereo Matching[C]//IEEE Conference on Computer Vision & Pattern Recognition. IEEE Computer Society, 2016: 5695-5703.

[50] Lydia A, Francis S. Adagrad-an optimizer for stochastie gradient descent[J]. International Journal Information and Computing Seienee, 2019, 6(5): 566-568.

[51] Markham B L, Storey J C, Irons J R. Landsat data continuity mission, now Landsat-8: Six months on-orbit[C]//Earth Observing Systems XVIII. SPIE, 2013, 8866: 398-406.

[52] Mcfeeters S K. The use of the Normalized Difference Water Index (NDWl) in the delineation of open water features[J]. International Journal of Remote Sensing, 1996, 17(7): 1425-1432.

[53] McMillin L M. Estimation of sea surface temperatures from two infrared window measurement with different absorption[J]. Journal of Geophysical Research, 1975, 80(36): 5113-

5117.
[54]Meyer P., Itten K. I., Kellenberger T., et. al. Radiometric corrections of topographically induced effects on Landsat TM data in an alpine environment[J]. ISPRS Journal of Photogrammetry and Remote Sensing, 1993, 48(4): 17-28.
[55]Minnaert M. The reciprocity principle in lunar photometry[J]. The Astrophysical Journal, 1941, 93: 403-410.
[56]Moreno J F. Radiometric corrections of visible/infrared satellite data over terrestrial environments: angular, atmospheric and topographic effects[C]//IEEE. IEEE, 1996.
[57]Nataliia K, Mykola L, Sergi S, et al. Deep learning classification of land cover and crop types using remote sensing data[J]. IEEE Geoscience and Remote Sensing Letters, 2017. 14(4): 778-782.
[58]Nieto-Hidalgo M, Gallego A J, Gil P, et al. Two-stage convolutional neural network for ship and spill detection using SAR images[J]. IEEE Transactions on Geoscience and Remote Sensing, 2018, 56(9): 5217-5230.
[59]oYinHeZhiGuang. GeoTiff 格式文件说明[EB/OL]. 2021[2024-07-04]. https://blog.csdn.net/oYinHeZhiGuang/article/details/121904325.
[60]Papadomanolaki M, Vakalopoulou M, Karantzalos K. A deep multitask learning framework coupling semantic segmentation and fully convolutional ISTM networks for urban change detection[J]. IEEE Transactions on Geoscience and Remote Sensing, 2021, 59(9): 7651-7668.
[61]Perez L, Wang J. The effectiveness of data augmentation in image classification using deep learning[J]. arXiv preprint arXiv: 1712. 04621, 2017.
[62]Poli D, Zhang L. SPOT-5/HRS stereo images orientation and automated DSM generation [J]. Inpharma Weekly, 2009, 722(1): 17-17.
[63]Pons X, Pesquer L, Cristóbal, J, et al. Automatic and improved radiometric correction of Landsat imagery using reference values from MODIS surface reflectance images[J]. International Journal of Applied Earth Observations & Geoinformation, 2014, 33(12): 243-254.
[64]Radford A, Mew L, Chintala S. Unsupervised representation learning with deep convolutional generative adversarial networks[J]. arXiv Prepr, arXiv1511. 06434, 2015.
[65]Redmon J, Divvala S, Girshick R, et al. You only look once: Unified, real-time object detection[C]. Proceedings of the IEEE Conference on Computer Vision and Pattern Recognition, 2016: 779-788.
[66]Redmon J, Farhadi A. YOL09000: better, faster, stronger[C]. Proceedings of the EEE Conference on Computer Vision and Pattern Recognition, 2017: 7263-7271.
[67]Redmon J, Farhadi A. Yolov3: An incremental improvement[J]. arXiv Prepr. arXiv1804. 02767, 2018.
[68]Ren, He K, Girshick R, et al. Faster R-CNN: Towards real-time object detection with

region proposal networks [J]. IEEE Transactions on Pattern Analysis and Machine Intelligence, 2017, 39(6): 1137-1149.

[69] Richards J A, Xiuping J, Richards J A, et al. Remote Sensing Digital Image Analysis[M]. Springer Berlin Heidelberg, 2006.

[70] Roger Y Tsai. A Versatile Camera Calibration Technique for High Accuracy 3D Machine Metrology Using Off-the-Shelf TV Camera and Lense [J]. IEEE Journal of Robotic and Automation, 2007, 3(4): 323-342.

[71] Ronneberger O, Fischer P, Brox T, U-net: Convolutional networks for biomedical image [C]. Medical Image Computing and Computer-Assisted segmentation Intervention-MICCAl2015: 18th International Conference, Munich. Germany, Springer, 2015: 234-241.

[72] Rosborough, G. W., Baldwin, D. G., Emery, W. J. Precise AVHRR image navigation[J]. IEEE Transactons on Geoscience and Remote Sensing, 1994, 32 (3): 644-657.

[73] Sainath T N, Mohamed A R, Kingsbury B, et al. Deep convolutional neural networks for LVCSR[C]. IEEE International Conference on Acoustics, Speech and Signal Processing (ICASSP), 2013.

[74] Schneider M, Lehner M, Müller R, et al. Stereo evaluation of ALOS/PRISM Data on ESA-AO test sites—First DLR results[C]. The International Archives of the Photogrammetry, Remote Sensing and Spatial Information Sciences, 2008, 37(B1): 739-744.

[75] Schowengerdt R A. Remote sensing : Models & methods for image processing (3rd Ed.) [M]. elsevier, 2006.

[76] Sebastien L, Pabo M, Jean-Philippe A. In-Flight CCD Distortion Calibration for Pushbroom Satellites Based on Subpixel Correlation[J]. IEEE Transactions on Geoscience and Remote Sensing, 2008, 46(9): 2675-2683.

[77] Smith J. A., Lin T. L. and Ranson K. J. The Lambertian Assumption and Landsat Data[J]. Photogrammetric Engineering and Remote Sensing, 1980, 46(9): 1183-1189.

[78] Srivastava N, Hinton G, Krizhevsky A, et al, Dropout: A simple way to prevent neural networks from overfitting[J]. Journal of Machine Learning Research, 2014, 15 (1): 1929-1958.

[79] Stuart V, Platt T, sathyendranath S. Handbook of Satellite Remote Sensing Image Interpretation : Applications for Marine Living Resources Conservation and Management[M]. EUPRESPO Project, 2011.

[80] Sukhavasi S B, Sukhavasi S B, Elleithy K, et al. CMOS Image Sensors in Surveillance System Applications[J]. Sensors, 2021, 21(2): 488.

[81] Taejung Kim, Ian Dowman. Comparison of two physical sensor model for satellite images: position-rotation model and orbit-attitude model. 2006 The Remote Sensing and Photogrammetry Society and Blackwell Pushinging Ltd. Photogarmmetric Recosd, 2006, 21

(114): 110-123.

[82] Takanori Iwata. Precision Attitude and Position Determination for the Advanced Land Observing Satellite(ALOS)[J]. Enabling Sensor and Platform Technologies for Space-borne Remote Sensing, Proceedings of SPIE (S0277-786X), 2005, 5659: 34-50.

[83] Tao, C. V, Hu Y. A comprehensive study of the rational function model for photogrammetric processing[J]. Photogrammetric Engineering & Remote Sensing, 2001, 67(12): 1347-1357.

[84] Tao, C. V, Hu Y. 3D reconstruction models based on the rational function model[J]. Photogrammetric Engineering & Remote Sensing, 2002, 68(7): 705-714.

[85] Teillet P. M., Guindon B. and Goodenough D. G. On the Slope-Aspect Correction of Multispectral Scanner Data[J]. Canadian Journal of Remote Sensing, 1982, 8(2): 84-106.

[86] Trianni G, Gamba P. A novel Markov random field model for multisource data fusion in urban areas[J]. Proceedings of 28th General Assembly of International Union of Radio Science, 2005.

[87] Trimble. Trimble eCognition[EB/OL]. https: //geospatial. trimble. com/zh-cn/products/software/trimble-ecognition.

[88] Vaswani A, Shazeer N, Parmar N, et al. Attention is all you need[J]. Advances in Neural Information Processing Systems, 2017, 30.

[89] Wang W L, Lin S, Shimoda H, et al. CMOS sensor for RSI applications[C]// International Society for Optics and Photonics. International Society for Optics and Photonics, 2012: 852804.

[90] Wang Z, Boesch R. Color-and texture-based image segmentation for improved forest delineation[J]. IEEE Transactions on Geoscience and Remote Sensing, 2007, 45 (10): 3055-3062.

[91] Westin, T. Precision rectification of SPOT imagery[J]. Photogrammetric Engianeering & Remote Sensing, 1990, 56 (2): 247-253.

[92] Woodhouse I H, Woodhouse I H. Introduction to microwave remote sensing. [J]. Photogrammetric Record, 2004, 24(126): E64-E74.

[93] Xiong Z, Zhang Y. A Generic Method for RPC Refinement Using Ground Control Information[J]. Photogramm Eng Rem Sens, 2009, 75(9): 1083-1092.

[94] Xu B, Wang N, Chen T, et al. Empirical evaluation of rectified activations in convolutional network[J]. arXiv Prepr. arXiv1505. 00853, 2015.

[95] Yang X, Ye Y, Li X, et al. Hyperspectral image classification with deep learning models [J]. IEEE Transactions on Geoscience and Remote Sensing, 2018, 56 (99): 5408-5423.

[96] Yan L, Roy D P. Improving Landsat Multispectral Scanner (MSS) geolocation by least-squares-adjustment based time-series co-registration[J]. Remote Sensing of Environment, 2021, 252(2): 112181.

[97] Yu F, Koltun V, Multi-scale context aggregation by dilated convolutions[J]. arXivPrepr. arXiv1511. 07122, 2015.

[98] Zahn C T, Graph-theoretical methods for detecting and describing gestalt clusters[J]. IEEE Transactions on Computers, 1971, 100(1): 68-86.

[99] ZHANG Guo, LI Zhen, PAN Hongbo, et al. Orientation of Spaceborne SAR Stereo Pairs Employing the RPC Adjustment Model[J]. IEEE Transactions on Geoscience and Remote Sensing, 2011, 49(7): 2782-2792.

[100] Zhang J, Zhang X. Strict Model Based on Affine Transformation for Remote Sensing Image with High Resolution[J]. International of Photogrammetry and Remote Sensing, 2002, 34(B3): 309-312.

[101] Zhang X, Zou J, He K, et al. Accelerating very deep convolutional networks for classification and detection[J]. IEEE Transactions on Pattern Analysis and Machine Intelligence, 2015, 38(10): 1943-1955.

[102] Zhao H, Shi J, Qi X, et al. Pyramid Scene Parsing Network[C]. Proceedings of the IEEE Conference on Computer Vision and Pattern Recognition, 2017: 2881-2890.

[103] 阿玛度. 遥感数据格式总结[EB/OL]. [2024-07-04]. http://www.cnblogs.com/amadoGrowers/p/16140221.html.

[104] 艾海滨, 张剑清. 基于中间件的高分辨率卫星影像正射纠正的分布式处理[J]. 测绘科学, 2009, 34(4): 158-160.

[105] 百度百科. eCognition[EB/OL]. https://baike.baidu.com/item/ecognition/409698.

[106] 百度百科. ER Mapper[EB/OL]. https://baike.baidu.com/item/ER%20Mapper/1054823.

[107] 曹俊. 基于特征的多源遥感图像配准研究[D]. 合肥: 中国科学技术大学, 2011.

[108] 曹荣龙, 李存军, 刘良云, 等. 基于水体指数的密云水库面积提取及变化监测[J]. 测绘科学, 2008, 152(2): 158-160.

[109] 曹阳. 三轴稳定卫星姿态确定与控制系统研究[D]. 哈尔滨: 哈尔滨工程大学, 2012.

[110] 查鹏. 空间相机星上辐射定标技术的研究[J]. 红外, 2006, 27(3): 32-38.

[111] 常学立. 静止轨道高分辨率面阵相机几何处理关键技术研究[D]. 武汉: 武汉大学, 2015.

[112] 陈大羽, 吴雁林. 环境一号卫星 CCD 相机相对定标数据处理[J]. 航天返回与遥感, 2007, 28(2): 21-28.

[113] 陈尔学. 星载合成孔径雷达影像正射校正方法研究[D]. 北京: 中国林业科学研究院, 2004: 26-27.

[114] 陈俊勇. 对 SRTM3 和 GTOPO30 地形数据质量的评估[J]. 武汉大学学报(信息科学版), 2005, 30(11): 941-944.

[115] 陈俊勇. 中国现代大地基准——中国大地坐标系统 2000(CGCS2000)及其框架[J]. 测绘学报, 2008, 37(3): 269.

[116]程三友，李英杰. SPOT 系列卫星的特点与应用[J]. 地质学刊，2010，34(4)：400-405.

[117]程少园，杨沐，姜宏佳，等. 超敏捷动中成像高分辨率遥感卫星成像理论分析[J]. 红外与激光工程，2019，48(11)：1125002-1125002(7).

[118]崔斌. 单极化 SAR 影像变化检测方法研究[D]. 武汉：武汉大学，2020.

[119]崔敦杰. 地球静止轨道卫星有效载荷可优选凝视型光学遥感器[J]. 遥感技术与应用，1998.

[120]崔坤. 静止轨道超大规模凝视型相机信息处理技术研究[D]. 上海：中国科学院上海技术物理研究所，2024.

[121]段延超. 基于 SIFT 和小波变换的遥感影像配准融合算法研究[D]. 郑州：河南大学，2024.

[122]范萌. SPOT-5 影像直接定位技术研究[D]. 武汉：武汉大学，2008.

[123]付靖淇. 红外与可见光图像配准方法研究[D]. 长春：长春理工大学，2023.

[124]甘甫平，陈伟涛. 热红外遥感反演陆地表面温度研究进展[J]. 国土资源遥感，2006，67(1)：6-11.

[125]甘田红. 三线阵 CCD 影像几何成像模型及其数据处理算法研究[D]. 武汉：武汉大学，2007.

[126]高永年. 遥感影像地形校正理论基础与方法应用[M]. 北京：科学出版社，2013.

[127]龚健雅. 人工智能时代测绘遥感技术的发展机遇与挑战[J]. 武汉大学学报(信息科学版)，2018，43(12)：1788-1796.

[128]顾行发，余涛，杨健，等. 卫星遥感应用学与高分辨率遥感应用系统设计概论[M]. 北京：高等教育出版社，2019.

[129]郭思悦. 基于卫星遥感影像的三维重建技术研究[D]. 哈尔滨：哈尔滨工程大学，2024.

[130]胡如忠，刘雪萍，楚良才，等. 国产遥感卫星进展与应用实例[M]. 北京：电子工业出版社，2015.

[131]黄微. 辐射地形校正模型及应用方法研究[D]. 武汉：武汉大学，2008.

[132]黄昕. 高分辨率遥感影像多尺度纹理、形状特征提取与面向对象分类研究[D]. 武汉：武汉大学，2009.

[133]纪晓帆. 基于特征的 SAR 图像配准算法研究[D]. 重庆：重庆大学，2022.

[134]姜芸. 资源三号测绘卫星成像质量定量评价与几何定位精度分析研究[D]. 武汉：武汉大学，2018.

[135]句龙，袁艳，曹世翔. 遥感影像配准方法的研究和应用[J]. 现代电子技术，2011，34(04)：87-90.

[136]赖积保，康旭东，鲁续坤，等. 新一代人工智能驱动的陆地观测卫星遥感应用技术综述[J]. 遥感学报，2022，26(8)：1530-1546.

[137]李德仁. 我国第一颗民用三线阵立体测图卫星——资源三号测绘卫星[J]. 测绘学报，2012，41(3)：317-322.

[138]李德仁，周月琴，金为铣. 摄影测量与遥感概论[M]. 北京：测绘出版社，2001.
[139]李芳林. 基于特征的光学与SAR图像配准方法[D]. 西安：长安大学，2024
[140]李劲东. 卫星遥感技术[M]. 上册. 北京：北京理工大学出版社，2018.
[141]李劲东. 卫星遥感技术[M]. 下册. 北京：北京理工大学出版社，2018.
[142]梁怀丹. 空间遥感红外与可见光图像快速配准算法研究[D]. 长春：中国科学院长春光学精密机械与物理研究所，2019.
[143]刘锋. 遥感卫星系统任务效能评估方法研究[D]. 北京：中国科学院大学，2017.
[144]刘金梅. 多源遥感影像融合及其应用研究[D]. 青岛：中国海洋大学，2014.
[145]刘强. 地表组分温度反演方法及遥感像元的尺度结构[D]. 北京：中国科学院遥感应用研究所. 2006.
[146]刘秀品，刘峰，胡栋. 数字图像处理教程[M]. 北京：清华大学出版社，2011.
[147]刘亚侠. TDI CCD遥感相机标定技术的研究[D]. 长春：长春光学精密机械与物理研究所，2004.
[148]陆健. 最小二乘法及其应用[J]. 中国西部科技，2007，6(9)：19-21.
[149]陆卫，李宁，甄红楼，等. 红外光电子学中的新族——量子阱红外探测器[J]. 中国科学：G辑，2009(03)：336-343.
[150]罗格. 感知地球——卫星遥感知识问答[M]. 北京：中国宇航出版社，2018.
[151]马文坡. 低轨对地观测卫星凝视成像仪探讨[J]. 航天返回与遥感，2006，27(4)：17-21.
[152]马文坡，练敏隆. "高分四号"卫星凝视相机的技术特点[J]. 航天返回与遥感，2016，37(4)：6.
[153]潘俊. 自动化的航空影像色彩一致性处理及接缝线网络生成方法研究[D]. 武汉：武汉大学，2008.
[154]皮英冬，杨博，李欣. 基于有理多项式模型的GF4卫星区域影像平差处理方法及精度验证[J]. 测绘学报，2016(12)：8.
[155][印]乔治·约瑟夫. 对地观测遥感相机研制[M]. 北京：国防工业出版社，2019.
[156]尚志鸣. 单通道中红外高分辨率航空影像精细化温度反演研究[D]. 武汉：武汉大学，2013.
[157]邵茜. 线阵CCD卫星遥感影像成像处理模型研究[D]. 郑州：解放军信息工程大学，2006.
[158]《深度军事》编委会. 航天器鉴赏指南(珍藏版)[M]. 2版. 北京：清华大学出版社，2017.
[159]沈焕锋，李慧芳，李星华，张良培. 遥感数据质量改善之信息校正[M]. 北京：科学出版社，2018：17-25，106-108.
[160]沈欣. 光学遥感卫星轨道设计若干关键技术研究[D]. 武汉：武汉大学，2012.
[161]舒弥，杜世宏. 国土调查遥感40年进展与挑战[J]. 地球信息科学学报，2022，24(4)：597-616.
[162]舒宁. 微波遥感原理(修订版)[M]. 武汉：武汉大学出版社，2003.

[163]宋洁. 遥感影像几何纠正的模型研究与应用[D]. 西安：西安科技大学，2024.
[164]宋启鹏. 面向遥感图像的配准方法研究[D]. 哈尔滨：哈尔滨工程大学，2021.
[165]苏安炀. 基于语义分割的高分遥感影像地表覆盖分类方法的研究与实现[D]. 长春：吉林大学，2024.
[166]苏理宏，李小文，黄裕霞. 遥感尺度问题研究进展[J]. 地球科学进展，2001，16(04)：544-548.
[167]苏晓锋. 空间面阵凝视型探测系统高灵敏度探测方法研究[D]. 上海：上海技术物理研究所，2024.
[168]隋立春，徐花芝，李建武. 德国新型雷达遥感系统 TerraSAR-X 介绍[J]. 测绘科学技术学报，2007，24(5)：321-323.
[169]孙广伟，李博，陈嘉浩，等. 基于深度学习的高分遥感影像典型地物检测方法应用实践[J]. 山东理工大学学报：自然科学版，2021，35(6)：5.
[170]孙家抦. 遥感原理与应用[M]. 3 版. 武汉：武汉大学出版社，2013.
[171]孙明超，马天翔，宋悦铭，等. 基于相位特征的可见光和 SAR 遥感图像自动配准[J]. 光学精密工程，2021，29(03)：616-627.
[172]孙钰珊. 基于参考地理数据的多源国产卫星影像一体化定位方法研究[D]. 武汉：武汉大学，2020.
[173]汤田玉. 基于深度学习的高分辨率光学遥感影像车辆目标检测方法研究[D]. 长沙：中国人民解放军国防科学技术大学，2024.
[174]唐新明，胡芬. 卫星测绘发展现状与趋势[J]. 航天返回与遥感，2018，39(4)：26-35.
[175]唐新明，张过，祝小勇，等. 资源三号卫星数据几何处理方法[M]. 北京：科学出版社，2018.
[176]唐新明，周平，等. 资源三号卫星影像产品及其应用[M]. 北京：科学出版社，2018.
[177]陶家生，孙治国，孙英华，等. 静止轨道高分辨率光学遥感探索[J]. 光电工程，2012，39(6)：1-6.
[178]涂梨平. 利用 Landsat TM 数据进行地表比辐射率和地表温度的反演[D]. 杭州：浙江大学环境与资源学院. 2006.
[179]汪韬阳，张过，蒋永华，等. 光学卫星视频数据处理与应用[M]. 北京：科学出版社，2020.
[180]王殿中，何红艳. “高分四号”卫星观测能力与应用前景分析[J]. 航天返回与遥感，2017，38(1)：98-106.
[181]王国刚. 遥感卫星自主轨道机动与姿轨耦合系统控制研究[D]. 长春：长春工业大学，2021.
[182]王丽娜. 可见光与 SAR 遥感图像配准技术研究[D]. 长春：中国科学院长春光学精密机械与物理研究所，2021.
[183]王密，杨博，潘俊，等. 高分辨率光学卫星遥感影像高精度几何处理与应用[M].

北京：科学出版社，2017.
[184]王任亨. 三线阵 CCD 影像卫星摄影测量原理[M]. 北京：测绘出版社，2006.
[185]王任亨. 卫星三线阵 CCD 影像光束法平差研究[J]. 武汉大学学报：信息科学版，2003，28(4)：379-385.
[186]王铁柱. 高分辨率遥感影像镶嵌技术研究[D]. 秦皇岛：燕山大学，2022.
[187]王伟. 高分辨率立体测绘卫星影像质量提升和典型要素提取[D]. 武汉：武汉大学，2017.
[188]王新洲，刘丁酉，黄海兰. 谱修正迭代结果的协因数矩阵[J]. 武汉大学学报：信息科学版，2003，28(8)：429-431.
[189]王旭. 基于仿射不变特征的遥感图像立体匹配研究[D]. 哈尔滨：哈尔滨工程大学，2019.
[190]王雪平. 基于稀少控制点的资源三号影像几何纠正研究[D]. 长沙：中南大学，2014.
[191]王誉都. 空间大面阵凝视相机在轨辐射定标方法研究[D]. 上海：中国科学院上海技术物理研究所，2019.
[192]维基百科. HDF[EB/OL]. 2023[2024-07-04]. https：//zh. wikipedia. org/wiki/HDF.
[193]吴骅，李秀娟，李召良，等. 高光谱热红外遥感：现状与展望[J]. 遥感学报，2021，25(8)：1567-1590.
[194]吴鲲鹏. 光学与 SAR 遥感图像配准及融合方法研究[D]. 长春：吉林大学，2024.
[195]笑轩辕. ArcGIS 中的一些影像格式：. ige.img.rde.rrd_rde 文件用什么软件打开[EB/OL]. (2017-08-22) [2024-07-04]. https://blog. csdn. net/hellfire2007/article/details/77483039.
[196]邢诚. 利用无人机影像快速生成准正射影像图的理论与方法研究[D]. 武汉：武汉大学，2011.
[197]熊汉春，贺前华，李海洲. 一种 PNN 网络的 EM 训练算法[J]. 华南理工大学学报(自然科学版)，1998(7)：25-32.
[198]徐涵秋. 利用改进的归一化差异水体指数(MNDWI)提取水体信息的研究[J]. 遥感学报，2005，9(5)：7.
[199]徐涵秋. 一种快速提取不透水面的新型遥感指数[J]. 武汉大学学报(信息科学版)2008，33(11)：1150-1153.
[200]徐青，张艳，耿则勋，等. 遥感影像融合与分辨率增强技术[M]. 北京：科学出版社，2007.
[201]闫得杰，韩诚山，李伟雄. 飞行器侧摆和前后摆及控制误差的优化设计[J]. 光学精密工程，2009，17(9)：2224-2229.
[202]闫霈，张友静，张元. 利用增强型水体指数(EWI)和 GIS 去噪音技术提取半干旱地区水系信息的研究[J]. 遥感信息，2007(6)：62-67.
[203]杨超. 基于图像分割的高分影像镶嵌线快速生成算法研究[D]. 杭州：杭州师范大学，2019.

[204]杨书成. 高分辨率星载 SAR 立体测图关键技术研究[D]. 武汉：武汉大学，2009.
[205]易智瑞. ENVI/IDL 新一代遥感图像处理平台[EB/OL]. https：//envi. geoscene. cn/.
[206]余岸竹. 高分辨率遥感影像几何定位精度提升技术研究[D]. 郑州：战略支援部队信息工程大学，2019.
[207]袁枫. SPOT5 立体测图的数学模型[D]. 阜新：辽宁工程技术大学，2006.
[208]袁修孝，余俊鹏. 高分辨率卫星遥感影像的姿态角常差检校[J]. 测绘学报，2008，37(1)：36-41.
[209]袁修孝，张过. 缺少控制点的卫星遥感对地目标定位[J]. 武汉大学学报：信息科学版，2003，28(5)：505-509.
[210][美]约翰 R. 詹森. 遥感数字影像处理导论[M]. 4 版. 北京：机械工业出版社，2018.
[211]张兵. 从天空看地球[M]. 杭州：浙江教育出版社，2018.
[212]张丹丹. 基于深度神经网络技术的高分遥感图像处理及应用[M]. 北京：中国宇航出版社，2020.
[213]张过，厉芳婷，江万寿，等. 推扫式光学卫星影像系统几何校正产品的 3 维几何模型及定向算法研究[J]. 测绘学报，2010，39(1)：0.
[214]张过. 缺少控制点的高分辨率卫星遥感影像几何纠正[D]. 武汉：武汉大学，2005.
[215]张过. 缺少控制点的高分辨率卫星遥感影像几何纠正[D]. 武汉：武汉大学，2024.
[216]张过，袁修孝，李德仁. 基于偏置矩阵的卫星遥感影像系统误差补偿[J]. 辽宁工程技术大学学报：自然科学版，2007，26(4)：3.
[217]张继贤，刘飞，王坚，轻小型无人机测绘遥感系统研究进展[J]. 遥感学报，2021，25(3)：708-724.
[218]张锦水，何春阳，潘耀忠，等. 基于 SVM 的多源信息复合的高空间分辨率遥感数据分类研究[J]. 遥感学报，2006，10(1)：49-57.
[219]张瑞. SAR 与可见光遥感影像融合方法研究[D]. 合肥：合肥工业大学，2022.
[220]张顺. 地球曲率对地球同步卫星影像的像移影响研究——以面阵 CCD 为例[J]. 地矿测绘，2016，32(004)：8-10.
[221]张伟阁，杨辽，曹良中等. 基于 Three Factor+C 模型改进的地形辐射校正方法[J]. 国土资源遥感，2015，27(02)：36-43.
[222]张艳，王涛，朱述龙. 岭-压缩组合估计在线阵推扫式影像外定向中的应用[J]. 武汉大学学报：信息科学版，2004，29(10)：896-896.
[223]张永军，张剑清. 异轨遥感立体像对外方位元素的求解算法[J]. 武汉大学学报：信息科学版，2003，28(5)：521-524.
[224]张永生，刘军. 高分辨率遥感卫星应用成像模型处理算法及应用技术[M]. 3 版. 北京：科学出版社，2020.
[225]张永生，刘军，巩丹超，等. 高分辨率遥感卫星应用-成像模型、处理算法及应用技术[M]. 2 版. 北京：科学出版社，2014.
[226]张园林. 基于高分遥感影像的深度学习目标检测方法研究[D]. 北京：中国科学院

大学，2024.
[227]赵学敏，马文坡，刘兆军. 低轨卫星面阵凝视成像技术研究[J]. 航天返回与遥感，2007，028(002)：10-14.
[228]赵祎飞. 可见光图像与红外图像配准与融合算法的研究[D]. 西安：西安电子科技大学，2022.
[229]中国测绘. “像素工厂”孕育新变革——访四维航空遥感关鸿亮[N]. 泰伯网，https：//www. taibo. cn/p/6969.
[230]中国科学技术协会. 摄影测量与遥感学科发展报告[M]. 北京：中国科学技术出版社，2020.
[231]周飞燕，金林鹏，董军，卷积神经网络研究综述[J]. 计算机学报，2017，40(6)：1229-1251.
[232]周胜利. 积分球在实验室内用于空间遥感器的辐射定标[J]. 航天返回与遥感，1998，19(1)：29-34.
[233]朱丹. 基于高分辨率遥感影像的地形三维重建关键技术研究[D]. 成都：电子科技大学，2017.
[234]朱怀松，刘晓锰. 热红外遥感反演地表温度研究现状[J]. 干旱气象，2007，25(2)：17-21.
[235]朱焕文，刘贤诗. 黑体辐射数据表[M]. 北京：科学出版社，1984.
[236]朱庆保. 传感器特性曲线的自适应分段最佳拟合及应用[J]. 传感器与微系统，2002，21(1)：34-37.
[237]朱仁璋，从云天，王鸿芳，等. 全球高分光学星概述(二)：欧洲[J]. 航天器工程，2016，25(1)：95-118.
[238]朱仁璋，从云天，王鸿芳，等. 全球高分光学星概述(三)：亚洲与俄罗斯[J]. 航天器工程，2016，25(2)：70-96.
[239]朱仁璋，从云天，王鸿芳，等. 全球高分光学星概述(一)：美国和加拿大[J]. 航天器工程，2015，24(6)：85-106.

附录：本书彩色插图

彩图 2-6　钢水温度和颜色

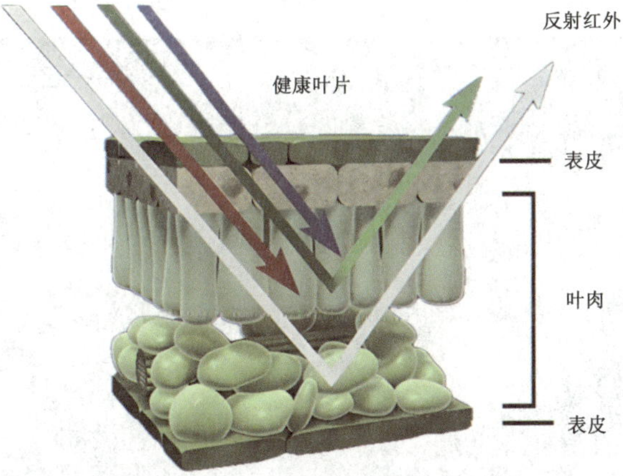

彩图 2-11　绿色植物叶面结构

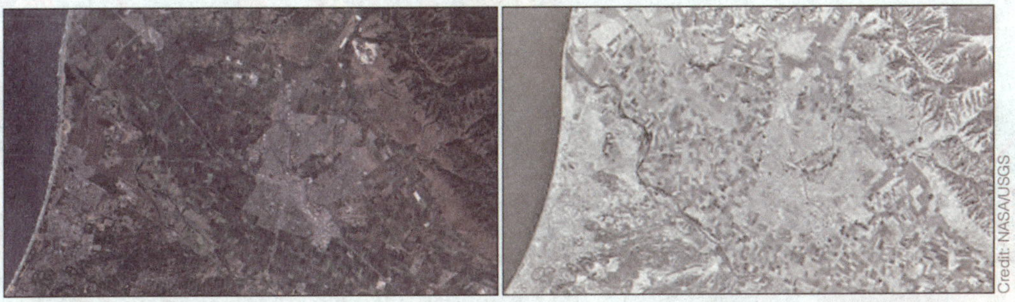

（a）　　（b）

彩图 3-26　不同地貌和环境条件下地球表面的温度

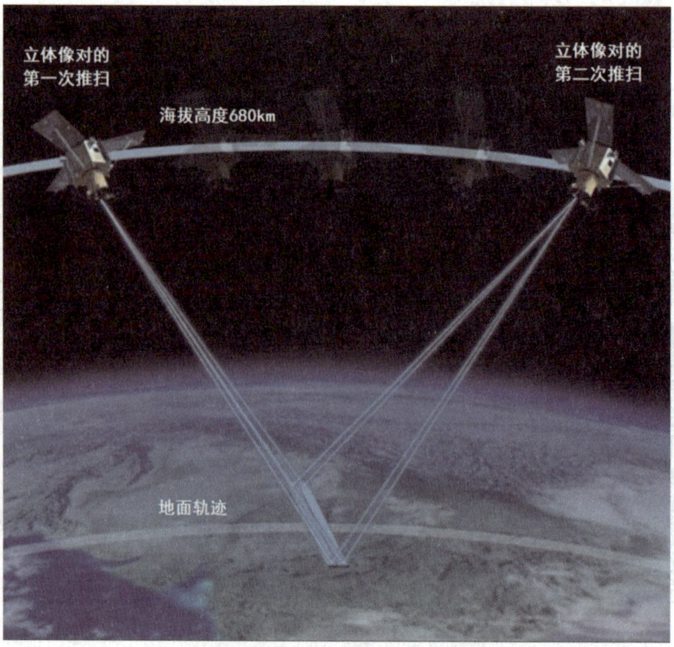

彩图 3-33　单线阵 CCD 相机

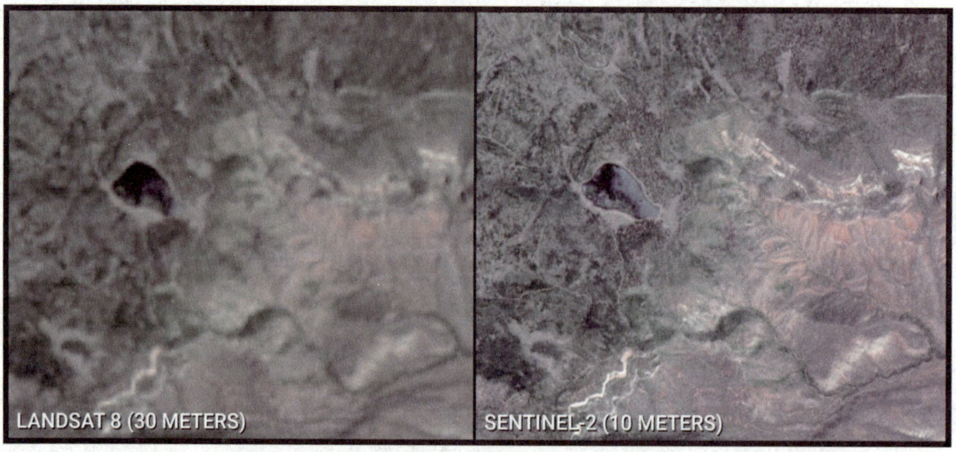

彩图 4-6　landsat-8 图像和 Sentinel-2 图像比较

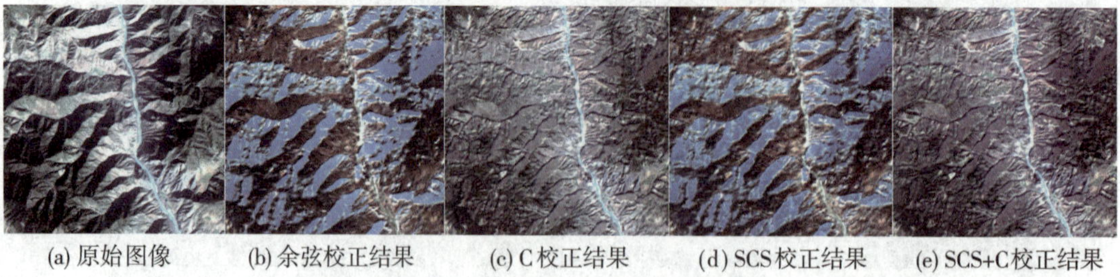

(a) 原始图像　(b) 余弦校正结果　(c) C 校正结果　(d) SCS 校正结果　(e) SCS+C 校正结果

彩图 6-13　常用地形校正方法结果

（a）未经过直方图匹配　　（b）经过直方图匹配

彩图 7-2　图像镶嵌效果

彩图 7-8　采用羽化处理后图像镶嵌效果

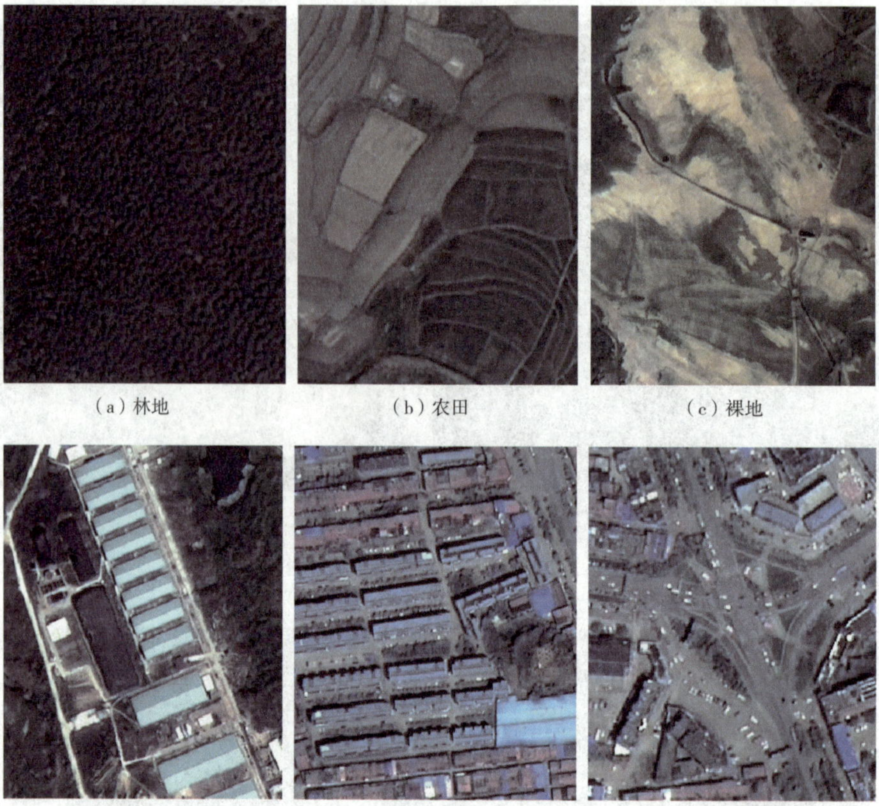

（a）林地　（b）农田　（c）裸地

（d）工厂　（e）住宅小区　（f）交通用地

彩图 8-2　土地利用类型

河流　坑塘　运河

水库　湖泊　海洋

彩图 8-3　水体类型

彩图 8-5　武汉市 TM 图像

一级类		二级类		不同分辨率影像			实地照片
编码	名称	编码	名称	优于1 m分辨率	2.5 m分辨率	5 m分辨率	
01	耕地	011	水田				
		012	水浇地				
		013	旱地				
02	园地	021	果园		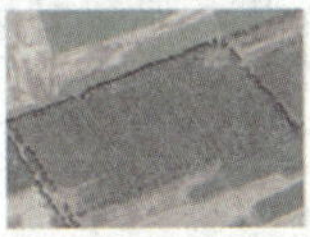		
		022	茶园		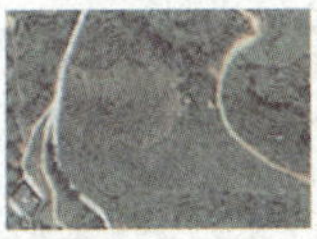	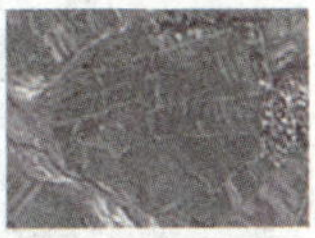	
		023	其他园地				

彩图 8-7　不同分辨率真彩色图像判读标志(与实地踏勘对照)

（a）全色图像

（b）多光谱图像（432波段组合）

彩图 8-10　资源三号卫星图像

（a）全色图像

（b）多光谱图像

（c）热红外图像

彩图 8-11　武汉 TM 卫星图像

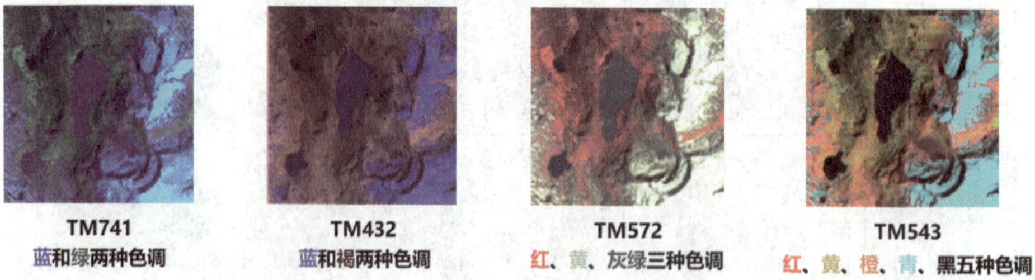

彩图 8-22　TM 图像波段组合效果对比

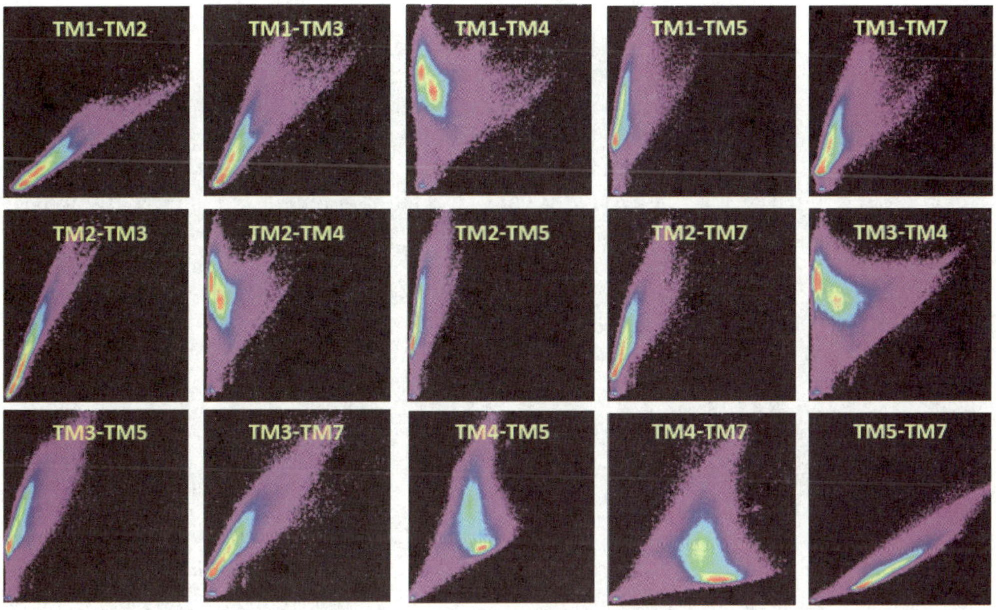

彩图 8-23　TM 图像部分波段间的散点图

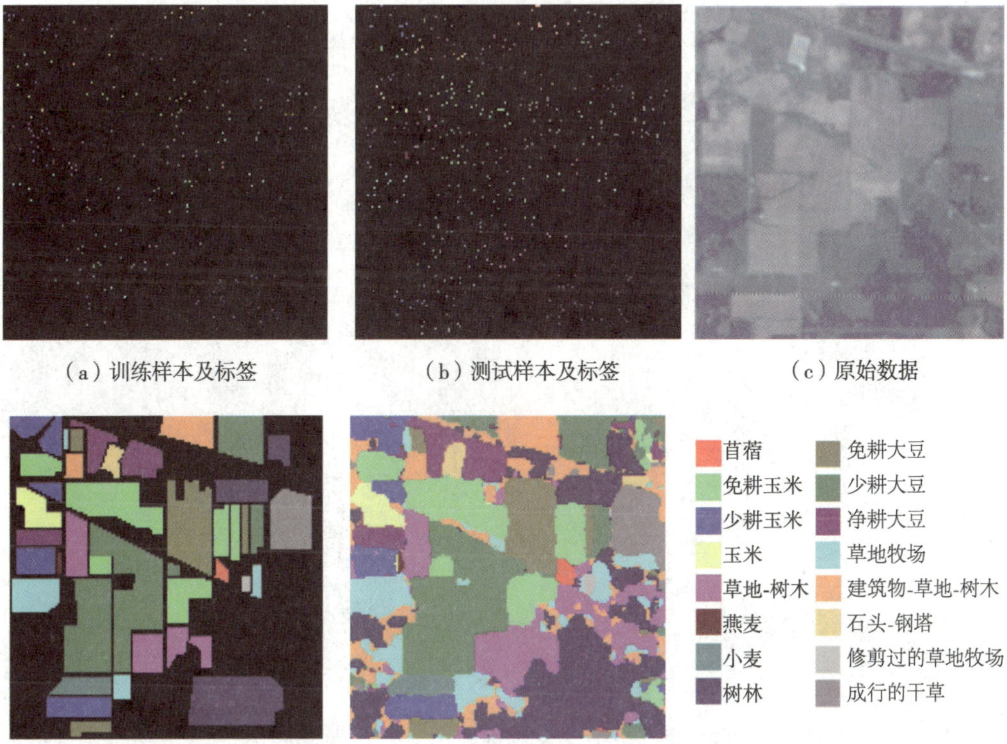

（a）训练样本及标签　（b）测试样本及标签　（c）原始数据

（d）真实标签　（e）分类结果　（f）分类类别

彩图 8-44　Indian Pines 高光谱影像分类实验